网电对抗目标信号侦测与识别

王红军　孟祥豪　傅好华　安永旺　史英春
李歆昊　吴彦华　朱宝生　戴剑华　段永胜
陈　晶　李媛丽　张坤峰　张　旻　安　明　编著
马春来　沈哲贤　常　超　查燕平　刘金帆
薛　磊　陆余良　主审

国防工業出版社
·北京·

内 容 简 介

本书基于网电对抗的内涵和范畴，针对如何准确地实现网电对抗目标信号的侦测与识别方法展开详细的论述。全书分为上、中、下三篇，涵盖了网电对抗目标信号的侦测与识别方法，具体包括通信类网电对抗目标的信号侦收方法、参数测量方法、调制识别方法、编码识别方法、网络特征识别方法和测向定位方法等，以及雷达类网电对抗目标的信号侦收方法、参数测量方法、分选与识别方法、测向定位方法和典型目标侦测与识别方法等。

本书不仅可以作为高等院校网电对抗专业（含电子对抗、信息对抗）研究生和高年级本科生的教材，也可以供从事网电对抗领域研究的科研人员和工程技术人员参考。

图书在版编目（CIP）数据

网电对抗目标信号侦测与识别 / 王红军等编著. —北京：国防工业出版社，2023. 9

ISBN 978-7-118-13068-3

Ⅰ. ①网…　Ⅱ. ①王…　Ⅲ. ①电子侦察—无线电信号—信号检测—雷达目标识别　Ⅳ. ①TN971　②TN959. 1

中国国家版本馆 CIP 数据核字（2023）第 170005 号

※

国防工业出版社出版发行

（北京市海淀区紫竹院南路 23 号　邮政编码 100048）

三河市腾飞印务有限公司印刷

新华书店经售

*

开本 787×1092　1/16　印张 30½　字数 712 千字

2023 年 9 月第 1 版第 1 次印刷　印数 1—2000 册　定价 98. 00 元

国防书店：（010）88540777　　书店传真：（010）88540776

发行业务：（010）88540717　　发行传真：（010）88540762

前　　言

信息化战争的基本特征正从以平台为中心向以网络为中心转变。随着无线传输技术、微电子技术、通信技术与网络技术研究成果在军事通信领域的广泛应用,"终端无线化、无线网络化"已使战场电磁对抗目标兼具网电特征成为不可逆转的趋势。战场无线网络已成为网电对抗目标的存在形式和外在表现,而网电对抗目标则成为战场无线网络的信息载体和实体表征。通过战场无线网络将 C^4ISR 系统和武器装备平台连成一个有机整体、形成统一战场态势、共享各类信息资源、有效实施精确打击和实现作战能力倍增已成为世界军事强国的发展目标。自 2003 年伊拉克战争开始,世界上几次局部战争都表明,战场无线网络在现代战争中扮演着越来越重要的角色,已成为战场前沿态势感知、指挥控制、预警探测、武器装备控制和战斗支援等信息传输的核心通道以及 C^4ISR 系统的基础载体。战场无线网络不仅现在而且未来必将对战场整个战局的走向起着决定性影响。

本书从两方面着眼于如何从现代数字化战场敌我电磁信号交织的网电空间中快速识别敌方目标信号的现实问题:一方面精心设计内容、精炼要点知识,阐明网电作战领域网电对抗目标信号侦测与识别的机理和方法;另一方面注重理论联系实际,强化应用导向,融合网电对抗目标信号侦测与识别的最新技术和方法。

全书共上、中、下三篇,其中上篇分为三章、中篇分为六章、下篇分为五章。上篇为总论:第 1 章为绪论,简要介绍网电对抗的含义和网电对抗目标范畴;第 2 章为通信类网电对抗基础知识;第 3 章为雷达类网电对抗基础知识。中篇为通信类网电对抗目标信号侦测与识别:第 4 章为通信类网电对抗目标信号侦收方法;第 5 章为通信类网电对抗目标信号参数测量方法;第 6 章为通信类网电对抗目标信号调制识别方法;第 7 章为通信类网电对抗目标信号编码识别方法;第 8 章为通信类网电对抗目标信号网络特征识别方法;第 9 章为通信类网电对抗目标测向定位方法。下篇为雷达类网电对抗目标信号侦测与识别:第 10 章为雷达类网电对抗目标信号侦收方法;第 11 章为雷达类网电对抗目标信号参数测量方法;第 12 章为雷达类网电对抗目标信号测向定位方法;第 13 章为雷达类网电对抗目标雷达信号分选与识别方法;第 14 章为雷达类网电对抗典型目标信号侦测与识别方法。需要强调的是,通信类网电对抗目标测向定位和雷达类网电对抗目标测向定位都属于测向定位范畴,虽然其内容会有相互补充和类似之处,但是由于网电对抗目标不同并且分别采用主被动方式进行测向,所以在方法上仍会呈现各自的差异。因此,这两方面内容分成两个独立章节进行阐述。

本书由国防科技大学电子对抗学院王红军负责主要内容并统稿，孟祥豪、安永旺、史英春、李歆昊、李媛丽、段永胜、陈晶、吴彦华、戴剑华、张坤峰、马春来、张旻、安明、沈哲贤、常超、刘金帆和查燕平等同志以及军事科学院傅好华副研究员和常州工程职业技术学院朱宝生教授参加了撰写工作，陈晶、李媛丽、林栋明、刘金帆、查燕平和张星宇负责对全书进行了校对。在本书的撰写过程中得到了国防科技大学电子对抗学院各级领导和机关处室的具体指导和大力支持；薛磊教授和陆余良教授认真审阅了全书并提出了宝贵的建议。在此表示感谢。

本书的撰写参考了相关单位、网站和个人的技术资料及文献，在此表示衷心感谢。

由于作者水平所限，本书难免存在一些缺点和错误，恳请广大读者批评指正。

作者

2020 年 12 月

目　　录

上篇　总　　论

中篇　通信类网电对抗目标信号侦测与识别

下篇　雷达类网电对抗目标信号侦测与识别

上篇　总　　论

第1章 绪 论

1.1 网电对抗的含义

1.1.1 网电作战空间概念

在阐述网电对抗的含义之前，首先需要明晰与网电对抗相关的网络空间、电磁空间、网络电磁空间等三个基本概念。

1. 网络空间

计算机网络空间，起始于计算机和网络技术的发展，它的出现不仅是一场科学技术的革命，更是人类生活方式的革命。20世纪60年代末，“互联网传输控制和网际协议”彻底改变了传统通信传输样式，分组数据包传输以其高效的资源使用率和更大规模的联接能力，为计算机网络的出现奠定了基础。然后，以有线传输为主的互联网迅速在全球推广并普及，成为人们高度依赖的新平台。特别是随着“网络中心战”和“智慧地球”不断演进，以及物联网、激光通信、太空互联网、全球信息栅格和云计算技术的发展，使网络成为影响社会稳定、国家安全、经济发展和文化传播的重要平台。

网络空间实质是指网络所涉及的电子设备、电子信息系统、运行数据、系统应用，其分别对应以下四个层面：设备、系统、数据、应用。网络空间包括互联网、电信网、广电网、物联网、工控网、在线社交网络、计算系统、通信系统、控制系统在内的各种通信系统及其承载的数据。网络空间突出了网络互联的重要特征。

2. 电磁空间

现代军用术语中对电磁空间赋予了下列特定含义：一是连接各种信息技术基础设施的网络，包括因特网、电信网、传感器、武器平台、计算机系统及嵌入式的处理器和控制器等；二是具有时域、空域、频域和能域特征的广阔领域；三是训练有素的人发挥着关键控制作用的虚拟现实环境。

信息化条件下，各种作战平台和通信平台都是电磁波的发射源，使各种电磁波纵横交错，在广阔的空间中形成密集的电磁频谱网，确保了军队对所属部队的指挥控制，但同时使得电磁空间的争夺异常激烈。

电磁空间是指由各种电场、磁场与电磁波组成的物理空间。电磁空间不仅是综合电子战的作战空间，也是一切作战行动严重依赖的作战空间。

3. 网络电磁空间

进入21世纪，随着网络技术以惊人的速度渗透到社会生活的各个角落。“终端网络化，网络无线化”使得网络与电磁融合的快速推进，极大地拓展了人类活动的物理空间。

2006年《联合信息作战条令》：“由于无线电网络化的不断扩展及计算机与射频通信

的整合,使计算机网络战与电子战行动、能力之间已无明确界限。”可见,网络电磁空间包括电磁频谱、电磁能量环境等内涵。

网络信息层与电磁能量层的融合使网络空间与电磁空间融为一体,再一次向认知层和社会层伸出了触角,创造出超越人类活动的物理、信息、认知和社会四域之外的第五维空间,即泛在的网络电磁空间。

网络电磁空间以自然存在的电磁能为承载体,以人造的网络为平台,以信息控制为目的。它通过网络将信息渗透到陆、海、空、天实体空间,依托电磁信号,传递无形信息,控制实体行为,从而构建实体层、电磁层、虚拟层的相互贯通,构成无所不在、无所不控、虚实结合、多域融合的复杂空间。

网络电磁空间作为人类开辟的第五维空间,其发展大致经历了计算机网络空间、电磁与网络融合空间、泛在网络电磁空间三个阶段。目前网络电磁空间已经发展成为一个从抽象到具体、从单纯虚拟空间到物理、信息、认识、社会多维空间的泛在系统,并承载了政治、经济、文化、外交、军事的全新空间,成为影响社会稳定、经济发展、文化传播和国家安全的重要平台。

1.1.2 网电对抗基本概念

网电对抗是为了削弱、破坏敌方网电空间作战能力和保护己方网电空间安全所采取的措施与行动的总称。因此,网电对抗就是敌对双方在网电作战空间所进行的为作战行动服务的对抗活动,也称为网电一体战。其实质是敌对双方在网电作战空间为争夺电磁频谱的使用权和控制权展开的斗争。

网电对抗包括两个方面的主要内容:一方面,为了削弱、破坏敌方网电空间作战能力所采取的措施和行动,包括网电对抗侦察、网电对抗攻击;另一方面,为了保护己方网电空间安全而采取的措施和行动,即网电对抗防御,其本质是反侦察/抗干扰。

网电对抗主要目的可以细分:通过网电对抗手段获取敌方有价值的军事情报,使敌方失去关键性战机,在主要方向上使敌方指挥失灵,迷惑敌方使其产生错误判断或接收虚假情报,阻止敌方对己方网电行动的侦察;利用网电对抗获得的情报,分析判断敌方网电对抗目标的威胁等级,对威胁等级高的敌方网电对抗目标进行测向定位,为使用火力摧毁敌方网电对抗目标提供依据。

网电对抗侦察:使用网电对抗侦察系统截获敌方网电对抗目标辐射的电磁信号和水声信号,以获取敌方网电对抗目标的特征参数、位置、类型、拓扑、用途及相关武器和平台等情报,包括网电对抗情报侦察和网电对抗支援侦察。网电对抗侦察的目的:一方面,通过网电对抗情报侦察,了解敌方的军事意图、网电对抗目标的技术水平,为军事行动决策和网电对抗装备的研制提供依据;另一方面,通过网电对抗支援侦察,截获敌方网电对抗目标的信号,分析其工作频率、识别其特征参数和对其进行测向定位,使指挥员实时了解战场的网电态势,为网电对抗攻击或网电对抗防御作战决策和作战行动提供情报保障。网电对抗侦察按侦察对象分为雷达对抗侦察、通信对抗侦察、导航对抗侦察、水声对抗侦察和光电对抗侦察等五大类。其中雷达对抗侦察是指侦测、记录所有类型雷达及雷达干扰设备在各种工作状态下的信号特征参数,并对其定位和识别;通信对抗侦察是指对各种无线通信网台和干扰设备进行特征参数侦测和测向定位,并根据其技术性能、通信诸元和通联规律来判别无线通信网络的组织、级别和属性;光电对抗侦察是指截获和识别敌方光电辐射源发射的信号和目标红外辐射信号,包括激光雷达、激光制导照射源等的激光辐射信号和飞机、导弹等兵器自身的红外辐射信号。由于本书基于网电对抗进行撰写,因此导航对抗侦察划分到通信对抗侦察,水声对抗侦察则不是本书涵盖的内容,所以导航对抗侦察、水声对抗侦察不再赘述。

网电对抗攻击是通过人为手段来削弱甚至阻断敌方网电空间作战能力的发挥,分为阻塞攻击、欺骗攻击、扰乱攻击和毁瘫攻击等。阻塞攻击是采取干扰压制、灵巧攻击、流量攻击、拒绝服务等手段,消耗网电对抗目标的工作带宽、阻断其服务、降低甚至终止其有效应用;欺骗攻击是采取波形欺骗和协议欺骗等手段,在网电空间中向敌方网电系统传输虚假指令或信息,致使敌方判断错误、决策失误;扰乱攻击是采取系统接管、信息扰乱和数据篡改等手段,影响网电对抗目标正常运转,削弱网电对抗目标效能发挥;毁瘫攻击是利用数据破坏、硬件损毁等攻击手段,毁坏敌网电空间中的核心数据、硬件设备等,彻底瘫痪网电对抗目标。

网电对抗防御主要包括两部分内容:一是利用网电对抗攻击手段扰乱敌方的侦察装备,阻止敌方截获己方辐射的电磁信号,其本质属于网电对抗攻击范畴;二是对己方战场网络采取电磁加固和抗干扰措施,减少辐射和加强保密,增强装备自身的反侦察和抗干扰能力。

本书主要阐述网电对抗侦察所涉及的网电对抗目标信号侦测与识别,即网电对抗目标信号侦收体制、参数测量、调制识别与解调、编码识别与解码、协议识别、网络拓扑识别和关键节点/链路识别以及测向、定位等核心内容。而网电对抗攻击和干扰以及网电对抗防御则不是本书讨论的范畴。

1.2 网电对抗目标范畴

网电对抗的最终目的是通过侦察、测向、攻击、干扰和防御等手段来掌控网电权,其中侦察和测向是核心,攻击和干扰是目的,防御是关键,侦察和测向是攻击、干扰和防御的前提。

网电对抗目标涵盖了军事和民用领域的短波通信网、战术互联网、地域通信网、卫星通信网、雷达系统、导航定位系统、数据链、移动互联网、光电和声纳等。为避免歧义和误解,本书所述网电对抗目标特指战场网络空间中作战对象所装备的网电类目标,即在未来数字化战场上实施网电对抗的敌方网电类目标。

战场网络是遂行地面、空中、海上战役和战术行动所依赖的综合一体化的指挥、控制、通信、计算机、情报、监视与侦察系统,即 C^4ISR(command、control、communication、computer、intelligence、surveillance and reconnaissance)系统。依据其遂行的战略和战术级作战任务,战场网络可分为指挥控制、侦察预警、导航识别和火控制导等目标类型;也可以根据其协议体制和作战应用,将战场网络划分为指挥控制网、战场通信网、预警探测网、卫星通信网、导航定位网和战术数据链等目标网络,如图 1-1 所示。其中指挥控制网是战场指挥控制的核心,主要包括计算机、各类数据处理和融合平台。指挥控制网的信息来源和远程传输依赖于其他五大类网络。在这五大类战场网络中战场通信网、卫星通信网和战术数据链属于基础信息网络,预警探测网和导航定位网属于无线感知网络,这些目标网络覆盖了陆、海、空、天,实现了战场的无缝连接。需要强调的是,尽管战场网络必须得到国家天基信息资源(如天基电子/信号/图像情报侦察卫星系统、天基导弹预警卫星系统等)的支援,或者将这些天基传感器综合在战场无线网中一起使用,但是从技术特点和作战功能诸方面来看,国家天基信息资源网仍属于预警探测范畴。

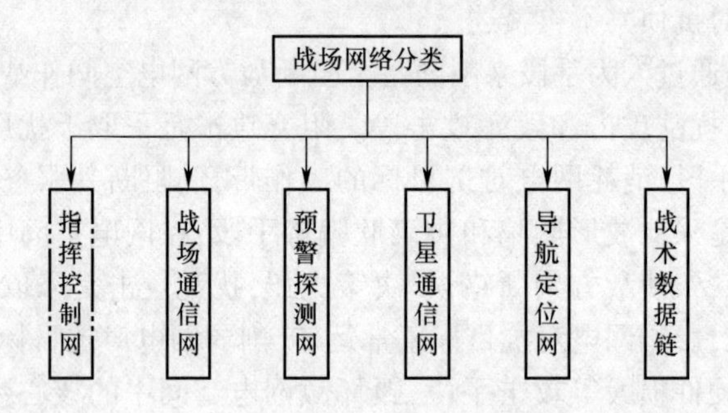

图 1-1　战场网络架构

战场网络综合性强技术复杂,可满足特殊的军事需求,主要用于实施部队联络协同,完成情报搜集、传递及信息共享,保障部队和武器装备的不间断指挥与控制。

战场网络主要分为三个层次:第一层次,即基础层次,由无线通信网台、雷达、声纳和光电、数据链、通信卫星、导航定位、电话和传真等基本装备或终端构成;第二层次,即平台层次,把无线通信网台、雷达、声纳和光电、数据链、通信卫星、导航定位等基本装备或终端集成在飞机、坦克、水面舰船和潜艇等作战平台以及指挥所里,为作战部队实施“平台中心战”、执行各种战术任务提供有力保障;第三层次,即网络层次,通过把散布在陆、海、空、天的各种装备和终端、各种作战平台和指挥所等连接在一起形成立体可靠的网络,实现部队指挥方式由集中式树状指挥向无中心扁平化指挥的重大转变,为部队的“网络中心战”奠定了基础。

在数字化信息化战场上,由于作战距离导致物理上的隔绝,只有庞大的无线网络才能使信息系统与武器系统以及武器系统之间互相联通构成“系统集成”。因此,就网电对抗目标而言,只能是在战场网络中辐射无线电磁信号的互联互通、多路由、多节点的战场无线网络以及在战场无线网络中各种无线系统和终端。

在图 1-1 所示的战场网络架构中,战场通信网承担着战场信息传递任务,主要包括以战场互联网为核心的无线通信、以光纤为主的有线通信和光通信等传输体制;预警探测网对外层空间、空中、海上、陆地、电磁空间等进行全天候目标探测和预警,主要包括雷达、预警机、敌我识别、声纳、光电和各类侦察卫星等侦察和探测系统;卫星通信网用于外层空间以及与陆、海、空等卫星终端之间的通信,主要包括轨道卫星、地面控制系统和各类卫星终端;导航定位网为武器和人员等提供准确的时空基准信息,主要包括航空、航天、航海等导航系统;战术数据链为军队指挥、控制与情报系统传输信息,主要包括信道传输设备、安全保密设备、终端设备和战术数据系统等。

综上所述,网电对抗对可分为通信网对抗、雷达对抗、光电对抗、导航对抗和声纳对抗等。为便于内容的编排,本书基于广义战场无线网络的概念,聚焦网电对抗核心内容,将上述网电对抗目标分为通信类网电对抗目标和雷达类网电对抗目标进行阐述。

第2章　通信类网电对抗基础知识

2.1　通信类网电对抗系统概述

通信类网电对抗目标涵盖了短波通信网、战术互联网、地域通信网、卫星通信网、导航定位系统、数据链和移动互联网等战场通信网络。另外，为了与经典通信对抗理论对应以及便于后面阐述，在战场通信网中网电对抗目标在相关章节称为无线通信网台与无线通信节点（简称为节点）。

2.1.1　通信类网电对抗系统基本组成

1. 系统基本组成

在实际战场复杂电磁环境中，由于网电对抗目标已经网络化并且覆盖各个波段、涵盖各种调制。因此，网电对抗不是单台干扰设备对抗单台通信设备，而是系统对抗系统、网络对抗网络。

通信类网电对抗系统（在2.1节中简称为网电对抗系统）是指利用网络化设备把网电对抗指挥控制系统、通信类网电对抗侦察系统（在2.2节中简称为网电对抗侦察系统）、通信类网电对抗测向系统（在2.2节中简称为网电对抗测向系统）和通信类网电对抗干扰系统（在2.2节中简称为网电对抗干扰系统）等有机地连接在一起，通过统一指挥以实现网电对抗反应实时化、作战协同化和效能最大化。网电对抗系统的组成如图2-1所示。

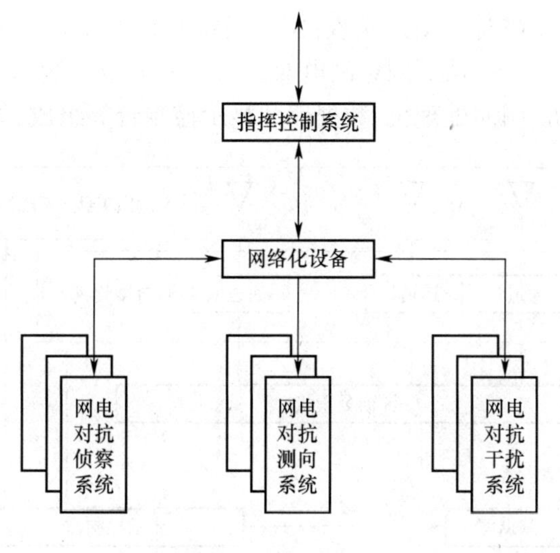

图2-1　网电对抗系统

1）通信类网电对抗指挥控制系统

通信类网电对抗指挥控制系统基于通信功能实现对所属侦察、测向和干扰等各系统的指挥和控制：一方面汇聚和处理各系统上报的信息，并协调各系统的任务和工作；另一方面接收上级指挥所下达的作战命令并将作战意图下发到各系统，完成相应的网电作战任务并评估作战效果和上报战况。通信类网电对抗指挥控制系统同时还具备态势生成、辅助决策和数据库等功能。

2）通信类网电对抗侦察系统

通信类网电对抗侦察系统通常由多个侦察子系统组成，该侦察子系统又称为侦察站。侦察系统基于其配置的侦察子系统实现对作战区域内不同频段网电对抗目标信号的截获分选、参数测量、调制识别与解调、编码识别与解码、信息还原和分析显示等一系列处理。该系统一般由侦察接收天线、搜索接收机、分析接收机、信号分析终端、全景处理终端和数据库等组成，如图 2-2 所示。

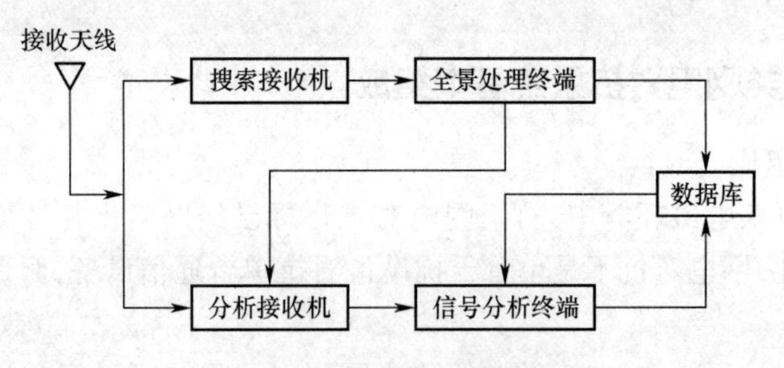

图 2-2　通信类网电对抗侦察系统

3）网电对抗测向系统

网电对抗测向系统通常由多个测向子系统组成，又称为测向站。测向系统基于其配置的测向子系统实现对网电对抗目标信号的测向与定位。网电对抗目标的测向可利用方向性天线通过对空域的网电对抗目标信号搜索来实现，或利用网电对抗目标信号到达天线阵的幅度差、相位差或时间差来实现；网电对抗目标的定位由两个或两个以上测向子系统采用交叉定位来实现，从而判定网电对抗目标的方位。测向子系统一般由测向天线/天线阵、测向接收机、测向处理机、数据库和显示控制台等组成，如图 2-3 所示。

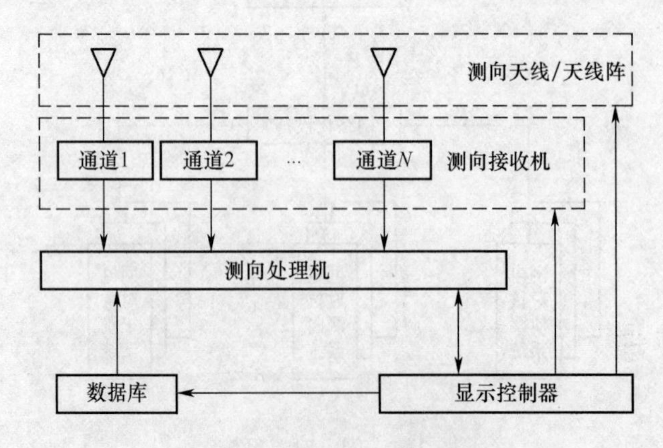

图 2-3　网电对抗测向系统

网电对抗测向系统的工作过程简要描述：测向天线感应空间传输的电磁信号并将之转换为电信号；测向接收机对测向天线感应后送来的无线通信网台信号进行滤波、放大和变频处理；测向处理机对来自测向接收机的信号进行A/D变换和测向算法处理，得到无线通信网台的方位；显示控制台单元对测向处理机输出的测向结果进行显示，并协调测向子系统各组成部分的工作，如测向天线的阵元转换、接收机本振及信道的控制、测向工作方式的选择、测向速度及其他工作参数的设置等。

4）通信类网电对抗干扰系统

通信类网电对抗干扰系统通常由多个干扰子系统组成，该干扰子系统又称为干扰站。干扰系统依据侦察系统和测向系统所获得的结果，根据作战需求，采用人为手段来削弱甚至阻断敌方网电空间作战能力的发挥。干扰系统由接收天线、接收机、干扰引导设备、干扰信号生成设备、干扰效果监视设备和功率放大器等组成，如图2-4所示。

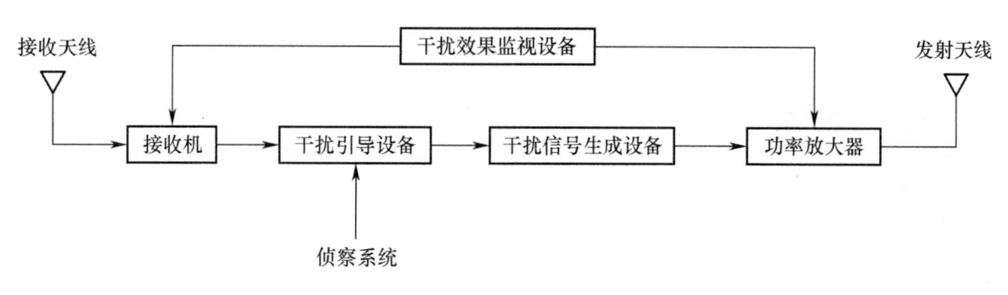

图2-4　通信类网电对抗干扰系统

通信类网电对抗干扰系统的工作过程简要描述：先由干扰信号生成设备产生与网电对抗目标信号频率、调制和编码等相匹配的干扰信号，经功率放大器将干扰信号放大到一定的功率，再由天线辐射向网电对抗目标所处的方向实施干扰。

2. 网电对抗系统分类

网电对抗系统按工作频段可分为短波、超短波和微波等网电对抗系统，其中短波网电对抗系统频率范围为3～30MHz、超短波网电对抗系统频率范围为30～300MHz、微波网电对抗系统频率范围为300～3000MHz等。

按作战对象分类，通信类网电对抗系统可分为战术通信网电对抗系统、移动通信网电对抗系统、卫星通信网电对抗系统和数据链网电对抗系统等。

按搭载平台分类，通信类网电对抗系统可分为车载式网电对抗系统、机载式网电对抗系统、舰载式网电对抗系统、星载式网电对抗系统、便携式网电对抗系统和固定式网电对抗系统等。

2.1.2　网电对抗系统应用领域

网电对抗系统在非军事领域和军事领域均扮演极为重要的角色。

1. 网电对抗系统在军事领域的应用

网电对抗系统在军事领域的应用主要包括以下几个方面。

1）军事通信的情报侦察和支援侦察

无论是平时还是战时，军事通信的情报侦察和支援侦察都是十分重要。通过对敌方通信的侦察,可了解其兵力部署、作战意图与动向、通信网的组成与位置、调制样式和信号属性等信息,测量其信号频率和方位等技术参数,为己方作战指挥制定作战计划和采取行动提供依据。

2）引导武器系统摧毁敌方通信网台

通过网电侦察并实现对敌情分析,可充分掌握敌方各级指挥通信网台的属性和位置等情况。一旦战争需要,可向各种软、硬杀伤武器提供攻击目标的信息,以便摧毁敌方信息基础设施。

3）对敌方通信网台实施干扰和攻击

在充分掌握敌方各级指挥通信网台的信号参数、信号特征、位置信息和组网关系的基础上,根据作战任务,网电对抗系统可对敌方通信网台实施压制和干扰、攻击,具体通信类网电对抗目标包括指挥控制网、战场通信网、卫星通信网、导航定位网和战术数据链等。

4）支持己方形成网电对抗防御反网电对抗

针对敌方网电对抗技术,采取积极网电对抗防御措施保护己方通信和重点目标,如形成反网电侦察的干扰屏障以保护己方通信、与雷达配合采用无源探测手段对敌方动目标进行探测、干扰敌方各类传感器并阻断其信息搜集能力。

5）安全保密

通过干扰维护己方军队的各种大型军事基地、试验靶场、演习阵地和核心部门的信息安全,形成干扰屏障可防止保密信息外泄。

2. 网电对抗系统在非军事领域的应用

网电对抗系统在非军事领域的应用主要包括以下几个方面。

1）反恐维稳

网电对抗系统可通过通信类网电对抗侦察系统截获和识别分裂分子、极端分子、恐怖分子和其他各类犯罪分子的网电对抗目标信号;通过网电对抗测向系统对特定目标进行测向定位,并可根据任务需求对特定目标或特定区域实施干扰。此外,也可采用区域屏蔽方式,阻止恐怖分子用无线电遥控信号引爆炸弹。

2）无线电监测

网电对抗系统在无线电监测领域主要承担:合法通信用户的频率管理,特别是监测其辐射的无线电信号质量,搜索和发现未经批准的非法通信用户;监测来自境外的无线电波辐射,检查其是否超过国际协议规定的容限值及是否对己方无线电通信形成干扰,维护国家权益;监测电磁环境非法干扰信号,并采取措施消除或减弱干扰信号,保证正常的无线通信。此外,为了国家的安全,国家安全部门需要不间断地对境内外各种网电对抗目标进行监视、测量和定位,发现并找出非法电台。

3）安全保密

基于信息保密和防间反谍的需求,网电对抗系统一方面可通过侦察实现对特殊场所的监控,并对异常情况进行报警,另一方面也可对会场、体育馆、剧院和考场等场所实施干扰,形成干扰屏障阻止保密信息外泄。

2.1.3　网电对抗侦察系统性能特点

通信类网电对抗目标信号侦察系统的性能特点包含通信类网电对抗侦察和网电对抗测向两个系统所涉及的内容。

1. 系统功能指标

1）工作频率范围

由于网电对抗的目标体制多,同时在作战区域会有成百上千部各类网台在工作,这些网台的工作频率范围覆盖1.5MHz~60GHz。因此,通信类网电对抗侦察系统的频域应具有工作频率范围全频段覆盖的特点,以实现对网电对抗目标信号有效的侦察和测向定位。

2）空间覆盖范围

针对的是来自陆、海、空、天等平台辐射的电磁信号,通信类网电对抗侦察系统空域覆盖必须具有范围广的特点。例如:车载式通信类网电对抗侦察系统应包括指定覆盖空域内的网电对抗目标,最大可覆盖180°作战正面;机载式、舰载式和星载式等通信类网电对抗侦察系统的空域覆盖要求更高,通常具备覆盖360°作战的能力。

3）信号截获概率

针对通信类网电对抗目标信号所设计的跳频、直接序列扩频和猝发等抗截获和抗干扰技术,通信类网电对抗侦察系统采取了一系列应对方法,特别是宽波束接收天线和射频宽带化处理等措施,使得系统具备在通信频率、通信时间、天线方向和天线极化等与网电对抗目标信号保持高度一致的能力,确保对通信类网电对抗目标信号高概率的侦测和截获。

4）系统灵敏度

灵敏度是指通信类网电对抗侦察系统可以接收到的并能正常工作的最低信号强度,通常也指在满足最低解调信噪比条件下最小接收信号功率。由于通信类网电对抗侦察系统相对于通信双方属于第三方,因此在侦察网电对抗目标信号时不仅没有距离优势,而且接收到的信号存在严重的衰落和多径。所以,通信类网电对抗侦察系统与网电对抗目标相比较,往往应具有更高的灵敏度。

5）系统动态范围

系统动态范围与通信类网电对抗侦察系统在正常工作时输入信号功率最大值和最小值相关,最小信号功率受网电对抗系统灵敏度限制,最大信号功率则为网电对抗系统处于饱和临界并且不产生交互调制的功率;动态范围是指通信类网电对抗侦察系统在无寄生干扰时最大信号功率和最小信号功率之间的差值。通信类网电对抗侦察系统动态范围大是有效实施侦察的前提条件之一。

6）调制识别能力

调制识别是通信类网电对抗侦察系统进行信号解调的前提。调制识别不仅要识别模拟调制、数字调制和调制类型(包括幅度调制、频率调制或相位调制),还要识别调制样式(包括调制度和调制阶数等参数)。因此,通信类网电对抗侦察系统需要具有较强的调制识别能力。

7）参数测量能力

通信类网电对抗目标信号的参数通常包括定频信号频率或跳频通信信号图案、信号带宽、码元速率、同步序列和扩频码等。通信类网电对抗侦察系统必须具备参数测量能力，才能对通信类网电对抗目标信号的参数实现测量与估计，正确地解调目标的网电对抗目标信号所携带的信息，从而通过测量的参数引导干扰。

8）测向反应时间

测向反应时间一般是指通信类网电对抗测向系统的测向与定位速度，即通信类网电对抗测向系统完成一次测向与定位所需要的时间，包括从开始截获目标信号，到完成测向与定位相关算法处理以及将结果可视化显示所需要的时间。

此外，测向反应时间还可以用容许信号的最短持续时间表示，即通信类网电对抗测向系统为保证测向与定位的精度对被测信号最短持续时间的要求。被测信号的持续时间至少能够保证通信类网电对抗测向系统完成模/数变换、算法处理和结果显示。

9）测向与定位灵敏度

测向与定位灵敏度是指通信类网电对抗测向系统在保证容许的测向与定位误差条件下可接收被测信号的最小信号强度。

测向与定位灵敏度和测向与定位误差密切相关，在表示测向与定位灵敏度指标时，必须同时标明所容许的测向与定位误差。

10）测向方式

通信类网电对抗测向系统的测向方式通常包括守候式测向、扫描式测向、搜索引导式测向、规定时限的测向和连续测向等。

2. 系统技术指标

系统主要技术指标通常分为11类，具体如下。

1）频率范围

频率范围是指网电对抗侦察系统的频率覆盖范围、网电对抗测向系统的频率覆盖范围。这两种的频率覆盖范围可能不完全一样，但通常网电对抗侦察系统的频率覆盖范围宽于网电对抗测向系统的频率覆盖范围。

2）覆盖范围

覆盖范围是指空域覆盖范围和作用距离范围。空域覆盖范围主要包括方位覆盖范围和仰角覆盖范围，与通信类网电对抗侦察系统和通信类网电对抗测向系统配置天线的波束宽度相关；作用距离范围是指通信类网电对抗侦察系统和通信类网电对抗测向系统的侦察作用距离，与侦察灵敏度有关。

3）侦察灵敏度

侦察灵敏度包括通信类网电对抗侦察系统的灵敏度和通信类网电对抗侦察系统侦察接收机的灵敏度。从有效实施对抗的角度来看，侦察灵敏度必须比通信接收机的灵敏度高。

4）动态范围

动态范围是指保证通信类网电对抗侦察系统在正常工作时最大接收信号功率和最小接收信号功率之间的差值，其中最小接收信号功率与侦察灵敏度有关。

5）搜索时间

搜索时间是指通信类网电对抗侦察系统搜索完频率覆盖范围并实现显示的时间,与搜索频率步进时间、换频时间和驻留时间等相关。

6）搜索速度

搜索速度是指通信类网电对抗侦察系统,特别是搜索接收机每秒钟搜索的频率范围或信道数目,其主要取决于搜索接收机在每个频点或信道上的驻留时间,驻留时间通常取带宽值的倒数。

7）测向精度

测向精度是指包括测向天线在内的通信类网电对抗测向系统的系统误差,通常用均方根值测向误差表示,测向精度主要取决于测向方法。

8）测量参数

测量参数是指需要测量的网电对抗目标信号基本参数,包括信号频率、调制样式、调制参数及对应的测量精度等。

9）响应时间

响应时间通常包括侦察响应时间、测向响应时间。侦察响应时间是指发现信号到解析并显示信号参数所需的时间;测向响应时间是指从启动测向到在测向显示器上给出示向度的时间。

10）测向瞬时处理带宽

测向瞬时处理带宽是指当需要对短持续时间信号(如短脉冲、跳频通信信号)进行测向或定位时,为保证网电对抗测向系统的测向反应时间能适应对短持续时间信号搜索截获和采样,而对瞬时射频带宽和处理带宽(如常用的 FFT 处理带宽)提出的相应要求。通常测向或定位处理器的瞬时处理带宽决定测向或定位设备的瞬时射频带宽。

11）测向与定位误差

测向与定位误差包括测向误差和定位误差两个方面。测向误差是指通信类网电对抗测向系统测得的目标方位角与其真实方位角之差的统计值,可分别用设备测向误差(不包含测向天线在内的测向设备的测向误差)和系统测向误差(包含测向天线在内的整个测向系统的总的测向误差)来表示。定位误差是指通信类网电对抗测向系统测得的目标方位与其真实方位之差的统计值,定位误差一般采用所确定目标定位模糊区域的圆概率误差表示。

2.2　网电对抗侦测系统概述

2.2.1　网电对抗侦测系统组成

网电对抗侦测系统(设备)组成,如图 2-5 所示。该系统兼具网电对抗侦察系统功能和网电对抗测向系统功能,其基本组成包括天线系统、侦察系统、测向系统、组网系统、信号分析和处理系统、情报分析系统、控制系统和显示控制台等。

网电对抗侦测系统(设备)的天线包括侦察天线、测向天线和通信天线。侦察天线和测向天线通常采用宽频段天线,不同的是侦察天线一般为宽波束天线,而测向天线则会

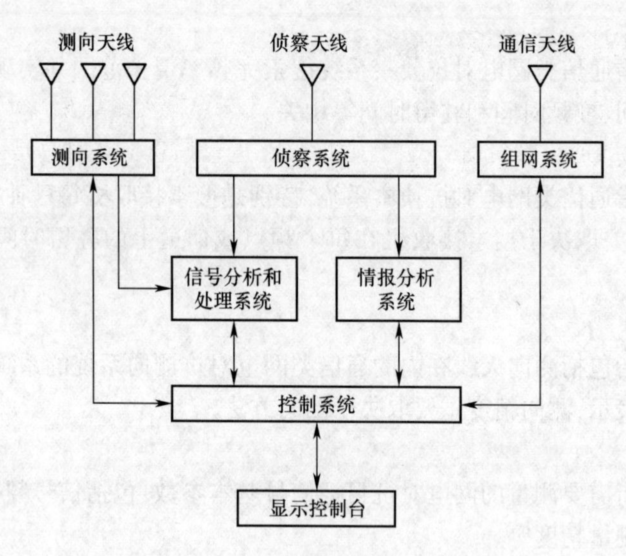

图 2-5 网电对抗侦测系统(设备)组成

根据测向方法的不同,使用不同结构的多元天线阵。在协同工作时,通信天线一般采用全向天线形式。

网电对抗侦测系统(设备)的侦察系统以接收机为主,接收机在宽频带范围内实现网电对抗目标信号的低噪声放大、变频和中频放大,为信号分析和处理系统、测向系统(设备)提供一定幅度和带宽的中频信号。根据作战需求不同,接收机性能指标与结构要求也会有所差别,但通常都是采用超外差接收机体制。接收机类型可以是窄带搜索接收机、宽带接收机,也可以是单信道接收机、多信道接收机。测向子系统(设备)的接收机一般是多信道的。

网电对抗侦测系统(设备)的测向系统(设备)完成对网电对抗目标信号来波方向的测量,可采用的技术包括振幅法测向、相位法测向、时差法测向、多普勒测向和空间谱估计测向等。其测向系统(设备)既可独立工作,也可与信号分析和处理系统协同工作,在独立工作时,测向系统(设备)自身具备一定的信号分析和处理能力;在协同工作时,测向系统(设备)更多地依靠功能强大的信号分析和处理系统,并可根据截获的网电对抗目标信号实现对网电对抗目标的交叉定位。

网电对抗侦测系统(设备)的信号分析和处理系统在实现对网电对抗目标信号探测和截获的基础上,完成对敌方网电对抗目标信号技术特征提取、测向定位、调制识别和解调、编码识别和解码、协议解析、关键节点/关键链路识别、网络拓扑识别和信息还原等处理,并把获取甚至还原的信息传送到情报分析设备进行综合分析处理。

网电对抗侦测系统(设备)的情报分析系统,利用信号分析和处理系统提取的信号参数和测向系统(设备)得到的来波方向等参数进行综合分析处理,完成电磁态势综合分析与威胁评估、作战辅助决策与指挥控制,形成网电对抗侦察情报并在本地显示和记录,并通过组网通信设备传送到各级指挥中心(所)。

后面阐述的通信类网电对抗目标侦测与识别的相关内容都是基于网电对抗侦测系统(设备)而展开的。

2.2.2　网电对抗侦测系统的特点和任务

通信类网电对抗侦测是在一个开放的、未知的、瞬息多变的电磁环境中实施，其针对的是复杂多样的无线通信网台信号，并且通信方在进行信息交互时总是采取各种措施保障通信的畅通无阻和通信内容安全保密。作为第三方的侦察方，则总是希望能够截获尽可能多的网电对抗目标信号，以便分析出更多富有价值的情报，作为干扰或攻击作战等行动的依据。

1. 网电对抗侦测系统的特点

从激烈的侦察与反侦察的对抗可知，通信类网电对抗侦测具有以下特点。

1）频率范围宽

通信类网电对抗侦测需要无遗漏地截获敌方的无线通信网台信号，因此需要覆盖战场上网电对抗目标可能使用的全部频率范围。从当前的通信技术现状来看，其频率范围大约从千赫兹到数十吉赫兹。在实际应用中，通常并不要求网电对抗侦测系统覆盖这么宽的频率范围，而是根据网电对抗需求及侦察目的，在明确侦察对象、所采用的侦察方式、电波传播路径及电磁环境等基础上，覆盖目标无线通信网台所使用的频段即可。

2）侦察区域广

在现代数字化战场上，通信类网电对抗目标（无线通信网台）以全方位、立体式形态分布于陆海空天作战平台。相应地，通信类网电对抗侦测系统（设备）也应该具备侦察范围广、作用距离远和持续时间长的特点，从而实现多维度、全方位、全天候和全时段的广域侦测。

3）电磁环境适应性强

网电对抗侦测系统（设备）通常应具备较强的电磁环境适应性。其主要原因是网电对抗侦测系统（设备）面临复杂的电磁环境：传输信息种类多，网电对抗目标信号根据信源的特点可分为离散信号和连续信号，根据信源的类型又可分为语音、图像、数据和短报文等；网电对抗目标信号调制方式多，既包括模拟调制，又包括数字调制和扩频调制，另外还采用了频分、码分和时分等复用方式以及各种特殊体制的无线通信网和数据链等；网电对抗目标信号带宽有限且信道间隔小，连续波信号持续时间长且相互交叠；网电对抗目标大范围分布在战场区域里，其信号发射功率大小不一且采取功率控制，其电波传播阴影效应和多径效应等影响，导致网电对抗目标信号电平波动较大；网电对抗目标种类和型号多、种类和型号不同，其战术和技术特征不同。

4）系统（设备）隐蔽性强

网电对抗侦测系统（设备）通过被动接收和处理网电对抗目标信号实现对目标信号的侦测截获、测量分析和识别解析，提取有价值的信息。网电对抗侦测系统（设备）不像雷达那样通过辐射电磁波实现目标侦察，因其无源特性，网电对抗侦测系统（设备）隐蔽性较好且安全较高，难以被敌方探测，不会受到反辐射武器的攻击。

此外，战场电磁环境瞬息万变，网电对抗目标信号稍纵即逝，网电对抗侦测系统（设备）一方面需要长时间不间断地工作，另一方面要能够实时地搜索和截获信号、快速地处理和解析信息。因此，网电对抗侦测系统（设备）同时具备实时性、快速性和持久性。

2. 网电对抗侦测系统的任务

网电对抗侦测系统的任务是指在给定的频段内搜索和截获敌方的网电对抗目标信号,从其信号中获取其时间域、频率域和空间域的技术参数,提取网电对抗目标的个体特征,获取其工作特征甚至通信内容。网电对抗侦测系统的任务:一方面是通过融合处理形成战略和战术情报,为指挥决策提供服务;另一方面是监测网电对抗目标状态并根据作战需求引导干扰等。网电对抗侦测系统的主要任务和信号处理流程,如图 2-6 所示。

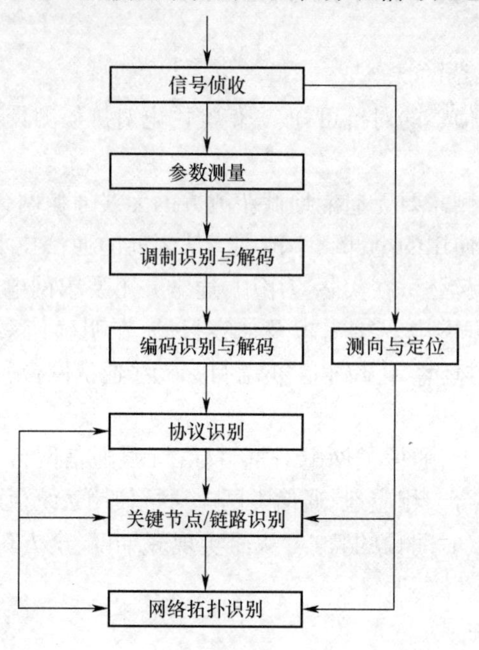

图 2-6 网电对抗侦测系统的任务和流程

具体来说,网电对抗侦测系统的主要任务包括以下几个方面。

1) 通信类网电对抗目标信号侦测和截获

通信类网电对抗侦测是网电对抗干扰(攻击)的前提和基础,其首要任务是侦测和截获目标区域中有价值的网电对抗目标信号,为后面的参数测量和分析、信号分选和目标识别、调制识别和解调、编码识别和解码、测向和定位、干扰引导和情报分析提供支持。

通信类网电对抗目标信号对网电对抗侦测系统(设备)而言,其辐射方向、工作频率、出现时间和信号强度等完全或部分是随机的。因此,网电对抗侦测系统(设备)实质是通过由空域、频域、时域和能量域等构成的多维搜索窗以一定的截获概率,实现对网电对抗目标信号进行侦测和截获。

2) 通信类网电对抗目标测向和定位

除了侦测和截获网电对抗目标的技术特征之外,通信类网电对抗目标测向和定位也是网电对抗侦测系统(设备)的重要任务。测向定位是指根据侦测和截获的网电对抗目标信号,采取一系列技术措施和手段测定其来波方向,并确定网电对抗目标的地理坐标位置。

通过对目标区域的网电对抗目标进行测向和定位,形成该区域网电对抗目标的分布图,可判断敌方兵力部署和作战动向,为己方作战计划的制定提供情报支援。通信类网电对抗目标的测向方法主要有幅度法、相位法、时差法、干涉仪和空间谱估计等。在网电对抗目标测向的基础上,网电对抗侦测系统(设备)通过交叉定位实现对网电对抗目标方位的确定。

3) 参数的测量和分析

在实现对目标区域的网电对抗目标信号侦测和截获的基础上,通信类网电对抗侦测需要对网电对抗目标信号技术特征和工作特征进行参数级处理,包括网电对抗目标信号参数测量和分析。

网电对抗侦测系统(设备)提取的网电对抗目标信号参数:一方面包括工作频率、信号带宽、信号电平、调制方式、数据速率、编码类型、极化方式、周期特征以及调幅信号的调幅度、调频信号的调频指数、移频键控信号的频移间隔、跳频通信信号的跳频速率和频率集等技术特征;另一方面包括通信体制、联络时间、通信术语、联络代号、网台呼号、联络时间和联络次数等工作特征。

参数分析是指网电对抗侦测系统(设备)通过对网电对抗目标信号技术特征、工作特征和网台位置的分析,判断网电对抗目标的组成、指挥关系和通联规律,判定网电对抗目标的类型、数量、部署和变化情况,推断敌方指挥所位置、战斗部署和行动企图等。

4) 信号分选和网台识别

针对空中网电对抗目标信号复杂多变和密集传输的特性,通信类网电对抗侦测的任务是对侦察频带中多个网电对抗目标信号进行分选。网电对抗侦测系统(设备)对于信道不重叠的信号,通常采用中心频率和带宽可调的窄带或信道化滤波器等将信号分离成单一信号;对于信道严重交叠甚至正交的信号,则采用盲源分离等算法和技术将多个信号逐一分选。

网电对抗侦测系统(设备)通过利用网电对抗目标信号的技术特征和工作特征并结合其位置来实现目标识别。其中,信号的技术特征实现对网电对抗目标的宏观区分,信号的工作特征则可以判断和识别该网电对抗目标的重要程度、级别、属性及相互关系等,两者相辅相成实现对网电对抗目标的识别。

5) 信号解调和信息还原

在实现通信类网电对抗目标信号探测和截获、参数测量和分析以及信号分选的基础上,网电对抗目标信号调制分类、解调以及信息还原是网电对抗侦察的另一个重要任务。

调制分类(又称为调制识别)是根据通信类网电对抗目标信号各种调制方式的特点,按照一定的准则对网电对抗目标信号进行调制分类,并在此基础上进一步实现通信类网电对抗目标信号解调。模拟网电对抗目标信号的解调相对比较容易。数字网电对抗目标信号解调时,由于属于第三方侦察,因此通信类网电对抗侦测系统(设备)缺乏有关调制参数先验知识,一般采用盲解调技术进行处理不同的调制方式和调制参数的数字网电对抗目标信号。

信息还原是根据网电对抗目标所采用的网络协议、信源编码、信道编码和加密方式等进行处理得到发送方传输的原始信息。由于缺乏先验信息,网电对抗目标信号信息还原难度非常大。

6) 侦察情报融合处理

通信类网电对抗侦测最终目的是通过融合处理形成战略和战术情报以及根据作战

需求引导干扰等。因此,网电对抗侦察情报融合处理为通信类网电对抗侦察的重要任务之一。

网电对抗侦测系统(设备)将多个网电对抗侦测系统(设备)或多个途径汇聚的网电对抗目标数据进行综合分析和相关处理,生成敌方电磁态势和作出威胁评估,推断敌方指挥系统的配置、兵力部署和作战意图等,形成情报并上报,以提供己方各级指挥员做决策。

2.2.3 网电对抗侦测系统(设备)性能

网电对抗侦测系统(设备)的信号侦测能力是实施有效网电对抗干扰的基础。下面介绍网电对抗侦测系统(设备)的主要性能指标。

1. 侦察作用距离

侦察作用距离是衡量网电对抗侦测系统(设备)作战能力的首要量化指标。该指标既体现了网电对抗侦测系统(设备)灵敏度指标的要求,又体现了网电对抗侦测系统(设备)从战场复杂电磁信号环境,分选识别远距离弱信号的能力。侦察作用距离是通信类网电对抗侦测系统(设备)在满足灵敏度和截获概率的条件下,探测和截获网电对抗目标信号的最大距离。该指标与网电对抗侦测系统(设备)的技术性能、通信发射机的技术性能和电波传播条件等有关。

网电对抗目标信号在空中主要传播方式有直射波、表面波、反射波、折射波、绕射波和散射波等。在视距范围内的地-空、空-空通信的主要传播方式是直接波,直射波的传播模型可以用自由空间传播模型描述。地—地通信则复杂得多,可以采用地面反射传播模型描述。

1) 自由空间电波传播模型

设在自由空间中存在一个全向辐射信号的网电对抗目标,其发射功率为 P_{T} ,则在距离发射天线 R 处,信号功率均匀地分布在一个半径为 R 的球面上,该处的功率密度为

$$S_{\mathrm{T}}=\frac{P_{\mathrm{T}}}{4\pi R^2} \tag{2-1}$$

如果接收天线与发射天线之间的距离为 R ,则有效面积为 A_{e} 的接收天线感应的信号功率为

$$P_{\mathrm{R}}=\frac{P_{\mathrm{T}}A_{\mathrm{e}}}{4\pi R^2} \tag{2-2}$$

天线增益与有效面积和波长 λ 的关系为

$$G=\frac{4\pi}{\lambda^2}A_{\mathrm{e}} \tag{2-3}$$

因此,接收天线得到的接收功率为

$$P_{\mathrm{R}}=\frac{P_{\mathrm{T}}G_{\mathrm{R}}\lambda^2}{4\pi R^2} \tag{2-4}$$

式中: G_{R} 为接收天线的增益。如果网电对抗目标采用定向发射天线,设其增益为 G_{T} ,则式(2-4)转换为

$$P_R = \frac{P_T G_T G_R \lambda^2}{4\pi R^2} \tag{2-5}$$

式(2-4)和式(2-5)称为自由空间的电波传播方程,适用于视距通信。视距通信是指发射天线和接收天线之间的距离满足视距的条件,有

$$R_{sr} \leqslant k(\sqrt{h_1} + \sqrt{h_2}) \tag{2-6}$$

式中:h_1,h_2分别为发射天线和接收天线的高度(m);k为与传播有关的因子,不考虑大气引起的电波折射时$k=3.57$,考虑大气引起的电波折射时$k=4.12$。

自由空间的电波传播损耗定义为

$$L = \frac{P_R}{P_T} = G_T G_R \frac{\lambda^2}{4\pi R^2} \tag{2-7}$$

当天线增益用分贝表示时,传播损耗表示为

$$L_{dB} = G_T + G_R - 20\lg f - 20\lg R - 32.45 \tag{2-8}$$

而以dBm为单位的接收功率为

$$P_R = P_T + L = P_T + G_T + G_R - 20\lg f - 20\lg R - 32.45 \tag{2-9}$$

式中:P_R单位为dBm;P_T单位为dBm;L单位为dB;G_T单位为dB;G_R单位为dB;f单位为MHz;R单位为km。

由式(2-9)可知,接收机接收的信号功率与距离平方、信号频率成反比,与发射天线和接收天线增益成正比。

2) 地面反射传播模型

在超短波频段工作时,信号会沿地面传播,到达接收天线的信号不仅有直射波,还有地面反射波和地面波,如图2-7所示。

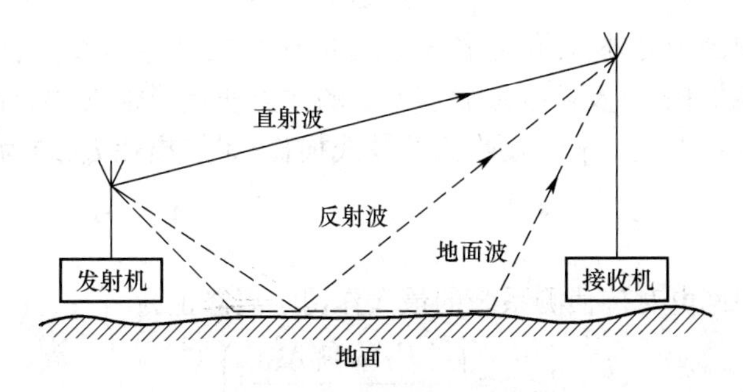

图2-7　地面反射传播示意图

在地面传播情况下,由于反射波和地面波的综合作用,接收功率为

$$P_R = P_T G_T G_R \left(\frac{h_T h_R}{R^2}\right)^2 \tag{2-10}$$

式中:h_T,h_R分别为发射天线和接收天线的高度。

地面反射传播在地-地通信时可能会出现。如果天线的高度与波长相当或小于波长时,则需要考虑地面反射波的影响;反之,如果天线的高度大于几个波长时,仅需要采用自由空间传播模型。

在存在地面反射现象时,接收功率与距离的四次方成反比,因此如果发射功率、天线

增益不变，则接收功率会比自由空间传播时小得多。

3）侦察作用距离

在自由空间视距传播条件下，网电对抗侦测系统（设备）的最大作用距离为

$$R_{\max} = \left(\frac{P_T G_T G_R \lambda^2}{4\pi^2 P_{\text{rmin}}}\right)^{1/2} \tag{2-11}$$

上面的分析仅考虑了随着电波传播距离增加，引起的自由空间的路径损耗，这是一种比较理想的条件。在实际应用中，除了自由空间路径损耗外，还存在穿透损耗、极化损耗以及网电对抗侦测系统（设备）自身损耗等。各种损耗通常用衰减因子来表示，因此传播损耗可转换为

$$L = L_r + L_a \tag{2-12}$$

式中：L_r 为自由空间路径损耗衰减因子；L_a 为除了自由空间路径损耗外的其他损耗衰减因子。

对于在视距条件下超短波自由空间传播，如空-空通信、近距离地-空通信等，衰减因子为 2~10dB；对于短波地面传播，衰减因子为

$$L_a = 10\lg\left(\frac{2 + \rho + 0.6\rho^2}{2 + 0.3\rho}\right) \tag{2-13}$$

式中：ρ 为一个无量纲的参数，可以由下式得

$$\rho = \frac{\pi d}{\lambda}\frac{\sqrt{(\varepsilon - 1)^2 + 60\lambda\sigma^2}}{\varepsilon^2 + 60\lambda\sigma^2} \tag{2-14}$$

式中：ε 为地面的相对介电常数；σ 为地面电导率；d 为距离（m）；λ 为波长（m）。

当 $\rho > 25$ 时，损耗因子可以简化为

$$L_a \approx 10\lg\rho + 3.0 \tag{2-15}$$

除了考虑衰减因子之外，在信号传输过程中还存在其他因素会引起损耗，如发射端通信发射机的馈线损耗，以及接收端侦察天线的波束非矩形损失、宽带增益变化损失、极化失配损失和信号从天线传输至接收机的馈线损耗，累加损耗 L_s 约为 13~15.5dB，故总损耗因子为

$$L_p = L_a + L_s \tag{2-16}$$

在自由空间中网电对抗侦测系统的最大作用距离修正为

$$R_{\max} = \left(\frac{P_T G_T G_R \lambda^2}{4\pi^2 P_{\text{rmin}} 10^{0.1L_p}}\right)^{1/2} \tag{2-17}$$

在视距传播条件下，对网电对抗目标信号的侦察必须同时满足式（2-6）和式（2-17），实际侦察距离是两者的最小值，即

$$R_r = \min\{R_{\max}, R_{\text{sr}}\} \tag{2-18}$$

对于在超短波工作时，一般采用地面反射传播模型，侦察系统的最大作用距离为

$$R_{\max} = \left(\frac{P_T G_T G_R h_T h_R{}^2}{P_{\text{rmin}}}\right)^{1/4} \tag{2-19}$$

2. 系统灵敏度

系统灵敏度是指网电对抗侦测系统（设备）在满足信号检测或解调、解码等信噪比的要求下，天线输入的最小信号功率或天线口面的最小信号场强。系统灵敏度与天线增

益、馈线损耗、噪声系数、接收机灵敏度和信噪比等因素有关。

1）噪声系数

噪声系数是衡量系统内部噪声的一个物理量，其定义为系统输入端信噪比与输出端信噪比之比，即

$$N_F = \frac{\frac{S_{in}}{N_{in}}}{\frac{S_{out}}{N_{out}}} \tag{2-20}$$

如果系统增益为 G，$G = S_{out}/S_{in}$，则

$$N_F = \frac{N_{out}}{GN_{in}} \tag{2-21}$$

由式(2-21)可知：噪声系数是系统输出端的总噪声功率 N_{out} 与其输入端的噪声功率经系统放大后得到的噪声功率 GN_{in} 的比，其表示输出信噪比恶化的程度。输出噪声由两部分构成：一是输入噪声被放大后的输出，二是内部产生的噪声。将式(2-21)写成对数形式：

$$N_F = 10\lg\left(\frac{N_{out}}{GN_{in}}\right) = 10\lg(N_{out}) - 10\lg(G) - 10\lg(N_{in}) \tag{2-22}$$

噪声系数说明由于内部噪声的存在，输出噪声功率总是大于输入噪声功率。输出噪声由射频放大器、滤波器、混频器和中频放大器等内部电路产生。通信类网电对抗侦测系统(设备)内部电路通常采用级联结构设计，N 级级联电路总噪声系数的计算方法如下：

$$N_F = N_{F1} + \frac{N_{F2} - 1}{G_1} + \frac{N_{F3} - 1}{G_1 G_2} + \cdots + \frac{N_{Fn} - 1}{G_1 G_2 \cdots G_{n-1}} \tag{2-23}$$

2）系统灵敏度

系统灵敏度是网电对抗侦测系统(设备)的重要指标之一。系统灵敏度与噪声系数有关，指在系统与天线高度匹配且能满足系统后处理的条件下，输入端接收的最小信号功率。由噪声系数的定义可得，输入端的信号功率为

$$S_{in} = N_{in} N_F \frac{S_{out}}{N_{out}} \tag{2-24}$$

当系统与天线匹配时，接收机输入端的噪声功率为

$$N_{in} = KT_0 B_n \tag{2-25}$$

式中：$K = 1.38 \times 10^{23}$ J/℃，是波耳兹曼常数；T_0 为标准温度(290K)；B_n 为系统等效噪声带宽(Hz)。

系统灵敏度定义为系统输入端的最小信号功率，即

$$P_{rmin} = (S_{in})_{min} = KT_0 B_n N_F \frac{S_{out}}{N_{out}} = KT_0 B_n N_F \mathrm{SNR_o} \tag{2-26}$$

灵敏度通常用分贝形式表示，对式(2-26)取对数并且将 K 和 T_0 的值代入，经过简单的计算，可得

$$P_{rmin} = -174 + 10\lg B_n + N_F + \mathrm{SNR_0} \tag{2-27}$$

式中：N_F 为噪声系数(dB)；SNR_0 为输出信噪比(dB)；B_n 为等效噪声带宽(Hz)。

3. 信号截获概率

信号截获概率是指网电对抗侦测系统(设备)截获网电对抗目标信号的可能性。网电对抗侦测的首要任务是截获网电对抗目标信号,但由于网电对抗目标信号出现的方向、频率、时间和强度等,对于网电对抗侦测系统(设备)而言是未知和随机的,因此截获网电对抗信号必须综合考虑频域截获概率、空域截获概率、能量域截获概率和时域截获概率。

网电对抗侦测系统(设备)的频域截获概率主要由三个因素决定,即信号搜索速度、信号持续时间和搜索带宽。网电对抗侦测系统(设备)的频域截获概率 P_{fi} 定义为

$$P_{fi} = \frac{T_d}{T_{sf}} \tag{2-28}$$

式中：T_d 为网电对抗目标信号的持续时间；T_{sf} 为搜索完指定带宽所需的时间。

设搜索带宽为 W (MHz),搜索速度为 R_{sf} (MHz/s),则搜索时间 $T_{sf} = W/R_{sf}$,频域截获概率为

$$P_{fi} = \frac{T_d}{W} R_{sf} \tag{2-29}$$

与频域截获的情况类似,当在空域进行搜索时,空域截获概率与天线的扫描速度、信号持续时间和波束宽度等有关。因此,网电对抗侦测系统(设备)的空域截获概率 P_{ai} 定义为

$$P_{ai} = \frac{T_d}{T_{sa}} \tag{2-30}$$

式中：T_d 为网电对抗目标信号的持续时间；T_{sa} 为网电对抗侦察天线扫描完指定空域所需的时间。

设扫描空域为 Ω (rad),天线扫描度为 R_{sa} (rad/s),则搜索时间为 $T_{sa} = \Omega/R_{sa}$,空域截获概率为

$$P_{ai} = \frac{T_d}{\Omega} R_{sa} \tag{2-31}$$

此外,时域截获概率要求通信类网电对抗侦测系统(设备)工作时,网电对抗目标信号存在,对于网电对抗侦测而言这个条件相对容易满足。能量域截获概率主要由系统灵敏度来保证,当到达网电对抗侦测系统(设备)的输入端网电对抗目标信号强度大于网电对抗侦测系统(设备)的灵敏度时,就基本满足能量域截获的条件。

由于频域和空域截获均是以电磁波能量为前提条件,如果能量域满足条件,即信号功率高于检测门限并且频域和空域搜索独立,网电对抗目标信号持续时间足够长,那么系统截获概率为

$$P_i = P_{fi} \cdot P_{ai} \tag{2-32}$$

综上所述,频域搜索速度实际上受到本振频速度、信号处理带宽和信号处理时间的限制。信号处理时间与信号传输环境、信号处理器的处理能力等因素有关。空域的天线扫描速度实际上也受到天线伺服设备、天线波束宽度和信号处理时间的限制。能量域截获概率受到接收机灵敏度、天线增益、信号处理增益的限制。由此可见,系统截获概率是

系统综合性能的体现,与多种因素有关,在具体分析时需要根据实际条件,综合考虑。

4. 空域覆盖范围

空域覆盖范围包括方位覆盖范围和俯仰覆盖范围,表征了网电对抗侦测系统(设备)的方位和俯仰角覆盖能力。网电对抗侦测系统(设备)的空域覆盖范围是全向或定向的,与天线特性有关。

5. 工作频率范围

工作频率范围是网电对抗侦测系统(设备)的重要指标,表征了可接收网电对抗目标信号的频率范围,其主要由网电对抗侦测系统(设备)的使命和任务决定。

6. 测频准确度

测频准确度又称为测频精度,指网电对抗侦测系统(设备)测量得到的网电对抗目标信号频率值与网电对抗目标信号实际频率值之间的符合程度。

7. 测向精度

测向精度是指网电对抗侦测系统(设备)测量得到的网电对抗目标信号来波方向值与网电对抗目标信号实际来波方向值的符合程度。

8. 系统反应时间

系统反应时间是指网电对抗侦测系统(设备)从截获网电对抗目标信号到输出该信号特征参数或形成情报信息所需的时间。

此外,网电对抗侦测系统(设备)性能还包括接收灵敏度、动态范围、接收瞬时带宽、频率搜索速度、频率搜索间隔和频率选择性等接收机指标,以及信号环境适应能力、信号处理带宽、信号处理时间和信号正确识别概率等信号分析和处理指标。

2.3　通信类网电对抗目标信号概述

通信类网电对抗与通信双方相比较,虽然属于非协作的第三方,但是网电对抗和通信之间属于对立统一关系,即通信类网电对抗系统的特点和目标信号的特点是密切相关的。

2.3.1　通信系统基本组成

通信类网电对抗目标信号是由敌方战场通信网络及其系统(设备)所产生的,其简要组成如图2-8所示。通信系统由发射分系统和接收分系统两部分组成,其中发射分系统把信源产生的信息,首先经过编码、加密和调制后形成无线通信信号,然后以有线或者无线方式发送至信道;接收分系统从信道提取发射分系统发送的信号,并且进行与发送方相反的变换,即解调、解密和解码等处理,还原发射分系统所传送的信息并发送至信宿。通信系统按照所传输信息的类型是连续的还是离散的,分为模拟通信系统和数字通信系统,其中常规的模拟通信系统因难以实现对信息的编码和加密等处理,已逐渐被淘汰。

典型的数字通信系统通常包含编码/解码、加密/解密和调制/解调三种最基本的信息处理过程。数字通信系统根据自身的实际需求选择信息处理的过程。

1. 编码/解码

数字通信系统的编码,按照其目的分为信源编码和信道编码。信源编码的任务是把

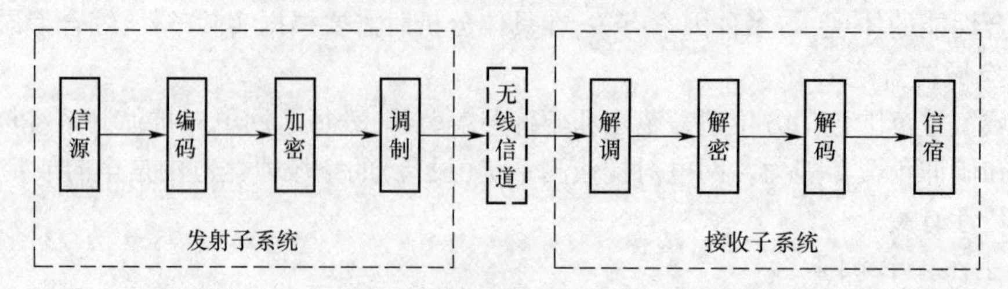

图 2-8 数字通信系统

信源发出的信息序列按照一定的规则转换为二进制信息流，降低序列中的冗余，提高通信系统传输的有效率。信道编码是为了减少信息传输过程的错码而按照既定的规则引入冗余，在发送端被传输的信息序列上附加一些监督码元，提高通信系统传输信息的可靠性。

1）信源编码/解码

通信系统的信源类型较多，包括音频信号和视频信号等模拟信源，以及字符、数据和文件等数字信源。无论模拟信源，还是数字信源，都需要通过信源编码转换为二进制信息流。

数字信源的信源编码的实质是把一个离散有限状态符号集中每个符号按照某种规则采用唯一一组二进制数序列与其对应。典型的数字信息信源编码是离散无记忆信源编码（discrete memoryless source coding，DMS），包括 Huffman 编码和等长编码等。

模拟信源的信源是连续信号，其信源编码过程与数字信源不同，主要包括量化和编码。量化是把模拟信号转换成数字信号，常用的量化方法有均匀量化和非均匀量化两种，量化后的信息再进行信源编码。模拟信源编码，尤其是语音信源编码包括波形编码和参量编码，其中波形编码有基于语音信号时域特性的脉冲编码调制（pulse code modulation，PCM）编码和增量编码调制（delta pulse code modulation，DPCM）编码等，也有基于信号的频域特性的子带编码（subband coding，SBC）和自适应变换编码（adaptive transform coding，ATC）等；参量编码是基于语音信号描述模型的几个参数实现，如线性预测编码（linear prediction coding，LPC）等，其典型应用如在 GSM 通信中采用的 RPE-LPC 编码。

解码又称为译码。信源解码的本质是信源编码的逆过程，即根据编码规则把信息流还原成原始信息。

2）信道编码/解码

信道编码的目的是检测或纠正信号在信道传输过程中受到各种噪声和干扰导致的错误，提高信息传输的可靠性。信道编码包括检错重发控制（automatic repeatre quest，ARQ）、前向纠错控制（forward error correction，FEC）、信息反馈控制（information repeat requeat，IRQ）和混合差错控制（hybrid error control，HEC）。

检错重发控制是指发射端发出有一定检测错误能力的码，接收端的纠错译码器根据编码规则，判断这些码在传输中是否有错误产生，如果有错误，就通过反馈信道传送至发射端，发射端将接收端认为错误的信息再次重新发送，直到接收端认为正确为止。信息反馈控制是接收端把收到的数据原封不动地通过反馈信道传送回发射端，发射端将发出的数据与收到的反馈数据相比较，发现错误并把出错的信息再次重发。前向纠错控制是在发射端发送有纠错能力的码,接收端的纠错译码器收到这些码之后,按预先规定的规则,自动地纠正传输中的错误。混合差错控制是 FEC 和 ARQ 两种方式的结合,发射端发送的码不仅能够检测错误,而且还具有一定的纠错能力;当接收端译码器接收到码组之后,能纠正则纠正,如果错误很多,超出接收端的纠错能力,则通过反馈信道检错重发。

现代军事通信网络大多采用前向纠错的编码方式,其包括线性分组码和非线性编码两种基本类型。常用的线性分组码有交织码、BCH 码、循环码、格雷码、哈达码、汉明码和 RS 编码等;非线性编码包括级联码、Turbo 码、LDPC 码和卷积码等。每一种码的编码效率是不同的,其检错和纠错能力也不同。

线性分组码的关键是错误码元的定位,先通过从伴随式中获得错误图样,再将错误图样和接收码组进行模二加就可恢复信息。卷积码的译码比编码复杂,通常采用代数译码和概率译码等。

2. 加密/解密

信息加密可以保证话音、数据、路由和网管等信息的机密性。由于在非常恶劣的电磁干扰环境下,通信的误码率高,稳定、可靠的保密通信比较困难。话音业务加密通常采用没有误码扩散的序列密码加密方式,数据业务加密则通常采用分组密码加密方式,保证数据通信的安全性。

解密是指根据收发双方预定的加密算法对接收的信息进行还原处理。

3. 调制/解调

发射端把具有较低频率分量(频谱分布在零频附近)的低通基带信号搬移至信道通带(处在较高频段)内的过程称为调制;接收端进行与发送端调制相反的变换,把已搬至给定信道通带内的信号还原为基带信号的过程称为解调。

通常信源输出的话音、数据和图像等信号均是低通型基带信号,这类信号的频谱特点是低频成分非常丰富,有时还包括直流分量,通常称这种信号为基带信号。模拟基带信号可以直接通过电缆等有线信道传输,但不可能直接在无线信道中传输。而一般的信道都是带通型的,如卫星信道,不能直接传送基带信号。因此,须将基带信号用载波进行调制,使基带信号成为以载波频率为中心的带通信号,以便在相应的信道上传输。

常用的数字调制信号包括多进制幅度键控(mary amplitude shift keying,MASK)、多进制相移键控(mary phase shift keying, MPSK)、多进制频移键控(mary frequency shift keying,MFSK)和多进制正交幅度调制(mary quadrature amplitude modulation,MQAM)等。MASK 信号一般采用相干解调和非相干解调(包络检波法);MFSK 信号解调常用采用非相干解调、相干解调检测法、鉴频法、过零检测法及差分检波法等;MPSK 信号可采用相干解调和差分相干解调;MQAM 信号解调则采用 MASK 信号的解调方法。

调制和解调是在通信系统中的一个极为重要的组成部分,采用什么样的调制与解调方式将直接影响通信系统的性能。

2.3.2 通信类网电对抗目标信号基础知识

通信类网电对抗目标信号包括模拟网电对抗目标信号和数字网电对抗目标信号两大类。这两大类目标信号具有以下主要特点。

(1) 频率覆盖范围宽。通信类网电对抗的目标涵盖战场短波通信网、战术互联网、战场地域通信网、战场卫星通信网、战场雷达系统、导航定位系统、战术数据链、移动互联网、光电和声纳等。在复杂战场电磁环境里,目标区域会有成百上千部网台同时工作,这些网台工作频率范围覆盖 1.5MHz~60GHz,且每个频段的频率范围高达数十个倍频程。

(2) 信号调制样式多。通信类网电对抗目标信号的调制包括模拟调制和数字调制两大类,具体有:模拟调幅调制(amplitude modulation,AM)、模拟调频调制(frequency modulation,FM)、模拟调相调制(phase modulation,PM)、幅度键控调制(amplitude shift keying,ASK)、频率键控调制(frequency shift keying,FSK)、移相键控调制(phase shift keying,PSK)和混合数字调制(quadrature amplitude modulation,QAM)。在实际应用中,数字调制通常采用 MASK、MFSK、MPSK 和 MQAM 等多进制调制样式。

(3) 信号工作体制多。通信类网电对抗目标信号在频域上有定频、跳频、跳时和扩频等,在时域上有跳时、猝发等,其中跳频有慢速跳频(每个频率驻留时间内包含许多数据比特,跳速为每秒钟几跳到几十跳)和快速跳频(每个数据比特内有多次跳频,跳速为几百跳到千跳以上);跳时是指传送的信息在每帧的不同时刻发送;扩频是源码经随机码调制后发射,接收端将接收信号与同步的随机码相关恢复源码;猝发是在不到 1s 时间内成功发送一份完整报文的通信方式。在一些通信系统中,跳频、扩频、跳时会组合使用。

(4) 传输信息类型多。在战场网电作战空间里,各类型通信网络都承载和传输大量的业务信息,如战术互联网传输态势感知信息、指挥控制信息、实时话音、IP 报文与自由报文以及网络管理等;地域通信网传输话音、数据、电传和传真等通信业务信息,以及视频、高质量侦察/监视、全动态图像等战场数据分组业务信息;卫星通信网则是传输话音、图像、电视广播和气象服务等业务信息。所有的信息在经过加密处理后,以无线电波的形式在空间传输。

下面简要阐述模拟网电对抗目标信号和数字网电对抗目标信号的基础知识,为后面内容展开分析作准备。

1. 通信类网电对抗目标模拟信号基础知识

1) 调幅信号

调幅信号(amplitude modulation,AM)的表达式为

$$S_{\mathrm{AM}}(t)=A_0[1+m_{\mathrm{a}}m(t)]\cos(2\pi f_{\mathrm{c}}t+\varphi_0) \tag{2-33}$$

式中:A_0 为载波幅度;f_{c} 为载波频率;m_{a} 为调幅度;$m(t)$ 为模拟基带信号,且 $|m(t)|<1$;φ_0 为信号初始相位。

利用傅里叶变换可得到调幅信号的频谱:

$$S_{\mathrm{AM}}(\omega)=\pi A_0 m_{\mathrm{a}}[\delta(\omega-\omega_{\mathrm{c}})+\delta(\omega+\omega_{\mathrm{c}})]+\frac{A_0}{2}[M(\omega-\omega_{\mathrm{c}})+M(\omega-\omega_{\mathrm{c}})] \tag{2-34}$$

式中:$M(\omega)$ 为模拟基带信号的频谱。

式(2-33)和式(2-34)是双边带调幅信号(amplitude modulation-double sideband,AM-DSB)的时域表达式和频域表达式,其相应的时域波形和频域频谱,如图 2-9 所示。

双边带调幅信号由于其基带信号没有滤除直流信号分量,故其存在载波分量。如果滤除在基带信号中的直流分量,可得到载波抑制的双边带调幅信号,其时域和频域表达式为

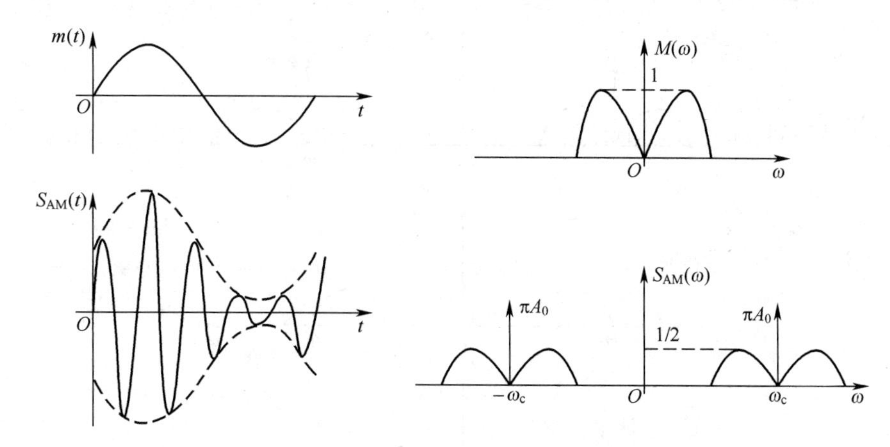

图 2-9　AM-DSB 信号时域和频谱图

$$S_{AM-C}(t)=A_0 m_a m(t)\cos(2\pi f_c t+\varphi_0) \tag{2-35}$$

$$S_{AM-C}(\omega)=\frac{A_0}{2}[M(\omega-\omega_c)+M(\omega-\omega_c)] \tag{2-36}$$

由式(2-35)和式(2-36)可知,载波抑制的双边带调幅信号频谱中没有载波频谱分量。

AM 信号还有单边带调幅信号(amplitude modulation-single sideband,AM-SSB)形式,常见为上边带(upper side band,USB)和下边带(lower side band,LSB)两种,其时域和频域表达式分别为

$$s_{AM-U,L}(t)=\frac{A_0}{2}[m(t)\cos(2\pi f_c t)\ \pm\hat{m}(t)\sin(2\pi f_c t)] \tag{2-37}$$

$$S_{AM-U,L}(\omega)=\frac{A_0}{2}[M(\omega-\omega_c)+M(\omega-\omega_c)]H(\omega) \tag{2-38}$$

从时域表达式可知,如果取减号,则为上边带信号表达式;如果取加号,则为下边带信号表达式。式(2-39)中 $\hat{m}(t)$ 为基带信号的希尔波特变换,其表达式为

$$\hat{m}(t)=\frac{1}{\pi}\int_{-\infty}^{\infty}\frac{m(\tau)}{t-\tau}\mathrm{d}\tau \tag{2-39}$$

从频域表达式可知,当滤波器 $H(\omega)$ 为理想高通滤波器时,得到的是上边带信号;当滤波器是理想低通滤波器时,得到的是下边带信号。如果滤波器是非理想的高通滤波器或低通滤波器,得到的就是残留边带信号(amplitude modulation-vestigial sideband,AM-VSB)。

边带的概念及其频谱结构,如图 2-10 所示。

如果模拟基带信号最高频率分量为 f_m,即模拟基带信号频率范围为 $0\sim f_m$,则 AM-DSB 调制信号的带宽为模拟基带信号带宽的两倍,即

$$B_{AM}=2f_m \tag{2-40}$$

2）调频信号

调频信号(frequency modulation,FM)是一种非线性调制信号,其表达式为

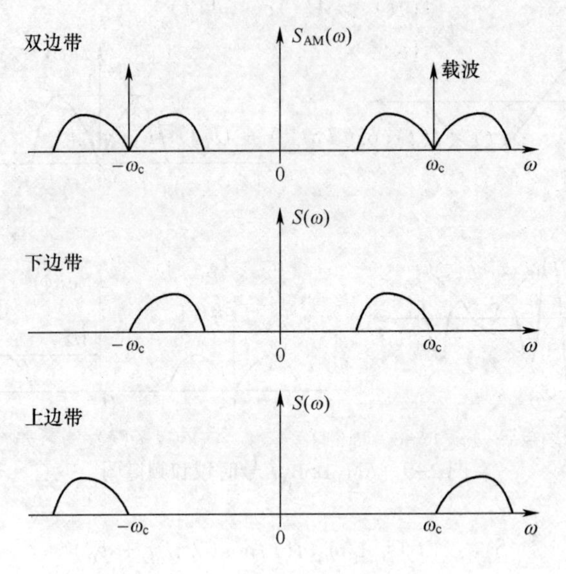

图 2-10　AM 信号及其频谱

$$S_{FM}(t) = A_0\cos[2\pi f_c t + 2\pi K_f \int_{-\infty}^{t} m(\tau)\,d\tau] \tag{2-41}$$

式中：A_0 为载波幅度；f_c 为载波频率；$m(t)$ 为模拟基带信号，且 $|m(t)| < 1$；K_f 为调频斜率，与调频指数 m_f 的关系为

$$m_f = \frac{K_f}{\omega_m} = \frac{\Delta\omega}{\omega_m} = \frac{\Delta f}{f_m} \tag{2-42}$$

式中：$\Delta\omega$ 为最大调频角频偏；Δf 为最大调频频偏；f_m 为模拟基带信号的最高频率分量。调频信号通常包括宽带调频信号和窄带调频信号，在实际应用中多数为宽带调频信号，宽带调频信号的带宽表达式为

$$B_{FM} = 2(m_f + 1)f_m = 2(\Delta f_{max} + f_m) \tag{2-43}$$

宽带调频信号由于 $m_f \gg 1$，故其带宽又可用下式近似表示为

$$B_{FM} = 2\Delta f_{max} \tag{2-44}$$

宽带调频信号的带宽比调幅信号的带宽要宽很多，因此占用较多的信道资源。但与 AM 调制信号相比较，由于调制信号与载波幅度无关，因此宽带调频信号相对具有更好的抗干扰性能。

综上所述，调频调制信号具有的基本特点：包络恒定，载波频率变化规律受基带调制信号控制，信号带宽与基带信号带宽、调频指数有关。

2. 通信类网电对抗目标数字信号基础知识

通信类网电对抗目标数字信号基本采用 MASK、MPSK、MFSK 和 MQAM 等调制类型，该类信号的通用表达式为

$$\begin{aligned} s(t) &= A(t)\cos[2\pi f_c t + \varphi(t)] \\ &= A(t)\cos[\varphi(t)]\cos(2\pi f_c t) + A(t)\sin[\varphi(t)]\sin(2\pi f_c t) \end{aligned} \tag{2-45}$$

式中：f_c 为载波频率。

采用基带形式来表示时，令

$$\begin{cases} I(t) = A(t)\cos[\phi(t)] \\ Q(t) = A(t)\sin[\phi(t)] \end{cases} \tag{2-46}$$

因此,可得

$$s(t) = I(t)\cos(2\pi f_c t) + Q(t)\sin(2\pi f_c t) \tag{2-47}$$

任何通信类网电对抗目标信号均可以表示为式(2-47)的正交表达式,即通信类网电对抗目标信号均可以利用两个正交的基带信号 $I(t)$ 和 $Q(t)$ 表示。由于基带信号与频带信号最主要差异在于信号的中心频率,信号的关键特性基本一致,因此通常利用基带信号进行相应的证明和推导。下面以二进制通信类数字网电对抗目标信号为例,简要阐述通信类数字网电对抗目标信号基本类型及特点。

1）二进制幅度键控信号

二进制幅度键控信号,即2ASK调制信号。令式(2-47)中 $I(t) = \sum_n a_n g(t - nT_s)$,$Q(t) = 0$,即可得到2ASK调制信号的时域表达式为

$$s_{2ASK}(t) = \left[\sum_n a_n g(t - nT_s)\right]\cos(2\pi f_c t) \tag{2-48}$$

式中:$g(t)$ 为持续时间为 T_s 的矩形脉冲;$a_n \in \{0,1\}$ 是二进制信息序列。在一个码元持续时间 $[0, T_s]$ 内,当发送的二进制信息序列 $a_n = 0$ 时,不生成2ASK调制信号;当发送的二进制信息序列 $a_n = 1$ 时,生成2ASK调制信号。

由于 a_n 是随机的二进制信息序列,因此2ASK调制信号是一个随机过程。当二进制序列 a_n 为0、1等概序列,且 $g(t)$ 为矩形脉冲时,2ASK调制信号的功率谱表达式为

$$P_{2ASK}(f) = \frac{T_s}{16}\left[\left|\frac{\sin\pi(f+f_c)T_s}{\pi(f+f_c)T_s}\right|^2 + \left|\frac{\sin\pi(f+f_c)T_s}{\pi(f+f_c)T_s}\right|^2\right] + \frac{1}{16}[\delta(f+f_c) + \delta(f-f_c)] \tag{2-49}$$

可得2ASK调制信号时域波形和频域频谱,如图2-11所示。

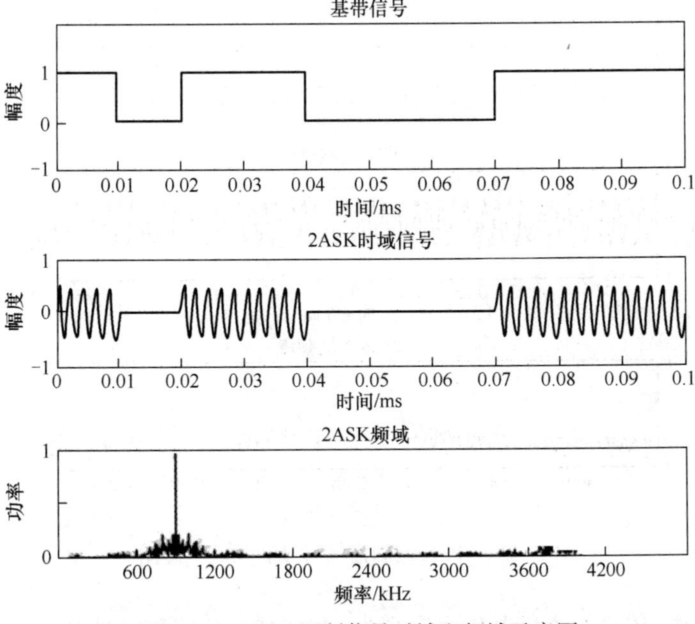

图2-11　2ASK调制信号时域和频域示意图

在图 2-11 中,传输的二进制信息序列为 1011000111,矩形脉冲持续时间 $T_s = 0.01$,载波频率 $f_c = 1000$,幅度和功率均采取了归一化处理。由式(2-49)和图 2-11 可知,2ASK 调制信号具有的基本特点:包络随二进制信息序列而变化,但其载波频率是恒定不变的;谱线中含有载波;在功率谱中的连续谱呈现 $Sa(\,)$ 函数形状分布,其第一零点宽度为 $2f_s$;调制信号带宽是基带脉冲带宽的 2 倍,约为 $2f_s$。

2) 二进制相移键控信号

二进制相移键控信号,即 2PSK 调制信号或 2DPSK 调制信号。令式(2-47)中 $I(t) = 0$、$Q(t) = \sum_n a_n g(t - nT_s)$,可得 2PSK 调制信号的时域表达式为

$$S_{2PSK}(t) = \left[\sum_n a_n g(t - nT_s)\right] \sin(2\pi f_c t + \varphi) \tag{2-50}$$

式中:$g(t)$ 为持续时间为 T_s 的矩形脉冲;$a_n \in \{-1, 1\}$ 是二进制信息序列。在一个码元持续时间 $[0, T_s]$ 内,如果调制信号的载波相位分别是 0 或 π,则该调制信号称为绝对相移键控信号(2PSK);如果调制信号的载波相位根据相邻码元的是否变化而对应为 0 或 π,则该调制信号称为差分相移键控信号(differential phase shift keying,2DPSK)。因此,即使 2PSK 调制信号和 2DPSK 调制信号的时域波形完全一致,其传输的信息也可能完全不同。

当二进制序列 a_n 为 0、1 等概序列,且 $g(t)$ 为矩形脉冲时,2PSK/2DPSK 调制信号的功率谱表达式为

$$P_{2PSK}(f) = \frac{T_s}{4}\left[\left|\frac{\sin\pi(f + f_c)T_s}{\pi(f + f_c)T_s}\right|^2 + \left|\frac{\sin\pi(f + f_c)T_s}{\pi(f + f_c)T_s}\right|^2\right] \tag{2-51}$$

可得 2PSK 调制信号时域波形和频域频谱,如图 2-12 所示。

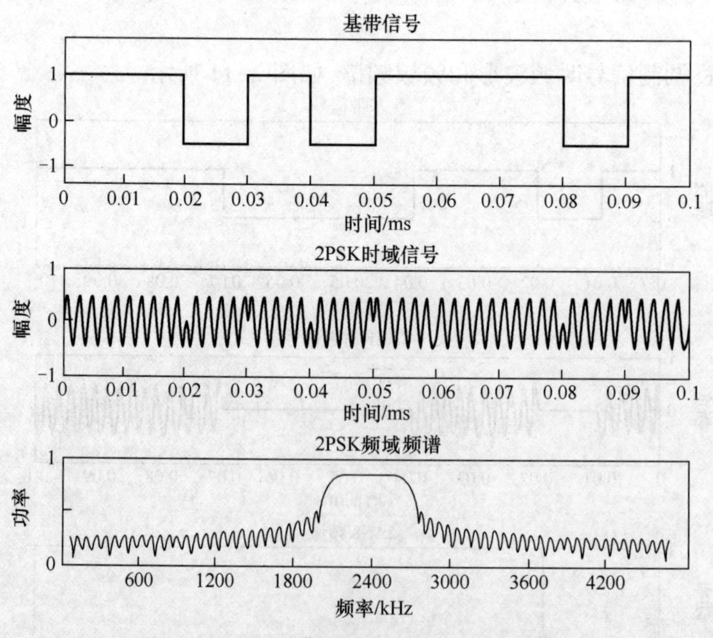

图 2-12 2PSK 调制信号时域和频域示意图

在图 2-12 中,传输的二进制信息序列为 1101010111,矩形脉冲持续时间 $T_s = 0.01$,

载波频率 $f_c = 2400$，幅度和功率均采取了归一化处理。由式(2-51)和图 2-12 可知，2PSK 调制信号具有的基本特点：包络和载波频率均是恒定不变；信号的相位与信息码元有关；谱线中可能不含载波；在功率谱中的连续谱呈现 $Sa(\,)$ 函数形状分布，第一零点宽度为 $2f_s$；调制信号带宽是基带脉冲带宽的 2 倍，约为 $2f_s$。

3）二进制频移键控信号

二进制频移键控信号又称为 2FSK。令式(2-47)中 $I(t) = \sum_n a_n g(t - nT_s)$，可得 2FSK 调制信号的时域表达式为

$$
\begin{aligned}
S_{2\mathrm{FSK}}(t) = & \left[\sum_n a_n g(t - nT_s)\right]\cos(2\pi f_1 t + \varphi_n) \\
& + \left[\sum_n \bar{a}_n g(t - nT_s)\right]\cos(2\pi f_2 t + \theta_n)
\end{aligned}
\tag{2-52}
$$

式中：$a_n \in \{0,1\}$；$\bar{a}_n$ 是 a_n 的反码；φ_n，θ_n 分别为码元和载波的初始相位；$g(t)$ 为持续时间为 T_s 的矩形脉冲。在一个码元持续时间 $[0, T_s]$ 内，当 $a_n = 1$ 时，2FSK 调制信号的载波频率是 f_1；当 $a_n = 0$ 时，2FSK 调制信号的载波频率是 f_2。

当二进制序列 a_n 为 0、1 等概序列，且 $g(t)$ 为矩形脉冲时，2FSK 调制信号的功率谱表达式为

$$
\begin{aligned}
P_{2\mathrm{FSK}}(f) = & \frac{T_s}{16}\left[\left|\frac{\sin\pi(f+f_1)T_s}{\pi(f+f_1)T_s}\right|^2 + \left|\frac{\sin\pi(f+f_1)T_s}{\pi(f+f_1)T_s}\right|^2\right] + \frac{T_s}{16}\left[\left|\frac{\sin\pi(f+f_2)T_s}{\pi(f+f_2)T_s}\right|^2\right] \\
& + \left|\frac{\sin\pi(f+f_2)T_s}{\pi(f+f_2)T_s}\right|^2 \\
& + \frac{1}{16}\left[\delta(f+f_1) + \delta(f-f_1) + \delta(f+f_2) + \delta(f+f_2)\right]
\end{aligned}
\tag{2-53}
$$

可得 2FSK 调制信号时域波形和频域频谱，如图 2-13 所示。

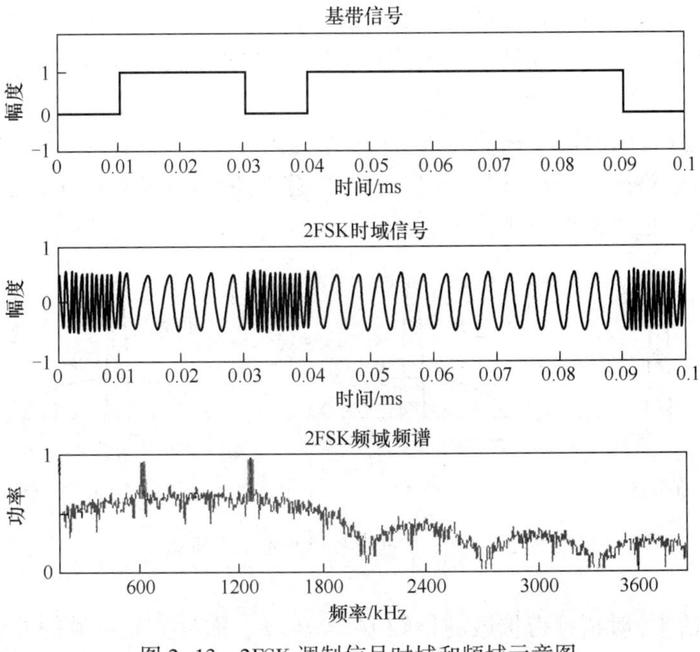

图 2-13　2FSK 调制信号时域和频域示意图

在图 2-13 中,传输的二进制信息序列为 0110111110,矩形脉冲持续时间 $T_s = 0.01$,载波频率 $f_1 = 600$、$f_2 = 1200$,幅度和功率均采取了归一化处理。由式(2-53)和图 2-13 可知,2FSK 调制信号具有的基本特点:包络恒定,但载波频率随传输的信息序列在两个发送频率 f_1 和 f_2 之间变化;在谱线中包含载波分量,分别为两个发送频率 f_1 和 f_2;信号带宽为 $B = |f_2 - f_1| + 2f_s$。

4) 正交幅度调制信号

正交幅度调制称为幅度相位联合键控调制,又称为 QAM。令式(2-47)中 $I(t) = \sum_n a_n g(t - nT_s)\cos\varphi_n$,且 $Q(t) = -\sum_n a_n g(t - nT_s)\sin\varphi_n$,可得 QAM 调制信号的时域表达式为

$$
\begin{aligned}
s_{\mathrm{QAM}}(t) = & \left[\sum_n a_n g(t - nT_s)\cos\varphi_n\right]\cos(2\pi f_c t) \\
& - \left[\sum_n \bar{a}_n g(t - nT_s)\sin\varphi_n\right]\cos(2\pi f_c t)
\end{aligned} \tag{2-54}
$$

由式(2-54)可知,QAM 调制信号为两个正交信号的和。QAM 调制信号具有的基本特点:包络变化,但载波频率恒定;信号的相位与信息码元有关;谱线形状与 PSK 信号类似,信号带宽与 PSK 信号相同。

2.3.3 直接序列扩频通信基础知识

直接序列扩频通信简称为直扩。直扩是先以高速的扩频序列和低速信息序列直接相乘,得到宽带的基带扩频波形,再对载波进行调制,形成射频扩频信号。这种信号的特点是,在时域上信息以窄的脉冲调制载波,在频域上信号占据远大于基带信号的带宽。

1. 基本工作原理

直扩通信基本工作原理如图 2-14 所示。在发信机中,先将信息数据经通常的信息调制后变成带宽为 B_m 的调制信号,其功率密度为 W_m;然后用速率远大于信码速率的伪随机编码对信号进行扩频调制,使信号带宽从 B_m 扩展为 B_c,B_c 远大于 B_m,形成功率谱密度 W_c 极低的扩频信号。伪随机编码简称伪码,是由近似随机出现的、有一定规律并可复制的 1 和 0 码元数目大致相等的序列组成。由于不同的 PN 码序列可形成不同的通信地址,因此扩频通信除有抗干扰能力外,还可作为码分多址通信。收信机收到扩频信号后,先通过同步电路捕获到发送端 PN 码的准确相位,使本地 PN 码与发送端 PN 码完全相同和同步,再经相关解扩处理后恢复出信码信号。

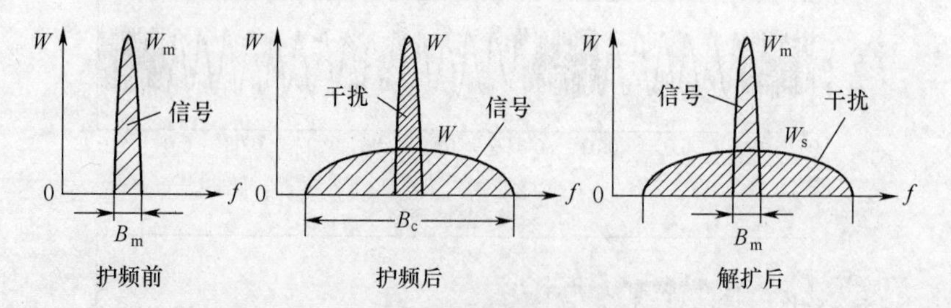

图 2-14 直扩通信技术基本工作原理

在直扩通信中,射频频带扩展的倍数 $G_p = B_c/B_m$ 称为扩频信号的处理增益。一方

面，由于频带扩展了 G_p 倍，空中扩频信号的功率密度 W_c 相应地降低 G_p 倍，使扩频后的信号功率分散在很宽的频带内，甚至隐蔽在噪声中，以隐蔽方式对抗通信中的干扰；另一方面，扩频信号在接收的过程中，本地伪码对干扰信号也进行了 G_p 倍的频率扩展，使干扰信号的功率谱密度 W_s 在接收机信息解调后降低 G_p 倍，从而抑制了干扰。在直扩通信中 G_p 值的大小常用 dB 表示，用来反映抗干扰能力的高低。

直扩技术的抗干扰机理是对干扰信号进行能量扩散，从而减少对通信信号的影响，扩频信号同时又具有功率谱密度低的特点，是进行隐蔽通信和抗敌方施放有限频段干扰的有效手段。

典型的直扩通信系统如图 2-15 所示。直扩通信系统对白噪声、窄带干扰、宽带干扰和多径干扰的抑制能力与直扩处理增益成比例。

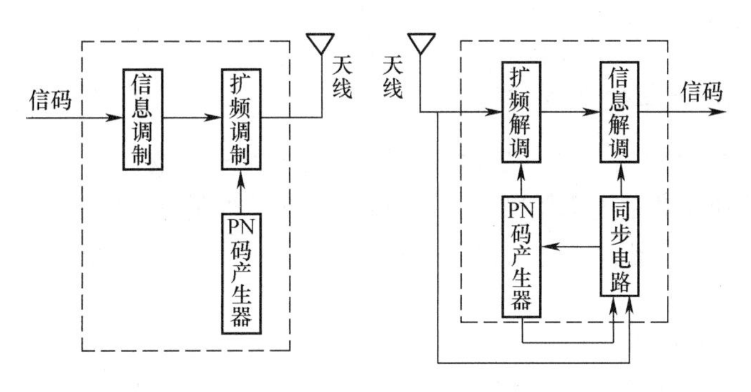

图 2-15　典型的直扩通信系统图

由于直扩通信对多径干扰有良好的抑制能力和多址能力，以直扩为基础的 CDMA 技术在现代通信系统中得到了广泛应用。

直扩信号连续占有很宽的频带，信号功率谱密度低，宽带直扩信号功率可以隐蔽在白噪声中，敌方难以侦察和截获，但是它的带宽很宽，也易受到有意或无意的多种信号的干扰。

2. 技术的特点

直扩通信技术的主要特点如下：

(1) 抗干扰能力强。接收机对频率相同的干扰信号有很强的抑制能力。经接收机解扩以后，干扰信号扩展为宽带噪声，频谱功率密度低接收机只接收与 PN 码相同的扩频信号。

(2) 功率谱密度低。直扩使原来分布在很窄频带内的信号功率扩散到很宽的频带内，频谱功率密度低，有利于通信载体的隐蔽，同时也有利于减少对其他通信体制的干扰。

(3) 抗多径效应。直扩技术能利用 PN 码很强的自相关性和很弱的互相关性将不同路径传输的信号分离开，并可在时间和相位上重新对齐，形成几路信号的叠加，从而改善接收系统的性能，增强系统的可靠性。

(4) 抗衰落能力。直扩信号所占据的频带很宽，当某种原因引起衰落时，只会使其中一部分频谱衰落，而不会使整个信号产件畸变，因此扩频通信具有抗频率选择性衰落的能力。

(5) 实现码分多址。充分利用各种不同PN码序列之间的自相关性和互相关性,分配给用户不同码型,利用相关检测技术进行解扩,区分不同用户的信号,以实现码分多址。这样可提高系统容量,还有利于系统组网。

(6) 保密性好。因直扩信号的低功率谱辐射和PN码自相关等特点,使得辐射出去的信号形似噪声,侦察接收机难以侦测到扩频信号的存在;即使侦察接收机侦测到扩频信号的存在,由于不知道PN码的长度和相位,也无法解译信息的内容,因此直扩通信具有相当好的保密特性。

(7) 定时和测距。因为扩展频谱宽,扩频码速率高,所以直扩每个码片所占时隙很窄。当发射出去的扩频信号被反射同来后,比较收发两个信号的码序列相位差,可以精确地测出扩频信号的往返时间差,从而算出二者之间的距离码片越窄,频谱越宽,则定时和测距的精度越高。

2.3.4 跳频通信基础知识

跳频通信简称为跳频。跳频是射频占用带宽的周期性改变。一个跳频信号可以视为一系列调制数据突发,它具有时变、伪随机的载频。所有可能的载波频率的集合称为跳频集,每个跳频点占用的信道带宽称为瞬时带宽,所有跳频点可用的频谱带宽称为总跳频带宽。

1. 基本工作原理

跳频通信技术的基本工作原理如图2-16所示。在发信机中,待发送的信码经信息调制后变成带宽为 B_m 的调制信号,调制信号的载波频率由PN码控制的可变频率合成器与本振生成,发射机在带宽内以一定的时间间隔 T_0 输出按PN码规律跳变的不同频率的载波信号,形成跳频信号。在收信机中,通过同步电路捕获到发送来的跳频信号准确相位,使得与发送端一致的本地PN码控制可变频率合成器输出与发送方频率同步跳变的本振信号,跳变的本振信号对接收到的跳频信号进行解扩处理,恢复出信码信号。

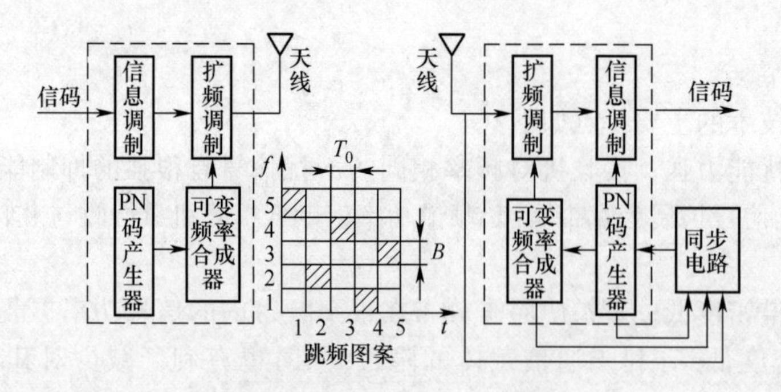

图2-16 典型的跳频通信原理图

跳频信号在较宽的频率范围内跳变,以躲避方式对抗干扰。跳频通信的抗干扰能力取决于跳频带宽中的跳频频点数量和跳频的速率。跳频信号的处理增益 $G_p = B_c/B_m$,也等于跳频频率点数,若 G_p 越大,则反映出跳频系统抗部分频带干扰的能力越强。跳频通信通常按跳频速率可分为慢速、中速和快速跳频。跳频速率越快,跳频系统抗敌方跟踪式干扰的能力越强。

跳频技术的抗干扰机理是一种躲避式的抗干扰方式，是对抗敌方窄带干扰、部分频段干扰的有效手段。对跳频通信最有效的干扰是跟踪式干扰，为了对抗敌方跟踪式干扰，需采用高速跳频、跳频组网等技术。

2. 跳频参数的选取

1）跳频带宽与跳频频率数目

跳频带宽是衡量跳频抗干扰能力的重要指标，跳频带宽越宽，迫使敌方把有限的干扰功率分散到更宽的频带中，干扰效果将减弱；同时跳频频带越宽，也将使敌方区分不同网的工作变得更加复杂。

跳频系统需用的频率数目与要求的误码率有关。例如：当干扰和其他噪声均匀地分布在每个可用频率上时，有1000个频率就能很好地工作。因为在这种情况下，干扰功率要达到所需信号功率的1000倍才可能使通信受到严重干扰，这就是说有30dB的抗干扰能力。若干扰是一个窄带干扰，其功率大于或等于信号功率，则在一个信码仅用一个频率传输的情况下，由于没有任何多余度，误码率将达到10^3。这种跳频系统中误码率为J/N，其中：J为功率大于或等于信号功率的干扰数目，N为系统中采用的跳频数目。上面计算的误码率是近似的，计算中忽略了干扰落后于信码所占用频率的影响。当发生这种情况时，信码是否会错误与两个分量的相位关系有关。

2）跳频速率

跳频速率是指跳频电台载波频率跳变的速率。一般来说，跳频速率越高，抗跟踪式干扰能力越强。跳频通信的主要威胁是跟踪式干扰。跟踪式干扰机能对跳频序列进行跟踪，并对正在通信的信道实施干扰。跟踪式干扰可以是一种转发式干扰，敌方将接收到的跳频信号加以放大，并用噪声调制后发出的，功率可以和有用信号相当甚至更大，跟踪式干扰对跳频系统可造成极大影响。跳频系统对付这种干扰的能力是比较差的，在这种情况下一旦通信系统被跟踪，则处理增益将失去意义。为了对抗这种威胁，跳频系统必须采用足够高的跳变速率，使跳频的驻留时间少于干扰的响应时间，就能有效地躲开跟踪式干扰，使得它在干扰机发出的干扰频率之前已跳到另一个频率上了。选择跳频速率的基本原则是依据当前和今后电子干扰威胁特点及其系统实现的难易程度，通过综合考虑来确定。

3）跳频图案

跳频图案是指载波频率按PN码序列跳变的规律。其实质是用实时TOD和原始密钥经复杂的非线性运算后对频率合成器的控制过程。正确地选择和设计跳频码，即正确地选择跳频图案对提高跳频通信机的抗干扰性能是很重要的。对跳频图案设计的基本要求：跳频序列周期要长，随机性要好，运算要复杂，使敌方难以破译。

4）同步系统

同步系统是实现跳频通信的关键技术之一。同步性能直接影响到跳频通信系统的整体性能，它是保证跳频系统正常工作的核心。通常同步设计应注意满足如下基本要求：检测跳频同步信息，自动快速建立跳频同步；自动建立信息码元同步；完成有关身份、工作状态的认证和识别；同步具有自动跟踪和迟后入网功能；同步具有较高的可靠性；同步具有较好隐蔽性和抗干扰性能。

5）组网方式

跳频通信通常可分为同步组网和异步组网两大类。同步组网的特点是所有网都有相同的同步状态和相同的原始密钥,因而其优点是频率利用率高、网间干扰少,但缺点是建网时间长、安全性差。异步组网方式的特点是每个网的密钥相互独立,每个网都有各自不同的跳频图案。因此,其优点是保密性强、不易破译,同时建网时间快、同步实现较简单方便等,缺点是存在频率碰撞问题,但可以通过选择互相关性好的跳频码等方法加以解决这些问题。

2.4 通信类网电对抗目标网络基础

与以往两个终端通过点对点链路通信不同,通信类网电对抗目标不仅能够实现点对点通信,而且能够网络一体化,为作战部队提供更大覆盖区域的通信服务,确保信息无障碍传输。

2.4.1 通信类网电对抗目标网络拓扑结构

网络拓扑设计是指依据所给定的信息流特性——通信业务量和终端节点的位置,确定中间节点的位置和网络节点之间连接的方式。最佳的网络拓扑设计是网络经济性的可靠保证,同时网络拓扑设计也将影响网络的可靠性、链路的容量及分配、链路的流量控制、网络延时等主要指标。

1. 星形网络结构

星形网络的中心节点为控制节点,任意两个节点之间的通信最多需要两个步骤,适用于集中控制系统。在战术互联网中,某 VHF/FM 无线通信系统具备该组网功能,如图2-17 所示。

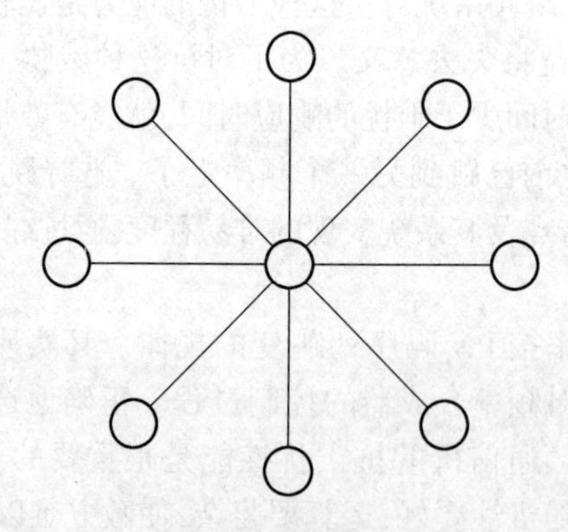

图 2-17　星形网络结构

星形网传送平均时延短、结构简单、建网容易,传统定频无线通信网台的组网通常按指挥关系组成集中式的星形网。在一个频率上,采用“按键讲话”的单工工作方式,也就是各个设备通常处在“接收”状态,而用本机的转换开关启动发射机。网内每部无线通信网台都能与其他任何一部无线通信网台直接通信,也可以经过一个适当配置的转信台转接。在使用转信台转接的情况下,转信台与不同分台联络时要用不同频道来发送和接收,定频无线通信网台也可以采用异频双工工作方式,定频组网的应用范围越来越少。

由于星形网络可靠性差,中心节点易成为系统的“瓶颈”,并且一旦发生故障会导致整个网络瘫痪,因此采用星形拓扑结构时,不能将其作为唯一结构。

2. 树形网络结构

树形网络结构采用的是分级结构,如图2-18所示。战术互联网中某UHF/CSMA系统在初始化网络时采用该拓扑网络结构,其节点之间可通过中继实现相互通信。与星形网络结构相比,树形网络结构的通信线路总长度短、成本较低、节点扩充灵活、寻径比较方便,但除主节点及其相连的线路之外,非主节点或其相连的线路故障都会使网络局部受到影响,并且一旦主节点发生故障会导致整个网络瘫痪。所以,树形网络结构适用于分级控制系统。

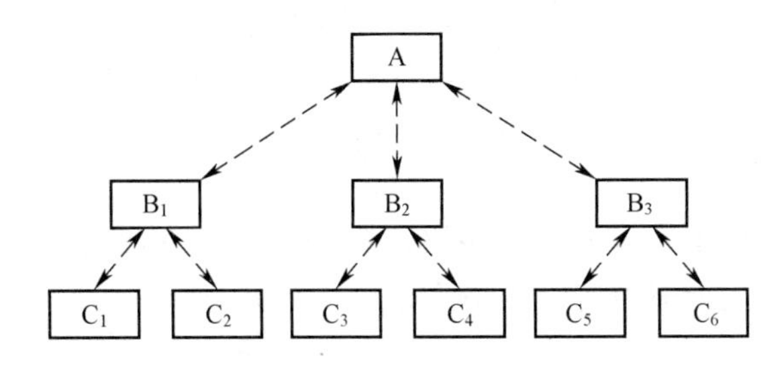

图2-18　树型拓扑结构

树形网络结构符合军队建制,可以通过增加链路的数量提高其抗毁性,是军事通信的一种常用拓扑结构。在这种拓扑结构中,每个节点与其子节点有连接,所有子节点之间采用全连通形拓扑结构,并根据需要与同级其他子节点进行有限连接,从而提高整个通信网络的抗毁性能。在军事上一般不允许一个作战单元同时听命于两个指挥部,故每个子节点只拥有一个父节点。例如:A、B和C三级指挥关系按建制可组成树形网络结构,B为该网的一个子节点。

3. 网状网络结构

网状网络结构又称为全互联结构或分布式结构,其节点之间有多条路径可供选择,具有较高的可靠性。由于各个节点通常和其他多个节点相连,故各个节点都应具有路由和流控功能,网络管理比较复杂,硬件成本较高。比较有代表性的为全互联,其任意两点间可直接通信,通信速度快、网络的可靠性最高,但建网投资大、灵活性差,如N个节点的全互联网络,若增加一个节点,则必须增加N条通信线路,如图2-19所示。

在通信干线网中的各节点,都是各种作战、管理信息的汇集、发出、中转、储存的中枢,信息流向多、流量大,是战时作战指挥的中心。因此,通信干线网应具有很高的通信可靠性和及时性。所以通信干线网若其节点不多时,则应采用全互联形网形结构。当通信节点数较多时,网络拓扑结构不宜采用全互联的形式。

当信道数量较大时,不仅会降低对资源的利用,同时也会造成信道相互之间的干扰而使整个网络的性能下降。此时结构也不能太松散,因为结构太松散会难以满足整个网络可靠性的要求。所以,对于网状网络结构,一般采用某种特殊方法进行设计,在经济性和可靠性之间寻找最佳的平衡点。区组设计型网络拓扑结构是比较符合网络设计要求

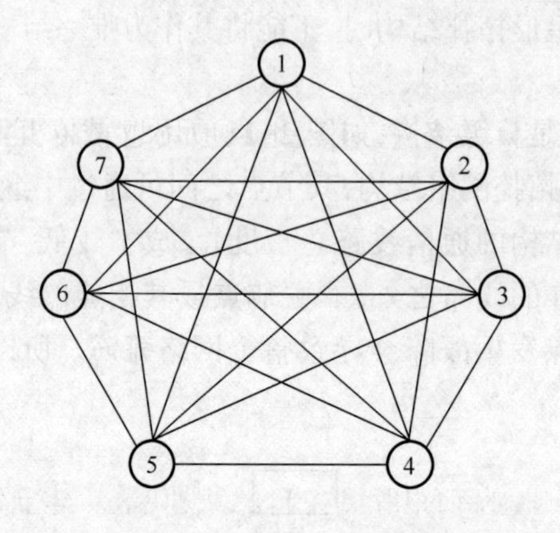

图 2-19　全互联拓扑结构

的网络拓扑结构，利用它能在有效地减少网络拓扑图边数的同时，保持网络结构的对称均衡性。区组形网络拓扑结构如图 2-20 所示。

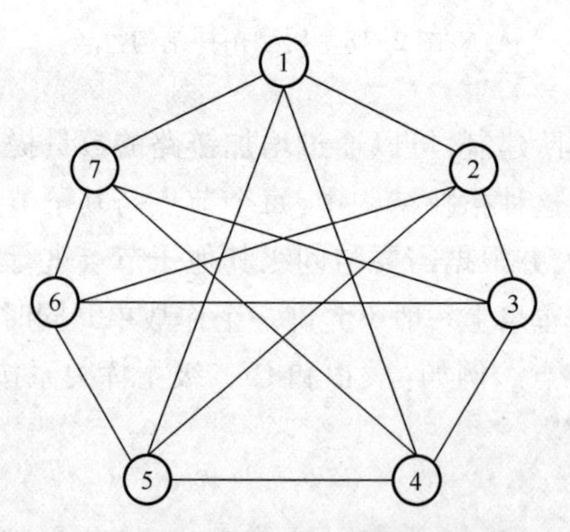

图 2-20　区组形网络拓扑结构

区组形网络拓扑结构是分布式无中心的网络拓扑结构，一个或几个节点被破坏，不会对网络的总体性能产生太大的影响，任意两个节点之间的通信不会因此中断，从而提高了网络的抗毁性能。因此，这种结构在军事通信上具有更广泛的应用前景。

基于区组设计方法构造的拓扑结构具有良好的性能，与全互联结构相比较，其网络连通性虽然有所下降，但所需的链路数极大地减少。这些结构对于节点较多且连通性要求较高的通信网络是合适的，因为若采用全互联结构，虽然连通性最好，但这一方面对设备的要求较高，另一方面由于信道拥挤易造成相互之间的干扰，反而会使网络的整体性能下降。基于区组设计方法构造的拓扑结构可用于那些在网络中地位较高节点之间的互连，这样既能保证相互之间较强的通信能力，又避免了占用太多的链路而影响整个网络的性能。

2.4.2　通信类网电对抗目标网络组网技术

通信类网电对抗目标最大的特点之一是组网技术，通过组网将孤立的无线通信网台联成互通的通信网络。在实际装备中，定频组网应用越来越少，大多数无线通信网台均具备跳频抗干扰组网能力和 Ad Hoc 自组网能力。

1. 跳频无线通信网台组网技术

跳频组网的通信系统较多，如战术互联网中某 VHF/FM 无线通信系统等。

1）跳频无线通信网台组网过程

在组网前，网内所有跳频无线通信网台均处于搜索扫描状态，当主台（中心台）进行通信时，主台发出同步信号，该同步信号被网内其他属台正确接收后，各属台先自动校正本台的时钟，再将自己的跳速自动跟踪到主台的跳速，最后建立通信联络。通信完毕，网内所有无线通信网台再次回到搜索扫描状态，等待下一次同步组网。为了使网内无线通信网台仅在本网中搜索扫描，网内各无线通信网台需在组网前设置呼叫参数。这样，网内无线通信网台只有监听到对本网或本台的呼叫时才进入跳频建立状态，也就是说，属台只与呼叫本网网号的主台同步。

2）跳频无线通信网台组网方法

跳频无线通信网台的组网方法，根据跳频图案分为正交和非正交两种。如果多个网所用的跳频图案在时域上不重叠（形成正交），则组成的网络称为正交跳频网。如果多个网所用的跳频图案在时域上发生重叠，则称为非正交跳频网。此外，根据跳频网的同步方式，跳频网又分为同步网和异步网。

正交跳频网为了使跳频图案不发生重叠，必须要求全网做到严格定时，故一般采用同步网方式组网。从严格意义上讲，正交跳频网是同步正交跳频网，一般简称为同步网。

非正交跳频网的跳频图案可能会发生重叠，即网与网之间在某一时刻跳频频率可能会发生碰撞（重合），因此可能会产生网间干扰。不过，这种网间干扰通过精心选择跳频图案和采用异步组网方式，是完全可以减少到最低限度。因此，非正交跳频网常采用异步组网方式。异步非正交跳频网，一般简称为异步网。所以，跳频无线通信网台的组网比定频无线通信网台的组网复杂得多。

（1）同步组网方法。所有的网都使用同一张频率表，但每个网的频率秩序不同；各网在统一的时钟下实施同步跳频。例如，某跳频无线通信网台的跳频频率表为f_1、f_2、f_3、f_4四个频率，若要组织四个跳频网，则组织方法：1 号网按f_1、f_2、f_3、f_4的秩序跳频；2 号网按f_2、f_3、f_4、f_1的秩序跳频；3 号网按f_3、f_4、f_1、f_2的秩序跳频；4 号网按f_4、f_1、f_2、f_3的秩序跳频。此外，为了使某一瞬间不发生频率碰撞，上面的四个网还必须在统一的时钟下实施跳频通信。这样，在某一瞬间，仅存在不同秩序，但又不重复的四个频率。

同步组网方法的优点：一是频率利用率高。各网都使用同一张频率表（但频率秩序不同）。从理论上讲，有多少个跳频频率就可组成多少个正交跳频通信网。二是不存在网间干扰。某一时刻，网间不会发生频率重叠，因而不会发生网与网之间的干扰。同步组网方法的缺点：首先，各网必须步调一致，因为只要有一个网不同步，将会造成全网失步而瘫痪。其次，同步组网方法实际上是将各网组成一个大的群网，在建网时需要所有的子网（如上面的 1 号网至 4 号网）内的无线通信网台都响应同步信号，才能将各无线通信网台的跳频图案完全同步起来,因而建网速度比较慢。再次,同步时间比较长,因为同步组网方法必须使用统一的密钥,一旦泄密,整个群网的跳频图案都会被暴露无遗。最后,在同步组网时,频率表的选择难度比较大,一旦某个频率受到干扰或效果不佳,则换频必须是全局性的。有鉴于此,跳频无线通信网台很少采用同步组网方法。

(2) 异步组网方法。非正交异步组网虽然可能会发生网间干扰,但是通过精心选择跳频图案和采用异步方式组网,可以减少网间频率重叠的概率。常见的组网方法有:不同的网络采用不同的跳速或不同的频段,若网络中无线通信网台的数量不多,则可考虑采用同一频率集组网,反之,应考虑采用不同的频率集;在同一频率集内若要求每两部或三部无线通信网台组成一个网,并且当网数不多时,则可以通过设置不同的密钥号或通过设置不同的时钟组成不同的跳频网。

采用异步组网方法,各网按各自的时间和跳频序列工作。由于各跳频网之间没有统一的时间标准,因此在异步组网时,如果多网采用同一频率表,则频率序列虽不同,但也有可能发生频率碰撞。所以,这种频率碰撞的机会是随着网络数量的增加而增多的。在异步组网工作时,为了实现多网之间互不干扰,频率表以及频率序列(密钥)的选择就成为异步组网的关键。所以,在军事应用上跳频通信是主要研究方向。

由于异步组网不需要全网的定时同步,因此可以降低对定时精度的要求,而且在技术上容易实施。此外,异步组网还有容易建立系统的同步、用户入网方便以及组网灵活等优点,因而其得到广泛的应用。

3) 跳频无线通信网台迟入网

迟入网方式,可分为人工引导迟入网方式和自动引导迟入网方式。

人工引导迟入网方式,首先要求迟入网用户在规定的频率窗口发出入网请求呼叫,然后网内用户收到此请求呼叫后,到指定频率窗口发出引导信号,最后迟入网用户从收到的引导信号中提取出同步信息并依此进入跳频网。

自动引导迟入网方式,要求发信用户在通信过程中不断地插播引导信号,并且在发信期间内须发送完整的同步信息: 迟入网用户在规定的频率窗口自动捕获同步信息并跟踪入网。

2. Ad Hoc 自组网技术

Ad Hoc 自组网是一种多跳的、无中心的、自组织无线网络,又称为多跳网(multi-hop network)、无基础设施网(infrastructureless network)或自组织网(self-organizing network)。整个 Ad Hoc 自组网络没有固定的基础设施,每个节点都是移动的,并且都能以任意方式动态地保持与其他节点的联系。在这种网络中,两个无法直接进行通信的用户终端,可以借助其他节点进行分组转发。同时每一个节点是一个路由器,能完成发现以及维持其他节点路由的功能。

移动 Ad Hoc 网络是复杂的分布式网络系统,是自组织、自愈网络,由无线移动节点组成;无线移动节点可以自由且动态地自组织形成任意临时性 Ad Hoc 网络拓扑,从而允许人们和装置在没有预先存在的通信基础设施(如灾后重建环境)的环境中,进行无缝地互连互通。

1) Ad Hoc 网络的特点

Ad Hoc 网络是一种特殊的无线移动网络。在网络中所有节点的地位平等,无需设置任何的中心控制节点。在网络中的节点不仅具有普通移动终端所需的功能,而且具有报文转发能力。与普通的移动网络和固定网络相比较,Ad Hoc 网络具有以下特点。

(1) 分布式无中心。Ad Hoc 网络没有严格的控制中心,在任何时刻、任何地点不需要硬件基础网络设施的支持,网络的建立不依赖于现有的网络通信设施,具有一定的独立性。所有节点的地位平等,是一个对等式网络。节点可以随时加入和离开网络,任何节点的故障不会影响整个网络的运行,具有很强的抗毁性。

(2) 自组织无中心。Ad Hoc 网络的布设或展开无需依赖于任何预设的网络设施。节点通过分层协议和分布式算法协调各自的行为,节点开机后就可以快速、自动地组成一个独立的网络。

(3) 多跳路由选择。在 Ad Hoc 网络中当节点要与其覆盖范围之外的节点进行通信时,通常需要中间节点的多跳转发。与固定网络的多跳不同,在 Ad Hoc 网络中的多跳路由是由普通的网络节点完成的,而不是由专用的路由设备(如路由器)完成的。

(4) 动态拓扑结构。常规网络的网络拓扑结构相对较为稳定,而 Ad Hoc 网络是一个动态的网络,网络节点可以随处移动,同时节点还是路由器,可以随时开机和关机,这些都会使网络的拓扑结构随时发生变化。这些特点使得 Ad Hoc 网络在体系结构、网络组织、协议设计等方面有着显著的优势。

(5) 有限无线带宽。在 Ad Hoc 网络中没有有线基础设施的支持,因此节点之间的通信均通过无线传输来完成。由于无线信道本身的物理特性,其提供的网络带宽相对有线信道要低很多。除此以外,由于竞争共享无线信道产生的碰撞、信号衰减、噪声干扰等多种因素,因此节点可得到的实际带宽远远小于理论上的最大带宽值。

(6) 有限物理安全。Ad Hoc 网络通常比固定网络更容易受到安全攻击,易于遭受窃听、欺骗和拒绝服务等。有些链路安全技术已应用于无线网络来减小安全攻击。不过,Ad Hoc 网络的分布式特性相对于集中式的网络具有一定的抗毁性。

2) Ad Hoc 网络体系结构

(1) 节点结构。Ad Hoc 网络中的节点不仅要具备普通通信终端的功能,还要具有报文转发能力,即要具备路由器的功能。

(2) 网络结构。Ad Hoc 网络一般有两种结构:平面结构和分级结构。在平面结构中,所有节点的地位平等,所以平面结构又称为对等式结构。在分级结构中,网络被划分为簇。每个簇由一个簇头和多个簇成员组成。在战场无线通信网络中某 UHF 无线电系统为典型的基于 Ad Hoc 的网络,其分级架构如图 2-21 所示。

在分级网络中,簇头形成了高一层级的网络。在高一层级网络中,又可以分簇,再次形成更高一层级的网络,直至最高级。在分级结构中,簇头节点负责簇间数据的转发。簇头可以预先指定,也可以由节点使用算法自动列选产生。分级结构的网络又可以被分为单频分级和多频分级两种。在单频率分级网络中,所有节点使用同一个频率通信。为了实现簇头之间的通信,要有网关节点(同时属于两个簇的节点)的支持。在多频率分组网络中,不同级采用不同的通信频率。

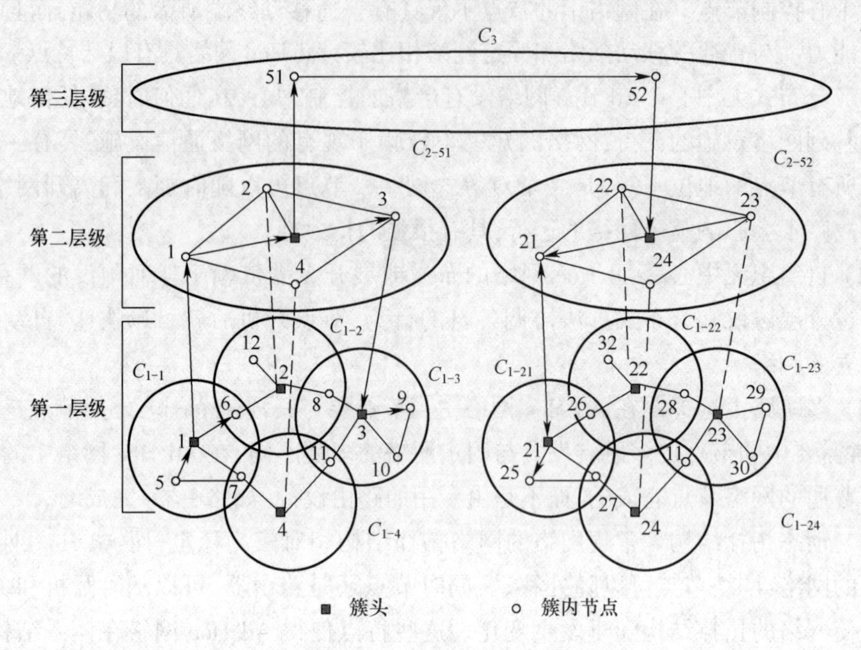

图 2-21　Ad Hoc 网络结构

第3章　雷达类网电对抗基础知识

3.1　雷达类网电对抗系统概述

3.1.1　雷达类网电对抗系统基本组成与分类

1. 雷达类网电对抗系统基本组成

雷达类网电对抗系统的作战对象已不再是原来的单部雷达,而是复杂的雷达探测网络。因此,雷达类网电对抗系统也由原来的单部(台)设备发展为由雷达对抗侦察系统、各级指挥控制系统(指控中心)和雷达干扰系统等组成的雷达对抗网络。其中,雷达对抗干扰系统是指能够根据指挥控制系统下发的指令产生指定干扰信号的系统(设备)。

综上所述,雷达类网电对抗系统的主要组成部分包括雷达类网电对抗侦察系统、雷达类网电对抗指挥控制系统和雷达类网电对抗干扰系统等。其基本组成如图3-1所示。

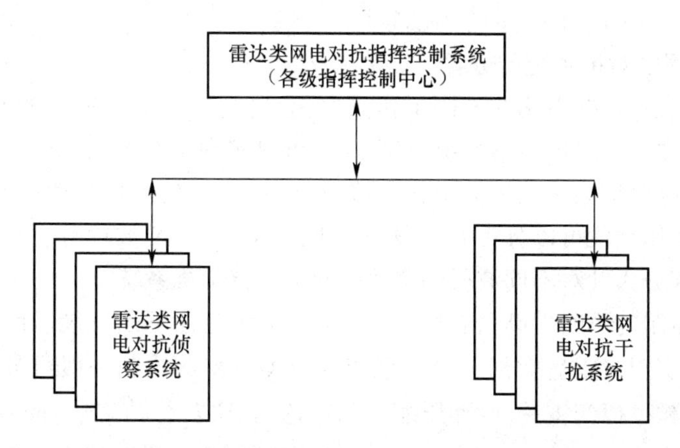

图3-1　雷达类网电对抗系统基本组成

1) 雷达类网电对抗指挥控制系统

雷达类网电对抗指挥控制系统是基于通信功能实现对所属雷达类网电对抗侦察系统和雷达类网电对抗干扰系统等的指挥和控制。雷达类网电对抗指挥控制系统,一方面汇聚和处理各系统上报的信息,并统一各系统的工作;另一方面接收上级指挥所下达的作战命令,并将作战意图发到各系统,完成相应的作战任务并评估作战效果和上报战况。

2) 雷达类网电对抗侦察系统

雷达类网电对抗侦察系统通常由多个侦察子系统组成。该系统是基于配置的侦察子系统实现对作战区域内雷达信号的搜索截获、参数测量、方位测量、分选识别、目标定位等处理,完成对雷达所属平台的识别,为指挥控制和作战决策提供支持,为雷达干扰和火力摧毁提供引导。该系统一般由天线部分(测频天线、测向天线阵)、测向接收机、信号处理机、终端显示设备(显示器、记录器)、控制器等组成,如图 3-2 所示。

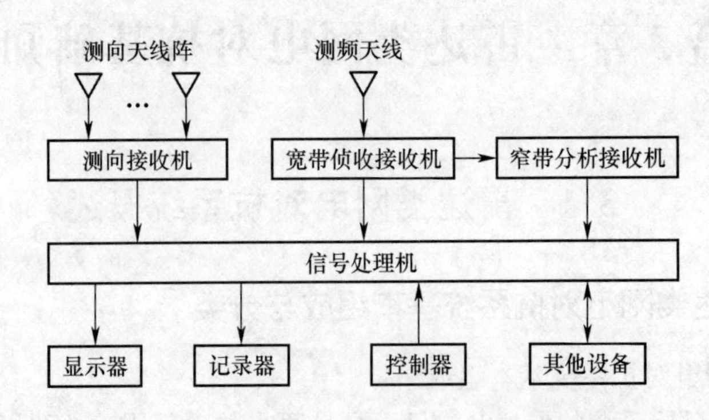

图 3-2　雷达类网电对抗侦察系统基本组成

3) 雷达类网电对抗干扰系统

雷达类网电对抗干扰系统根据雷达类网电对抗侦察系统提供的引导信息,结合作战需求,对敌方雷达实施干扰。根据产生干扰信号原理的差异,在通常情况下,可以将雷达类网电对抗干扰系统分为引导式干扰系统、转发式干扰系统和合成式干扰系统,其基本组成分别如图 3-3(a)、(b)、(c)所示。

2. 雷达类网电对抗系统的分类

在通常情况下,根据雷达的不同工作频率,会研制相应工作频段的网电对抗干扰系统,而对于雷达类网电对抗侦察系统来说,通常可以实现全频段雷达信号的侦测和识别。因此,雷达类网电对抗系统在根据工作频段分类时,通常是依据雷达类网电对抗干扰系统。因雷达按工作频段可以分为 L 波段、S 波段、C 波段和 X 波段等,所以根据雷达不同工作频段可将其分为针对不同波段的雷达类网电对抗干扰系统。

随着雷达体制的不断更新,雷达类网电对抗系统也在不断发展。因此,根据雷达的不同体制,也可实现对雷达类网电对抗系统的分类。雷达体制一般可分为连续波雷达、常规脉冲雷达、频率捷变雷达、脉冲压缩体制雷达、脉冲多普勒雷达(pulse Doppler,PD)、相控阵雷达、合成孔径雷达(synthetic aperture radar,SAR)、逆合成孔径雷达(inverse synthetic aperture radar,ISAR)等,针对不同体制的雷达、不同体制的对抗系统。

此外,根据搭载平台的不同,雷达类网电对抗系统可分为地面雷达类网电对抗系统、车载式雷达类网电对抗系统、舰载式雷达类网电对抗系统、机载式雷达类网电对抗系统、弹载式雷达类网电对抗系统和星载式雷达类网电对抗系统等。

3.1.2　雷达类网电对抗系统应用领域

雷达类网电对抗可采用和参考雷达对抗相关规约。关于雷达对抗在《中国人民解放军军语》(2011 版)中的定义:为削弱、破坏敌方雷达使用效能,保护己方雷达发挥效能而进行的电子对抗。因此,雷达类网电对抗包括雷达对抗侦察、雷达干扰和雷达电子防御等。雷达类网电对抗系统主要应用于军事领域,并且极为重要。

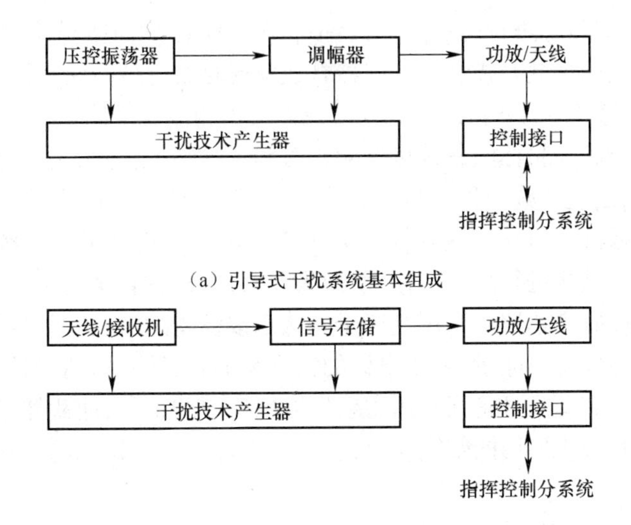

（a）引导式干扰系统基本组成

（b）转发式干扰系统基本组成

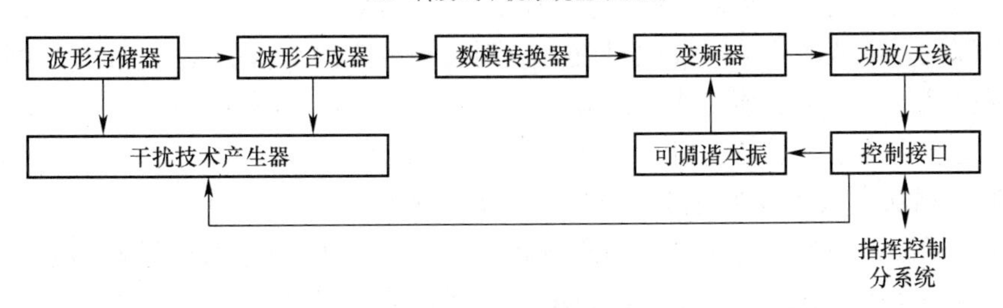

（c）合成式干扰系统基本组成

图 3-3　雷达类网电对抗干扰系统基本组成

1. 通过雷达类网电对抗侦察获取敌方雷达目标情报

雷达类网电对抗侦察主要通过搜索、截获、分析和识别敌方雷达发射的信号，查明其雷达的工作频率、脉冲宽度、脉冲重复频率、天线方向图、天线扫描方式和扫描速率，以及雷达的位置、类型、工作体制、用途等。根据任务和用途的不同，雷达类网电对抗侦察可以分为雷达类网电对抗情报侦察和雷达类网电对抗支援侦察。

2. 通过雷达类网电对抗干扰削弱或破坏敌方雷达探测和跟踪目标能力

通过雷达类网电对抗干扰，阻止敌方有效地使用电磁频谱，使得敌方雷达不能捕获目标，或达到中止跟踪目标或输出虚假信息的效果。雷达类网电对抗干扰属于对敌方雷达的软杀伤。根据不同的方式，雷达类网电对抗干扰有多种分类：根据干扰性质的差异，可分为压制性干扰和欺骗性干扰；根据干扰产生方法的不同，可分为有源干扰和无源干扰；根据干扰产生因素的差异，可分为有意干扰和无意干扰；根据战术应用空间的差异，可分为自卫式干扰和远距离支援式干扰等。

3. 通过反雷达伪装欺骗或迷惑敌方雷达

反雷达伪装是对目标进行的电子防护措施之一。反雷达伪装主要用于对地面或海上小型目标的电子防护，特别是战区的要点目标电子防护。反雷达伪装可分为自然条件反雷达伪装和人工条件反雷达伪装。自然条件反雷达伪装是指利用自然条件使敌方雷达难以发挥效能,对目标进行电子防护,包括利用视距盲区、地形和气象条件隐蔽雷达目标。人工条件反雷达伪装是指利用制式器材或就便材料进行的反雷达伪装。

4. 通过雷达隐身使敌方雷达难以发现或使其探测能力降低

雷达隐身是指减少目标的各种可探测辐射和反射特征信息,主要包括雷达无源隐身和雷达有源隐身,还包括减少我方目标自身辐射特征,防止被敌方雷达对抗侦察装备发现,间接探测和跟踪己方目标,这种隐身属于雷达电子防御。雷达无源隐身是指通过对武器平台的外形及结构进行巧妙设计、使用吸波及透波材料、采用无源对消匹配负载、产生等离子体状态吸收雷达波和利用等离子体状态改变雷达波极化特性等一系列措施,尽量减少雷达波的后向反射能量,减小目标的雷达截面积,缩小雷达的探测距离,实现目标的雷达隐身。雷达有源隐身是指利用主动发射电磁波的手段,使武器平台规避雷达探测的一种技术。这种技术使用的带宽较窄,主要用于针对敌方特定的雷达威胁进行的目标隐身。

5. 通过反辐射攻击摧毁敌方辐射源设备

反辐射攻击是利用反辐射系统截获和跟踪敌方辐射源信号,并导引杀伤武器直接将敌方辐射源设备摧毁的行动。反幅射攻击受到反辐射武器平台的任务空间尺寸限制,并且反辐射武器的导引头必须工作在微波以上的频段。因此,反辐射武器主要的攻击对象是敌方雷达和雷达干扰设备,故反辐射武器又称为反雷达武器。

6. 通过高功率微波毁伤对敌方设备人员进行杀伤

高功率微波毁伤是指利用高功率微波武器对敌方雷达、雷达对抗设备和人员进行杀伤的行动。高功率微波武器是干扰设备增加了干扰功率,从软杀伤设备发展而成的硬杀伤武器。高功率微波武器分为可重复发射的高功率微波武器系统和一次性使用的高功率微波弹。由于功率的限制,高功率微波武器主要是高功率微波弹,这种定向能武器是一种很有应用前景的雷达对抗装备。

3.2 雷达类网电对抗目标信号概述

在阐述如何对雷达类信号进行侦测和识别之前,有必要对雷达类目标信号环境的特点进行简要分析,并对雷达类网电对抗侦察系统的性能特点和技术指标简要介绍。

3.2.1 雷达类网电对抗目标信号环境特点

现代雷达类网电对抗目标信号环境具有以下几个方面的特点。

1. 辐射源的数量日益增多

20 世纪 50 年代及以前,雷达类网电对抗信号环境的辐射源数量少、开机时间长、工作频率变化少。随着科技的发展,雷达在军事领域的应用越来越广泛,门类越来越丰富,许多雷达已经安装至单兵、单车,在高威胁度的作战平台上的雷达配置数量更多。除此之外,大量利用电磁频谱的其他设备进一步增加了电磁辐射源的数量。因此,现代雷达类网电对抗侦察系统可能同时受到数十至上百个辐射源的照射。

2. 辐射源的体制日渐增多

第二次世界大战之后,雷达技术的发展日新月异,重大技术的突破使雷达性能更加完善,功能更加多样。例如:为了解决雷达在作用距离和距离分辨力上的矛盾,脉冲压缩体制雷达应运而生;为了提供类似地图的高分辨力地面场景,机载雷达发展出了合成孔径技术体制;为了使机载雷达能够在杂波背景下精准检测出运动目标,多普勒技术体制雷达逐渐成熟;为了使雷达波束能够快速切换,解决多目标跟踪的难题,相控阵雷达技术体制开始采用电扫描的方式……

多种多样雷达辐射源技术体制,使雷达信号在波形上、参数上变得更加复杂多变。

3. 信号调制样式多样、参数变化方式复杂

雷达辐射源通过设计不同的波形和信号样式,可以在目标探测、识别、跟踪方面达成不同的目的,并在抗干扰方面获得利益。随着现代雷达技术体制的不断增多,在信号的调制样式方面也变得越来越复杂。基于抗干扰方面的考虑,现代雷达多数情况下会采用不同调制样式的发射波形、变化范围较大的参数值,在脉冲内部调制和脉间调制方面日益复杂,变化的速度越来越快。例如:“宙斯盾”舰搭载的雷达 AN/SPY-1D,在工作时发射的信号脉冲内部通常采用相位编码与频率编码相结合的调制样式,工作频率通常采用捷变频的变化类型。雷达在信号调制样式和参数变化方式上的变化,对雷达对抗侦察提出了更高的要求。

4. 低截获概率雷达和假目标信号日益增多

低截获概率(low probability of interception,LPI)雷达,在通常情况下会采用降低天线旁瓣、频率捷变、复杂波形和调制的设计等措施,降低雷达可探测性,采用灵活的功率管制,降低雷达的截获概率,从而提高雷达在战场环境中的反侦察能力和生存能力。此外,为了更好地达到反侦察、抗干扰的目的,还可以模拟各种雷达体制信号的通用假目标诱饵和模拟某种专用技术体制雷达信号的专用假目标诱饵。LPI 雷达和假目标信号的日益增多,无疑降低了雷达类网电对抗侦察系统侦测雷达辐射源和识别雷达目标信号的正确率,对雷达类网电对抗系统是一个严峻的挑战。

3.2.2　雷达类网电对抗侦察系统性能特点

雷达类网电对抗侦察系统的主要性能特点,具体如下。

1. 频率覆盖范围宽

雷达类网电对抗侦察系统接收机的工作频率,必须能够覆盖敌方雷达辐射源可能运用的信号频率范围。一般情况下,雷达类网电对抗侦察系统接收机的工作频率在 0.5~40GHz,常用频率在 1~18GHz。

2. 实时信号处理能力强

由于现代战场电磁环境变化极为迅速,新体制雷达开机时间通常较短,因此雷达类网电对抗侦察系统必须具备实时处理信号的能力,才能满足战时对雷达干扰的引导需求。所以,对于雷达辐射源信号频率的测量,应满足瞬时测频的要求;对于雷达辐射源脉冲信号参数的测量,应在脉冲持续时间内完成测量任务。雷达类网电对抗侦察系统实时处理信号的能力主要依赖于雷达类网电对抗侦察系统接收机的瞬时测频性能和软件的处理速度。

3. 截获概率高

雷达类网电对抗侦察系统对雷达信号的截获有两个方面的含义,即前端截获和系统

截获。前端截获是指雷达类网电对抗侦察系统实现了雷达辐射源射频信号的接收、检测和参数测量;系统截获是指雷达类网电对抗侦察系统通过数字信号处理电路和 DSP 软件的协同工作,实现了对辐射源信号的分选、参数测量和辐射源识别。

前端截获可以将雷达类网电对抗侦察系统接收机,等效为一个由时域、频域、空域和极化域组成的四维“滤波器”。实现接收机的前端截获,必须满足雷达类网电对抗侦察系统接收机功率灵敏度和直视距离的前提条件,目标在时域、频域、空域和极化域必须同时落入此“滤波器”的带宽。因此,前端截获概率是指时域截获、频域截获、空域截获和极化域截获四个事件同时发生的概率。

系统截获是建立在前端截获的前提下,由雷达类网电对抗侦察系统所配备的处理软件完成的。在通常情况下,前端设备较好地完成了辐射源目标信号的检测和参数测量,同时该目标参数信息在装备系统的数据库内,经过软件的分选、识别处理(有时需要人工的辅助处理),可以实现对该目标的提取和识别,只是根据装备软件处理性能和电磁环境复杂程度的不同,在处理时间上存在差异。

总之,雷达类网电对抗侦察系统的高截获概率的实现,是由侦察系统自身和雷达设备的多种因素共同决定。

4. 频率分辨能力高

频率分辨能力,即频率分辨力,也称为频率分辨率,指测频系统能够分开的两个同时到达信号的最小频率差。侦察系统频率分辨能力的强弱主要取决于测频接收机的性能。在以往的信号环境中,雷达目标的数量较少,工作频率多数采用固定的变化类型,对测频接收机的要求不高。随着新体制雷达的不断涌现,在现代的信号环境中,雷达目标的数量日益密集,雷达信号的频率变化类型日益复杂,通常多个目标信号同一时间进入接收机,并且信号频率的变化类型也可能是捷变的。这就迫切要求雷达类网电对抗侦察系统要具备足够强的频率分辨能力,实现对复杂变化雷达目标信号的侦测和识别。

5. 信号参数测量精度高

雷达类网电对抗侦察系统无论是担负支援侦察,还是情报侦察的职能任务,都要求其能够足够精确测量雷达目标信号的各个参数,从而保证情报的可信度。在担负战略上的雷达类网电对抗情报侦察职能任务时,高精度的参数测量能够保证对潜在作战对手雷达目标情报的准确掌握,为电子对抗战略决策提供情报保障。在担负战术上的网电对抗支援侦察职能任务时,高精度的参数测量能够保证对战场敌方开机雷达目标参数的精确截获,为干扰系统实施干扰措施提供精确的参数引导。因此,足够高的信号参数测量精度是对侦察系统性能特点的必要要求。

对雷达类网电对抗侦察系统来说,测量精度主要涉及的目标信号参数包括:到达方位角(direction of arrival,DOA)、射频频率(radio frequency,RF)、到达时间(time of arrival,TOA)、脉冲宽度(pulse width,PW)等。

6. 灵敏度高

灵敏度是指在侦察接收机能够完成正常的信号截获、参数测量任务时,接收机输入端需要的最小输入信号功率。灵敏度反映地是侦察系统截获微弱信号的能力强弱。

侦察接收机灵敏度要足够高,但是并不是无限制的高,其过大或者过小,都会对侦察方带来不利的影响。一方面,灵敏度的大小可以影响侦察系统的侦察距离,由雷达对抗侦察的侦察作用距离可知,在输入信噪比一定时,灵敏度越高,侦察作用距离越远,因此为了有效截获敌方雷达目标信号,灵敏度要足够高,不能太低。另一方面,由于雷达对抗侦察与雷达是非协作的关系,一般情况下,侦察系统对雷达目标信号是非匹配接收和处理的状态,对所有处于接收机瞬时带宽内的信号均要进行包络检波和门限检测,并将超过检波门限的信号进行参数测量,因此为了避免收到过多的无用信号,灵敏度不能过高。

7. 动态范围大

动态范围是指侦察接收机在正常工作时,输入信号功率的变化范围,它是最大信号与最小信号的一个比值。在测频接收机中,被测信号的功率电平变化,会影响测频精度,信号过强会使测频精度下降,信号过弱则信噪比低,也会使测频精度降低。在现代战场上,雷达的数量多,有的雷达功率很大,有的雷达功率却比较低,因此要求侦察接收机有足够大的动态范围,否则难以正常工作。

8. 处理多种信号形式能力强

雷达类网电对抗侦察系统不仅要实现对雷达信号的截获,还要完成对雷达信号的参数测量、信号分选、目标识别等工作。因此,雷达类网电对抗侦察系统要具备对目标信号进行处理的能力。在现代战场环境中,雷达目标的体制涉及常规体制雷达、单脉冲雷达、频率捷变体制雷达、脉冲压缩体制雷达、相控阵体制雷达、脉冲多普勒雷达、合成孔径成像体制雷达和多种体制结合的多功能体制雷达所发射的雷达信号,信号的变化类型涉及频率变化、重频变化、脉宽变化等多种复杂变化的信号形式。因此,雷达类网电对抗侦察系统不仅要具备对常规雷达目标信号进行处理的能力,还要能够处理新体制雷达发射的各种变化类型信号形式,如频率捷变信号、重频抖动信号、多脉宽信号等。

3.3 雷达系统与雷达信号概述

3.3.1 雷达系统基础知识

现代的雷达系统以脉冲雷达为主,有单脉冲雷达、动目标显示(moving target indication,MTI)雷达、脉冲多普勒雷达(pulse Doppler radar,PD radar)、相控阵雷达等,本节以单基地脉冲雷达为例,介绍雷达系统的基本组成及各组成部分的主要作用。不同类型的雷达基本组成大致相同,只是针对不同的功能特点有一些区别和补充。

图 3-4 所示为脉冲雷达系统的基本组成,其主要组成部分为天线、发射机、接收机、信号处理机以及终端设备等。

雷达的发射机通常可以分为两种类型:一种为直接振荡式(如磁控管振荡器),它在脉冲调制器的控制下产生大功率的微波脉冲,功率可达兆瓦量级,并被直接馈送到天线部分。这种类型常见于早期的雷达。另一种为功率放大式(主振放大式),它采用高稳定度的频率源(频率综合器)作为频率基准,在低功率电平上产生所需波形的高频脉冲串作为激励信号,在发射机对激励信号进行脉冲功率放大,然后馈送到天线部分。功率放大式发射机具有频率稳定度高的优点,并且每次辐射具有相参性,便于对回波信号进行相参处理,有利于产生复杂脉冲压缩波形。发射机输出的功率馈送给天线后,经天线辐射到空间。

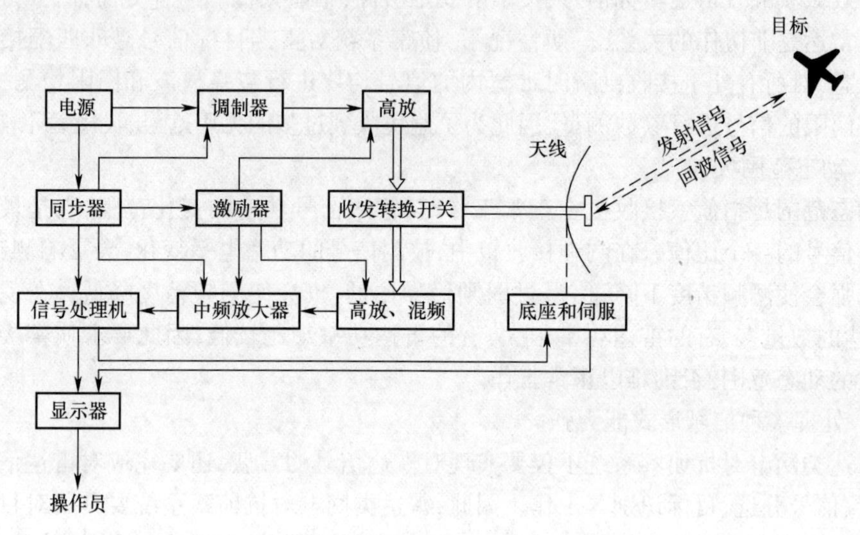

图 3-4　脉冲雷达系统基本组成图

雷达的天线部分一般具有很强的方向性：一方面是为了集中辐射能量，获得较远的探测距离；另一方面是为了使天线的波瓣宽度尽量窄进而获得较高的测向精度和方位分辨力。常用的微波雷达天线是抛物面反射体，馈源位于抛物面焦点，天线反射体将高频能量聚成窄波束。天线波束在空间的扫描可分为机械扫描和电子扫描两种类型。机械扫描通过天线的机械转动实现，天线控制系统控制天线的扫描，同时将天线转动数据传送到终端设备，得到天线指向的角度信息。电子扫描常见于相控阵雷达和阵列天线体制雷达，与机械扫描相比较，电子扫描具有扫描速度快、灵活性强的优势。在通常情况下，相控阵雷达采用方位和俯仰二维电扫方式；阵列天线体制雷达采用一维电扫，一维机械扫描的方式。

雷达的收发转换开关是雷达能够收发信号共用一个天线的重要部件。在发射信号时，天线与发射机接通，与接收机断开，防止强大的发射功率进入接收机，烧毁接收机高放混频部分；在接收信号时，天线与接收机接通，与发射机断开，防止微弱的回波信号功率，因发射机旁路而减弱。

雷达的接收机一般采用超外差接收体制，由高频放大器、混频、中频放大器、检波器和视频放大器等组成。雷达接收机的主要任务是把微弱信号放大到足以进行信号处理的电平，同时雷达接收机内部的噪声应尽量小，保证雷达接收机的高灵敏度，因此雷达接收机的第一级常采用低噪声高频放大器。雷达接收机可以进行一些简单的信号处理，如中频放大器频率特性与发射信号在频域匹配，可以保证中频放大器输出端获得最大的峰值信号噪声功率比。对于需要进行复杂处理的雷达，如脉冲压缩、频域滤波等处理，可由雷达接收机后，再接入的雷达信号处理机完成。

雷达信号处理机的主要作用是消除杂波、干扰，通过或加强目标回波信号。根据不同的用途，雷达信号处理机通常包括动目标显示、多普勒滤波、脉冲压缩处理等。

最简单的雷达终端设备是显示器。一方面，显示器可以显示雷达接收机处理后的脉冲调制波形，它是通过雷达接收机中频放大器输出并经检波器取出、视频放大器放大处理后送入的。例如：在平面位置显示器（plan position indicator，PPI）上可根据目标亮弧位置，测读目标的距离和方位角。另一方面，显示器可以显示雷达信号处理机处理后的信息。

除以上主要组成部分之外，雷达同步设备（频率综合器）对雷达的频率和时间进行校准，其产生的各种频率振荡，相互之间保持严格的相位关系，可以保证雷达全相参工作。时间标准提供统一的时钟，使雷达分机同步工作。

3.3.2　雷达信号基础知识

本小节主要从雷达信号的脉间参数变化类型和脉内调制类型，对雷达信号在脉间参数、脉内调制的变化规律和特点进行介绍。

1. 脉间参数变化类型和特点

对雷达信号脉间参数进行分析时，通常考虑雷达信号的载频（RF）和雷达脉冲重复周期（PRI）等参数的变化类型以及每一种变化类型的变化规律。

1）载频（RF）变化类型及特点

RF 称为雷达信号的载波频率。RF 的变化类型主要有 RF 固定、RF 脉间捷变、RF 脉组捷变、RF 跳变和 RF 分集等。

（1）RF 固定类型信号。早期的雷达常采用的变化方式，其特点是可以实现信号的相参处理，但是由于频率值固定，因此容易受到干扰。RF 固定类型信号的频率变化特点可表示为

$$f(n)=f_0+\delta_f\Pi(-1,1) \tag{3-1}$$

式中：$f(n)$（$n=1,2,\cdots$）表示雷达发射的第 n 个脉冲信号的载波频率值；f_0 为固定中心频率；δ_f 是由随机噪声引起的抖动量；$\Pi(-1,1)$ 为 $(-1,1)$ 均匀分布的随机数。

（2）RF 捷变类型信号。新体制多功能相控阵雷达应用较多的 RF 类型主要包括脉间捷变和脉组捷变两种方式。RF 脉间捷变是指雷达发射信号的相邻脉冲 RF 值在其频带内的若干频点上随机变化，通常捷变的频率点数为几个固定值，而并非完全随机变化。此类型雷达信号反侦察和抗干扰能力较好，但是动目标检测能力相对 RF 固定类型信号较差。此类型雷达信号的频率变化特点可表示为

$$f(n)=f_0(k)+\delta_f\Pi(-1,1) \tag{3-2}$$

式中：$f_0(k)$（$k\in[1,m]$）表示预先设定的 m 个 RF 值，k 是区间 $(1,m)$ 内顺序变化或随机跳变的整数值。

RF 脉组捷变是指从预先设置好的频率集中选择某一频率工作若干个周期，然后随机跳变到另一频率工作。

（3）RF 跳变类型信号。RF 跳变类型信号是指信号 RF 在某频率集上跳动的情况。其变化特点：雷达在某个频率点发射几个脉冲后，再跳到另一个频率点发射几个脉冲；可以顺序跳变，也可以非顺序跳变；信号的工作频率点数相较 RF 捷变类型信号较少（通常 10 个以下），每个频率点发射的脉冲个数通常不同。

RF 分集雷达是指同时采用两个以上工作频率对目标进行探测的雷达。使用比较多的 RF 分集雷达是抛物面天线多馈源阵形成的不同俯仰角的多个波束，采用多个频率工

作的雷达。此类型信号可以减少侦测目标回波起伏对雷达检测性能的不利影响,提高雷达抗干扰能力。信号频率点通常为2~6个,频率间距在几十兆赫~几百兆赫,也可能分布在不同的频段。假设某RF分集信号频率点数为N,则雷达发射的第n个脉冲RF值可表示为

$$f(n)=f_0(k_i)+\delta_f\Pi(-1,1),i=1,2,\cdots,N \tag{3-3}$$

式中:k在同一个脉冲持续时间内取N个值,表示该脉冲的RF值为N个。

2)脉冲重复周期(PRI)变化类型及特点

PRI是指雷达发射的相邻脉冲的时间间隔。PRI具有变化类型多、样式复杂的特点,并且与雷达的技术体制和工作状态密切相关。雷达信号的PRI变化类型,主要有固定、驻留、参差、抖动、滑变、脉组和正弦几种。

(1)PRI固定类型信号。PRI固定类型信号是多种技术体制的雷达都具有的PRI变化类型,其主要特点是PRI值在长时间或在雷达一次开机过程中保持不变。

(2)PRI驻留类型信号。PRI驻留类型信号可以解决雷达探测时的速度模糊、距离模糊和距离遮挡问题,因此在机载PD雷达中应用广泛。此类型信号的变化特点:信号的PRI在某一值工作一段时间后转到另一个PRI值,驻留的时间多为几十毫秒~1秒,驻留个数通常在20个脉冲间隔以上。图3-5为驻留类型信号的脉冲序列示意图。

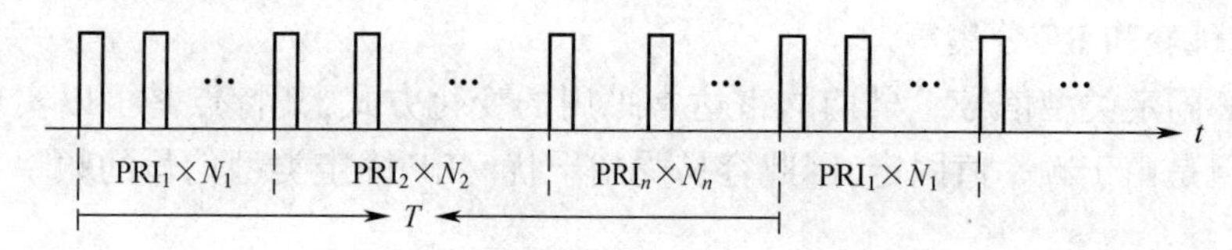

图3-5 PRI驻留类型信号脉冲序列示意图

(3)PRI参差类型信号。PRI参差类型信号可以有效解决雷达在动目标检测时出现的盲速问题。因此,此类型信号样式在大部分地面对空情报雷达、舰载对空雷达、舰载对海雷达以及部分多功能雷达中,具有广泛应用。其变化特点:信号采用若干个顺序排列的脉冲重复周期,其相邻脉冲的重复间隔呈周期性变化。图3-6为5参差类型信号的脉冲序列示意图。

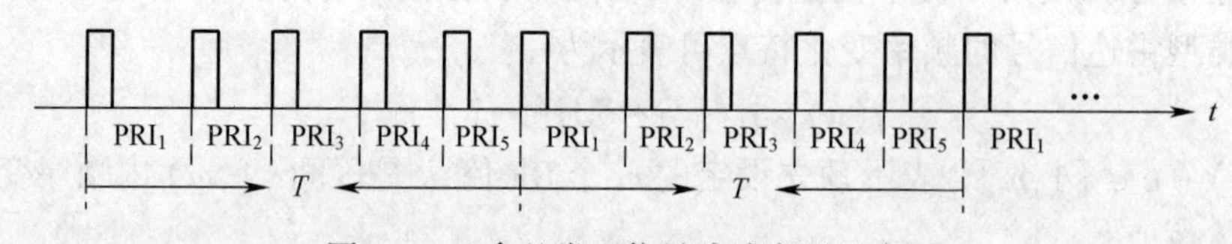

图3-6 5参差类型信号脉冲序列示意图

(4)PRI抖动类型信号。PRI抖动类型信号是指发射的脉冲PRI在一个很窄的范围内快速、随机地变化,其变化范围通常小于中心值的5%。此类型信号的特点:可以一定程度上降低干扰的效果。对此类型信号的分析,需要得到其PRI中心值以及PRI的抖动范围。

(5)PRI滑变类型信号。PRI滑变类型信号的作用主要有三方面:一是可以消除雷达目标遮蔽;二是实现对恒定高度的覆盖;三是目标跟踪的需要。PRI滑变类型信号可以应用于使高度范围恒定的仰角扫描达到最佳性能,也可以应用于使测绘雷达保持恒定的

信噪比。此类型信号的变化特点：PRI 在两个极值之间周期性地连续变化，根据信号表现形式，PRI 滑变分为单向滑变（单调递增、单调递减）和双向滑变（先递增再递减、先递减再递增）；根据滑变轨迹的个数，单向滑变分为单向单滑和单向双滑，双向滑变分为双向单滑和双向双滑。

对 PRI 滑变类型信号进行判定的依据：信号的 PRI 在两个极值之间单调地递增（递减），或者是先单调递增（递减）再单调递减（递增），相邻的 PRI 差值固定；如果是双滑变信号，则两路信号的滑变规律通常相同。图 3-7 为 PRI 单向单滑变信号的脉冲序列示意图。

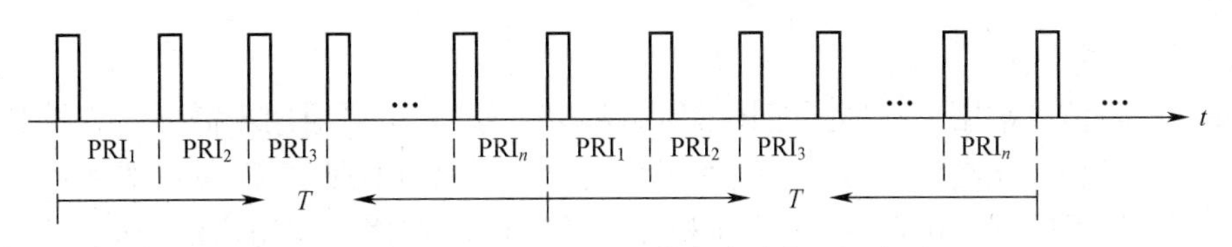

图 3-7　PRI 单向单滑变信号脉冲序列示意图

（6）PRI 脉组变化类型信号。在利用多普勒频移测速时搜索雷达是存在盲速现象的，若相邻的相干驻留期间采用不同的 PRI，将使相继照射目标期间的目标响应落于滤波器通带内的不同频率上，从而消除盲速。PRI 脉组变化类型可解决这一问题，此类型信号的特点：雷达发射机发射若干个顺序排列的脉冲组，每组脉冲的重复间隔相同，其相邻脉冲组的重复间隔呈周期性变化，每组的脉冲个数相同，通常在 20 个以下。PRI 脉组变化类型信号的脉冲序，如图 3-8 所示。

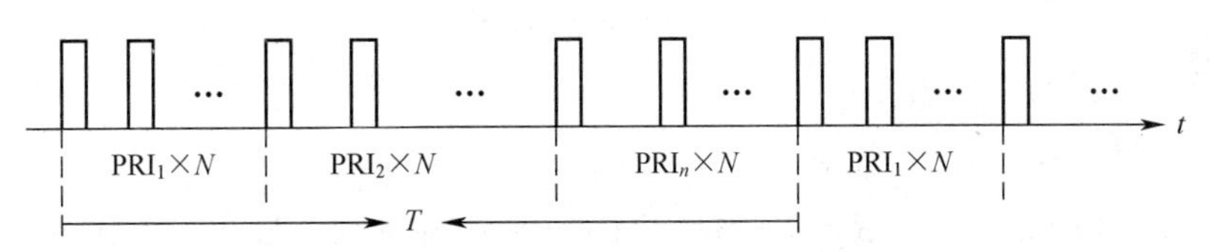

图 3-8　PRI 脉组变化类型信号脉冲序列示意图

（7）PRI 正弦类型信号。PRI 正弦类型信号可以避免遮盖、精确测距，通常用于导弹制导、炮火瞄准。此类型信号的特点：雷达发射脉冲的 PRI 在两个极值之间呈正弦周期变化。PRI 正弦类型信号的脉冲序列，如图 3-9 所示。

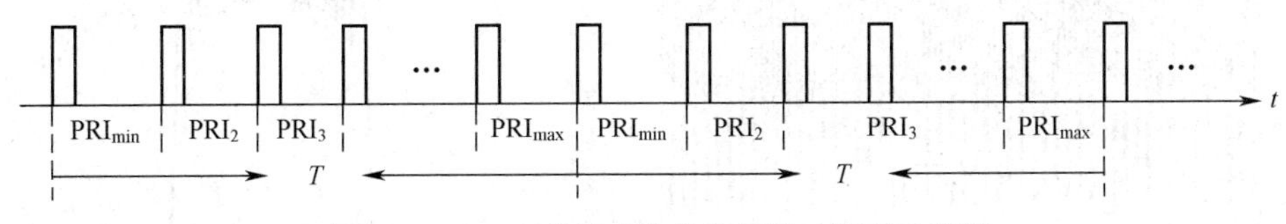

图 3-9　PRI 正弦类型变化信号脉冲序列示意图

2. 脉内调制类型和特点

脉冲雷达信号脉内是否调制以及如何调制，通常是由其功能和用途决定的。从信号产生的简单方便考虑，雷达信号的设计准则是由简到繁的准则，即作为雷达，如果可以采用脉内不调制的信号，则脉内不调制。雷达使用的典型脉内调制类型，主要包括恒载频（continuous wave，CW）、线性调频（linear frequency modulation，LFM）、频移键控（frequency shift keying，FSK）和相移键控（phase shift keying，PSK）等。

1）恒载频信号

恒载频信号是一种常规的雷达脉冲信号，也是早期雷达常用的雷达信号。恒载频信号是单载频脉冲信号，其信号的时域表达式为

$$s(t) = A\cos(2\pi f_0 t + \varphi), 0 < t < t_{\mathrm{p}} \tag{3-4}$$

式中：A 为脉冲幅度；f_0 为中心频率，一般情况下与 RF 保持一致；t_{p} 为脉冲宽度；φ 为初始相位。

2）线性调频信号

线性调频信号常用于脉冲压缩技术体制雷达信号，其主要应用于需要高分辨测距和目标成像的场合。此类型信号通过线性频率调制获得大时宽带宽积，具有对目标回波的多普勒频移敏感度低的优点，在多功能相控阵等新体制雷达中应用广泛，其信号的时域表达式为

$$s(t) = A\mathrm{rect}(t)\exp\left[\mathrm{j}2\pi\left(f_0 t + \frac{1}{2}\mu t^2\right)\right] \tag{3-5}$$

式中：A 为脉冲幅度；f_0 为中心频率，一般情况下与 RF 保持一致；t_{p} 为脉冲宽度；$\mathrm{rect}(t)$ 表示矩形窗函数；窗宽度为 t_{p}；μ 为信号的调制斜率。若信号带宽为 B，则 $\mu = B/t_{\mathrm{p}}$，由式（3-5）可知，信号调制频率的变化范围为 $\left(f_0 - \frac{B}{2}\right) \sim \left(f_0 + \frac{B}{2}\right)$。

可以将线性调频信号的归一化复包络表示为

$$u_{\mathrm{LFM}}(t) = v_{t_{\mathrm{p}}}(t)\mathrm{e}^{\mathrm{j}\pi\mu t^2} \tag{3-6}$$

式中：$v_{t_{\mathrm{p}}}(t) = \begin{cases} 1/\sqrt{t_{\mathrm{p}}}, & 0 < t < t_{\mathrm{p}} \\ 0, & 其他 \end{cases}$。

令 $t_{\mathrm{p}} = 2.45\mu\mathrm{s}$，$f_0 = 20\mathrm{MHz}$，$B = 20\mathrm{MHz}$，可得 LFM 线性调频信号在一个脉冲宽度内的时域变化波形以及其功率谱密度，如图 3-10 所示。

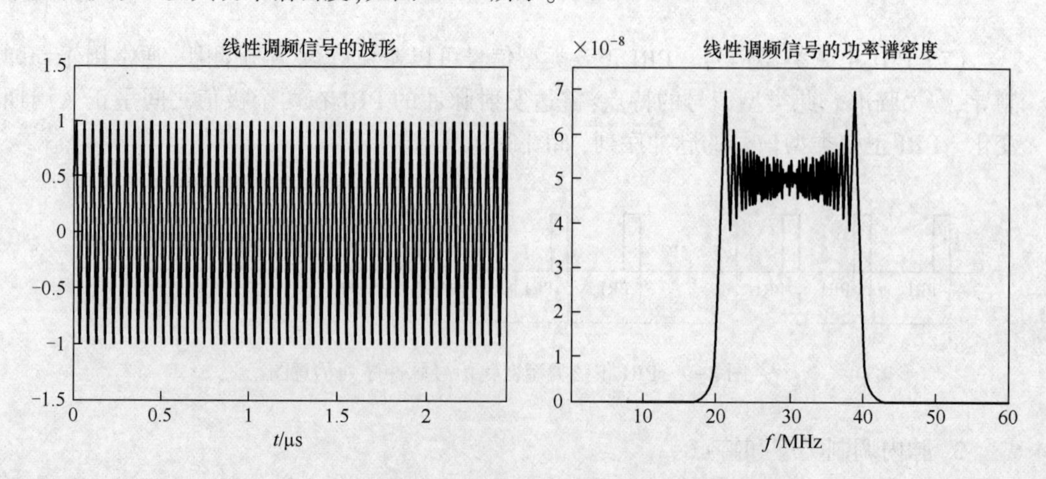

图 3-10 线性调频信号脉内时域波形及功率谱密度图

3）频移键控信号

频移键控信号是宽带雷达一种最简单的信号，主要应用于提高目标检测能力，常用在多功能相控阵雷达中，并与其他类型信号联合使用。FSK 频移键控信号的特点：将一个脉冲划分为多个子脉冲，每个子脉冲采用不同的调制频率，其信号的时域表达式为

$$s(t)=\sum_{k=0}^{N-1}\mathrm{rect}(t-kt_{\mathrm{p}})\exp(\mathrm{j}2\pi f_0 t+\mathrm{j}2\pi f_k t) \tag{3-7}$$

式中：f_k 为跳频算子，$f_k=y_kF_{\mathrm{b}}$，其中 $y_k(k=0,1,\cdots,N-1)$ 为跳频序列码，N 为子脉冲个数；F_{b} 为跳频间隔；t_{p} 为子脉冲宽度；$\mathrm{rect}(t)$ 为宽度为 t_{p} 的矩形窗。

FSK 频移键控信号的归一化复包络数学模型为

$$u_{\mathrm{FSK}}(t)=\frac{1}{\sqrt{N}}\sum_{k=0}^{N-1}v_{t_{\mathrm{p}}}(t-kt_{\mathrm{p}})\mathrm{e}^{\mathrm{j}2\pi f_k t}=\frac{1}{\sqrt{N}}\sum_{k=0}^{N-1}[v_{t_{\mathrm{p}}}(t)*\delta(t-kt_{\mathrm{p}})]\mathrm{e}^{\mathrm{j}2\pi f_k t} \tag{3-8}$$

式中：$v_{t_{\mathrm{p}}}(t)=\begin{cases}1/\sqrt{t_{\mathrm{p}}}, & 0<t<t_{\mathrm{p}},\\ 0, & \text{其他；}\end{cases}$ “ $*$ ”表示卷积。

令 y_k 为 Costas 序列 {4,7,1,6,5,2}，$F_{\mathrm{b}}=20\mathrm{MHz}$，$7t_{\mathrm{p}}=2.45\mu\mathrm{s}$，可得 FSK 频移键控信号在一个脉宽内的时域波形及功率谱密度，如图 3-11 所示。

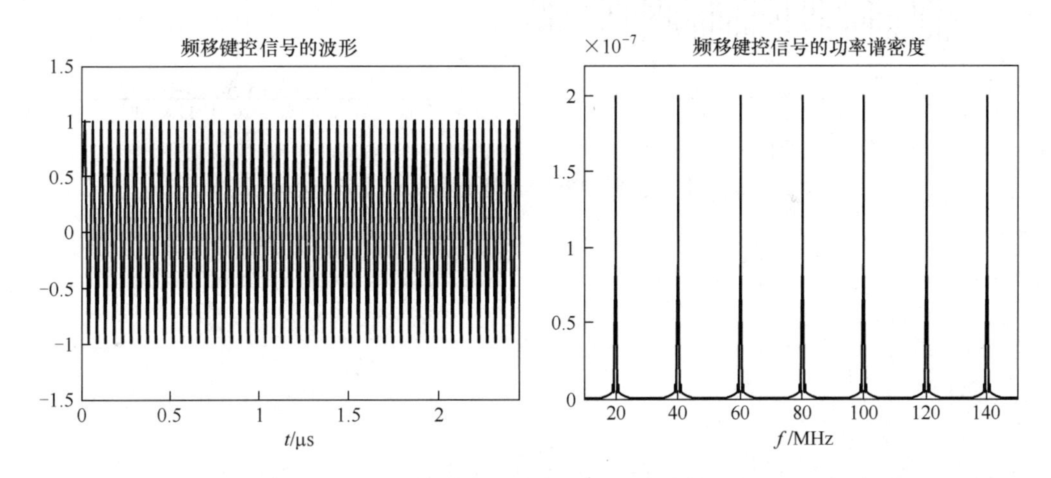

图 3-11　频移键控信号脉内时域波形及功率谱密度图

4）相移键控信号

相移键控信号常应用于多功能相控阵雷达，一个脉冲内由多个宽度相等的子脉冲构成，由编码序列决定相位的取值，常用的编码序列为随机编码序列。此类型信号的时域波形可表示为

$$x(t)=\sum_{k=0}^{N-1}\mathrm{rect}(t-kt_{\mathrm{p}})\exp[\mathrm{j}\varphi_k]\exp(\mathrm{j}2\pi f_0 t) \tag{3-9}$$

式中：f_0 为中心频率；φ_k 为被调制的相位值；N 为子脉冲的个数；t_{p} 为子脉冲的宽度；$\mathrm{rect}(t)$ 为矩形窗，宽度为 t_{p}。

相移键控信号的移相值个数决定了编码个数，如子脉冲之间的移相值如果只有 0 和 π 两个数值，则构成二相码(2PSK)信号，即 $\varphi_k=0,\pi$，也可以表示为二进制序列 $c_k=\mathrm{e}^{\mathrm{j}\varphi_k}$

= 1, - 1。二进制相移键控(2PSK)信号的归一化复包络为

$$u_{\mathrm{PSK}}(t) = \frac{1}{\sqrt{N}} \sum_{k=0}^{N-1} c_k v_{t_\mathrm{p}}(t - kt_\mathrm{p}) = v_{t_\mathrm{p}}(t) * \frac{1}{\sqrt{N}} \sum_{k=0}^{N-1} c_k \delta(t - kt_\mathrm{p}) = u_{\mathrm{PSK1}}(t) * u_{\mathrm{PSK2}}(t) \tag{3-10}$$

式中:$u_{\mathrm{PSK1}}(t) = v_{t_\mathrm{p}}(t) = \begin{cases} 1/\sqrt{t_\mathrm{p}}, & 0 < t < t_\mathrm{p} \\ 0, & \text{其他} \end{cases}$;“ * ”为卷积。

令 c_k 为 7 位巴克码序列{1,1,1,0,0,1,0},$7t_\mathrm{p} = 2.45\mu\mathrm{s}$,可得二相码信号在一个脉冲宽度内的时域变化波形及功率谱密度,如图 3-12 所示。

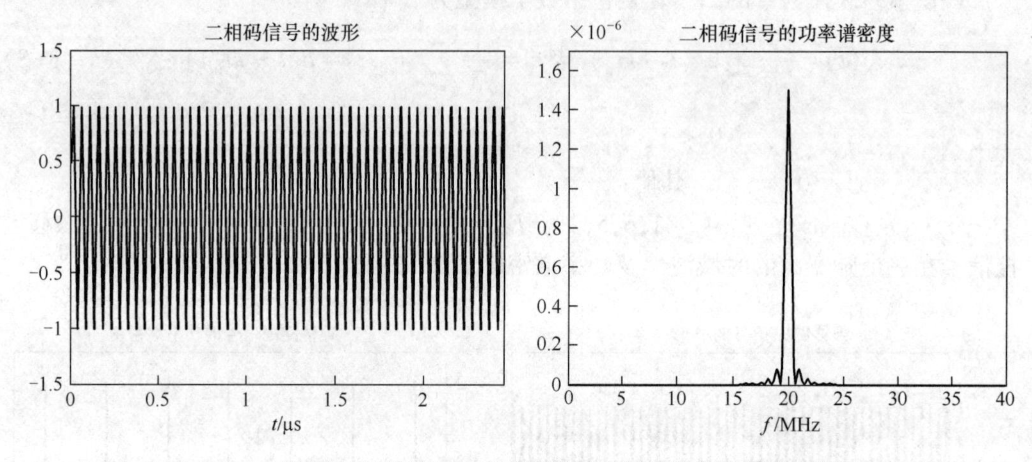

图 3-12 二进制相移键控(2PSK)信号脉内时域波形及功率谱密度图

中篇　通信类网电对抗目标信号侦测与识别

第 4 章　通信类网电对抗目标信号侦收方法

网电对抗目标信号侦测与识别按侦测与识别对象分类，可以分为雷达类网电对抗目标信号侦测与识别、通信类网电对抗目标信号侦测与识别、光电类网电对抗目标信号侦测与识别、导航类网电对抗目标信号侦测与识别、声纳类网电对抗目标信号侦测与识别等。

鉴于网电一体对抗尚处于起步阶段，为了更好地衔接相关领域成熟的知识体系、军语、条令和相关基础概念，同时考虑通信类网电对抗目标信号侦收与通信对抗侦察深度交叉，本章主要以通信对抗侦察的基本框架为依据展开阐述。

通信类网电对抗目标信号侦测与识别主要依据网电对抗侦测系统实现无线通信网台信号的侦收、参数测量、调制识别/解调、编码识别/解码、协议识别、网络拓扑识别和关键节点/链路识别以及测向和定位，为后面通信网台的组织、级别和属性等的判别、威胁等级的推断和态势的形成奠定基础。本章的重点是分析通信类网电对抗目标信号的侦收方法，包括跳扩频信号处理。参数测量、调制识别、编码识别、协议识别、网络拓扑识别和关键节点/链路识别及测向和定位等内容将在后面各章进行介绍。

4.1　通信类网电对抗目标信号侦收概述

通信类网电对抗目标信号侦收是指利用在网电对抗侦测系统中的侦收设备(接收机)搜索和截获无线通信网台信号，为目标无线通信网台信号的技术参数测量、特征提取和体制识别、来波方向和位置测定、目标的类型及其搭载平台属性的推断奠定基础，从而为网电对抗干扰和网电对抗防御提供技术支持。由此获得的网电对抗情报对判明敌情、分析军事形势和指挥作战具有重要的意义。

通信类网电对抗目标信号侦收按照不同的条件和方法，可分成不同的类型：按工作频段划分，可划分为长波网电对抗目标信号侦收、中波网电对抗目标信号侦收、短波网电对抗目标信号侦收、超短波网电对抗目标信号侦收、微波网电对抗目标信号侦收等；按通信体制划分，可划分为接力通信的网电对抗目标信号侦收、卫星通信的网电对抗目标信号侦收、跳频通信的网电对抗目标信号侦收、直扩通信的网电对抗目标信号侦收和定频通信的网电对抗目标信号侦收等；按运载平台划分，可划分为便携式网电对抗目标信号侦收系统、地面固定式网电对抗目标信号侦收系统、地面移动式网电对抗目标信号侦收系统、星载式网电对抗目标信号侦收系统、机载式网电对抗目标信号侦收系统和舰/船载式网电对抗目标信号侦收系统等；按作战任务划分，可划分为网电对抗支援目标信号侦收、网电对抗情报目标信号侦收和网电(对抗)空间电磁频谱监测。

下面以按作战任务划分的通信类网电对抗目标信号侦收类型为例，具体阐述。

1. 通信类网电对抗支援目标信号侦收

通信类网电对抗支援目标信号侦收属于战术情报侦收范畴,在战时其与技术侦察和直接侦察相关。

通信类网电对抗支援目标信号侦收作为侦察的前提条件,其任务:一方面是在战役或战斗过程中,对战场上敌方指挥所/作战中心和前线战斗指挥所/作战中心之间,以及敌方指挥所/作战中心与下属部队和下属部队之间的无线通信网信号进行实时侦收和截获,为参数测量、调制识别、编码识别、关键节点/关键链路识别、网络拓扑识别、测向定位、态势推断和威胁评估等奠定基础,从而为己方指挥员和有关的作战系统提供技术情报,作为己方指挥系统的辅助决策依据。另一方面是依据预定的干扰任务,在获取威胁无线通信网台的工作频率、调制方式、调制参数、编码方式、方向位置和威胁程度等信息的基础上,通过资源的配置以及干扰对象、最佳干扰样式和干扰时机的选择,引导通信类网电对抗干扰系统对目标无线通信网台信号实施干扰和攻击。在干扰实施过程中,可不断监视无线通信网台电磁环境和目标信号变化情况,动态地调整干扰参数、管理干扰资源以及对干扰效果进行评估。

2. 通信类网电对抗情报目标信号侦收

通信类网电对抗情报目标信号侦收属于战略情报侦收范畴,在平时和战时都要进行,但主要在平时进行,其属于预先侦察范畴。侦收作为侦察的前提,其任务是通过对敌方无线通信网台长期、连续或定期地侦收、监视和监测,为详细搜集和积累某个地区的无线通信网台的战术技术参数和情报信息,获得广泛全面且准确的技术和军事情报,建立和更新敌方指挥控制通信网的情报数据库,评估敌方无线电通信网络的现状和发展趋势以及己方指挥中心的战略或者战役决策奠定基础。通信类网电对抗侦察情报是为“对策”研究服务的,其形成通常需要长期的观测和积累,经过自动分析和处理,才能得到比较准确、系统和翔实的情报。

通信类网电对抗情报目标信号侦收范围覆盖全球陆海空天四维的无线通信网台信号,但主要是针对国家军事指挥中心和战区指挥部之间,及国家军事指挥中心与执行特殊任务的作战部队之间的通信。通信类网电对抗情报目标信号侦收的成果,为获取敌方通信网所传输的语音、数据、图像和文字信息等内容奠定基础,从而将信息提供给己方高级决策机关和指挥中心的数据库,为己方制定作战计划、研究对抗策略和研制发展装备提供依据。

3. 通信类网电(对抗)空间电磁频谱监测

通信类网电对抗目标信号侦收涵盖网电(对抗)空间电磁频谱监测,网电(对抗)空间电磁频谱监测分为民用和军用电磁频谱监测。其任务:一方面是对给定频谱或给定区域内的无线通信网台信号进行实时侦收,为己方分析无线通信网台的技术参数、信号特征、活动规律、测向定位等奠定基础;另一方面是通过长期、连续的监测与侦收,以及统计无线通信网台信号占用度,并把获取的广泛、全面、准确的信息提供给己方频谱管理中心的数据库,为己方电磁频谱监测、分配和管理提供技术信息,也为己方有效的频谱管理提供有力的保障。

4.2　通信类网电对抗目标信号侦收方法

4.2.1　网电对抗目标通信信号侦收的基本方法

网电对抗目标通信信号侦收的基本方法主要是实现对定频通信信号的侦收，但如果采用宽带接收架构结合信号识别算法、定向天线等技术手段，也可以实现跳频通信信号和直接序列扩频通信信号的侦收。

1. 频率搜索侦收法

频率搜索侦收法通常采用超外差架构。按照频率搜索的瞬时带宽，可将通信类网电对抗目标通信信号频率搜索侦收法分为宽带搜索侦收法和窄带搜索侦收法。宽带搜索侦收法是指搜索的瞬时带宽远大于单个信号的带宽，因此可同时侦收多个不同频率的无线通信网台信号；窄带搜索侦收法是指搜索的瞬时带宽相对较窄，每次只能接收和处理一个无线通信网台信号。

频率搜索侦收法包括全景显示搜索侦收法和监测侦听分析侦收法两种。

1）全景显示搜索侦收法

全景显示搜索侦收法主要用于在预定的频段内自动搜索和截获无线通信网台信号，并对截获到的信号粗略地进行频率和电平等参数测量。全景显示搜索侦收法分为压控振荡器（voltage-controled oscillator，VCO）扫频搜索侦收法和直接数字频率合成（direct digital synthesizer，DDS）扫频搜索侦收法。

（1）VCO扫频搜索侦收法。VCO扫频搜索侦收法的实现基于VCO扫频式全景显示搜索机制，如图4-1所示。

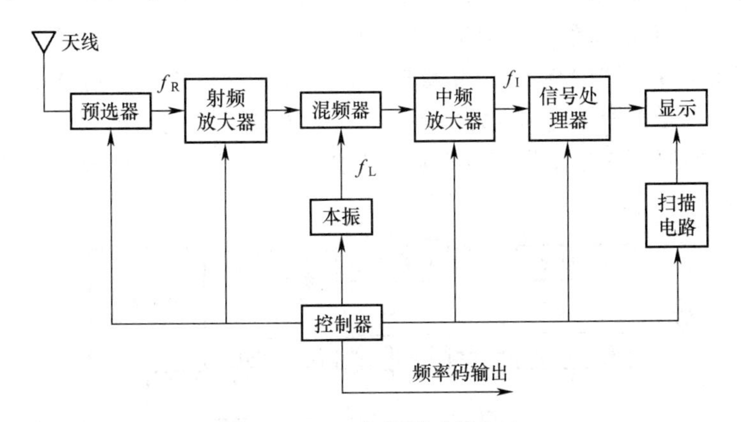

图4-1　VCO扫频搜索侦收法

预选器从天线感应到的密集无线通信网台信号中选出落入其瞬时带宽内的信号，将其送到混频器，经变频后转换为中频信号，再经过中频放大和滤波后送给信号处理器，由信号处理器完成对信号地捕获以及对信号频率、带宽和其他技术参数地测量。频率搜索是由控制器按照一定的频率步进统调预选器的中心频率和本振频率实现，以确保落入预选器的信号频率f_R与本振频率f_L的频率差正好为中频频率f_I。

频率搜索侦收主要采用锯齿波电压控制压控振荡器实现，其基本原理：假定锯齿波电压产生器产生的锯齿波电压是理想线性的,压控振荡器控制特性曲线$u(t) \sim f_L$是理想线性的,并且生成的锯齿波电压加至 VCO 后,VCO 输出频率随时间变化曲线$f_L(t) \sim t$也是线性变化。这样,该锯齿波电压控制 VCO 产生频率为$f_L(t)$的本振信号,同时通过对接收通道的预选器进行调谐,使接收通道的中心频率与本振频率$f_L(t)$同步变化。随着锯齿波电压的扫描式线性变化,生成频率不断变化的本振信号,加到混频器后输出频率固定的中频信号,即可实现对接收到的输入信号f_s的搜索和截获。频率搜索范围及搜索速度取决于本振信号的频率变化范围和频率改变速度,频率变化范围和频率改变速度又取决于锯齿波电压的幅度变化范围和扫描周期。

搜索侦收和下变频得到的中频信号:一方面经过 A/D 采样和量化传送信号处理器,由信号处理器完成频率和电平等技术参数测量;另一方面,经包络检波和视频放大等处理,在扫描电路的控制下,按线性关系在显示器的坐标上标出与时间对应的频率值等测量内容和信号时频图。

对于宽带搜索,即使搜索频段内有多个信号存在,只要相邻信号的频率差大于分辨带宽,就可在显示器上明显显示和区分。

VCO 扫频搜索侦收法可通过预置步进频率间隔、信号门限电平、信道驻留时间、保护频率和保护频段等实现全频段搜索、部分频段搜索和预置信道搜索等频率搜索功能,实现全频段显示、分频段显示、扩展显示和记忆显示等信号显示功能,以及实现显示信号的频率和相对幅度、存储记录参数、在重点频率上加标记等功能。

(2) DDS 扫频搜索侦收法。DDS 扫频搜索侦收法的实现基于 DDS 扫频式全景显示搜索机制,其架构如图 4-2 所示。DDS 扫频搜索侦收机制通常由输入单元、中频单元、DDS 单元、信号处理单元、控制单元、电源单元和面板单元等组成。从外接天线接收到的无线通信网台信号经过输入单元的选通后进入到中频单元,在第一混频器中与 DDS 生成的第一本振信号混频后得到第一中频信号,第一中频信号经放大后由多级声表面滤波器进行滤波;在第二混频器中与 DDS 生成的第二本振信号混频后得到第二中频信号。其中,中频单元可以是 1 个也可以设计为多个。N 个信道产生 N 路中频信号送入信号处理单元进行数字化处理,并把接收信号的频谱和数字化处理结果在面板单元以直观的图形方式显示出来。

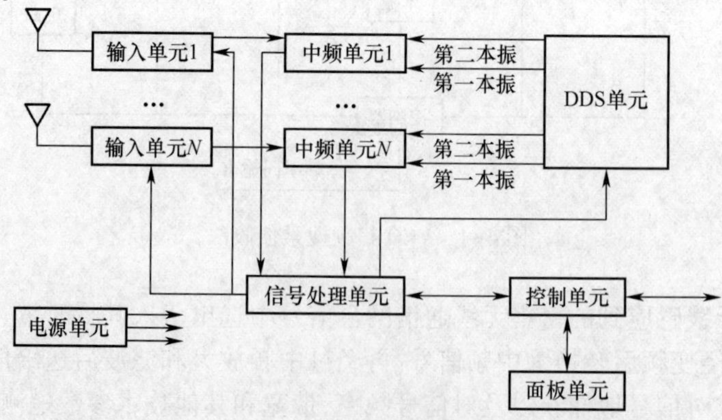

图 4-2 DDS 扫频搜索侦收法

DDS 扫频搜索侦收法具有对空间无线通信网台信号进行频率快速搜索、全景频谱显示、信号解调、存储和记录、遥控和自检等功能。

2）监测侦听分析侦收法

监测侦听分析侦收法主要用于对无线通信网台信号技术参数的精确测量、特征分析，以及信息侦听、存储和记录，并在干扰过程中对干扰效果进行检查和评估。

监测侦听分析侦收法的架构与 DDS 扫频搜索侦收法类似，如图 4-3 所示。监测侦听分析侦收法的架构通常由输入单元、中频单元、DDS 单元、低频单元、信号处理单元、控制单元、电源单元和面板单元等组成。从外接天线接收到的无线通信网台信号，经过输入单元的选通后进入到中频单元，在第一混频器中与 DDS 生成的第一本振信号混频得到第一中频信号，并采用两级声表面滤波器进行滤波；在第一混频器中与 DDS 生成的第二本振信号混频得到第二中频信号，经放大后送入信号处理单元进行数字化处理，并把接收信号的频谱和数字化处理结果在前面板上以直观的图形方式显示出来。

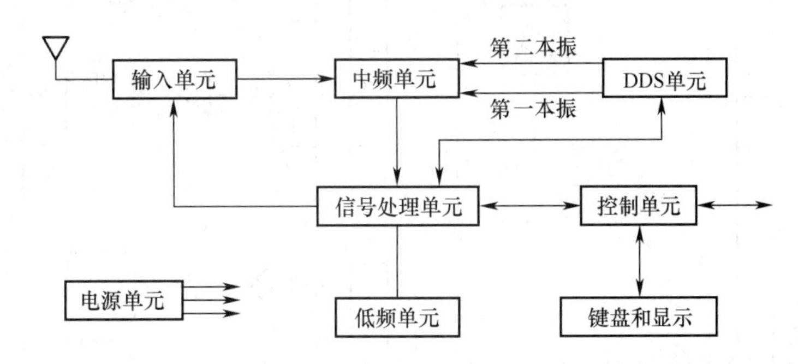

图 4-3　监测侦听分析侦收法

监测侦听分析侦收法与 DDS 扫频搜索侦收法差别是对引导的信号进行锁定和分析处理。监测侦听分析侦收法可对空间无线通信网台信号进行频率搜索、信号分析和监听，以及参数测量、调制识别与解调、编码识别与解码、频谱显示与分析、存储和记录、遥控、干扰监视和评估等功能。

2. 并行搜索侦收法

频率搜索侦收法具有结构简单和工作可靠等特点，但因其搜索时间长，降低了系统截获概率。提高截获概率的途径之一是采用并行搜索体制，实现对通信类网电对抗目标信号的侦收。并行搜索侦收法包括信道化并行搜索侦收法、声光调制并行搜索侦收法、压缩滤波并行搜索侦收法和数字化并行搜索侦收法。

1）信道化并行搜索侦收法

信道化并行搜索侦收法采用大量的并行接收和处理信道覆盖频率范围，是一种具有快速信息处理能力的非搜索式超外差侦收方法，具有灵敏度高、频率分辨率高和截获概率高的优点，并且可处理同时到达的多个无线通信网台信号。

（1）纯信道化并行搜索侦收法。纯信道化并行搜索侦收法原理，如图 4-4 所示。

采用纯信道化并行搜索侦收时，首先通过射频分路器将侦察频带划分为 m 路，每路射频分路器的输出信号均经过混频器下变频，将射频信号变换为频率为 f_{i1} 的第一中频信号，第一本振组输出频率等间隔的本振信号，使各路中频信号的频率和带宽均相同。每路中频信号经过中频放大后分成两路：一路传送给门限检测电路以确定有无信号及信号

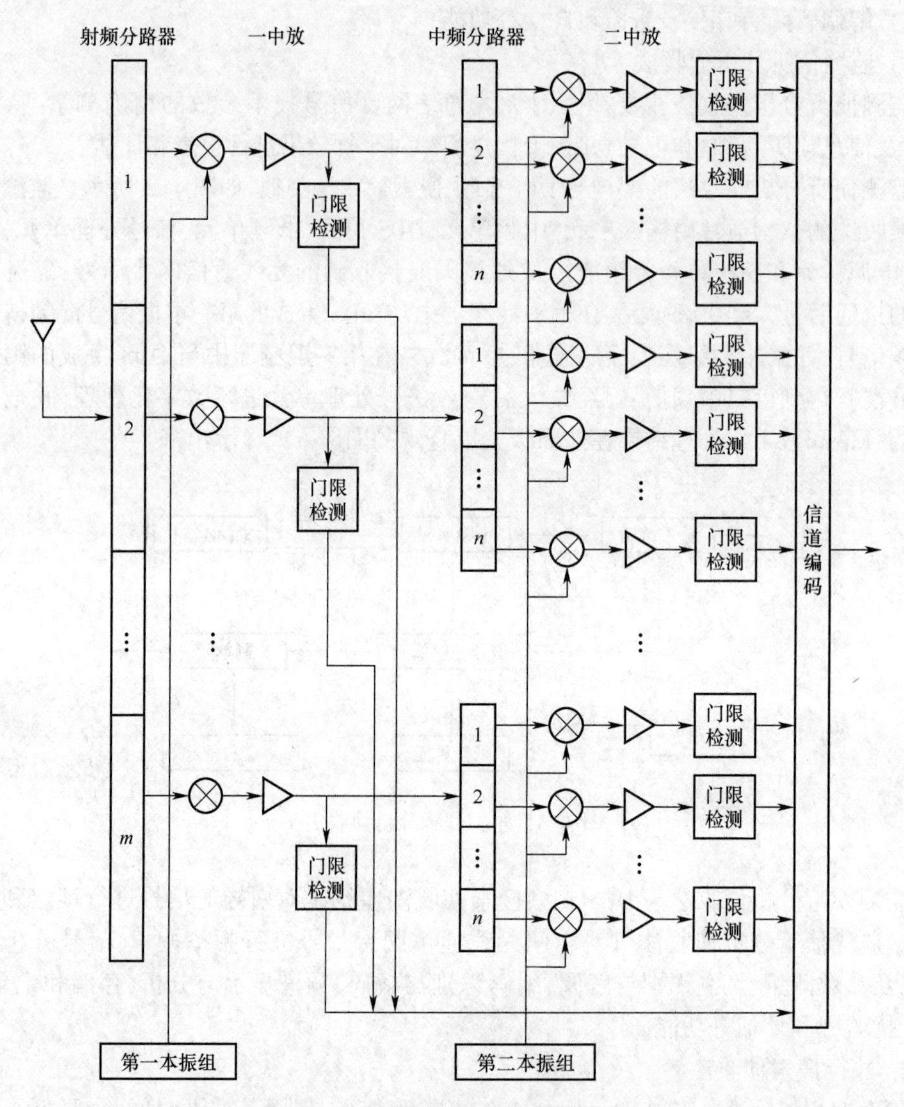

图 4-4　纯信道化并行搜索侦收法

处于哪个频段;另一路传送给对应的中频分路器分成 n 路。各中频分路器输出信号再经过混频器二次下变频,将第一中频信号变换为第二中频信号,各路频率为 f_{i2} 的第二中频信号输出到门限检测,一方面检测信号的有无,另一方面对信号所处信道进行编码并输出该信号供后续信号处理。

(2) 频带折叠信道化并行搜索侦收法。频带折叠信道化并行搜索侦收法的原理与纯信道化并行搜索侦收法类似,在信道化模块中分路原理与纯信道化的相同。分路输出的信号首先进行折叠,即进行信道合并处理,然后进入后级信道化模块,依次类推,其原理如图 4-5 所示。

采用频带折叠信道化并行搜索侦收法时,首先对 m 个分路器的输出进行折叠,即把 m 个分路器的输出叠加在一起,然后送至后续处理电路。

在电路中每级只设一个信道化模块,减少了信道数量,也降低了设备复杂度、体积和

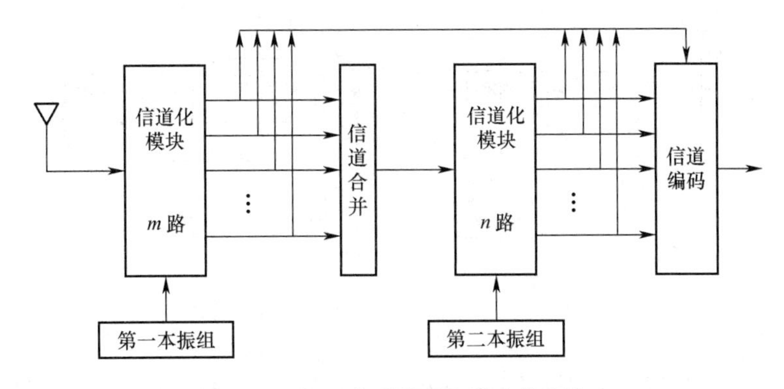

图 4-5　折叠信道化并行搜索侦收法

重量。但由于对分路器输出折叠合并，造成了噪声的叠加，导致接收灵敏度下降，并且合并输出后到后一级的信道化模块中会引起测频模糊现象。

（3）时分控制信道化并行搜索侦收法。时分控制信道化并行搜索侦收法的架构与频带折叠信道化并行搜索侦收法基本相同，不同之处是时分控制信道化并行搜索侦收法采用快速切换控制开关取代了折叠合并电路。同一时刻，切换控制开关只接通一个信号输出通道，其他信号输出通道被切断，避免了在频带折叠信道化并行搜索侦收法中存在的噪声累积和同时到达多种信号之间的相互影响。时分控制信道化并行搜索侦收法原理，如图 4-6 所示。

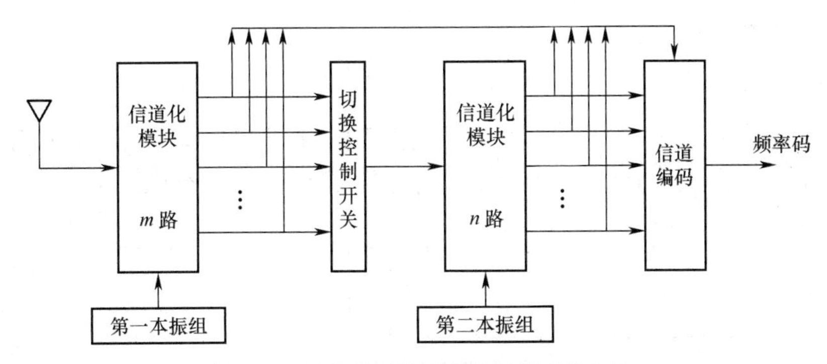

图 4-6　时分控制信道化并行搜索侦收法

时分控制信道化并行搜索侦收法的每路输出由切换控制开关进行转换，代替频带折叠信道化并行搜索侦收法的信道合并电路。访问开关依次连接各信号输出通道的输出端，把被接通的输出信号送至后一级分路器。时分控制信道化并行搜索侦收法是信道化并行搜索侦收法的另一实现形式，又称为搜索式信道化并行搜索侦收法。

时分控制信道化并行搜索侦收法存在信号的漏截获问题，截获概率相对降低。

（4）中频信道化并行搜索侦收法。前面分析的纯信道化、频带折叠和时分控制三种信道化并行搜索侦收法是在射频端就开始进行信道化处理，在实际应用中还可以使用中频进行信道化处理，这样的设计称为中频信道化并行搜索侦收法。典型的中频信道化并行搜索侦收法原理，如图 4-7 所示。

并行搜索侦收法通过在中频电路采用中频滤波器组实现中频的信道化，信道化后输

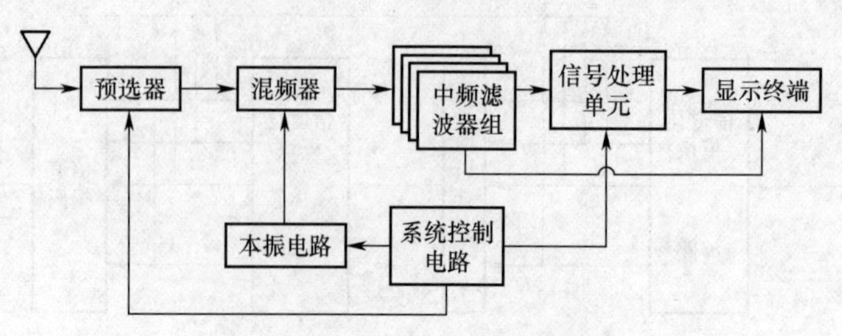

图 4-7　中频信道化并行搜索侦收法

出的中频信号由后续信号处理器实现信号的参数测量、调制识别和编码识别等一系列处理。

2）声光调制并行搜索侦收法

除了直接利用频率搜索侦收法和信道化并行搜索侦收法之外，通信类网电对抗侦测系统（设备）还采用特殊方法通过傅里叶变换间接实现信号侦收，即通过变换域方法实现无线通信网台信号截获。根据使用不同的器件，通信类网电对抗侦测系统（设备）有声光调制并行搜索侦收法和压缩滤波并行搜索侦收法两大类。

声光调制并行搜索侦收法是采用声光调制技术和透镜空间傅里叶变换技术相结合实现信号侦收的一种方法，其关键部件是布拉格盒（又称为布拉格小室）声光调制器。典型的声光调制并行搜索侦收法原理，如图 4-8 所示。

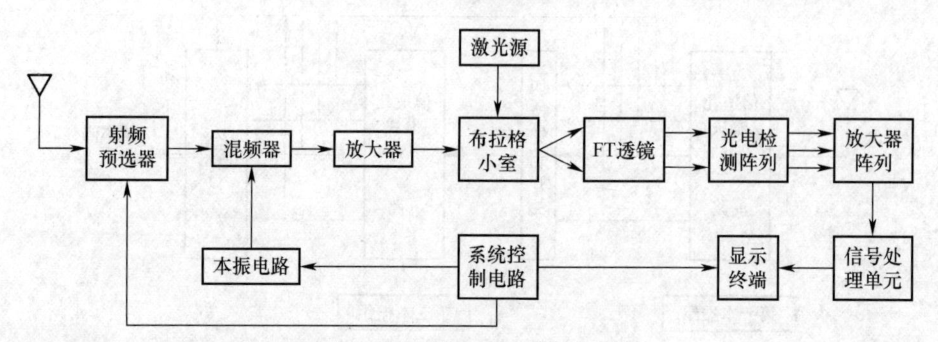

图 4-8　声光调制并行搜索侦收法

天线接收的无线通信网台信号经射频预选器选择后传送至混频器，由混频器变频到声光调制器（布拉格小室）的工作频带内。混频得到的中频信号，经过中频放大器和功率放大器放大后送入声光调制器，驱动声光器件将中频信号转换为频率相同的超声波信号，通过对单色激光束进行调制产生相应的衍射光。即使入射光束受信号频率调制发生偏转，其偏转角度也正比于接收信号的频率。不同频率的信号使激光束产生不同的折射角度，然后利用光检测器将不同折射角度的激光束转换为不同的电信号，从而获得接收的无线通信信号的频率信息，完成信号侦收和测频目的。

声光调制并行搜索侦收法的本质是通过控制本振采用步进扫描实现信号搜索。

声光调制并行搜索侦收法具有瞬时带宽大、搜索速度快、频率分辨率高和截获概率高的特点，并且能处理同时到达的多个信号，但动态范围小、信号调制信息易丢失。

3）压缩滤波并行搜索侦收法

压缩滤波并行搜索侦收法属于一种特殊并行搜索侦收法，通过 chirp 变换间接实现信号侦收，典型的压缩滤波并行搜索侦收法原理，如图 4-9 所示。

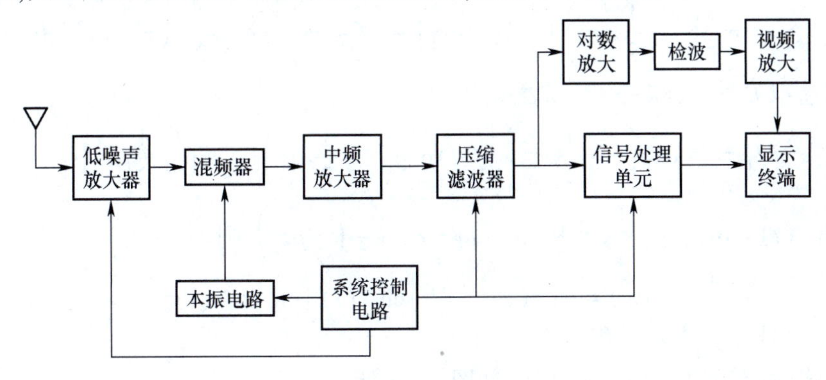

图 4-9　压缩滤波并行搜索侦收法

压缩滤波并行搜索侦收法将接收到的无线通信网台射频信号经低噪声放大后送入混频器，与本振输出的线性扫频信号混频（$f_I = f_L - f_S$），得到混频器输出的线性调频信号，该线性调频信号的斜率与本振信号的斜率相同。随后，此信号送至中频放大器进行中频放大。需要强调的是，如果中频放大器的中心频率为 f_I、带宽为 B_I，只有满足下式线性调频信号才能进入中频放大器的通带被放大。

$$\left(f_I - \frac{1}{2}B_I\right) < [f_L(t) - f_s] < \left(f_I - \frac{1}{2}B_I\right) \tag{4-1}$$

因此，经中频放大器放大输出的信号为调频宽脉冲信号，再经压缩滤波器压缩成窄脉冲信号。此窄脉冲信号，一方面输送信号处理器进行处理实现信号侦收和检测，另一方面经对数放大、检波和视放后送显示器显示。其中压缩滤波器和 chirp 变换是该方法的核心内容。

（1）压缩滤波器。采用声表面波色散延迟线（acoustic surface wave dispersion delay line，SAW DDL）将输入的调频宽脉冲信号压缩成窄脉冲信号。SAW DDL 具有色散特性，即对不同频率的信号具有不同的延迟时间。DDL 的作用是作为压缩线（pulse compression line，PCL）通过卷积运算实现脉冲压缩，并作为展宽线（pulse extend line，PEL）产生 chirp 信号用于脉冲展宽。压缩滤波器的时延-频率特性的斜率与输入线性调频信号的时延-频率特性的斜率，必须符号相反，而绝对值大小相等。

在定时脉冲的作用下，窄脉冲产生器产生周期性射频窄脉冲序列送入 DDL，由于窄脉冲信号包含极丰富的频谱成分，各频谱成分经过 DDL 后的延迟时间不同，从而在 DDL 输出端得到周期性线性调频信号，如图 4-10 所示。

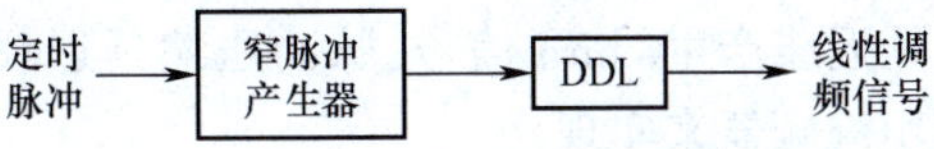

定时脉冲 → 窄脉冲产生器 → DDL → 线性调频信号

图 4-10　脉冲展宽原理

（2）chirp 变换。设输入信号为 $f(t)$，其频谱可以通过傅里叶变换，可得

$$F(\omega) = \int_{-\infty}^{\infty} f(t)\exp(-j\omega t)\mathrm{d}t \tag{4-2}$$

假设 $\omega=\mu\tau$,其中 μ 是常数,τ 是时间。对式(4-2)进行变量代换,得

$$\begin{aligned}F(\omega) &= F(\mu\tau) = \int_{-\infty}^{\infty} f(t)\exp(-\mathrm{j}\mu\tau t)\,\mathrm{d}t \\ &= \exp\left(-\mathrm{j}\,\frac{1}{2}\mu\tau^2\right)\int_{-\infty}^{\infty} f(t)\exp\left(-\mathrm{j}\,\frac{1}{2}\mu\tau^2\right)\exp\left(\mathrm{j}\,\frac{1}{2}\mu(\tau-t)^2\right)\mathrm{d}t \end{aligned} \tag{4-3}$$

利用卷积关系,式(4-3)可以表示为

$$F(\mu\tau) = \exp\left(-\mathrm{j}\,\frac{1}{2}\mu\tau^2\right)\left[f(t)\exp\left(-\mathrm{j}\,\frac{1}{2}\mu t^2\right)\otimes\exp\left(\mathrm{j}\,\frac{1}{2}\mu t^2\right)\right] \tag{4-4}$$

令 $\mathrm{ch}^-(t) = \exp\left(-\mathrm{j}\,\frac{1}{2}\mu t^2\right)$,$\mathrm{ch}^+(t) = \exp\left(-\mathrm{j}\,\frac{1}{2}\mu t^2\right)$ 则

$$F(\mu\tau) = \mathrm{ch}^-(\tau)\{[f(t)\mathrm{ch}^-(t)]\otimes\mathrm{ch}^+(t)\} \tag{4-5}$$

式中:符号“$\otimes$”表示卷积运算。

根据式(4-5)可以得 chirp 变换,如图 4-11 所示。

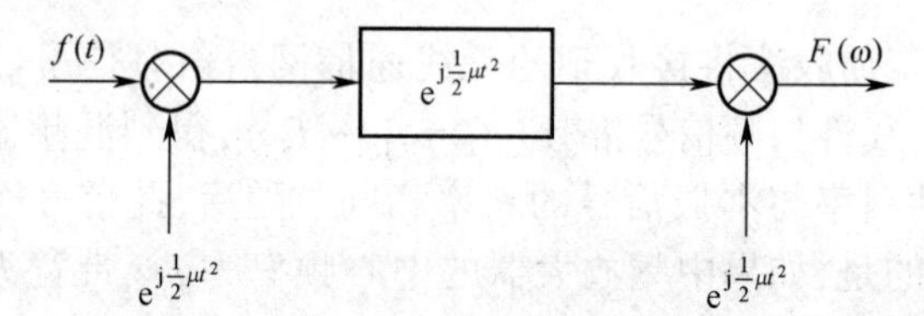

图 4-11　chirp 变换原理

chirp 变换计算模型的步骤:首先,将输入的时域信号 $f(t)$ 与线性调频信号 $\mathrm{ch}^-(t)$ 相乘,使得 $f(t)$ 变成线性调频信号(其频率的变化与时间成线性关系);其次,将上述乘积通过斜率相等但符号相反的线性调频滤波器 $h(t)=\mathrm{ch}^+(t)$ 进行卷积运算;再次,卷积后的结果再与另一个线性调频信号 $\mathrm{ch}^+(t)$ 相乘,最后,得到输入信号的谱函数,由此实现信号的侦收和识别。

压缩滤波并行搜索侦收法是根据上面原理采用 SAW 色散延迟线实现预乘和卷积,如图 4-12 所示。

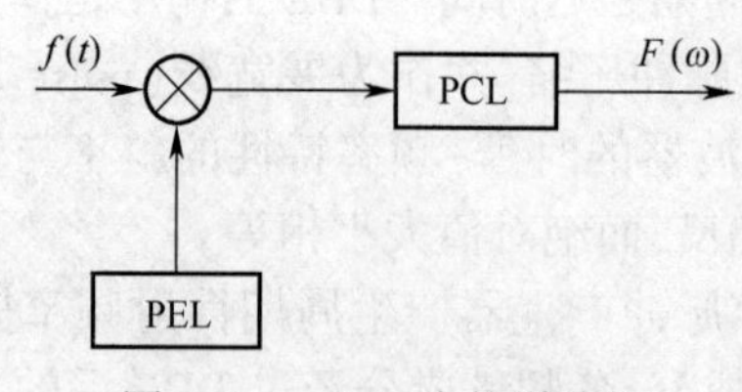

图 4-12　chirp 变换谱分析

综上所述,脉冲展宽延迟线产生 chirp 信号,脉冲压缩延迟线实现卷积运算,而 $f(t)$ 与 chrip 信号的预乘则利用混频器来实现。

压缩滤波并行搜索侦收法具有接收灵敏度高、搜索速度快、频率分辨率高、截获概率高和处理能力强等优点,但其也有动态范围较小、调制信息易丢失和器件要求高等缺点。

4）数字化并行搜索侦收法

(1) 宽带中频数字化并行搜索侦收法。宽带中频数字化并行搜索侦收法原理,如

图4-13 所示。

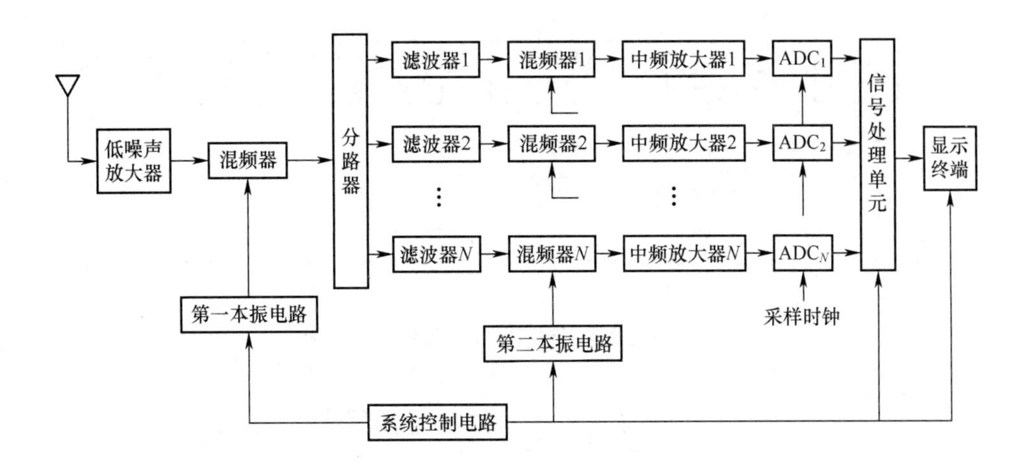

图 4-13　宽带中频数字化并行搜索侦收法

射频信号首先经过低噪声放大器放大和混频器混频后变频为第一中频信号。第一中频信号经过中频分路器分为 N 路，同时送 N 路中频滤波器组滤波，再经第二混频器混频后转换为统一的第二中频信号；然后 N 路第二中频信号具有相同的频率，分别经 N 路中频放大器放大后，利用 N 路数模转换器进行高速采样数字化，最后由信号处理单元实现信号侦收处理。

宽带中频数字化并行搜索侦收法实际上是一种信道化和数字化相结合的搜索侦收方法。其中信道化主要体现在分路器之后，包括 N 个滤波器、N 个混频器、N 个中频放大器和 N 个模数转换器(analog-to-digital converter，ADC)电路等，该部分设计与前述的频率搜索接收机类似。宽带中频数字化主要体现在中频放大器之后，包括 N 个 ADC 电路和信号处理单元。

宽带中频数字化并行搜索侦收法性能主要受分路器路数 N、单路处理瞬时带宽 B 和 ADC 采样频率等因素限制；而瞬时处理带宽和 ADC 采样频率主要受 ADC 器件和数字信号处理器的处理能力等因素限制。

(2) 数字中频数字化并行搜索侦收法。数字中频数字化并行搜索侦收法采用数字滤波器组代替模拟滤波器组，即数字信道化在中频实现。典型的数字中频数字化并行搜索侦收法原理如图 4-14 所示，属于宽带搜索方法。截获的无线通信网台信号经低噪声、混频和中频放大后得到模拟的宽带中频信号，模拟的宽带中频信号经 ADC 采样后实现数字化，再输送数字信道化滤波器和信号处理单元进行滤波、侦收和识别等处理。

数字信道化滤波器通常采用基于 DFT 多相滤波器组来实现，信道化滤波器的基本原理，如图 4-15 所示。

基于 DFT 多相滤波器组实现的数字信道化滤波器处理对象为 $x(n)$ 。对 $x(n)$ 进行预抽取、数字正交下变频和低通滤波后，再利用 FFT 实现 IDFT 完成数字信道化滤波处理。其中 $g_i(k)$ 是低通原型滤波器的多相分量，滤波器阶数是原来阶数的 $1/D$。

对数字信道化的各信道输出进行门限检测、编码和判决，可实现信号侦收和截获。

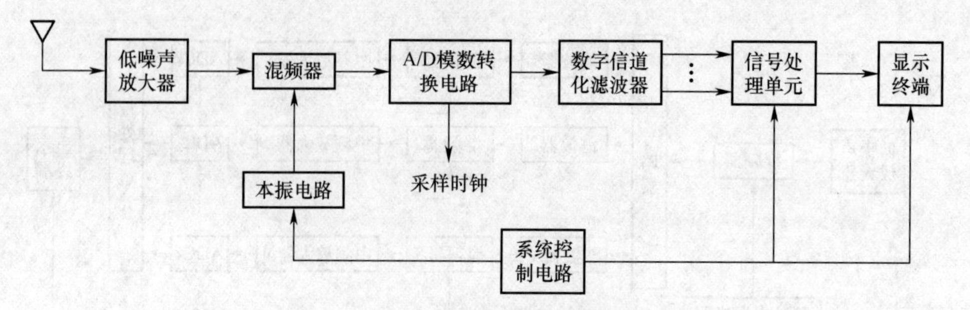

图 4-14　数字中频数字化并行搜索侦收法

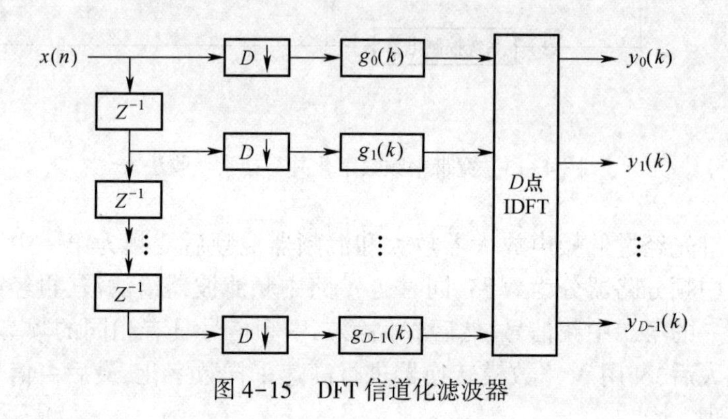

图 4-15　DFT 信道化滤波器

4.2.2　网电对抗目标跳频通信信号侦收方法

1. 定频通信信号剔除方法

在跳频通信信号侦收时需要考虑从宽带接收的信号中剔除定频通信信号,在复杂电磁环境下剔除定频通信信号的方法如下:

(1) 统计在不同频率点上通信信号的出现次数,设置次数门限,剔除连续定频通信信号;

(2) 统计在一定时频范围内通信信号的幅度分布特征,设置时频局部化幅度门限,并用该门限剔除大部分噪声信号;

(3) 设置跳频通信信号瞬时带宽门限,跟踪连续出现的通信信号,并记录其所占用的频率。计算每一段连续通信信号的全局带宽,根据该带宽剔除扫频通信信号;

(4) 剔除幅度较大但连续性极差,在瀑布图上表现为孤立点的噪声信号;

(5) 根据跳频通信信号的跳速范围,设置驻留时间范围,并用驻留时间剔除部分突发信号;

(6) 统计所有在频率点上通信信号段的出现次数,根据该出现次数剔除断续定频通信信号;

(7) 根据不同信号段之间是否具有衔接关系,剔除突发定频干扰信号。

依据上面定频通信信号剔除方法,判断接收的通信信号是否为跳频通信信号。

2. 跳频通信信号侦收方法

跳频通信信号侦收的主要任务是实现跳频无线通信网台信号截获、特征参数测量和提取。跳频通信信号的特征参数包括：跳频速率，即跳频通信信号在单位时间内的跳频次数；跳频频率集，即跳频无线通信网台在一次通信过程中所使用的所有频率的集合，其集合的大小称为跳频信道数，其完整的跳频顺序构成跳频图案；驻留时间，即跳频通信信号在一个频点停留的时间，其倒数是跳频速率；跳频范围，跳频无线通信网台的工作频率范围，即跳频带宽；跳频间隔，跳频无线通信网台工作频率之间的最小间隔，又称为频道间隔或信道间隔。上面这些参数是通信类网电对抗目标侦察中跳频通信信号侦收和识别的基础。

跳频通信信号可通过前述的压缩滤波并行搜索侦收法和数字化并行搜索侦收法等方法实现。随着微电子、高速数字芯片和信号处理算法的飞速发展，数字化并行搜索侦收法在跳频通信信号侦收领域越来越重要。

典型的跳频通信信号数字化侦收体系架构，如图 4-16 所示。

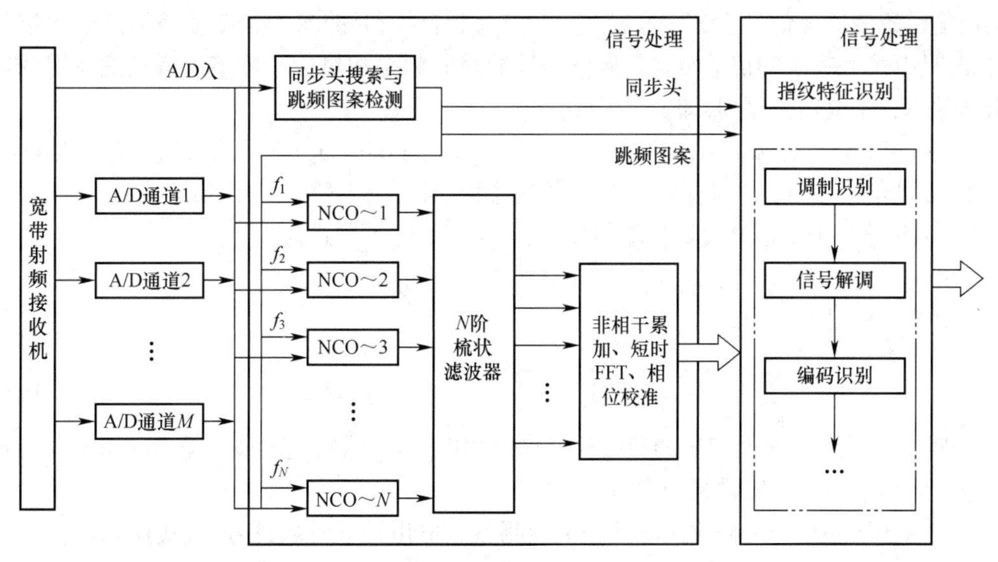

图 4-16　跳频通信信号数字化侦收体系架构

在图 4-16 中，宽带射频接收机完成对射频信号的接收，在宽带射频接收机中进行下变频，得到模拟中频信号，由 A/D 模数转换电路将输入的模拟中频信号进行数字化处理，其中 A/D 模数转换通道的个数由中频信号带宽和 A/D 模数转换电路的采集带宽确定。在后面的数字信号处理阶段，首先完成同步头搜索与跳频图案检测，将检测到的跳频图案传递给 N 个并行的数字下变频（numerically controlled oscillator，NCO）模块，将其变换为零中频信号；然后进行 N 阶梳状滤波器进行滤波处理，其输出的 N 通道窄带信号进行非相干累加和短时 FFT 处理，得到每个信道采集数据的 FFT 复数谱；最后通过设置的门限进行谱检测，判决当前的跳频点，其中 N 由伪随机跳频信道数确定，如针对 30～88MHz 的超短波网台跳频通信信号，N 一般设置为 256。

需要强调的是，跳频图案检测模块始终处于工作状态，以监测当前的跳频图案是否发生变化，若变化，则及时更新给并行的 NCO 模块。在此基础上，各跳频点上的信号完成后续的调制识别/解调、编码识别/解码等处理。

1）数字信道化接收技术

数字信道化接收技术所处理的瞬时频率覆盖范围大于跳频通信信号带宽，能够多个频率窗口（信道）同时工作，这些频率窗口的总和覆盖了跳频通信信号的频率范围。数字信道化可以直接利用滤波器组在射频频段实现，也可以把信号转变到中频后，利用中频滤波器组实现。数字信道化接收具有大动态范围、高增益、低噪声、窄带性能好、测量细致准确、分选功能等特点，同时克服了窄带接收瞬时测频范围小的缺点。

数字信道化接收原理是将接收信号通过一组信道化滤波器均匀分成 N 个子频带，再将各个子频带的信号下变频到基带，进行降速抽取后再进行 DFT 变换，得到信道化滤波输出。通过对信道化滤波输出进行检测，可以实现对跳频无线通信网台信号的侦收。

设数字信道化接收部分设计有 N 个信道滤波器，信道间隔为 B_{ch}，则其瞬时带宽为 $B=NB_{\mathrm{ch}}$。如果其瞬时带宽大于跳频带宽 W_{th}，即满足条件 $B \geqslant W_{\mathrm{th}}$ 时，则跳频通信信号的某跳频信号总会落到信道化滤波器组的某个信道滤波器 k 中，并且该滤波器输出最大，其他信道滤波器无信号输出。根据这个特点，只需对所有的 N 个信道滤波器的输出进行检测，具有最大输出的信道与跳频通信信号的瞬时频率相对应。数字化信道滤波器的输出通常是一个复信号序列，即

$$x(k,m)=x_I(k,m)\cos(\omega_k m+\theta_k)+\mathrm{j}x_Q(k,m)\sin(\omega_k m+\theta_k)+n(k,m) \tag{4-6}$$

式中：k 是信道序号，$k=1,\cdots,N$；m 是信道滤波器输出序列的下标，$m=0,1,\cdots,N-1$；$n(k,m)$ 是第 k 个信道滤波器的输出噪声，$n(k,m)$ 的表达式为

$$n(k,m)=n_I(k,m)\cos(\omega_k m+\theta_k)+jn_Q(k,m)\sin(\omega_k m+\theta_k) \tag{4-7}$$

对输出信号进行包络检波，得

$$y(k)=\sum_{m=0}^{N-1}\sqrt{[x_I(k,m)+n_I(k,m)]^2+[x_Q(k,m)+n_Q(k,m)]^2} \tag{4-8}$$

对 $k=1,2,\cdots,N$ 个信道的包络检波输出幅度进行比较，其中最大输出的信道作为跳频通信信号的当前瞬时跳频频率值。

压缩滤波并行搜索侦收法和其相关检测方法输出是非时域信号，直接用来对信号进行调制识别/解调比较困难。而信道化技术具有瞬时测频能力，其输出是时域信号，因此保留了信号的全部信息，对后面的信号分析非常有利。

2）时频分析算法

跳频通信信号由于其频率是时变的，因此是一个非平稳的信号。针对非平稳的无线通信网台信号，通常采用 STFT 变换实现其参数的估计。

STFT 又称为短时傅里叶变换或加窗傅里叶变换，如果设定一个时间宽度很小的窗函数 $w(t)$，并让该窗函数沿时间轴滑动，则跳频通信信号的短时傅里叶变换定义为

$$\mathrm{STFT}_x(t,f)=\int_{-\infty}^{+\infty}[w(\tau)x^*(\tau-t)]\exp(-\mathrm{j}2\pi f\tau)\mathrm{d}\tau \tag{4-9}$$

由于窗函数的时移性能，使得 STFT 同时具备时间函数和频率函数的局域特性，因此可以通过分析窗得到二维的时频分析。在某一时刻 t 跳频通信信号的 STFT 可视为该时刻的"局部频谱"。

上面的是跳频通信信号连续短时傅里叶变换，在实际应用中通常使用离散 STFT，对

观测信号采样后得到长度为 N 的序列 $x(k)$ ，$k=0,1,2,\cdots,N-1$,则 STFT 离散化形式为

$$\mathrm{STFT}_x(m,n)=\sum_{k=-\infty}^{+\infty}[w(k)x^*(kT-mT)]\exp(-\mathrm{j}2\pi nF)k \tag{4-10}$$

式中:T 为时间变量的采样周期;F 为频率变量的采样周期;f_s 为采样频率。

采用 STFT 进行跳频通信信号参数估计的步骤如下:

(1) 对信号 $x(k)$ 进行 STFT 变换,得到 $x(n)$ 的时频图 $\mathrm{STFT}_x(m,n)$;

(2) 计算 $\mathrm{STFT}_x(m,n)$ 在每个时刻 m 的最大值,得到矢量 $\boldsymbol{A}(m)$;

(3) 利用傅里叶变换 FFT 估计 $\boldsymbol{A}(m)$ 的周期,得到离散跳频周期的估计值 $\hat{T}_h$;

(4) 求出 $\boldsymbol{A}(m)$ 在 $m\in[\hat{T}_h+1,m-\hat{T}_h]$ 的峰值位置,得到峰值位置序列 $p(q)$ ，$q=1,2,\cdots,Q$,Q 为峰值的个数,可得第一跳频的跳变时刻;

(5) 估计跳频通信信号第一跳的跳变时刻。首先求出第一个峰值出现的平均位置:

$$\hat{p}_0=\frac{\sum_{q=1}^{Q}p(q)-(Q-1)Q(\hat{T}_h/2)}{Q} \tag{4-11}$$

跳频时刻可由下式得

$$\hat{n}_0=\frac{(\hat{p}_0-\hat{T}_h/2)}{f_s} \tag{4-12}$$

(6) 利用得到的跳频周期估计值 $\hat{T}_h$,可以求出观测间隔 N 内包含的完整跳频点个数为

$$N_p=\frac{[(N-\hat{n}_0)]}{\hat{T}_h} \tag{4-13}$$

式中:[·]表示取整。

(7) 估计观测信号内包含的跳频频率,得跳频图案:

$$\hat{f}_k=\arg\left[\max\left(\sum_{m=\hat{n}_0+l\hat{T}_h}^{m=\hat{n}_0+(l+1)\hat{T}_h}\frac{\mathrm{STFT}(m,n)f_s}{2N}\right)\right] \tag{4-14}$$

综上所述,在未知跳频通信信号任何先验信息的情况下,通过对时域信号进行 STFT 可以求得跳频通信信号的有关参数,实现对跳频通信信号参数的估计。

3) 跳频通信信号解跳方法

跳频解跳是跳频通信信号信息恢复的基础。对于模拟体制的跳频通信信号,侦收后可直接解调出其传输的信息;但对于伪随机数字跳频通信信号,则必须在侦收并截获到跳频通信信号的基础上,首先对跳频通信信号进行解跳,还原出调制的基带信息,然后才能对基带信息进行解调。

基于前述的数字接收体系架构对跳频通信信号进行解跳,提取跳频网台的频率集,为解跳处理提供检测跳频通信信号的频率范围。当检测和侦收到跳频通信信号后,基于信号到达时间的先后顺序将信号串接起来,并将跳频通信信号搬移到基带,实现对跳频通信信号的解跳工作。特别对于先进的频率自适应跳频通信信号的解跳,不但要检测已知的频率点,而且要检测其他的频率点,以快速发现跳频通信信号频率的改变。

4）跳频通信信号解调方法

在实现对跳频通信信号解跳后，如果已知该基带跳频通信信号的调制样式，则可对其采用相应的解调方法进行解调；当未知跳频通信信号的调制样式时，则需要首先对其进行调制样式识别，然后按照对常规定频信号的解调方式解调并恢复跳频通信信号调制信息。

4.2.3 网电对抗目标扩频通信信号侦收方法

扩频通信信号是指直接序列扩频（direct sequence spread spectrum，DSSS）通信信号，因其采用了伪随机序列将窄带信号的频谱进行了扩展，使得扩频后的信号淹没在噪声中，具有隐蔽性和抗干扰性的特点，在军事和民用领域都得到了广泛应用。下面将直接序列扩频信号简称为DSSS通信信号并对其侦收方法进行分析。

DSSS通信信号侦收通常包括检测和参数估计两部分内容，其中参数估计既可以与信号检测同步完成，也可以在解扩基础上参照常规信号参数估计方法展开。由于扩频信号的特殊性，在阐述信号检测方法的同时，也需要对其中重要参数的估计方法进行分析。需要强调的是，无线通信网台信号在传输过程中通常由于存在多径效应的影响，导致码间干扰的存在。对于DSSS通信信号，克服多径效应一般采用RAKE接收技术。

DSSS通信信号侦收技术路线，如图4-17所示。

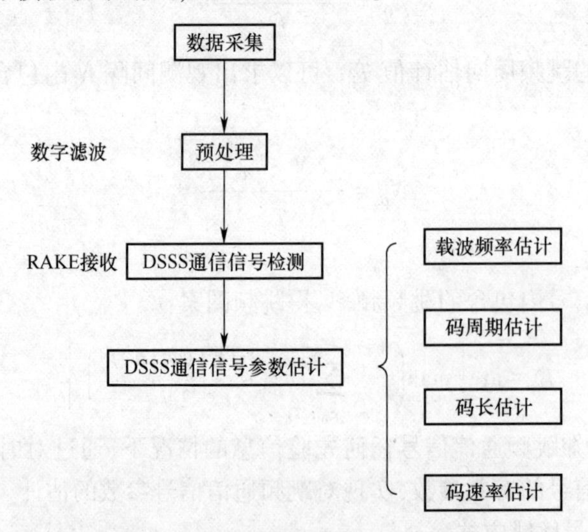

图4-17 DSSS通信信号侦收技术路线

从图4-17可知，DSSS通信信号的检测方法及其参数估计方法是相辅相成的，在理解相关内容时不能将二者截然分开。

1. DSSS通信信号的检测方法

1）常规DSSS通信信号的检测方法

以基于二进制相移键控（binary phase shift keying，BPSK）调制的DSSS通信信号为例，介绍常规DSSS通信信号的检测方法，其他调制样式同样适用。

假设，接收的信号为

$$x(t)=s(t)+n(t)=d(t)p(t)\cos(2\pi f_0 t+\varphi)+n(t) \tag{4-15}$$

式中：$n(t)$为均值为 0，方差为 σ^2 的高斯白噪声信号；$d(t) \in \{+1,-1\}$ 为信息码序列，码片宽度为 T_d；$p(t) \in \{+1,-1\}$ 为扩频码序列，码片宽度为 T_p；f_0 为载波频率，φ 为初相。

(1) 能量检测法。

能量检测法是信号检测领域最经典的方法，属于非相干检测算法范畴，通过测量特定时间内无线通信网台信号的能量来实现信号有无的检测。能量检测法的基本原理是信号加噪声的能量大于噪声能量，因此只要选择合适的门限就可以解决信号的检测问题。该方法如图 4-18 所示。

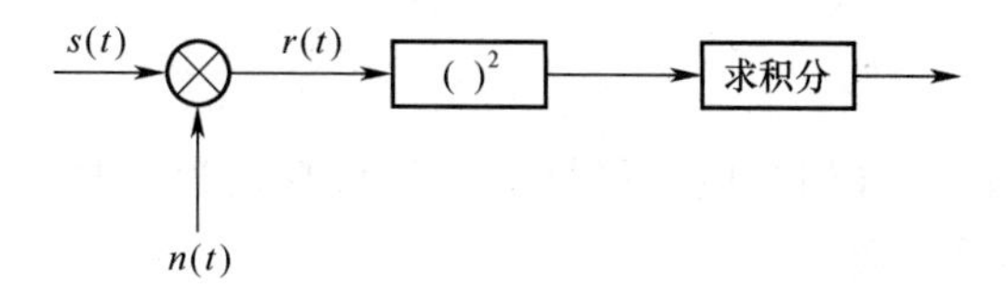

图 4-18　时域能量检测法

图中，$s(t)$为无线通信网台目标信号，可以是单一的无线通信网台目标信号，也可以是多个无线通信网台目标信号的混合叠加；可以是参数已知的信号，也可以是参数未知的信号。$n(t)$为加性噪声，可以是高斯白噪声信号，也可以是有色噪声或者是其他干扰信号。$r(t)$（$r(t)=s(t)+n(t)$）为接收信号，即用于能量计算的无线通信网台目标信号。在计算时间 T 内该输入信号总能量 E 的表达式为

$$
\begin{aligned}
E &= \int_0^T r^2(t)\,\mathrm{d}t = \int_0^T (s(t) + n(t))^2 \mathrm{d}t \\
&= \int_0^T s^2(t)\,\mathrm{d}t + 2 \cdot \int_0^T n(t) \cdot s(t)\,\mathrm{d}t + \int_0^T n^2(t)\,\mathrm{d}t
\end{aligned} \tag{4-16}
$$

由 Parseval 定理，得

$$
\sum_{n=0}^{N-1} |x[n]|^2 = \frac{1}{N}\sum_{k=0}^{N-1} |X[k]|^2 \tag{4-17}
$$

式中：$X[k] = \sum_{n=0}^{N-1} x[n]\mathrm{e}^{-\frac{\mathrm{j}2\pi kn}{N}}$，$X[k]$ 是 $x[n]$的离散傅里叶变换（discrete Fourier transform，DFT），在时域上计算能量与在频域上计算能量是等价的。

由于通过快速傅里叶变换可大大降低 DFT 计算的复杂度，N 点 DFT 的运算量从原来的 N^2 次复数乘法下降到$\frac{N}{2}\log_2 N$ 次复数乘法。因此，频域计算能量逐渐取代了时域计算能量，如图 4-19 所示。

首先设定一个门限值 E_{th}，该门限值可以通过实时测试获得或根据经验值来确定；然后计算时间 T 内的信号能量，假设时间 T 内输入信号的采样值为 N 个，对 N 点采样值进行 FFT 变换，在频域上计算信号能量 E；最后经过门限比较并判决有无检测到信号。

则

$$
\begin{aligned}
H_0 &: r[m] = s[m] + n[m] \\
H_1 &: r[m] = n[m]
\end{aligned} \tag{4-18}
$$

判决准则：如果 $E \geqslant E_{th}$，则判断存在该信号；反之，判断不存在该信号。

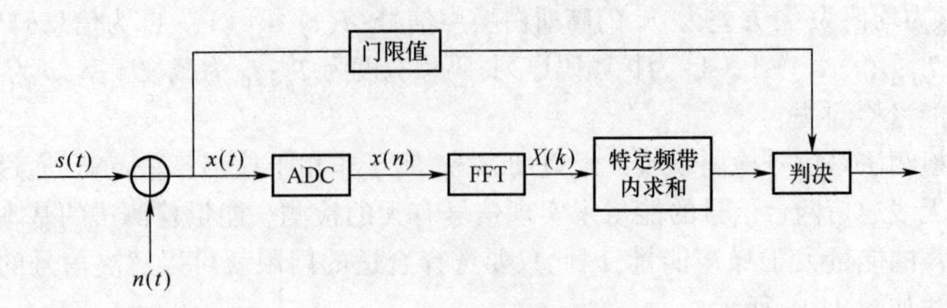

图 4-19　频域能量检测法

(2) 相关检测法。

① 时域相关检测法。自相关检测是将信号与自身延迟信号做相关处理,从而得到DSSS 通信信号的自相关函数:

$$\begin{aligned} R_x(\tau) &= E\{x(t),x(t-\tau)\} = E\{s(t)+n(t),s(t-\tau)+n(t-\tau)\} \\ &= R_{ss}(\tau)+R_{sn}(\tau)+R_{nn}(\tau) \end{aligned} \tag{4-19}$$

由于噪声为高斯白噪声,故 DSSS 通信信号与噪声信号互不相关,可得

$$R_x(\tau) = R_{ss}(\tau)+R_{nn}(\tau) \tag{4-20}$$

DSSS 通信信号的自相关函数在时延 τ 为伪码周期的整数倍时,存在峰值;而噪声在 $\tau \neq 0$ 时,其自相关函数 $R_{nn}(\tau) \approx 0$,因此通过检测自相关函数的峰值可以判断 DSSS 通信信号是否存在。此外,通过计算相邻相关峰之间的时间间隔还可以估算 DSSS 通信信号的码周期。

② 频域相关检测法。频域平滑周期谱相关检测法,首先对数据进行离散化处理,然后计算,得

$$S_{x_T}^{\alpha}(f)_{\Delta f} = \frac{1}{M+1}\sum_{m=-M/2}^{M/2} S_{x_T}^{\alpha}(f+m/NT_{\mathrm{s}}) \tag{4-21}$$

式中:$S_{x_T}^{\alpha} = \frac{1}{N}X_T(f+\alpha/2)X_T^*(f-\alpha/2)$;$N$ 为采样点数;$x_T(f) = \sum_{n=0}^{N-1} a_T(nT_{\mathrm{s}})x(nT_{\mathrm{s}})\exp(-\mathrm{j}2\pi nf/NT_{\mathrm{s}})$,$a_T(nT_{\mathrm{s}})$ 为加权数据窗口,$T=NT_{\mathrm{s}}$ 为数据段长度,T_{s} 为采样间隔,$\Delta f = (M+1)/NT_{\mathrm{s}}$ 为频域平滑窗宽度。

由式(4-21)可得,时频分辨率乘积为

$$\Delta t\Delta f = T\Delta f = NT_{\mathrm{s}}\frac{M+1}{NT_{\mathrm{s}}} = M+1$$

令 $\alpha_1+\alpha_2=\alpha$ 和 $\alpha \gg 1$,则 $\alpha_2=\alpha-\alpha_1$ 和 $\varepsilon=\alpha/2-\alpha_1=\alpha/2-(\alpha-\alpha_2)=\alpha_2-\alpha/2$。从而可得 $f+\alpha/2=f+\alpha_1+\varepsilon$ 和 $f-\alpha/2=f-\alpha_1-\varepsilon=f-\alpha_2+\varepsilon$,且 $S_{x_T}^{\alpha}(f)=\frac{1}{N}X_T(f+\alpha_1+\varepsilon)X_T^*(f-\alpha_2+\varepsilon)$,即

$$S_{x_T}^{\alpha}(f-\varepsilon) = \frac{1}{N}X_T(f+\alpha_1)X_T^*(f-\alpha_2)$$

由定义:$S_{x_T}^{\alpha}(f') = S_{x_T}^{\alpha}(f-\varepsilon)$,式中:$f'$为$f-\varepsilon$ 的整数,可知对于实数序列 $X_T^*(f-\alpha) = X_T(\alpha_2-f)$,有

$$S_{x_T}^{\alpha}(f') = \frac{1}{N}X_T(\alpha_1+f)X_T(\alpha_2-f) \tag{4-22}$$

式中：α 取值范围为 $\frac{m}{NT_s}$，$m = \pm 1, \pm 2, \cdots \pm N$。

通常将采样数据分为 K 段，对 K 段数据分别进行谱相关估计 $S_{x_k}^{\alpha}(f)_{\Delta f}$，然后对每段结果进行取模累加，即

$$y^{a}(f) = \sum_{k=1}^{K} |S_{x_k}^{\alpha}(f)_{\Delta f}| \tag{4-23}$$

由式(4-21)~式(4-23)可实现 DSSS 通信信号的检测。

③ 分路相关检测法。分路相关检测法架构，如图 4-20 所示。

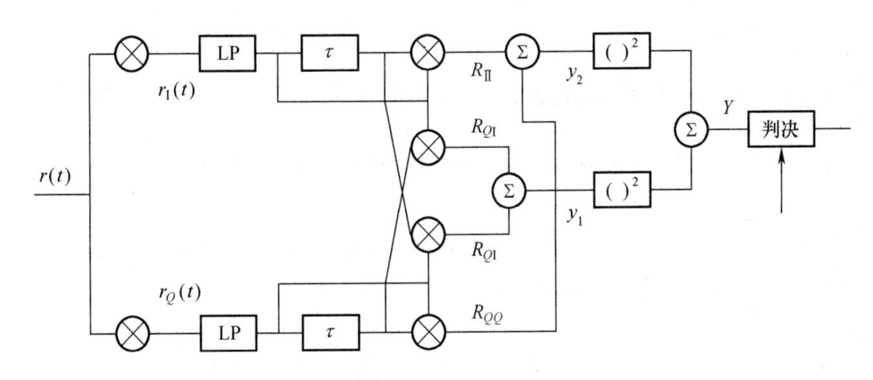

图 4-20　分路相关检测法

输入 $r(t)$ 为

$$\begin{cases} r(t) = \sqrt{2}sc(t)\cos(\omega_0 t + \varphi) + n(t), (H_1) \\ r(t) = n(t), (H_0) \end{cases} \tag{4-24}$$

式中：$c(t)$ 为 DSSS 通信信号；s、ω_0 和 φ 分别表示信号的平均功率、角频率和初相，且 φ 在 $(0,2\pi)$ 上均匀分布；$n(t)$ 为零均值高斯噪声，其双边功率谱密度为 N_0(W/Hz)。

由于 ω_0 较难准确测量，因此首先将 $r(t)$ 进行正交解调处理并通过低通滤波器滤去高频成分。

则在 H_1 下：

$$\begin{cases} r_I(t) = A \cdot c(t) \cdot \cos(\Delta\omega t + \theta) + n_c(t) \\ r_Q(t) = A \cdot c(t) \cdot \sin(\Delta\omega t + \theta) + n_s(t) \end{cases} \tag{4-25}$$

且在 H_0 下：

$$\begin{cases} r_I(t) = n_c(t) \\ r_Q(t) = n_s(t) \end{cases} \tag{4-26}$$

式中：$\Delta\omega$ 为信号角频率与本地振荡信号角频率之差；θ 为信号初相与本地振荡信号初相之差；$r_I(t)$，$r_Q(t)$ 分别对应同相信号分量和正交信号分量；$n_c(t)$，$n_s(t)$ 分别为噪声的同相分量和正交分量。

设伪随机码的周期 $T_N + NT_c$，利用伪随机码良好的自相关特性，可得

$$R_{II}(\tau) = R_{II}(t, t+\tau) = E[r_I(t) \cdot r_I^*(t+\tau)] = A^2 R_{cc}(\tau) \cdot \cos(\Delta\omega\tau) + R_{n_c \cdot n_c}(t) \tag{4-27}$$

同样,可得:$R_{QQ}(\tau)$、$R_{IQ}(\tau)$、$R_{n_c \cdot n_c}(\tau)$ 和 $R_{QI}(\tau)$,其中 $R_{n_c \cdot n_c}(\tau)$ 在 $\tau \neq 0$ 时为0。

若 τ 取 T_N 的整数倍,则

$$\begin{cases} R_{II}(\tau) = R_{QQ}(\tau) = A^2 \cdot \cos(\Delta\omega\tau) \\ R_{IQ}(\tau) = R_{QI}(\tau) = A^2 \cdot \sin(\Delta\omega\tau) \end{cases} \tag{4-28}$$

可得

$$\begin{aligned} y_1 &= r_I(t) \cdot r_I(t - T_N) + r_Q(t) \cdot r_Q(t - T_N) \\ &= \frac{A^2}{4}c(t) \cdot c(t - T_N) \cdot \cos(\Delta\omega T_N) + N_1 \end{aligned} \tag{4-29}$$

其中

$$\begin{aligned} N_1 = \frac{A}{2}\{ & n_c(t - T_N) \cdot c(t) \cdot \cos(\Delta\omega t + \theta) + n_c(t)(t - T_N) \times \cos(\Delta\omega(t - T_N) + \theta) \\ & - n_s(t - T_N) \cdot c(t)\sin(\Delta\omega t + \theta) - n_s(t)c(t - T_N)\sin(\Delta\omega(t - T_N) + \theta)\} \\ & + n_c(t) \cdot n_c(t - T_N) + n_s(t) \cdot n_s(t - T_n) \end{aligned} \tag{4-30}$$

依次类推,可得 y_2 和 N_2。对于 N_1 和 N_2,根据随机过程理论可看成是高斯的且具有零均值,因此有 $\sum N_1 \approx \sum N_2 \approx 0$,则

$$Y = (\sum y_1)^2 + (\sum y_2)^2 = \frac{A^4}{16}(\sum c(t) \cdot c(t - T_N))^2 \tag{4-31}$$

当 T_N 为伪随机码周期时,则有 $Y=(A^4/16) \cdot L^2$,其中 L 为求和长度;当 T_N 不等于伪随机码序列周期时,和式的值趋于0。特别是当 L 取得足够大时,可以获得较好的检测效果。从式(4-31)可知,该方法并不需要伪随机序列码周期的先验信息,只要根据 $Y \sim T_N$ 之间的关系,利用 $\max\limits_{T_N} Y$ 不仅可以实现对DSSS通信信号的检测侦收,而且还可以实现伪随机码序列周期的估计。

④ 相位相关检测法。频率确定的信号经过时延 Δt 将产生相应的相移 $\Delta\theta_s = \omega\Delta t$,而噪声经一定时延后,其产生的相移 θ_n 则是随机的,因此可利用该信号特征实现DSSS通信信号的检测。

经过 Δt 时延后,产生的相移为 $\Delta\theta_r = \omega\Delta t + \theta_n$,对其进行多次累积并取均值,可得平均相移为

$$\Delta\theta_{\Sigma} = \left(\sum_1^a \omega\Delta t + \sum_1^n \theta_n\right)/n \approx \Delta\theta_s \tag{4-32}$$

式中:ω 为DSSS通信信号频率;$\Delta t = mT_s$,T_s 为采样周期,m 为整数。根据 $\Delta\theta_{\Sigma}$ 可判决DSSS通信信号的存在性,并可求得较为精确的信号载波频率。

相位相关检测法,如图4-21所示。相位相关检测法的具体过程如下:

设接收到的信号为

$$r(t) = A(t)\cos(\omega t + \phi) + n(t) \tag{4-33}$$

对式(4-33)进行平方,则

$$\begin{aligned} r^2(t) = & \frac{1}{2}A^2(t)\cos(2\omega t + 2\phi) + \frac{1}{2}A^2(t) \\ & + 2A(t)n(t)\cos(\omega t + \phi) + n^2 t \end{aligned} \tag{4-34}$$

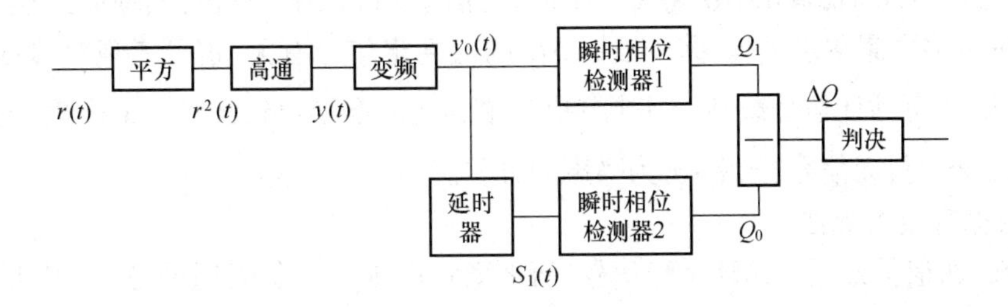

图4-21　相位相关检测法

对其进行高通滤波处理得到输出 $y(t)$ 为

$$y(t)=\frac{1}{2}k_1A^2(t)\cos(2\omega t+2\phi)+n^2(t) \tag{4-35}$$

式中：k_1 为滤波因子。

对 $y(t)$ 经一次变频处理，可得 $y_0(t)$ 为

$$y_0(t)=\frac{1}{2}k_1k_2A^2(t)\cos(\omega t+\phi')+n'(t) \tag{4-36}$$

对 $y_0(t)$ 进行延时，则输出 $S_1(t)$ 为

$$S_1(t)=\frac{1}{2}k_1k_2A^2(t-\Delta t)\cos(\omega T-\omega\Delta t+\phi')+n'(t-\Delta t) \tag{4-37}$$

式中：Δt 为延时时间。

将该式分别与 $\cos\omega t$ 和 $\sin\omega t$ 相乘，则输出 $S_2(t)$ 和 $S_3(t)$ 为

$$\begin{aligned}S_2(t)=&\frac{1}{4}k_1k_2A^2(t-\Delta t)\cos(2\omega t-\omega\Delta t+\phi')\\&+\frac{1}{4}k_1k_2A^2(t-\Delta t)\cos(\omega\Delta t-\phi')+n'(t-\Delta t)\cos(\omega t)\end{aligned} \tag{4-38}$$

$$\begin{aligned}S_3(t)=&\frac{1}{4}k_1k_2A^2(t-\Delta t)\sin(2\omega t-\omega\Delta t+\phi')\\&+\frac{1}{4}k_1k_2A^2(t-\Delta t)\sin(\omega\Delta t-\phi')+n'(t-\Delta t)\sin(\omega t)\end{aligned} \tag{4-39}$$

对 $S_2(t)$ 和 $S_3(t)$ 进行低通滤波，则输出 $S_4(t)$ 和 $S_5(t)$ 为

$$S_4(t)=\frac{1}{4}k_1k_2k_3A^2(t-\Delta t)\cos(\omega\Delta t-\phi')+n''(t) \tag{4-40}$$

$$S_5(t)=\frac{1}{4}k_1k_2k_3A^2(t-\Delta t)\sin(\omega\Delta t-\phi')+n''(t) \tag{4-41}$$

由式(4-40)和式(4-41)可知，当 $n(t)=0$ 时，则 $n''(t)=0$，可得 $\mu_0=\dfrac{S_4(t)}{S_5(t)}=\dfrac{\sin\omega\Delta t}{\cos\omega\Delta t}=\tan\omega\Delta t$。对其取反正切，得 Q_0 输出为 $Q_0=\omega\Delta t=\omega mT_s$。当增加一个单位延时，即 $\Delta t'=\Delta t+1$，μ_1 输出为 $\mu_1=\tan(\omega\Delta t+\omega)$，同样取反正切，得 $Q_1=\omega\Delta t+\omega=\omega\cdot mT_s+\omega T_s$。其中：$\omega$ 为分析时所取中频，当取采样率 $f_s>2(\omega+0.1/2\pi)$ MHz 时，Q_1 和 Q_2 之间仅相差一个定值 $\Delta Q=\omega T_s$。

当 $n(t) \neq 0$ 时,输出 ΔQ 将有一个波动,由于 $n(t)$ 为白噪声,其均值为 0,因此通过对 ΔQ 进行多次累积求平均,即可根据 ΔQ 的值判定信号有无,也可实现对 DSSS 通信信号的检测,并可估计信号载频。其中判决门限的选取准则:当 $\Delta Q > \sqrt{3}\sigma^2$ 时,有信号;当 $\Delta Q < \sqrt{3}\sigma^2$ 时,无信号,式中:σ 为噪声的方差。

(3)循环谱检测法。

DSSS 通信信号属于循环平稳信号,而平稳噪声则不具备周期平稳性,因此可利用这个特征对 DSSS 通信信号进行检测。信号 $x(t)$ 的谱相关函数为

$$S_x^\alpha(f) = S_s^\alpha(f) + S_n^\alpha(f) \tag{4-42}$$

式中:$S_n^\alpha(f)$ 为高斯白噪声的谱相关函数,因此不具有循环平稳特性,故可得 DSSS 通信信号的谱相关函数 $S_x^\alpha(f)$ 为

$$S_x^\alpha(f) = \begin{cases} \dfrac{1}{4T_c}[Q(f+f_0+\alpha/2)Q^*(f+f_0-\alpha/2)+Q(f-f_0-\alpha/2)Q^*(f-f_0-\alpha/2)]e^{-j2\pi\alpha}, \alpha = k/T_c \\ \dfrac{1}{4T_c}[Q(f+f_0+\alpha/2)Q^*(f-f_0-\alpha/2)]e^{\{-j[2\pi(\alpha+2f_0)t_0+2\varphi_t]\}}, \alpha = k/T_c - 2f_0 \\ \dfrac{1}{4T_c}[Q(f-f_0+\alpha/2)Q^*(f+f_0-\alpha/2)]e^{\{-j[2\pi(\alpha+2f_0)t_0-2\varphi_t]\}}, \alpha = k/T_c + 2f_0 \\ 0, \text{其他} \end{cases} \tag{4-43}$$

式中:$Q(f)$ 为码元窗函数 $q(t)$ 的 FFT 变换。在 $f=0$ 处求取循环谱,有

$$|S_x^\alpha(f=0)| = \begin{cases} \dfrac{1}{2T_c}|Q(f_0+\alpha/2)Q^*(f_0-\alpha/2)|, \alpha = k/T_c \\ \dfrac{1}{2T_c}|Q(\pm f_0+\alpha/2)|^2, \alpha = \mp 2f_0 + k/T_c \\ 0, \text{其他} \end{cases} \tag{4-44}$$

由式(4-42)~式(4-44)可知,幅度最大值所对应的循环频率为两倍载频。因此,如果能够检测到两倍载频的存在,表示 DSSS 通信信号存在,可实现对 DSSS 通信信号的检测。

该方法也可用于 DSSS 通信信号载频和伪码速率的估计:在 $f=0$ 这个平面上,对循环频率轴 α 进行搜索会得到两个极大值,该极大值对应的循环频率是信号的载频 f_0 的 2 倍;在循环频率轴 $2f_0$ 处附近进行二维搜索,搜索次峰值,对应的循环频率与 $2f_0$ 之差就是 $1/T_c$,即伪码速率。

(4) 倒谱检测法。

由 DSSS 通信信号的原理可知,DSSS 通信信号可以视为信息码与伪随机序列通过卷积叠加后形成,因此可采用倒谱来实现 DSSS 通信信号存在与否的检测。

DSSS 通信信号的倒谱可以通过对 DSSS 通信信号求对数功率谱得到,即

$$C(\tau) = |\mathrm{FFT}(\log|\mathrm{FFT}\{x(t)\}|^2)|^2 \approx \left|\mathrm{FFT}\left\{\log\left[S_s(f) + \frac{N_0}{2}\right]\right\}\right|^2$$

$$= \left| \mathrm{FFT}\left\{ \log\left[\frac{N_0}{2}\left(1 + \frac{S_s(f)}{N_0/2}\right) \right] \right\} \right|^2 = \left| \mathrm{FFT}\left\{ \log\left(\frac{N_0}{2}\right) + \log\left(1 + \frac{S_s(f)}{N_0/2}\right) \right\} \right|^2$$

$$= \left| \mathrm{FFT}\left\{ \log\left(\frac{N_0}{2}\right) + \sum_{k=1}^{\infty} \frac{(-1)^{k-1}}{k}\left(\frac{S_s(f)}{N_0/2}\right)^k \right\} \right|^2$$

$$= \left| 2\pi\log\left(\frac{N_0}{2}\right)\delta(\pi) + \sum_{k=1}^{\infty} \frac{(-1)^{k-1}}{k}\frac{(2\pi)^k}{(N_0/2)^k}\{R_s(-\tau) * R_s(-\tau) * \cdots * R_s(-\tau)\} \right|^2 \tag{4-45}$$

式(4-45)经推导后可简化为

$$C(\tau) = \left| 2\pi\log\left(\frac{N_0}{2}\right)\delta(\tau) + \frac{2\pi}{S_n}R(-\tau) \right|^2 \tag{4-46}$$

通过检测倒谱的峰值有无,可推断 DSSS 通信信号是否存在,伪码周期则可通过计算峰值间隔进行估计。

(5) 高阶累积量检测法。

DSSS 通信信号模型同样可简化为

$$s(t) = \sqrt{2P}c(t)\cos(2\pi f_0 + \varphi) \tag{4-47}$$

式中:$c(t)$ 为信息码经伪随机序列扩频后得到的序列。通过统计量计算公式可得到 DSSS 通信信号的各阶统计量:

$$c_{1s} = E[s(t)] = 0 \tag{4-48}$$

$$c_{2s} = E[s(t)s(t+\tau)] = PR_c(\tau)\cos(2\pi f_0\tau) \tag{4-49}$$

$$\begin{aligned} c_{3s}(\tau_1,\tau_2) &= E[s(t)s(t+\tau_1)s(t+\tau_2)] \\ &= 2P\sqrt{2P}E[c(t)c(t+\tau_1)c(t+\tau_2)]E[\cos(2\pi f_0 t + \varphi) \\ &\quad \cos(2\pi f_0(t+\tau_1) + \varphi)\cdot\cos(2\pi f_0)(t+\tau_2) + \varphi)] \\ &= 0 \end{aligned} \tag{4-50}$$

$$\begin{aligned} c_{4s}(\tau_1,\tau_2,\tau_3) &= E[s(t)s(t+\tau_1)s(t+\tau_2)] - E[s(t)s(t+\tau_1)]E[s(t)s(t+\tau_2)s(t+\tau_3)] \\ &\quad - E[s(t)s(t+\tau_2)]E[s(t)s(t+\tau_2)s(t+\tau_3)] - E[s(t)s(t+\tau_3)] \\ &\quad E[s(t)s(t+\tau_1)s(t+\tau_2)\ ] \\ &= \frac{1}{2}P^2E[c(t)c(t+\tau_1)c(t+\tau_2)c(t+\tau_3)][\cos 2\pi f_0(\tau_2+\tau_3-\tau_1) \\ &\quad + \cos 2\pi f_0(\tau_1+\tau_2-\tau_3) + \cos 2\pi f_0(\tau_1+\tau_3-\tau_2)] \\ &\quad - P^2R_c(\tau_1)\cos(2\pi f_0\tau_1)R_c(\tau_2-\tau_3)\cos(2\pi f_0(\tau_2-\tau_3)) \\ &\quad - P^2R_c(\tau_2)\cos(2\pi f_0\tau_2)R_c(\tau_3-\tau_1)\cos(2\pi f_0(\tau_3-\tau_1)) \\ &\quad - P^2R_c(\tau_3)\cos(2\pi f_0\tau_3)R_c(\tau_1-\tau_2)\cos(2\pi f_0(\tau_1-\tau_2)) \end{aligned} \tag{4-51}$$

式中:$R_c(\tau)$ 为 $c(\tau)$ 的自相关函数。

DSSS 通信信号的高阶统计量与高斯噪声的高阶统计量差异较大,由于高阶累积量在理论上可以完全抑制高斯噪声,即噪声的四阶统计量为 0。因此,可采用四阶累积量实现对 DSSS 通信信号的检测,即

$$c_{4x}(\tau_1,\tau_2,\tau_3) = c_{4s}(\tau_1,\tau_2,\tau_3) \tag{4-52}$$

取 $\tau_1 = \tau_2 = \tau_3 = 0$,得

$$c_{4x}(0,0,0) = -\frac{3}{2}P^2 \tag{4-53}$$

同时,根据累积量的半不变特性可得

$$|c_{kx}(0,0,0) + c_{kn}(0,0,0)| \geqslant |c_{kn}(0,0,0)| \tag{4-54}$$

将此作为检测门限,可以实现信号的检测。

2）基于机器学习的 DSSS 通信信号检测方法

(1) DSSS 通信信号特征提取。

① DSSS 通信信号时域特征提取:DSSS 通信信号在信息位的极性由 1 到-1 或由-1 到 1 跳变时其波形会发生跳变,在跳变点之外时域上则呈现一个个长度为整数倍数据码片长度的相对较平稳的包络;DSSS 通信信号的相位在每个包络内呈连续分布,其载波频率的能谱大小反映了包络内信号的能量值。因此,DSSS 通信信号在时域具有包络间隔点和能谱值两大特征,通常采用 Morlet 小波进行提取。

DSSS 通信信号时域包络特征提取,具体如下:

DSSS 通信信号相邻包络之间载波相位相差 180°,对其进行小波变换可得 $\mathrm{Re}[W_{\mathrm{f}}(m,n)] = \sum\limits_{k}\sum\limits_{n}\left[\frac{1}{\sqrt{f_m}}\cdot \pi^{-\frac{1}{4}}\cdot x(k)\cdot \cos\left(\frac{k-n}{f_m}\right)\cdot \mathrm{e}^{-\frac{(k-n)^2}{2f_m^2}}\right]$ 和 $\mathrm{Im}[W_{\mathrm{f}}(m,n)] = \sum\limits_{k}\sum\limits_{n}\left[\frac{1}{\sqrt{f_m}}\cdot \pi^{-\frac{1}{4}}\cdot x(k)\cdot \sin\left(\frac{k-n}{f_m}\right)\cdot \mathrm{e}^{-\frac{(k-n)^2}{2f_m^2}}\right]$,则信号相位为 $\theta_{m,n} = \arctan\left(\frac{\mathrm{Im}(W_f(m,n))}{\mathrm{Re}(W_f(m,n))}\right)$。选取 f_m 值,使其对应于载波频率,提取 $\theta_{m,n}$ 值发生 180°变化时的时间中点 t_n 值,即包络间隔点特征 $\zeta_1 = \sum \mathrm{fra}\left(\frac{T_i}{T_{\mathrm{d}}}\right)$,式中:$T_i$ 为一个包络的时间长度;T_{d} 为数据码片时间长度;fra 为取小数函数。

DSSS 通信信号时域能谱特征提取:小波提取的载波频率能谱值相当于使待测波形通过窄带滤波器,提取所有包络内的时域能谱值之和,得到时域能谱特征 $\zeta_2 = \sum\limits_{k}\sum\limits_{n} W_f(m,n)$。

② DSSS 通信信号频域特征提取:DSSS 通信信号频域特征提取主要利用小波函数在有限时间范围内对待测波形进行局域化频谱分析来提取。小波能谱表达式为 $E(f_m) = \sum\limits_{n}|W_f(m,n)|^2$,表征了信号能量在 f_m 上的分布情况。

由于 DSSS 通信信号和噪声的频谱以载波频率为中心分布,并且较为集中在 $(f_0 - f_{\mathrm{d}}, f_0 + f_{\mathrm{d}})$。在有限的截取时间,以 $\frac{f_{\mathrm{d}}}{4}$ 为间隔选取相应频谱值 $f_0 \pm \frac{k}{4}f_{\mathrm{d}}$,式中:$k = 0,1,\cdots,4$;$f_0$ 为载波频率;f_{d} 为信息数据的带宽,这些频谱值基本上能够反映待测波形的频谱分布。

DSSS 通信信号频域特征提取的九个能谱值记为 $\zeta_3,\zeta_4,\zeta_5,\cdots,\zeta_{11}$。

③ DSSS 通信信号能量特征提取:通过积累检测时间内 DSSS 通信信号波形的能量值 $\sum\limits_{k=-\infty}^{\infty}|x(k)|^2$ 作为其能量特征。DSSS 通信信号能量特征提取的能谱值记为 ζ_{12}。

（2）DSSS 通信信号检测方法。

利用提取的特征采用神经网络进行扩频信号检测，其架构如图 4-22 所示。

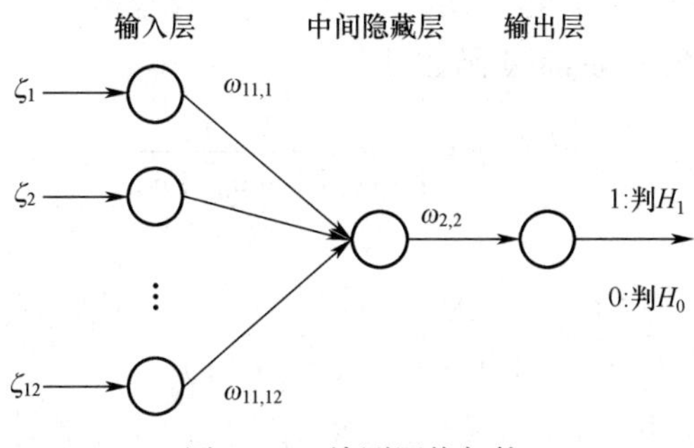

图 4-22　检测网络架构

在图 4-22 中用于二元检测的神经网络是由三层感知器组成的，其输出层只有一个神经元。网络输入层神经元的数目与接收到的样本数目相同，即提取的信号特征值，$\omega_{11,i}(i=1,2,\cdots,M)$ 为输入层到输出层的连接权系数，$\omega_{2,2}$ 为隐层到输出层的连接权系数。

其中，连接权系数和各神经元的阈值 $\theta_j^{(n)}$ 可通过学习反向传播算法（backpropagation algorithm，BP）得到。反向传播算法，如图 4-23 所示。

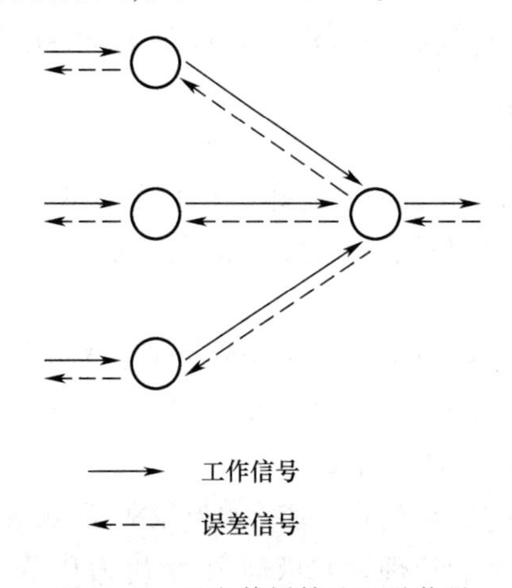

图 4-23　反向传播算法两种信号

在图 4-23 中有两种信号流通：工作信号，网络在输入信号后向前传输，直到输出端产生的输出信号，是输入和权值的函数；误差信号，网络实际输出与应有输出之间的差值，即误差，由输出端开始逐层向后传播。

反向传播算法的步骤可归纳如下：

① 初始化设置。在选定一个结构合理的网络的基础上，将所有可调的参数设置为较小的均匀分布的数值。

② 输入样本计算。

前向计算：

对 l 层的 j 单元为

$$v_j^{(l)}(n)=\sum_{t=0}^{T}\omega_{ji}^{(l)}(n)y_i^{l-1}(n) \tag{4-55}$$

式中：$y_j^{l-1}(n)$ 为前一层（$l-1$ 层）的单元 i 送来的工作信号。

若单元 j 的激活函数为 sigmoid 函数，则

$$y_j^{(l)}(n)=\frac{1}{1+\exp(-v_j^{(l)}(n))} \tag{4-56}$$

且

$$\varphi'(v_j(n))=\frac{\partial y_j^{(l)}(n)}{\partial v_l(n)}=\frac{\exp(-v_j^{(l)}(n))}{(1+\exp(-v_j^{(l)}(n)))^2}=y_j^{(l)}(n)[1-y_j^{(l)}(n)] \tag{4-57}$$

若神经元 i 属于输出第一隐层（$l=1$），则 $y_j^{(0)}=x_i(n)$；若神经元 i 属于输出层（$l=L$），则 $y_j^{(L)}(n)=\boldsymbol{O}_j(n)$ 且 $\mathrm{e}_j(n)=x_j(n)-\boldsymbol{O}_j(n)$。

反向计算：

对输出单元为

$$\delta_j^{(l)}(n)=\mathrm{e}_j^{(L)}(n)\boldsymbol{O}_j(n)[1-\boldsymbol{O}_j(n)]。$$

对隐单元为

$$\delta_j^{(l)}=y_j^{(l)}(n)[1-y_j^{(l)}(n)]\sum\delta_k^{(l+1)}(n)\omega_{kj}^{(l+1)}(n)。$$

修正权值：

$$\omega_{jk}^{(l)}(n+1)=\omega_{ji}^{(l)}(n)+\eta\delta_j^{(l)}(n)y_i^{l-1}(n) \text{ 和 } \omega_{j0}^{(l)}(n)=\theta_j^{(l)}(n)$$

其中：n 为学习效率。

样本迭代计算：

$n=n+1$ 输入新的样本（或新一周期样本），直至获取最佳参数。

在实现权系数和阈值获取后，采用似然比最佳检测方法实现扩频信号的侦收和识别。

设接收样本为 $\zeta=(\zeta_1,\zeta_2,\cdots,\zeta_{12})$，扩频码被侦收和识别时记为 H_1，未侦收和识别时记为 H_0，则对应的似然比为 $\Lambda(x)=P(\zeta/H_1)/P(\zeta/H_0)$，式中：$P(\zeta/H_1)$，$P(\zeta/H_0)$ 分别为 H_1 和 H_0 假设下 x 的联合概率密度。

对应的判决准则：当 $\Lambda(\zeta)>T_h$ 时，神经元被激活，输出为1，表示扩频码已被侦收和识别，判为 H_1；当 $\Lambda(\zeta)\leqslant T_h$ 时，神经元被抑制，输出为0，表示扩频码未被侦收和识别，判为 H_0，T_h 为判决门限。

3）基于 FAM 周期谱的 DSSS 通信信号检测方法

（1）周期谱定义。无线通信网台信号基本具有周期平稳特性。周期平稳信号 $x(t)$ 的周期自相关函数 $R_x^{\alpha}(\tau)$ 为

$$R_x^{\alpha}(\tau)=\lim_{T\to\infty}\int_{T/2}^{-T/2}x(t+\tau/2)x(t-\tau/2)\mathrm{e}^{-\mathrm{i}2\pi\alpha t}\mathrm{d}t \tag{4-58}$$

其自相关函数的傅里叶级数为

$$R_x(\tau)=\sum_{\alpha}R_x^{\alpha}(\tau)\mathrm{e}^{\mathrm{i}2\pi\alpha t} \tag{4-59}$$

式中：α 为信号所包含的周期频率。

由式（4-59）可知，周期自相关函数可以揭示信号的内在的周期性。对于平稳随机信

号，在 $\alpha \neq 0$ 处，$R_x^\alpha(\tau)$ 恒等于0；而对于周期平稳信号，在 $\alpha = 0$ 处，R_x^α 不全为0。因此，利用周期自相关函数可以提取信号的二次信息，即通常自相关函数所不能提取的信息。

$R_x^\alpha(t)$ 的傅里叶变换，即为该信号的周期谱密度或谱相关函数：

$$S_x^\alpha(f) = \int_{-\infty}^{+\infty} R_x^\alpha(\tau)\,\mathrm{e}^{-i2\pi f\tau}\,\mathrm{d}\tau \tag{4-60}$$

对于实时信号 $x_T(t)$，有

$$S_x^\alpha(f) = \lim_{T\to\infty} \frac{1}{T} X_T(t,f+\alpha/2) X_T^*(t,f+\alpha/2) \tag{4-61}$$

式中：$X_T(t,f) = \int_{t-T/2}^{t+T/2} x_T(u)\,\mathrm{e}^{-i2\pi fu}\,\mathrm{d}u$，为 $x(t)$ 的时变实时复谱。

（2）信号检测方法。周期谱检测方法通常分为两大类：基于频率平滑的周期谱检测法和基于时间平滑的周期谱检测法。FAM（FFT accumulation method，FAM）为典型的基于时间平滑的周期谱检测法。

根据前面内容，基于FAM的信号周期谱为

$$S_{x,p}^\alpha(n,f_0) = \sum_r X_+^{<A>}(r,f+\alpha_0/2) X_-^{*<A>}(r,f-\alpha_0/2) g(n-r) \tag{4-62}$$

式中：$X_+^{<A>}(t,f) = \sum_{l=0}^{N-1} \alpha_{\Delta f}(lT_s) \cdot x_+^{<A>}(t-lT_s) \cdot \mathrm{e}^{-j2\pi f(t-lT_s)}$；$A = p/2$。

若频移为 ε，则

$$S_{x,p}^{\alpha+\varepsilon}(n,f_0) = \sum_r \left[X_+^{<A>}(r,f+\alpha_0/2) X^{*<A>}{}_-(r,f-\alpha_0/2) g(m-r)\mathrm{e}^{-i2\pi\varepsilon rT}\right] \tag{4-63}$$

通过离散化处理，令 $\varepsilon = q\Delta\alpha, q=0,1,\cdots,\Delta a\Delta t$，其中：$\Delta\alpha = 1/\Delta t$ 为周期频率的分辨率，Δa 为带通滤波器的带宽；谱分辨率为 $\Delta f = \Delta a - |\varepsilon|$，则

$$S_{x,p}^{\alpha+q\Delta\alpha}(n,f_0)_{\Delta t} = \sum_r X_+^{<A>}(r,f+\alpha_0/2) X_-^{*<A>}(r,f-\alpha_0/2) g(n-r)\mathrm{e}^{-i2\pi qr/p} \tag{4-64}$$

因此可以用求 $\Delta a\Delta tN$ 点的FFT来计算低阶周期谱，且可以同时求出 $\Delta a\Delta tN$ 的 ε。

再对该公式进行抽取处理，可得FAM表达式为

$$S_{x,p}^{\alpha_0+q\Delta\alpha}(n,f_j)_{\Delta t} = \sum_r X_{N'}(rL,f_l) X_{N'}^*(rL,f_k) g(n-r)\mathrm{e}^{i2\pi qr/p} \tag{4-65}$$

式中：N'为窄带滤波器的个数；L为抽取因子；f_s为采样频率。

周期谱的循环频率为

$$f_j = \frac{f_k+f_l}{2} = \frac{k+l}{2} \cdot \frac{f_s}{N'} \tag{4-66}$$

则周期谱的循环频率为 $\alpha_0 = \alpha_i + q\Delta\alpha$，$\alpha_i = (k-l)\dfrac{f_s}{N'}$，分辨率为 $\Delta\alpha = \dfrac{f_s}{\mathrm{LP}}$。

根据上面的推导，可得基于FAM周期谱DSSS通信信号检测法原理，如图4-24所示。

在图4-24中的非线性变换，既可以取 A 阶分数低阶相位微分算子，也可以取不同的非线性变换算子来实现任意空间到希尔伯特空间的映射。

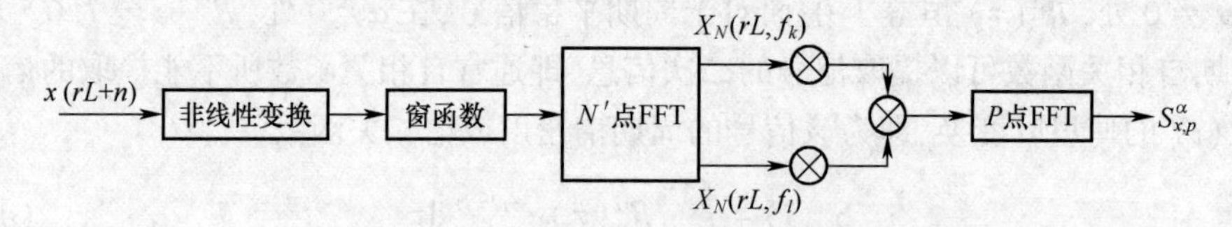

图 4-24　基于 FAM 周期谱 DSSS 通信信号检测法

由此可得基于 FAM 周期谱的 DSSS 通信信号检测法处理流程,如图 4-25 所示。

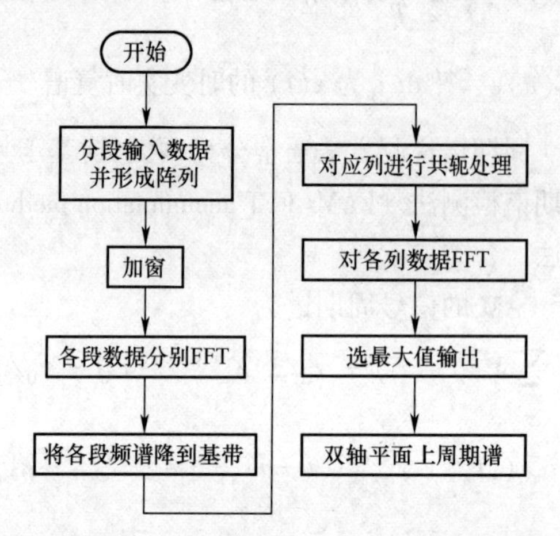

图 4-25　基于 FAM 周期谱的 DSSS 通信信号检测法流程

主要步骤:①对输入信号做非线性变换,实现任意空间到希尔伯特空间的映射;②对非线性变换后的信号进行加窗处理并计算 N' 点 FFT;③计算两个复包络的共轭相关积,即计算一个 $N'/4$ 的乘法阵;④计算 $N'/4$ 个 P 点组成的变换阵。

通过在双轴平面上搜索最大值,即可实现 DSSS 通信信号检测。

2. DSSS 通信信号参数估计方法

1) 基于频域相关的参数估计法

对于 DSSS 通信信号 $s(t)$,设 DSSS 通信信号为

$$S(t)=a(t-mT_{\mathrm{d}})p(t-mT_{\mathrm{c}})\cos(2\pi f_0 t+\varphi_0) \tag{4-67}$$

式中:f_0 为信号载频;T_{c} 为伪随机码周期;T_{d} 为信码周期。

当周期频率 $\alpha=2f_0+Kf_{\mathrm{c}}+Lf_{\mathrm{d}}$ 且 K、L 取整数时,其自相关函数 $R_{\mathrm{s}}^{\alpha}(\tau)$ 和谱相关函数 $S_{\mathrm{s}}^{\alpha}(f)$ 不等于 0,噪声 $n(t)$ 由于不具有与信号完全相同的周期频率,则可推算其谱相关函数为

$$s_x^{\alpha}(f)=\begin{cases}s_{\mathrm{s}}^{\alpha}(f),\alpha\in\alpha(\text{有信号})\\ s_{\mathrm{s}}^{\alpha}(f)+s_{\mathrm{n}}^{\alpha}(f),\alpha\notin\alpha(\text{有信号})\\ 0,\alpha\in\alpha(\text{无信号})\\ s_{\mathrm{n}}^{\alpha}(f),\alpha\notin\alpha(\text{有信号})\end{cases} \tag{4-68}$$

对式(4-68)进行处理和分析,可实现对重要参数估计。

DSSS 通信信号谱相关函数对不同的 α 有不同的值,因此有如下推论:第一,谱相关函数在 $\alpha=2f_0$ 处取值最大;第二,取值 $\alpha=\pm1/T_{\mathrm{c}}$;第三,取值 $\alpha=2f_0\pm1/T_{\mathrm{c}}$。当 $\alpha=2f_0$ 和

$\alpha=2f_0\pm1/T_c$ 时，$|S_x^\alpha(f)|$的最大值位于$f=0$处；当$x=\pm1/T_c$时，$|S_x^\alpha(f)|$最大值位于$f=f_0$处。以此推论可得参数估计法流程图，如图 4-26 所示。

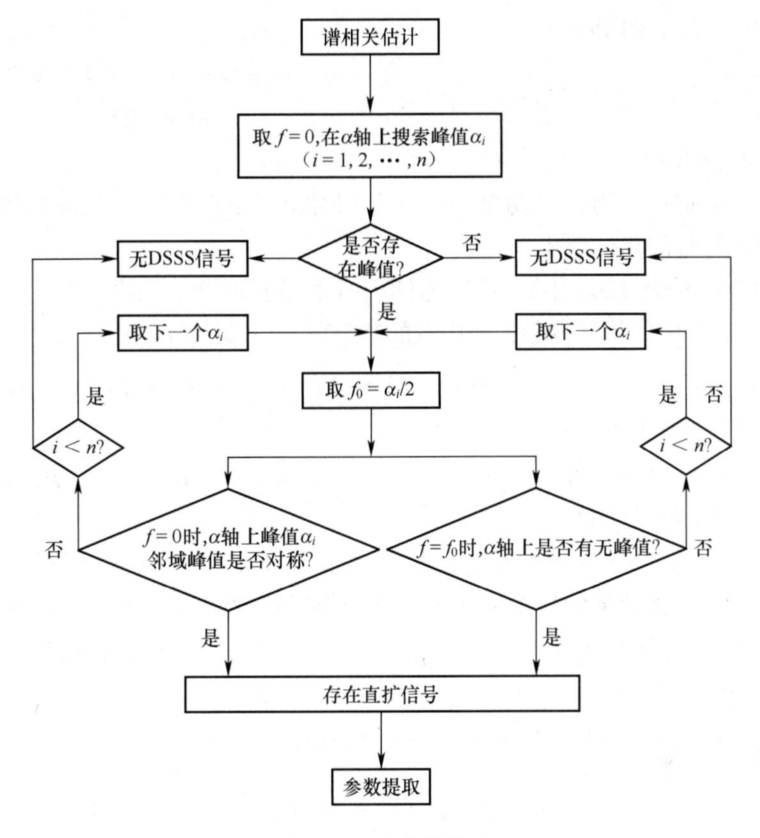

图 4-26　参数估计法

当f取 0 时，得到α轴上的谱相关幅度$|S_x^\alpha(0)|$。通过谱峰搜索，首先找到最大峰值对应的α_0，作为估计的载频$f_0=\alpha_0/2$，然后根据α_0左右邻近对称的次峰值所对应的α_{-1}、α_{+1}与其的差值，并利用α_{-1}、α_{+1}与α_0的对称性，估计伪随机码速率，即$f_c=|\alpha_{-1}-\alpha_0|$或$f_c=|\alpha_{+1}-\alpha_0|$；或者搜索$|S_x^\alpha(f)|$在$f=f_0$时$\alpha$轴上对应的最大值$\alpha_0$作为伪随机码速率。

2）基于小波变换的参数估计法

小波变换是基于传统傅里叶变换的一种时频分析方法，可用于非平稳信号的分析，且同时具有时域分辨率和频域分辨率，即在高频部分具有较高的频率分辨率和较低的时间分辨率，而在低频部分具有较高的时间分辨率和较低的频率分辨率。下面以 MPSK 调制的 DSSS 通信信号伪随机码速率估计为例，介绍利用小波变换进行参数估计的机理。

信号$x(t)$的小波变换定义如下：

$$WT_x(a,\tau)=\frac{1}{\sqrt{a}}\int_{-\infty}^{\infty}x(t)\varphi\left(\frac{t-\tau}{a}\right)\mathrm{d}t \tag{4-69}$$

式中：$a>0$为尺度因子；τ为时移因子；$\varphi(t)$为小波基函数。

对 MPSK 中频信号进行 Haar 小波变换，可得到如下幅值表达式。

(1) 当 $(i-1)T_d+a/2 \leqslant \tau \leqslant iT_d-a/2$ 时，有 $|WT_x(a,\tau)|=2\sqrt{\frac{P}{a}}\left|\frac{\sin^2(\omega_c a/4)}{\sin(\omega_c/2)}\right|$，即小波变换在一个符号内时；

(2) 当 $\tau=iT_d$ 时，有 $|WT_x(a,\tau)|=2\sqrt{\frac{P}{a}}\left|\frac{\sin^2(\omega_c a/4)\sin(\omega_c a/4+\alpha/2)}{\sin(\omega_c/2)}\right|$，即小波变换在两个符号间时。

式中：T_d 为符号周期；P 为信号功率；ω_c 为信号角频率；f_c 对应的载波角频率为 $\omega_c=2\pi f_c$；α 是相邻符号间相位变化。

MPSK 中频信号的 Haar 小波变换幅值是一个恒定值且与时间没有关系。

如果将 MPSK 中频信号变频为零中频的基带信号后，即在 $f_c \to 0$ 和 $\omega_c \to 0$ 时，有

(1) 当 $(i-1)T_d+a/2 \leqslant \tau \leqslant iT_d-a/2$ 时，有 $|WT_x(a,\tau)|=2\sqrt{Pa}\,|\sin(\omega_c a/4)| \to 0$，即小波变换在一个符号内时；

(2) 当 $\tau=iT_d$ 时，有 $|WT_x(a,\tau)|=2\sqrt{Pa}\,|\sin(\omega_c a/4+\alpha/2)| \to \sqrt{Pa}\,|\sin(\alpha/2)|$，即小波变换在两个符号间时。

综上所述，对基带 DSSS/MPSK 信号进行 Haar 小波变换后，在伪随机码周期 T 整数倍处会出现峰值，非整数倍的位置为 0，其中伪随机码持续时间 T 等价于 MPSK 信号中的符号持续时间 T_d，而峰值大小为 $\sqrt{Pa}\,|\sin(\alpha/2)|$。因此，通过峰值出现位置可得到直扩信号伪随机码速率。

为便于描述，在 $\omega_c \to 0$ 时将上述两个结果合成后，可得

$$|WT_x(a,\tau)|=\sqrt{Pa}\sum_{l}\sin(\alpha_i/2)T_i\left[\frac{2}{a}(\tau-iT_d)\right] \tag{4-70}$$

式中：α_i 为前后码片之间的相位变化；T_i 为

$$T_i(t)=\begin{cases}1-t, & 0 \leqslant t \leqslant 1\\ 1+t, & -1 \leqslant t \leqslant 0\\ 0, & 其他\end{cases} \tag{4-71}$$

鉴于经过直接序列扩频的 MPSK 信号其功率谱被展宽，因此其可等价于功率谱密度较低的 MPSK 信号，由此可得 DSSS 通信信号的 Haar 小波变换表达式为

$$|WT_x(a,\tau)| \approx \sum_{i} Q(\tau-iT_d) \tag{4-72}$$

式中：$Q(\tau)=\sqrt{Pa}\sum_{i=0}^{N-1}A_iT_i\left[\frac{2}{a}(\tau-iT_d)\right]$，$N$ 为伪随机码周期，$A_i=(c_{i+1}-c_i)/2$ 是前后码片幅度差。

对式(4-72)进行 FFT 变换，得

$$H_x(f)=F[|WT_x(a,\tau)|]=F\left[Q(t) * \sum_{i}\delta(t-iT_d)\right]=\frac{1}{T_d}F[Q(t)]\sum_{i}\delta(f-iT_d) \tag{4-73}$$

式中：$F[Q(t)]=\mathrm{FFT}[Q(t)]$ 为 $Q(\tau)=\sqrt{Pa}\sum_{i=0}^{N-1}A_iT_i\left[\frac{2}{a}(\tau-iT_{\mathrm{d}})\right]$ 经过 FFT 变换后的结果，即

$$F[Q(t)]=\sqrt{Pa}\frac{2}{a}[\mathrm{sinc}(af/2)]^2\left\{\sum_{i=0}^{N-1}(A_i-1/2)\mathrm{e}^{-\mathrm{j}2\pi fiT_c}+0.5T\mathrm{e}^{-\mathrm{j}2\pi fT_{\mathrm{d}}/2}\sum_{i=0}^{N-1}\mathrm{sinc}[T_{\mathrm{d}}(f-iT_{\mathrm{d}})]\right\}$$

由于 $A_i=(c_{i+1-c_i})/2$ 中 $\{c_m\}$ 是伪随机序列，因此 $\{A_i\}$ 也是伪随机序列且 $E\left(\sum_{i=0}^{N-1}(A_i-1/2)\right)=0$。所以 $F[Q(t)]$ 可进一步推导为

$$F[Q(t)]\approx\sqrt{Pa}\,\frac{a}{2}\,[\mathrm{sinc}(af/2)]^2\left\{C+0.5T_{\mathrm{d}}\sum_{i=0}^{N-1}\mathrm{sinc}[T_{\mathrm{d}}(f-iT_{\mathrm{d}})]\right\}\quad(4-74)$$

式中：C 为 $\{A_i-1/2\}$ 的功率谱密度。

整理式(4-73)和式(4-74)，可得 $H_x(f)$ 为

$$H_x(f)\approx\frac{\sqrt{Pa}}{2T_{\mathrm{d}}}a\left[\mathrm{sinc}\left(\frac{af}{2T_{\mathrm{d}}}\right)\right]^2\left\{C+0.5T_{\mathrm{d}}\sum_{i=0}^{N-1}\mathrm{sinc}(f-iT_{\mathrm{d}})\right\}\sum_i\delta(f-iT_{\mathrm{d}})\quad(4-75)$$

可见，*DSSS/MPSK* 基带信号经 *Haar* 小波变换和 *FFT* 变换后，其谱线分布在 $f=iT_{\mathrm{d}}$ $(i\in\mathbf{Z})$ 处且以 *sinc* 函数延拓，函数延拓周期为 T_{d}、幅度为 $\frac{\sqrt{Pa}}{2T_{\mathrm{d}}}a\left[\mathrm{sinc}\left(\frac{af}{2T_{\mathrm{d}}}\right)\right]^2$。分析 *sinc* 函数特点可知，$H_x(f)$ 谱线的最大值出现在 $f=0$ 处，次峰出现在 $f=\pm T_{\mathrm{d}}$ 处。提取次峰所处的 $f=\pm T_{\mathrm{d}}$ 位置，可估计得 *DSSS* 通信信号的伪随机码速率。

由上面推导过程可得，采用小波变换估计 *DSSS* 通信信号伪随机码速率的处理流程，如图 4-27 所示。

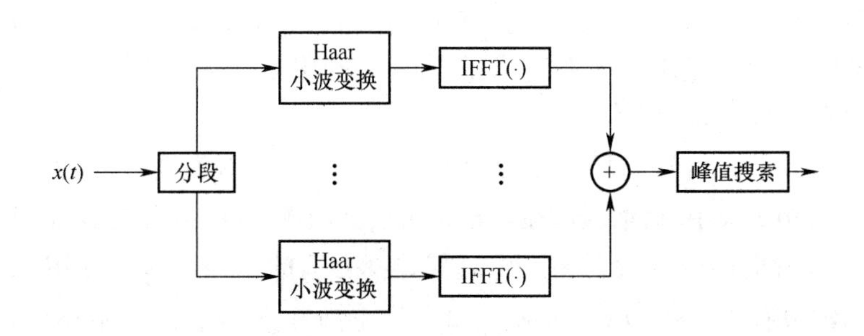

图 4-27　基于小波变换的伪码速率估计

在图 4-27 中首先将 *DSSS* 基带信号分段，然后分别对每段进行上面的小波变换和 *FFT* 变换处理，最后累加平均。此外，利用小波变换还可以进行去噪以提升信噪比，提高伪随机码速率估计的精度。

基于小波去噪的延迟相关算法步骤如下：

(1) 将 *DSSS* 基带信号划分为 M 段，每段 $x_i(t)$ 长度大于两倍 *PN* 周期；

(2) 对每段 $x_i(t)$ 进行小波变换，得信号 $\mathrm{WT}_x(a,t)$；

(3) 对 $\mathrm{WT}_x(a,t)$ 进行延迟相关处理，得 $\mathrm{WT}_x(a,\tau)=\mathrm{WT}_x(a,t)\cdot\mathrm{WT}_x(a,t-\tau)$；

(4) 对 $WT_x(a,\tau)$ 进行 FFT 变换,得功率谱 $S_i(f)$;

(5) 对所有分段的功率谱进行累加平均处理,得 $S(f)=\sum_{i=1}^{M}|S_i(f)|/M$;

(6) 依据上面描述搜索 $S(f)=\sum_{i=1}^{M}|S_i(f)|/M$ 的峰值,得伪随机码速率 R_c 。

3) 基于循环谱的参数估计法

若噪声为加性平稳噪声,则接收信号模型为

$$y(t)=s(t)+n(t)=A_s\cdot\sum_{n=-\infty}^{\infty}q(t-n\cdot T_c-t_0)\cos(2\pi f_0t+\theta_n+\varphi_0)+n(t) \tag{4-76}$$

式中:$s(t)$ 和 $n(t)$ 分别为信号和噪声;A_s 为信号幅度;$q(t)$ 为调制脉冲串;T_c 为码片时宽;f_0 为载频;φ_0 为初相;t_0 为初始时间;θ_n 为扩频码序列。

由 DSSS 通信信号的谱相关密度函数可知,循环频率在码元速率 $\frac{1}{T_c}$ 和两倍载频 $2f_0$ 处的循环谱分别为

$$S_s^{1/T_c}=\frac{A_c^2}{4T_c}\left[Q\left(f+\frac{1}{2T_c}+f_0\right)Q^*\left(f-\frac{1}{2T_c}-f_0\right)+Q\left(f+\frac{1}{2T_c}-f_0\right)Q^*\left(f-\frac{1}{2T_c}-f_0\right)\right]\cdot\exp\left(\frac{-\mathrm{j}2\pi t_0}{T_c}\right) \tag{4-77}$$

$$S_s^{2f_0}=\frac{A_s^2}{4T_c}Q(f)Q^*(f)\cdot\exp(-\mathrm{j}2\varphi_0) \tag{4-78}$$

式中:f 为循环谱频率;$Q(\cdot)$ 为 sinc 函数;$S_s^{1/T_c}(f)$ 为循环谱的幅度,其相位为常量 $2\pi t_0/T_c$;$S_s^{2f_0}(f)$ 的相位为常量 $2\varphi_0$,因此可利用循环谱这两个相位估计出初始时间 t_0 和初相 φ_0。由于上面两个循环谱相位为常量,因此可利用多个循环谱频率处的相位进行平均处理以实现 t_0 和 φ_0 高精度估计。

由式(4-77)可知,信号循环谱相位只是在 $|S_s^{1/T_c}(f)|$ 不为 0 时才为常数 $2\pi t_0/T_c$;而当 $|S_s^{1/T_c}(f)|$ 相对较小时,信号的循环谱则可能会被淹没在噪声的循环谱里,利用循环谱相位进行估计就会产生较大误差。为此需选择合适的门限 γ_{1/T_c},并用 $|S_s^{1/T_c}(f)|$ 与 γ_{1/T_c} 进行比较,只有当 $|S_s^{1/T_c}(f)|>\gamma_{1/T_c}$ 时,位于循环谱频率处的循环谱才可用于 t_0 估计。

由式(4-78)可知,初相的估计存在上面同样的问题,故必须选择合适的门限 γ_{2f_0},用 $|S_s^{2f_0}(f)|$ 与 γ_{2f_0} 相比较,只有当 $|S_s^{2f_0}(f)|>\gamma_{2f_0}$ 时,位于循环谱频率处的循环谱才可用于 φ_0 估计。

因此,通过推导可得 t_0 和 φ_0 估计表达式:

$$\hat{t}_0=\frac{T_c}{2\pi}\cdot\left[\frac{1}{M_1}\sum_{k=1}^{M_1}\angle\hat{S}_y^{1/T_c}(f_k)\right],|\hat{S}_y^{1/T_c}(f_k)|>\gamma_{1/T_c} \tag{4-79}$$

$$\hat{\varphi}_0=-\frac{1}{2}\cdot\left[\frac{1}{M_2}\sum_{k=1}^{M_2}\angle\hat{S}_y^{2f_0}(f_k)\right],|\hat{S}_y^{2f_0}(f_k)|>\gamma_{2f_0} \tag{4-80}$$

式中：符号“∠”表示相位提取；γ_{1/T_c}，γ_{2f_0} 为幅度判决门限，其在估计误差 Δt_0 和 $\Delta\varphi_0$ 的均值都为 0 的情况下，可由式 $\mathrm{Var}(\Delta t_0)=\frac{T_c^2}{(2\partial M_1)^2}\sum_{k=1}^{M_1}\mathrm{Var}(\Delta\phi_k^{1/T_c})=\frac{T_c^2}{(2\partial M_1)^2}\sum_{k=1}^{M_1}\frac{K_p+8B_n\mathrm{SNR}_{\ln}G(f_k,1/T_c)}{32\Delta t\Delta f B_n^2\mathrm{SNR}_{\ln}^2G^2(f_k,1/T_c)}$ 和 $\mathrm{Var}(\Delta\phi_0)=\frac{1}{(2M_2)^2}\sum_{k=1}^{M_2}\mathrm{Var}(\Delta\phi_k^{2f_0})=\frac{1}{4M_2^2}\sum_{k=1}^{M_2}\frac{K_p+8B_n\mathrm{SNR}_{\ln}G(f_k,2f_0)}{32\Delta t\Delta f B_n^2\mathrm{SNR}_{\ln}^2G^2(f_2,2f_0)}$ 的估计误差方差公式计算得出；$\hat{S}_y^{1/T_c}(f_k)$，$\hat{S}_y^{2f_0}(f_k)$ 分别表示循环频率为码元速率和双倍载频的谱相关密度函数估计，为减少谱泄漏并且得到可靠的谱相关密度函数估计，可采用前面所述的时域平滑或频域平滑的循环周期图估计法；M_1 和 M_2 分别为提取循环谱的个数。

3. DSSS 通信信号解扩方法

1）基于多相关的 DSSS 解扩方法

（1）多相关解扩基本原理。DSSS 通信信号解扩的前提条件是接收端能够同步并跟踪所接收 DSSS 通信信号的伪随机序列相位，根据同步并跟踪的结果调整接收端的本地伪随机序列产生器输出同步的伪随机序列。只有两者准确同步才能够对所接收的 DSSS 通信信号进行解扩。

直接序列扩频通信均采用伪随机序列实现对所传信息频谱的扩展，虽然伪随机序列种类和生成方法均较多，但其自相关函数必须满足如下条件：

$$\begin{cases}R_a(\tau)=1,\tau=0\\0<R_a(\tau)<1,0<|\tau|<T_c\\R_a(\tau)\approx 0,|\tau|\geqslant T_c\end{cases}\tag{4-81}$$

式中：$R_a(\tau)$ 为伪随机序列的自相关函数；τ 为相关时间；T_c 为伪随机序列序列码片宽度。

在设计中为克服不同信道之间的相互干扰，伪随机序列之间的互相关函数也必须满足如下条件：

$$\begin{cases}R_{ab}(\tau)\ll 1,\\R_{ab}(\tau)\approx 0;\end{cases}\forall\tau\tag{4-82}$$

伪随机序列可以通过抽取形成一个个伪随机子序列，抽取的时间间隔必须为 T_c 的整数倍。抽取的起始时间不同，所得到的伪随机子序列也不相同。例如，抽取间隔为 T_c 的 M 倍时，则最终可形成 M 个互不相同的伪随机子序列；如果所抽取的伪随机子序列的自相关函数和互相关函数分别满足式(4-81)和式(4-82)的约束条件时，则可将伪随机序列看成是 M 个伪随机子序列的组合。

此时，伪随机扩频序列可表示为

$$C(t)=\sum_{k=0}^{M-1}C_i(t-kT_c)\times W(t-kT_c)\tag{4-83}$$

式中：$W(t)$ 为脉宽为 T_c 的信息序列，其周期为 MT_c；$C_k(t)$ 为伪随机子序列，其码元宽度也为抽取间隔 MT_c。因此，可利用伪随机子序列实现 DSSS 通信信号的解扩处理。

由于各伪随机子序列间的无关性，因此采用伪随机子序列解扩的方法：采用

$C_k(t)W_k(t)$ 解扩或 $C_k(t)$ 解扩,即在同步状态下,当采用 $C_k(t)W_k(t)$ 解扩时,其解扩后输出信号的信噪比;当采用 $C_k(t)$ 解扩时,也输出信号的信噪比。

(2) 多相关解扩方法。根据多相关解扩基本原理,可形成如图 4-28 所示的一种 DSSS 通信信号解扩处理架构。

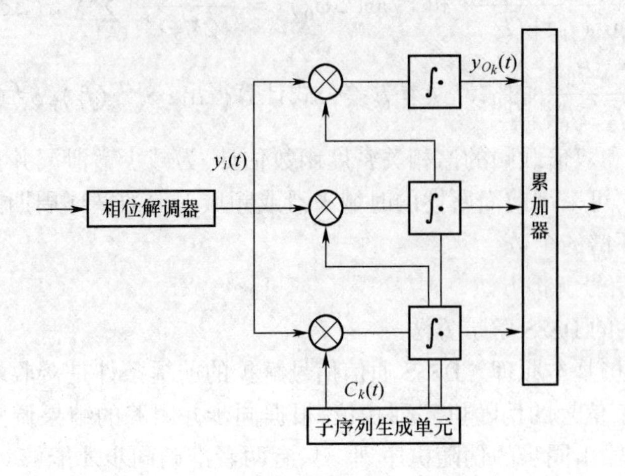

图 4-28 DSSS 通信信号解扩处理架构

在图 4-28 中,伪随机子序列 $C_k(t)$ 由子序列生成单元产生,$C_k(t)$ 之间的相位关系与其在被抽取的伪随机序列中的相位关系一致。每个伪随机子序列经过各自相关处理后进入累加器,由累加器完成解扩处理。

相位解调器的输出可表示为

$$y_i(t) = S(t)C(t) + n(t) \tag{4-84}$$

式中:$S(t)$为信息信号;$C(t)$为扩频信号;$n(t)$为噪声/干扰。

在同步状态下,当采用完整伪随机序列解扩时,有

$$\begin{aligned} y_o(t) &= \frac{1}{T}\int_T y_i(t-\tau)C(t-\tau)\mathrm{d}\tau \\ &= \frac{1}{T}\int_T (S(t-\tau)C(t-\tau) + n(t))C(t-\tau)\mathrm{d}\tau \\ &= \frac{1}{T}\int_T S(t-\tau)C(t-\tau)C(t-\tau)\mathrm{d}\tau + \frac{1}{T}\int_T n(t)C(t-\tau)\mathrm{d}\tau \end{aligned} \tag{4-85}$$

式中:T 为积分器的积分时间。

同理,在同步状态下,当采用伪随机子序列 $C_k(t)W_k(t)$ 解扩时,任一子路的信号输出为

$$y_{o_k}(t) = \frac{1}{T}\int_T S(t-\tau)C(t-\tau)C_k(t-\tau)\mathrm{d}\tau + \frac{1}{T}\int_T n(t)C_k(t-\tau)\mathrm{d}\tau \tag{4-86}$$

与传统的解扩方式输出结果相同。

因此,累加器将积分器输出进行累加处理后得到输出为

$$y(t) = \sum_k \left[\frac{1}{T}\int_T S(t-\tau)C(t-\tau)C_k(t-kT_\mathrm{c}-\tau)\mathrm{d}\tau\right] + \sum_k \left[\frac{1}{T}\int_T n(t)C_k(t-kT_\mathrm{c}-\tau)\mathrm{d}\tau\right]$$

$$= \frac{1}{T}\int_T S(t-\tau)C(t-\tau)\sum_k C_k(t-kT_c-\tau)\mathrm{d}\tau + \frac{1}{T}\int_T n(t)\sum_k C_k(t-kT_c-\tau)\mathrm{d}\tau$$

$$= \frac{1}{T}\int_T S(t-\tau)\times\sum_m\sum_{k\neq m}[C_k(t-kT_c-\tau)C_m(t-mT_c-\tau)\times W(t-mT_c-\tau)]\mathrm{d}\tau +$$

$$\frac{1}{T}\int_T n(t)\sum_k C_k(t-kT_c-\tau)\mathrm{d}\tau \tag{4-87}$$

由于 $C(t)$、$W(t)$ 均为二进制序列,故在式(4-87)结果中的第一部分可进一步简化为

$$\frac{1}{T}\int_T S(t-\tau)\sum_m\sum_{k\neq m}[C_k(t-kT_c-\tau)C_m(t-mT_c-\tau)\times W(t-mT_c-\tau)]\mathrm{d}\tau$$

$$= \frac{1}{T}\int_T S(t-\tau)\left[\sum_k C_k(t-kT_c-\tau)W(t-kT_c-\tau)\right]\times\left[\sum_k C_k(t-kT_c-\tau)W(t-kT_c-\tau)\right]\mathrm{d}\tau$$

$$= \frac{1}{T}\int_T S(t-\tau)C(t-\tau)C(t-\tau)\mathrm{d}\tau \tag{4-88}$$

上面的结果相比较可知,在式(4-88)与式(4-85)结果中的第1部分相同;式(4-87)中的第1项为 $M-1$ 个相位各异的伪随机序列与所接收的DSSS通信信号相关后的结果;式(4-87)中的第2项为 M 个相位各异的伪随机序列与所接收噪声/干扰相关后的结果。简而言之,式(4-87)的最大结果不超过式(4-85)第2部分的 M 倍。

通过分析知,所述解扩架构具有较好的普适性:当需要较强的抗多径能力或良好的解扩增益时,子序列生成单元输出的伪随机序列为 $C_k(t)W_k(t)$;当需要良好的抗失锁能力时则输出的伪随机序列为 $C_k(t)$。

2）DSSS通信信号的盲解扩方法

（1）DSSS通信信号盲解扩基本原理。在实际通信中,DSSS通信信号采用最多的是伪随机码,又称为PN码。由于真正的随机信号和噪声不可能重复产生和再现,PN码序列只能通过产生一种周期性的脉冲信号来近似,从而使得PN码序列具有近似于噪声的性能。目前,采用最多的是 m 序列和Gold序列,这两种序列都是根据生成多项式来构造的移位寄存器采用反馈方式生成。图4-29为一个可生成PN码的典型利用多项式构造的 m 级线性反馈式移位寄存器。

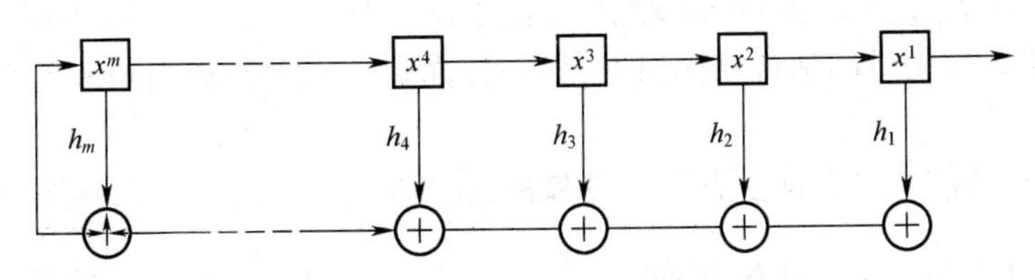

图4-29　m 序列线性反馈式移位寄存器

在图4-29中 $h_1, h_2, \cdots, h_m$ 是该多项式的各项系数, $h_i \in \{0,1\}$。可见,该移位寄存器第 $m+1$ 个输出数据为

$$x_{N+m+1} = \sum_{i=1}^{m} h_i x_{N+i} \tag{4-89}$$

式中：$\sum$ 表示模二加。因此，在接收端对采样后的数据 x_i 联立求解 h_i 的方程组为

$$\begin{bmatrix} h_1 \\ h_2 \\ \vdots \\ h_m \end{bmatrix} = \begin{bmatrix} x_{N+1} & x_{N+2} & \cdots & x_{N+m} \\ x_{N+2} & x_{N+3} & \cdots & x_{N+m+1} \\ \vdots & \vdots & & \vdots \\ x_{N+m} & x_{N+m+1} & \cdots & x_{N+2m-1} \end{bmatrix}^{-1} \begin{bmatrix} x_{N+m+1} \\ x_{N+m+2} \\ \vdots \\ x_{N+2m} \end{bmatrix} \tag{4-90}$$

由于作为第三方侦察，不可能预先知道 DSSS 通信信号扩频码的信息，因此只能采用反馈系数向量大数判决法来求解移位寄存器的阶数。设采样量化后的数据为 $x_1, x_2, \cdots, x_i, \cdots$，用长为 $2m$ 的滑动窗截取数据进行计算，其中：m 为初定的移位寄存器的阶数，现在已经可得 3~100 级 m 序列发生器，为阐述方便，m 取 2~16 且由小到大地变化。

对于一级 m，长度为 $2m$ 的滑动窗每滑动一次都会计算出一个反馈系数向量 $(h_1, h_2, \cdots, h_m)$。此时，每一个反馈系数向量设置一个计数器，每个向量只要通过计算其对应的计数器就累加 1 次。每批采样数据计算完成后，选取其中最大计数器的值为该级 m 的函数 $y(m)$，比较所有的 $y(m)$，其中最大的 $y(m)$ 所对应的 m 就是移位寄存器的阶数，其反馈系数即为对应的反馈系数向量 $(h_1, h_2, \cdots, h_m)$。

根据 m 阶反馈移位寄存器的定义，有 $\boldsymbol{h}_1 \equiv 1$，反馈方程可表示为 $x_{m+1} + x_1 = \sum_{i=2}^{m} \boldsymbol{h}_i x_i$，式中："+"表示模二加。从而，求解 $m-1$ 阶反馈系数向量 $(h_1, h_2, \cdots, h_m)$ 的方程组为

$$\begin{bmatrix} h_2 \\ h_3 \\ \vdots \\ h_m \end{bmatrix} = \begin{bmatrix} x_{N+2} & x_{N+3} & \cdots & x_{N+m} \\ x_{N+3} & x_{N+4} & \vdots & x_{N+m+1} \\ \vdots & \vdots & & \vdots \\ x_{N+m-1} & x_{N+m} & \cdots & x_{N+2m-2} \end{bmatrix}^{-1} \begin{bmatrix} x_{N+m+1} + x_{N+1} \\ x_{N+m+2} + x_{N+2} \\ \vdots \\ x_{N+2m-1} + x_{N+m-1} \end{bmatrix} \tag{4-91}$$

滑动窗的长度也由原来的 $2m$ 变成 $2m-1$。

上面采用降阶解法求解反馈系数向量方程组的原因：通过将 m 阶矩阵的计算简化为 $m-1$ 阶矩阵的计算，同时将长度为 $2m$ 的滑动窗变成长度为 $2m-1$ 的滑动窗，不仅减少了数据样本点，而且降低矩阵运算的运算量；简化的 $m-1$ 阶方程组计算是建立在 m 阶系数向量 $(h_1, h_2, \cdots, h_m)$ 中 $\boldsymbol{h}_1 = 1$ 的基础上，排除了由于噪声的引入使 $\boldsymbol{h}_1 = 0$ 的可能性，这样一方面降低了系数向量的估计错误概率，另一方面也降低了分析信号时所要求的信噪比门限。

（2）DSSS 通信信号盲解扩方法。设基带直扩信号为 $x(t) = p_c(t)s(t)$，式中：$p_c(t) = \sum_{i=-\infty}^{\infty} p_i g_T(t - T_c)$，$p_i$ 是扩频码序列，$p_i \in \{-1, 1\}$，T_c 为扩频码码元时宽；$s(t) = \sum_{j=-\infty}^{\infty} d_j g_T(t - T)$，$d_j$ 为信息码序列，$d_j \in \{-1, 1\}$，$g_T(t)$ 是宽度为 T 的方波脉冲，T 为信息码码元时宽，$T = NT_c$，N 为大于 0 的整数。

$\bar{x}_1, \bar{x}_2, \cdots, \bar{x}_i, \cdots$ 经过矩阵计算，可以估计出反馈移位寄存器的阶数 m 和求解出移位

寄存器的反馈系数。但当 d_j 由 1 变为-1 时,即在信息码元发生了变化使扩频码发生了翻转反向时,采样到的信号 $\bar{x}_1,\bar{x}_2,\cdots,\bar{x}_i,\cdots$ 将使上面的等式不再成立。

设一个 m 序列由 m 阶的反馈移位寄存器生成,其周期为 2^m-1,即长度为 m 的移位寄存器有 2^m-1 个不重复的状态,唯一不出现的状态就是 m 个全 0。由 m 序列的性质可知,必定会存在着一个全 1 状态,也就是当信息码元发生变化时,即由 1 变为-1,原来长为 m 的全 1 状态实际采样变成长为 m 的全 0 状态。此时,如果反馈移位寄存器的长度仍然为 m,则整个序列就进入了全 0 的死循环。因此,当扩频码序列发生了翻转反向时,解决方法就只能由一个 $m+1$ 阶的反馈移位寄存器生成。

例如:对于生成多项式 $f(z^{-1})=1+z^{-2}+z^{-3}+z^{-4}+z^{-5}$,其生成方程可表示为 $x_{N+5}=x_N\oplus x_{N+1}\oplus x_{N+2}\oplus x_{N+3}$,假设移位寄存器的初始态为 11111,则产生的码序列为 00100110⋯;当发生翻转反向后,上面码序列为 00000 和 11011001⋯,其生成方程为 $x_{N+6}=x_N\oplus x_{N+4}\oplus x_{N+5}$,生成多项式推导为 $f(z^{-1})=1+z^{-1}+z^{-2}+z^{-6}$,即产生码序列的反馈移位寄存器的阶数由原来五级,在取反后变为了六级。实际上,截短 m 序列及 Gold 序列也具有同样的性质。

综上所述,对 DSSS 通信信号进行盲解扩是通过对输入的 DSSS 通信信号进行矩阵计算:如果求得的最大反馈系数向量长度为 m,则 $d_j=1$;如果求得的最大反馈系数向量长度为 $m+1$,则 $d_j=-1$。在实际对 DSSS 通信信号进行解扩时,当识别出扩频码的生成反馈移位寄存器的长度为 m 时,计算就仅限于 m 和 $m-1$ 阶的矩阵上,甚至可以只计算 $m-1$ 阶的矩阵,如果在该阶上出现最大反馈系数向量峰值,则 $d_j=1$,反之 $d_j=-1$。

第5章 通信类网电对抗目标信号参数测量方法

5.1 概 述

通信类网电对抗目标信号简称为无线通信网台信号。通信类网电对抗侦测系统(设备)的任务是在由多频段多体制信号、背景噪声及各种干扰构成瞬息万变的复杂电磁信号环境中侦收、分选和分离各个无线通信网台信号,测量和分析各个无线通信网台信号的基本参数,识别无线通信网台信号的调制样式、编码类型、组网特征和网台属性,并进一步对信号进行解调和解码处理,获取和还原信号所传输的信息,作为军事情报。

通信类网电对抗侦察首先需要解决的问题是无线通信网台信号的侦收、分选和分离以及无线通信网台信号参数的测量分析。在通信类网电对抗侦测系统(设备)瞬时带宽内,通常会有多个无线通信网台信号同时存在,在实现无线通信网台信号侦收的基础上,通信类网电对抗侦察接下来的任务是将瞬时带宽内多个甚至重叠在一起的无线通信网台信号分选或分离出来。由于被侦测的无线通信网台信号的参数是未知的,因此无线通信网台信号的分选和分离通常采用盲源分离技术。通信类网电对抗侦测系统(设备)一般先基于全景显示搜索侦收法和并行搜索侦收法,再采用DFT/FFT等方法对无线通信网台信号进行粗略分析,估计无线通信网台信号载波的中心频率和带宽,实现对多信号的分离,最后对无线通信网台信号的各种参数进行测量。

信号参数测量是后续信号处理的基础,由于无线通信网台信号的体制较多,因此对应需要测量分析的参数也较为复杂,其中模拟调幅信号的主要参数有载波频率、信号电平、信号带宽和调幅度等;模拟调频信号的主要参数有载波频率、信号电平、信号带宽、最大频偏和调频指数等;数字无线通信网台信号的主要参数有载波频率、信号电平、信号带宽、码元速率或符号速率等。

5.2 通信类网电对抗目标信号参数测量方法

5.2.1 无线通信网台信号载频频率测量分析方法

通信类网电对抗侦测系统(设备)只有通过测频处理才能得到信号的精确频率,载频频率测量分析主要包括一阶差分测频分析法、FFT测频分析法、互相关测频分析法和平方测频分析法等。

1. 一阶差分测频分析方法

由通信理论可知,信号的瞬时频率 $f(t)$ 与其瞬时相位 $\varphi(t)$ 之间存在的关系为

$$f(t)=\frac{\mathrm{d}\varphi(t)}{\mathrm{d}t} \tag{5-1}$$

在信号处理时,无线通信网台信号被侦收后,通常经过采样和量化处理转换为数字信号,数字信号的瞬时频率 $f(n)$ 与其瞬时相位 $\varphi(n)$ 之间的对应关系如下:

$$f(n)=\frac{\Delta\varphi(n)}{2\pi T}=\frac{\varphi(n)-\varphi(n-1)}{2\pi T} \tag{5-2}$$

式中:T 为采样时间间隔;$\Delta\varphi(n)$ 为相位差,$\Delta\varphi(n)=\varphi(n)-\varphi(n-1)$。

可见,数字信号的瞬时频率和瞬时相位之间是一阶差分关系,其瞬时频率值可通过瞬时相位一阶差分得到。

由于信号的瞬时相位在 $[-\pi,\pi]$ 之间,会导致相位差呈现不连续性,从而产生相位模糊。通常采用式(5-3)和式(5-4)消除相位模糊问题,即

$$C(n)=\begin{cases}C(n-1)+2\pi, \varphi(n)-\varphi(n-1)>\pi\\ C(n-1)-2\pi, \varphi(n)-\varphi(n-1)<-\pi\\ C(n), \text{其他}\end{cases} \tag{5-3}$$

$$\begin{cases}\varphi(n)=\varphi(n)+C(n)\\ \Delta\varphi(n)=\varphi(n)-\varphi(n-1)\end{cases} \tag{5-4}$$

则信号的瞬时频率为

$$f(n)=\frac{\Delta\varphi(n)}{2\pi T} \tag{5-5}$$

式中:$\varphi(n)$ 可通过 DFT 得到,即 $X(k)=\mathrm{DFT}[x(n)]=\sum_{n=0}^{N-1}x(n)\mathrm{e}^{-j\frac{2\pi kn}{N}}(k=0,1,2,\cdots,N-1)$,经过推导得 $X(k)=\sum_{n=0}^{N-1}x(n)\cos\left(\frac{2\pi kn}{N}\right)-\mathrm{j}\sin\left(\frac{2\pi kn}{N}\right)]=\mathrm{Re}[X(k)]+\mathrm{jIm}[X(k)]$,由此可得信号的瞬时相位为 $\varphi(k)=\arctan\frac{\mathrm{Im}[X(k)]}{\mathrm{Re}[X(k)]}$。

需要说明的是,由于一阶差分测频分析方法对噪声较为敏感,通常取多点平均,估计信号的瞬时频率为

$$\hat{f}=\frac{1}{N-1}\sum_{n=1}^{N-1}f(n) \tag{5-6}$$

式中:N 为输出的采样点数。因此,输入信号的瞬时频率为

$$\hat{f}_k=\hat{f}+f_{\mathrm{L}} \tag{5-7}$$

式中:f_{L} 为本振频率。

一阶差分测频分析方法的特点是运算量小、速度快且算法简单,较适合实时处理系统。

2. FFT 测频分析方法

信号的频率可以通过 FFT 进行测量分析。对信号的采样序列 $x(n)$ 进行 FFT,得信号的频谱序列为

$$X(k)=\mathrm{FFT}[x(n)] \tag{5-8}$$

估计其中心频率为

$$\hat{f}_0 = \frac{\sum_{k=1}^{N_s/2} k\,|X(k)|^2}{\sum_{k=1}^{N_s/2} |X(k)|^2} \tag{5-9}$$

FFT 测频分析方法的测频精度依靠数据长度和信号采样频率,设 FFT 长度为 N ,采样频率为 f_s ,则 FFT 测频分析方法的测频精度为

$$\delta f = \frac{f_s}{N} \tag{5-10}$$

FFT 测频分析方法的测频误差范围为 $\left[0, \frac{\delta f}{2}\right]$ 。如果测频误差在 $\left[-\frac{\delta f}{2}, \frac{\delta f}{2}\right]$ 均匀分布,则测频精度可采用均方误差形式表示:

$$\sigma_f = \left[\frac{1}{\delta f}\int_{-\delta f/2}^{\delta f/2} x^2 \mathrm{d}x\right]^{1/2} = \frac{\delta f}{2\sqrt{3}} \tag{5-11}$$

可见,利用 FFT 测频分析方法时,提高测频精度是通过增加 FFT 的长度来保证的,导致测频分析处理时间相对较长。

FFT 测频分析方法适合对称谱的情况,如 AM/DSB、FM、FSK、ASK 和 PSK 类等大多数无线通信网台信号。

3. 互相关测频分析方法

空中传播的无线通信网台信号不可避免地会受到外部噪声、干扰和多径衰落以及通信类网电对抗侦测系统(设备)内部噪声的影响。排除恶意干扰,通常通信类网电对抗侦测系统(设备)接收到的是叠加了噪声的信号,考虑大部分噪声与信号是统计不相关的。设通信类网电对抗侦测系统(设备)接收的含噪信号的表达式为

$$x(t) = s(t) + n(t) \tag{5-12}$$

式中:$s(t)$ 为无线通信网台信号;$n(t)$ 为窄带平稳随机噪声;$s(t)$ 与 $n(t)$ 不相关。

接收信号的相关函数:

$$Rx(\tau) = E\{x(t)x(t+\tau)\} = R_s(\tau) + R_n(\tau) \tag{5-13}$$

式中:$R_s(\tau)$,$R_n(\tau)$ 分别为信号和噪声的相关函数。

由于 $n(t)$ 为窄带平稳随机噪声,故其相关函数具有如下特点:

$$R_n(\tau) = 0, \tau > \tau_0 \tag{5-14}$$

式中:τ_0 为噪声的相关时间,$\tau_0 = 10/\Delta f_n$,Δf_n 为噪声的带宽。接收信号的相关函数表达式为

$$R_x(\tau) = R_s(\tau), \quad \tau > \tau_0 \tag{5-15}$$

利用信号相关函数的性质,从接收信号 $x(t)$ 截取两段不相重叠的信号 $x_1(t)$ 和 $x_2(t)$:

$$\begin{cases} x_1(t) = x(t), 0 \leqslant t \leqslant T_0 \\ x_2(t) = x(t - T_0), T_0 \leqslant t \leqslant T_1 + T_0 \end{cases} \tag{5-16}$$

式中:T_0 为信号 $x_1(t)$ 的持续时间;T_1 为 $x_2(t)$ 的持续时间;$T_0 > \tau_0$。

$x_1(t)$ 和 $x_2(t)$ 的互相关函数为

$$R_{x_1x_2}(\tau)=E\{x_1(t)x_2(t+\tau)\} \tag{5-17}$$

对 $R_{x_1x_2}(\tau)$ 进行 FFT 得到互功率谱 $S_{x_1x_2}(f)$ ，则 $S_{x_1x_2}(f)=S_s(f)$。因此，在低信噪比条件下利用互相关函数估计可实现信号频率的测量。

4. 平方测频分析方法

上面三种测频分析方法是基于接收信号中包含载波频率分量，但在现实中有些信号不包含载波频率分量，如数字相位调制类 MPSK 信号。因此，对于不包含载波频率分量信号的估计，需要首先恢复信号中的载波分量，载波分量的恢复一般通过平方或高次方变换实现。

下面以 BPSK 信号为例，说明载波恢复过程。BPSK 信号的表达式为

$$x(t)=\left[\sum_n a_n g(t-nT_{\mathrm{b}})\right]\cos(2\pi f_0 t+\varphi_0)=s(t)\cos(2\pi f_0 t+\varphi_0) \tag{5-18}$$

式中：a_n 是二进制信息码，且满足 $a_n=\begin{cases}+1,以概率 P\\ -1,以概率 1-P\end{cases}$；$g(t)$ 是矩形脉冲。

对接收的信号平方处理后，可得

$$x^2(t)=s^2(t)\left\{\frac{1}{2}\cos[2(2\pi f_0)t+2\varphi_0]+1\right\}=\frac{1}{2}\cos[2(2\pi f_0)t+2\varphi_0]+1 \tag{5-19}$$

对式(5-19)进行去直流滤波后，可得

$$x(t)=\frac{1}{2}\cos[2(2\pi f_0)t+2\varphi_0] \tag{5-20}$$

由式(5-20)可知，经过平方处理后得到了一个频率为 $2f_0$ 的信号，其大小为接收信号载波频率的两倍。以此类推，对于 MPSK 信号，可以对信号进行 M 次方，获得频率为 Mf_0 的单频信号。因此，通过上面方法的处理，再对信号进行 FFT，则可以实现载波频率测量和估计。

5.2.2　无线通信网台信号带宽测量分析方法

信号带宽的测量分析对于信号的匹配或准匹配接收、调制识别和信息解调至关重要。信号带宽包括 3dB 带宽、等效功率带宽和必要带宽等，但信号带宽通常是指 3dB 带宽，即以信号中心频率处的信号功率谱密度作为参考点，当信号功率谱密度下降到一半时界定的频率范围。

信号带宽一般通过 FFT 等信号处理方法进行测量分析。对接收信号的采样序列 $x(n)$ 进行 FFT 得到其频谱序列 $X(k)$ ，然后计算中心频率 $f_0(k=k_0)$ 对应的信号功率谱密度：

$$P(k_0)=|X(k)|^2|_{k=k_0} \tag{5-21}$$

以-3dB 处功率 $P_{\mathrm{T}}=P_{-3}=\frac{1}{2}P(k_0)$ 作为门限搜索信号功率谱：

$$\begin{cases}k_{\max}=\max\limits_{k>k_0}\{|X(k)|^2\}|_{|X(K)|^2\geqslant P_{\mathrm{T}}}\\ k_{\min}=\min\limits_{k<k_0}\{|X(k)|^2\}|_{|X(K)|^2\geqslant P_{\mathrm{T}}}\end{cases} \tag{5-22}$$

计算式(5-22)中两个方程之间的频率差，可得到信号带宽 B：

$$B = (k_{\max} - k_{\min})\Delta f = (k_{\max} - k_{\min})\frac{f_s}{N} \tag{5-23}$$

带宽测量也可以在载波频率测量的基础上,对采样序列通过如下计算实现:

$$B = \frac{\sum_{k=1}^{N_s/2} |k - f_0| |X(k)|^2}{\sum_{k=1}^{N_s/2} |X(k)|^2} \tag{5-24}$$

5.2.3 无线通信网台信号电平测量分析方法

先根据式(5-22)可得 $k_{\max}$ 和 $k_{\min}$,再通过下式计算信号带宽内的功率(单位:W)作为信号相对功率,即

$$P_T = \frac{1}{|k_{\max} - k_{\min}|}\sum_{k=k_{\min}}^{k_{\max}} |X(k)|^2 \tag{5-25}$$

将式(5-25)转化为对数形式:

$$P_T(\text{dBW}) = 10\lg P_{\text{T}} \tag{5-26}$$

可得通信类网电对抗侦测系统(设备)天线处接收信号的实际功率为

$$P_R(\text{dBW}) = P_T - G_A - G_S - G_T - P_S \tag{5-27}$$

式中:G_A 为接收天线增益;P_S 为网电对抗侦测系统(设备)中接收机灵敏度;G_S 为系统增益;G_T 为系统处理变换因子。

信号电平通常有 dBμV、dBmV、dBW、dBm 等四种表示形式,在接收机输入阻抗为 50Ω 时,四种电平之间存在的转换关系为

$$\begin{cases} \text{dB}\mu\text{V} = 10\lg(\mu\text{V}) \\ \text{dBmV} = 10\lg(\text{mV}) = \text{dB}\mu\text{V} - 30 \\ \text{dBW} = 10\lg(\text{V}^2/\text{R}) = 20\lg(\text{V}) - 17 = 20\lg(\mu\text{V}) - 137 \\ \text{dBm} = 10\lg(\text{mW}) = 20\lg(\mu\text{V}) - 107 \end{cases} \tag{5-28}$$

无线通信网台信号电平测量分析方法是基于 FFT 来实现信号电平测量分析,故其精度与 FFT 的分辨率密切相关。当 FFT 分辨率较低时,电平的测量值往往不准确;当 FFT 分辨率较高时,电平的测量结果才相对准确。因此,为了提高测量精度,可以采用多次测量再计算平均值的方法。

5.2.4 无线通信网台信号码元速率测量分析方法

码元速率是数字无线通信网台信号的重要参数之一。无线通信网台信号的码元速率相对通信类网电对抗侦测系统(设备)而言,通常是未知的。

1. 频谱测量分析方法

基于频谱的码元速率测量分析要求其调制信号中包含码元速率分量。调制信号中是否包含码元速率分量与其二进制采用的脉冲的调制有关,二进制基带脉冲的调制方式有单极性不归零、单极性归零、双极性不归零、双极性归零、差分、极性交替和三阶高密度双极性等。

二进制基带脉冲的表达式为

$$s(t)=\sum_{n}a_{n}g(t-nT_{\mathrm{s}}) \tag{5-29}$$

式中：a_n 是信息码；$g_1(t)$，$g_2(t)$ 为发送波形；$g(t-nT_{\mathrm{s}})=\begin{cases}g_1(t-nT_{\mathrm{s}}),\text{概率为}P,\\ g_2(t-nT_{\mathrm{s}}),\text{概率为}(1-P)。\end{cases}$ 基带脉冲序列的功率谱由连续谱和离散谱两部分组成，其双边带功率谱表达式为

$$\begin{aligned}P_{\mathrm{s}}(\omega)=&f_{\mathrm{b}}P(1-P)\,|G_1(f)-G_2(f)|^2+f_{\mathrm{b}}^2\sum_{m=-\infty}^{\infty}|PG_1(mf_{\mathrm{b}})\\&+(1-P)G_2(mf_{\mathrm{b}})|^2\delta(f-mf_{\mathrm{b}})\end{aligned} \tag{5-30}$$

式中：$G_1(f)$，$G_2(f)$ 分别为发送波形 $g_1(t)$ 和 $g_2(t)$ 的频谱；f_{b} 为码元速率。由式(5-30)可知，功率谱中的连续谱由基带脉冲波形决定，而离散谱则与被传输的信息码的统计特性和基带脉冲波形有关。

对于单极性脉冲，若 $g_1(t)=0$，$g_2(t)=g(t)$，则 其功率谱为

$$P_{\mathrm{s}}(\omega)=f_{\mathrm{b}}P(1-P)\,|G(f)|^2+\sum_{m=-\infty}^{\infty}|f_{\mathrm{b}}(1-P)G(mf_{\mathrm{b}}|^2\delta(f-mf_{\mathrm{b}}) \tag{5-31}$$

对于双极性脉冲，若 $g_1(t)=-g_2(t)=g(t)$，则其功率谱为

$$P_{\mathrm{s}}(\omega)=4f_{\mathrm{b}}P(1-P)\,|G(f)|^2+\sum_{m=-\infty}^{\infty}|f_{\mathrm{b}}(2P-1)G(mf_{\mathrm{b}})|^2\delta(f-mf_{\mathrm{b}}) \tag{5-32}$$

假设二进制信息0和1等概分布，即 $P=1/2$，则经过推导可得单极性基带脉冲和双极性基带脉冲的功率谱。

双极性脉冲的功率谱为

$$P_{\mathrm{s}}(\omega)=f_{\mathrm{b}}\,|\,G(f)\,|^2 \tag{5-33}$$

单极性脉冲的功率谱为

$$P_{\mathrm{s}}(\omega)=\frac{f_{\mathrm{b}}}{4}|G(f)|^2+\sum_{m=-\infty}^{\infty}\left|\frac{f_{\mathrm{b}}}{2}G(mf_{\mathrm{b}})\right|^2\delta(f-mf_{\mathrm{b}}) \tag{5-34}$$

由式(5-33)和式(5-34)可知，双极性基带脉冲没有离散谱，即不包含码元速率分量；单极性基带脉冲的离散谱中可能包含码元速率分量，但还与脉冲采用的波形有关，如采用矩形脉冲，当脉冲宽度等于码元宽度时，则其功率谱中只有直流分量而不包含码元速率分量；如采用升余弦脉冲时，则其功率谱中包含码元速率分量。在实际应用中，无线通信网台为解决码间干扰问题，大多数单极性基带脉冲均采用升余弦波形进行设计，所以该方法具有较强的实用性。

由此可见，当基带脉冲序列中包含码元速率分量时，可以通过频谱分析方法直接估计码元速率。反之，需要进行适当的变换，才能估计码元速率。

此外，PSK调制类信号通常采用双极性脉冲调制，因此其调制信号中没有码元速率分量，故不能直接通过频谱测量分析方法得到码元速率。

2. 延迟相乘测量分析方法

延迟相乘测量分析方法适用于脉冲采用双极性调制的BPSK和QPSK等相位调制类信号。延迟相乘测量分析方法如图5-1所示。

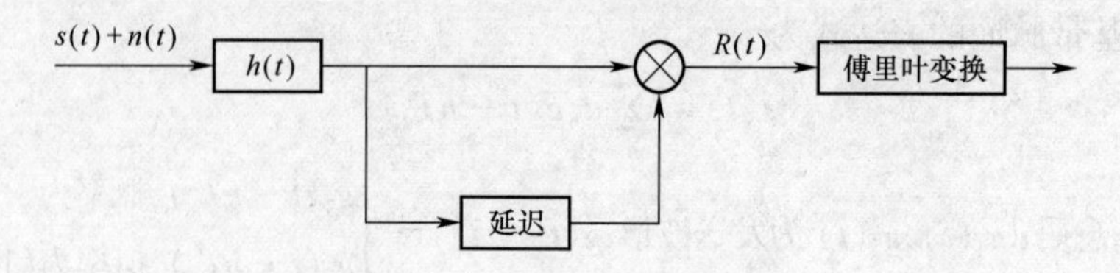

图 5-1　延迟相乘测量分析法

在图 5-1 中，$s(t)$ 为基带信号，其幅度为 $\pm A$；$n(t)$ 为高斯白噪声，其功率谱为 $N_0/2$；$h(t)$ 为滤波器，其特性后续将加以分析；$R(t)$ 由 $s(t)$ 和 $s(t)$ 的延迟通过相乘后得到，表达式为 $s(t)s(t-\tau)$ 。由于经过滤波器的滤波处理，高斯白噪声 $n(t)$ 不再予以考虑。因此，可分别得到各部分的信号波形，如图 5-2 所示。

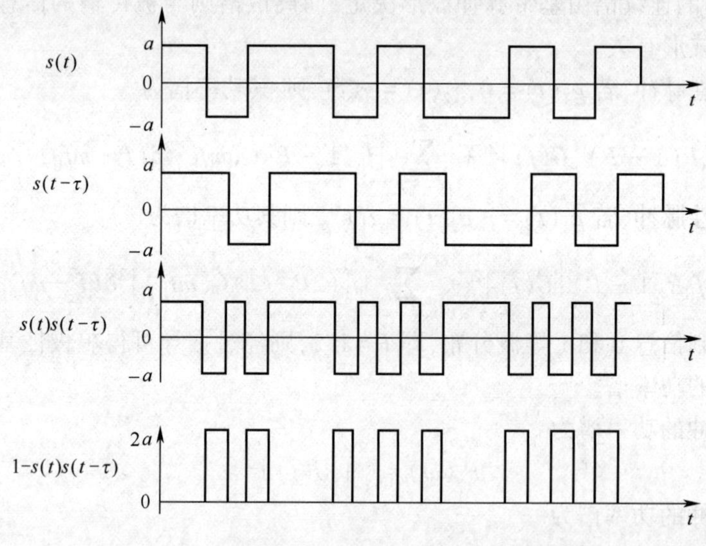

图 5-2　延迟相乘波形

信号的幅度仅在时间间隔等于 τ 时等于 $2A$ ，其他时间间隔都等于 0，即 $R(t)$ 的幅度等于 $2A$ 的时间间隔在数值为信号码元速率 $R=f_{\mathrm{b}}$ 的整数倍处。相应地，只要 $s(t)$ 在码元速率的整数倍处改变状态，则在该处 $s(t)$ 的值必等于 $2A$ 。也就是说，只有当基带信号 $s(t)$ 改变状态时，$R(t)$ 的幅度才等于 $2A$ ，此时对 $R(t)$ 做傅里叶变换，就可以得到与码元速率整数倍位置对应的离散的谱线，如图 5-3 所示。

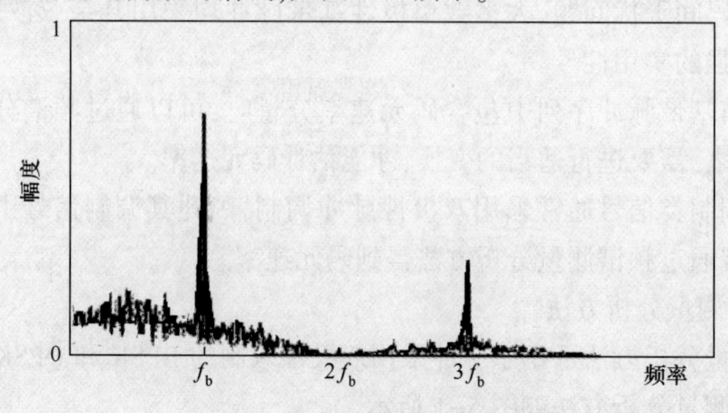

图 5-3　延迟相乘后的信号频谱

在实际测量分析时,如果在频谱中出现多个离散谱线,通常选取幅度明显高于其他谱线的谱线,确定该谱线所对应的数值为信号的码元速率值。

由图 5-1 可知,码元速率测量分析时,基带信号和白噪声要经过滤波器 $h(t)$,最佳的接收滤波器是匹配滤波器。但作为第三方侦察,往往信号码元速率是未知的,故采用匹配滤波器的方法不可取。通常是使信号通过一个矩形滤波器,其频率响应为

$$H(f) = U(f + B) - U(f - B) \tag{5-35}$$

延迟相乘测量分析方法的性能受到延迟量和滤波器带宽的影响,当延迟量与滤波器带宽存在 $\tau = 1/B$ 的关系,特别是当码元速率所对应的频率 f_b 在 $[0.6B, 1.4B]$ 范围内时具有较高的测量精度。因此,延迟相乘测量分析方法更为适应 f_b 未知的应用场景。

上面推导虽然是建立在基带信号分析的基础上,但在带通信号处理上同样有效。设带通信号为

$$x(t) = s(t)\cos(2\pi f_0 t) \tag{5-36}$$

式中: $s(t)$ 为基带信号; f_0 为载频频率。经过上面滤波和延迟相乘后有

$$\begin{aligned} y(t) = x(t)x(t-\tau) &= \frac{1}{2}s(t)s(t-\tau)\cos(\omega_0\tau) \\ &+ \frac{1}{2}s(t)s(t-\tau)\cos(2\omega_0 t + \omega_0\tau) \end{aligned} \tag{5-37}$$

式中:第一项包含了因子 $s(t)s(t-\tau)$,所以在对 $y(t)$ 进行傅里叶变换得到离散谱线后,就可以在基带和二倍载频处实现码元速率的测量分析。

3. 小波变换测量分析方法

小波变换由于突变检测能力较强,因此可以用来对无线通信网台信号幅度跳变位置或相位跳变位置进行判定,实现码元速率的测量分析,在码元速率测量分析中通常使用 Haar 小波函数。

Haar 小波函数的表达式为

$$\Psi_{a,b}(t) = \begin{cases} 1/\sqrt{a}, & -a/2 < t < 0 \\ -1/\sqrt{a}, & 0 \leqslant t < a/2, a > 0 \\ 0, & 其他 \end{cases} \tag{5-38}$$

由 Haar 小波函数可得,平方可积信号 $s(t)$ 的小波变换表达式为

$$W_s(a,b) = \frac{1}{\sqrt{|a|}}\int_{-\infty}^{\infty} s(t)\Psi^*\left(\frac{t-b}{a}\right)\mathrm{d}t, a \neq 0 \tag{5-39}$$

式中: $\Psi_{a,b}(t)$ 表示母小波的伸缩与平移。

通过式(5-39)可知,在同一码元内或相邻两个码元相同时,小波变换的幅度为恒定值;如果相邻码元发生变化时,则小波变换后的幅度由前后码元的幅度、频率和相位确定。MASK、MPSK 和 MQAM 调制信号的前后码元之间的幅度或相位如果发生变化,则其对应的小波变换的幅度就会发生变化。MFSK 调制信号分为两类:一类是如果 FSK 调制信号的相位连续,如 MSK 调制信号,由于该类信号没有幅度或相位上的明显变化,则其小波变换的幅度不会发生较大变化;另一类是如果 FSK 调制信号的相位不连续,则其小波变换的幅度将会有发生较大变化。

由于 MASK、MFSK、MPSK 和 MQAM 调制信号小波变换后,其幅度或相位各有特点,因此有必要将测量分析方法进行归纳和统一。

首先,MASK、MFSK 和 QAM 调制信号经小波变换处理后,其幅度可表示为

$$x(t)=\sum_i A_i u(t-\mathrm{i}T_s)+\sum_j B_j \delta(t-\mathrm{j}T_s) \tag{5-40}$$

式中:$u(t)$ 为单位阶跃函数;$\delta(t)$ 为单位冲激函数;T_s 为码元宽度;A_i 为第 i 个符号的小波变换后的幅度;B_j 为码元交界处的幅度。

其次,MPSK 调制信号经小波变换处理后,其幅度可表示为

$$x(t)=A+\sum_i A_i \delta(t-\mathrm{i}T_s) \tag{5-41}$$

式中:A 为变换区间内的小波变换幅度。

综上所述,MASK、MFSK、MPSK 和 MQAM 调制信号经过小波变换后,其输出由阶跃函数 $A_i u(t-\mathrm{i}T_s)$ 或冲激函数 $\delta(t-\mathrm{i}T_s)$ 构成。

冲激函数的小波变换表达式为

$$|W_\delta(\lambda,\tau)|=\begin{cases}\dfrac{1}{\sqrt{\lambda}}, & (-\lambda/2+\mathrm{i}T_s-\tau)\leqslant t\leqslant(\lambda/2+\mathrm{i}T_s-\tau)\\ 0, & \text{其他}\end{cases} \tag{5-42}$$

当 $\lambda \ll T_s$ 时,式(5-42)可近似为冲激函数。

阶跃函数 $A_i u(t-\mathrm{i}T_s)$,则分为两种情况,具体如下:

一是如果小波变换区域幅度没有发生变化,则阶跃函数的小波变换表达式为

$$|W_u(\lambda,\tau)|=\frac{1}{\sqrt{\lambda}}\int_{-\lambda/2}^{0}A_i\mathrm{d}t-\frac{1}{\sqrt{\lambda}}\int_{0}^{\lambda/2}A_i\mathrm{d}t=0 \tag{5-43}$$

二是如果小波变换区域幅度发生了变化,即在区间 $\left(-\dfrac{\lambda}{2},\dfrac{\lambda}{2}\right)$ 中幅度 $A_i \to A_{i+1}$,则阶跃函数的小波变换表达式为

$$|W_u(\lambda,\tau)|=\begin{cases}\dfrac{1}{\sqrt{\lambda}}|A_i-A_{i+1}|\cdot|d+\lambda/2|, & -\lambda/2\leqslant d\leqslant 0\\ \dfrac{1}{\sqrt{\lambda}}|A_i-A_{i+1}|\cdot|d-\lambda/2|, & 0\leqslant d\leqslant \lambda/2\end{cases} \tag{5-44}$$

式中:d 为幅度变化区间。

同理,$\lambda \ll T_s$ 时,式(5-44)可近似为冲激函数,结论不影响码元速率的提取。

综上所述,如果侦收的无线通信网台信号为 MASK、MFSK 和 QAM 调制信号,则需要对小波变换后幅度再进行一次小波变换处理,二次小波变换后的表达式:

$$y_1(t)=\frac{1}{\sqrt{\lambda}}\sum_i\left(\frac{\lambda}{2}|A_i-A_{I+1}|+B_i\right)\delta(t-\mathrm{i}T_s) \tag{5-45}$$

如果侦收的无线通信网台信号为 MPSK 调制信号,其二次小波变换的结果为

$$y_2(t)=\frac{1}{\sqrt{\lambda}}\sum_i A_i\delta(t-\mathrm{i}T_s) \tag{5-46}$$

由式(5-45)和式(5-46),可得表达式:

$$y(t)=\frac{1}{\sqrt{\lambda}}\sum_i C_i\delta(t-\mathrm{i}T_s) \tag{5-47}$$

式中：C_i 为 $\frac{\lambda}{2}|A_i - A_{i+1}| + B_i$ 或 A_i 的统一表达形式，对式(5-47)进行傅里叶变换，可得

$$Y(\omega) = \frac{2\pi}{T_s} \sum_k C_k \delta\left(\omega - \frac{2k\pi}{T_s}\right) \tag{5-48}$$

式中：C_k 为 C_i 的傅里叶变换，码元速率为 $Y(\omega)$ 中第一个峰值所处的位置。

利用小波变换测量分析方法提取无线通信网台信号的码元速率是根据小波变换在信号幅度或信号相位跳变处特有的属性来实现的。需要注意的是，利用小波变换测量分析法对码元速率进行测量分析时，一是要采用滤波器保证信号包络恒定，二是该方法仅适合信噪比较高的应用场合。

4. 直方图测量分析方法

直方图测量分析方法是一种对基带信号进行采样和判决的统计方法。

对于二进制调制的数字信号，其测量分析过程：首先对基带信号进行采样和量化得到比特序列，然后对二进制比特序列逐点判决后得到 0、1 序列，最后对所得的该序列中连 0 和连 1 的个数进行直方图统计。

在直方图统计时，将连 0 个数和连 1 个数的最小周期标识为最大峰值，该最小周期就是码元周期。如果直方图最大峰值处连 0 和连 1 的个数为 N，采样频率为 f_s，可得码元速率：

$$R_b = \frac{f_s}{N} \tag{5-49}$$

同样，对于多进制基带信号序列，也可采用直方图测量分析法进行码元速率的测量和分析，但不是统计连 0 和连 1 个数，而是根据进制数 M 统计 $\log_2 M$ 连比特个数。例如，在四进制时，统计采样序列中 4 组 2 连比特个数，即统计连 00、连 01、连 10 和连 11 个数；在八进制时，统计采样序列中 8 组 3 连比特个数，即统计连 000、连 001、连 010、连 100、连 011、连 101、连 110 和连 111 个数。依此类推，最后按照式(5-49)计算码元速率。

5.2.5 无线通信网台信号瞬时参数测量分析方法

无线通信网台信号的瞬时参数包括瞬时频率、瞬时电平和瞬时相位，这些参数的测量分析可采用希尔伯特变换(Hilbert transform)来实现，希尔伯特变换是求取信号参数的一种综合型方法。希尔伯特变换通过解析信号表达式中实部与虚部的正弦和余弦关系，给出无线通信网台信号任意时刻的瞬时频率、瞬时电平和瞬时相位，从而解决复杂信号瞬时参数的测量分析问题，希尔伯特变换在信号处理中占据极其重要的地位。对于某些不满足希尔伯特变换条件的无线通信网台信号，首先可以经过经验模态分解(empirical mode decomposition，EMD)，然后进行希尔伯特变换，最后达到信号瞬时参数提取的目的。

定义实函数 $f(t)$ 的希尔伯特变换为

$$H\{f(t)\} = \frac{1}{\pi}\int_{-\infty}^{\infty} \frac{f(\tau)}{t - \tau} d\tau \tag{5-50}$$

式中：$H\{\cdot\}$ 表示希尔伯特变换。可见，希尔伯特变换实质是使无线通信网台信号通过一个线性网络，该线性网络的冲激响应为 $1/\pi t$。

假定侦收的窄带无线通信网台信号为 $u(t) = a(t)\cos\theta(t)$，通过引入 $v(t) =$

$a(t)\sin\theta(t)$ 构成一个可进行希尔伯特变换的含实部和虚部的复信号,则该复信号的表达式:

$$z(t)=a(t)\cos\theta(t)+\mathrm{j}a(t)\sin\theta(t) \tag{5-51}$$

因此,可采用如下表达式表示窄带无线通信网台信号的瞬时包络 $a(t)$ 、瞬时相位 $\theta(t)$ 和瞬时角频率 $\omega(t)$ 。

瞬时包络:

$$a(t)=\sqrt{u^2(t)+v^2(t)} \tag{5-52}$$

瞬时相位:

$$\theta(t)=\arctan\left\{\frac{\mathrm{Im}[z(t)]}{\mathrm{Re}[z(t)]}\right\}=\arctan\left\{\frac{v(t)}{u(t)}\right\} \tag{5-53}$$

瞬时角频率:

$$\omega(t)=\frac{\mathrm{d}\theta(t)}{\mathrm{d}t}=\frac{v'(t)u(t)-u'(t)v(t)}{v^2(t)+u^2(t)} \tag{5-54}$$

最终将求信号 $u(t)$ 的瞬时参数归结为求其共轭信号,即虚部 $v(t)$。 窄带信号 $u(t)$,因其虚部 $v(t)$ 是实部 $u(t)$ 的正交分量,故有

$$v(t)=H\{u(t)\}=\frac{1}{\pi}\int_{-\infty}^{\infty}\frac{u(\tau)}{t-\tau}\mathrm{d}\tau \tag{5-55}$$

该方法适用于窄带信号,由于在实际应用中大多数无线通信网台信号均为窄带信号,所以该方法具有较为广泛的应用前景。由于窄带信号的频谱集中在 $\pm f_0$ 的频率范围内,且其包络变化相对较为缓慢,因此通过对窄带信号 $u(t)$ 做希尔伯特变换,求取其共轭正交分量 $v(t)$,然后对信号采取解析形式表示,就可求出该信号的瞬时幅度、瞬时相位和瞬时频率,实现瞬时参数的提取。下面针对常见的模拟信号和二进制数字信号阐述瞬时参数测量分析方法。

1. 幅度调制信号

AM 调制信号的解析表达式为

$$z(t)=A_0[1+m_\mathrm{a}m(t)]\exp(\mathrm{j}2\pi f_\mathrm{c}t) \tag{5-56}$$

其瞬时幅度 $a(t)$ 和瞬时相位 $\varphi(t)$ 为

$$\begin{cases}a(t)=|1+m_\mathrm{a}m(t)|\\ \varphi(t)=2\pi f_\mathrm{c}t\end{cases} \tag{5-57}$$

由式(5-57)可知,AM 调制信号的瞬时幅度是基于直流分量的时变函数,瞬时频率为恒定常数,瞬时相位在不计线性分量 $2\pi f_\mathrm{c}t$ 时取值为恒定常数,通过希尔伯特变换和归一化处理可得 AM 调制信号的瞬时参数,如图 5-4 所示。

1) 双边带调制信号

双边带(double side band, DSB)调制信号的解析表达式为

$$z(t)=m(t)\exp(\mathrm{j}2\pi f_\mathrm{c}t) \tag{5-58}$$

其瞬时幅度 $a(t)$ 和瞬时相位 $\varphi(t)$ 为

$$\begin{cases}a(t)=|m(t)|\\ \varphi(t)=\begin{cases}2\pi f_\mathrm{c}t, & x(t)>0\\ 2\pi f_\mathrm{c}t+\pi, & x(t)<0\end{cases}\end{cases} \tag{5-59}$$

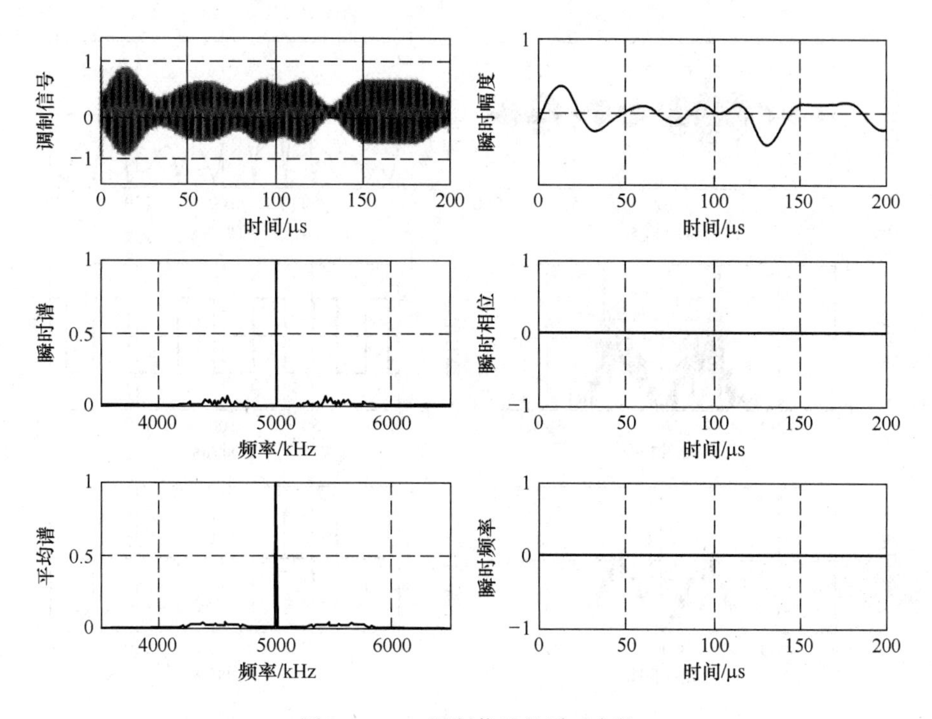

图 5-4　AM 调制信号的瞬时参数

由式(5-59)可知，DSB 调制信号的瞬时幅度是时变函数，瞬时相位在不计线性分量 $2\pi f_c t$ 时为常数 $-\dfrac{\pi}{2}$ 和 $\dfrac{\pi}{2}$，瞬时频率与瞬时相位呈微分关系。通过希尔伯特变换和归一化处理可得 DSB 调制信号的瞬时参数，如图 5-5 所示。

2）单边带调制信号

单边带(single sideband，SSB)调制信号的解析表达式为

$$z(t)=m(t)\cos(2\pi f_c t)\mp\hat{m}(t)\sin(2\pi f_c t) \tag{5-60}$$

式中：$\hat{m}(t)$ 为基带调制信号 $m(t)$ 的希尔波特变换；f_c 为载波频率。当取“+”号时为下边带(lower sidebard，LSB)调制信号，当取“-”号时为上边带(upper sideband，USB)调制信号。

其希尔波特变换为

$$\hat{m}(t)=\sum_{i=1}^{N} m_i\sin(2\pi f_i t+\psi_i) \tag{5-61}$$

式中：m_i 为基带调制信号 $m(t)$ 傅里叶级数的系数。因此，SSB 调制信号通过希尔波特变换后的表达式为

$$\begin{cases} z_H(t)=\sum\limits_{i=1}^{N} m_i\cos(2\pi(f_c\pm f_i)t+\psi_i) \\ \hat{z}_H(t)=\sum\limits_{i=1}^{N} m_i\sin(2\pi(f_c\pm f_i)t+\psi_i) \end{cases} \tag{5-62}$$

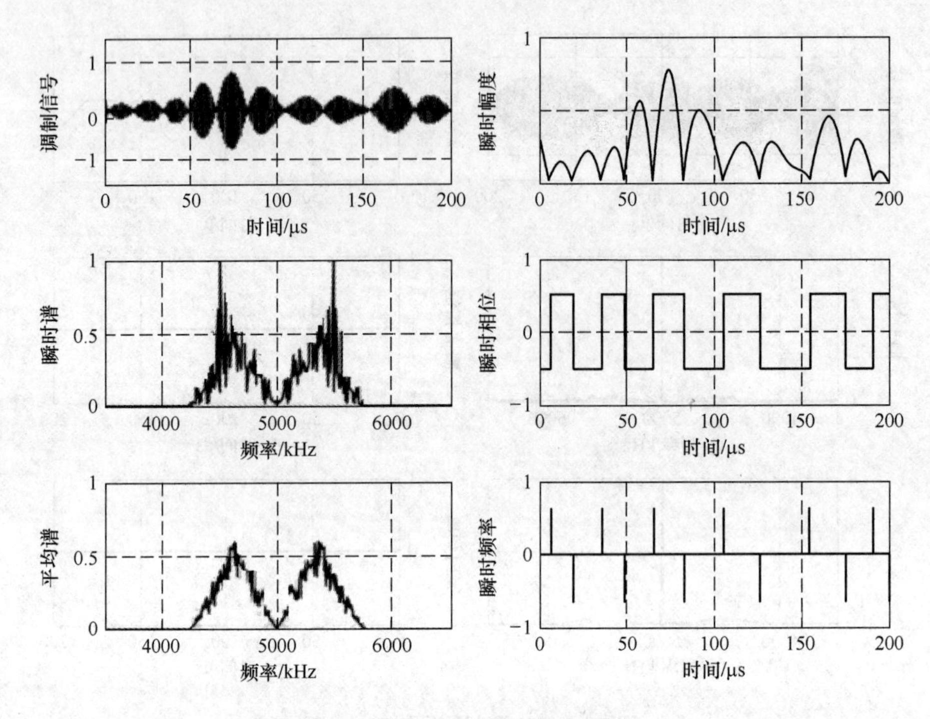

图 5-5 DSB 调制信号的瞬时参数

其瞬时幅度 $a(t)$ 和瞬时相位 $\varphi(t)$ 为

$$\begin{cases} a(t) = \sqrt{\sum_{i=1}^{N} m_i^2 + 2\sum_{i=1}^{N}\sum_{j=1}^{N} m_i m_j \cos(2\pi(f_i - f_j)t)} \\ \varphi(t) = \arctan\left(\dfrac{\sum_{i=1}^{N} m_i \sin(2\pi(f_c + f_i)t + \psi_i)}{\sum_{i=1}^{N} m_i \cos(2\pi(f_c + f_i)t + \psi_i)}\right) \end{cases} \tag{5-63}$$

由式(5-63)可知,调制信号的瞬时幅度、瞬时频率和瞬时相位均是时变函数,通过希尔伯特变换和归一化处理后 LSB 调制信号的瞬时参数,如图 5-6 所示。

2. 频率调制信号

FM 调制信号的解析表达式为

$$z(t) = \cos(2\pi f_c t + K_f \int_{-\infty}^{t} m(\tau)\,d\tau) \tag{5-64}$$

式中:K_f 为频偏系数;f_c 为载波频率。FM 调制信号的瞬时频率与调制信号 $m(x)$ 之间呈现线性关系。FM 调制信号希尔波特变换后表达式为

$$\hat{z}(t) = \sum_{n=-\infty}^{\infty} J_n(\beta)\sin(2\pi f_c t + 2\pi n f_n t) \tag{5-65}$$

式中:$J_n(\beta)$ 为第 n 阶贝塞尔函数。

其瞬时幅度 $a(t)$ 和瞬时相位 $\varphi(t)$ 为

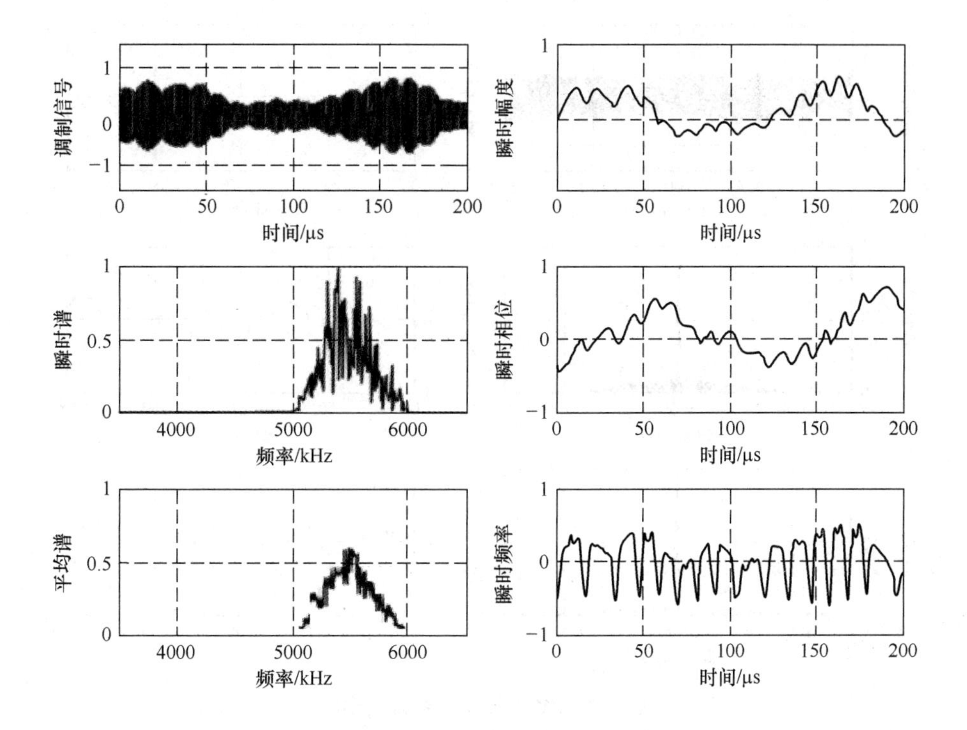

图5-6　LSB调制信号的瞬时参数

$$\begin{cases} a(t)=1 \\ \varphi(t)=\arctan\left(\dfrac{\sum\limits_{n=-\infty}^{\infty} J_n(\beta)\sin(2\pi(f_c+nf_n)t)}{\sum\limits_{n=-\infty}^{\infty} J_n(\beta)\cos(2\pi(f_c+nf_n)t)}\right) \end{cases} \tag{5-66}$$

由式(5-66)可知,FM调制信号的瞬时幅度是恒定常数,但其瞬时相位和瞬时频率是时变函数,通过希尔伯特变换和归一化处理后FM调制信号的瞬时参数,如图5-7所示。

3. 幅度键控信号

2ASK调制信号的解析表达式为

$$z(t)=m(t)\cos(2\pi f_c t) \tag{5-67}$$

式中:$m(t)$ 是取值为0和1的单极性数字基带信号,单极性数字基带信号的码元宽度为 T_b,码元速率为 R_b 且 $R_b=1/T_b$;f_c 为载波频率。2ASK调制信号的功率谱密度表达式为

$$G(f)=\frac{A^2}{16}(\delta(f-f_c)+\delta(f+f_c))+\frac{A^2}{16}\left[\frac{\sin^2\pi T_b(f-f_c)}{\pi^2 T_b(f-f_c)^2}+\frac{\sin^2\pi T_b(f+f_c)}{\pi^2 T_b(f+f_c)^2}\right] \tag{5-68}$$

由式(5-68)可知,2ASK调制信号的功率谱中包含边带分量和载波分量。

其瞬时幅度 $a(t)$) 和瞬时相位 $\varphi(t)$) 为

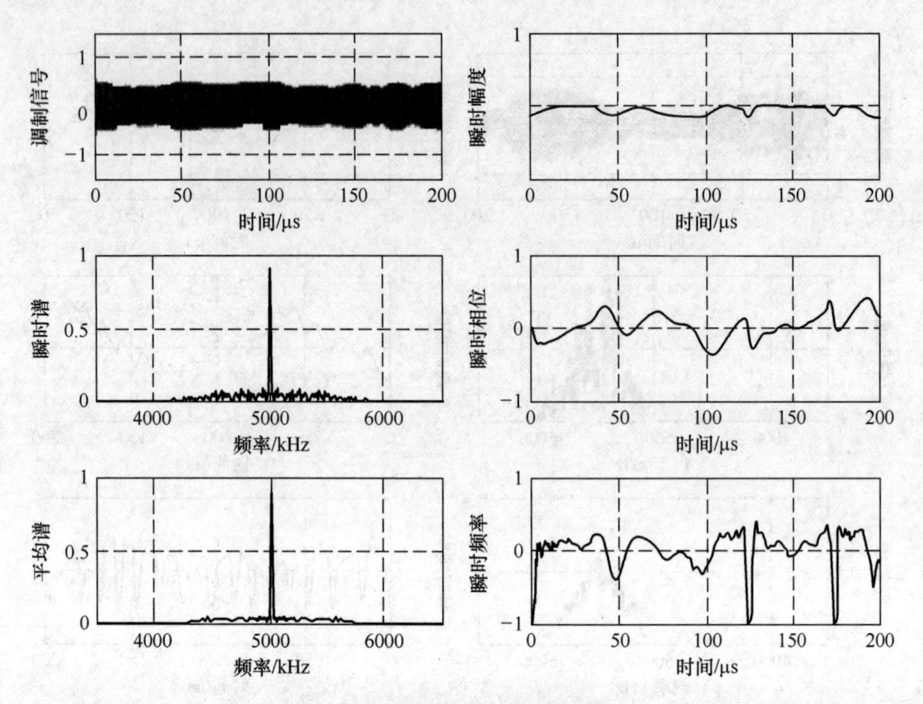

图 5-7　FM 调制信号的瞬时参数

$$\begin{cases} a(t) = |m(t)| \\ \varphi(t) = 0 \end{cases} \tag{5-69}$$

由式(5-69)可知,2ASK 调制信号的瞬时幅度是时变函数,但其瞬时相位和瞬时频率是常数,通过希尔伯特变换和归一化处理后 2ASK 调制信号的瞬时参数,如图 5-8 所示。

4. 相位键控信号

2PSK 调制信号的解析表达式为

$$z(t) = \cos(2\pi f_c t + M_p m(t)) \tag{5-70}$$

式中:$m(t)$是取值为-1 和+1 的双极性数字基带信号,双极性数字基带信号的码元宽度为 T_b ,码元速率为 R_b 且 $R_b = 1/T_b$;f_c 为载波频率; M_p 为相位调制因子。

2PSK 调制信号的功率谱密度表达式为

$$G(f) = \frac{A^2}{4}\left[\frac{\sin^2 \pi T_b(f-f_c)}{\pi^2 T_b(f-f_c)^2} + \frac{\sin^2 \pi T_b(f+f_c)}{\pi^2 T_b(f+f_c)^2}\right] \tag{5-71}$$

由式(5-71)可知,2PSK 调制信号的功率谱中仅包含边带分量,不包含载波分量。

令 $M_p = \dfrac{\pi}{2}$,可得 2PSK 调制信号的解析表达式为

$$s(t) = -m(t)\sin(2\pi f_c t) \tag{5-72}$$

其复包络对应为

$$a(t) = \mathrm{j}m(t) \tag{5-73}$$

其瞬时幅度 $a(t)$ 和瞬时相位 $\varphi(t)$ 为

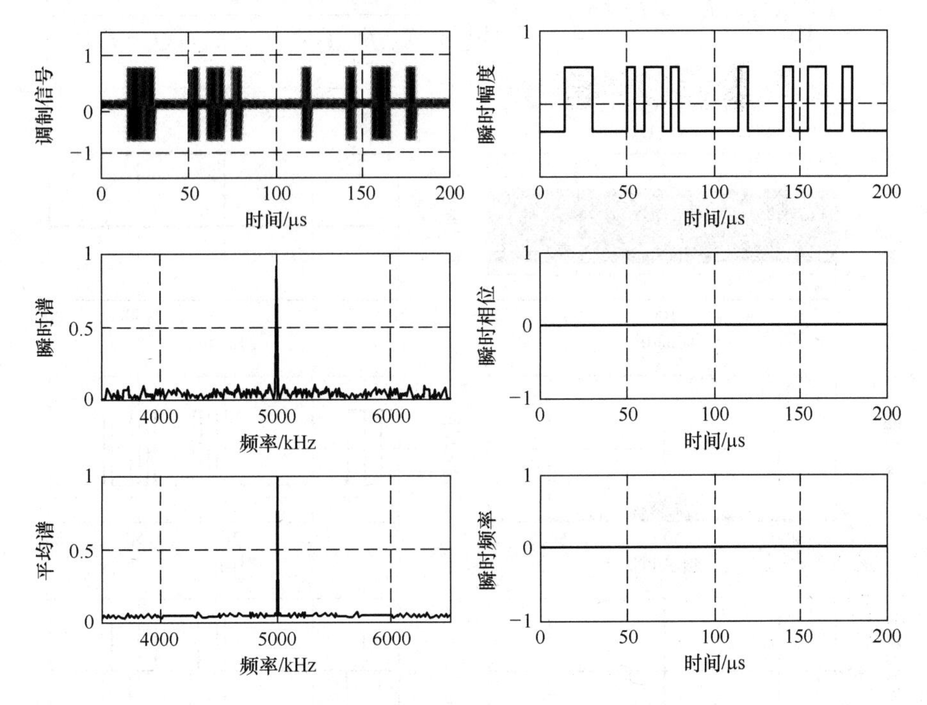

图 5-8　2ASK 调制信号的瞬时参数

$$\begin{cases} a(t) = |m(t)| = 1 \\ \varphi(t) = \begin{cases} -\dfrac{\pi}{2}, m(t) = -1 \\ \dfrac{\pi}{2}, m(t) = -1 \end{cases} \end{cases} \tag{5-74}$$

由式(5-74)可知,2PSK 调制信号的瞬时幅度为恒定常数,瞬时相位取值 $\frac{\pi}{2}$ 或 $-\frac{\pi}{2}$,瞬时频率与瞬时相位呈微分关系,通过希尔伯特变换和归一化处理后 2PSK 调制信号的瞬时参数,如图 5-9 所示。

5. 频移键控信号

2FSK 调制信号的解析表达式为

$$s(t) = \cos 2\pi f_c t + M_f \int_{-\infty}^{t} m(\tau)\mathrm{d}\tau \tag{5-75}$$

式中:$m(t)$ 是取值为-1 和+1 的双极性数字基带信号,双极性数字基带信号的码元宽度为 T_b,码元速率为 R_b 且 $R_b = 1/T_b$;f_c 为载波频率;M_f 为频率调制因子。2FSK 调制信号可视为两个载波频率分别为 f_1 和 f_2 的 2ASK 调制信号的组合,故其功率谱密度表达式为

$$G(f) = \frac{A^2}{16}\delta(f - f_1) + \delta(f + f_1) + \frac{A^2}{16}\left[\frac{\sin^2 \pi T_b(f - f_1)}{\pi^2 T_b(f - f_1)^2} + \frac{\sin^2 \pi T_b(f + f_1)}{\pi^2 T_b(f + f_1)^2}\right]$$

$$+\frac{A^2}{16}\delta(f-f_2)+\delta(f+f_2)+\frac{A^2}{16}\left[\frac{\sin^2\pi T_b(f-f_2)}{\pi^2 T_b(f-f_2)^2}+\frac{\sin^2\pi T_b(f+f_2)}{\pi^2 T_b(f+f_2)^2}\right] \tag{5-76}$$

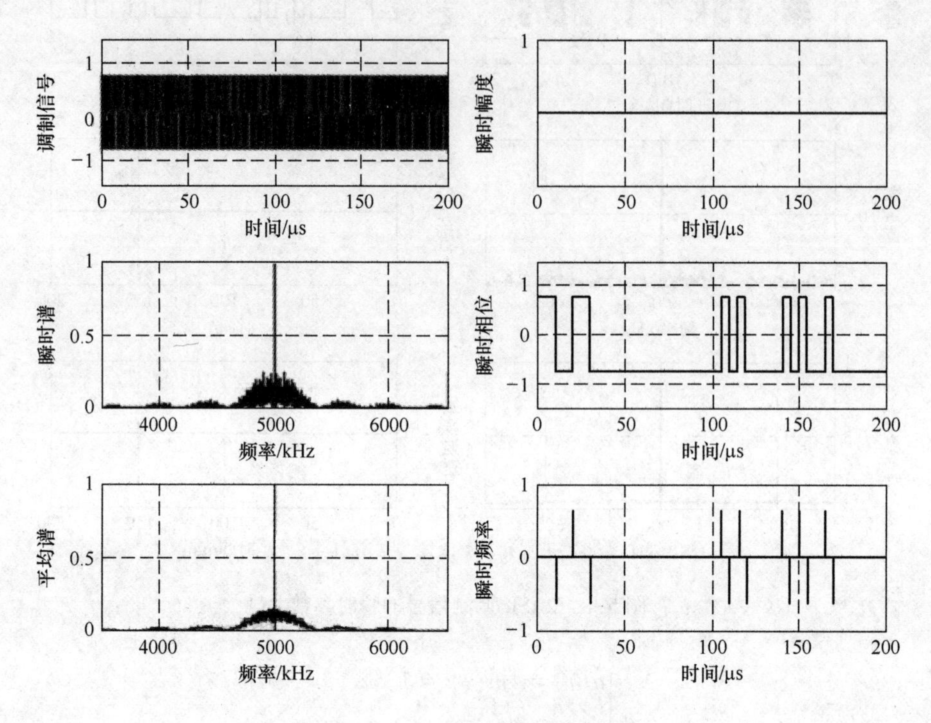

图 5-9　2PSK 信号的瞬时参数

由式(5-76)可知,2FSK 调制信号的功率谱相当于两个 2ASK 调制信号功率谱的累加,既包含边带分量,又包含载波分量 f_1 和 f_2。

其瞬时幅度 $a(t)$ 和瞬时相位 $\varphi(t)$ 为

$$\begin{cases}a(t)=|m(t)|=1\\ \varphi(t)=M_f\int_{-\infty}^{t}m(\tau)\mathrm{d}\tau\end{cases} \tag{5-77}$$

可见,2FSK 调制信号的瞬时幅度是恒定常数,但其瞬时相位和瞬时频率均是时变函数,通过希尔伯特变换和归一化处理后 2PSK 调制信号的瞬时参数,如图 5-10 所示。

5.2.6　调制信号特定参数测量分析方法

1. 调幅信号调幅度测量分析方法

调幅度是衡量 AM 调制信号调制深度的参数。

AM 调制信号表达式为

$$s_{\mathrm{AM}}(t)=A_0(1+m_a m(t))\cos(2\pi f_c t+\varphi_0) \tag{5-78}$$

式中:A_0 为载波幅度;f_c 为载波频率;m_a 为调幅度;$m(t)$ 为模拟基带信号,且 $|m(t)|<1$;φ_0 为信号初始相位。

AM 调制信号的调幅度 m_a 可以通过时域测量分析或频域测量分析得到。

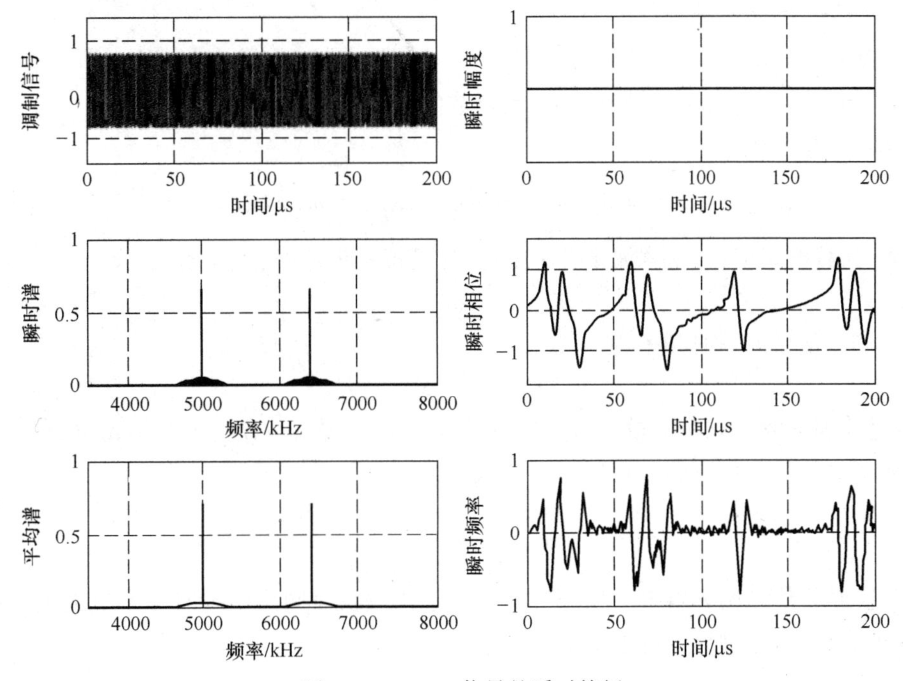

图 5-10　2FSK 信号的瞬时特征

在时域测量时，首先需要计算 AM 调制信号的瞬时幅度，即 AM 调制信号的瞬时包络。AM 调制信号的瞬时幅度可以基于采样值，通过平方计算和低通滤波后求取，具体过程如下。

首先对采样值进行平方处理：

$$\begin{aligned} s_{\mathrm{AM}}^{2}(t) &= [A_0(1+m_{\mathrm{a}}m(t))]^2(\cos^2(2\pi f_{\mathrm{c}}t+\varphi_0)) \\ &= [A_0(a+m_{\mathrm{a}}m(t))]^2\frac{1+\cos 2(2\pi f_{\mathrm{c}}t+\varphi_0)}{2} \end{aligned} \tag{5-79}$$

其次采用低通滤波得到 $[A_0(a+m_{\mathrm{a}}m(t))]^2$，$[A_0(a+m_{\mathrm{a}}m(t))]^2$ 进行开平方得到 AM 调制信号的瞬时幅度：

$$a(t)=kA(1+m_{\mathrm{a}}m(t)) \tag{5-80}$$

再次计算 AM 调制信号瞬时幅度的最大值 $E_{\max}$ 和最小值 $E_{\min}$，可测量分析出调幅度为

$$m_{\mathrm{a}}=\frac{E_{\max}-E_{\min}}{E_{\max}+E_{\min}}=\frac{1-E_{\min}/E_{\max}}{1+E_{\min}/E_{\max}} \tag{5-81}$$

最后在频域测量时，AM 调制信号的调幅度计算方法为

$$m_{\mathrm{a}}=\frac{2E}{E_{\mathrm{c}}} \tag{5-82}$$

式中：E_{c} 为信号频域峰值；E 为信号频域有效值。

需要指出的是，基带调制信号 $m(t)$，如果是单音信号（正弦信号），则通过上面方法测量分析得到的调幅度是准确的；如果是如语音类的窄带信号，则通过上面方法测量分析得到的是瞬时调幅度。因此，需通过多次测量，对得到的一组瞬时调幅度值进行排序，

调幅度最大值,即调幅度。

2. 调频信号调频斜率测量分析方法

调频斜率是体现调频信号(FM)调制指数的参数。

FM 调制信号表示为

$$s_{\mathrm{FM}}(t)=A_0\cos\left[2\pi f_{\mathrm{c}}t+2\pi K_f\int_{-\infty}^{t}m(\tau)\mathrm{d}\tau\right] \tag{5-83}$$

式中:A_0 为载波幅度;f_{c} 为载波频率;$m(t)$ 为模拟基带信号,且 $|m(t)|<1$;K_f 为调频斜率。

FM 调制信号的瞬时频率为

$$f(t)=f_{\mathrm{c}}+\Delta f_{\mathrm{m}}(t) \tag{5-84}$$

通过前面的瞬时频率测量分析方法,得 $f_{\min}=f_{\mathrm{c}}-\Delta f_{\mathrm{m}}(t)$,$f_{\max}=f_{\mathrm{c}}+\Delta f_{\mathrm{m}}(t)$。

FM 调制信号的调频斜率可以通过下式,得

$$K_f=\frac{f_{\max}-f_{\min}}{f_{\max}+f_{\min}}f_{\mathrm{c}} \tag{5-85}$$

可见,调频信号调频斜率测量分析的关键是提取瞬时频率中瞬时频率最大值和瞬时频率最小值,然后通过计算可求出调频斜率。

得到调频斜率,可以进一步计算出调频指数 $m_f=\dfrac{K_f}{2\pi f_{\max}}$。

3. 频移键控信号频移间隔测量分析方法

已知,2FSK 调制信号有两个载波、4FSK 信号有四个载波,那么,MFSK 调制信号有 M 个载波频率,载波频率间的频率间隔,即频移间隔。第 i 个符号对应的信号可表示为

$$S_{\mathrm{MFSK}}^{i}(t)=\sqrt{\frac{2E_{\mathrm{b}}}{T_{\mathrm{b}}}}\cos 2\pi f_i t,\ 0\leqslant t\leqslant T_{\mathrm{b}},i=0,1,\cdots,M-1 \tag{5-86}$$

式中:E_{b} 为单位符号的信号能量,MFSK 调制信号的幅度是恒定不变的;f_i 为第 i 个载波频率。

M 个信号之间两两正交:

$$\int_0^{T_{\mathrm{b}}}S_{\mathrm{MFSK}}^{i}(t)S_{\mathrm{MFSK}}^{j}(t)\mathrm{d}t=0,\ i\neq j \tag{5-87}$$

MFSK 调制信号的带宽一般定义为

$$B_{\mathrm{MFSK}}=|f_{\mathrm{M}}-f_{\mathrm{L}}|+2f_{\mathrm{b}}=(M-1)f_{\mathrm{sep}}+2f_{\mathrm{b}}=f_{\mathrm{b}}\left[\frac{(M-1)f_{\mathrm{sep}}}{f_{\mathrm{b}}}+2\right] \tag{5-88}$$

式中:f_{M} 为载波最大频率;f_{L} 为载波最小频率;$f_{\mathrm{b}}=1/T_{\mathrm{b}}$ 为码元速率;$f_{\mathrm{sep}}=|f_{i+1}-f_i|$,$i=1,2,\cdots,M-1$,称为 MFSK 调制信号的最小频率间隔或者频移间隔。通过前面方法求得载波频率和码元速率后,可得频移间隔。

需要进一步分析的是,MFSK 调制信号的功率谱由连续谱和离散谱组成。其中,连续谱的形状会根据 MFSK 调制信号的调制指数 $h=f_{\mathrm{sep}}/f_{\mathrm{b}}$ 的变化而变化,当 $h>0.9$ 时,谱线中会有 M 个谱峰;当 $h<0.9$ 时,谱线中只有单峰。针对这两种情况,对 MFSK 调制信号频移间隔的测量分析分别讨论如下。

当调频指数 h 较大,MFSK 调制信号频谱上将出现多个谱峰时,对 MFSK 调制信号进

行 N 点 FFT,其频谱函数 $X(k)$ 的任意两个相邻谱峰之间的频率间隔,即频移间隔:

$$F = |k_{i+1} - k_i|\Delta f,(i = 1,2,\cdots,M - 1) \tag{5-89}$$

式中:k_{i+1},k_i 分别为两个相邻谱峰所对应 $X(k)$ 的序号;Δf 为 FFT 的频率分辨率。

当调频指数 h 较小,MFSK 调制信号频谱上出现单峰时,MFSK 调制信号的瞬时频率为

$$f(t) = f_i(i = 1,2,\cdots,M) \tag{5-90}$$

由于 MFSK 调制信号中 M 个符号对应 M 个频率,因此采用直方图来统计瞬时频率,统计出的直方图将会有 M 个峰值。此时,可测量分析任意两个相邻谱峰之间的间隔,即频移间隔。

4. 调相信号相位测量分析方法

相位测量分析在雷达、通信和语音处理等领域具有重要的价值和意义,较为成熟的估计方法有循环平稳法、希尔伯特变换法、正弦曲线拟合法和双子段相位估计法等。下面着重阐述基于希尔伯特变换的相位参数测量和提取方法。

希尔伯特变换可以测量分析和提取线性调制信号和非线性调制信号的相位信息,其基本原理,如图 5-11 所示。

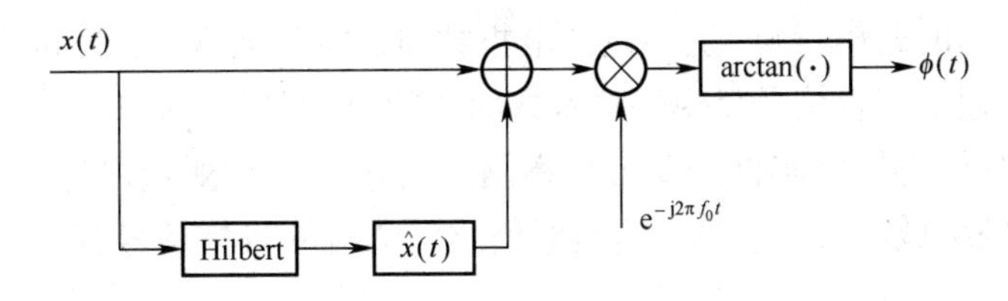

图 5-11　基于希尔伯特变换的相位提取

该方法的基本原理阐述如下。

首先,设信号载波预率为 f_0,幅度为 A,则调相信号可表示为

$$s_{\text{PM}}(t) = A[1 + \varepsilon(t)]\cos[2\pi f_0 t + \phi(t)] \tag{5-91}$$

式中:$\varepsilon(t)$ 为信号实时幅度的波动量;$\phi(t)$ 为相位调制量,即需要提取的参数。

其次,对信号 $s_{\text{PM}}(t)$ 进行展开,可得

$$s_{\text{PM}}(t) = A[1 + \varepsilon(t)]\cos 2\pi f_0 t \cdot \cos\phi(t) - A[1 + \varepsilon(t)]\sin 2\pi f_0 t \cdot \sin\phi(t) \tag{5-92}$$

再次对 $s_{\text{PM}}(t)$ 做希尔伯特变换 $\hat{s}_{\text{PM}}(t) = H[s_{\text{PM}}(t)]$,并运用如下希尔伯特变换的性质:

$$H[f(t)\mathrm{e}^{\mathrm{j}2\pi f_0 t}] = -\mathrm{j}f(t)\mathrm{e}^{\mathrm{j}2\pi f_0 t} \tag{5-93}$$

综合推导,可得

$$\hat{s}_{\text{PM}}(t) = A[1 + \varepsilon(t)]\sin 2\pi f_0 t \cdot \cos\phi(t) + A[1 + \varepsilon(t)]\cos 2\pi f_0 t \cdot \sin\phi(t) \tag{5-94}$$

则解析信号为

$$S_{\text{PM}}(t) = s_{\text{PM}}(t) + \mathrm{j}\hat{s}_{\text{PM}}(t) = A[1 + \varepsilon(t)]\mathrm{e}^{\mathrm{j}[2\pi f_0 t + \phi(t)]} \tag{5-95}$$

最后,对解析信号移频和反正切变换得相位为

$$\phi(t) = \arctan[S_{\text{PM}}(t)\mathrm{e}^{-\mathrm{j}[2\pi f_0 t + \varepsilon(t)]}] \tag{5-96}$$

实现调相信号相位测量。

第6章 通信类网电对抗目标信号调制识别方法

无线通信网台信号的特征通常是指信号的技战术特征。其中战术特征,即通联特征,反映无线通信网台通信联络的特点。通联特征主要包括通信诸元、通联情况和作业特点等。通信诸元主要是指通信频率、无线通信网台呼号、通信术语和通信联络时间。通信频率是指无线通信网台工作时使用的频率,无线通信网台呼号是无线通信网台的代名;通信术语是指无线通信网台在通信联络中用于传达无线通信网台工作勤务的专用语言;通联时间是指通信双方进行通信联络的时间,又称为会晤时间。通联情况是指无线通信网台的通联状态,包括通联程序(从通信开始到结束的整个过程)、联络次数多少、联络时间长短、报(话)务员情绪(可以从人工键报和话音特征变化中反映出来)及通联用语等内容。作业特点通常是指人工参与时的通信特点,尤其是电报作业特点,通常指摩尔斯报及单边带话的通信特点,主要包含电报数量、等级、种类、报头和转报关系等。技术特征是指无线通信网台信号反映在技术方面的特点,即信号对应的技术特点和技术参数,除了第1章分析的信号侦收以及第2章阐述的信号参数测量之外,还包括信号的调制域、编码域和网络域等特征。本章将对通信类网电对抗目标信号调制域特征中的调制识别和解调方法展开阐述。

6.1 概　　述

通信类网电对抗目标信号的调制识别通常基于中频信号或基带采样信号展开,由于基带信号与中频信号(带通信号)仅是在频率上的差异,其他特性完全一致,故本节以中频信号为例展开分析。如图6-1所示,通信类网电对抗目标信号调制识别的中频信号来自对搜索锁定的信号变频所得。

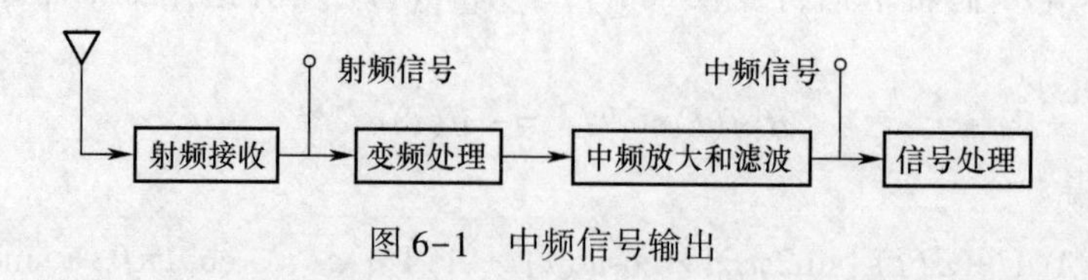

图6-1　中频信号输出

目标信号调制识别,即利用无线通信网台信号的某些参数,通过一定的算法来确定信号的调制方式,也称为目标信号的调制分类。信号调制识别是网电对抗目标信号侦测与识别的重要任务之一,是信号解调、信号解码、引导干扰和情报信息获取等后续信号处理的基础。

常规无线通信网台信号的调制分为模拟调制和数字调制。模拟调制包括 AM、LSB、USB、VSB 和 DSB 等调幅调制;FM 和 PM 等调频和调相调制;CW 等幅报调制;AM-FM 混合二次调制。数字调制包括 MASK、MFSK、MPSK、MQAM 和 OFDM 等多种类型。其中,MASK 有 2ASK 和 4ASK 等;MFSK 有 2FSK、4FSK 和 8FSK 等;MPSK 有 2PSK、4PSK、QPSK 和 8PSK 等;MQAM 有 16QAM、64QAM 和 256QAM 等。

调制识别问题实际上是典型的模式识别问题,其处理过程如图 6-2 所示。

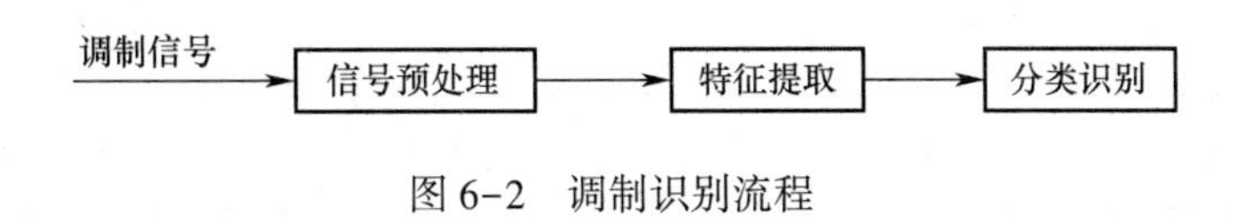

图 6-2　调制识别流程

信号预处理是特征提取的基础,主要实现对接收的信号进行下变频、信号分离和载频估计等处理。特征提取是从预处理过的量化的数字信号中提取对调制识别有价值的特征参数,包括信号的时域特征参数或变换域特征参数。其中,时域特征参数主要包括信号的瞬时幅度、瞬时相位或瞬时频率等;变换域特征参数包括功率谱、谱相关函数、时频分布及其他统计参数。

特征提取通常采用 FFT、Hilbert 变换和过零检测法等方法来实现;调制识别是根据提取的特征参数,通过选择最为合适的判决规则和分类器推断信号的调制类型。

调制识别方法分为决策树理论方法和统计模式识别方法两大类,其中决策树理论方法,即决策论判决理论方法,采用概率论和假设检验理论来解决分类问题。无线通信网台信号调制识别所涉及的分类特征包括直方图特征、统计矩特征、变换域特征等。直方图特征包括幅度、频率和相位的直方图,瞬时频率和相位变化的直方图,以及过零间隔和相位差的直方图等,利用直方图特征可以实现对 2FSK~MFSK、2PSK~MPSK 和 CW 等信号的调制识别和分类;统计矩特征包括信号瞬时幅度、瞬时相位和瞬时频率函数的各阶矩特征,适合分类调制阶数较低的数字无线通信网台信号;变换域特征,如循环谱相关特征等,其主要基于无线通信网台通常将待传输的信息序列调制周期性信号某个参数,从而导致大多数无线通信网台信号具有循环平稳性。

6.2　通信类网电对抗目标信号调制识别方法

6.2.1　通信类网电对抗信号调制识别方法

1. 基于决策论的模拟信号调制识别方法

1）模拟调制信号表示方法

模拟调制信号均可用下式来表示,即

$$S(t) = a(t)\cos[2\pi f_c t + \varphi(t)] \tag{6-1}$$

式中:f_c 为调制信号载波频率;$a(t)$ 为调制信号瞬时包络;$\varphi(t)$ 为调制信号瞬时相位;调制信号瞬时频率 $f(t) = \dfrac{d\varphi(t)}{dt}$。

不同调制样式的模拟调制信号,其差异主要体现在 $a(t)$ 和 $\varphi(t)$,常见模拟调制信号之间的差异性,如表 6-1 所列。

表 6-1　模拟调制信号之间差异性

调制类型	$\varphi(t)$	$a(t)$	备注
AM	$\varphi(t) = 0$	$a(t) = A_0(1 + m_a m(t))$	m_a 为调制度, $m(t)$ 为基带调制信号, A_0 为载波信号的幅度
FM	$\varphi(t) = K_f\int_{-\infty}^{+\infty} m(\tau)\mathrm{d}\tau$	$a(t) = 1$	K_f 为调频斜率
SSB	$\varphi(t) = \mp \arctan \frac{\hat{m}(t)}{m(t)}$	$a(t) = \sqrt{m^2(t) + \hat{m}^2(t)}$	$m(t)$ 为基带调制信号, $\hat{m}(t)$ 为 $m(t)$ 的希尔伯特变换,USB 的相位为 $\varphi(t)$ 取负号,LSB 的相位为 $\varphi(t)$ 取正号
DSB	$\varphi(t) = \begin{cases} 0, m(t) \geqslant 0 \\ \pi, m(t) < 0 \end{cases}$	$a(t) = \vert m(t) \vert$	
VSB	—		瞬时幅度和相位推导较为困难且实际应用较少,故本章不讨论

由表 6-1 可知,模拟调制信号除了 AM 调制信号和 VSB 调制信号之外,其他调制信号既有幅度信息又有相位信息,利用调制信号具有的这些变化信息可实现调制识别。

调制识别最关键的一步就是从接收的信号中提取可用于信号调制识别的特征参数。该方面的研究成果相对成熟,本章结合无线通信网台信号调制识别需求作归纳和阐述如下。

2) 特征参数提取

(1) 零中心归一化瞬时幅度谱密度最大值。零中心归一化瞬时幅度谱密度最大值 $\gamma_{\max}$ 的定义为

$$\gamma_{\max} = \max|\mathrm{FFT}|[a_{cn}(i)]^2/N_S \tag{6-2}$$

式中:N_S 为被侦收无线通信网台信号的采样点数; $a_{cn}(i)$ 为零中心归一化瞬时幅度。$a_{cn}(i)$ 的计算公式如下:

$$a_{cn}(i) = a_n(i) - 1 \tag{6-3}$$

式中: $a_n(i) = \dfrac{a(i)}{m_a}$,其中 $m_a = \dfrac{1}{N_S}\sum_{i=1}^{N_S} a(i)$ 为 $a(i)$ 的平均值,采用 m_a 对 $a(i)$ 进行归一化处理是为了最大化降低接收增益导致的影响。

$\gamma_{\max}$ 用来识别 FM 调制信号、DSB 调制信号和 AM-FM 调制信号,其基本原理:FM 调制信号的瞬时幅度在理论上为恒定不变的常数,通过推导必有 $a_{cn}(i)=0$,即 $\gamma_{\max}=0$;而 DSB 调制信号和 AM-FM 调制信号的瞬时幅度在理论上不是恒定不变的常数,通过推导有 $a_{cn}(i)\neq 0$,故 $\gamma_{\max}\neq 0$。在实际信号处理时,不能简单地以 $\gamma_{\max}$ 是否为 0 来识别 FM 调制信号、DSB 调制信号和 AM-FM 调制信号,通常需设置一个门限进行比较和判决,该门限用 $\zeta(\gamma_{\max}$ 来表示,判决规则如下:

$$\begin{cases}\gamma_{\max}\leqslant\zeta(\gamma_{\max})\ \text{时,判为 FM 信号}\\ \gamma_{\max}>\zeta(\gamma_{\max})\ \text{时,判为 DSB 或 AM - FM 信号}\end{cases}\tag{6-4}$$

(2) 零中心非弱信号瞬时相位非线性分量绝对值的标准偏差。零中心非弱信号瞬时相位非线性分量绝对值的标准偏差 σ_{ap} 的定义为

$$\sigma_{\mathrm{ap}}=\sqrt{\frac{1}{M}\Big[\sum_{a_n(i)>a_0}\phi_{\mathrm{NL}}^2(i)\Big]-\Big[\frac{1}{M}\sum_{a_n(i)>a_0}|\phi_{\mathrm{NL}}(i)|\Big]^2}\tag{6-5}$$

式中:a_0 为弱信号判决门限,为一个幅度电平;M 为全部采样点数 N_{S} 中非弱信号的点数;$\phi_{\mathrm{NL}}(i)$ 为零中心化处理后的瞬时相位,其计算公式如下:

$$\phi_{\mathrm{NL}}(i)=\varphi(i)-\varphi_0\tag{6-6}$$

式中:$\varphi_0=\dfrac{1}{N_{\mathrm{S}}}\sum_{i=1}^{N_{\mathrm{S}}}\varphi(i)$,$\varphi(i)$ 为瞬时相位。$\phi_{\mathrm{NL}}(i)$ 是非线性分量,该变量求取的前提条件是载波实现同步。

σ_{ap} 用来识别 DSB 调制信号和 AM-FM 调制信号,其基本原理:由于 DSB 调制信号的 $\varphi_0=\dfrac{\pi}{2}$,因此 $\phi_{\mathrm{NL}}(i)=\begin{cases}-\pi/2\\ \pi/2\end{cases}$,通过推导有 $\sigma_{\mathrm{ap}}=0$;而 AM-FM 调制信号则不同,通过推导后 $\sigma_{\mathrm{ap}}\neq 0$。在实际信号处理时,不能简单地以 σ_{ap} 是否为 0 来识别 DSB 调制信号和 AM-FM 调制信号,通常需设置一个门限进行比较和判决,该门限用 $\zeta(\sigma_{\mathrm{ap}})$ 来表示,其判决规则与 $\gamma_{\max}$ 类似。

(3) 零中心非弱信号瞬时相位非线性分量的标准偏差。零中心非弱信号瞬时相位非线性分量的标准偏差 $\sigma_{\mathrm{d}p}$ 的定义为

$$\sigma_{\mathrm{d}p}=\sqrt{\frac{1}{M}\Big[\sum_{a_n(i)>a_0}\phi_{\mathrm{NL}}^2(i)\Big]-\Big[\frac{1}{M}\sum_{a_n(i)>a_0}|\phi_{\mathrm{NL}}(i)|\Big]^2}\tag{6-7}$$

式中:$\sigma_{\mathrm{d}p}$ 与 σ_{ap} 的区别:σ_{ap} 是 $\phi_{\mathrm{NL}}(i)$ 取绝对值后求得的标准偏差,而 $\sigma_{\mathrm{d}p}$ 是对 $\phi_{\mathrm{NL}}(i)$ 直接计算求得的标准偏差。

$\sigma_{\mathrm{d}p}$ 用来识别 AM/VSB 类调制信号与 DSB/LSB/USB/AM-FM 类调制信号,其基本原理:AM/VSB 类调制信号不含直接相位信息,而 DSB/LSB/USB/AM-FM 类调制信号含直接相位信息。在实际信号处理时,不能简单地以 $\sigma_{\mathrm{d}p}$ 来识别 AM/VSB 类调制信号与 DSB/LSB/USB/AM-FM 类调制信号,通常需设置一个门限进行比较和判决,该门限用 $\zeta(\sigma_{\mathrm{d}p})$ 表示,其判决规则与 $\gamma_{\max}$ 类似。

(4) 谱对称性。谱对称性 P 定义为

$$P = \frac{P_L - P_U}{P_L + P_U} \tag{6-8}$$

式中：$P_L = \sum_{i=1}^{f_{cn}} |S(i)|^2$；$P_U \sum_{i=1}^{f_{cn}} |S(i + f_{cn} + 1)|^2$；$S(i) = \mathrm{FFT}(S(n))$，为信号 $S(t)$ 离散化后数据的傅里叶变换；，$f_{cn} = \frac{f_c \cdot N_S}{f_S} - 1$，$f_c$ 为信号载频，f_S 为采样率，N_S 为采样点数。

谱对称性 P 是判断信号经 FFT 变换后在频域中频谱是否对称的量度。用来识别 AM/FM/DSB/AM-FM 类调制信号和 VSB/LSB/USB 类调制信号。其基本原理：AM/FM/DSB/AM-FM 类调制信号的频谱具有对称性，而 VSB/LSB/USB 类调制信号的频谱不具备对称性。在实际信号处理时，不能简单地以 P 来识别 AM/FM/DSB/AM-FM 类调制信号和 VSB/LSB/USB 类调制信号，通常需设置一个门限进行比较和判决，该门限用 $\zeta(P)$ 来表示，其判决规则与 γ_{max} 类似。

3）模拟信号调制识别流程

根据上面分析的 γ_{max}、σ_{ap}、σ_{dp} 和 P 四个典型特征参数可实现 AM、FM、VSB、LSB、USB 和 AM-FM 等模拟信号的调制识别，其识别方法归纳，如图 6-3 所示。

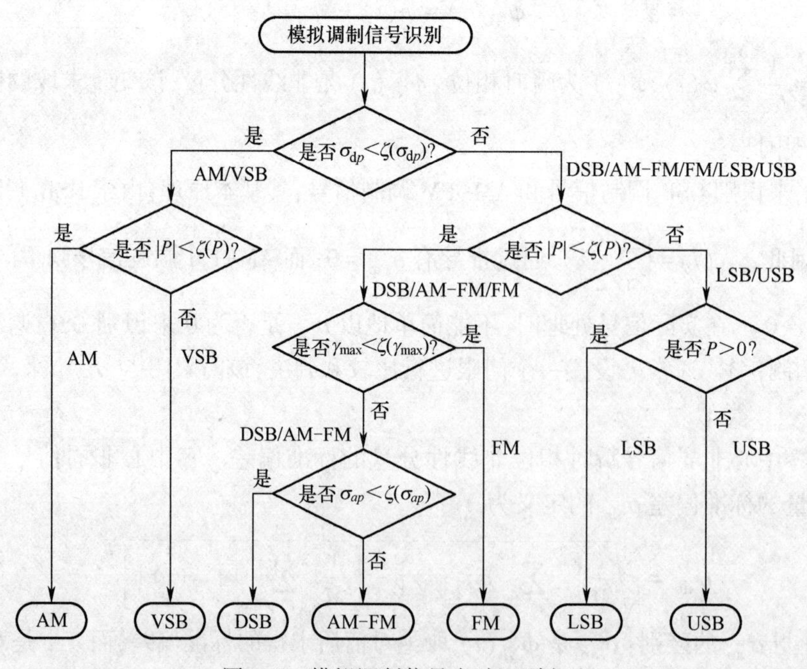

图 6-3 模拟调制信号自动识别方法

从图 6-3 可知，采用决策论进行调制识别的过程，具体如下：

（1）计算待识别信号的直接相位标准差 σ_{dp}，与门限 $\zeta(\sigma_{dp})$ 相比较，将其识别归入 AM/VSB 类调制信号或 DSB/AM-FM/FM/LSB/USB 类调制信号。

（2）对于判决为 AM/VSB 的调制信号，首先计算该信号的谱对称性 P，然后将其绝对值与门限 $\zeta(P)$ 相比较，根据其谱对称性和非对称性，识别为 VSB 调制信号或 AM 调制信号。

（3）对于判决为 DSB/AM-FM/FM/LSB/USB 调制信号，首先计算该信号的谱对称性 P，并将其绝对值与门限 $\zeta(P)$ 相比较，根据其是否满足谱对称性，将其再识别和区分为 DSB/AM-FM/FM 类调制信号或 LSB/USB 类调制信号。

（4）对于判决为 DSB/AM-FM/FM 类的调制信号，计算该信号幅度谱峰值 $\gamma_{\max}$，并与门限 $\zeta(\gamma_{\max})$ 相比较，将其识别为 DSB/AM-FM 调制信号或 FM 调制信号。

（5）对于判决为 DSB/AM-FM 类的调制信号，计算该信号的绝对相位标准差 σ_{ap}，并与门限 $\zeta(\sigma_{\mathrm{ap}})$ 相比较，将信号识别为 DSB 调制信号或 AM-FM 调制信号。

（6）对于判决为 LSB/USB 类的调制信号，利用该信号的谱对称性 P，将信号识别为 LSB 调制信号和 USB 调制信号。

2. 基于统计矩的数字信号调制识别方法

1）特征参数提取

用于数字信号调制识别的特征参数共有七个，除了前面模拟信号调制识别所采用的 $\gamma_{\max}$、σ_{ap} 和 σ_{dp} 的三个特征参数之外，还有以下四个特征参数。

（1）零中心归一化瞬时幅度绝对值标准偏差。零中心归一化瞬时幅度绝对值标准偏差 σ_{aa} 的定义为

$$\sigma_{\mathrm{aa}} = \sqrt{\frac{1}{N_{\mathrm{S}}}\left[\sum_{i=1}^{N_{\mathrm{S}}} a_{\mathrm{cn}}^{2}(i)\right] - \left[\frac{1}{N_{\mathrm{S}}}\sum_{i=1}^{N_{\mathrm{S}}} |a_{\mathrm{cn}}(i)|\right]^{2}} \tag{6-9}$$

式中：$a_{\mathrm{cn}}(i)$ 为零中心归一化瞬时幅度。

σ_{aa} 用来识别 MASK 调制信号和 MQAM 调制信号，其基本原理：MASK 类调制信号的瞬时幅度在理论上与进制数 M 有关，如 2ASK 调制信号的瞬时幅度在理论上为恒定不变的常数，通过推导必有 $\sigma_{\mathrm{aa}} = 0$；而 4ASK 等多进制调制信号和 MQAM 的瞬时幅度在理论上不是恒定不变的常数，通过推导有 $\sigma_{\mathrm{aa}} \neq 0$。在实际信号处理时，不能简单地以 σ_{aa} 是否为 0 来识别 2ASK 调制信号和 4ASK 等多进制调制信号，通常需设置一个门限进行比较和判决，该门限用 $\zeta(\sigma_{\mathrm{aa}})$ 来表示，其判决规则与 $\gamma_{\max}$ 类似。

（2）零中心归一化非弱信号瞬时频率绝对值标准偏差。零中心归一化非弱信号瞬时频率绝对值标准偏差 σ_{af} 定义为

$$\sigma_{\mathrm{af}} = \sqrt{\frac{1}{M}\left[\sum_{a_{\mathrm{n}}(i)>a_0} f_{\mathrm{N}}^{2}(i)\right] - \left[\frac{1}{M}\sum_{a_{\mathrm{n}}(i)>a_0} f_{\mathrm{N}}(i)\right]^{2}} \tag{6-10}$$

式中：$f_{\mathrm{N}}(i) = \dfrac{f_{\mathrm{m}}(i)}{R_{\mathrm{S}}}$；$f_{\mathrm{m}}(i) = f(i) - m_f$；$m_f = \dfrac{1}{N_{\mathrm{S}}}\sum_{i=1}^{N_{\mathrm{S}}} f(i)$。其中，$R_{\mathrm{S}}$ 为信号的符号速率，$f(i)$ 为信号的瞬时频率。

σ_{af} 用来识别 MFSK 类调制信号，其基本原理：MASK 类调制信号的瞬时频率在理论上与进制数 M 有关，如 2FSK 调制信号的瞬时频率在理论上为两个不同的数值，通过推导必有 $\sigma_{\mathrm{af}} = 0$；而 4FSK 等多进制调制信号的瞬时频率在理论上为四个或四个以上不同的数值，通过推导有 $\sigma_{\mathrm{af}} \neq 0$。在实际信号处理时，不能简单地以 σ_{af} 是否为 0 来识别 2FSK 调制信号和 4FSK 调制信号，通常需设置一个门限进行比较和判决，该门限用 $\zeta(\sigma_{\mathrm{af}})$ 来表示，其判决规则与 $\gamma_{\max}$ 类似。

（3）基于瞬时频率的频率统计峰值。基于瞬时频率的频率统计峰值 μ_{42}^{f} 定义为

$$\mu_{42}^{f}=\frac{E[f^{4}(i)]}{(E[f^{2}(i)])^{2}} \tag{6-11}$$

式中：$f(i)$ 为信号的瞬时频率；$E\{\cdot\}$ 表示统计平均。

μ_{42}^{f} 用来识别 MPSK 调制信号和 MFSK 调制信号，其基本原理：MPSK 调制信号的瞬时频率在理论上为恒定不变的常数，但 MFSK 调制信号的瞬时频率在理论上有 M 个数值，而不是恒定不变的常数。在实际信号处理时，不能简单地以 μ_{42}^{f} 进行识别 MPSK 调制信号和 MFSK 调制信号，通常需设置一个门限来比较和判决，该门限用 $\zeta(\mu_{42}^{f})$ 来表示，其判决规则与 $\gamma_{\max}$ 类似。

(4) 修正的绝对相位标准差。修正的绝对相位标准差 σ_{iap} 的定义为

$$\sigma_{iap}=\sqrt{\frac{1}{N_{S}}\left[\sum_{i=1}^{N_{S}}\varphi_{2}^{2}(i)\right]-\left[\frac{1}{N_{S}}\sum_{i=1}^{N_{S}}|\varphi_{2}(i)|\right]^{2}} \tag{6-12}$$

式中：$\varphi_{1}(i)=\varphi(i)-E(\varphi(i))$，$\varphi_{2}(i)=|\varphi_{1}(i)|-E(|\varphi_{1}(i)|)$，$\varphi(i)$ 为瞬时相位。σ_{iap} 反映了绝对相位变化。

σ_{iap} 用来识别 MPSK 类多进制调制信号，其基本原理：MPSK 调制信号的瞬时相位在理论上与进制数 M 有关，而不是恒定不变的常数，如 4PSK 调制信号瞬时相位有四个数值，8PSK 调制信号瞬时相位有八个数值。在实际信号处理时，既可以用 σ_{iap} 来识别 MPSK 类多进制调制信号，也可以通过设置门限 $\zeta(\sigma_{iap})$ 来比较和判决，其判决规则与 $\gamma_{\max}$ 类似。

下面分析 $\gamma_{\max}$、σ_{ap} 和 σ_{dp} 这三个特征参数在数字调制信号识别中的作用。

$\gamma_{\max}$ 用来识别 MFSK 调制信号与 MQAM、MASK 调制信号和 MPSK 调制信号，其基本原理：MFSK 调制信号在理论上瞬时幅度为常数，其 $a_{cn}(i)=0$，则 $\gamma_{\max}<\zeta(\gamma_{\max})$；MQAM 和 MASK 调制信号在理论上瞬时幅度与进制数 M 有关，其 $a_{cn}(i)\neq 0$，则 $\gamma_{\max}>\zeta(\gamma_{\max})$；MPSK 调制信号虽然受信道带宽的限制，在相位变化时通常会产生幅度突变，但其 $a_{cn}(i)\approx 0$，即 $\gamma_{\max}<\zeta(\gamma_{\max})$。所以，$\gamma_{\max}$ 可用来识别 MFSK 调制信号与 MQAM、MASK 调制信号和 MPSK 调制信号。

σ_{ap} 用来识别 MPSK 调制信号和 MASK 调制信号，其基本原理：MASK 调制信号在理论上不含相位信息，故 $\sigma_{ap}<\zeta(\sigma_{ap})$；MPSK 调制信号在理论上含有相位信息，如 2PSK 调制信号的瞬时相位只有两个，其 $\phi_{NL}(i)$ 为常数，则 $\sigma_{ap}<\zeta(\sigma_{ap})$；4PSK 调制信号，其瞬时相位有四个，其 $\phi_{NL}(i)$ 不为常数，则 $\sigma_{ap}>\zeta(\sigma_{ap})$。

σ_{dp} 用来识别 MASK 调制信号和 MPSK 调制信号，其基本原理：MASK 调制信号理论上不含相位信息，即 $\sigma_{dp}=0$；MPSK 调制信号在理论上含有相位信息，如 2PSK 调制信号含有 0 或 π 两个相位信息，故 $\sigma_{dp}\neq 0$。

2）调制识别流程

根据 $\gamma_{\max}$、σ_{ap}、σ_{dp}、σ_{iap}、σ_{aa}、σ_{af} 和 μ_{42}^{f} 七个特征参数，可归纳出数字调制信号识别方法，如图 6-4 所示。

从图 6-4 可知，采用统计矩进行调制识别的过程，具体如下：

(1) 计算待识别信号零中心归一化瞬时幅度谱密度的最大值 $\gamma_{\max}$，其最大值 $\gamma_{\max}$ 与门限 $\zeta(\gamma_{\max})$ 相比较，将待识别的信号分成 MASK/MQAM 非恒定包络信号和 MPSK/MFSK 恒定包络信号两类。

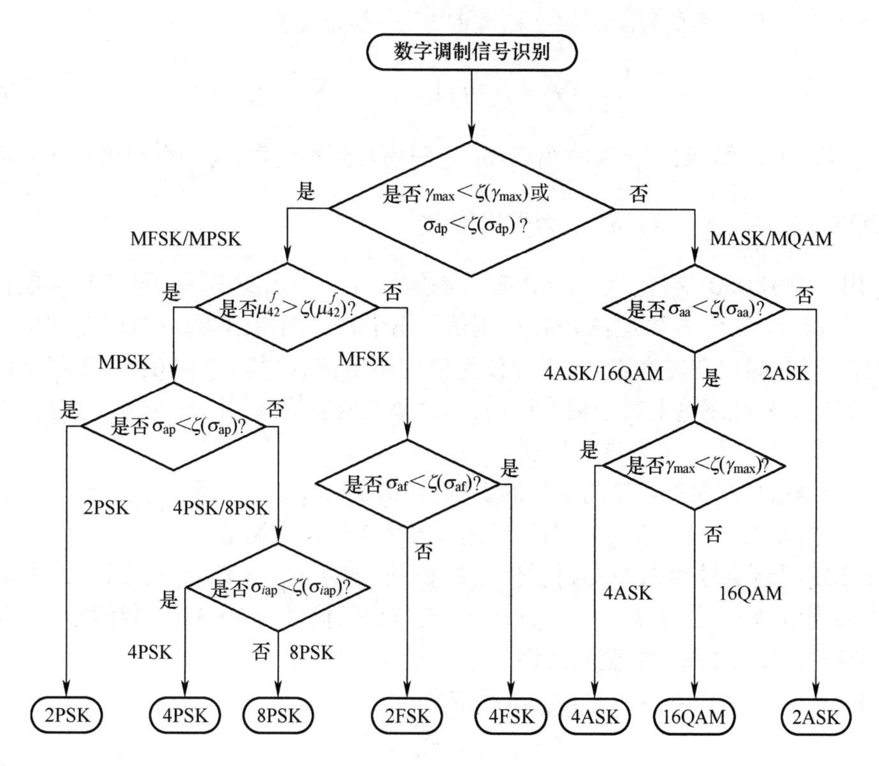

图 6-4　数字调制信号识别方法

（2）对于判决类属于非恒定包络的信号，计算参数 σ_{aa} 并与门限 $\zeta(\sigma_{aa})$ 相比较，将其识别为 2ASK 或 4ASK/MQAM 两类；对于判决类属于 4ASK、MQAM 的信号，其参数 γ_{max} 与门限 $\zeta(\gamma_{max})$ 相比较，将其识别为 4ASK 或 MQAM（此处 MQAM 以 16QAM 为例）。

（3）对于判决类属于恒定包络的 MPSK 或 MFSK 的信号，计算待识别信号的频率峰值参数 μ_{42}^{f}，通过该频率峰值参数 μ_{42}^{f} 与门限 $\zeta(\mu_{42}^{f})$ 相比较，将其分成 MPSK 调制信号或 MFSK 调制信号。

（4）对识别为 MFSK 的调制信号，计算待识别信号的参数 σ_{af} 与门限 $\zeta(\sigma_{af})$，将其进一步细化识别为 2FSK、4FSK 或 8FSK 等多进制调制信号。

（5）对识别为 MPSK 调制信号，计算待识别信号 σ_{ap} 与门限 $\zeta(\sigma_{ap})$，将其识别为 2PSK 调制信号或 4PSK/8PSK 等多进制调制信号；对识别为 4PSK、8PSK 或更高进制的调制信号，计算待识别信号 σ_{iap} 与门限 $\zeta(\sigma_{iap})$，将其识别为 4PSK、8PSK 或更高进制的调制信号。

3. 基于统计矩的调制信号联合识别方法

作为第三方侦察，通常对所接收的无线通信网台信号没有先验知识，即不明确所接收的无线通信网台信号属于模拟调制还是数字调制。因此，实际信号处理时通常要采用近盲的调制识别方法，即下面阐述的基于统计矩的调制信号联合识别方法。

用于联合识别的特征参数除了已介绍的 γ_{max}、σ_{ap}、σ_{dp}、σ_{aa}、σ_{af} 和 P 等六种之外，还需要考虑以下三种特征参数。

1）零中心归一化非弱信号瞬时幅度标准偏差

零中心归一化非弱信号瞬时幅度标准偏差 σ_a 的定义为

$$\sigma_a = \sqrt{\frac{1}{M}\left[\sum_{a_n(i)>a_0} a_{cn}^2(i)\right] - \left[\frac{1}{M}\sum_{a_n(i)>a_0} a_{cn}(i)\right]^2} \tag{6-13}$$

式中：$a_{cn}(i)$ 为零中心归一化瞬时幅度；a_0 是弱信号判决门限，为一个幅度电平；$a_n(i) = \frac{a(i)}{m_a}$，其中 $m_a = \frac{1}{N_S}\sum^{N} a(i)$，$a(i)$ 为采样值。

σ_a 用来识别 DSB 调制信号与 MPSK 调制信号，也可以用来识别 AM-FM 调制信号与 MPSK 调制信号。其基本原理：MPSK 调制信号属于相位调制，其瞬时幅度在理论上除了在前后符号变化时仅有突变之外，不含任何幅度调制信息，其 $\sigma_a \approx 0$；DSB 调制信号和 AM-FM 调制信号在理论上属于幅度调制，均含幅度调制信息，其 $\sigma_a \neq 0$。因此，可通过设置合适的判决门限 $\zeta(\sigma_a)$ 进行识别。

DSB 调制信号和 MPSK 调制信号的识别：如果 $\sigma_a > \zeta(\sigma_a)$，则待识别信号为 DSB 调制信号；反之，如果 $\sigma_a < \zeta(\sigma_a)$，则待识别信号为 MPSK 调制信号。

AM-FM 调制信号和 MPSK 调制信号的识别：如果 $\sigma_a > \zeta(\sigma_a)$，则待识别信号为 AM-FM 调制信号，反之，如果 $\sigma_a < \zeta(\sigma_a)$，则待识别信号为 MPSK 调制信号。

2）零中心归一化瞬时幅度紧致性

零中心归一化瞬时幅度紧致性 μ_{42}^a 的定义为

$$\mu_{42}^a = \frac{E\{a_{cn}^4(i)\}}{E\{a_{cn}^2(i)\}^2} \tag{6-14}$$

式中：μ_{42}^a 也称瞬时幅度四阶矩；$E\{\cdot\}$ 表示统计平均；$a_{cn}(i) = \frac{a_{cn}(i)}{m_a}$，其中：$m_a = \frac{1}{N_S}\sum^{N} a(i)$，$a(i)$ 为采样值。

μ_{42}^a 用来识别 AM 调制信号和 MASK 调制信号，即识别所接收信号是模拟幅度调制还是数字幅度调制。其基本原理：AM 调制信号的瞬时幅度具有较高的紧致性，即 μ_{42}^a 值较大；而 MASK 调制信号只有 2 个或 2 个以上有限非连续幅度电平值，其紧致性较差，即 μ_{42}^a 值相对较小。因此，通过设置适当门限 $\zeta(\mu_{42}^a)$ 可以进行识别。

AM 调制信号和 MASK 调制信号识别：如果 $\mu_{42}^a > \zeta(\mu_{42}^a)$，则待识别信号为 AM 调制信号，反之，如果 $\mu_{42}^a < \zeta(\mu_{42}^a)$，则待识别信号为 MASK 调制信号。在实际应用时，M 值不宜过大。

3）零中心归一化瞬时频率紧致性

零中心归一化瞬时频率紧致性 $\mu_{42}^{\bar{f}}$ 的定义为

$$\mu_{42}^{\bar{f}} = \frac{E\{f_N^4(i)\}}{\{E[f_N^2(i)]\}^2} \tag{6-15}$$

式中：$\mu_{42}^{\bar{f}}$ 也称瞬时频率四阶矩，$E\{\cdot\}$ 表示统计平均。

$\mu_{42}^{\bar{f}}$ 用来识别 FM 调制信号和 MFSK 调制信号，即识别所接收信号是模拟调频信号还是数字调频信号。其基本原理：FM 调制信号的瞬时频率具有较高的紧致性，即 $\mu_{42}^{\bar{f}}$ 值较大;而MFSK调制信号其瞬时频率只有2个或2个以上有限非连续频率值,其紧致性相对较差,即$\mu_{42}^{\bar{f}}$较小。因此,通过设置适当门限$\zeta(\mu_{42}^{\bar{f}})$可以进行识别。

FM调制信号和MFSK调制信号识别:如果$\mu_{42}^{\bar{f}} > \zeta(\mu_{42}^{\bar{f}})$,则待识别信号为FM调制信号,反之,如果$\mu_{42}^{\bar{f}} < \zeta(\mu_{42}^{\bar{f}})$,则待识别信号为FSK调制信号。实际应用时,FM值不宜过大。

结合上面九个特征参数,可归纳得到调制信号联合识别方法,如图6-5所示。

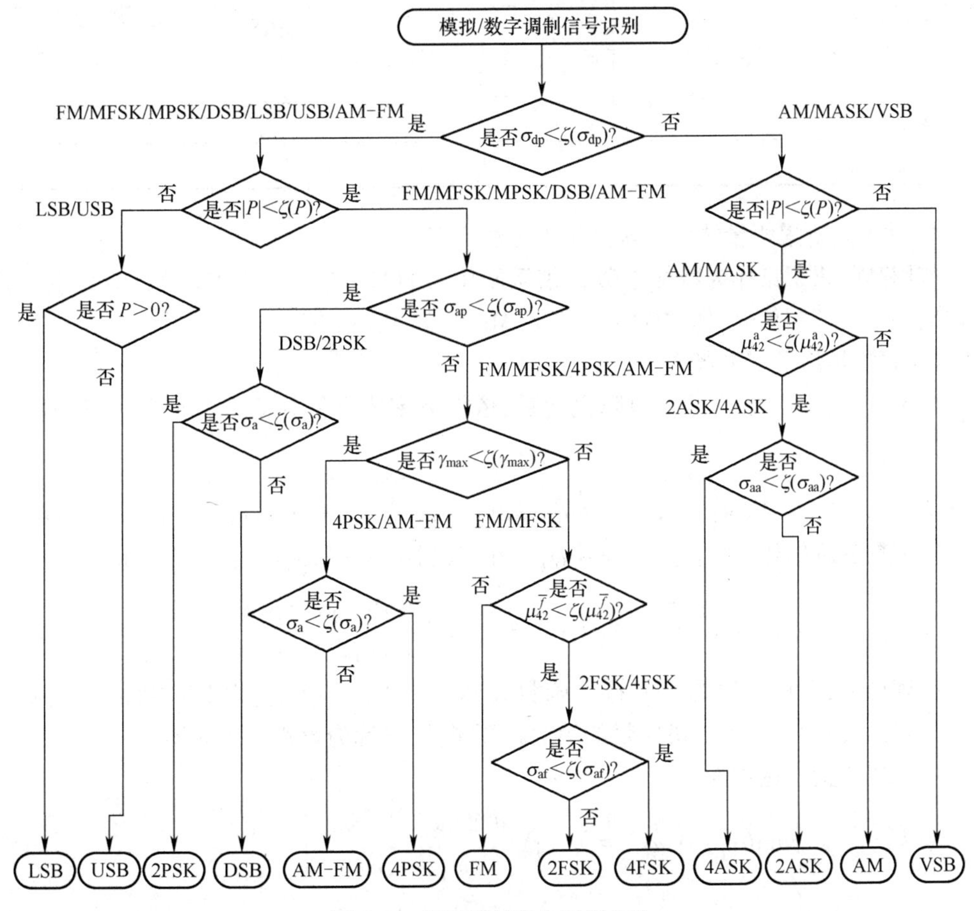

图6-5　调制信号联合识别方法

在上面调制识别方法中最佳特征门限值,如表6-2所列。

表6-2　调制识别最佳特征门限

参数	模拟调制	数字调制	模拟数字调制	备注
$\zeta(\gamma_{max})$	5.50~6.00	4.00	2.00~2.50	—
$\zeta(\sigma_{ap})$	0.48~1.26	0.57	0.57	—
$\zeta(\sigma_{dp})$	0.52	0.48~1.26	0.52	—

（续）

参数	模拟调制	数字调制	模拟数字调制	备注
$\zeta(P)$	0.50~0.99	—	0.60~0.90	SSB
	0.55~0.60		0.50~0.70	VSB
$\zeta(\sigma_{aa})$	—	0.25	0.25	—
$\zeta(\sigma_{af})$	—	0.40	0.40	—
$\zeta(\sigma_{a})$	—	—	0.13~0.40	2PSK
			0.15	4PSK
$\zeta(\mu_{42}^{f})$ $\zeta(\bar{\mu}_{42}^{f})$	—	—	2.15	—
$\zeta(\sigma_{iap})$	—	2.03	2.03	—

4. 基于高阶累积量的信号调制识别方法

使用高阶累积量作为特征参数识别调制信号的基带信号，简单有效且运算量小，适合识别数字类调制信号，如 MQAM、MFSK、MPSK 和 MASK 等。

1）高阶累积量基本概念

令 $\boldsymbol{x}=[x_1,\cdots,x_k]^{\mathrm{T}}$ 是一组随机向量，依据概率论可得其第一特征函数 $\Phi(\omega_1,\cdots,\omega_k)$ 如下：

$$\boldsymbol{\Phi}(\omega_1,\cdots,\omega_k)\overset{\text{def}}{=}E\{\exp(\mathrm{j}(\omega_1 x_1+\cdots+\omega_k x_k))\} \tag{6-16}$$

对其求 k 阶偏导，并且令 $\omega_1=\cdots\omega_k=0$，得到该 $\boldsymbol{x}=[x_1,\cdots,x_k]^{\mathrm{T}}$ 的 k 阶矩：

$$\mathrm{mom}(x_1,\cdots,x_k)\overset{\text{def}}{=}E\{x_1\cdots x_k\}=(-\mathrm{j})^k\left.\frac{\partial^k\boldsymbol{\Phi}(\omega_1,\cdots,\omega_k)}{\partial\omega_1,\cdots,\partial\omega_k}\right|_{\omega_1=\cdots\omega_k=0} \tag{6-17}$$

在理论上，随机向量的第一特征函数又称为矩生成函数。其对数 $\Psi(\omega_1,\cdots,\omega_k)=\ln[\Psi(\omega_1,\cdots,\omega_k)]$ 称为随机向量的第二特征函数，又称为累积量生成函数。

可得累积量表达式为

$$\begin{aligned}\mathrm{cum}(x_1,\cdots,x_k)&\overset{\text{def}}{=}(-\mathrm{j})^k\left.\frac{\partial^k\boldsymbol{\Psi}(\omega_1,\cdots,\omega_k)}{\partial\omega_1,\cdots,\partial\omega_k}\right|_{\omega_1=\cdots=\omega_k=0}\\&=(-\mathrm{j})^k\left.\frac{\partial^k[\ln\boldsymbol{\Phi}(\omega_1,\cdots,\omega_k)]}{\partial\omega_1,\cdots,\partial\omega_k}\right|_{\omega_1=\cdots=\omega_k=0}\end{aligned} \tag{6-18}$$

考虑平稳随机过程 $\{x(n)\}$，若令 $x_1=x(n),x_2=x(n+\tau_1),\cdots,x_k=x(n+\tau_{k-1})$，则随机过程 $\{x(n)\}$ 的 k 阶矩和 k 阶累积量定义为

$$m_{kx}(\tau_1,\cdots,\tau_{k-1})=\mathrm{mom}[x(n),x(n+\tau_1),\cdots,x(n+\tau_{k-1})]=\mathrm{mom}[x_1,\cdots,x_k] \tag{6-19}$$

$$c_{kx}(\tau_1,\cdots,\tau_{k-1})=\mathrm{cum}[x(n),x(n+\tau_1),\cdots,x(n+\tau_{k-1})]=\mathrm{cum}[x_1,\cdots,x_k] \tag{6-20}$$

推导可知，高斯随机过程的奇数阶矩为 0，偶数阶矩不为 0，其高阶累积量（$k\geqslant 3$）恒等于 0。

四阶累积量在信号处理中具有特别重要的意义。对于零均值的平稳复随机过程 $X(k)$，定义 $m_{pq}=E[X(k)^{p-q}(X(k)^*)^q]$，并且令 $\tau_1=\tau_2=\tau_3=0$，则相关各阶累积量的定义为

$$\begin{cases} c_{20}=m_{20} \\ c_{21}=m_{21} \\ c_{40}=m_{40}-3m_{20}^2 \\ c_{41}=m_{41}-3m_{21}m_{20} \\ c_{42}=m_{42}-|m_{20}|^2-2m_{21}^2 \\ c_{63}=m_{63}-9c_{42}c_{21}-6c_{21}^3 \end{cases} \tag{6-21}$$

在信号的实际处理中，要从有限的接收数据中估计信号的累积量，使用采样点的平均代替理论的平均。

2）基于累积量的无线通信网台信号调制识别方法

假设接收到的信号中包含与信号相互独立的零均值的复高斯白噪声，由于零均值高斯白噪声的高阶累积量为 0，因此接收信号的高阶累积量等于无线通信网台目标信号的高阶累积量。也就是说，在信号处理时采用高阶累积量可以有效抑制高斯类噪声，其最终结果不受高斯噪声的影响。在理论上，由于无线通信网台信号的各阶累积量与信号调制样式具有密切相关，因此，采用高阶累积量作为调制识别的特征参数，完全可以从被高斯白噪声污染的接收信号中识别出该信号的调制样式，这也是利用高阶累积量实现调制识别的理论依据。

在接收机中，接收信号经过下变频、中频滤波、解调和码元同步后，其采样复信号序列可表示为

$$x_k=\sqrt{E}\mathrm{e}^{\mathrm{j}\theta}a_k+n_k, k=1,2,\cdots,N \tag{6-22}$$

式中：a_k 为在接收信号中平均功率归一化的未知调制样式的目标信号的码元序列；E 为该信号的平均功率；θ 为未知的载波相位偏差；n_k 为零均值的复高斯噪声序列；N 为观测数据的长度，载波的频差暂时不考虑。

假设接收的基带信息码元 a_k 取值等概率，则各种数字化无线通信网台信号的采样序列可以表示为

MPSK 信号：

$$x_k=\sqrt{E}\mathrm{e}^{\mathrm{j}\theta}a_k, a_k\in\left[\exp\left(\frac{\mathrm{j}2\pi(m-1)}{M}\right), m=1,\cdots,M\right] \tag{6-23}$$

MFSK 信号：

$$x_k=\sqrt{E}\mathrm{e}^{\mathrm{j}\theta}a_k, a_k\in[\exp(2m-1-M)\Delta\omega,\ m=1,\cdots,M] \tag{6-24}$$

MASK 信号：

$$x_k=\sqrt{E}\mathrm{e}^{\mathrm{j}\theta}a_k, a_k\in[2m-M+1, m=0,1,\cdots,M-1] \tag{6-25}$$

MQAM 信号：

$$x_k = \sqrt{E}\mathrm{e}^{\mathrm{j}\theta}[a_k + \mathrm{j}b_k], a_k、b_k \in [(2m - M + 1)A, m = 0, \cdots, M - 1] \quad (6-26)$$

由式(6-23)~式(6-26)可知,其信息表现在接收的基带信号的幅度、频率和相位上。

依据上面各类调制样式的信号采样序列,将信号按照平均功率归一化后分别计算各阶累积量,可得 MASK 调制信号、MFSK 调制信号、MPSK 调制信号和 MQAM 调制信号的各阶累积量理论值,如表 6-3 所列。

表 6-3 平均功率归一化的高阶累积量的理论值

信号样式	累积量						
	$\|C_{20}\|$	$\|C_{21}\|$	$\|C_{40}\|$	$\|C_{41}\|$	$\|C_{42}\|$	$\|C_{60}\|$	$\|C_{63}\|$
2ASK	E	E	$2E^2$	$2E^2$	$2E^2$	$16E^2$	$13E^3$
4ASK	E	E	$1.36E^2$	$1.36E^2$	$1.36E^2$	$8.32E^2$	$9.16E^3$
8ASK	E	E	$1.23E^2$	$1.23E^2$	$1.23E^2$	$7.18E^2$	$8.76E^3$
2FSK	0	E	0	0	E^2	0	$4E^3$
4FSK	0	E	0	0	E^2	0	$4E^3$
8FSK	0	E	0	0	E^2	0	$4E^3$
BPSK	E	E	$2E^2$	$2E^2$	$2E^2$	$16E^2$	$13E^3$
QPSK	0	E	E^2	0	E^2	0	$4E^3$
8PSK	0	E	0	0	E^2	0	$4E^3$
16QAM	0	E	$0.68E^2$	0	$0.68E^2$	0	$2.08E^3$

在表 6-3 中 E 为信号的能量。

由表 6-3 可看出,有些调制信号的各阶累积量相同,导致难以实现调制样式识别,如 2ASK 与 2PSK/BPSK。为了精确实现无线通信网台信号的调制识别,可以采用不同累积量的组合作为调制识别的特征参数,其中四阶和六阶累积量的组合具有相对优越的识别效果,故有

$$f_{x1} = \frac{|C_{40}|}{|C_{42}|}, f_{x2} = \frac{|C_{63}|}{|C_{42}|}, \quad F = [f_{x1}, f_{x2}] \quad (6-27)$$

由于基带调制信号和频带调制信号除了中心频率差异之外具有完全相同的调制特性,不失一般性,因此特征参数的推导以基带调制信号展开,即将所接收到的无线通信网台信号首先进行下变频处理得到零中频的基带调制信号,然后通过推导和计算可得 MPSK、MFSK、MASK 和 MQAM 基带调制信号的 f_{x1}、f_{x2} 特征参数,如表 6-4 所列。

表 6-4 理论参数

参数	2ASK/2PSK	4ASK	8ASK	4PSK	2FSK/4FSK	8PSK
f_{x1}	1	1	1	1	0	0
f_{x2}	21.25	34.3560	40.4362	16	0	16

根据特征参数 $F = [f_{x1}, f_{x2}]$ 可实现对信号的调制识别,可识别的信号包括 2PSK、

2FSK、4FSK、2ASK、4ASK、8ASK、4PSK 和 16QAM 等。

具体识别方法：计算基带调制信号的高阶累积量，并计算特征参数 f_{x1} 和 f_{x2}，利用 f_{x1} 可识别出 8PSK 信号，利用 f_{x2} 区分 2ASK、4ASK 与 8ASK 信号和其他信号。

需要说明的是，即使在相对较低的信噪比条件下也可采用高阶累积量实现无线通信网台信号的调制识别，其理论依据为高斯白噪声二阶以上的累积量为 0。

5. 多载波 OFDM 的信号调制识别方法

上面分析的数字信号调制识别方法没有涉及 OFDM 调制信号，但由于 OFDM 调制信号在实际应用中越来越广泛，因此下面详细阐述 OFDM 调制信号的调制识别方法。

1）基于循环功率谱的 OFDM 信号调制识别法

(1) 调制识别机理。OFDM 调制信号具有循环平稳特性。基于循环功率谱实现信号调制识别的机理在于信号的循环平稳特性。信号的循环平稳特性已被证明在无线通信领域是普遍存在的，这种循环平稳特性不仅在时域和频域中有体现，而且在二阶统计特性和高阶统计特性中也有体现。

该调制识别方法的理论依据：加入循环前缀或者具有导频的 OFDM 调制信号具有循环平稳特性，而噪声却不具有循环平稳特征，干扰信号通常表现出与主用户信号不同的循环平稳特征。因此，基于循环平稳特性不仅能够实现信号调制识别，而且能够区分信号、噪声和干扰信号，即只需要判别在 $\alpha \neq 0$ 处有无谱线出现来作为判决条件，这是信号调制识别的重要依据。

OFDM 调制信号可表示为

$$x(t)=\sum_{k=0}^{N-1}x_k(t)=\sum_{k=0}^{N-1}\sum_{l=-\infty}^{+\infty}d_l(k)\cdot q(t-lT)\cdot \mathrm{e}^{\mathrm{j}\frac{2\pi kt}{T_{\mathrm{u}}}} \tag{6-28}$$

式中：N 为子载波数，子载波具有独立同分布属性，其方差为 σ_{d}^2 且 $E\{d_l(k)d_{l'}^*(k')\}=\sigma_{\mathrm{d}}^2\delta_{k,k'}\delta_{l,l'}$；$T$ 为包含循环前缀的总的 OFDM 符号时间；T_{u} 是不包含循环前缀的 N 个子载波的总时间；$d_l(k)$ 表示第 l 个 OFDM 符号中第 k 个子载波的数据符号；$q(t)$ 是脉冲成形函数。

令 $v_{k,l}(t)=\sum\limits_{l=-\infty}^{+\infty}d_l(k)q(t-lT)$，则可求出 $R_{v_{k,l}v_{k',l'}}(t,\tau)$ 的表达式为

$$R_{v_{k,l}v_{k',l'}}(t,\tau)=E\{v_{k,l}(t)v_{k',l'}^*(t-\tau)\}=\sigma_{\mathrm{d}}^2q(t-lT)q^*(t-\tau-lT)\delta_{k,k'}\delta_{l,l'} \tag{6-29}$$

OFDM 调制信号的自相关函数为

$$\begin{aligned}R_x(t,\tau)&=E\Big\{\sum_{k=0}^{N-1}x_k(t)\sum_{k'=0}^{N-1}x_{k'}^*(t-\tau)\Big\}=\sum_{k=0}^{N-1}\sum_{k'=0}^{N-1}\sum_{l=-\infty}^{+\infty}\sum_{l'=-\infty}^{+\infty}E\{v_{k,l}(t)v_{k'l'}^*(t-\tau)\}\mathrm{e}^{\mathrm{j}\frac{2\pi kt}{T_{\mathrm{u}}}}\mathrm{e}^{-\mathrm{j}\frac{2\pi k'(t-\tau)}{T_{\mathrm{u}}}}\\&=\sum_{k=0}^{N-1}\sum_{l=-\infty}^{+\infty}\sigma_{\mathrm{d}}^2q(t-lT)q^*(t-\tau-lT)\mathrm{e}^{\mathrm{j}\frac{2\pi k\tau}{T_{\mathrm{u}}}}=\sum_{k=0}^{N-1}R_q(t,\tau)\mathrm{e}^{\mathrm{j}\frac{2\pi k\tau}{T_{\mathrm{u}}}}\end{aligned} \tag{6-30}$$

式中：$R_q(t,\tau)=\sum\limits_{l=-\infty}^{+\infty}\sigma_{\mathrm{d}}^2q(t-lT)q^*(t-\tau-lT)$。可见，OFDM 调制信号的自相关函数是周期为 T 的周期函数，将自相关函数展开成傅里叶级数形式，则

$$R_x^{\alpha}(\tau)=R_q^{\alpha}(\tau)\cdot\sum_{k=0}^{N-1}\mathrm{e}^{\mathrm{j}\frac{2\pi k\tau}{T_{\mathrm{u}}}} \tag{6-31}$$

式中：$R_q^{\alpha}(\tau)$ 为 $R_q(t,\tau)$ 的傅里叶级数系数。

OFDM 调制信号的循环功率谱可表示为

$$S_x^{\alpha}(f)=\begin{cases}\dfrac{\sigma_{\mathrm{d}}^{2}}{T}\sum\limits_{k=0}^{N-1}Q\left(f-\dfrac{k}{T_{\mathrm{u}}}+\dfrac{\alpha}{2}\right)Q^{*}\left(f-\dfrac{k}{T_{\mathrm{u}}}-\dfrac{\alpha}{2}\right),\alpha=\dfrac{p}{T}\\ 0,\text{其他}\end{cases}\tag{6-32}$$

式中：p 为整数；$Q(f)$ 为 $q(t)$ 的 FFT 变换；$\alpha=\dfrac{p}{T}$ 为循环频率。

由式(6-32)可得，OFDM 调制信号的循环功率谱仅在 α 处具有非 0 值，而在其他循环频率处的数值为 0。

从上面的分析可知，基于循环功率谱的调制识别是基于准确估计信号的循环功率谱。为了保证调制识别的准确性，一般利用大量采样值来实现循环功率谱估计，这必然导致计算的复杂度和运算量，因此需要对该方法加以改进。

（2）基于离散循环功率谱的 OFDM 信号调制识别方法。改进上面方法的核心思想：一是分段处理，即将接收的信号采样值以 FFT 的点数分段，分别对每段数据进行循环功率谱相关运算，再对每段数据相关运算的结果进行平均处理实现循环功率谱估计；二是直接采用离散谱估计算法，并在循环功率谱估计之前首先进行预处理，即针对输入的时间序列 $x[n]$，$n=0,1,2,\cdots,N-1$，基于采样时间 T_{s}，以 $\Delta t=NT_{\mathrm{s}}$ 时间内的信号来实现循环功率谱估计。

具体步骤：第一，对接收的信号采样值 $x[n]$ 分为 L 段，即 $N=LP$，P 表示后续每段进行 FFT 变换的点数；第二，零均值化 $x(n)=x(n)-\bar{x}$，式中：$\bar{x}=\dfrac{1}{L}\sum\limits_{i=0}^{L-1}x(n)$；第三，对零均值化后的 $x[n]$ 进行谱估计处理：

$$X_{T,l}[k]=\sum_{n=0}^{P-1}x[lP+n]\mathrm{e}^{-\mathrm{j}\frac{2\pi kn}{N}},\quad l\in[0,L]\tag{6-33}$$

根据估计结果对每一段做 FFT 和谱相关运算，得

$$T_{X_{T,l}}^{\alpha}[k]=\frac{1}{P}X_{T,l}\left[k+\frac{\alpha}{2}\right]X_{T,l}^{*}\left[k-\frac{\alpha}{2}\right],l\in[0,L]\tag{6-34}$$

对这 L 段的估计结果做平均为

$$T_{X_T}^{\alpha}[k]=\frac{1}{L}\sum_{l=0}^{L}T_{X_{T,l}}^{\alpha}[k]\tag{6-35}$$

最后对平均的结果做平滑，得到输入信号的循环功率谱估计为

$$S_{X_T}^{\alpha}[k]_{\Delta f}=\sum_{m=0}^{M-1}T_{X_T}^{\alpha}[kM+m]\tag{6-36}$$

基于离散循环功率谱的 OFDM 信号调制识别方法具有如下特性：一是可辨识性特征明显，OFDM 调制信号在特定的循环频率具有明显的循环功率谱谱线，而干扰信号或者噪声信号的循环功率谱则为 0；二是识别能力相对较强，在低信噪比条件下利用循环功率谱特征可实现对 OFDM 调制信号的识别。

2）基于高阶累积量的 OFDM 调制信号识别方法

对 OFDM 调制信号进行识别和分类的研究方法较多，但高阶累积量的信号识别方法

由于保持了信号的基本特征，其在 OFDM 调制信号分类上具有独特的优势。基于高阶累积量的信号调制识别方法的目的是利用高阶累积量对强噪声背景下的弱信号进行检测并完成调制样式识别。该方法对加性高斯噪声中的确定性信号及非高斯信号均有效。

由于实际应用环境可能相对恶劣，基于高阶累积量的信号调制识别方法采用 Rayleigh 多径衰落信道模型，对信号进行采样和量化处理，得到离散化采样序列为

$$r(n)=Is'(n)+\eta(n) \tag{6-37}$$

式中：I 为 1 或 0，表示 OFDM 调制信号的有无，另有

$$s'(n)=\sum_{l=1}^{L}h_l(n)s(n-n_l)\cdot \mathrm{e}^{\mathrm{j}2\pi f_d n t_s} \tag{6-38}$$

式中：f_d 为多普勒频移；$h_l(n)$ 为在多径传输中每条传输路径的瑞利（Rayleigh）衰落因子，$h_l(n)$ 的复数形式为 $h_l(n)=h_{ls}(n)+\mathrm{j}h_{lc}(n)$，$h_{ls}(n)$ 和 $h_{lc}(n)$ 均统计独立且服从均值为 0、方差为 σ_l^2 的正态分布；$\eta(n)$ 为高斯白噪声，服从均值为 0、方差为 σ_η^2 的正态分布。OFDM 调制信号和高斯白噪声彼此独立。

功率归一化后多个 OFDM 符号复数形式可表示为

$$s(t)=\frac{1}{\sqrt{N}}\sum_{k}\sum_{n=0}^{N-1}d_{n,k}\exp[\mathrm{j}2\pi(f_c+n\Delta f)(t-kT_s)]\cdot g(t-kT_s) \tag{6-39}$$

式中：$d_{n,k}$ 为相互独立的调制符号序列，服从均值为 0 的等概分布；Δf 为 OFDM 调制信号中相邻子载波的频率间隔；$g(t)$ 为脉冲函数；T_s 为 OFDM 符号的周期。

通过 OFDM 调制信号的统计分析可证明：OFDM 调制信号各子载波上的信息序列互不相关，且 OFDM 调制信号幅度包络分布与 OFDM 符号内子载波数目 N 密切相关。OFDM 符号内子载波数目越多，其包络分布就越具有渐近高斯性，其与 OFDM 符号内各子载波的调制样式毫无关系，这是 OFDM 信号调制识别的理论依据。

识别方法模型设计如图 6-6 所示。

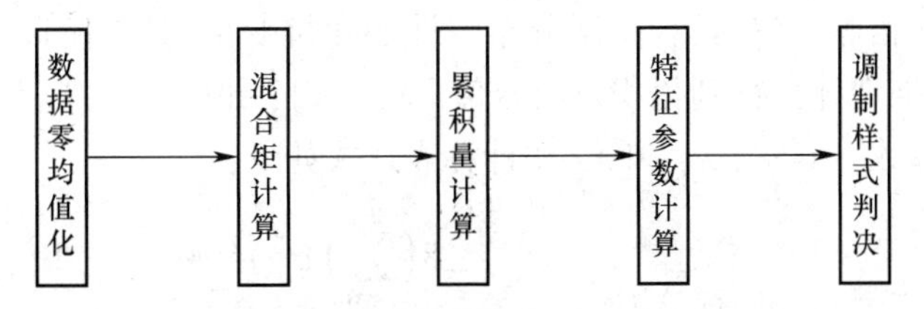

图 6-6　OFDM 调制信号识别方法模型

具体参数的计算过程如下：

（1）数据零均值化。计算均值：每个采样值减去均值进行零均值化，即

$$\begin{cases}\bar{s}=\dfrac{1}{N}\displaystyle\sum_{i=0}^{N-1}s(i)\\ s(i)=S(i)-\bar{s}\end{cases} \tag{6-40}$$

将要分析的数据分为 K 段，每段含 M 个样点，记为 $s^k(0),s^k(1),\cdots,s^k(M-1)$。为了增加分段数目又不使各段样点数变少，每一个数据段重叠 P 点，总数据长度为 $N=KM$。若有必要，则每段补零处理。

（2）混合矩计算。根据得到的分段 $S(k)$ 数据计算第 k 段 p 阶混合矩，即

$$M_{pq}=E[S(k)^{p-q}(S(k)^{*})^{q}] \tag{6-41}$$

式中：* 表示信号的复共轭；q 为信号复共轭的阶数。

(3)累积量计算。根据得到的分段 $S(k)$ 数据计算与后续特征参数有关的累积量，即

$$\begin{cases}C_{21}=\text{cum}[S(k),S^{*}(k)]=M_{21}\\ C_{42}=\text{cum}[S(k),S(k),S^{*}(k),S^{*}(k)]=M_{42}-|M_{20}|^{2}-2M_{21}^{2}\\ C_{63}=\text{cum}[S(k),S(k),S(k),S^{*}(k),S^{*}(k),S^{*}(k)]=M_{63}-9C_{42}C_{21}-6C_{21}^{3}\end{cases} \tag{6-42}$$

(4) 特征参数计算。定义 OFDM 调制信号的归一化峰度 $m_{20}=\dfrac{M_{42}}{M_{21}^{2}}$。在理论上可得 OFDM 调制信号相关混合矩的参考值为

$$m_{20}=\frac{M_{42}}{M_{21}^{2}}=2,m_{30}=\frac{M_{63}}{M_{21}^{3}}=6,\overline{C}_{42}=\frac{C_{42}}{C_{21}^{2}}=0,\overline{C}_{63}=\frac{C_{63}}{C_{21}^{3}}=0 \tag{6-43}$$

根据混合矩及瑞利分布计算其统计特性，得

$$E[|h_{l}(n)|^{k}]=(2\sigma_{l}^{2})^{\frac{k}{2}}\Gamma((2+k)/2),k\geqslant 0 \tag{6-44}$$

得到 $s'(n)$ 与原发送信号 $s(n)$ 各阶矩之间的关系，即

$$\begin{cases}M_{s',21}=\sum\limits_{l=0}^{L}E[(|h_{l}(n)|)^{2}]E[|s(n)|^{2}]=2\sum\limits_{l=0}^{L}\sigma_{l}^{2}\cdot M_{s,21}\\ M_{s',42}=\sum\limits_{l=0}^{L}E[(|h_{l}(n)|)^{4}]E[|s(n)|^{4}]=8\Big(\sum\limits_{l=0}^{L}\sigma_{l}^{2}\Big)^{2}\cdot M_{s,42}\\ M_{s',63}=\sum\limits_{l=0}^{L}E[(|h_{l}(n)|)^{6}]E[|s(n)|^{6}]=48\Big(\sum\limits_{l=0}^{L}\sigma_{l}^{2}\Big)^{3}\cdot M_{s,63}\end{cases} \tag{6-45}$$

由于随机变量在理论上具有两点推理：一是相互独立的随机变量的和的累积量与随机变量累积量的和相等；二是具有高斯分布特性的随机变量，其二阶以上的累积量为 0。因此，可基于上面推理计算得到累积量组合值 $[\lambda_{1},\lambda_{2}]$，并以 $[\lambda_{1},\lambda_{2}]$ 作为 OFDM 信号调制识别的特征参数。其中，λ_{1} 和 λ_{2} 的计算表达式如下：

$$\lambda_{1}=\frac{C_{r,42}}{C_{r,21}^{2}}=\frac{C_{s',42}}{(C_{s',21}+C_{\omega,42})^{2}}=\frac{8\Big(\sum\limits_{l=0}^{L}\Big)\sigma_{l}^{2})^{2}(M_{s,42}-M_{s,42}^{2})}{\Big[2\Big(\sum\limits_{l=0}^{L}\sigma_{l}^{2}\Big)\cdot M_{s,21}+M_{\omega,21}\Big]^{2}} \tag{6-46}$$

$$\lambda_{2}=\frac{C_{r,63}^{2}}{C_{r,42}^{3}}=\frac{C_{s',63}^{2}}{C_{s',42}^{3}}=\frac{9}{2}\cdot\frac{(M_{s,63}-3M_{s,21}M_{s,42}+2M_{s,21}^{3})^{2}}{(M_{s,42}-M_{s,21}^{2})^{3}} \tag{6-47}$$

由式(6-47)可得，特征参数 λ_{1} 和 λ_{2} 识别 OFDM 调制类型的具体情况。

(1) 特征参数 λ_{1} 和 λ_{2} 由累积量 C_{21}、C_{42}和 C_{63}组合而成，而累积量计算与多普勒频移、载波频率无关，即无需预先估计载波频率或多普勒频移即可利用 λ_{1} 和 λ_{2} 作为特征参数来识别 OFDM 调制信号，故基于这些特征参数的调制识别方法具有算法简单快速和无偏特点。

(2) 在较高信噪比的情况下，噪声项 $M_{\omega,21}$与 $M_{s,21}$相比较数值较小，计算 λ_{1} 和 λ_{2} 时

可忽略不计，即 λ_1 和 λ_2 式中没有噪声项，而分子分母中的信道衰落因子和阶次相同，故 λ_1 和 λ_2 特征参数与信噪比、信道传输类型无关联，只与 OFDM 调制信号的调制样式相关。

(3) 在较低信噪比的情况下，C_{21} 中的噪声项 $M_{\omega,21}$ 与 $M_{s,21}$ 相比较数值较大，故不能被忽略。λ_1 因与信噪比、信道传输类型及其衰落因子有关，而不能作为特征参数来实现 OFDM 信号的调制识别；但从 λ_2 可知，λ_2 仍然与信道衰落参数和信噪比无关，其与信号的调制类型有关，适用于 OFDM 调制信号识别。

在理想情况下，以信噪比为 0dB 为参考，通过理论计算得到不同类型调制信号特征参数 λ_1 和 λ_2 的参考值，如表 6-5 中所列。

表 6-5　不同类型调制信号特征参数的理论参考值

信号类型		λ_1	λ_2
OFDM		0.50	18.00
MPSK		0	—
MFSK		0	—
DS-CDMA		0	0
MQAM	16QAM	0.17	0.76
	64QAM	0.19	0.98
MASK	4ASK	0.33	0
	16ASK	0.41	0.30

结合上面三点规律和表 6-5，可以推导得到如下结论。

(1) MFSK 调制信号和 MPSK 调制信号，由于 $C_{42}=C_{63}=0$，故其特征参数 λ_1 的数值与信噪比无关且恒为 0，特征参数 λ_2 没有意义；OFDM 调制信号的特征参数 λ_1 的数值不为 0 且特征参数 λ_2 的数值较大，因此能够将 MFSK/MPSK 信号与 OFDM 调制信号进行相互之间的调制识别。

(2) 虽然 MQAM 调制信号的特征参数 λ_1 的数值和 OFDM 调制信号的特征参数 λ_1 的数值均与信噪比有关且不为 0，但是 MQAM 调制信号与 OFDM 调制信号的特征参数 λ_2 的数值与信噪比大小无关，MQAM 调制信号和 OFDM 调制信号特征参数的数值相差很大，因此可以依此进行 MQAM 调制信号和 OFDM 调制信号的调制识别。

(3) DS-CDMA 调制信号，尤其对于采用 PN 码直接序列扩频再通过 MPSK 调制产生的 DS-CDMA 调制信号，其与 MPSK 调制信号的区别：经过 PN 码扩频，信号的码片时间变短，带宽扩大。但 DS-CDMA 调制信号特征参数 λ_1 和特征参数 λ_2 的数值与码片的时间长度、信噪比无关，仅与调制样式有关，所以 DS-CDMA 调制信号的特征参数 λ_1 的数值和特征参数 λ_2 的数值恒为 0，其与 OFDM 调制信号的特征值差别很大，因此可以依此进行 DS-CDMA 调制信号和 OFDM 调制信号之间的调制识别。

(4) MASK 调制信号的特征参数 λ_1 的数值与 OFDM 调制信号的特征参数 λ_1 的数值都与信噪比和调制样式有关，且数值大小相似。但 MASK 调制信号的特征参数 λ_2 的数值虽然也与信噪比有关，但其数值与 OFDM 调制信号的特征值相差较大，易于与 OFDM

调制信号进行区别。

综上所述,λ_1 和 λ_2 特征参数的联合使用可实现 OFDM 信号的调制识别。其调制识别方法的基本流程如下:

第一步,采用特征参数 λ_1 的数值来区分 OFDM/MASK/MQAM 调制信号和 MFSK/MPSK/DS-CDMA 调制信号。由于 MFSK/MPSK/DS-CDMA 调制信号的特征参数 λ_1 的数值恒为 0,OFDM 调制信号的特征参数 λ_1 数值大于 0。因此,通过选取合适的门限 $TH_{\lambda 1}$ 即可实现两大类调制信号的区分,如在实际信号处理时可设定 $TH_{\lambda 1}=0.3$。

第二步,采用特征参数 λ_2 的数值来区分 OFDM 调制信号与 MQAM/MASK 调制信号。由于特征参数 λ_2 的数值与信噪比无关,且 OFDM 与 MQAM/MASK 的特征参数 λ_2 的数值相差很大。因此,通过选取合适的门限 $TH_{\lambda 2}$ 即可在低信噪比条件下正确实现 OFDM 信号的调制识别,如在实际应用中可选取 $TH_{\lambda 2}=10$。

6. 基于深度学习的信号调制识别法

采用四层的卷积神经网络,网络结构具有两层卷积层和两个全连接层,前三层使用线形整流函数(rectified linear unit,ReLU)函数作为激活函数,在输出层采用柔性最大值函数 SoftMax 作为激活函数。卷积神经网络的架构如图 6-7 所示。

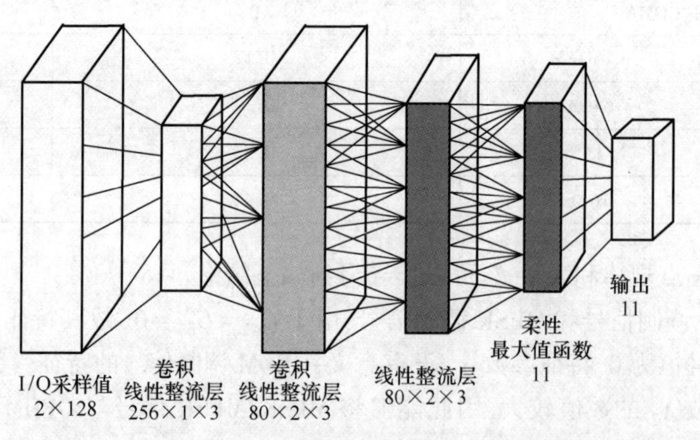

图 6-7 网络结构

由图 6-7 可见,卷积神经网络的输入层负责读取数据集中的数据样本矩阵,样本矩阵可设大小为[2,128]。数据表现为字典形式,一般有两个标签分别是信噪比和调制类型。向量为 2 行,其中:一行为信号的同相分量,另一行是正交分量,即以两路 I/Q 形式传播的长度为 128 的数字通信信号原始序列。输入层读取输入数据后将数据传递到下一层进行运算。

输入数据首先输入到第一层卷积层。第一层卷积层采用 256 个卷积核且卷积核大小为 1×3;第二层卷积层的设计参数与第一层卷积层相比完全不同,采用了 80 个卷积核,每个卷积核的大小为 2×3,两层卷积层的作用是特征提取,即通过卷积操作提取数据的特征,第一层卷积层提取的是初级特征,第二层卷积层提取的是高级特征。输入数据经过两层卷积处理后,得到的中间参数送到第一级全连接层来挖掘更加全局的特征参数,该全连层接共设计有 256 个神经元。其之前的所有步骤的作用都是为了提取特征,而全连接层的作用就是为了实现分类;激活函数则是神经网络必不可少的组成部分,从下采样层出来的结果,必须要通过激励函数给神经网络加入一些非线性因素,从而提高神经网络的非线性表达能力;提取的全局特征参数作为输出层的输入来实现对信号的调制识别,输出层采取全连接层的形式,运用 Softmax 激活函数函数可以将上一层提取的全局特征参数进行归一化,转化为一个[0,1]之间的数值,这些数值可以被当做概率分布,用来作为多分类的目标预测值,最大概率的输出即为数据的调制类型。为便于描述,书中给出了具体数值,实际应用中可根据需求灵活设置样本矩阵大小,卷积核数目及大小、神经元个数等数值。

该方法可对较为典型的 BPSK、8PSK、CPFSK、GFSK、4PAM、16QAM、64QAM 和 QPSK 等 8 种数字调制信号以及 AM-DSB、AM-SSB 和 WBFM 等 3 种模拟调制信号,共计 11 种调制信号进行调制识别处理。处理时设定卷积神经网络最后一层神经元个数为 11,每个神经元最后的输出就代表了这条输入在当前这个类别下的概率,再经过一层 SoftMax 激活函数的计算,得到概率最大的输出,即当前数据的分类结果。该方法也可扩展到其他类型的调制信号。

7. 基于融合神经网络的信号调制识别法

卷积神经网络(convolutional neural network,CNN)和长短期记忆网络(long short term memory network,LSTMN)主要应用在图像问答和图像打标等问题中,但两者的融合处理可实现无线通信网台信号调制识别。

基于 CNN-LSTM 的调制识别网络结构如图 6-8 所示。

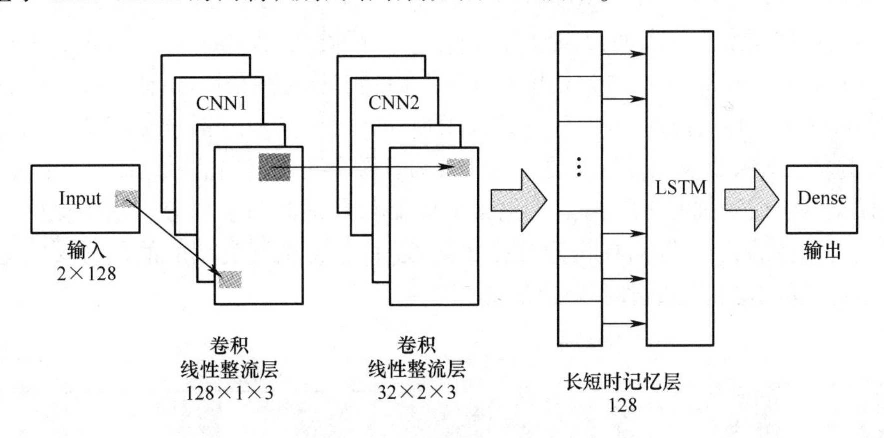

图 6-8　调制识别网络结构

该模型的理论基础:无线通信网台信号与图像处理具有空域相似性,即无线通信网台信号在调制过程中的位移和旋转等不变性与图像处理中的尺度不变性相似;无线通信网台信号与 LSTM 网络具有时域相似性,即共同具有时序连续和前后相关的特征。因此,该模型首先通过卷积神经网络实现对调制信号特征参数的挖掘和提取,然后利用长短期记忆网络实现调制识别。

调制识别网络结构包含两层卷积神经网络、一层长短期记忆网络和作为分类层的一层全连接层。在两层卷积神经网络中设计 ReLU 函数为激活函数,而在全连接层则使用 SoftMax 为激活函数实现对调制样式进行分类,即实现调制识别。该结构的输入层负责读取数据集中的样本矩阵,矩阵大小可设为 2×128,数据表现为字典形式,一般有两个标签分别是信噪比和调制类型。[2,128]矩阵中向量为2行,其中一行为信号的同相分量,另一行是正交分量,即以两路I/Q形式传播的长度为128的数字通信信号原始序列。输入层读取输入数据后,将数据传递到下一层进行运算。第一层卷积层采用128个卷积核,每个卷积核的大小为1×3;第二层卷积层采用32个卷积核,每个卷积核的大小为2×3。长短期记忆网络层采用最后一个时间步的输出结果作为下一层的输入,其数据大小为128。在两层卷积神经网络中每个卷积层的数据输入之前都对数据边界采用两位补零的方法进行了处理。补零后第二层卷积层的输出数据形状为1×132×32,此时需要对其进行变形处理以满足长短期记忆网络可接受的输入形式。经过变形后数据维度变换为32×132,其中:32和132分别作为长短期记忆网络中的输入序列的维度和长度;将32×132维度数据送入到长短期记忆网络层中,利用长短期记忆网络对时序的记忆与识别能力,即可实现调制信号的识别。第四层使用全连接层作为分类层,设计有11个单元,经过一层SoftMax激活函数的计算将上层的输出数据归一化为[0,1]的数值,代表预测为某一输出单元对应位置下的调制类型的概率。同样,书中给出的具体数值在实际应用中可灵活设置。

该模型同时利用了卷积神经网络与循环神经网络的特点,兼顾了调制信号数据的空间特征和时间特征。

8. 基于生成对抗网的信号调制识别法

生成对抗网络(generative adversarial networks,GAN)由于其独特的对抗性思想使得它在众多生成器模型中脱颖而出,被广泛应用于计算机视觉(computer vision,CV)、机器学习(machine learning,ML)、语音处理等领域。而卷积神经网络(convolutional neural network,CNN)作为一种前馈神经网络,它的人工神经元可以响应一部分覆盖范围内的周围单元,对于大型图像处理有出色表现。因而将两者融合构建实现信号调制类型识别。

该模型的生成对抗网络结构主要包含生成器和判别器两个部分。基于该网络结构主要实现对图像的处理,因为在构建数据集阶段,将各种调制类型的的信号转化为可以体现信号特征的RGB三通道时频图像,如图6-9所示。

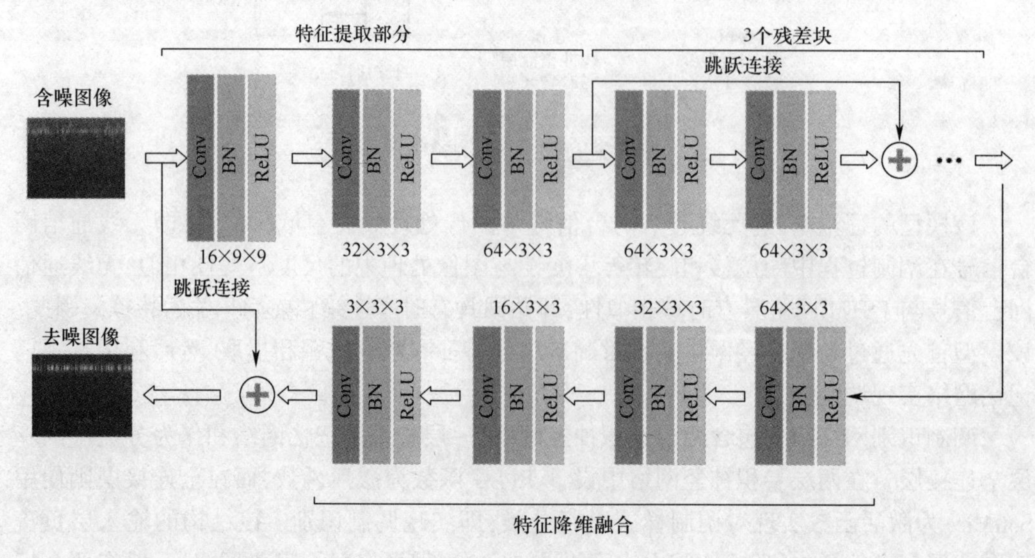

图6-9 生成器结构

生成器网络结构依次包含三层卷积神经网络、三层残差神经网络、四层卷积神经网络。生成结构的输入图片为 RGB 三通道图像,大小为 512×512×3,每个通道大小为 512×512,三通道分离便可以获得三个通道的灰度值,灰度值在图片处理阶段已经归一化为[0,1]。第一部分为三层卷积神经网络, 进行多尺度特征提取, 卷积层卷积核大小为 9×9,移动步长为 1,采用 16 个卷积核。第二层卷积层卷积核大小为 3×3,移动步长为 1,采用 32 个卷积核。第三层卷积层卷积核大小为 3×3,移动步长为 1,采用 64 个卷积核。为了有效提取信号图片特征,应采用过深的卷积网络,但是过深的网络在进行带步长卷积或者池化操作的时候会导致图像信息的丢失,残差模块的引入很好地决了这个问题。第二部分为特征域去噪部分,由三层相同的残差网络组成,均是常规残差模块,由 2 个 3×3 卷积层堆叠而成。引入残差神经网络既保证了网络的深度,使有效提取到信号特征,又避免训练过程中梯度消失,使训练更加稳定。第三部分为特征降维容和结构,由四层卷积网络组成,卷积核大小均为 3×3,移动步长均为 1,滤波器通道数依次为 64、32、16 和 3。在所有的卷积层的数据输入之前都对数据边界采用补零的方法进行了处理,使得图像在处理过程中大小保持不变。以上步骤均是实现信号图像的特征提取,输出的降噪图像可以输入判别器网络结构中进行判别。

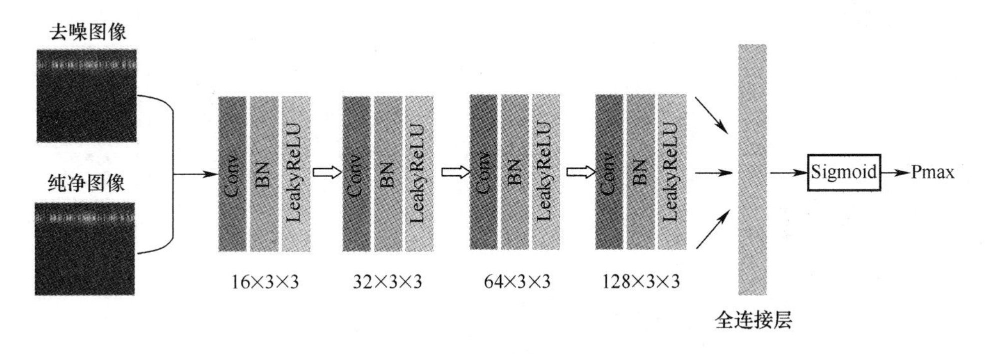

图 6-10　判别器结构

判别器网络结构如图 6-10 所示,包含四层卷积神经网络、一层全局池化层和作为分类层的一层全连接层。输入数据为经过生成器输出的图像数据,图像大小为 512×512×3。四层卷积神经网络进行特征提取,其滤波器卷积核均为 3×3,移动步长均为 2,滤波器通道数依次为 16、32、64 和 128,基于全卷积神经网络来构建判别器,更好地实现精确判别功能。全局池化层代替全连接层,减少参数数量。全连接层先对提取到的特征参数进行加权处理,再经过一层 SoftMax 激活函数的计算,将上层的输出数据归一化为[0,1]的数值,代表判断降噪图像属于纯净图像的概率。在所有的卷积层的数据输入之前都对数据边界采用补零的方法进行了处理,使得图像在处理过程中大小保持不变。

训练好生成对抗网络之后,将训练好的生成器模型和基于判别网络构建的分类模型组合而成。此时,生成器模型可以将含噪图像生成为降噪图像,输入到分类网络中。

分类网络最后一层全连接层设计为 11 个单元,实现对较为典型的 2ASK、4ASK、8ASK、BPSK、QPSK、8PSK、2FSK、4FSK、8FSK、16QAM、64QAM 等数字调制信号进行调制类型识别。该方法也可扩展到其他类型的调制信号。

同样,方法描述中给出的具体数值在实际应用中可根据需求灵活设置。

9. 基于星座图的数字信号调制识别方法

在数字无线通信网台信号中幅相调制信号可以用星座图表示,利用幅相调制信号与星座图之间的对应关系,可以实现调制识别。

图 6-11 是几种典型调制信号的星座图。该星座图表征了无线电信号正交平面的幅度相位关系,通过对信号进行正交分解,得到其正交分量信号 $I(t)$ 和 $Q(t)$ 。如果以 $I(t)$ 为横坐标、$Q(t)$ 为纵坐标,则对 $I(t)$ 和 $Q(t)$ 的取值进行绘图,可得到星座图。常见通信类数字网电对抗目标信号的星座图,如图 6-11 所示。

星座图的获得相对比较容易,而从星座图识别相应的调制类型相对比较困难。借助星座图实现识别调制类型,本质上是模式识别、模式匹配或者聚类分析。

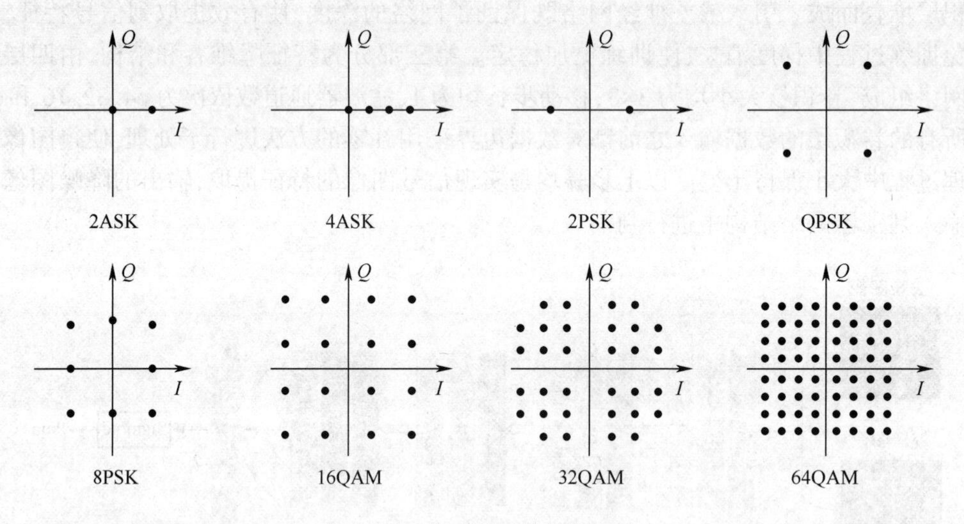

图 6-11　典型调制信号星座图

6.2.2　通信类网电对抗信号调制解调方法

信号调制解调是通信和网电对抗中最基本的技术,其目的是获取无线通信网台信号中所传输的比特信息,为后续目标信号编码识别、目标网络特征识别和目标测向与定位,以及为获取敌方军事情报和掌握敌方作战意图奠定基础。

通信类网电对抗目标信号侦测与识别作为非协作的第三方,与通信双方截然不同,即对通信双方无线通信网台信号的参数没有任何先验知识,也就是对无线通信网台信号的载波频率、调制样式、调制参数、码元速率和编码方式等均是未知的。因此,通信类网电对抗目标信号侦测与识别采用被动式的解调,也称为盲解调。

通常在完成信号调制识别的基础上进行信号解调,也就是首先要实现对信号调制参数的估计,包括载波频率、码元速率和进制数等,才能够根据信号的调制样式来进行解调。

1. 模拟调制信号解调方法

1）AM 调制信号解调方法

AM 调制信号在民用无线电广播中应用极为广泛。在早期的军用短波无线电通信中,AM 调制信号是一种主要的通信方式,目前的短波模拟话通信仍然以单边带为主。但

AM 调制信号的调制效率较低,主要原因是在于 AM 调制信号中有一个载波消耗了大部分发射功率。

AM 调制信号的解调通常有两种方法,即相干解调法和非相干解调法,相干解调法又称同步解调法,非相干解调法也称包络检波法。由于相干解调法需要本地提供精确载波同步,而非相干解调法不仅方法简单而且不需要同步载波,因此 AM 调制信号的解调基本采用非相干解调法。

(1) 相干解调方法。相干解调电路通常由带通滤波器、乘法器和低通滤波器等组成,采用相干解调法接收 AM 调制信号的原理,如图 6-12 所示。

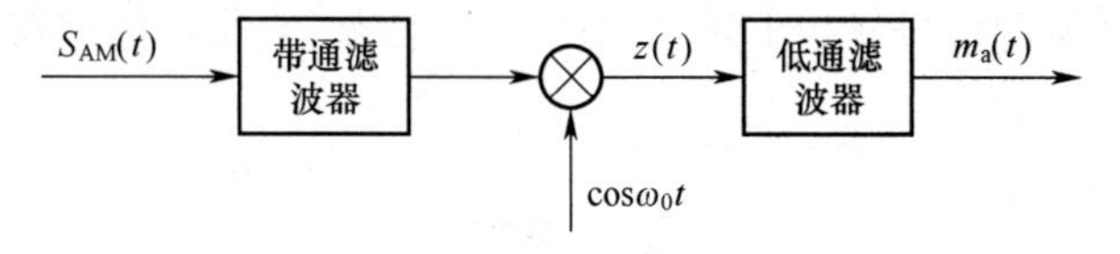

图 6-12　相干解调法

相干解调法的工作原理:AM 调制信号首先进入带通滤波器,由带通滤波器抑制带外噪声后使具有一定带宽的 AM 调制信号进入下一级电路;然后 AM 调制信号 $S_{AM}(t)$ 通过带通滤波器后与本地同步载波 $\cos\omega_c t$ 在乘法器进行下变频处理后再进入低通滤波器,低通滤波器则滤除信号中的倍频分量,最后解调还原出源信号。

在图 6-10 中各点信号表达式分别为

$$S_{AM}(t) = [A_0 + m(t)]\cos\omega_c t \tag{6-48}$$

$$Z(t) = S_{AM}(t) \cdot \cos\omega_c t = [A_0 + m(t)]\cos\omega_c t\cos\omega_c t = \frac{1}{2}(1 + \cos 2\omega_c t)[A_0 + m(t)] \tag{6-49}$$

$$m_0(t) = \frac{1}{2}m(t) \tag{6-50}$$

式中:常数 $A_0/2$ 为混频乘法运算产生的直流分量,可采用隔直电容滤除;本地同步载波 $\cos\omega_c t$ 通过所接收待解调的 AM 调制信号中采用平方变换等方法提取而得到。

相干解调法的优点是具有较好的接收解调性能,其不足之处是要求接收端在本地产生一个与发送端频率和相位都同步的载波。

(2) 非相干解调方法。AM 调制信号非相干解调法的原理,如图 6-13 所示,其电路由带通滤波器、线性包络检波器和低通滤波器等组成。

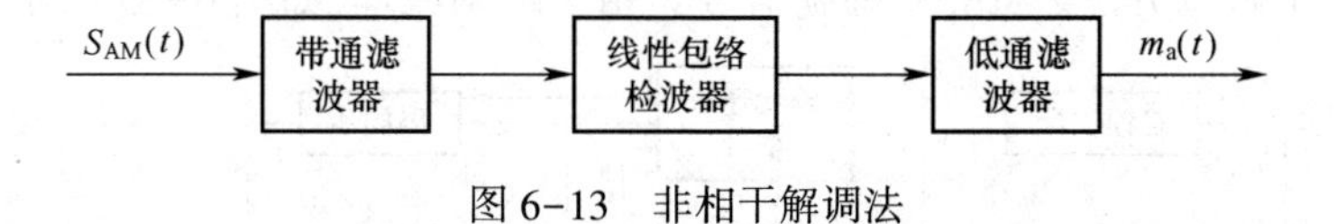

图 6-13　非相干解调法

非相干解调法工作原理:调制信号首先进入带通滤波器,由带通滤波器抑制带外噪声后使具有一定带宽的 AM 调制信号进入下一级电路;然后线性包络检波器通过提取高频 AM 调制信号的包络将其转换成低频信号送到低通滤波器,由低通滤波器实现对低频包络信号完成滤波和平滑;最后解调还原出源信号。

包络检波法的优点是结构相对简单且不需要精确的同步载波;其不足之处是存在门

限效应导致抗噪声性能较差。

其他 AM 类信号解调通常也采用上面的方法。

2）FM 调制信号解调方法

FM 调制信号的解调通常有两种方法，即相干解调法和非相干解调法。相干解调法需要本地提供精确的载波同步才能解调窄带 FM 调制信号，但是由于 FM 调制信号呈现宽带化的趋势，因此相关解调法的应用领域逐渐受限；而非相干解调法由于不需要同频同相的载波，且适用于窄带 FM 调制信号和宽带 FM 调制信号，因此已成为 FM 调制信号主要的解调方法。

图 6-14 是 FM 调制信号非相干解调原理图，由限幅器、带通滤波器、鉴频器和低通滤波器等组成。

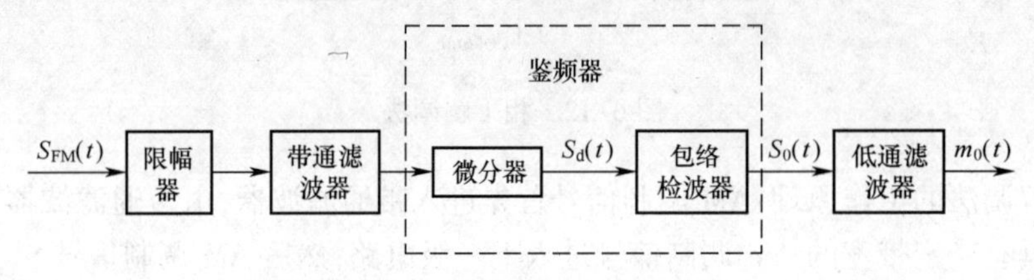

图 6-14　非相干解调法

非相干解调方法工作原理：首先限幅器对输入的 FM 调制信号和噪声进行限幅处理，从而消除因 FM 调制信号幅度过大导致的信道阻塞或幅度畸变；然后由带通滤波器抑制带外噪声后使具有一定带宽的 FM 调制信号进入下一级电路。鉴频器中微分器首先把 FM 调制信号转换成调幅调频波，然后由包络检波器提取该信号的包络送到低通滤波器，再由低通滤波器实现对包络信号的滤波和平滑处理，最后解调还原出源信号。

2. 数字调制信号解调方法

典型的数字调制信号包括 MASK、MFSK、MPSK 和 MQAM 等调制信号，下面阐述这四种数字调制信号解调方法。

1）MASK 调制信号解调方法

MASK 调制信号是数字多进制幅度调制信号，可采用相干解调和非相干解调两种方法。在高信噪比条件下，MASK 调制信号通常采用非相干解调法，即包络检波法；在其他条件下，一般采用相干解调法。在实现对待解调信号的调制识别，即确定信号的调制类型以及载波频率、码元速率和进制数等调制参数后，即可进行解调处理。

（1）非相干解调方法。MASK 调制信号非相干解调原理，如图 6-15 所示。

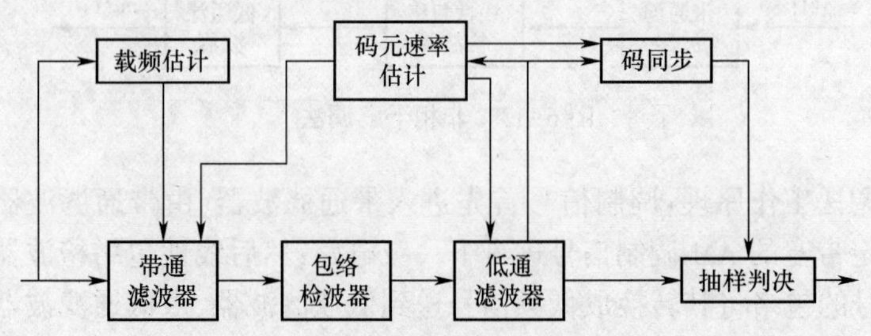

图 6-15　MASK 调制信号非相干解调法

非相干解调对载波频率估计的精度要求不高，只需要为带通滤波器中心频率设置一个初始值，码元速率估计为非相干解调提供该初始值。下面以2ASK调制信号为例阐述解调过程，2ASK调制信号包络检波解调过程，如图6-16所示。

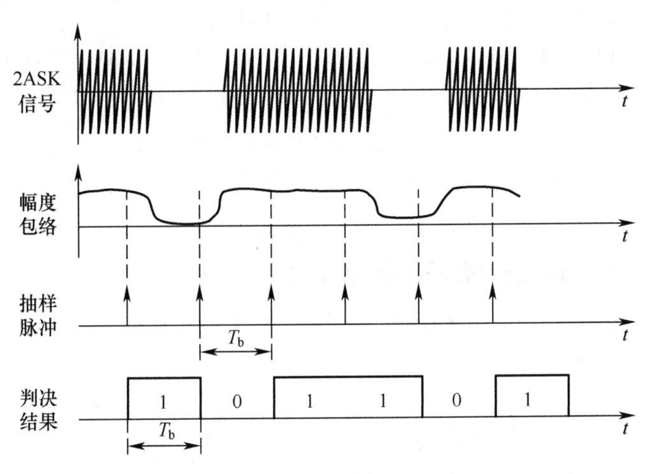

图6-16 2ASK调制信号包络检波解调过程

（2）相干解调方法。相干解调方法需要通过接收信号产生一个相干载波来实现MASK调制信号的解调，其原理如图6-17所示。

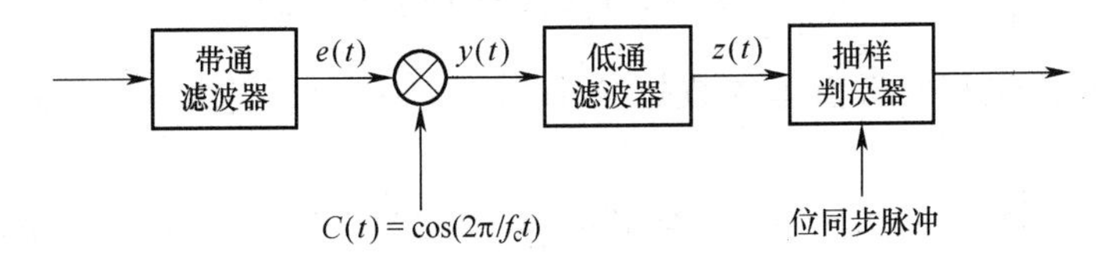

图6-17 MASK调制信号相干解调方法

下面以2ASK调制信号为例阐述解调过程，2ASK调制信号相干解调法，如图6-17所示。

$$y(t)=\mathrm{e}(t)\cdot\cos\omega_c t=S_{2\mathrm{ASK}}(t)\cdot\cos\omega_c t=A\cos\omega_c t\cdot\cos\omega_c t$$

$$A\cos^2\omega_c t=A\cdot\frac{1}{2}(1+\cos 2\omega_c t)=\frac{1}{2}A+\frac{1}{2}\cos 2\omega_c t \tag{6-51}$$

$$z(t)=\mathrm{LPF}[s(t)]=\frac{1}{2}A \tag{6-52}$$

式中：A为ASK信号的幅度。

通过抽样判决可恢复信号所传输的比特流，即实现信号的解调。

2）MFSK调制信号解调方法

MFSK调制信号是数字多进制频率调制信号，可采用相干解调方法、鉴频方法、过零检测方法、差分检测方法和时频分析方法等进行解调。下面首先阐述时频分析方法。

（1）希尔伯特变换方法。在时频分析中，针对MFSK调制信号是单分量信号，即在任意时刻都只有一个频率的特点，因此可采用希尔伯特变换方法来解调MFSK调制信号。

设MFSK调制信号采样得到的实信号序列$x(i)$的频率是f_{sep}，码元速率是R_b，码元

宽度是 $T_b=\frac{1}{R_b}$，采样频率为 f_s，计算其解析信号 $z(i)$，并求其模 2π 的瞬时相位 $\varphi(i)$，得

$$\varphi(i)=\arctan\left[\frac{x'(i)}{x(i)}\right] \tag{6-53}$$

式中：$x'(i)$ 是实信号 $x(i)$ 的希尔伯特变换。因为 $\varphi(i)$ 是按模 2π 计算的，存在相位卷叠，所以将模 2π 瞬时相位序列 $\{\varphi(i)\}$ 加上下式校正相位序列 $\{C_k(i)\}$ 为

$$C_k(i)=\begin{cases}C_k(i-1)-2\pi\\C_k(i-1)+2\pi\\C_k(i-1)\end{cases} \tag{6-54}$$

由于 $C_k(0)=0$，因此去卷叠后的相位序列 $\{\varphi_{uw}(i)\}$ 为

$$\varphi_{uw}(i)=\varphi(i)+C_k(i) \tag{6-55}$$

可得瞬时频率 $f(i)$ 为

$$f(i)=\frac{f_s}{2\pi}[\phi_{uw}(i+1)-\phi_{uw}(i)] \tag{6-56}$$

利用窗宽为 n 的中值滤波器对瞬时频率序列 $\{f(i)\}$ 进行中值滤波，中值滤波器输入/输出关系为

$$y=\begin{cases}x(k+1),n=2k+1\\\frac{1}{2}(x(k)+x(k+1)),n=2k\end{cases} \tag{6-57}$$

中值滤波器首先对分析窗里的数据从小到大排序，然后选取幅度为中间值作为输出值

$$f_M(i)=\text{Median}[f(i)|n]=\text{Median}[f(i-k),\cdots,f(i),\cdots,f(i+k)] \tag{6-58}$$

式中：$\{f_M(i)\}$ 为滤波后的瞬时频率序列。先进行归一化，再对输出序列按照下列条件对瞬时频率进行量化处理，如果 $f_j(i)-\frac{f_{sep}}{2}\leqslant f_{Med}(i)\leqslant f_j(i)+\frac{f_{sep}}{2}$，则 $v(i)=j$。

因此，得到量化输出序列 $\{v(i)\}$。对量化输出序列进行码元宽度检测，即可得到解调输出。

(2) 短时傅里叶变换方法。短时傅里叶变换(STFT)是一种非平稳信号分析工具。MFSK 调制信号采样得到的实信号序列 $x(n)$ 的频率间隔是 f_{sep}，码元速率是 R_b，码元宽度是 $T_b=\frac{1}{R_b}$，采样频率为 f_s。设窗函数为 $w(n)$，窗宽为 N_w。

对信号序列 $x(n)$ 进行加窗的短时傅里叶变换，窗宽为 N_w，得

$$X(k,m)=\text{STFT}\{x(n)w(n-m)\} \tag{6-59}$$

计算谱图，谱图定义为短时傅里叶变换的模值的平方，得

$$X_p(k,m)=|X(k,m)|^2 \tag{6-60}$$

计算出谱图的最大值对应的频率：

$$f(i)=\frac{k_i f_s}{N_w} \tag{6-61}$$

式中：k_i 为谱图中最大值对应的下标。将窗函数 $w(n)$ 沿信号序列 $x(n)$ 滑动，滑动步长

为 P,重复上述过程,即可得信号的瞬时频率序列 $\{f(i)\}$ 。

得到瞬时频率序列后,按照与希尔伯特变换法相同的过程,对瞬时频率序列进行量化、中值滤波和码元检测等,就实现了对 MFSK 调制信号的解调。

当使用 STFT 解调 MFSK 调制信号时,窗函数类型、窗函数宽度、滑动步长和 FFT 点数等变化都会影响信号的解调性能。如果想得到好的解调性能,则必须合理选择上面这些参数。常用的窗函数有矩形窗、三角窗、汉宁窗、海明窗和布莱克曼窗等,较为常用的窗函数为汉宁窗和海明窗;窗函数的宽度通常取 1~2 倍的码元宽度;滑动步长一般取 $(0.1\sim0.5)T_s$;FFT 的频间分辨率 $\frac{f_{sep}}{\Delta f}$ 一般选择在 8~16 之间,f_{sep} 为信号的频率间隔,Δf 为 FFT 的频率分辨率。

(3) 过零检测方法。除了上述的时频分析方法之外,MFSK 调制信号还可以采用相干解调方法、鉴频方法、过零检测方法和差分检测方法等。其中,相干解调方法与 MASK 调制信号采用的相干解调原理一致,鉴频法和差分检测方法属于较为常见的解调方法,下面以 2FSK 调制信号为例阐述过零检测方法,过零检测方法原理,如图 6-18 所示。

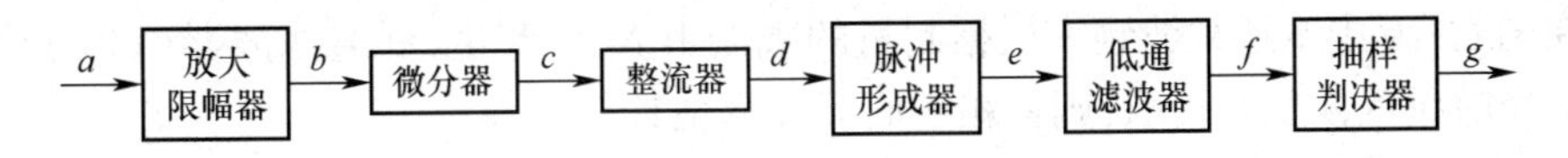

图 6-18　过零检测方法

其解调处理流程,如图 6-19 所示。

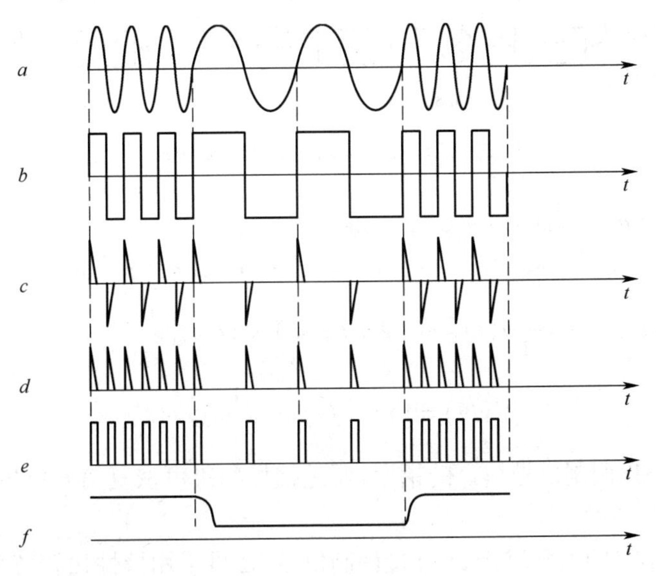

图 6-19　过零检测方法解调过程

3) MPSK 调制信号解调方法

MPSK 调制信号是多进制相位调制信号,可采用相干解调和非相干解调两种方法,其中非相干解调通常采用差分检测方法。同样,在 MPSK 调制信号进行解调之前,需对待解调的信号进行调制类型识别,确定信号的调制类型尤其是进制 M 以及载波频率和码元速率等调制参数。

MPSK 调制信号解调通常采用相干解调。在具体实现时,首先通过诸如高阶累积量方法实现对 MPSK 调制信号的识别得到进制数 M;然后利用无线通信网台信号载波频率测量分析方法和无线通信网台信号码元速率测量分析方法实现 MPSK 调制信号的载波测量和码元速率估计;最后在此基础上进行 MPSK 调制信号解调。

基于载波测量和码元速率估计的 MPSK 调制信号解调原理,如图 6-20 所示。

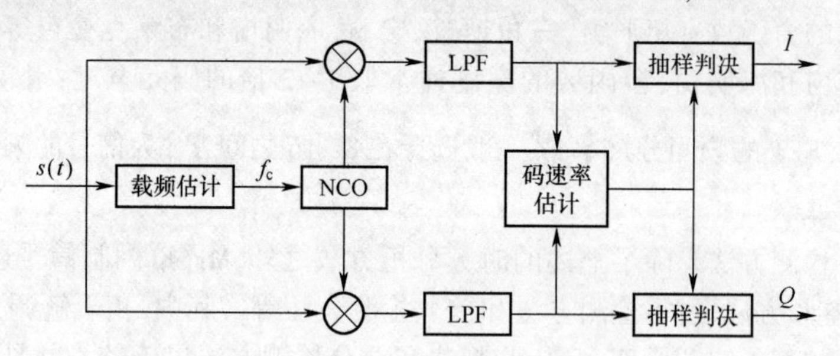

图 6-20　MPSK 调制信号解调方法

在图 6-20 中本地载波频率根据测量的载波由 NCO 产生,低通滤波器(LPF)的带宽以及抽样时钟的恢复和提取,则依赖于码元速率估计的结果。

下面以二进制和四进制移相键控调制信号的解调为例展开原理性阐述。

(1) 2PSK 调制信号解调方法。由图 6-20 简化得到 2PSK 调制信号解调的原理,如图 6-21 所示。

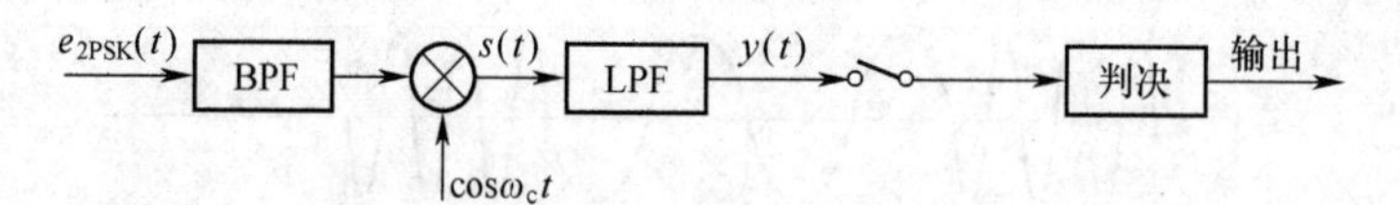

图 6-21　2PSK 调制信号解调方法

由 $e_{2PSK}(t) = a(t)\cos(\omega_c t + \varphi)$,可得

$$
\begin{aligned}
s(t) &= e_{2PSK}(t) \cdot \cos\omega_c t = a(t)\cos(\omega_c t + \varphi)\cos\omega_c t \\
&= \frac{1}{2}a(t)[\cos(2\omega_c t + \varphi) + \cos\varphi]
\end{aligned} \tag{6-62}
$$

$$
y(t) = \mathrm{LPF}[s(t)] = \frac{1}{2}a(t) \tag{6-63}
$$

式中:$a(t)$为 2PSK 调制信号 $s(t)$的幅度,通过抽样判决可恢复信号所传输的比特流,即实现信号的解调。

2PSK 调制信号的差分形式 2DPSK 调制信号,还可采用极性比较解调法和差分相干解调法。

2DPSK 调制信号的极性比较解调原理,如图 6-22 所示。

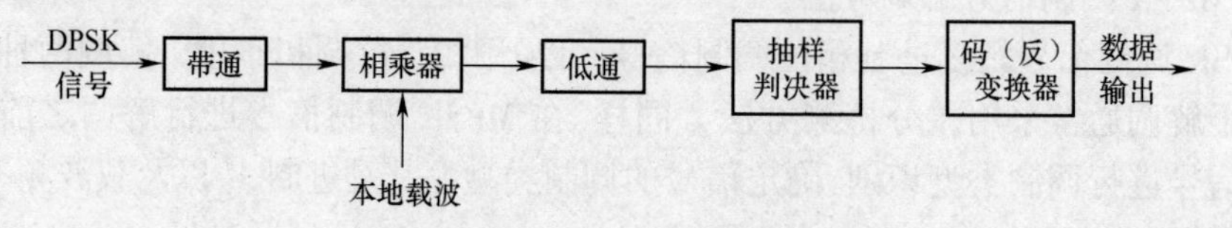

图 6-22　极性比较法解调方法

采用极性比较解调方法必须把输出序列变换成绝对码序列。

此外,2DPSK 调制信号还可采用差分相干解调的方法。该方法通过直接比较前后码元的相位差实现解调,如图 6-23 所示。

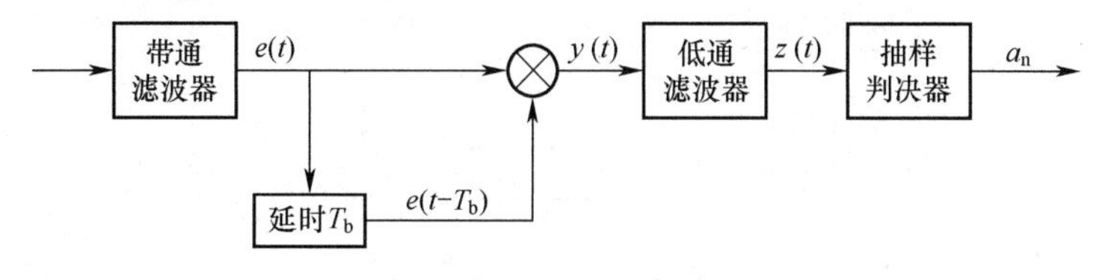

图 6-23　差分相干解调方法

差分相干解调方法在解调的同时实现了码元变换,所以不用再设计极性比较法中码变换器,并且差分相干解调法采用延时处理,无需再利用专门电路来提取供相干用的同步载波。

具体解调过程,如图 6-24 所示。

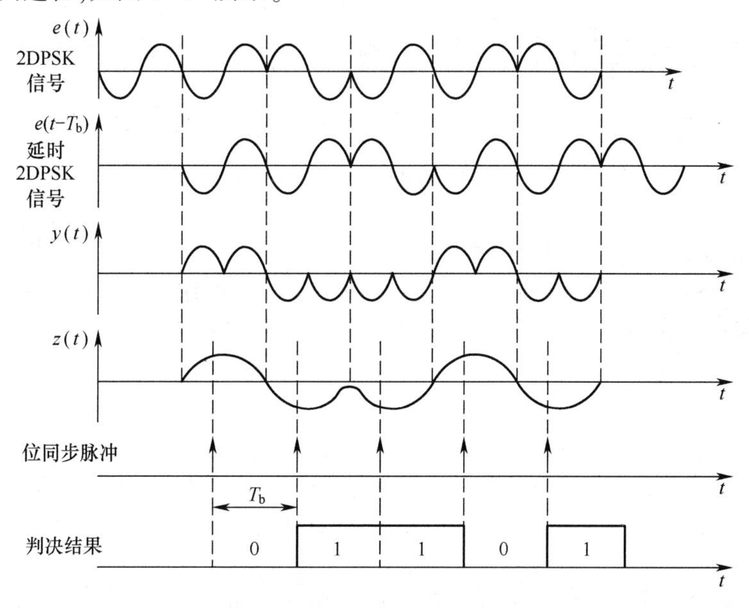

图 6-24　差分相干解调过程

(2) QPSK 调制信号解调方法。四进制移相键控信号(QPSK)是一种性能优良的调制信号,其频带利用率和抗噪声性能与同进制的 ASK 和 FSK 相比较,QPSK 调制信号最佳,因此 QPSK 调制信号在中高速数据传输中得到了广泛应用。

QPSK 调制信号与 2PSK 调制信号一样,传输信号包含的信息都存在于相位中。图 6-25 为典型的 QPSK 信号调制原理图。

由经典的通信原理知识可知,QPSK 调制信号可以视为由两个正交 2PSK 调制信号构成,故可采用两路 2PSK 调制信号相干解调器实现 QPSK 调制信号的解调,其原理如图 6-26 所示。

QPSK 调制信号经过相关处理后,由低通滤波器传输到电平比较器并与门限值进行比较,随后进行抽样判决。如果同相信道判决结果大于 0,则同相信道符号输出为 1;如

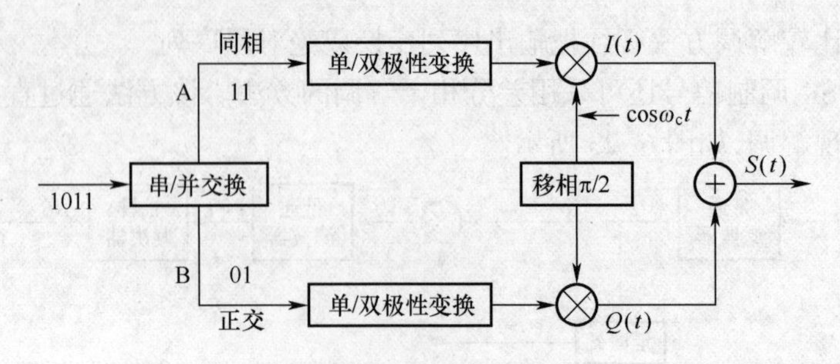

图 6-25 QPSK 信号调制

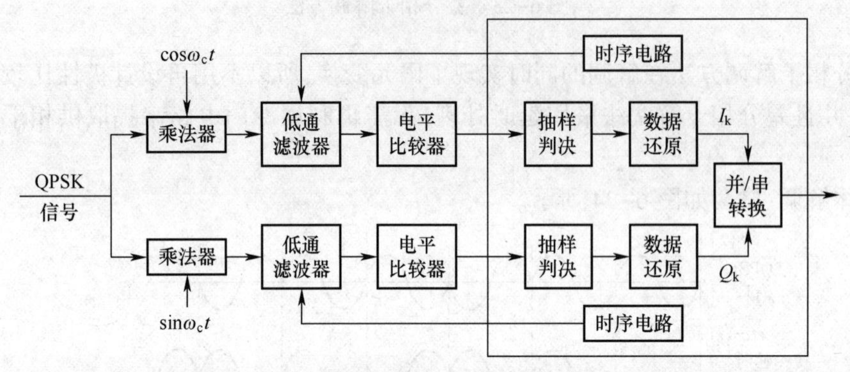

图 6-26 QPSK 调制信号解调

果同相判决信道结果小于 0,则同相信道符号输出为 0。同样,正交通道也采用该判决规则产生相应的输出。同相信道输出的符号序列和正交信道输出的符号序列通过并/串变换还原出原始的二进制序列,最终实现 QPSK 调制信号的解调。

4) MQAM 调制信号解调法

MQAM 调制信号的生成过程:输入序列 $\{a_k\}$,经过串/并变换形成两路无直流的双极性基带信号,记为 $S_1(t)$、$S_2(t)$,因而 $S_1(t)$、$S_2(t)$ 为相互独立的基带信号。$S_1(t)$、$S_2(t)$ 分别与载波 $\cos\omega_c t$、$\cos\omega_c t$ 相乘,形成两路抑制载频的双边带调幅信号 $e_1(t)=S_1(t)\cos\omega_c t$ 和 $e_2(t)=S_2(t)\sin\omega_c t$,于是得到 MQAM 调制信号为

$$e(t)=S_1(t)\cos\omega_c t-S_2(t)\sin\omega_c t \tag{6-64}$$

因为两路调制信号的载波相位差 90°,所以称为正交调幅调制。由于该调制方法中两路调制信号不仅每一路都是双边带调制,而且两路调制信号调制在同一频段中,因此虽然双边带调制比单边带的增加一倍带宽,但可以传送两路信号。所以,频谱利用率与单边带传输的利用率相同。

MQAM 调制信号的解调主要采用相干解调法,其解调原理,如图 6-27 所示。

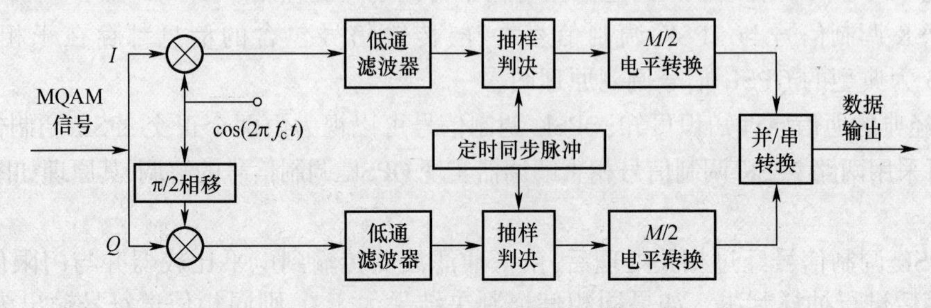

图 6-27 MQAM 调制信号解调法

假设接收信号无失真,MQAM 调制信号不受信道处理带宽限制并且相干载波与信号载波同频同相,则 MQAM 调制信号经两个相干器混频处理后的输出分别为

$$\begin{aligned} y_1(t) &= y(t)\cos\omega_c t = [S_1(t)\cos\omega_c t - S_2(t)\sin\omega_c t]\cos\omega_c t \\ &= \frac{1}{2}S_1(t) + \frac{1}{2}S_1(t)\cos2\omega_c t - \frac{1}{2}S_2(t)\sin2\omega_c t \end{aligned} \tag{6-65}$$

$$\begin{aligned} y_2(t) &= -y(t)\sin\omega_c t = -[S_1(t)\cos\omega_c t - S_2(t)\sin\omega_c t]\sin\omega_c t \\ &= \frac{1}{2}S_2(t) - \frac{1}{2}S_1(t)\sin2\omega_c t - \frac{1}{2}S_2(t)\cos2\omega_c t \end{aligned} \tag{6-66}$$

由式(6-65)和式(6-66)可知,经过低通滤波器后,两支路的输出信号分别为 $\frac{1}{2}S_1(t)$、$\frac{1}{2}S_2(t)$,最后经并/串电路恢复发送序列$\{a_k\}$。

5) MSK 调制信号解调方法

按照 MSK 调制原理,MSK 调制信号的表达式为

$$y(t) = \cos\left(2\pi f_0 t + \frac{\pi x(t)}{2T_b}t + \theta_k\right),(k-1)T_b \leqslant t \leqslant kT_b \tag{6-67}$$

式中:f_0 为 MSK 调制信号的载波频率;T_b 为输入符号的码元周期;θ_k 为第 k 个码元的相位常数,其在 $(k-1)T_b \leqslant t \leqslant kT_b$ 内保持恒定。

在 MSK 调制信号中两个频率分别为$f_1=f_0+\frac{1}{4T_b}$和$f_1=f_0-\frac{1}{4T_b}$。因此,MSK 信号具有的特点:已调信号幅度恒定;在一个码元周期内,信号包含 1/4 载波周期的整数倍;在码元转换时,相位连续不跳变;以载波相位为基准,信号相位在一个码元周期内准确地变化±π/2,其实质为相位连续的 FSK 调制信号。

针对 MSK 调制信号,采用基于频域块自适应滤波解调方法(后面简称自适应解调),该方法的基本处理流程,如图 6-28 所示。

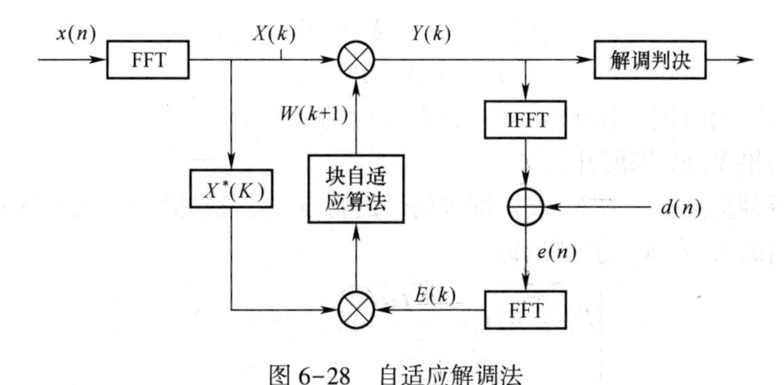

图 6-28　自适应解调法

在图 6-28 中,$d(n)$为期望信号。另外,图中块自适应滤波算法流程,如图 6-29 所示。

(1) 频域块自适应滤波方法。该方法将量化的数据分为 M 段,每段有 N 个采样点,数据块的大小即为滤波器抽头系数的个数。第 k 个数据块内时域自适应滤波方程为

$$\boldsymbol{w}(k+1) = \boldsymbol{w}(k) + u\sum_{i=0}^{N-1} e(kN+i)\boldsymbol{x}(kN+i) = \boldsymbol{w}(k) - \frac{1}{2}u\,\nabla(k) \tag{6-68}$$

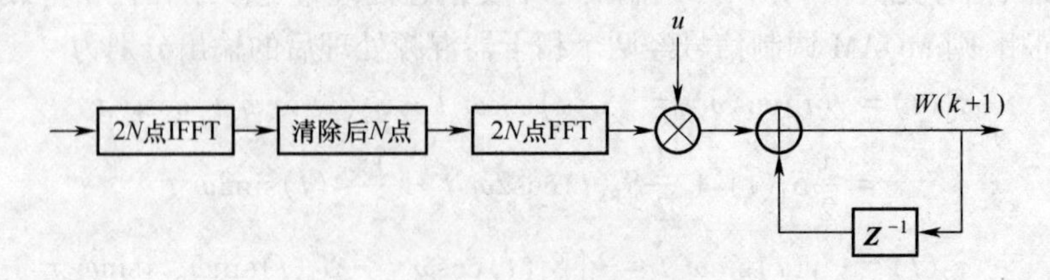

图 6-29 块自适应滤波算法

$$y(kN+i)=\boldsymbol{w}^{\mathrm{T}}(k)\boldsymbol{x}(kN+i),i=0,1,\cdots,N-1 \tag{6-69}$$

式中：$\boldsymbol{w}(k)$ 是第 k 块内滤波器时域权系数的矢量，$\boldsymbol{w}(k)=[w_0(k),w_1(k),\cdots,w_{N-1}(k)]^{\mathrm{T}}$；$\boldsymbol{x}(n)$ 为在 n 时刻滤波器含有 N 个最新的输入信号样本，可看成是 N 个抽头延迟线的输出，$\boldsymbol{x}(n)=[x(n),x(n-1),\cdots,x(n-N+1)]^{\mathrm{T}}$；$d(n)$ 为期望信号，或称本地参考信号；$e(n)$ 为误差序列，它等于期望信号与滤波器输出之差，即 $e(n)=d(n)-y(n)$。

为减少计算量和计算复杂度，频域块自适应算法在频域上采用 50%重叠保留法来实现。算法将每段 N 点数据进行离散傅里叶变换，权系数每 N 个样点更新一次，每次更新均由 N 个误差信号样点累加结果来控制。

具体过程：先通过对时域权系数矢量 $\boldsymbol{w}(k)$ 增加 N 个 0，再利用 $2N$ 点的 FFT 得到频域权系数矢量为

$$\boldsymbol{W}^{\mathrm{T}}(f)=\mathrm{FFT}[\boldsymbol{W}^{\mathrm{T}}(k)\ 0\ \cdots\ 0] \tag{6-70}$$

式中：$\boldsymbol{W}(f)$ 为 $2N\times1$ 的向量，即频域抽头向量长度为时域抽头向量长度的两倍。将第 $(k-1)$ 块与第 k 块输入数据进行 $2N$ 点 FFT 变换，并令 $\boldsymbol{X}(k)$ 的元素组成对角矩阵：

$$\boldsymbol{X}(f)=\mathrm{diag}\{\mathrm{FFT}[x(kN-N)\ \cdots\ x(kN-1)\ x(kN)\ \cdots\ x(kN+N-1)]\} \tag{6-71}$$

由式(6-68)~式(6-71)推导，可得

$$y(k)=\mathrm{FFT}^{-1}[\boldsymbol{X}(k)\boldsymbol{W}(k)] \tag{6-72}$$

$$\boldsymbol{Y}(f)=\boldsymbol{X}(f)\boldsymbol{W}(f) \tag{6-73}$$

滤波器对应的时域和频域输出为式(6-73)的最后 N 项，解调判决算法是利用块自适应滤波的结果 $\boldsymbol{Y}(k)$ 来展开。

(2) 解调判决方法。针对 MSK 调制信号的特点，在完成信号量化的基础上，首先完成每个码元内的 K_{1i} 和 K_{2i} 的计算，即

$$\begin{cases} K_{1i}=\mathrm{INT}\left(\dfrac{f_{\mathrm{c}}+f_{\mathrm{d}}/4}{f_{\mathrm{s}}}i\right),1\leqslant i\leqslant N \\ K_{2i}=\mathrm{INT}\left(\dfrac{f_{\mathrm{c}}-f_{\mathrm{d}}/4}{f_{\mathrm{s}}}i\right),1\leqslant i\leqslant N \end{cases} \tag{6-74}$$

式中：f_{c} 为载波频率；f_{d} 为码元速率；f_{s} 为采样速率；INT(x)表示离 x 最近的整数；N 为一个码元内采样点数的序号；K_{1i} 为每个码元内与 i 有关的实部所对应的数值；K_{2i} 为每个码元内与 i 有关的虚部所对应的数值，这两个数值用以实现一个码元内 N 点采样值经过 FFT 变换后模值的计算。

对应 K_{1i} 和 K_{2i} 的 FFT 变换数值为

$$\begin{cases} y_{1i}(f)=\sum_{n=0}^{N-1}\cos\left[2\pi\left(f_0+\dfrac{\pi x(t)}{4T_b}\right)t+\theta_k\right]e^{-j\frac{2n\pi}{N}K_{1i}},1\leqslant i\leqslant N \\ y_{2i}(f)=\sum_{n=0}^{N-1}\cos\left[2\pi\left(f_0+\dfrac{\pi x(t)}{4T_b}\right)t+\theta_k\right]e^{-j\frac{2n\pi}{N}K_{2i}},1\leqslant i\leqslant N \end{cases} \tag{6-75}$$

从MSK信号表达式可知,在一个码元内为正弦信号,即 $y_{1i}(f)$ 和 $y_{2i}(f)$ 为对称特性,且这两个参数大小变化一致。通过比较可以得到 $y_{1i}(f)$ 和 $y_{2i}(f)$ 的最大值,即

$$\begin{cases} y_{1\max}(f)=\max(|y_{1i}(f)|),1\leqslant i\leqslant N \\ y_{2\max}(f)=\max(|y_{2i}(f)|),1\leqslant i\leqslant N \end{cases} \tag{6-76}$$

如果 $y_{1\max}(f)\geqslant y_{2\max}(f)$ 则判决码元为1,否则判为0,从而实现MSK信号解调处理。

(3) 权系数更新方法。权系数更新是解调方法的核心,滤波时权系数更新方法如下,误差序列的FFT变换为

$$\boldsymbol{E}(k)=\mathrm{FFT}[0\ \cdots\ 0\ d(kN)-y(kN)\ \cdots\ d(kN+N-1)-d(kN+N-1)] \tag{6-77}$$

取下式的前 N 项,即梯度:

$$\nabla(k)=-2\mathrm{FFT}^{-1}[\boldsymbol{X}^*(k)\boldsymbol{E}(k)] \tag{6-78}$$

得到频域滤波权系数更新公式为

$$\boldsymbol{W}(k+1)=\boldsymbol{W}(k)+\frac{1}{2}u\mathrm{FFT}\begin{bmatrix}\nabla(k)\\0\\\vdots\\0\end{bmatrix} \tag{6-79}$$

由式(6-77)~式(6-79)实现MSK调制信号的解调。

第 7 章　通信类网电对抗目标信号编码识别方法

通信类网电对抗目标信号编码识别的对象为无线通信网台信号为提高传输可靠性所采用的信道编码,主要从信号侦察的角度阐述信道编码的码型识别方法、编码参数识别方法和信道译码方法等内容。

7.1 概　述

无线通信网台信号在生成过程中,首先需要提高传输的有效性,对将要传输的二进制比特流序列进行信源编码。然后为了满足信息传递保密性的要求,经过信源编码后的信息通常需要进行加密处理。最后在此基础上,为保证信息传输的可靠性,需要对加密的数据进行信道编码以抵抗在传输过程中各类干扰,即通过添加冗余数据(比特)进行的编码处理,使系统具备了自动检测或纠正错误的功能,该处理过程称为信道编码,又称抗干扰编码。

信道编码广泛应用于民用数字通信、战场无线通信网络等。无线通信网台信号生成和接收处理模型,如图 7-1 所示。

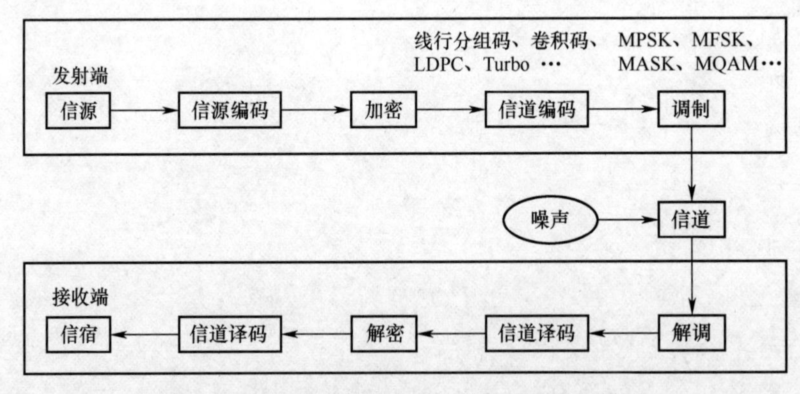

图 7-1　无线通信网台信号生成和接收处理模型

通常信道编码主要是指纠错编码与交织。在信道编码后的数据最终将被调制到无线通信网台信号的载波上,通过功率放大,由天线辐射后,经无线传播信道传输到接收端。接收端一般首先通过调制识别,即实现调制类型、调制参数识别以及解调处理;然后进行信道编码识别,即实现编码参数提取和信道译码处理等。

7.1.1　信道编码

由于无线信道的开放性,数字信号在传输过程中会受到各类干扰的影响,导致失真现象,接收端接收到的解调数据必然存在误码情况,传统噪声信道的误码率达到 10^{-2},对于大部分应用来说,这样的误码率是无法接受的。然而,对于使用信道编码的数字通信系统来说,信道编译码可以纠正信息在传输过程中因突发干扰等因素导致的错误码元,并可将其恢复成原始信息传递给终端。

信道编码的基本思想:通过冗余码元的添加,使原本互不相关的信息码元彼此相关,接收端利用上述相关性进行处理,从而纠正在传输过程中产生的误码。

1. 信道编码基础

香农(Shannon)于 1948 年在其论文"*A Mathematical Theory of Communications*"中指出:若信道容量大于系统传信率,则可靠通信可以通过选择合适的编码技术来实现。

采用信道与信源概率模型,香农利用式(7-1)来描述信息可靠传输问题:

$$C = W\log_2(1 + S/N) \tag{7-1}$$

式中:C 为信道容量,代表单位时间内信道所能传输的最大信息量;W 为信道带宽;S/N 为信噪比。由式(7-1)可得如下推论:

(1) 提高信噪比 S/N,可以增加信道容量 C;

(2) 当噪声功率 $N \to 0$ 时,信道容量 $C \to \infty$,表明在无干扰时的信道容量为 ∞;

(3) 信道带宽 W 的增加不能导致信道容量 C 的无限制增加。若噪声是高斯白噪声,则噪声功率 $N = Wn_0$ 会随着信道容量 C 的增大而增大,即

$$\lim_{W\to\infty} C = \lim_{W\to\infty} W\log_2(1 + S/N) = \frac{S}{n_0}\lim_{W\to\infty}\frac{n_0 W}{S}\log_2\left(1 + \frac{S}{n_0 W}\right) = \frac{S}{n_0}\log_2 e \approx 144\frac{S}{n_0} \tag{7-2}$$

(4) 信道容量 C 是一个有限值($C \leqslant 1.44S/n_0$),不会随着信道带宽 W 的增大而无限增大;

(5) 当信道容量 C 一定时,信噪比 S/N 与信道带宽 W 可以互换。

根据上面的推论,香农在创建可靠通信经典理论的基础上,得出了信道编码定理。信道编码理论可以简要地描述:如果信源的信息速率 R 小于信道容量 $C(R < C)$,只要输入符号数量 n 足够大,在理论上就可以采用相应的编码来实现可靠通信,即可以实现差错概率任意小。反之,如果信源的信息速率 R 大于信道容量($R>C$),则无论收发双方采取什么样的信号处理方法,都无法实现可靠通信。

信道编码定理指出在可靠通信中一定存在相应最佳的编码方式。可见,信道纠错编码理论的终极研究目标,即寻找能在实际应用中接近香农极限的编码方案。

依据信道编码定理,下面介绍"群"和"域"这两个定义。

1)"群"的定义

如果一个元素集合 **G**, 在其中定义一种运算"$*$",并满足条件:

(1) 自闭性:$c=a*b$,(2) 结合律:$(a*b)*c=a*(b*c)$,(3) 单位元:$a*e=e*a=a$,(4) 逆元:$a*a^{-1}=a^{-1}*a=e$,则称元素集合 **G** 为一个"群" ($a,b,c,e,a^{-1} \in \mathbf{G}$)。如果 **G** 中的元素还满足交换律:$a*b=b*a$,则称该群为"交换群"。群中元素的个数定义为元素的"阶",其中元素有限的"群"称为"有限群"。群中不仅"单位元"唯一,而且任一元素的"逆元"唯一。

2）“域”的定义

在元素集合 **F** 中定义加和乘两类运算，且元素集合 **F** 满足以下条件：

(1) 在加法运算下，它是交换群，群中元素满足交换律、结合律和自闭性；

(2) 在乘法运算下的元素集合 **F** 是个交换群，集合中的单位元满足非零元素的逆元唯一性、自闭性、结合律和交换律；

(3) 在加法、乘法下满足分配律。

元素集合若满足上述条件就称为“域”，域中元素个数是该域的“阶”。

若域中元素数量有限，则称该域为 Galois 域或有限域，有限域在编码理论中占有重要地位。包含 q 个元素的有限域记为 $\mathbf{GF}(q)$，各域中必须包含一个单位元素 e 和一个零元素 0，最简单的有限域是二元域 $\mathbf{GF}(2)$。

若 q 是素数，则正整数集 $\{0,1,2,\cdots,q-1\}$ 在模 q 的加法和乘法下是阶数为 q 的域 $\mathbf{GF}(q)$，称为素域。对于任何正整数 m，都可将素域 $\mathbf{GF}(q)$ 扩展成具有 q^m 个元素的域，称为域 $\mathbf{GF}(q)$ 的扩展域，记作 $\mathbf{GF}(q^m)$。任意有限域均是素域的扩展域。

下面介绍几个后面将用到的基本概念，具体如下：

(1) 本原元素。若域 $\mathbf{GF}(q)$ 中某一元素 α 的 n 次幂是 $q-1$，则称 α 为本原元素。本原元素的各次幂构成域 $\mathbf{GF}(q)$ 全部元素，且各有限域都具有属于它的本原元素。

(2) 本原多项式。系数来自域 $\mathbf{GF}(q)$ 并以 $\mathbf{GF}(q^m)$ 中的本原元素作为其根的最小多项式 $p(x)$，称为本原多项式。

(3) 域上多项式。系数取自域 $\mathbf{GF}(q)$ 上的多项式 $f(x)$。域上多项式是编码理论中应用较多的多项式。

(4) 既约多项式。除了常数和常数与其自身乘积之外，若多项式 $f(x)$ 不能被域 $\mathbf{GF}(q)$ 上的其他多项式除尽且其次数大于 0，则称 $f(x)$ 为域 $\mathbf{GF}(q)$ 上的既约多项式。

(5) 最小多项式。将来自域 $\mathbf{GF}(q)$ 的系数，根为 α 的所有首一多项式（多项式中次数最高且系数为 1）中次数最低的多项式，称为 α 的最小多项式。

2. 纠错码

纠错码主要发展历程，如表 7-1 所列。

表 7-1 纠错码发展历程

纠错码	提出时间/年	提出者
Hamming 码	1950	H. W. Hamming
Golay 码	1954	M. J. Golay
RM 码	1954	I. S. Reed, D. E. Muller
卷积码	1955	P. Elias
循环码	1957	E. Prange
RS 编码	1960	I. S. Reed, G. Solomon
BCH 码	1960	R. C. Bose, D. K. Ray-Chaudhuri, A. Hocquenghem
LDPC 码	1961	R. G. Gallager
级联码	1966	G. D. Forney
Goppa 码	1970	V. D. Goppa
TCM 网格编码调制	1976	G. Ungerboeck
代数几何码	1982	M. A. Tsfasman, S. G. Vladut, T. Zink
Turbo 码	1993	C. Berrou, A. Glavieux, P. Thitimajshima

纠错码的实现方法:信息位+监督位。其中监督位主要用于纠错,由于其本身并不携带信息,这会导致信息传输速率的下降,因此采用纠错编码可以提高传输的可靠性,但同时也会降低信息的传输效率。

根据功能的不同,纠错码可分为检错码、纠删码和纠错码;根据信息位和监督位的不同,纠错码可分为线性码和非线性码;根据信息位在编码前后的形式是否保持一致,纠错码可分为系统码与非系统码;根据纠正错误类型的不同,纠错码可分为纠突发错误码和纠随机差错码,以及介于中间的纠突发/随机差错码;根据信息位与监督位之间的不同约束关系,纠错码可分为分组码与卷积码。此外,根据所依据的构码理论,纠错码可分为几何码、算术码、代数码及组合码等;根据各码元的不同取值,可分为二进制和多进制码;根据码字间的不同关系,可分为循环码和非循环码。

纠错码不同的分类方法仅从不同的角度依据编码的某方面特征进行分类,并没有包括编码的全部特征,如某线性码可能既是循环码,又是二进制编码、纠突发差错码和代数码。

1) 线性编码

常见的分组码包括 BCH 码、RS 编码、Hamming 码和 CRC 码等。

线性分组码的信息位与监督位可通过线性方程联系起来,且满足:封闭性,即任意两组许用码组之和仍然是许用码组。

非零码组的最小重量等于码字的最小距离。

分组码把信息序列按照 k 个码元分为一段,并通过编码器为 k 个码元产生 $(n-k)$ 个校验元,输出长度为 n 比特的码组。各 (n,k) 分组码的校验元仅与本码组的信息元相关,与其他码组无关。

循环码是一种具有严格代数结构的线性码,其许多代数性质有助于构造具有纠错能力的码字。由于绝大部分线性分组码都和循环码有关,因此可被定义为循环码。循环码的编译码电路易于实现,且具有循环特性。所以,对循环码的研究也比较系统和深入。

2) 非线性编码

常见的非线性编码包括卷积码、Turbo 码和 LDPC 码等。

与分组码不同,经过卷积码编码后,本组 $(n-k)$ 个校验元既与本组 k 个信息元有关,又与以往各时刻输入至编码器的信息元有关;译码时也要提取本码组前后各时刻的相关信息。此外,在卷积码中各组的信息位长度和码长均小于分组码。

由信道编码定理可知,译码错误率随着码长的递增以指数形式接近 0。因此,长码的使用是进行可靠通信的前提,但译码器的复杂性和计算量会随着码字长度的增加而增加,导致其在实际中难以应用。为了解决性能与实现难度之间的矛盾,1966 年 Forney 提出了级联码的概念。级联码是将几个较短的码字串连起来形成具有较大码长的编码组合,将编码过程分为几个阶段完成,从而实现降低各级译码复杂度的目的。

Turbo 码是在综合级联码、迭代译码、乘积码和最大后验概率译码等理论基础上的创新。由于在低信噪比条件下 Turbo 码具有接近香农极限的性能,因此 Turbo 码广泛地应用于移动通信和深空通信等系统,同时作为各种高速数据业务广泛采用的信道编码方式。特别是,Turbo 码广泛地应用于第三代移动通信系统信道编码。

低密度校验码(LDPC 码)是基于稀疏校验矩阵的线性码,当分组长度足够大时,

LDPC 码的性能远远超过卷积码。虽然 LDPC 码具有优越的性能,但直到 Turbo 码的出现并表现出优异的性能时,才引起研究者对 LDPC 码的重视。LDPC 码是目前编码领域研究的热点。

目前,只有 Turbo 码和 LDPC 码能够接近香农极限,且不规则 LDPC 码的性能好于 Turbo 码,但规则 LDPC 码的性能稍弱于 Turbo 码。然而 LDPC 码也存在编码复杂度较高的不足,虽然研究表明 LDPC 码可以线性时间编码,但复杂度仍大于卷积码。LDPC 码的优越性能是以长码长作为前提的,但这会导致编码时延。

3. 交织

为了有效抵抗突发错误,交织被广泛地应用于大多数无线通信系统。在实际应用中的交织技术可同时解决信道突发错误和随机错误。前面提到的分组编码和卷积编码具有很强的抵抗随机错误(每个时刻发生错误的概率是相同的,如收音机的背景噪声)的能力,若加上交织编码,则又能对抗突发错误(发生错误是连串的,如雷鸣时从收音机发出的“咔嗒咔嗒”声)。

在信道中通常同时存在随机错误和突发错误,特别是同频干扰、相位噪声、多径和衰落信道等都会引起突发错误。在实际应用中的纠错编码都要结合数据交织,目的是为了抵抗突发错误。通过添加交织器与去交织器,使得突发错误信道变成独立随机错误信道,从而将应用于随机错误信道的纠错码应用于突发错误信道。由于交织不会引入冗余码元,因此在提高系统纠错性能的同时,不会降低频谱利用率。

交织器的原理是随机排列数据序列中的元素位置并得到交织序列,而解交织就是将交织序列恢复成原有序列。图 7-2 所示为交织器和解交织器的位置图。

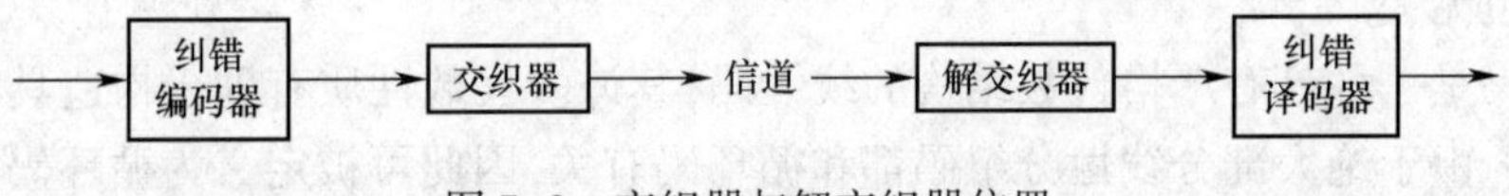

图 7-2　交织器与解交织器位置

若交织的深度越大,则其离散度越大,抗突发错误的能力就越强,系统的纠错能力也越好。但随之也会出现交织和去交织的时间过长,从而造成数据传输时延增长,即交织编码的实现是以牺牲时间和增加资源的耗用为基础的。

根据所处位置的不同,交织器可分为内交织器和外交织器两种,且这两种交织器的作用不同。内交织器以比特为单位,主要作用是打散信息比特并将其送入内码进行编码以对抗突发错误;外交织器的作用是进一步打散内编码后的信息元,增强译码能力以减少错误传播导致的突发错误,通常以符号为单位。根据交织方式的不同,交织器可分为分组交织与卷积交织;根据交织深度的不同,可分为固定交织深度的交织器和非固定交织深度的随机交织器;根据交织对象不同,又可分为比特交织器与符号交织器。

4. 扰码

在通信系统的设计中,数字通信理论都是假设发送的 0,1 比特等概率出现。实用的通信系统和相关的设计性能指标也是基于这个假设。然而,实际的数字通信系统通常受到发送数据序列的统计特性的影响,并且可能存在连续的 0 或连续的 1。这样会破坏系统设计的前提,造成系统不能达到要求的性能指标。另外,在信号调制过程中有可能形成能量较高的离散谱,引起功率谱的不平坦进而导致共用频段的其他业务抗干扰能力大幅下降。同时,接收端的信道译码须首先完成比特时钟同步,进而实现解调和译码的同步。比特时钟的提取以传输序列中0和1间的波形跳变为基础,因此连续出现的0和1会给比特时钟提取造成困难。为了保证任何条件下,进入传输系统的数据流中等概率出现0和1,传输系统需要一个伪随机序列置乱输入码流。

从信号功率谱角度来看,置乱相当于对数字信号的功率谱进行扩展,因此该过程又可称为“能量分散”,即随机化信源编码数据,改变原序列的统计特性,使其具有伪随机特性。与扰码相反的过程,称为解扰。

根据不同的伪随机序列产生方式,加扰可分为同步加扰与自同步加扰,其中伪随机序列通常由一个或多个线性反馈移位寄存器(LFSR)得到。

为了确保通信的安全,加密被广泛采用。加密算法除了对数据进行置乱之外,还有满足信息安全传递的功能。为了检验数据的明密和其他统计特征,数据序列的随机分析必不可少。

7.1.2 分组码

分组码包含线性与非线性两种,其中对线性分组码的研究最早,相关理论也最丰富。由于大部分线性分组码纠错性能较好,因此线性分组码广泛应用于实际通信系统。

1. 线性分组码

(n,k)分组码包含k个信息位与$(n-k)$个监督位,且信息位与监督位一一对应呈代数关系。若这种代数关系是线性的,则称此码为线性分组码。如图7-3所示,信息组M是编码器的输入,由k位信息码元组成;码字矢量$\boldsymbol{C}$是编码器的输出,由n位码元组成,包括k位信息元和$(n-k)$位监督元。依据$2t=n-k$,如果(n,k)分组码满足$2^{n-k} \geqslant n+1$,则该码可纠正一位或多位码元错误。

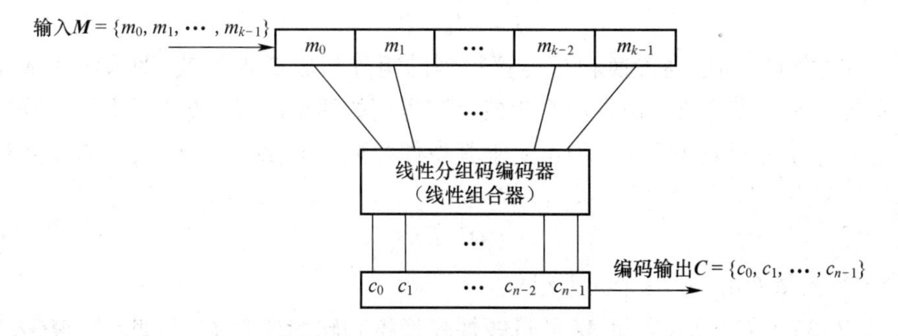

图7-3 线性分组码编码器结构

下面为描述分组码的几个常用概念。

(1)码率:$r=k/n$。码率表示码字包含信息码元的比率,用它可以衡量分组码的编码与传输效率。

(2)最小码距。对长度相同的码字x、y,两者对应位置取值不同的个数称为它们的码距。在(n,k)线性分组码中,任意两个码字之间的码距最小值被定义为该分组码的最小码距d。(n,k)线性分组码的检纠错能力由它决定,d越大,(n,k)线性分组码的纠错能力越强。

(3) 编码约束度。在编码过程中,相互约束的最少码元个数,即编码约束度。其含义为(n,k)线性分组码编码后的$(n-k)$位校验位,只对本码组的前k位起约束作用;其编码约束度是码长n。

(4) 缩短码。在实际应用中,若找不到合适的信息位长度或码长,可以缩短某一(n,k)码来满足要求,得到的$(n-i,k-i)$分组码,即原码的缩短码,i为减少的码元个数。

若(n,k)分组码的信息码构成信息位并且与监督位分开,称这样的码字是系统码,反之是非系统码。

长度是k的输入向量$\boldsymbol{M}$经过生成矩阵$\boldsymbol{G}$编码后,得到长度是n的向量$\boldsymbol{C}$,并且满足如下关系式:

$$\boldsymbol{C}=\boldsymbol{MG} \tag{7-3}$$

式中:$\boldsymbol{C}$称为码字;$\boldsymbol{M}$称为信息字。

定理7.1:在GF(2)上,任何(n,k)非系统码的生成矩阵,都可以通过矩阵初等变换转化成系统生成矩阵形式,即

$$\boldsymbol{G}=[\boldsymbol{I}_k \quad \boldsymbol{P}]$$

式中:$\boldsymbol{I}_k$为$k\times k$阶单位阵;$\boldsymbol{P}$为$k\times(n-k)$阶矩阵,它确定了$(n-k)$个一致校验位或冗余比特。在系统形式的线性分组码中,各码字的前k比特与发送的信息比特一样,余下的$(n-k)$个比特是前k比特的线性组合,通常把该$(n-k)$个冗余比特称为一致校验位(简称校验位)。

推论7.1:在(n,k)线性分组码中,各码字的$(n-k)$位校验位仅约束本码组内的k个信息位,与其他码组无关。任意完整线性分组码所代表的线性约束关系完全相同,等效于系统码形式:

$$\boldsymbol{G}=[\boldsymbol{I}_k \quad \boldsymbol{P}]$$

对于任意矩阵,通过列置换和行运算得到的矩阵与原矩阵等效,即系统生成矩阵可以与非系统生成矩阵等效。由这两个生成矩阵得到的两组(n,k)线性码也是等效的。

任意(n,k)分组码码字$\boldsymbol{C}$(均正交于其奇偶校验矩阵$\boldsymbol{H}$的一行),且有下式校验关系为

$$\boldsymbol{CH}^{\mathrm{T}}=\boldsymbol{0} \tag{7-4}$$

式中:全零行矢量$\boldsymbol{0}$由$(n-k)$个元素组成。

由式(7-3)可知,输入向量$\boldsymbol{M}$经过线性变换得到输出向量$\boldsymbol{C}$,因此,若$\boldsymbol{MGH}^{\mathrm{T}}=\boldsymbol{0}$,则$\boldsymbol{GH}^{\mathrm{T}}=\boldsymbol{0}$,即

$$\boldsymbol{H}=[\boldsymbol{P}^{\mathrm{T}} \quad \boldsymbol{I}_{n-k}] \tag{7-5}$$

式中:$\boldsymbol{P}^{\mathrm{T}}$为$(n-k)\times k$阶矩阵,$\boldsymbol{H}$的一般形式为

$$\boldsymbol{H}=\begin{bmatrix} h_{1,1} & h_{1,2} & \cdots & h_{1,k} & 1 & 0 & \cdots & 0 \\ h_{2,1} & h_{2,2} & \cdots & h_{2,k} & 0 & 1 & \cdots & 0 \\ \vdots & \vdots & & \vdots & \vdots & \vdots & & \\ h_{n-k,1} & h_{n-k,1} & \cdots & h_{n-k,k} & 0 & 0 & \cdots & 1 \end{bmatrix} \tag{7-6}$$

综上所述,非系统码的校验矩阵与生成矩阵没有一一对应的关系,一个校验矩阵可

以对应多个生成矩阵,但系统码的生成矩阵和校验矩阵存在严格的对应关系。系统码编码简单、复杂度低,但是与非系统码具有相同的纠错能力。因此,在实际应用中系统码的使用较为广泛。

2. 循环码

若在 $(n-k)$ 线性分组码 $\boldsymbol{C}$ 中的码字经过循环移位后,仍然为该码组中的码字,则称 $\boldsymbol{C}$ 为循环码。

(n,k) 循环码的码字 $\boldsymbol{C}$ 可用下式$(n-1)$次多项式描述:

$$c(x)=c_{n-1}x^{n-1}+c_{n-2}x^{n-2}+\cdots+c_1x+c_0 \tag{7-7}$$

在(n,k)循环码中,次数是 $2t=n-k$ 的码字多项式有且仅有一个,即

$$g(x)=x^{2t}+g_{2t-1}x^{2t-1}+\cdots+g_1x+g_0 \tag{7-8}$$

将生成矩阵各行表示成如下的多项式形式:

$$\boldsymbol{G}(x)=\begin{bmatrix} x^{k-1}g(x) \\ x^{k-2}g(x) \\ \vdots \\ xg(x) \\ g(x) \end{bmatrix} \tag{7-9}$$

若各码字多项式都是 $g(x)$的倍式,且各阶数不大于 $n-1$ 的 $g(x)$的倍式,则将 $g(x)$定义为(n,k)循环码的生成多项式。

如果 $g(x)$是循环码的生成多项式,则 $g(x)$是 x^n+1 的一个因式,并且在循环码的全部多项式中 $g(x)$的次数最低(全 0 码字除外)。

任意(n,k)循环码,可以检测包括首尾相接在内的任何长度小于等于 $n-k$ 的突发错误。

包括 BCH 码和 Hamming 码在内的码字具有如下特点:

(1) 码长为 2^m-1,式中:m 为正整数;

(2) 生成多项式由若干 m 阶或以 m 的因子为最高阶的多项式相乘的结果。

若 $x^{2m-1}+1$ 阶因式可构成 2^m-1-k 阶生成多项式,则存在$(2^m-1,k)$循环码。长度是 $2^m-1\geqslant(m\geqslant3)$ 的循环 Hamming 码可由 m 次本原多项式产生,通过检验 Hamming 码系统形式的奇偶校验矩阵,可以证明它就是循环码。

3. BCH 码及 RS 编码

1) BCH 码

BCH 码具有很好的纠错性能,在短码和中等码长条件下,构造方便、编码简单且性能接近理论值。

设 q 进制循环码的生成多项式是 $g(x)$,$g(x)$包含 $2t$ 个连续根,即 $\alpha^j,\alpha^{j+1},\cdots,\alpha^{j+2t-1}$,称由 $g(x)$生成的(n,k)循环码是 q 进制 BCH 码。

BCH 码可分为非本原码与本原码两类。其中,本原 BCH 码的码长为 $n=2^m-1$,生成多项式 $g(x)$中的最高次本原多项式为 m 阶;而非本原 BCH 码的码长 n 是 2^m-1 的因子,生成多项式中不含此类多项式。

若 BCH 码的最小码距是 $d=2t+1$,则该码字可以纠正 t 个错误。在生成多项式和码长选择合适的基础上,按照循环码的编码方法即可生成 BCH 码,即 BCH 码是特殊的循环

码。Hamming 码也属于循环码,可以纠正单个错误。

2）RS 编码

若 BCH 码的生成多项式 $g(x)$ 和码元根全部取自 $\mathbf{GF}(q^m)$ 上 $(q^m \neq 2)$,则称该 BCH 码是 RS 编码(reed-solomon 码)。RS 编码广泛应用于战场无线通信网络,如某 UHF/CSMA 无线通信网络、联合战术无线电系统和短波无线通信网。

RS 编码为多进制 BCH 码,能用于纠正突发误码。码长为 $n=2^m-1$,最小码距比监督位个数多 1,即 $n-k+1$,是所有线性分组码中最小码距最大的码。

RS 编码纠错能力较强,既可以纠正随机错误又可以纠正突发错误。RS 编码采用符号这一特性使其更加适用于可能产生突发错误的传播环境,主要原因:在传输过程中无论一个符号中产生了多少位比特错误,在 RS 译码过程中,只会被认为是一个符号发生了错误。这样,可以纠 t 个符号的 RS 编码,就可以纠 $(t-1)m+1$ 个连续比特的突发错误,即使随机错误都不在同一个符号中 RS 编码也能纠正 t 个比特的随机错误。

RS 编码的参数取自 $\mathbf{GF}(2^m)$,纠 t 个错的 (n,k)RS 编码的定义:m 表示一个符号中含的比特数为 m 位;n 表示总码块中的符号数;k 表示信息位中的符号数;$K=n-k$ 表示码块中的冗余数据校验位中的符号数,K 决定了 RS 编码的纠错能力。在码块中事先并不知道的错误位置的情况下,(n,k) 码可以纠正 $t=K/2$ 个错误符号。可见,K 越大 RS 编码的纠错能力就越强,但其不足之处是与之对应的算法更复杂、运算时间更长和数据传输率更低。

如果 $\mathbf{GF}(2^m)$ 域中非零元素 a 的级是 2^{m-1},则称 a 为本原域元素。设符号取自 $\mathbf{GF}(2^m)$ 域,可纠正 t 个错误的 (n,k) 码其最小距离 $d=2t+1$,则由本原域元素 a 的 $2t$ 个连续根 $\alpha^{m_0},\cdots,\alpha^{m_0+2t-1}$ 作为 $g(x)$ 的根来构造生成多项式:$g(x)=(x+\alpha^{m_0})(x+\alpha^{m_0+1})\cdots(x+\alpha^{m_0+2t-1})$,式中:$m_0=0$ 或 $m_0=1$。

只要将信息码多项式 $m(x)=m_{k-1}x^{k-1}+\cdots+m_1+m_0$ 乘以 x^{n-k},然后以 $g(x)$ 为模,求出余式 $q(x)$ 便可以得到 RS 编码为

$$q(x)=m(x)x^{n-k}\bmod g(x)=q_{n-k-1}x^{n-k-1}+\cdots+q_1x+q_0 \tag{7-10}$$

$$C(x)=m(x)x^{n-k}+q(x) \tag{7-11}$$

编码的实现过程如下:

(1) 构造有限域。Galois 域属于有限域,即有限个元素构成的封闭集合。RS 编码的性质和运算法则都定义在能够进行加减和乘除运算的 Galois 域上,其中加减运算满足结合律、交换律和分配律。在 Galois 有限域中的元素有指数和多项式两种形式的表示方法;在运算法则中乘除法运算采用指数形式,加减法运算则采用多项式形式。

(2) 构造生成多项式为

$$g(x)=(x+\alpha^{m_0})(x+\alpha^{m_0+1})\cdots(x+\alpha^{m_0+2t}) \tag{7-12}$$

设当 $m_0=1$ 时,则

$$g(x)=(x+\alpha^1)(x+\alpha^2)\cdots(x+\alpha^{2t+1}) \tag{7-13}$$

由 $n-k=2t$,经推导和迭代可得

$$g(x)=g_{n-k}x^{n-k}+\cdots+g_1x+g_0,g_{n-k}=1 \tag{7-14}$$

(3) 信息数据编码。$(n-k)$RS 编码原理如图 7-4 所示,该电路实质是一个可以执行除法求模运算的线性反馈移位寄存器,通过该方法可得到系统码。

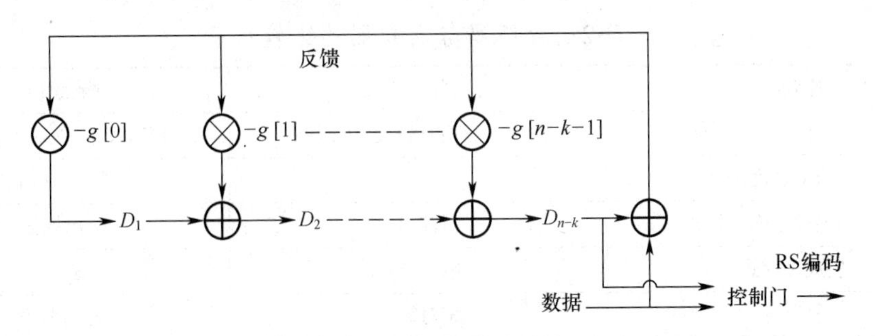

图 7-4　RS 编码原理

信息码组从高位到低位输入线性反馈移位寄存器，每一个码元一方面通过控制开关从编码器输出该码元，另一方面该码元与移位寄存器 D_{n-k} 的输出码元进行异或运算，异或的结果作为反馈与系数 $g[0] \sim g[n-k-1]$ 相乘后，再与各个移位寄存器的输出码元进行异或运算。当所有信息码组都经过上面这样处理后，$(n-k)$ 个移位寄存器中的码元就是 RS 编码后得到的 $(n-k)$ 个校验码元，即实现了 RS 编码。RS 编码后的码元顺序为信息码元在前、校验码元在后。

7.1.3　卷积码

1. 卷积码介绍

1955 年 Elias 等提出了卷积码。与分组码相同，卷积码也是通过添加冗余码元实现检错和纠错。分组码在编码和译码时，本组的 $(n-k)$ 位校验位仅与同组的 k 位信息位相关，与其他各组无关。卷积码的编码过程是一个有限记忆系统，本组 $(n-k)$ 位校验位既与本组 k 位信息位有关，还与过去各时刻输入编码器的信息码元有关；卷积码在译码时要同时提取之前和之后各时刻接收的码元信息。图 7-5 所示为卷积码的编码过程。

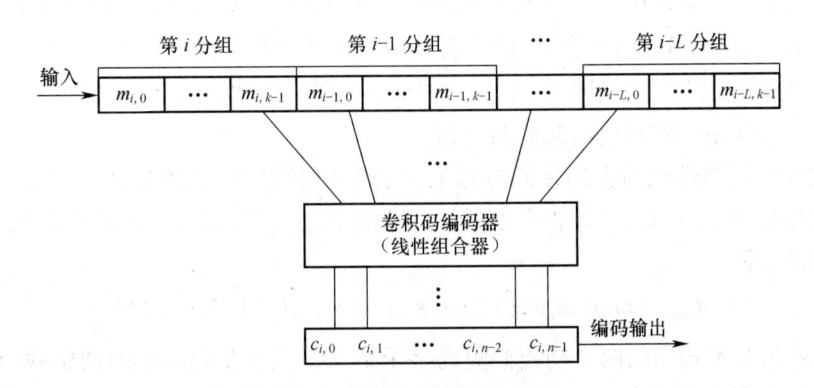

图 7-5　卷积码编码示意图

卷积码的编码和译码复杂度都决定卷积码的码字长度 n 和信息位长度 k 小于分组码。在实际应用中，卷积码的码长 n 通常不大于 8。对于 (n,k,m) 卷积码，它的编码约束长度 $N=n(m+1)$，表示编码时相互约束的码字个数。

表 7-2 列出了 (n,k) 分组码和 (n,k,m) 卷积码的比较信息。

表 7-2 分组码与卷积码的比较信息

比较项	分组码	卷积码
码长	相对较大	相对较小,一般不超过 8
约束长度	n	$N=n(m+1)$
生成矩阵	有限长	半无限
生成多项式	单一方程	方程组
复杂度	相对简单	相对复杂
记忆性	无	有

$\boldsymbol{C}=\boldsymbol{MG}$ 给出了卷积码编码过程的数学描述,式中:$\boldsymbol{M}=\{\boldsymbol{M}_0,\boldsymbol{M}_1,\boldsymbol{M}_2,\cdots,\boldsymbol{M}_i,\cdots\}$ 表示输入信息序列,$\boldsymbol{M}_i=\{m_{i,0},m_{i,1},\cdots,m_{i,k_0-1}\}$ 代表 i 时刻输入长度为 k 比特的信息;$\boldsymbol{C}=\{\boldsymbol{C}_0,\boldsymbol{C}_1,\boldsymbol{C}_2,\cdots,\boldsymbol{C}_i,\cdots\}$ 代表长度为 n 比特的编码输出序列,$\boldsymbol{C}_i=\{c_{i,0},c_{i,1},\cdots,c_{i,n_0-1}\}$ 代表 i 时刻输出长度为 n 比特的信息。$\boldsymbol{M}_i\times\boldsymbol{g}=(g_0,g_1,\cdots,g_m)$ 代表 i 时刻输入长度为 k 比特的信息,产生 $n(m+1)$ 比特的相关序列。通过上述分析可知,卷积码的输入信息序列 $\boldsymbol{M}=\{\boldsymbol{M}_0,\boldsymbol{M}_1,\boldsymbol{M}_2,\cdots,\boldsymbol{M}_i,\cdots\}$ 和输出信息序列 $\boldsymbol{C}=\{\boldsymbol{C}_0,\boldsymbol{C}_1,\boldsymbol{C}_2,\cdots,\boldsymbol{C}_i,\cdots\}$ 均是半无限序列。

由于卷积码的编码充分利用了各组之间的相关性,且 k 和 n 均较小。因此,在设备复杂度和码率相同的条件下,卷积码的性能不比分组码差,而且在实现准最佳和最佳译码方面卷积码也比分组码容易。

对于编码器的初始状态为全 0 的 (n,k,m) 卷积码,将由其编码器输出的首 $(m+1)$ 段比特构成的码字定义为该卷积码的初始截短码字,即

$$\boldsymbol{C}_{00}(D)=\boldsymbol{C}_0+\boldsymbol{C}_1D+\boldsymbol{C}_iD^i+\cdots+\boldsymbol{C}_mD^m \tag{7-15}$$

式中:$\boldsymbol{C}_i=\{c_{i,0},c_{i,1},\cdots,c_{i,n_0-1}\}$ 表示以输入信息为 $\boldsymbol{M}_i=\{m_{i,0},m_{i,1},\cdots,m_{i,k_0-1}\}$ 时编码器输出的相应子码,用 $\boldsymbol{M}_{00}(D)=m_0+m_1D+\cdots+m_mD^m$ 代表首 $(m+1)$ 段时间内输入编码器的多项式。其中,$\boldsymbol{M}_{00}(D)$ 的信息位有 $(m+1)k$ 个,故 $\boldsymbol{M}_{00}(D)$ 有 $2^{(m+1)k}$ 个信息组。(n,k,m) 卷积码的初始截短码字共有 $2^{(m+1)k}$ 个码字,共同构成 $((m+1)n,(m+1)k)$ 分组码,称为 (n,k,m) 卷积码的初始截短码。

卷积码的纠错性能同它的译码方法有关,通常用距离特性来描述。其中,最小汉明距离的应用最多。(n,k,m) 卷积码的最小汉明距离 $d_{\min}$ 是指其各初始截短码字子集间的最小距离,即

$$d_{\min}=\min_{i\neq j}\{d(u,v)\mid u\in\mathbf{s}_i,v\in\mathbf{s}_j,i,j=1,2,\cdots,2^{k_0}\} \tag{7-16}$$

式中:$\mathbf{s}_i,\mathbf{s}_j$ 为互不相同的两个初始截短码字子集;u,v 为子集内对应的初始截短码字。

Viterbi 译码方法是在 (n,k,m) 卷积码中最常见的译码方法,该方法中的最小距离表征了连续 $(m+1)$ 段之间的距离特征。对于约束长度是 $n(m+1)$、自由距离是 $d_{\min}$ 的 (n,k,m) 卷积码序列,在采用 Viterbi 译码方法的基础上,可以纠正序列中 $[(d_{\min}-1)/2]$ 个随机错误。

由于译码器的复杂性以 2^{km} 的指数形式增长,所以通常采用 $k=1$ 的 $(n,1,m)$ 卷积码。但是码率低,效率也低。在保证效率的前提下为了尽可能地降低译码器的复杂性,通常

对$(n,1,m)$卷积码进行删余操作,生成相应的删余卷积码,即删余码。删余码的最大优点:构造简单;码率高;同一个 Viterbi 译码器可对多种码率的码字进行译码。最常见的应用是利用以 1/2 为源卷积码来生成$(n-1)/n$型码率的目标删余码和码率是 1/2 的卷积码,同时这也是实现自适应调制编码技术的一种有效、简单的方法。实现起来合理、简单且具有良好检错和纠错性能的大部分卷积码,总是$k=1$或$n-k=1$,也就是说其编码效率通常为 1/5,1/4,1/3,1/2,2/3,3/4,4/5…

2. 卷积码的矩阵描述

分组码和卷积码都是由各自的生成矩阵和校验矩阵决定的,生成矩阵决定了编码后的码字,而接收的码字同样符合与其对应的校验矩阵。因此,求出未知码字的生成矩阵或者校验矩阵,就可以对该码字的性质有准确的了解。

$\boldsymbol{C}=\boldsymbol{MG}$ 是卷积码编码过程的数学表述,其中生成矩阵可表示为

$$\boldsymbol{G}_{\infty}=\begin{bmatrix} \boldsymbol{g}_0 & \boldsymbol{g}_1 & \cdots & \boldsymbol{g}_m & 0 & 0 & 0 \\ 0 & \boldsymbol{g}_0 & \boldsymbol{g}_1 & \cdots & \boldsymbol{g}_m & 0 & 0 \\ 0 & 0 & \boldsymbol{g}_0 & \boldsymbol{g}_1 & \cdots & \boldsymbol{g}_m & 0 \\ 0 & 0 & 0 & \boldsymbol{g}_0 & \boldsymbol{g}_1 & \cdots & \boldsymbol{g}_m \end{bmatrix}\cdots \tag{7-17}$$

式中:$\boldsymbol{G}_{\infty}$ 是个半无限矩阵。

前$(m+1)$段的$\boldsymbol{g}_0,\boldsymbol{g}_1,\cdots,\boldsymbol{g}_m$决定了该半无限矩阵$\boldsymbol{G}_{\infty}$的数值,而从$(m+2)$段起该半无限矩阵$\boldsymbol{G}_{\infty}$的数值全为 0,则$\boldsymbol{g}_l$可以写成$k\times n$阶矩阵,即

$$\boldsymbol{g}_l=\begin{bmatrix} \boldsymbol{g}_l(1,0) & \boldsymbol{g}_l(1,1) & \cdots & \boldsymbol{g}_l(1,n-1) \\ \boldsymbol{g}_l(2,0) & \boldsymbol{g}_l(2,1) & \cdots & \boldsymbol{g}_l(2,n-1) \\ \vdots & \vdots & & \vdots \\ \boldsymbol{g}_l(k,0) & \boldsymbol{g}_l(k,1) & \cdots & \boldsymbol{g}_l(k,n-1) \end{bmatrix} \tag{7-18}$$

式中:$0\leqslant l\leqslant m$。由卷积码的生成矩阵可知,$\boldsymbol{G}_{\infty}$是由$\boldsymbol{g}$确定的,因为每个k行均是$\boldsymbol{g}=\boldsymbol{g}_0,\boldsymbol{g}_1,\cdots,\boldsymbol{g}_m$右移$n$位得到。$\boldsymbol{g}$称为卷积码的基本生成矩阵,卷积码的码字均由$\boldsymbol{g}$经线性移位相加得到。

因为$\boldsymbol{G}(D)$为卷积码的基本生成矩阵,故编码器输入与输出之间关系可表示为$\boldsymbol{C}(D)=\boldsymbol{M}(D)\boldsymbol{G}(D)$。

$\boldsymbol{G}(D)$表示如下:

$$\boldsymbol{G}(D)=\begin{bmatrix} \boldsymbol{g}_{1,1}(D) & \boldsymbol{g}_{1,2}(D) & \cdots & \boldsymbol{g}_{1,n_0}(D) \\ \boldsymbol{g}_{2,1}(D) & \boldsymbol{g}_{2,2}(D) & \cdots & \boldsymbol{g}_{2,n_0}(D) \\ \vdots & \vdots & & \vdots \\ \boldsymbol{g}_{k_0,1}(D) & \boldsymbol{g}_{k_0,2}(D) & \cdots & \boldsymbol{g}_{k_0,n_0}(D) \end{bmatrix} \tag{7-19}$$

卷积码的生成矩阵与校验矩阵满足$\boldsymbol{G}_{\infty}\boldsymbol{H}_{\infty}^{\mathrm{T}}=\boldsymbol{0}$,即$(n,k,m)$卷积码的各码字必须满足由$\boldsymbol{H}$矩阵的行所确定的线性方程组。

(n,k,m)卷积码的校验矩阵的一般形式为

$$
\boldsymbol{H}_{\infty}=\begin{bmatrix}
\boldsymbol{h}_0 & 0 & \cdots & \cdots & \cdots & \cdots & \cdots \\
\boldsymbol{h}_1 & \boldsymbol{h}_0 & 0 & \cdots & \cdots & \cdots & \cdots \\
\boldsymbol{h}_2 & \boldsymbol{h}_1 & \boldsymbol{h}_0 & 0 & \cdots & \cdots & \cdots \\
\vdots & \vdots & \vdots & \vdots & \vdots & \vdots & \\
\boldsymbol{h}_m & \boldsymbol{h}_{m-1} & \cdots & \boldsymbol{h}_0 & \cdots & \cdots & \cdots \\
0 & \boldsymbol{h}_m & \boldsymbol{h}_{m-1} & \cdots & \boldsymbol{h}_1 & \boldsymbol{h}_0 & \cdots \\
0 & 0 & \cdots & \cdots & \cdots & \cdots & \cdots
\end{bmatrix} \tag{7-20}
$$

令 $r=n-k$，式中：$\boldsymbol{h}_0,\boldsymbol{h}_1,\cdots,\boldsymbol{h}_m$ 都是 $r\times n$ 阶矩阵。其中，第 $m+1$ 行称为 (n,k,m) 卷积码的基本校验矩阵，记作 $\boldsymbol{h}_{\infty}$。因此，只要卷积码的基本校验矩阵 $\boldsymbol{h}_{\infty}$ 确定了，其生成矩阵 $\boldsymbol{G}_{\infty}$ 和校验矩阵 $\boldsymbol{H}_{\infty}$ 也就对应确定下来。$\boldsymbol{h}_{\infty}$ 共有 r 行，即 $\boldsymbol{h}_{\infty}=\begin{bmatrix} h(1) \\ \vdots \\ h(r) \end{bmatrix}$。$\boldsymbol{h}(1)$，$\boldsymbol{h}(2)$，$\cdots$，$\boldsymbol{h}(r)$ 为子校验元。

类似于 $\boldsymbol{G}(D)$，校验多项式矩阵 $\boldsymbol{H}(D)$ 为

$$
\boldsymbol{H}(D)=\begin{bmatrix}
\boldsymbol{h}_{1,1}(D) & \boldsymbol{h}_{1,2}(D) & \cdots & \boldsymbol{h}_{1,n_0}(D) \\
\boldsymbol{h}_{2,1}(D) & \boldsymbol{h}_{2,2}(D) & \cdots & \boldsymbol{h}_{2,n_0}(D) \\
\vdots & \vdots & & \vdots \\
\boldsymbol{h}_{n_0-k_0,1}(D) & \boldsymbol{h}_{n_0-k_0,2}(D) & \cdots & \boldsymbol{h}_{n_0-k_0,n_0}(D)
\end{bmatrix} \tag{7-21}
$$

对于系统卷积码，其生成矩阵与校验矩阵之间的关联关系与现行分组码类似。由此，可得 $\boldsymbol{G}(D)$ 单位化后的系统卷积码生成矩阵的形式 $[\boldsymbol{I}_{k_0}\quad \boldsymbol{P}]$ 为

$$
\boldsymbol{G}(D)=\begin{bmatrix}
1 & 0 & \cdots & 0 & \boldsymbol{g}_{1,k_0+1}(D) & \cdots & \boldsymbol{g}_{1,n_0}(D) \\
0 & 1 & \cdots & 0 & \boldsymbol{g}_{2,k_0+1}(D) & \cdots & \boldsymbol{g}_{2,n_0}(D) \\
\vdots & \vdots & & \vdots & \vdots & & \vdots \\
0 & 0 & \cdots & 1 & \boldsymbol{g}_{k_0,k_0+1}(D) & \cdots & \boldsymbol{g}_{k_0,n_0}(D)
\end{bmatrix} \tag{7-22}
$$

与式(7-22)相类似，校验矩阵 $[\boldsymbol{P}^{\mathrm{T}}\quad \boldsymbol{I}_{n_0-k_0}]$ 的形式为

$$
\boldsymbol{H}(D)=\begin{bmatrix}
\boldsymbol{g}_{1,k_0+1}(D) & \cdots & \boldsymbol{g}_{k_0,k_0+1}(D) & 1 & 0 & \cdots & 0 \\
\boldsymbol{g}_{1,k_0+2}(D) & \cdots & \boldsymbol{g}_{k_0,k_0+2}(D) & 0 & 1 & \cdots & 0 \\
\vdots & & \cdots & \vdots & \vdots & & \vdots \\
\boldsymbol{g}_{1,n_0}(D) & \cdots & \boldsymbol{g}_{k_0,n_0}(D) & 0 & 0 & \cdots & 1
\end{bmatrix} \tag{7-23}
$$

非系统码不存在上述关系，只有利用式 $\boldsymbol{G}_{\infty}\boldsymbol{H}_{\infty}^{\mathrm{T}}=\boldsymbol{0}$ 才能得到 $\boldsymbol{H}$。校验矩阵也可写成与生成矩阵相同的形式 $\boldsymbol{H}(D)$，因此有 $\boldsymbol{G}(D)\boldsymbol{H}^{\mathrm{T}}(D)=\boldsymbol{0}$。

由于输出的码元满足 $\boldsymbol{C}_{\infty}\boldsymbol{H}_{\infty}^{\mathrm{T}}=\boldsymbol{0}$，因此必然有 $\boldsymbol{C}(D)\boldsymbol{H}^{\mathrm{T}}(D)=\boldsymbol{0}$。

由 $\boldsymbol{C}_{\infty}\boldsymbol{H}_{\infty}^{\mathrm{T}}=\boldsymbol{0}$ 可知，编码后的码字必定符合某种约束关系。根据 $\boldsymbol{H}_{\infty}$ 的定义，每次运算时 $\boldsymbol{C}$ 最多有 $N=n(m+1)$ 个元素和 $\boldsymbol{H}_{\infty}^{\mathrm{T}}$ 相乘。其内涵：如果从码字 $\boldsymbol{C}$ 起点开始取 N 个相邻元素，则这 N 个元素均满足方程 $X_1C_1+X_2C_2+\cdots+X_NC_N=0$，由此得到 $\boldsymbol{XC}=\boldsymbol{0}$ 的编码约束方程，其中 $\boldsymbol{X}_i$ 由 $\boldsymbol{H}_{\infty}$ 决定，而 $\boldsymbol{H}_{\infty}$ 由码的基本校验矩阵 $\boldsymbol{h}_{\infty}$ 决定，故可从 $\boldsymbol{h}_{\infty}$ 推导出

方程 $XC=0$ 解的特征。

定理 7.2： $XC=0$ 是卷积码的编码约束方程，它的解空间 X 维数是 $n-k$。子校验元 $h(1)$ 到 $h(r)$ 组成 $(n-k)$ 组最大线性无关解。

以(3,2,2)系统卷积码编码器为例进行分析，其结构如图 7-6 所示，图中 D 代表同步移位寄存器，⊕代表模 2 加法器。

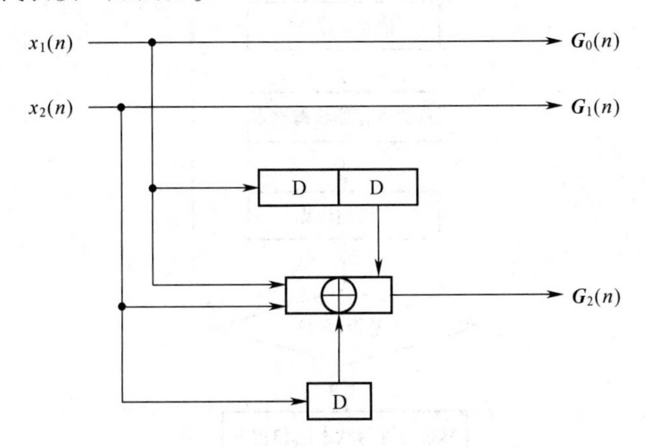

图 7-6　(3,2,2)系统卷积码编码器

由图 7-6 可知，(3,2,2)系统卷积码编码器生成多项式矩阵为

$$G(D)=\begin{bmatrix}1 & 0 & D^2+1\\0 & 1 & D+1\end{bmatrix} \tag{7-24}$$

由生成矩阵可得其校验矩阵为

$$H(D)=[D^2+1 \quad D+1 \quad 1] \tag{7-25}$$

由校验矩阵可得其基本监督矩阵为

$$h_\infty=[100 \quad 010 \quad 111] \tag{7-26}$$

由式(7-24)~式(7-26)可得其编码约束方程为

$$C_1+C_5+C_7+C_8+C_9=0$$

7.1.4　Turbo 码

Turbo 码的码结构是由原信息码和两路校验码组成，两路校验码中的一路校验码是由信息码直接送入卷积码产生器产生的卷积码，另一路校验码是先由信息码经交织器后，再送入卷积码产生器产生的卷积码。其产生的原理如图 7-7 所示。

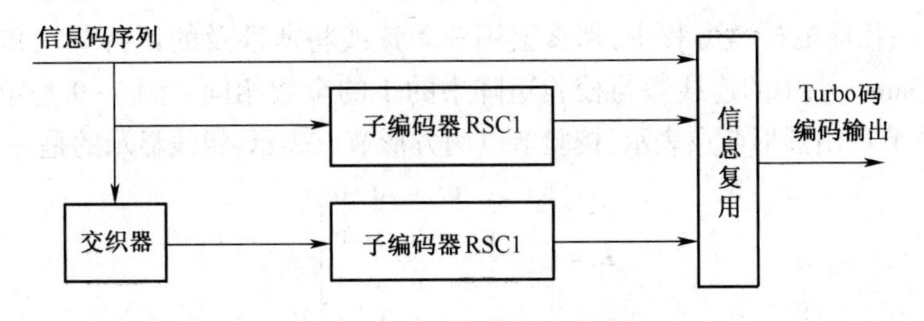

图 7-7　Turbo 码编码器

图 7-7 中卷积码产生器模块与扩频码中的 m 序列产生的方法类似，都是用线性移位寄存器产生，产生方法的流程如图 7-8 所示。

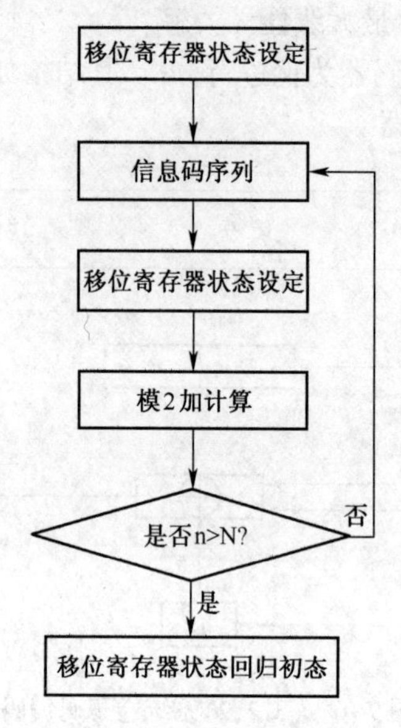

图 7-8　产生方法流程图

一路校验码产生的方法是移位寄存器的初始状态为 00，每次进入一个信息码就依次改变移位寄存器的状态。移位寄存器状态码和输入信息码经过模 2 加后输出，生成一位校验码。依次循环输入直到设定的信息码数目 N，移位寄存器的状态再次回到初始状态 00。

另一路校验码产生的方法是先将原信息码首先送入交织器，交织器将信息码序列按行的顺序写入的矩阵，然后按列的顺序读出来完成交织。

信息码经过交织器后送入同样的卷积码产生器，以同样的方式生成校验位，由此将三块数据组成一个 Turbo 码数据块，实现 Turbo 码编码。

7.1.5　LDPC 码

LDPC 码是一种常见的线性分组码，图 7-9 所示为 LDPC 码的校验矩阵。LDPC 码通常用 Tanner 图来表示，Tanner 图包含两类顶点：n 个码字比特顶点（称为比特节点），分别与校验矩阵的各列相对应；m 个校验方程顶点（称为校验节点），分别与校验矩阵的各行对应。校验矩阵的每行代表一个校验方程，每列代表一个码字比特。因此，如果一个码字比特包含在相应的校验方程中，那么就用一条连线将所涉及的比特节点和校验节点连起来，所以 Tanner 图中的连线数与校验矩阵中的 1 的个数相同。图 7-9 是矩阵的 Tanner 图，其中比特节点用圆形节点表示，校验节点用方形节点表示，粗线显示的是一个 6 循环。

$$\boldsymbol{H}=\begin{bmatrix}1&1&0&1&0&0\\0&1&1&0&1&0\\1&0&0&0&1&1\\0&0&1&1&0&1\end{bmatrix}$$

图 7-9　LDPC 码校验矩阵

循环是由图 7-10 中的一群相互连接在一起的顶点组成,其以这群顶点中的一个同时作为起点和终点,并且只经过每个顶点一次。循环的长度定义为它所包含的连线的数量,而图形的围长,也可称为图形的尺寸,定义为图中最小的循环长度。图形的尺寸,即围长,如图 7-10 所示的粗线。

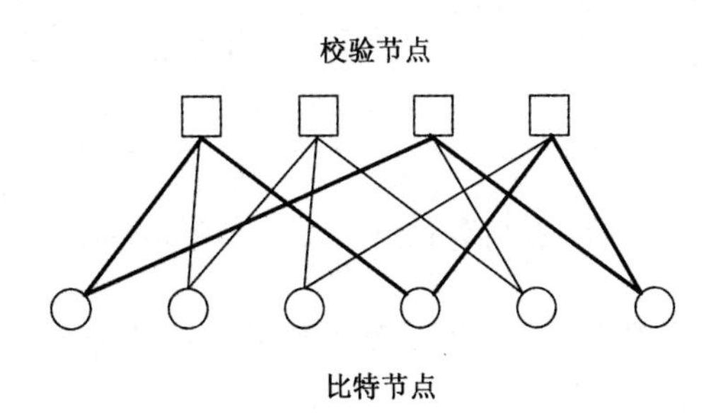

图 7-10　Tanner 图

利用校验矩阵 $\boldsymbol{H}$ 直接编码,首先推导出根据校验矩阵直接编码的等式。将尺寸为 (m,n) 校验矩阵写成如下形式:

$$\boldsymbol{H} = [\boldsymbol{H}_1 \quad \boldsymbol{H}_2] \tag{7-27}$$

式中:$\boldsymbol{H}_1$ 的大小为 $m \times k$;$\boldsymbol{H}_2$ 的大小为 $m \times m$。设编码后的码字行向量为 $\boldsymbol{c}$,其长度为 n,如下形式:

$$\boldsymbol{c} = [\boldsymbol{s} \quad \boldsymbol{p}] \tag{7-28}$$

式中:$\boldsymbol{s}$ 是信息码的行向量,长度为 k;$\boldsymbol{p}$ 为效验行向量,长度为 m,根据校验公式:

$$\boldsymbol{H} \times \boldsymbol{c}^{\mathrm{T}} = 0 \tag{7-29}$$

展开式(7-29),可得

$$[\boldsymbol{H}_1 \quad \boldsymbol{H}_2]\begin{bmatrix}\boldsymbol{s}^{\mathrm{T}} \\ \boldsymbol{p}^{\mathrm{T}}\end{bmatrix} = 0 \tag{7-30}$$

展开式(7-30),并考虑到运算是在 **GF**(2) 中进行,得到:

$$\boldsymbol{p} \times \boldsymbol{H}_2^{\mathrm{T}} = \mathbf{s} \times \boldsymbol{H}_1^{\mathrm{T}} \tag{7-31}$$

如果校验矩阵 $\boldsymbol{H}$ 是非奇异的,则满秩,所以有

$$\boldsymbol{p} = \boldsymbol{s} \times \boldsymbol{H}_1^{\mathrm{T}} \times \boldsymbol{H}_2^{-\mathrm{T}} \tag{7-32}$$

这样就把码字的校验位计算出来了,由此实现 LDPC 编码。

7.1.6　交织方式

信道编码只能纠正随机差错错误,在一些实际的信道中,发生的错误常常是突发性错误,即错误的发生是一连串的。那些只能纠正随机差错错误的编码对突发错误是无能为力的,所以为了纠正突发错误,应采用别的编码方法,交织编码就是方法之一。在突发错误中,错误之间存在相关性,交织编码的指导思想就是通过对所传输符号的交织,减小错误的相关性,使突发错误变为随机差错错误,从而可以采用纠正随机差错错误的纠错编码进行检纠错,所以交织编码也可以看作是一种信道改造技术,即把一个突发信道改造为一个随机差错信道。

使用交织编码的通信系统原理如图 7-11 所示。其中交织器和去交织器的作用是使整个编码信道成为随机差错信道。

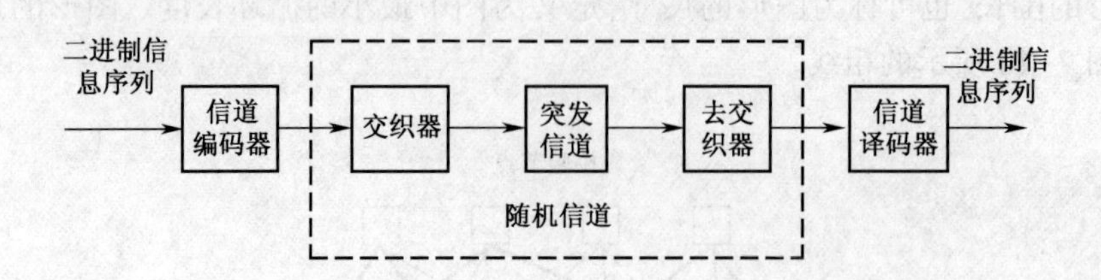

图 7-11　使用交织编码的通信系统原理框图

交织器有不同的结构，本小节仅介绍分组交织器。一个分组交织器可以看作是一个 $m \times n$ 的缓存器，如图 7-12 所示。

C_1	C_2	C_3	…	C_{n-2}	C_{n-1}	C_n
C_{n+1}	C_{n+2}	C_{n+3}	…	C_{2n-2}	C_{2n-1}	C_{2n}
C_{2n+1}	C_{2n+2}	C_{2n+3}	…	C_{3n-2}	C_{3n-1}	C_{3n}
			……			
$C_{mn-2n+1}$	$C_{mn-2n+2}$	$C_{mn-2n+3}$	…	C_{mn-n-2}	C_{mn-n-1}	C_{mn-n}
C_{mn-n+1}	C_{mn-n+2}	C_{mn-n+3}	…	C_{mn-2}	C_{mn-1}	C_{mn}

图 7-12　交织器原理

把经过纠错编码的二进制码序列以 $m \times n$ 个比特为单位进行分组，每组表示为

$$C = (c_1 c_2 c_3 \cdots\ c_{mn-2} c_{mn-1} c_{mn}) \tag{7-33}$$

把分组码元按行写入交织器，在 $m \times n$ 个比特全部写入交织器后，按列读出各比特，由此实现编码交织。

7.1.7　信道编码的应用

人们一直努力寻找既能逼近香农理论极限，又能合理实现复杂度的编译码方法。从 Hamming 码、RS 编码、BCH 码、卷积码、级联码，再到 Turbo 码、LDPC 码和 Polar 码，上述码字的性能正在与香农理论极限的距离逐渐缩小，而且上述编码已应用于诸多领域，如卫星通信、移动通信、深空通信和视频广播等。表 7-3 列出了相关信道编码在公开领域的实际应用情况。

表 7-3　信道编码应用举例

信道编码	应 用 举 例
卷积码	GSM、TD-SCDMA、CDMA2000、WCDMA、DVB-T/S、802.11
Turbo 码	TD-SCDMA、CDMA2000、WCDMA
Hamming 码	16 号数据链
CRC 码	TD-SCDMA、CDMA2000、WCDMA、DVB-S2、3G

（续）

信道编码	应 用 举 例
BCH 码	DVB-S2
RS 编码	DVB-T、DVB-S、DVB-C、ACUS、Voyager 探测器
LDPC 码	DVB-S2、“嫦娥”探月工程
Polar 码	5G
伪随机交织	GSM、DVB-T、802.11
卷积交织	DVB-T、DVB-C、ATSC、ACUS
自同步扰码	STM-VSAT
同步扰码	802.11a、DVB-T、DVB-S、DVB-C、DVB-S2

差错控制方案是信道编码性能的最基本决定因素。以移动通信为例，第二代移动通信广泛采用线性编码，如 BCH 码和 CRC 码等，可以很好地保证语音及低速数据业务的服务质量。随着提供业务的种类不断增加，第三代移动通信系统对信道编码的要求也不断提高，其中 CDMA2000 系统以 Turbo 码为主要编码，根据所处环境的不同，采用不同码率的卷积码用于语音信道的差错控制，在 TD-SCDMA 与 WCDMA 中均使用了 Turbo 码+卷积码的编码方案。特别是 WCDMA 系统采用了四种信道编码方案：第一种方案是在 BER 为 10^{-3} 级别的业务中使用卷积码；第二种方案是外码采用 RS 编码，通过采用外交织，与作为内码的卷积码进行串行级联，应用于 BER 为 $10^{-6} \sim 10^{-3}$ 的业务；第三种方案是高数据率高质量的业务中使用 Turbo 码；第四种方案是业务专用编码，可实现业务的自带特殊编码方式，从而使物理层更加灵活。图 7-13 所示为 WCDMA 的前向差错控制方案。

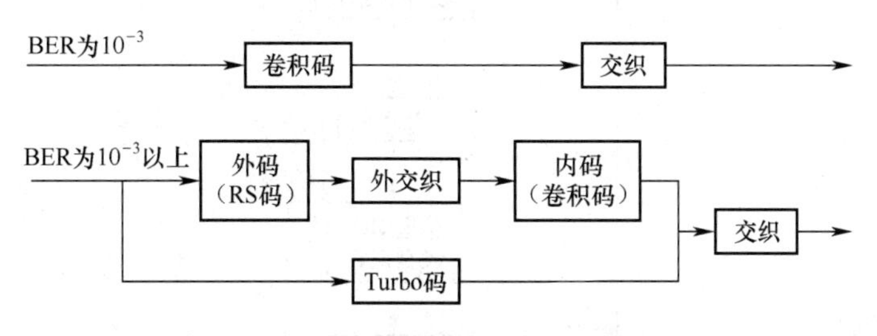

图 7-13　WCDMA 信道编码

此外，WCDMA 还提供 ARQ（自动重传请求）作为补充方案。表 7-4 列出了几种信道编码方式的综合比较。

表 7-4　信道编/译码算法综合比较

编码类型	性能码率比	译码复杂度	应用环境
BCH 码	差	低	随机错误、信噪比高、低效率传输
RS 编码	较好	较高	随机错误、突发错误、信噪比高、高效传输
卷积码	较好	较高	随机错误、信噪比高、中效传输
RS-卷积级联码	好	高	随机错误、突发干扰、信噪比较高、低效传输
Turbo 码	好	高	随机错误、突发错误、信道条件恶劣、高效传输

（续）

编码类型	性能码率比	译码复杂度	应用环境
LDPC 码	好	高	随机错误、突发错误、信道条件极其恶劣、衰落严重、高效传输

7.2 信道编码识别方法

7.2.1 信道编码识别概述

信道编码识别是通信类网电对抗领域亟待解决的问题之一。通信类网电对抗主要包括侦测、攻击和防御三大类。其中通信类网电对抗目标信号侦测是指在未被授权或非常规条件下，获取无线通信网台通信双方信息的一种技术，是实施攻击和防御的前提条件。在非合作的通信类网电对抗领域实现对接收信息码流的信道编码类型及其相关参数的正确识别和译码，是实现无线通信网台个体识别的关键，是实现通信类网电对抗从信号战迈进比特战的前提，也是通信类网电对抗从信号层跨入信息层的基础。

通常信道编码识别建立在信号调制识别和解调、数据预处理以及去交织的基础上，主要包括编码类型识别和编码参数识别。其识别框架如图 7-14 所示。

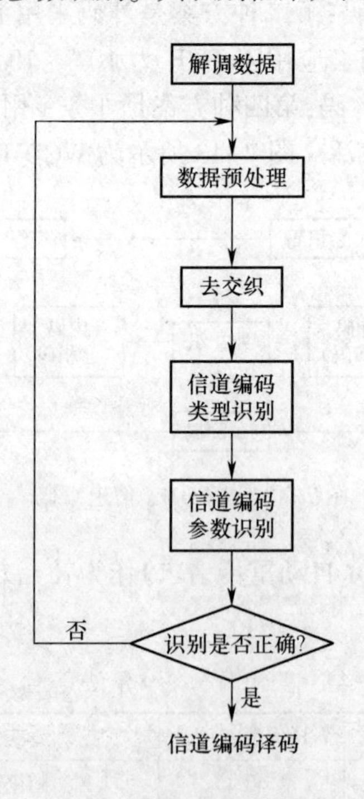

图 7-14　信道编码识别框架

在图 7-14 中，数据预处理是指对解调数据中附加的帧同步、标志比特、首尾比特和保护比特等进行分析和删除，得到信道编码原始数据。在信道编码识别中，首先需要去交织处理，包括有无交织的判断、交织种类及交织关系；然后在此基础上，进行码型识别、码率判断、码组起始点判断及生成多项式(或校验矩阵)识别。此外,如果存在信息加扰情况,还需要进行信息解扰。信道编码识别流程,如图 7-15 所示。

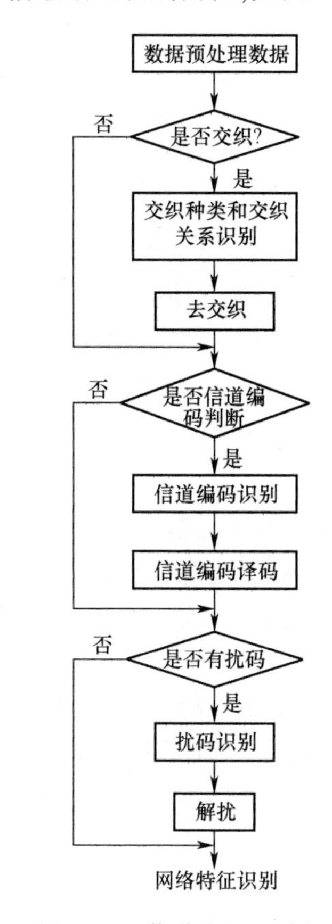

图 7-15　信道编码识别流程

在非协作识别的情况下认定识别结果的正确,即判断信道编码识别是否成功,通常采用二次编码的方法进行验证。二次编码是指在接收端完成信道译码后,对译出的比特流数据,按该参数重新进行编码,将送入译码器的数据序列与重新编码后得到的另一编码数据序列进行比对,根据误码率的大小即可判断译码是否正确,从而确定信道编码识别的正确性。

下面内容依据信道编码识别流程,按信道编码类型来阐述信道编码识别方法。

7.2.2　线性分组码识别方法

线性分组码的编码模型可表述:$\boldsymbol{C}=\boldsymbol{M}\boldsymbol{G}$,式中:输入的信息序列 $\boldsymbol{M}=\{\boldsymbol{M}_0,\boldsymbol{M}_1,\boldsymbol{M}_2,\cdots,\boldsymbol{M}_i,\cdots\}$ 以 k 比特作为一组,第 i 时刻输入的 k 比特信息为 $\boldsymbol{M}_i=\{m_{i,0},m_{i,1},\cdots,m_{i,k-1}\}$;编码输出序列 $\boldsymbol{C}=\{\boldsymbol{C}_0,\boldsymbol{C}_1,\boldsymbol{C}_2,\cdots,\boldsymbol{C}_i,\cdots\}$ 以 n 比特作为一组,第 i 时刻输出的 n 比特信息为 $\boldsymbol{C}_i=\{c_{i,0},c_{i,1},\cdots,c_{i,n-1}\}$;$\boldsymbol{G}$ 为生成矩阵。

分组码识别是指在仅知道码字 $\boldsymbol{C}$,而其他信息所知很少或完全未知的情况下估计出生成矩阵 $\boldsymbol{G}$,进而成功获得信息序列 $\boldsymbol{M}$ 的过程。

由于 $\boldsymbol{C}\boldsymbol{H}^{\mathrm{T}}=\boldsymbol{0}$ 成立,因此可以在求出 $\boldsymbol{H}^{\mathrm{T}}$ 的基础上,由 $\boldsymbol{G}\boldsymbol{H}^{\mathrm{T}}=\boldsymbol{0}$ 得到生成矩阵 $\boldsymbol{G}$。由

于系统码的校验矩阵 $\boldsymbol{H}$ 与生成矩阵 $\boldsymbol{G}$ 一一对应,所以在理论上系统码是可以被分析识别的。

分组码的分析识别包括了对码长 n、码字起点 i、码率 k/n、校验矩阵 $\boldsymbol{H}$、生成矩阵 $\boldsymbol{G}$ 和生成多项式 $g(x)$ 等参数的分析识别。其中,码率 $r=k/n$ 表示编码或传输效率。利用接收的待识别信息序列 $\boldsymbol{C}$, 结合公式 $\boldsymbol{C}\boldsymbol{H}^{\mathrm{T}}=\boldsymbol{0}$ 和 $\boldsymbol{G}\boldsymbol{H}^{\mathrm{T}}=\boldsymbol{0}$, 通过各类分析识别法,可求得校验矩阵 $\boldsymbol{H}$。

1. 高斯解方程分析识别方法

对分组码进行分析识别的最常见方法是直接求解校验矩阵的线性方程组。该方法需预先估计约束长度,若可以保证采集到足够长度的无误码分组码片段,则存在通过直接求解线性方程组得到校验多项式的可能,并实现分组码的分析识别。

线性方程组可用 $\boldsymbol{AX}=\boldsymbol{B}$ 来表示,其中 $\boldsymbol{A}=\begin{bmatrix} a_{11} & \cdots & a_{1n} \\ \vdots & & \vdots \\ a_{m1} & \cdots & a_{mn} \end{bmatrix}$,$\boldsymbol{X}=\begin{bmatrix} x_1 \\ \vdots \\ x_n \end{bmatrix}$,$\boldsymbol{B}=\begin{bmatrix} b_1 \\ \vdots \\ b_n \end{bmatrix}$。

式中:$\boldsymbol{A}$ 为系数矩阵; $\boldsymbol{X}$ 为未知矩阵; $\boldsymbol{B}$ 为常数矩阵。$\boldsymbol{A}$、$\boldsymbol{B}$ 放在一起构成的矩阵是增广矩阵 $[\boldsymbol{A} \quad \boldsymbol{B}]$, 对增广矩阵进行消元处理,得到的阶梯矩阵就是线性方程组的解。

若码率为 k/n 的 (n,k) 线性分组码的生成矩阵是 $\boldsymbol{G}(D)$, 校验矩阵是 $\boldsymbol{H}(D)$, 则

$$\boldsymbol{G}(D)\boldsymbol{H}(D)=\boldsymbol{0} \tag{7-34}$$

假设已获取分组码 $\boldsymbol{C}$ 中长度 $N>nk$ 的码字序列,如果该码字序列中无误码,则存在校验关系 $\boldsymbol{C}(D)\boldsymbol{H}^{\mathrm{T}}(D)=\boldsymbol{0}$。设 $\boldsymbol{H}^{T}(D)=(h_1(D),h_2(D),\cdots,h_{n-k}(D))$, 则线性方程组为

$$\begin{pmatrix} c_{1,1} & c_{1,2} & \cdots & c_{1,n} \\ c_{2,1} & c_{2,2} & \cdots & c_{2,n} \\ \vdots & \vdots & & \vdots \\ c_{k,1} & c_{k,2} & \cdots & c_{k,n} \end{pmatrix} \begin{pmatrix} h_{1,1} & h_{2,1} & \cdots & h_{n-k,1} \\ h_{1,2} & h_{2,2} & \cdots & h_{n-k,1} \\ \vdots & \vdots & & \vdots \\ 0 & 0 & \cdots & 0 \end{pmatrix}=\boldsymbol{0} \tag{7-35}$$

采用高斯消元法,对式(7-35)的结果加上一列 k 行的全 $\boldsymbol{0}$ 向量进行数学变换后得到增广矩阵形式:$\begin{pmatrix} 1 & 0 & \cdots & 0 & q_{0,0} & q_{1,0} & \cdots & q_{d-1,0} \\ 0 & 1 & \cdots & 0 & q_{0,1} & q_{1,1} & \cdots & q_{d-1,1} \\ \vdots & \vdots & & \vdots & \vdots & \vdots & & \vdots \\ 0 & 0 & \cdots & 1 & q_{0,k} & q_{1,k} & \cdots & q_{d-1,k} \end{pmatrix}$,式中:$q_{i,j}$ 是对式(7-35)矩阵进行消元后得到的元素;d 为解空间的维数,$d=n-2k-1$。对矩阵进行变换得到 $\begin{pmatrix} q_{0,0} & q_{0,1} & \cdots & q_{0,k} & 1 & 0 & \cdots & 0 \\ q_{1,0} & q_{1,1} & \cdots & q_{1,k} & 0 & 1 & \cdots & 0 \\ \vdots & \vdots & & \vdots & \vdots & \vdots & & \vdots \\ q_{d-1,0} & q_{d-1,1} & \cdots & q_{d-1,k} & 0 & 0 & \cdots & 1 \end{pmatrix}$,$\begin{pmatrix} q_{0,0} & q_{0,1} & \cdots & q_{0,k} & 1 & 0 & \cdots & 0 \\ q_{1,0} & q_{1,1} & \cdots & q_{1,k} & 0 & 1 & \cdots & 0 \\ \vdots & \vdots & & \vdots & \vdots & \vdots & & \vdots \\ q_{d-1,0} & q_{d-1,1} & \cdots & q_{d-1,k} & 0 & 0 & \cdots & 1 \end{pmatrix}$ 表示在方程组中 $\boldsymbol{H}(D)$ 解空间的标准基。标准基中,只要 $d=n-k$,则 $\boldsymbol{H}(D)$ 可能为所求。

在 n、k 均未知的条件下,高斯直解法可能存在多解。对于虚解的剔除,可以通过前面介绍的二次编码等方法进行分析识别。

下面以一段 BCH 码信息序列为例,阐述以高斯直解法求(15,11)编码的校验矩阵。对该段信息序列经过上述推导和计算后,可得到多个 $\boldsymbol{h}_i(D)$,即

$$n:13\quad k:11$$

$$\boldsymbol{H}=[1111001100010;0001010111011] \tag{7-36}$$

$$n:15\quad k:11$$

$$\boldsymbol{H}=\begin{bmatrix}111101011001000;001111010111010\\011110101101100;111010110010101\end{bmatrix} \tag{7-37}$$

$$n:20\quad k:11$$

$$\boldsymbol{H}=\begin{bmatrix}01001111000100000000;10010101111110000000;\\10011110000111000000;11001000000111100000;\\01000101000111110000;11010110100011111000;\\11000000000001111100;00011000110000111010;\\11001111111000010101\end{bmatrix} \tag{7-38}$$

由式(7-36)~式(7-38)可知,方程存在多解,只有当 $n=15,k=11$ 时的解符合所设前提,可实现线性分组码的分析识别。

2. 码重分析识别方法

在任意码字或向量中,非零元素的个数被定义为该码字或向量的汉明重量,又称 Hamming 重量。定义(n,k)线性分组码码字 $\boldsymbol{C}$ 的码重分布 $\boldsymbol{W}(\boldsymbol{C})$ 是 $n+1$ 个整数的集合,$\boldsymbol{W}(\boldsymbol{C})=\{N_i=d,0\leqslant d\leqslant n\}$,式中:$\boldsymbol{W}(\boldsymbol{C})$ 表示码字 $\boldsymbol{C}$ 中汉明重量。定义汉明重量是 d 的码组在分组码 $\boldsymbol{C}$ 中的出现概率 p_i 为该码组的码重分布概率。

定理 7.3:如果 BSC 信道(二进制对称信道)的转移概率 p($0\to1$ 或 $1\to0$ 的概率)是一个很小的数,当接收到的码字 r 与 v 中的码字 v_j 的距离最小时,即当 $i=1,2,\cdots,q^k$,$\forall i\neq j$ 时,均有 $d(r,v_j)<d(r,v_i)$,则发送 v_j 收到 r 的条件概率最大,即 $P(r|v_j)>P(r|v_i)$。其中:v 是码字长度为 n、信息位长度为 k 的所有码字的集合;q 为进制数。

定理 7.4:若某数字通信系统,同时在一个码组中发生 t 个错误的概率为 $P(t)$,则 $P(t)\gg P(t+1),t=0,1,\cdots,q^k$。如误码率为 10^{-3},则 $P(1)=C_n^1 10^{-3}(1-10^{-3})^{n-1}\approx C_n^1\times10^{-3}$,$P(2)=C_n^1 10^{-6}(1-10^{-3})^{n-2}\approx C_n^2\times10^{-6}$。

可见 $P(1)\geqslant P(2)$,且误码对码重的影响仅为±1,结合定理 7.3 和定理 7.4 的分析可知,码重变化并不明显,因此误码对码组的码重分布影响较小,可利用码重分布进行码长估计。

定理 7.5:(n,k)线性分组码的 k 位信息生成的 n 位码字集$\boldsymbol{v}$ 是 n 维空间 $\boldsymbol{V}$ 的子集,且$\boldsymbol{v}$ 在 $\boldsymbol{V}$ 中的分布是非等概率的。

由上述结论得,码率 $k/n\leqslant1/2$ 的分组码。在实际中(n,k)线性分组码的码率 k/n 总是小于 1。码率越小,表明校验位越多,分组码的检纠错能力越强,但分组码的传信率会越低。

若码长估计错误,码字内不存在约束关系,此时 0 和 1 等概出现,则可假设信息序列的码重分布也是等概出现,各码组的出现概率为

$$p=1/(n+1) \tag{7-39}$$

设 P_i 是重量为 i 码组的实际出现概率,则码重分布距离的定义为

$$D = \frac{n+1}{n}\sum_{i=0}^{n}\left|P_i - \frac{1}{n+1}\right|^2 \tag{7-40}$$

式中:真实码长用 n 表示;均匀分布和实际分布的方差距离由 D 表示。码重分布距离 D 取最大值时所对应的 n,即码长的估计值 $\hat{n}$。

由于码长 n 已知,仅 $k(k < n)$ 未知,因此结合高斯直解法可求解生成矩阵 $\boldsymbol{G}$。利用伴随式计算可以检验生成矩阵 $\boldsymbol{G}$ 正确与否。在无误码条件下,校验关系 $\boldsymbol{CH}^{\mathrm{T}} = \boldsymbol{0}$ 对任意 (n,k) 分组码码字 $\boldsymbol{C}$ 都成立,反之,不成立。因此,可依据传输信道的误码率设置相应判决门限 T,当校验关系成立概率大于 T 时,表明所分析识别的生成矩阵正确。

下面对某段采用 BCH 分组编码的信息序列分析该码的码重分布,图 7-16 是该码的码重分布图样。

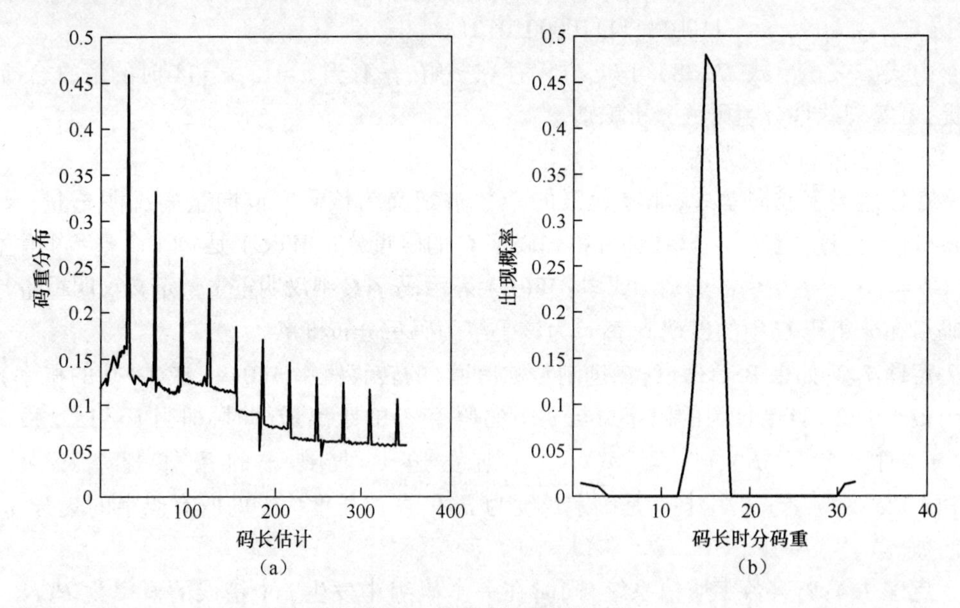

图 7-16　码重分布图样

图 7-16 所示为估计码长的码重分布和在码长估值 31 时对应的各分码重(0~31)码字的出现概率。

表 7-5 列出了码重分布情况。

表 7-5　码重分布表

n	D	$n=31$
31	0.4525932	0.0152 0 0 0 0 0 0 0 0 0 0 0 0 0 0 0.4850 0.4838 0 0 0 0 0 0 0 0 0 0 0 0 0 0 0.0161
62	0.3215282	
93	0.2523541	
124	0.2070248	
155	0.1786738	

从表 7-5 可知 D 值取值前五所对应的估计码长 n。在 $n=31$ 时,分组码的距离 D 最

大为 0.4525932,对应的码重分布最不均匀,此时估计码长是 $\hat{n}=31$。在 $n=31$ 时的单元格内所显示的数字代表码重分别为 $0\sim n$ 时所对应码字的出现概率,可以看出码重为 15 和 16 的码组所占比例高达 96.9%。因此,构成待化简矩阵的码组应从码重为 15 和 16 的码组中选取。

当 $n=31$ 时,用接收到的编码信息序列构成式(7-35)左边的系数矩阵,校验矩阵是未知矩阵,常数矩阵为全零。先利用高斯消元法可以求得校验矩阵,再利用校验矩阵和生成矩阵之间的关系可以求得生成矩阵。通过伴随式校验或二次编码的方法验证多解后,可以确定该码为(31,6)BCH 码,其生成矩阵 $\boldsymbol{G}$ 为

$$\boldsymbol{G}=\begin{bmatrix}1000001100101101111010100010011\\0100001010111011000111110011010\\0010000101011101100011111001101\\0001001110000011001011011110101\\0000101011101100011111001101001\\0000011001011011110101000100111\end{bmatrix}\tag{7-41}$$

其校验矩阵 $\boldsymbol{H}$ 为

$$\boldsymbol{H}=\begin{bmatrix}1101111000000000000000000000000\\1011000100000000000000000000000\\0101100010000000000000000000000\\0010110001000000000000000000000\\1100100000100000000000000000000\\0110010000010000000000000000000\\1110110000001000000000000000000\\10101000000001000000000000000000\\0101010000000010000000000000000\\1111010000000001000000000000000\\1010010000000000100000000000000\\1000110000000000010000000000000\\1001100000000000001000000000000\\0100110000000000000100000000000\\1111100000000000000010000000000\\0111110000000000000001000000000\\1110000000000000000000100000000\\0111000000000000000000010000000\\0011100000000000000000001000000\\0001110000000000000000000100000\\1101000000000000000000000010000\\0110100000000000000000000001000\\0011010000000000000000000000100\\1100010000000000000000000000010\\1011110000000000000000000000001\end{bmatrix}\tag{7-42}$$

码重分析法适合在高误码率条件下,实现对低码率二进制线性分组码编码的分析

识别。

3. Walsh-Hadamard 分析识别方法

Walsh 函数的二值特点、严格的正交性与完备性可以很好地关联与通信应用中的 0、1 二进制序列。由于 Walsh 函数各行(或列)均是正交码组,可以方便地构成双正交码和超正交码,因此 Walsh 函数的 Hadamard 矩阵在正交编码理论中具有重要的作用。

设二元域上整数 a、b 的 n 维向量是 $\boldsymbol{a}_n$、$\boldsymbol{b}_n$,则 $2^n \times 2^n$ 方阵 $\boldsymbol{C}^n$ 中的第 a 行 b 列的任一元素 C_{ab}^n 可表示为

$$C_{ab}^n = \boldsymbol{a}_n \cdot \boldsymbol{b}_n^{\mathrm{T}} \tag{7-43}$$

式中:T 代表转置,且代表二元域上的乘法;C_{ab}^n 是二元域上的值。如 $n=4$,则

$$\boldsymbol{C}^4 = \begin{bmatrix} 0000 \\ 0001 \\ 0010 \\ 0011 \\ 0100 \\ 0101 \\ 0110 \\ 0111 \\ 1000 \\ 1001 \\ 1010 \\ 1011 \\ 1100 \\ 1101 \\ 1110 \\ 1111 \end{bmatrix} \times \begin{bmatrix} 0000000011111111 \\ 0000111100001111 \\ 0011001100110011 \\ 0101010101010101 \end{bmatrix} = \begin{bmatrix} 0000000000000000 \\ 0101010101010101 \\ 0011001100110011 \\ 0110011001100110 \\ 0000111100001111 \\ 0101101001011010 \\ 0011110000111100 \\ 0110100101101001 \\ 0000000011111111 \\ 0101010110101010 \\ 0011001111001100 \\ 0110011010011001 \\ 0000111111110000 \\ 0101101010100101 \\ 0011110011000011 \\ 0110100110010110 \end{bmatrix} \tag{7-44}$$

在式(7-44)中的各元素反映了与其对应的 $\boldsymbol{a}_n$ 和 $\boldsymbol{b}_n$ 的相乘结果,在二元域中全部 n 维向量的相乘结果由矩阵 $\boldsymbol{C}^n$ 表示,方程组在二元域上的解与其有紧密联系。若将矩阵 $\boldsymbol{C}^n$ 中的元素 0、1 分别映射为 1、-1,则矩阵 $\boldsymbol{C}^n$ 就变成了 Hadamard 矩阵 $\boldsymbol{H}_{\mathrm{n}}(n)$。

分析矩阵 $\boldsymbol{C}^n$ 可知,向量 $\boldsymbol{a}_n$ 与向量 $\boldsymbol{b}_n$ 相乘结果可由 Hadamard 矩阵中各元素 H_{ab}^{h} 表示,当 $H_{ab}^{\mathrm{h}}=1$ 时,$\boldsymbol{a}_n \cdot \boldsymbol{b}_n = \boldsymbol{0}$;当 $H_{ab}^{\mathrm{h}}=-1$ 时,$\boldsymbol{a}_n \cdot \boldsymbol{b}_n = 1$。$\boldsymbol{a}_n$ 和 $\boldsymbol{b}_n$ 实际上为整数 a、b 的二进制表示。Hadamard 矩阵中的行向量 $\boldsymbol{H}_a^{\mathrm{h}}$ 代表了与向量 $\boldsymbol{a}_n$ 相乘为 0 的所有解,在分析单方程情况时,即 $\boldsymbol{a}_n$ 是行向量。在 $\boldsymbol{a}_n$ 为一行向量组的情况下,在分析方程组时,可在实数域中将相应 Hadamard 矩阵的行向量进行相加变换,得到的方程组的解就是在变换后的行向量中,值为方程出现与否的元素对应位置的二进制向量。

以 $\begin{bmatrix} 1 & 0 & 1 & 1 \\ 0 & 1 & 0 & 1 \\ 1 & 0 & 1 & 0 \\ 0 & 1 & 0 & 0 \end{bmatrix}\boldsymbol{X} = 0$ 为例,阐述求解过程,具体如下:

(1) 将各方程的系数向量 1011,0101,1010,0100 转换成十进制形式 11、5、10、4。在方程组中的 4 个方程,一共可以得到 4 个十进制数。

(2) 将十进制数对应向量中的位置设置成 1,其余设置成 0,这样得到的 4 个十进制数就可以构造成 $2^4=16$ 向量,所得向量:00001100001100000。

(3) 将向量 0000110000110000 与 16×16 的 Hadamard 矩阵相乘,有

$$
\begin{matrix}0&0&0&0&1&1&0&0&0&0&1&1&0&0&0&0\end{matrix}\ \times
$$

$$
\begin{bmatrix}
1&1&1&1&1&1&1&1&1&1&1&1&1&1&1&1\\
1&-1&1&-1&1&-1&1&-1&1&-1&1&-1&1&-1&1&-1\\
1&1&-1&-1&1&1&-1&-1&1&1&-1&-1&1&1&-1&-1\\
1&-1&-1&1&1&-1&-1&1&1&-1&-1&1&1&-1&-1&1\\
1&1&1&1&-1&-1&-1&-1&1&1&1&1&-1&-1&-1&-1\\
1&-1&1&-1&-1&1&-1&1&1&-1&1&-1&-1&1&-1&1\\
1&1&-1&-1&-1&-1&1&1&1&1&-1&-1&-1&-1&1&1\\
1&-1&-1&1&-1&1&1&-1&1&-1&-1&1&-1&1&1&-1\\
1&1&1&1&1&1&1&1&-1&-1&-1&-1&-1&-1&-1&-1\\
1&-1&1&-1&1&-1&1&-1&-1&1&-1&1&-1&1&-1&1\\
1&1&-1&-1&1&1&-1&-1&-1&-1&1&1&-1&-1&1&1\\
1&-1&-1&1&1&-1&-1&1&-1&1&1&-1&-1&1&1&-1\\
1&1&1&1&-1&-1&-1&-1&-1&-1&-1&-1&1&1&1&1\\
1&-1&1&-1&-1&1&-1&1&-1&1&-1&1&1&-1&1&-1\\
1&1&-1&-1&-1&-1&1&1&-1&-1&1&1&1&1&-1&-1\\
1&-1&-1&1&-1&1&1&-1&-1&1&1&-1&1&-1&-1&1
\end{bmatrix}
$$

$$
=[4\ \ 0\ \ 0\ \ 0\ \ 0\ \ 0\ \ -4\ \ 0\ \ 0\ \ 0\ \ 4\ \ 0\ \ -4\ \ 0\ \ 0\ \ 0]
$$

(4) 检查生成向量是否存在等于 4 的元素,如果有,则表示该元素位置的二进制向量是方程组的可能解(存在多解可能)。若除了第 0 列以外的所有元素都小于 n,则该方程组无解。向量[4　0　0　0　0　0　-4　0　0　0　4　0　-4　0　0　0]第 0 列与第 10 列的最大值均为 4,因此解是$[0000]^{\mathrm{T}}$ 和$[1010]^{\mathrm{T}}$,由于所有方程都存在一个共同解 $\mathbf{0}$ 向量,故该方程组的正解是$[1010]^{\mathrm{T}}$。

所得新向量的物理意义是该向量中的每个元素的值,表示该元素位置的二进制所表示的向量,是方程组成立的方程个数与不成立方程个数之差,即在统计各码字向量出现次数的基础上,通过构造相关行向量并进行 Walsh 变换,找出分析向量中数值最大列,其所对应的向量,即方程组的解。

(n,k) 分组码的接收码字 $\boldsymbol{C}$ 满足校验关系 $\boldsymbol{C}\boldsymbol{H}^{\mathrm{T}}=\mathbf{0}$,$k$ 个 n 维行向量构成矩阵 $\boldsymbol{C}$,$\boldsymbol{H}^{\mathrm{T}}$ 是 n 维列向量,(n,k)分组码的分析识别过程也是求解满足方程的可能 $\boldsymbol{H}^{\mathrm{T}}$ 的过程。

下面是 Walsh-Hadamard 分析法求解含错分组码序列 $\boldsymbol{H}^{\mathrm{T}}$ 的步骤。

(1) 将分组码的各码字作为一组方程,当不存在误码时与 $\boldsymbol{H}^{\mathrm{T}}$ 对应列相乘,应该满足结果为 0,将各码字转换为十进制形式,$N(N>n)$ 个码字就可以得到 N 个十进制数(可能存在重复码字)。

(2) 将同十进制数对应向量中的位置改为十进制数的出现次数,其余设置成 0,因此 N 个十进制数可以构造得到一个 2^n 向量。

(3) 采用 Walsh-Hadamard 变换法得到结果向量。

(4) 检查结果向量并设置置信度值 t，如果某元素 k 的值大于置信度 t，则方程组的解最有可能是二进制向量表示的 k 的位置。

二项分布在统计量 N 足够大时趋向正态分布，其出现概率 P 为

$$P=\int_{d}^{\infty}\frac{1}{\sqrt{2\pi}\,\delta}\mathrm{e}^{-\frac{(k/2)^2}{2\delta^2}}\mathrm{d}f \tag{7-45}$$

式中：当 $\delta=\sqrt{n}/2$ 时，可以设置 $t=k/\sqrt{N}$ 作为检验置信度。

(5) 分析校验矩阵和生成矩阵。分组码的校验矩阵 $\boldsymbol{H}_m$ 可以通过步骤(4)求解方程组解 $\boldsymbol{H}_m^{\mathrm{T}}$ 得到。将 $\boldsymbol{H}_m$ 化简成图 7-17 所示的"系统化"形式，即可得到相应的校验矩阵 $\boldsymbol{H}$ 和生成矩阵 $\boldsymbol{G}$。

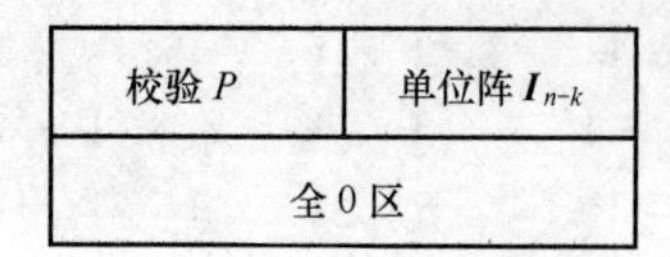

图 7-17　$\boldsymbol{H}$ 的"系统化"形式

以 (n,k) 分组码为例，通过分析可知其码长 $n=7$，且码序列的含错率是 10%，利用 Walsh-Hadamard 法分析过程如下：

取 100 组码字，各码字构成一组方程，将各码字转换成对应的十进制形式，以其出现次数，利用上面得到的十进制数构造长为 128 的向量，即

[30110010010200001110022200000120000000031112300004001101014000001101051 00000004000030011211102133030200005100100000007001000000004]

对该向量作 Walsh-Hadamard 变换可得结果：[100 -4 2 -2 -4 0 6 -10 10 6 16 16 -10 6 -8 4 -4 8 10 -6 20 -4 -2 18 -2 6 -12 0 2 46 4 12 0 -8 -18 -14 -8 4 10 58 6 -14 -4 -12 18 10 -4 8 -8 4 6 -2 -8 -8 -6 -2 18 -6 40 -4 -2 -14 -8 0 -12 0 -6 -6 16 0 2 -2 2 -22 -8 -12 -6 14 44 -4 -4 -4 -14 54 -8 -4 -6 -6 -18 18 -12 -4 -2 -18 0 -4 -4 16 10 10 0 0 2 -10 18 50 0 12 2 6 -12 -4 4 -4 2 -10 48 4 2 -6 -10 18 -12 12 6 -10 8 12]。

取检验置信度 $t=k/\sqrt{N}=3$，则 $k=t\sqrt{N}=3\times\sqrt{100}=30$，检查上述结果向量，除第 0 列之外，可知符合检验置信度的位置为 29、39、58、78、83、105、116，则方程组的解为

$$\boldsymbol{H}_m^{\mathrm{T}}=\begin{bmatrix}0001111\\0110011\\1010101\\1011010\\1101001\\0111100\\1100110\end{bmatrix},\boldsymbol{H}_m=(\boldsymbol{H}_m^{\mathrm{T}})^{\mathrm{T}}=\begin{bmatrix}0011101\\0100111\\0111010\\1001110\\1010011\\1101001\\1110100\end{bmatrix} \tag{7-46}$$

将 $\boldsymbol{H}_m$ 进行“系统化”化简可得 $\begin{bmatrix}1110100\\0111010\\1101001\\0000000\\0000000\\0000000\\0000000\end{bmatrix}$。故 $\boldsymbol{H}=\begin{bmatrix}1110100\\0111010\\1101001\end{bmatrix}$，则可知 $\boldsymbol{G}=\begin{bmatrix}1000101\\0100111\\0010110\\0001011\end{bmatrix}$。

利用 Walsh-Hadamard 分析法进行 (n,k) 分组码的分析识别，其优点是可求解含错方程组，其前提是已知 (n,k) 分组码码长 n 和码字起点。当码长 n 较大时，算法计算量会急剧增加。

4. 综合分析识别方法

在已知码长 n 和码字起点的基础上，求解 (n,k) 分组码的生成矩阵较容易。由于 (n,k) 分组码的后 $(n-k)$ 位是由前 k 位经过线性变换得到的，若将分组码的一组码字排列成 m 行 n 列 $(m>n)$ 矩阵，则各码字都可表示成生成矩阵 $\boldsymbol{G}$ 中 k 行的线性组合。所以单位化后矩阵的前 k 行可表示成 $[\boldsymbol{I}_k\quad \boldsymbol{P}]$ 的形式，剩下的 $(m-k)$ 行码字都可由这 k 行线性组合生成，因此全部化为 0。结合定理 7.1 和推论 7.1，可得如下推论。

推论 7.2：任意 (n,k) 线性分组码都可由其生成矩阵 $\boldsymbol{G}$ 来表示。同理，将接收的一组分组码的码字按 m 行 n 列 $(m>n)$ 的矩阵进行排列并对其进行初等变换，则变换后矩阵的前 k 行可转换成 $[\boldsymbol{I}_k\quad \boldsymbol{P}]$ 的形式，其余 $(m-k)$ 行均为 0。

在已知码长 n 而码字起点未知的条件下，利用推论 7.2 所述的矩阵初等变换可以求解分组码的生成矩阵 $\boldsymbol{G}$，其关键在于如何构建矩阵分析识别模型进行分析。

矩阵的每行都能有相同的线性分组码的码字起点，并且行内信息序列能够按照码字内的相应位置对齐，这是建立矩阵模型的重要原则。按照上述原则，当已知分组码的码长 n 时，矩阵模型的建立方法如下：

将分组码字序列按 x 行 y 列进行排列，其中 $x>y$，$y>n$，，且 y 为 n 的倍数，设为 n_{d}。为了确保各行的码字起点相同，相邻两行的起点就必须是 n 的整数倍。对第 j 行 $(1\leqslant j\leqslant x)$，以 $i+(j-1)n_{\mathrm{d}}$ 为起点，矩阵排列如图 7-18 所示。

$$\begin{bmatrix} i & i+1 & \cdots & i+y-1 \\ i+n_d & i+n_d+1 & \cdots & i+n_d+y-1 \\ \vdots & \vdots & & \vdots \\ i+(x-1)n_d & i+(x-1)n_d+1 & \cdots & i+(x-1)n_d+y-1 \end{bmatrix}$$

图 7-18　分析矩阵排列

将各行按照完整码组的码长 n 间隔划分。划分后的矩阵含有若干子矩阵，且从左到右依次为 x 行 $(n-1)$ 列、x 行 n 列和 x 行 $(y-n+i)/n$ 的子矩阵。

利用推论 7.1、推论 7.2 和定理 7.1 对上述分析矩阵初等变换并进行单位化，由于初等变换后矩阵的第一个和最后一个子矩阵的列数均小于码长 n,因此不是完整码字,即不存在线性约束关系,对其进行单位化后一定会得到一个与列数相同的单位矩阵。由于中间每个子矩阵的各行都是由完整码字构成,因此存在线性约束关系,利用推论 7.2 对其单位化后,得到图 7-19 所示的分析矩阵模型。

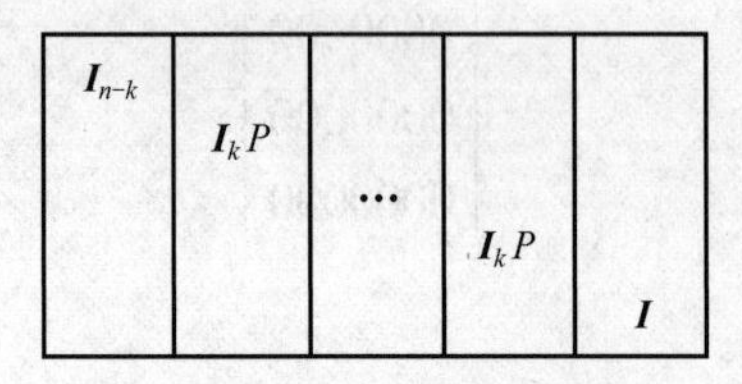

图 7-19　分析矩阵模型

在码长 n 和码字起点都未知的条件下,必须首先确定码长 n 才能进行后续的 (n,k) 分组码分析识别。假设 n_m 是取值范围内分组码长 n 的最大可能取值,并且满足 $n_m \geqslant n$,为了确保分析码长 n_d 是真实码长 n 的整数倍,所以取所有从 2 到 n_m 的最小公倍数为分析码长 n_d。

设分组码的码字起点 $i(1 \leqslant i \leqslant n)$ 为任意值,构建相应的矩阵分析模型,按 x 行 y 列的形式将待识别信息序列排列成相应矩阵,为了确保 y 至少为真实码长的 2 倍并且满足推论 7.2 的应用条件,要求 $y>2n_m$ 且 $x>y$。对分析矩阵各行作如下确定:从起点 i 开始,截取长度为 y 比特的码字序列构成第一行;从起点 $i+n_d$ 开始,截取长度为 y 比特的码字序列构成第二行;同理,以 $i+(j-1)n_d$ 为起点,选取连续长度为 y 比特的信息序列作为第 j 行 $(1 \leqslant j \leqslant x)$。

按照上述方法得到的分析矩阵必定满足各行的码字起点相同,并且各行同一位置的信息序列在码字内也是严格对齐,所以在识别序列中的间距一定是真实码长 n 的整数倍。分析矩阵的排列与图 7-18 所示一致,不同之处是图 7-18 中的 n_d 代表 $2,3,\cdots,n_m$ 的最小公倍数。

在实现码长估值得到 n_d 后,下一步的分析与已知码长 n 而未知分组起始点的情形一致,经过初等变换后的分析矩阵会以秩为$(n-i)$的单位阵开头,单位阵下方和右侧全为 0,其排列如图 7-20 所示。待识别分组码的校验矩阵,信息位长度 k、码长 n 和相对起始点 i,可通过分析识别结果矩阵的子矩阵分布得到。

仍以 Walsh-Hadamard 分析法示例的分组码信息序列进行分析,取 $n_m=8$,求得 $2,3,\cdots,8$ 的最小公倍数 $n_d=840$,分析矩阵参数取为 $x=35$,$y=26$;对该分析矩阵进行初等变换单位化处理后,最终的分析结果矩阵,如图 7-20 所示。

分析结果矩阵的左上角为 2×2 阶单位阵,码字起点是 $n-i=2$。结合子矩阵的分布规律,可得码字的码率 $r=4/7$。而生成矩阵 $\boldsymbol{G}$ 由第 3 列到 9 列构成,其中第 7 列至 9 列为校验矩阵的转置。

码长 n 的估值 n_m 是综合分析法中分析矩阵模型的关键参数,若估值 n_m 不满足要求,则单位化后的分析矩阵是一个大单位阵,不存在具有完整线性约束关系的子矩阵,该问题在理论上只需扩大 n_m 直到符合大于 n 的要求。但是 n_m 的增大也会导致 n_d 的急剧增大,最终会使分析所需的数据量也相应急剧增加,导致实用价值较小。但是如果有帧结构和真实码长 n 等先验知识或分析结果,则该方法就具有实际应用价值。

```
     0                  10                  20          26
 1   1 0 0 0 0 0 0 0 0 0 0 0 0 0 0 0 0 0 0 0 0 0 0 1 0 0
 2   0 1 0 0 0 0 0 0 0 0 0 0 0 0 0 0 0 0 0 0 0 0 0 1 0 0
 3   0 0 1 0 0 0 1 0 1 0 0 0 0 0 0 0 0 0 0 0 0 0 0 0 0 0
 4   0 0 0 1 0 0 1 1 1 0 0 0 0 0 0 0 0 0 0 0 0 0 0 0 0 0
 5   0 0 0 0 1 0 1 1 0 0 0 0 0 0 0 0 0 0 0 0 0 0 0 0 0 0
 6   0 0 0 0 0 1 0 1 1 0 0 0 0 0 0 0 0 0 0 0 0 0 0 1 0 0
 7   0 0 0 0 0 0 0 0 0 0 0 0 0 0 0 0 0 0 0 0 0 0 0 0 0 0
 8   0 0 0 0 0 0 0 0 0 0 0 0 0 0 0 0 0 0 0 0 0 0 0 1 0 0
 9   0 0 0 0 0 0 0 0 0 0 0 0 0 0 0 0 0 0 0 0 0 0 0 0 0 0
10   0 0 0 0 0 0 0 0 0 1 0 0 0 1 0 1 0 0 0 0 0 0 0 0 0 0
11   0 0 0 0 0 0 0 0 0 0 1 0 0 1 1 1 0 0 0 0 0 0 0 0 0 0
12   0 0 0 0 0 0 0 0 0 0 0 1 0 1 1 0 0 0 0 0 0 0 0 0 0 0
13   0 0 0 0 0 0 0 0 0 0 0 0 1 0 1 1 0 0 0 0 0 0 0 0 0 0
14   0 0 0 0 0 0 0 0 0 0 0 0 0 0 0 0 0 0 0 0 0 0 0 0 0 0
15   0 0 0 0 0 0 0 0 0 0 0 0 0 0 0 0 0 0 0 0 0 0 0 0 0 0
16   0 0 0 0 0 0 0 0 0 0 0 0 0 0 0 0 0 0 0 0 0 0 0 1 0 0
17   0 0 0 0 0 0 0 0 0 0 0 0 0 0 0 0 1 0 0 0 1 0 1 0 0 0
18   0 0 0 0 0 0 0 0 0 0 0 0 0 0 0 0 0 1 0 0 1 1 1 1 0 0
19   0 0 0 0 0 0 0 0 0 0 0 0 0 0 0 0 0 0 1 0 1 1 0 0 0 0
20   0 0 0 0 0 0 0 0 0 0 0 0 0 0 0 0 0 0 0 1 0 1 1 0 0 0
21   0 0 0 0 0 0 0 0 0 0 0 0 0 0 0 0 0 0 0 0 0 0 0 1 0 0
22   0 0 0 0 0 0 0 0 0 0 0 0 0 0 0 0 0 0 0 0 0 0 0 1 0 0
23   0 0 0 0 0 0 0 0 0 0 0 0 0 0 0 0 0 0 0 0 0 0 0 0 0 0
24   0 0 0 0 0 0 0 0 0 0 0 0 0 0 0 0 0 0 0 0 0 0 0 0 0 0
25   0 0 0 0 0 0 0 0 0 0 0 0 0 0 0 0 0 0 0 0 0 0 0 0 1 0
26   0 0 0 0 0 0 0 0 0 0 0 0 0 0 0 0 0 0 0 0 0 0 0 0 0 1
27   0 0 0 0 0 0 0 0 0 0 0 0 0 0 0 0 0 0 0 0 0 0 0 0 0 0
```

图 7-20　分析结果矩阵

5. 线性矩阵分析识别方法

虽然利用推论 7.2 可以在已知线性分组码的码长和码字起点的条件下,求出生成矩阵与校验矩阵,但是该推论成立的前提条件是线性分组码的码长和码字起点已知,即依据该推论仍然不能实现线性分组码的分析识别。因此,必须首先解决分组码码长与码字起点的识别问题。在此基础上,依据推论的步骤和算法实现线性分组码的分析识别。

为解决上述问题,首先建立分组码分析识别矩阵模型:选取一段合适长度的待识别分组码信息序列作为识别序列,固定矩阵的排列行数 p ,并且 p 要大于分组长度的两倍。固定列数的最大值、最小值,根据列数的变化把信息序列构造成 p 行 q 列的短阵,其中$3\leqslant q\leqslant p$。

然后,为了保证确定的分组长度的可靠和有效,矩阵行数 p 要大于等于两倍的未知分组长度,且用以分析信息序列的长度要大于 p^2。由于 (n,k) 线性系统分组码在实际应用中的分组长度 n 小于等于 255,因此通常取值 $p>510$。

最后,在进行上述约定后,将信息序列排列成 $p\times q$ 阶矩阵,其中 $3\leqslant q\leqslant p$,对各矩阵进行初等行变换后,记录变换后矩阵的秩。其具体确定分组码码长 n 的方法如下:

定理 7.6:对(n,k)线性分组码所构成的 $p\times q$ 矩阵 $(p>2n, q<p)$,若 q 为 n 或 n 的整数倍,则经过单位化处理后矩阵左上角是维数相同的单位阵,且此时矩阵的秩与列数 q 不相同。

证明:根据线性分组码的定义 $\boldsymbol{C}=\boldsymbol{MG}$ 可知,编码码字 $\boldsymbol{C}$ 是信息位 $\boldsymbol{M}$ 的线性变换,并且线性约束关系在同一线性分组码内完全相同,等效于"系统形式":$[\boldsymbol{I}_k \quad \boldsymbol{P}]$。在

(n,k)线性分组码中,本码组的校验位只与该码组内的信息位相互约束,其编码约束长度即为分组码的码长 n。对于由分组码构成的 $p\times q$ 阶矩阵($p>2n,q<p$),当矩阵各行的起点是分组码起点,且 $q=n$ 时,对上述矩阵进行初等变换单位化,得到的该矩阵的秩等于分组码的信息位长度 k。若 $q=an(a>1)$,则在 $p\times q$ 矩阵的各行中最少包含$(a-1)$个线性相关而且位置完全对齐的完整码组,且矩阵的秩小于 q,左上角单位阵在经过初等变换后维数相同。同理,当 q 和 n 不存在倍数关系时,各行的码组要么不完整($q<n$),要么完整但位置没有对齐($q>n$)。对矩阵来说就是每列之间线性无关,即矩阵内没有最小线性无关组,单位化后的单位阵的秩等于列数 q。因此,分组长度 n 等于留存列值的最大公约数。

图 7-21 所示为分组码分组长度的确定流程。

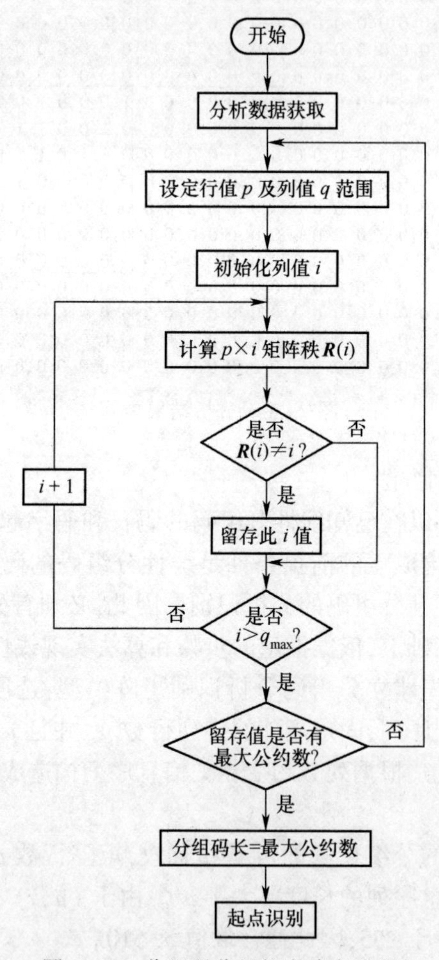

图 7-21　分组码分组长度确定流程

与综合分析法相比,使用基于定理 7.6 的码长识别方法具有所需数据量小和分析过程简洁的优点。

在确定分组码码长后,还需要对码字起点进行识别。矩阵列数的选取以编码约束度 n 为基,行数须大于列数。对码序列进行移位操作,移位分组码序列,分别求取各矩阵的秩,并记录不同维数条件下无移位和$(n-1)$种不同移位时矩阵的秩。其中,以 n 为基的矩

阵列数可依次取为 $n,2n,3n,\cdots$

其具体确定分组码起始点的方法如下：

定理 7.7：对于由 (n,k) 线性分组码构成的 $p\times q$ 阶矩阵（$p>2n$，p 为 n 倍数），矩阵的秩在分组码起点与矩阵每行起点重合时取最小值（相应解空间维数最大）。

证明：$p\times q$ 矩阵（$p>2n$，p 为 n 倍数），当 q 为 n 的 $a(a>1)$ 倍时，各行码组内的位置对齐，如果分组码的起始位与矩阵的各行起点相同，则各行一定存在 a 个完整码字，反之，存在 $(a-1)$ 个完整码字。矩阵的秩在各行存在 a 个完整码字时最小，此时矩阵内的线性相关性最强，相应解空间的维数最大。

因此，对于矩阵移位的 n 种情况，各矩阵秩最小时对应的移位，即分组码的码字起点。

图 7-22 所示为分组码起始点确定流程图。

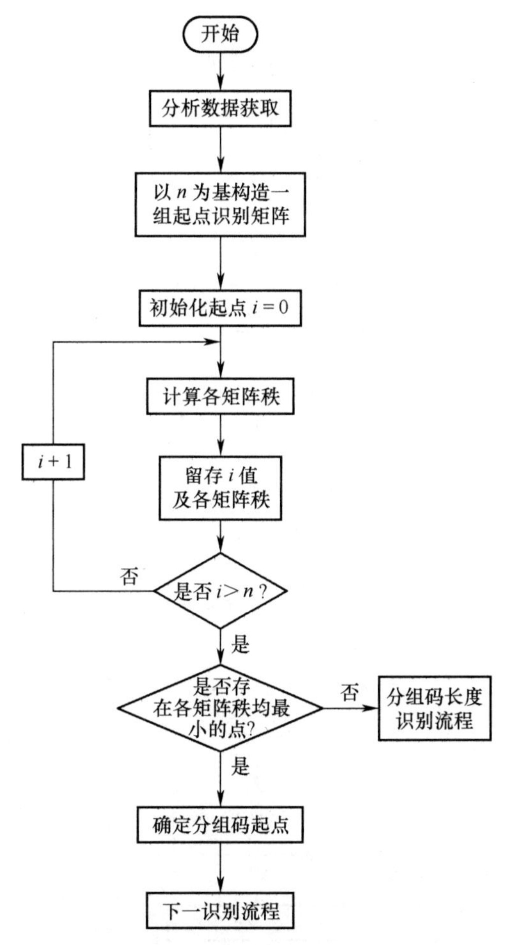

图 7-22　分组码分组起点确定流程

上述完成了分组码的码长和起始位的分析识别，接下来可以进行分组码的信息位长度 k、码率 $r=k/n$、校验矩阵 $\boldsymbol{H}$ 和生成矩阵 $\boldsymbol{G}$ 的分析识别。首先以已得到的分组码的起始点为起点，将待识别的分组码序列排列成 m 行 n 列（$m>n$）的矩阵，矩阵各行均由分组码的完整码字构成,然后对该矩阵进行初等变换。由推论 7.2 可知,矩阵前 k 行经初等变换后变成 $[\boldsymbol{I}_k \quad \boldsymbol{P}]$ 形式,通过计算变换矩阵的单位阵维数便可以得到分组码的信息位长度 k,在已知分组码长的基础上可得知码率 $r=k/n$,最后求得校验矩阵 $\boldsymbol{H}$ 和生成矩阵 $\boldsymbol{G}$。

在完成了上述参数的识别后,还需要识别分组码的另一主要参数,即生成多项式$g(x)$。

定理 7.8:(n,k)线性分组码的生成多项式向量是其生成矩阵 $\boldsymbol{G}$ 第 k 行的第 k 列到第 n 列。

证明:(n,k) 线性分组码的各生成矩阵均可变换成 $\boldsymbol{G}=[\boldsymbol{I}_k \quad \boldsymbol{P}]$ 形式,其校验矩阵可变换成 $\boldsymbol{H}=[\boldsymbol{P}^{\mathrm{T}} \quad \boldsymbol{I}_{n-k}]$ 形式。根据线性分组码生成多项式可知,生成多项式是在分组码中次数最低的多项式,在生成矩阵 $\boldsymbol{G}$ 中第 k 行的第 k 列到第 n 列次数最低,即是生成多项式向量。

在已知生成多项式向量的基础上,生成多项式 $g(x)$ 就可以推导得到。

整个线性分组码编码参数分析识别的基本流程,如图 7-23 所示。

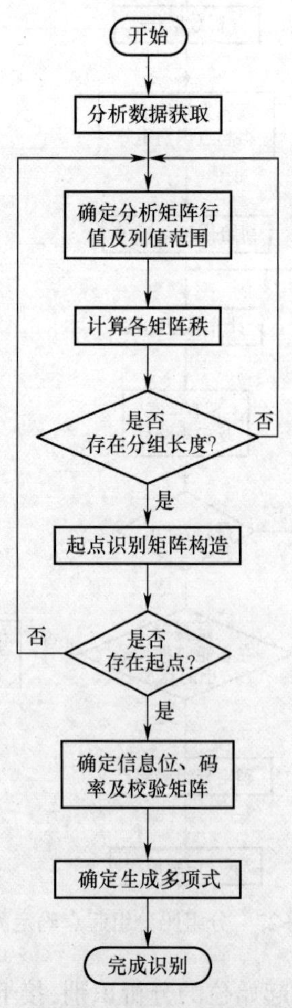

图 7-23　线性分组码编码参数分析识别流程

在进行示例分析时,采用最为常用的线性分组码识别分析,依据 Walsh-Hadamard 分析法所采用的示例，选取分组编码序列的某一段，并设定矩阵的行数 $p=300$、列值范围为(15,295)，根据列数变化把待识别的序列排列成矩阵后，再进行初等变换单位化处理，分别计算每个矩阵的秩并记录下矩阵秩与矩阵列数不等的值，对矩阵的左上角单位阵维数大小和列值列举如下：

列数：　　62 93 124 155 186 217…

单位阵大小：37 37 37　37　37 37…

由上面结果可知，在列数是 31 的倍数，且矩阵的秩与列数不相等时，经过初等变换单位化处理，矩阵的左上角单位阵维数相同，因此可知分组长度是 31。

矩阵列数依次取值：31，62，93，124，155，186；行数依次取值：列数+10。对码序列分别进行移位处理，并依次计算各起点识别矩阵的秩，记录 30 种不同移位和无移位时不同维数下矩阵的秩，其值如表 7-6 所列。

表 7-6　列数与相应矩阵秩

移位	列数					
	31	62	93	124	155	186
SH0	30	56	82	108	134	160
SH1	29	55	81	107	133	159
SH2	28	54	80	106	132	158
SH3	27	53	79	105	131	157
SH4	26	52	78	104	130	156
SH5	27	53	79	105	131	157
SH6	28	54	80	106	132	158
SH7	29	55	81	107	133	159
SH8	30	56	82	108	134	160
SH9	31	57	83	109	135	161
SH10	31	57	83	109	135	161
…	…	…	…	…	…	…

分析上面移位情况可知，当移动 4 位时，矩阵各维数下对应的秩都是最小，所以此处是分组码的起始位。

从识别的分组码起始位开始，以分组码的码长为每行的列数值，建立分析矩阵并对其进行初等变换，结果如图 7-24 所示。

由图 7-24 可确定分组码的信息位数：$k=26$，码率：$r = k/n = 26/31$，该分组码：(31，26)码，其生成多项式以二进制系数的八进制表示为 $g(x)=45$。由此可得，(31，26)分组码的生成矩阵为虚线框内矩阵。

线性矩阵分析法在对矩阵进行线性变换的基础上完成分组码起始位和码长的识别，在完成分析矩阵的初等变换单位化后，可获得分组码的生成多项式。该方法较好地确定了线性分组码的分组长度、码字起点和生成多项式，实现了线性分组码编码参数的分析识别。

	0										10										20										30
1	1	0	0	0	0	0	0	0	0	0	0	0	0	0	0	0	0	0	0	0	0	0	0	0	0	0	1	0	0	1	0
2	0	1	0	0	0	0	0	0	0	0	0	0	0	0	0	0	0	0	0	0	0	0	0	0	0	0	0	1	0	0	1
3	0	0	1	0	0	0	0	0	0	0	0	0	0	0	0	0	0	0	0	0	0	0	0	0	0	0	1	0	1	1	0
4	0	0	0	1	0	0	0	0	0	0	0	0	0	0	0	0	0	0	0	0	0	0	0	0	0	0	0	1	0	1	1
5	0	0	0	0	1	0	0	0	0	0	0	0	0	0	0	0	0	0	0	0	0	0	0	0	0	0	1	0	1	1	1
6	0	0	0	0	0	1	0	0	0	0	0	0	0	0	0	0	0	0	0	0	0	0	0	0	0	0	1	1	0	0	1
7	0	0	0	0	0	0	1	0	0	0	0	0	0	0	0	0	0	0	0	0	0	0	0	0	0	0	1	1	1	1	0
8	0	0	0	0	0	0	0	1	0	0	0	0	0	0	0	0	0	0	0	0	0	0	0	0	0	0	0	1	1	1	1
9	0	0	0	0	0	0	0	0	1	0	0	0	0	0	0	0	0	0	0	0	0	0	0	0	0	0	1	0	1	0	1
10	0	0	0	0	0	0	0	0	0	1	0	0	0	0	0	0	0	0	0	0	0	0	0	0	0	0	1	1	0	0	0
11	0	0	0	0	0	0	0	0	0	0	1	0	0	0	0	0	0	0	0	0	0	0	0	0	0	0	0	1	1	0	0
12	0	0	0	0	0	0	0	0	0	0	0	1	0	0	0	0	0	0	0	0	0	0	0	0	0	0	0	0	1	1	0
13	0	0	0	0	0	0	0	0	0	0	0	0	1	0	0	0	0	0	0	0	0	0	0	0	0	0	0	0	0	1	1
14	0	0	0	0	0	0	0	0	0	0	0	0	0	1	0	0	0	0	0	0	0	0	0	0	0	0	1	0	0	1	1
15	0	0	0	0	0	0	0	0	0	0	0	0	0	0	1	0	0	0	0	0	0	0	0	0	0	0	1	1	0	1	1
16	0	0	0	0	0	0	0	0	0	0	0	0	0	0	0	1	0	0	0	0	0	0	0	0	0	0	1	1	1	1	1
17	0	0	0	0	0	0	0	0	0	0	0	0	0	0	0	0	1	0	0	0	0	0	0	0	0	0	1	1	1	0	1
18	0	0	0	0	0	0	0	0	0	0	0	0	0	0	0	0	0	1	0	0	0	0	0	0	0	0	1	1	1	0	0
19	0	0	0	0	0	0	0	0	0	0	0	0	0	0	0	0	0	0	1	0	0	0	0	0	0	0	0	1	1	1	0
20	0	0	0	0	0	0	0	0	0	0	0	0	0	0	0	0	0	0	0	1	0	0	0	0	0	0	0	0	1	1	1
21	0	0	0	0	0	0	0	0	0	0	0	0	0	0	0	0	0	0	0	0	1	0	0	0	0	0	1	0	0	0	1
22	0	0	0	0	0	0	0	0	0	0	0	0	0	0	0	0	0	0	0	0	0	1	0	0	0	0	1	1	0	1	0
23	0	0	0	0	0	0	0	0	0	0	0	0	0	0	0	0	0	0	0	0	0	0	1	0	0	0	0	1	1	0	1
24	0	0	0	0	0	0	0	0	0	0	0	0	0	0	0	0	0	0	0	0	0	0	0	1	0	0	1	0	1	0	0
25	0	0	0	0	0	0	0	0	0	0	0	0	0	0	0	0	0	0	0	0	0	0	0	0	1	0	0	1	0	1	0
26	0	0	0	0	0	0	0	0	0	0	0	0	0	0	0	0	0	0	0	0	0	0	0	0	0	1	0	0	1	0	1
27	0	0	0	0	0	0	0	0	0	0	0	0	0	0	0	0	0	0	0	0	0	0	0	0	0	0	0	0	0	0	0
28	0	0	0	0	0	0	0	0	0	0	0	0	0	0	0	0	0	0	0	0	0	0	0	0	0	0	0	0	0	0	0

图 7-24　分组码分析结果

7.2.3　RS 编码识别方法

1. 基于码重和码根的 RS 编码识别方法

基于码重和码根的 RS 编码识别方法主要包括 RS 编码码长、生成多项式和码型等识别方法。

1) 基于码重的 RS 编码码长识别方法

在实际通信中,RS 编码以二进制的形式进行传输, $\mathbf{GF}(2^m)$ 为接收序列。码元映射在 $\mathbf{GF}(2)$ 域上的二进制准循环码长是 $(2^m-1)m$,本原多项式决定了码元之间的映射关系。以 $\mathbf{GF}(8)$ 为例,表 7-7 列出了在 $p_1(X)=1+X+X^3$ 和 $p_2(X)=1+X+X^3$ 两种情况下 $\mathbf{GF}(8)\sim\mathbf{GF}(2)$ 映射情况的示例。

由表 7-7 可知,在 $\mathbf{GF}(2)$ 和 $\mathbf{GF}(2^m)$ 中的 0 始终对应,因此码重的统计无需考虑本原多项式与映射状况,只要按照 $(2^m-1)m$ 对码字进行划分,按照 m 位比特遍历各个码字,在不连续出现全 0 的条件下码重加 1。

表 7-7　$\mathbf{GF}(8)\sim\mathbf{GF}(2)$ 映射关系

$p_1(X)=1+X+X^3$	$p_2(X)=1+X^2+X^3$
$0=000$	$0=000$
$1=100$	$1=100$
$\alpha=010$	$\gamma=010$
$\alpha^2=001$	$\gamma^2=001$

（续）

$p_1(X) = 1 + X + X^3$	$p_2(X) = 1 + X^2 + X^3$
$\alpha^3 = 110$	$\gamma^3 = 110$
$\alpha^4 = 011$	$\gamma^4 = 011$
$\alpha^5 = 111$	$\gamma^5 = 111$
$\alpha^6 = 101$	$\gamma^6 = 101$
$\alpha^7 = 1$	$\gamma^7 = 1$

定义极大最小距离可分码（MDS）为距离大于奇偶校验符号数 1 位的编码。MDS 码的码重量分布定理：在 $\mathbf{GF}(q)$ 上 $[n,k,d=n-k+1]$ 的 MDS 码中重量为 i 的码字个数为 A，即

$$A=\binom{n}{i}\sum_{j=0}^{i-d}(-1)^{i}\binom{i}{j}q^{i-d+1-j}-1=\binom{n}{i}q-1\sum_{j=0}^{i-d}(-1)^{j}\binom{i-1}{j}(q^{i-d-j}-1) \tag{7-47}$$

RS 编码是重要的一类 MDS 码，其码重分布满足上述关系。因此，根据候选码长进行反向映射，统计得到的 RS 编码码重分布并估计可能的纠错数 t，然后通过对比在理论上的 RS 编码和估计的 RS 编码的码 k 符合度最高的即为正确码长。

设 N 为划分后的码字个数，重量为 i 的码字数用 D_i 表示，因此码字的码重分布可表示成 $\boldsymbol{U}=\left[\frac{D_1}{N},\frac{D_2}{N},\cdots,\frac{D_n}{N}\right]$。

$\boldsymbol{U}$ 前的零值位数由纠错个数 t 决定，因此可粗略估计 d 的取值，再通过式（7-47）得到各 A_i 值。令 $B=\sum_{i=d}^{n}A_i$，则在理论上码重的分布为 $\boldsymbol{U}'=\left[\overbrace{0,\cdots,0}^{2t},\frac{A_d}{B},\cdots,\frac{A_n}{B}\right]$，为了度量两个向量的相似程度，引入相关系数：

$$\lambda=\frac{\mathrm{Cov}(\boldsymbol{U},\boldsymbol{U}')}{\sqrt{D(\boldsymbol{U})}\cdot\sqrt{D(\boldsymbol{U}')}} \tag{7-48}$$

式中：Cov 表示协方差；D 表示方差。定义相似度系数：

$$\gamma=\sqrt{1-\lambda} \tag{7-49}$$

当 γ 最小时，即对应正确码长。

2）基于连续码根判定的生成多项式识别方法

在完成码长识别的条件下，逆映射得到不同本原多项式下的候选 RS 编码序列，按照一个码字一行构建得到 M 行 n 列码字矩阵 $\boldsymbol{V}$。由校验关系，可得

$$\boldsymbol{V}\cdot\boldsymbol{H}^{\mathrm{T}}=\boldsymbol{0} \tag{7-50}$$

令 $\boldsymbol{v}_j=(v_{j,0},v_{j,1},\cdots,v_{j,n-1})$ 是矩阵 $\boldsymbol{V}$ 第 j 行，$\boldsymbol{h}_i(1,\alpha^{i},\alpha^{2i},\cdots,\alpha^{(n-1)i}$ 是矩阵 $\boldsymbol{H}$ 第 i 行，由 $\boldsymbol{v}_j\cdot(\boldsymbol{h}_i)^{\mathrm{T}}=0$，得

$$\boldsymbol{v}_j(\alpha^{i})=v_{j,0}+v_{j,1}\alpha^{i}+v_{j,2}\alpha^{2i}+\cdots+v_{j,n-1}\alpha^{(n-1)i}=0 \tag{7-51}$$

可知 α^i 是码多项式 $\boldsymbol{v}_j(X)=v_{j,0}+v_{j,1}X+v_{j,2}X^2+\cdots+v_{j,n-1}X^{n-1}$ 的根。由此定义二元假设 H_0：α^i 是矩阵 $\boldsymbol{V}$ 中码字的公共码根，H_1：α^i 不是矩阵 $\boldsymbol{V}$ 中码字的公共码根，构建 α^i 统计量，确定两种假设条件下 α^i 统计量的概率分布，并设置判决门限。若统计量大于判

决门限,则 α^i 是矩阵 $\boldsymbol{V}$ 中码字的公共根,即生成多项式 $g(X)$ 的根。

利用公式 $c=\phi(2^m-1)/m$, 可求出 $\mathbf{GF}(2^m)$ 域上首系数是 1、次数为 m 的本原多项式个数,在式 $c=\phi(2^m-1)/m$ 中 $\phi(\cdot)$ 为欧拉函数。在所有码字中提取连续偶数个公共码根最多的情形,即可得到对应正确的本原多项式。

令 M_z 为矩阵 $\boldsymbol{V}$ 满足 $v(\alpha^i)=0$ 的码字个数,若 α^i 不是本原多项式 $p(X)$ 条件下生成多项式 $g(X)$ 的根,则有 $1/2^m$ 的概率使得式 $v(\alpha^i)=0$ 成立,M_z 服从伯努利分布 $B(M,p_{i,1})$。令 $h=M_z/M$,在 M 足够大的条件下其近似服从高斯分布,其概率密度函数为

$$P_{i,1}(h)=\frac{1}{\sqrt{2\pi}\,\sigma_{i,1}}\mathrm{e}^{-\frac{(h-p_{i,1})^2}{2\sigma_{i,1}^2}} \tag{7-52}$$

式中:$\sigma_{i,1}=\sqrt{p_{i,1}(1-p_{i,1})/M}$。反之,若生成多项式 $g(X)$ 的根是 α^i,则 h 的概率密度函数为

$$p_{i,2}(h)=\frac{1}{\sqrt{2\pi}\,\sigma_{i,2}}\mathrm{e}^{-\frac{(h-p_{i,2})^2}{2\sigma_{i,2}^2}} \tag{7-53}$$

式中:$p_{i,2}=(1-p_\mathrm{e})^n+[1-(1-p_\mathrm{e})^n]_{p_{i,1}}$,$p_\mathrm{e}$ 为误码率;$\sigma_{i,2}=\sqrt{p_{i,2}(1-p_{i,2})/M}$。

由最小错误概率准则可知,最优判决门限:

$$\eta_\mathrm{opt}=\arg\min_{\eta}(P_\mathrm{fa}+P_\mathrm{nd}) \tag{7-54}$$

当 h 满足 $h>\eta_\mathrm{opt}$ 时,可以判定 α^i 是所有码字多项式的公共根。经计算可得到 η_opt 的解析值为

$$\eta_\mathrm{opt}=\frac{-b-\sqrt{b^2-4ac}}{2a} \tag{7-55}$$

式中:$a=(1-p_{i,1})(1-p_\mathrm{e})^n\cdot[2p_{i,1}+(1-p_{i,1})(1-p_\mathrm{e})^n-1]/M$;$b=-2p_{i,1}(1-p_{i,1})(1-p_\mathrm{e})^n\cdot[(1-p_{i,1})(1-p_\mathrm{e})^n+p_{i,1}]/M$;$c=p_{i,2}^2\sigma_{i,1}^2-p_{i,1}^2\sigma_{i,2}^2-2\sigma_{i,1}^2\sigma_{i,2}^2(\ln\sigma_{i,1}-\ln\sigma_{i,2})$。

若本原多项式 $p(X)$ 的本原元 α 不满足判决门限,则重新选取本原多项式重复验证步骤;反之,若 α 是生成多项式 $g(X)$ 的根,则对 $\alpha^i(i=2,3,\cdots)$ 依次进行验证。当从 α 开始,存在连续最多的偶数个根,则本原多项式对应正确的编码域。完成本原多项式和生成多项式连续码根分布的确定,即可求得 $g(X)$。

3) RS 编码分析识别方法

RS 编码为 $\mathbf{GF}(q)(q\neq 2)$ 上生成多项式 $g(X)$ 包含 $a^{l_0},\alpha^{l_0+1},\cdots,\alpha^{l_0+2t-1}$ 等 $2t$ 个连续根的本原 BCH 码。RS 编码用数学符号表示为 (n,k) RS 编码,其中:n 表示码长,k 表示信息分组长度。

在实际应用中,RS 编码作为纠错编码通常取值:$q=2^m$,且 $3\leqslant m\leqslant 8$。对 $\mathbf{GF}(2^m)$ 上纠 t 个错误的 RS 编码,其存在的特点:码长 n 和信息分组长度 k 满足 $n=2^m-1$ 和 $k=2^m-2t-1$;码元和生成多项式的根均取自 $\mathbf{GF}(2^m)$。

$g(X)$ 的根 $\alpha^{l_0+i}(0\leqslant i\leqslant 2t-1)$,其最小多项式 $\phi_i(x)=x+\alpha^{l_0+i}$,生成多项式可表

示为

$$g(x)=\prod_{i=0}^{2t-1}\phi_i(x)=\prod_{i=0}^{2t-1}(x+\alpha^{l_0+i}) \tag{7-56}$$

在通常情况下取值：$l_0=1$，且 α 为 $\mathbf{GF}(2^m)$ 上的本原元。$g(x)=x^{2t}+g_{2t-1}x^{2t-1}+\cdots+g_1x+g_0$，其中，$g_i\in\mathbf{GF}(2^m)(0\leqslant i\leqslant 2t-1)$。由生成多项式即可实现 RS 编码识别。

2. 基于二元域等效的 RS 编码分析识别方法

1）RS 编码的二元域等效

$\mathbf{GF}(2^m)$ 是 $\mathbf{GF}(2)$ 的扩域，可通过构造 $F_2[x]/p(x)$ 得到，其中：m 为阶数，$p(X)$ 为对应阶的本原多项式；其对应的本原元为 α。由于 $\mathbf{GF}(2^m)$ 的所有元素均可以用 $\mathbf{GF}(2)$ 上的 m 维二元向量表示，因此 $\mathbf{GF}(2^m)$ 上的 (n,k) RS 编码可以等价为 $\mathbf{GF}(2)$ 上的一个 (mn,mk) 线性分组码。

RS 编码的校验矩阵一般表示为

$$\boldsymbol{H}=\begin{bmatrix}\alpha^{n-1} & \alpha^{n-2} & \cdots & \alpha & 1\\ \alpha^{2(n-1)} & \alpha^{2(n-2)} & \cdots & \alpha^2 & 1\\ \vdots & \vdots & & \vdots & \vdots\\ \alpha^{2t(n-1)} & \alpha^{2t(n-2)} & \cdots & \alpha^{2t} & 1\end{bmatrix} \tag{7-57}$$

式中：$\boldsymbol{H}$ 的各行分别对应生成多项式 $g(X)$ 的不同根。

令向量 $\boldsymbol{a}=(\alpha^{m-1},\alpha^{m-2},\cdots,\alpha,1)^{\mathrm{T}}$，其中：T 表示转置，将矩阵 $\boldsymbol{H}$ 中的各元素与向量 $\boldsymbol{a}$ 相乘后的结果转换成 m 维二元行向量。若上述过程用 $(\cdot)^2$ 表示，则与 RS 编码等价的 $\mathbf{GF}(2)$ 上的 (mn,mk) 线性分组码校验矩阵为

$$\boldsymbol{H}'=\begin{bmatrix}\boldsymbol{H}_1'\\ \boldsymbol{H}_2'\\ \vdots\\ \boldsymbol{H}_r'\\ \vdots\\ \boldsymbol{H}_{2t}'\end{bmatrix}=\begin{bmatrix}(\alpha^{n-1}a)_2 & (\alpha^{2(n-1)}a)_2 & \cdots & (\alpha^{2r(n-1)}a)_2 & \cdots & (\alpha^{2t(n-1)}a)_2\\ (\alpha^{n-2}a)_2 & (\alpha^{2(n-2)}a)_2 & \cdots & (\alpha^{2r(n-2)}a)_2 & \cdots & (\alpha^{2t(n-2)}a)_2\\ \vdots & \vdots & & \vdots & & \vdots\\ (\alpha a)_2 & (\alpha^2 a)_2 & \cdots & (\alpha^{2r}a)_2 & \cdots & (\alpha^{2t}a)_2\\ (a)_2 & (a)_2 & \cdots & (a)_2 & \cdots & (a)_2\end{bmatrix} \tag{7-58}$$

式中：$\boldsymbol{H}'=(((\alpha^{2r(n-1)}a)_2)^{\mathrm{T}},((\alpha^{2r(n-2)}a)_2)^{\mathrm{T}},\cdots,((\alpha^{2r}a)_2)^{\mathrm{T}},((a)_2)^{\mathrm{T}}),1\leqslant r\leqslant 2t$。

因此，RS 编码的识别问题可以转化成等价的 (mn,mk) 二元线性分组码的识别问题，则二元线性分组码校验矩阵的转置矩阵 $\boldsymbol{H}$，即 RS 编码的校验矩阵。

2）RS 编码分析识别方法

本原多项式的阶数 m 与纠错个数 t 决定了码长 n 和信息位长度 k，生成多项式 $g(X)$ 的计算需要知道 $g(X)$ 的连续根与本原元 α，即本原多项式 $p(X)$ 和纠错个数 t。因此，识别的关键在于确定纠错个数 t 与本原多项式 $p(X)$。表 7-8 列出了本原多项式在不同阶数下的分布情况。

在表 7-8 中的本原多项式取值为十进制数，例如，$11=2^3+2+1$ 表示 $p(x)=x^3+x+1$。

表 7-8　各阶数下的本原多项式

m 值	n 值	本原多项式 $p(x)$
3	7	11,13
4	15	19,25
5	31	37,41,47,55,59,61
6	63	67,91,97,103,109,115
7	127	131,137,143,145,157,167,171,185,191,193,203,211,213,229,23,9,241,247,253
8	225	285,299,301,333,351,355,357,361,369,391,397,425,451,463,487,501

其分析识别思路：遍历 $p(X)$ 并按相关参数划分编码序列，检验 $g(X)$ 的根 $\boldsymbol{H}'_r$，若通过判决的连续根个数为偶数，则证明所选取的 $p(X)$ 正确，可得 t；将 m 与 t 分别带入式(7-57)和式(7-58)中，计算码长 n、信息分组长度 k 并将 $g(X)$ 的连续根带入式(7-57)和式(7-58)，利用 $p(X)$ 化简得到生成多项式 $g(X)$。

RS 编码识别流程如图 7-25 所示。

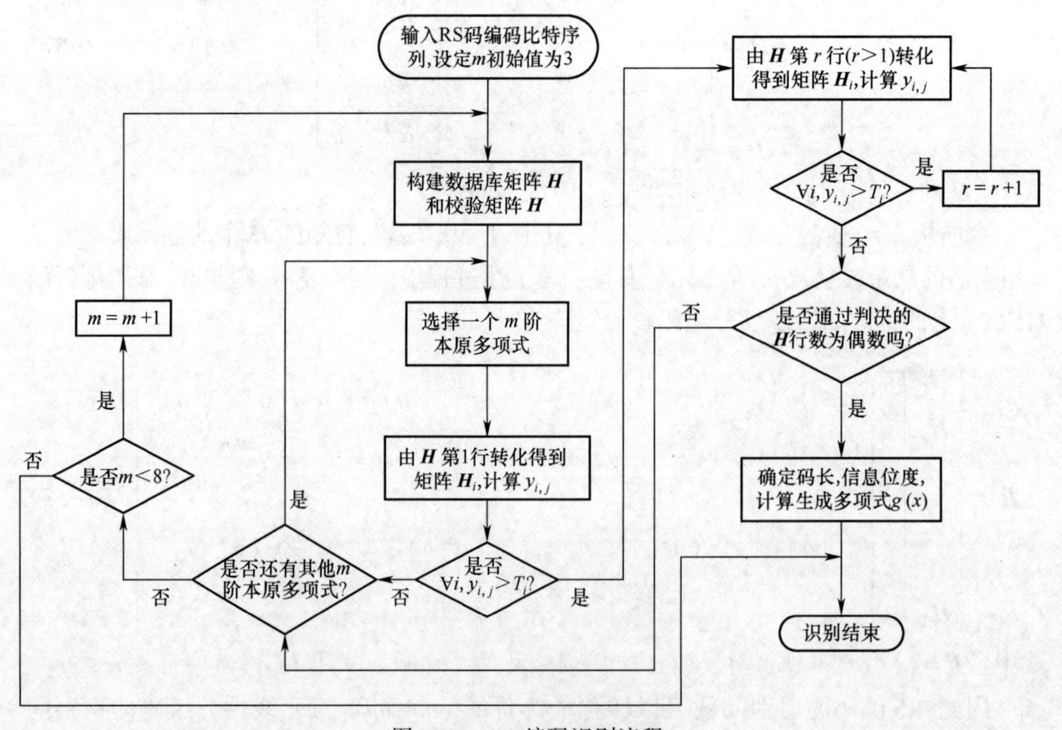

图 7-25　RS 编码识别流程

3. 基于有限域欧几里得算法的 RS 编码分析识别方法

1) RS 编码识别基础

RS 编码的定义：$\mathbf{GF}(q)$ 上($q \neq 2, q = 2^m$)，码长 $n = q - 1$ 的本原 BCH 码。

$g(x) = \mathrm{LCM}[m_1(x), m_2(x), \cdots, m_{2t}(x)]$ 为 BCH 码的生成多项式，因此 RS 编码的生成多项式均是多项式的根，其中初始根可以是 α 的任意次幂，而 α 是 $\mathbf{GF}(q)$ 中的 n 级元素，LCM 表示最小公约数。由于 RS 编码根所在域和码元符号取值域相同，均为

$\alpha^i \in \mathbf{GF}(q)$。因此该域中的最小多项式 $m_i(x)$ 必为一次多项式,所以 $m_i(x) = (x+\alpha^i)$。

RS 编码的生成多项式为

$$g(x) = \prod_{i=s}^{s+2t-1}(x+\alpha^i), s=0,1,2,\cdots \tag{7-59}$$

因此,RS 编码的分析识别工作主要是完成码长、本原多项式 $p(x)$ 和生成多项式 $g(x)$ 的识别。

根据 RS 编码的定义,可得 RS 编码具有的性质:循环码且码字多项式 $C(x)$ 满足下式:

$$C(x) = M(x)g(x) \tag{7-60}$$

式中:$M(x)$ 为信息多项式。

所采用的欧几里得算法是一种递归算法,主要用于求解多项式 $C_1(x)$ 与 $C_2(x)$ 的最大公约式 $r(x)$,并寻找一个 $C_1(x)$ 和 $C_2(x)$ 的线性组合,使之等于 $r(x)$,即找到下式所示的等式:

$$u(x)C_1(x) + v(x)C_2(x) = r(x) \tag{7-61}$$

2) 有限域欧几里得算法原理

由于 RS 编码字取自 $\mathbf{GF}(2^m)$,因此系数在 $\mathbf{GF}(2)$ 上的传统欧几里得算法不再适用。所以,针对 RS 编码的有限域欧几里得算法具体过程:将在 $\mathbf{GF}(2)$ 上的 $C_1(x)$ 和 $C_2(x)$ 在 $\mathbf{GF}(2^m)$ 上化为首一多项式,将其在 $\mathbf{GF}(2)$ 上进行辗转相除,得到 $C_1(x)$ 和 $C_2(x)$ 的最大公约式记作 $r_n(x)$。

可以通过以下实例来阐述该过程的基本原理。

首先,在本原多项式 x^3+x+1 的 $\mathbf{GF}(2^3)$ 上的两个 RS 编码字分别为 $C_1 = 10000001001010011$ 和 $C_2 = 1111110001110$,由本原多项式 $p(X)$ 决定 $\mathbf{GF}(2^3)$ 上存在,即 $\alpha^3=\alpha+1$。其次,将 C_1 映射到 $\mathbf{GF}(2^3)$ 上得 $\boldsymbol{C}_1=(\alpha,0,1,1,\alpha,\alpha^3)$,再对 C_1 的各码元乘以 α_6,得到首一的码字 $\boldsymbol{C}_1=(1,0,\alpha^6,\alpha^6,1,\alpha^2)$。再次,将其映射回 $\mathbf{GF}(2)$ 后得到码字 $C_1 = 001000101101001100$,完成首一化处理。最后,继续使用辗转相除即可实现有限域欧几里得算法。

图 7-26 所示为整体实现过程。

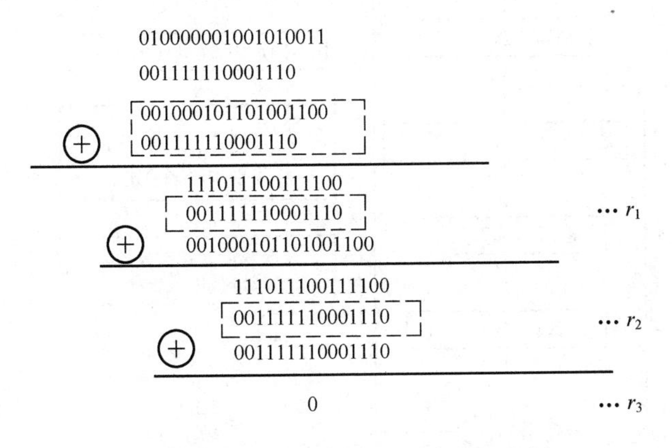

图 7-26　有限域欧几里得算法实例

在 **GF**(2^3) 上首一化后的码字如图 7-26 所示的虚线中的信息序列。若最终余数 $r_n=0$，则前一次迭代的余数 r_{n-1}，即 C_1 和 C_2 的最大公约式；当最终的余数 $r_n=1$ 时，说明 C_1 和 C_2 为互素。可见，求得的最大公约式为 $r_2=001111110001110$。

3）基于有限域欧几里得算法的 RS 编码识别方法

$m\times n(m\times(2^m-1)$ 为 RS 编码的等效二进制分组码长。若码长正确，则一个 RS 编码码字与其 m 次循环移位码字之间必存在一个是生成多项式 $g(x)$ 倍式的最大公因式 $r(x)$；反之，RS 编码的码字与其 m 次循环移位码字之间的公约式不存在约束关系，而呈现随机分布。RS 编码的这一特征是实现 RS 编码分析识别的理论基础。

选取 $m=2\sim8$，依次遍历 RS 编码所有可能的码长，在各种码长下取 N 个码字并提取各种码长所对应的本原多项式，采用有限域欧几里得算法，求得第 j 个本原多项式第 i 码字与其 m 次循环移位码字的最大公因式为 $r_{i,j}(x)$。若将 $r_{i,j}(x)$ 的指数表示为 $\deg(r_{i,j}(x))$，则所有码字最大公因式的平均指数为 $\frac{1}{N}\sum_{i=1}^{N}\deg(r_{i,j}(x))$。

在此基础上，计算所有 M 个本原多项式对应的平均指数的最大值和删除最大值后的平均指数的均值，得到两者之间的差值：

$$D=\max_{j\in M}\left(\frac{1}{N}\sum_{i=1}^{N}\deg(r_{i,j}(x))\right)-\frac{1}{M-1}\sum_{i=1\,j\notin\max}^{M}\left(\frac{1}{N}\sum_{i=1}^{N}\deg(r_{i,j}(x))\right)\tag{7-62}$$

通过上面分析可知，若码长不正确，则最大公约式的平均指数分布变化较小；反之，若码长正确，并且通过遍历获得了编码采用的本原多项式，则得到的最大公约式的平均指数将远大于其他指数，即表现为 D_{m} 较大。由此可得，D_{m} 最大时的码长，即正确码长。

在码长识别过程中，由于各码长下最大公约式平均指数的最大值所对应的为本原多项式，因此最终识别码长所对应的本原多项式，即待识别和提取的本原多项式。由于通过有限域欧几里得运算得到的最大公约式是 RS 编码生成多项式的倍式。在完成本原多项式识别的基础上，选取指数最大的公约式进行因式分解，其中具有连续根的因式为 RS 编码的生成多项式。综上所述，RS 编码的识别流程图如图 7-27 所示。

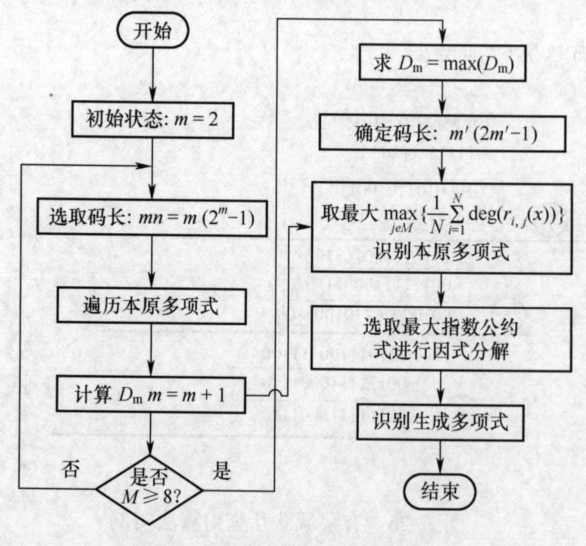

图 7-27　RS 编码的识别流程

7.2.4　卷积码编码识别方法

对于卷积编码信息序列 $\boldsymbol{C}$,式 $\boldsymbol{C}\boldsymbol{H}^{\mathrm{T}}=\boldsymbol{0}$ 同样成立,若利用分析识别法求得校验矩阵 $\boldsymbol{H}$, 则生成矩阵 $\boldsymbol{G}$ 可由 $\boldsymbol{G}\boldsymbol{H}^{\mathrm{T}}=\boldsymbol{0}$ 求出。卷积码需要识别的参数包括码长 n、码字起点 i、码率 k/n、生成多项式、基本生成矩阵和基本校验矩阵等。其具体含义如下:

(1) 码长 n:输出的分组长度;

(2) 码字起点 i:信息序列的起点,在卷积码码字中的位置用 i 表示,$1\leqslant i\leqslant n$;

(3) 码率:$r=k/n$,表征编码效率或传输效率;

(4) 生成多项式 $g(x)$:卷积码编码器的多项式集合;

(5) 基本生成矩阵:$\boldsymbol{g}=(g_0,g_1,g_2,\cdots,g_{\mathrm{m}})$;

(6) 校验矩阵:由已知识别序列 $\boldsymbol{C}$,通过 $\boldsymbol{C}\boldsymbol{H}^{\mathrm{T}}=\boldsymbol{0}$ 和各类分析识别法可求得 $\boldsymbol{H}$。

根据实际应用,卷积码分为一般卷积码和删除卷积码,两者的识别方法存在一定的差异。

1. 高斯解方程分析识别方法

由于卷积码的编码器具有记忆性,因此采用求解线性方程组的方法对其进行识别时,分析过程与分组码相比较,有所区别。

利用高斯解方程的识别方法,需要首先进行约束长度的估计,在保证接收序列足够长且无误码的条件下,存在直接求解线性方程组完成卷积码识别的可能。

考虑码率是 $(n-1)/n$ 型的卷积码,若该码的生成矩阵是 $\boldsymbol{G}(D)$, 校验矩阵是 $\boldsymbol{H}(D)$, 则 $\boldsymbol{C}(D)\boldsymbol{H}^{\mathrm{T}}(D)=\boldsymbol{0}$, 其中 $\boldsymbol{H}(D)$ 是 $n\times1$ 阶多项式矩阵,设 $\boldsymbol{H}^{\mathrm{T}}(D)=(h_0(D),h_1(D),h_2(D),\cdots,h_{n_0-1}(D))$,$\boldsymbol{v}_0,\boldsymbol{v}_1,\boldsymbol{v}_2,\cdots,\boldsymbol{v}_N$ 为接收码流 C 的码字序列,其中 $\boldsymbol{v}_t=(r_{0,t},r_{1,t},r_{2,t},\cdots,r_{n_0-1,t})$。

首先估计 $k=\max\limits_{0\leqslant i\leqslant n-1}(\deg h_i(D))$, 设 $h_i(D)=h_{i,0}+h_{i,1}D+h_{i,1}D^2+\cdots+h_{i,k}D^k$。

若已知卷积码 C 的一个长度是 $N>(n+1)(k+1)-1$ 的码字序列,则利用以下线性方程组可求解得到 $h_{i,j}$ 为

$$\sum_{j=0}^{k}\sum_{i=0}^{n}r_{i,k-j+s}h_{i,j}=0,s=0,1,\cdots,N-k \tag{7-63}$$

对式(7-63)进行数学变换,得到以下增广矩阵形式:

$$\begin{pmatrix} 1 & 0 & \cdots & 0 & q_{0,0} & q_{1,0} & \cdots & q_{d-1,0} \\ 0 & 1 & \cdots & 0 & q_{0,1} & q_{1,1} & \cdots & q_{d-1,1} \\ \vdots & & & 0 & \vdots & \vdots & & \vdots \\ 0 & 0 & \cdots & 1 & q_{0,n(k+1)-1-d} & q_{1,n(k+1)-1-d} & \cdots & q_{d-1,n(k+1)-1-d} \end{pmatrix} \tag{7-64}$$

式中:d 为解空间的维数。

方程组的 $n(k+1)$ 个未知元$(h_{0,0}h_{1,0},\cdots,h_{n-1,0}\ h_{0,1}h_{1,1},\cdots,h_{n-1,1},\cdots\ h_{0,k}h_{1,k},\cdots,h_{n-1,k})$解空间的标准基形式可表示为

$$\begin{pmatrix} q_{0,0} & q_{0,1} & \cdots & q_{0,n(k+1)-1-d} & 1 & 0 & \cdots & 0 \\ q_{1,0} & q_{1,1} & \cdots & q_{1,n(k+1)-1-d} & 0 & 1 & \cdots & 0 \\ \vdots & \vdots & & \vdots & \vdots & \vdots & & \vdots \\ q_{d-1,0} & q_{d-1,1} & \cdots & q_{d-1,n(k+1)-1-d} & 0 & 0 & \cdots & 1 \end{pmatrix} \tag{7-65}$$

选择式(7-63)~式(7-65)的解中存在极小校验矩阵且非0的解。

设式中第 i 行第一个非0元素所处列为 j_i，令 $j_i = \left\lfloor \dfrac{j_i}{n} \right\rfloor$，$i = 0,1,\cdots,d-1$，求最小的 i_0，$0 \leqslant i_0 \leqslant d-1$，得

$$j_{i_0} + \left\lfloor \frac{d-i_0}{n} \right\rfloor = \max_{0 \leqslant i \leqslant d-1} \left\{ j_{i_0} + \left\lfloor \frac{d-i_0}{n} \right\rfloor \right\} \tag{7-66}$$

则最优解为

$$h_{i,j} = q_{i_0,(i+j_{i,0})n+i},\ i = 0,1,\cdots,n-1,\ j = 0,1,\cdots,k - \left(j_{i_0} + \left\lfloor \frac{d-i_0}{n} \right\rfloor \right) \tag{7-67}$$

按照式(7-66)、式(7-67)的方法进行选取，$h_i(D)$，$i = 0,1,\cdots,n-1$ 的最大次数 $\max\limits_{0 \leqslant i \leqslant n-1} (\deg h_i(D))$ 可达到极小。

信息序列的复杂性与方程解空间的维数呈相反关系，信息序列的复杂性较低会导致方程解空间的维数变大，进而导致最优解可能不仅是卷积码的校验关系，还可能是某个短周期填空信息或是信息序列的扰码多项式。通常取 $N \approx (n+1)(k+1)$，未知变元的个数是 $n(k+1)$。在确保方程可解的前提下，需要把 k 设置为较大整数，但是若 k 值过大，会导致识别所需数据量 N 和计算复杂性急剧增加，而且信息序列存在误码的可能性增加，导致假设条件成立的可能性降低。高斯消元法的计算复杂度为 $O(N^3)$。

在实际应用中一般 $k \leqslant 12$ 且 $n \leqslant 8$，因此，采用高斯消元法解方程组的速度较快。

高斯直解法虽然可以直接求得校验矩阵，但是 n 和 k 未知且存在多种组合的可能，因此校验矩阵的解不唯一。对于虚解的剔除，可以通过遍历识别法进行甄别。

由于高斯消元法的抗误码性能较差，因此要求方程组的系数矩阵不能存在错误，在卷积码约束长度较大时，上面的方法比较耗时。

以常用的(2,1,6)卷积码编码为例，阐述该编码识别方法。(2,1,6)卷积码编码生成多项式为

$$g_1(x) = 1 + x + x^2 + x^3 + x^6 \tag{7-68}$$

$$g_2(x) = 1 + x^2 + x^3 + x^5 + x^6 \tag{7-69}$$

(2,1,6)卷积码的编码器如图7-28所示。

在该卷积码的编码信息流中截取一段信息序列：11111100000010010011000100001010000000000101111111010100111100011111001101100000000111001001110011010010100011101010011000011100011111111110001000011010111100101111100011000100001010111000011000000000100010101111110110100110101000101000101000110101110011011100100111011111111111111100011110110010000100110111001010110101010101110101100100100

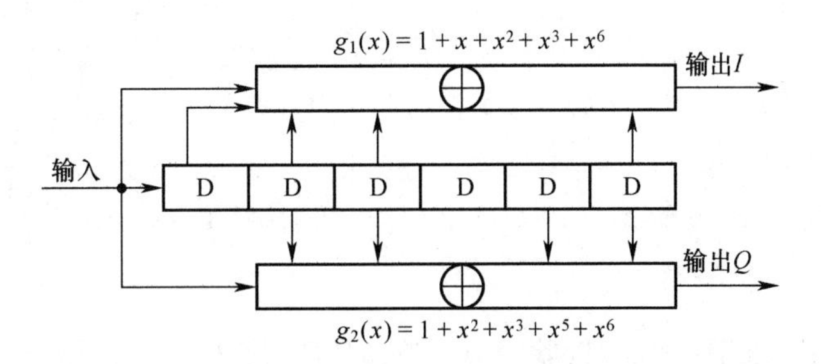

图7-28 (2,1,6)卷积码编码器

11111000100001。经高斯直解法识别,可得(n,k,m)卷积码的校验矩阵为

$$n_0:4\quad k_0:3\quad m:3$$

$$\boldsymbol{H}=1101;1101;0011;0110\tag{7-70}$$

$$n_0:2\quad k_0:1\quad m:6$$

$$\boldsymbol{H}=1011011;1111001\tag{7-71}$$

$$n_0:5\quad k_0:4\quad m:7$$

$$\boldsymbol{H}=11101101;11010100;00000111;11011010;10111001\tag{7-72}$$

由此可知,方程虽然存在多解,但只有$n=2,k=1,m=6$的解符合本例所设的前提。

2. Walsh-Hadamard 分析识别方法

Walsh-Hadamard 分析识别法可对接收的含错卷积码序列进行分析和识别。

设码率为1/2的$(2,1,m)$卷积码的校验多项式矩阵为

$$\boldsymbol{H}(D)=[h_1(D)\quad h_2(D)]\tag{7-73}$$

其中

$$h_1(D)=h_{1,m}D^m+h_{1,m-1}D^{m-1}+\cdots+h_{1,0}\tag{7-74}$$

$$h_2(D)=h_{2,m}D^m+h_{2,m-1}D^{m-1}+\cdots+h_{2,0}\tag{7-75}$$

则码的基本校验矩阵和校验矩阵分别为

$$\boldsymbol{h}=[h_{1,m}h_{2,m}\quad h_{1,m-1}h_{2,m-1}\quad\cdots\quad h_{1,0}h_{2,0}]\tag{7-76}$$

$$\boldsymbol{H}=\begin{bmatrix} h_{1,0}h_{2,0} & \cdots & \cdots & \cdots \\ h_{1,1}h_{2,1} & h_{1,0}h_{2,0} & \cdots & \cdots \\ \vdots & \vdots & & \vdots \\ h_{1,m}h_{2,m} & h_{1,m-1}h_{2,m-1} & \cdots & h_{1,0}h_{2,0} \end{bmatrix}\tag{7-77}$$

设接收码序列为$\cdots c_{i,1}c_{i,2}\cdots c_{i+1,1}c_{i+1,2}\cdots c_{i+m,1}c_{i+m,2}\cdots$,有

$$[c_{i,1}c_{i,2}\cdots c_{i+1,1}c_{i+1,2}\cdots c_{i+m,1}c_{i+m,2}]\begin{bmatrix} h_{1,m} \\ h_{2,m} \\ \vdots \\ h_{1,0} \\ h_{2,0} \end{bmatrix}=0\tag{7-78}$$

取$2(m+1)$个码段构成的方程组,即

$$\begin{bmatrix} c_{i,1}c_{i,2} & c_{i+1,1}c_{i+1,2} & \cdots & c_{i+m,1}c_{i+m,2} \\ c_{i+1,1}c_{i+1,2} & c_{i+2,1}c_{i+2,2} & \cdots & c_{i+m+1,1}c_{i+m+1,2} \\ \vdots & \vdots & & \vdots \\ c_{i+2m+1,1}c_{i+2m+1,2} & c_{i+2m+2,1}c_{i+2m+2,2} & \cdots & c_{i+3m+1,1}c_{i+3m+1,2} \end{bmatrix} \begin{bmatrix} h_{1,m} \\ h_{2,m} \\ \vdots \\ h_{1,0} \\ h_{2,0} \end{bmatrix} = \begin{bmatrix} 0 \\ 0 \\ \vdots \\ 0 \\ 0 \end{bmatrix} \tag{7-79}$$

式(7-79)的基础解系就是校验矩阵。在 $h_1(D)$ 和 $h_2(D)$ 次数未知的条件下,适当将其次数设大,约去求解结果的公因式,次数最低多项式,即子校验多项式。

设生成矩阵 $\boldsymbol{G}(D)$ 为

$$\boldsymbol{G}(D) = [g_1(D) \quad g_2(D)] \tag{7-80}$$

通过卷积码生成矩阵与校验矩阵的关系 $\boldsymbol{G}(D)\boldsymbol{H}^{\mathrm{T}}(D) = \boldsymbol{0}$, 可得

$$g_1(D)h_1(D) + g_2(D)h_2(D) = 0 \tag{7-81}$$

故

$$g_1(D) = \frac{g_2(D)h_2(D)}{h_1(D)}$$

若卷积码有前反馈,可设 $\boldsymbol{G}(D) = \boldsymbol{GCD}[g_1(D) \quad g_2(D)] = \boldsymbol{D}^t, t \geqslant 0$, $\boldsymbol{GCD}$ 表示最大公约矩阵。由 $\partial(g_1(D)) \leqslant m, \partial(g_2(D)) \leqslant m$, 且 $\max(\deg h_1(D) \quad \deg h_2(D)) \leqslant m$, 则延迟最小为 $t=0$,故有

$$g_1(D) = h_2(D), g_2(D) = h_1(D) \tag{7-82}$$

若编码信息在有噪信道传输,考虑到实际接收信息序列是含错序列,噪声 $e_i(D) = (e_{i,0} + e_{i,1}D + \cdots + e_{i,N}D^N)$ 叠加到传输序列 $\boldsymbol{C}(D)$ 上传送,则接收到的码字多项式为

$$r_i(D) = c_i(D) + e_i(D) = (c_{i,0} + c_{i,1}D + \cdots + c_{i,N}D^N) + (e_{i,0} + e_{i,1}D + \cdots + e_{i,N}D^N), i = 1,2 \tag{7-83}$$

则无误码的方程组变成如下形式:

$$\begin{bmatrix} r_{i,1}r_{i,2} & r_{i+1,1}r_{i+1,2} & \cdots & r_{i+m,1}r_{i+m,2} \\ r_{i+1,1}r_{i+1,2} & r_{i+2,1}r_{i+2,2} & \cdots & r_{i+m+1,1}r_{i+m+1,2} \\ \vdots & \vdots & & \vdots \\ r_{i+2m+1,1}r_{i+2m+1,2} & r_{i+2m+2,1}r_{i+2m+2,2} & \cdots & r_{i+3m+1,1}r_{i+3m+1,2} \end{bmatrix} \begin{bmatrix} h_{1,m} \\ h_{2,m} \\ \vdots \\ h_{1,0} \\ h_{2,0} \end{bmatrix} = \begin{bmatrix} 0 \\ 0 \\ \vdots \\ 0 \\ 0 \end{bmatrix} \tag{7-84}$$

在扩展方程组中的方程数,采用 Walsh-Hadamard 分析识别法求解式(7-84)方程组,解向量中大于置信度 t 的最大值所对应的地址,即所求解。按照奇偶位置将解向量分成两组,将两者化简到相互之间只有 1 是公因式的最简形式,最后的结果,即 $h_1(D)$ 和 $h_2(D)$,由此可得 $g_1(D)$ 和 $g_2(D)$。

以图 7-29 所示的 1/3 卷积码编码为例,说明该识别方法。

其生成矩阵为

$$\boldsymbol{G}(D) = [D^5 + D^3 + D + 1 \quad D^5 + D^4 + D^3 + D^2 + D \quad D^5 + D^4 + D^2 + D] \tag{7-85}$$

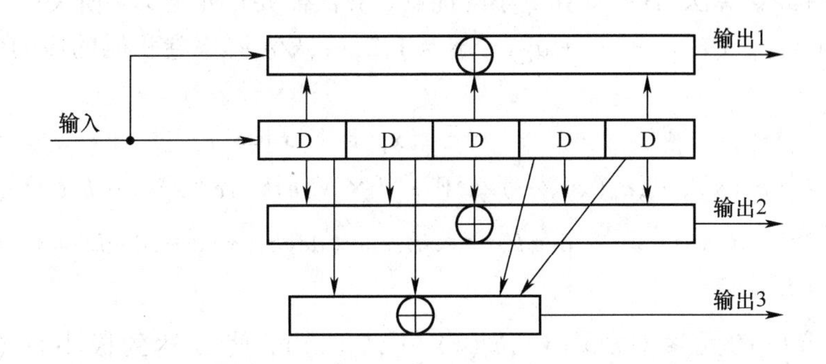

图 7-29　1/3 卷积码编码器

假设在前面内容的基础上已识别出码字的起点和码率(码率为 1/3)。将信息序列分为 3 路后,依次选择其中的两路信息序列并用$(2,1,m)$卷积码的识别方法对其进行分析识别。

当选取第 1 路与第 2 路时,解向量为$[111011101101]^{\mathrm{T}}$,则对应的子卷积码生成多项式为

$$\begin{cases} g_1(D) = D^5 + D^3 + D + 1 \\ g_2(D) = D^5 + D^4 + D^3 + D^2 + D \end{cases} \tag{7-86}$$

当选取第 1 路与第 3 路时,解向量为$[111001101101]^{\mathrm{T}}$,对应的子卷积码生成多项式为

$$\begin{cases} g_1(D) = D^5 + D^3 + D + 1 \\ g_3(D) = D^5 + D^4 + D^2 + D \end{cases} \tag{7-87}$$

当选取第 2 路与第 3 路时,解向量为$[111101111100]^{\mathrm{T}}$,对应的子卷积码生成多项式为

$$\begin{cases} g_2(D) = D^5 + D^4 + D^3 + D^2 + D \\ g_3(D) = D^5 + D^4 + D^2 + D \end{cases} \tag{7-88}$$

综合式(7-67)、式(7-68)与式(7-69)可得其生成矩阵为

$$\boldsymbol{G}(D) = [D^5 + D^3 + D + 1 \quad D^5 + D^4 + D^3 + D^2 + D \quad D^5 + D^4 + D^2 + D] \tag{7-89}$$

上述结果与假设 1/3 卷积码的预设前提一致,因此完成了该码的准确识别。

对 1/2 码率卷积码的识别是采用 Walsh-Hadamard 算法完成(n,k,m)系统卷积码识别的基础,但是 Walsh-Hadamard 算法必须预先估计待识别序列的码字起点和码率 k/n,否则会导致计算量增大、识别时间变长。由于在实际应用中的卷积码约束长度有限,因此采用 Walsh-Hadamard 算法进行卷积码分析识别更有实用意义和价值。

3. 欧几里得分析识别方法

欧几里得算法可以实现卷积码编码的分析识别,对 1/2 码率卷积码编码尤其有效。

该方法是一种经典算法,具有计算量小的优点。算法需要首先定义多阶关键方程。

设 $c_i(x) = c_{i,0} + c_{i,1}x + \cdots + a_{i,N}x^N, i = 1,2,\cdots,k/n$ 码率卷积码的序列多项式。求集合:

$$\boldsymbol{\Phi}^{(n)} = \left\{ \begin{array}{c} \exists\, d(x) \in \mathrm{F}[x] \Rightarrow \\ (h_1(x),\cdots,h_n(x),\cdots) \in \mathrm{F}[x]^n \times N \mid h_1(x)c_1(x) + \cdots h_n(x)c_n(x) \equiv \\ d(x) \operatorname{mod} x^{N+1} \deg d(x) < L, \max(\deg h_1(x),\cdots,\deg h_n(x)) \leqslant L \end{array} \right\} \tag{7-90}$$

要求集合中的元素对 $(h_1(x),h_2(x),\cdots,h_n(x))$,使 L 达到极小且 $(h_1(0),\cdots,h_n(0)) \neq (0,\cdots 0)$。

在对卷积码编码进行分析识别的过程中,L 未知,可以设 $L'>L$。

定理 7.9:对于任意两整数 a 和 $b(b\neq 0)$,必定存在特定整数 q 和 $r(0\leqslant r\leqslant |b|)$,则式 $a = bq + r$ 成立。

该定理实质是除法运算,其中整数 q 是除法中的商,r 是 a 除 b 所剩的余数。对任意两个整数 a 和 $b(b \neq 0)$,定义(a,b)为 a 和 b 的最大公因子。通过不断利用定理 7.9 作除法,可得

$$\left\{ \begin{array}{c} a = bq_1 + r_1, 0 < r_1 < b \\ b = r_1q_2 + r_2, 0 < r_2 < r_1 \\ r_1 = r_2q_3 + r_3, 0 < r_3 < r_2 \\ \vdots \\ r_{i-2} = r_{i-1}q_i + r_i, 0 < r_i < r_{i-1} \\ r_{i-1} = r_iq_{i+1}, r_{i+1} = 0 \end{array} \right. \tag{7-91}$$

式中:$(a,b) = (b,r_1) = (r_1,r_2) = (r_2,r_3) = \cdots = (r_{i-1},r_i) = r_i$。

该算法说明了搜寻 (a,b) 的方法,即先搜寻 a 除 b 的余数 r_1,再搜寻 b 除 r_1 的余数 r_2,依此类推搜寻 r_{j-1} 与 r_j 的余数 r_{j+1},直到余数为 0 结束。

欧几里得算法也可用于查找有限域上多项式 $a(x)$ 和 $b(x)$ 的最大公约数 $d(x)$,多项式除法和整数辗转除法基本原理一致,只须把除法中的符号视为多项式。在找到 $d(x)$ 后,继续寻找表示 $a(x)$ 与 $b(x)$ 之间线性关系且使其等于 $d(x)$,即

$$u(x)a(x) + v(x)b(x) = d(x) \tag{7-92}$$

考虑 1/2 码率卷积码的识别,即在已知接收多项式 $c_1(x)$ 和 $c_2(x)$ 的条件下,搜寻 $g_1(x)$ 和 $g_2(x)$,得

$$g_2(x)c_1(x) + g_1(x)c_2(x) = 0 \tag{7-93}$$

由于接收的信息序列只是卷积码序列的一部分,因此 $c_1(x)$ 和 $c_2(x)$ 不一定满足条件,必须对欧几里得算法进行修正。

修正后的欧几里得分析识别方法流程包括如下四步。

(1) 初始化。

$$g_{1,-1}(x) = 0, \quad g_{2,-1}(x) = 1, \quad r_{-1}(x) = c_1(x) \tag{7-94}$$

$$g_{1,0}(x) = 1, \quad g_{2,0}(x) = 0, \quad r_0(x) = c_2(x) \tag{7-95}$$

(2) 定义多项式。

对 $i \geqslant 1$，定义 $q_i(x)$ 和 $r_i(x)$，满足：

$$r_{i-2}(x) = q_i(x) r_{i-1}(x) + r_i(x) \tag{7-96}$$

式中：$q_i(x)$，$r_i(x)$ 分别为 $r_{i-2}(x)$ 除以 $r_{i-1}(x)$ 所得的商多项式和余数多项式。

(3) 递归计算。

$$g_{2,i}(x) = g_{2,i-2}(x) - q_i(x) g_{2,i-1}(x) \tag{7-97}$$

$$g_{1,i}(x) = g_{1,i-2}(x) - q_i(x) g_{1,i-1}(x) \tag{7-98}$$

(4) 停止条件。

$\deg(r_i(x)) \leqslant L'$，设当 $i=n$ 时，可得

$$g_1(x) = g_{1,n}(x), \quad g_2(x) = g_{2,n}(x) \tag{7-99}$$

在接收序列足够长的基础上，只要满足 $L'>L$，则计算复杂度不会受到 L' 大小的影响。

以(2,1,8)卷积码为例说明修正的欧几里得分析识别法。(2,1,8)卷积码编码的生成多项式为

$$\begin{cases} g_1(x) = 1 + x + x^2 + x^3 + x^5 + x^7 + x^8 \\ g_2(x) = 1 + x^2 + x^3 + x^4 + x^8 \end{cases} \tag{7-100}$$

设 1100001011101111101110010001011100011101000100000101110000001 1 为接收的一段编码序列。该序列为起始码字丢失但比特同步(信息段首位为编码输出分组起始位)的无误码信息段，且 $\max(\deg(g_1(x)), \deg(g_2(x)))$ 不超过 10，设 $L'=12$，其识别步骤如表 7-9 所列。

表 7-9　识别步骤

码字起始位	生成多项式	生成多项式	余数多项式	商多项式
i	$g_{1,i}$	$g_{2,i}$	r_i	q_i
-1	0	1	$c_1(x)$	……
0	1	0	$c_2(x)$	……
1	1	1	$x^{27}+x^{25}+x^{22}+x^{20}+x^{19}+x^{17}+x^{16}+x^{13}+x^{11}+x^9+x^6+x^5$	1
2	x^3+x^2+1	x^2+1	$x^{25}+x^{24}+x^{23}+x^{22}+x^{18}+x^{15}+x^{13}+x^{12}+x^{11}+x^{10}+x^8+x^7+x^5+x^4+1$	x^3+x
3	$x+1$	$x^5+x^4+x^3+x+1$	$x^{24}+x^{18}+x^{12}+x^{11}+x^9+x^6+x^5+x^4+x^2+x+1$	x^2+x+1
4	$x^6+x^5+x^3+x^2+1$	$x^6+x^5+x^2+1$	$x^{23}+x^{22}+x^{19}+x^{15}+x^{12}+x^9+x^8+x^5+x^3$	$x+1$
5	$x^7+x^5+x^4+x^3+x+1$	x^6+x+1	$x^{22}+x^{20}+x^{19}+x^{18}+x^{16}+x^{15}+x^{13}+x^{11}+x^{10}+x^9+x^8+x^3+x^2+x+1$	$x+1$
6	$x^6+x^5+x^4+x^3+1$	$x^8+x^6+x^4+1$	$x^{21}+x^{19}+x^{18}+x^{17}+x^{14}+x^{13}+x^9+x^5+x^4+x^3+1$	$x+1$

（续）

码字起始位	生成多项式	生成多项式	余数多项式	商多项式
7	$x^9+x^7+x^4+x^2+1$	$x^6+x^4+x^3+x^2+1$	$x^{16}+x^{14}+x^{13}+x^{11}+x^9+x^8+x^6+x^5+x^4+x^3+x^2+1$	x
8	$x^{14}+x^{13}+x^{10}+x^9+x^8+x^5+x^2+1$	$x^{14}+x^{12}+x^{11}+x^9+x^6+x^5+x^3+x^2+1$	$x^{15}+x^{13}+x^{12}+x^4+x^3+x^2+x$	x^5+x+1
9	$x^{15}+x^{14}+x^9+x^6+x^5+x^2+1$	$x^{14}+x^{11}+x^{10}+x^8+x^5+x^3+x^2+1$	$x^{11}+x^9+x^8+x^6+1$	x

可得识别结果为

$$\begin{cases} g_1(x) = x^{15} + x^{14} + x^9 + x^6 + x^5 + x^2 + 1 \\ g_2(x) = x^{14} + x^{11} + x^{10} + x^8 + x^5 + x^3 + x^2 + 1 \end{cases} \tag{7-101}$$

由式(7-101)可知，其识别结果不正确。

再取信息段 11011001001010001111000100000111110001110010110101，该序列的码字同步且无误码，其编码识别步骤如表 7-10 所列。

表 7-10 识 别 结 果

码字起始位	生成多项式	生成多项式	余数多项式	商多项式
i	$g_{1,i}$	$g_{2,i}$	r_i	q_i
-1	0	1	$c_1(x)$	……
0	1	0	$c_2(x)$	……
1	1	1	$x^{23}+x^{22}+x^{21}+x^{19}+x^{18}+x^{13}+x^{10}+x^6+x^3+x+1$	1
2	$x+1$	1	$x^{22}+x^{21}+x^{20}+x^{19}+x^{16}+x^{15}+x^{14}+x^{13}+x^{11}+x^{10}+x^9+x^8+x^7+x^6+x^5+x^4+1$	x
3	x^2+x+1	x^2+1	$x^{20}+x^{19}+x^{18}+x^{17}+x^{16}+x^{15}+x^{14}+x^{13}+x^{12}+x^{11}+x^9+x^8+x^7+x^5+x^3+1$	x^2+x+1
4	$x^4+x^3+x^2+x+1$	x^3+x^2+1	$x^{18}+x^{17}+x^8+x^6+x^4+x^2+1$	x^2
5	x^4+x+1	$x^6+x^5+x^3+1$	$x^{16}+x^{15}+x^{14}+x^{13}+x^{12}+x^{11}+x^{10}+x^9+x^8+x^7+x^5+x^3$	x^2+1
6	$x^8+x^7+x^5+x^3+x^2+x+1$	$x^8+x^4+x^3+x^2+1$	$x^6+x^4+x^3+x^2+1$	x^2+1

可得识别结果为

$$\begin{cases} g_1(x) = x^8 + x^7 + x^5 + x^3 + x^2 + x + 1 \\ g_2(x) = x^8 + x^4 + x^3 + x^2 + 1 \end{cases} \tag{7-102}$$

由式(7-102)可知，其识别结果正确。

由式(7-101)和式(7-102)相比较可知，在分组内比特不同步时不能完成正确的识别。

当误码位于信息前段时：110 [0] 1001001010001111000100000111110001110010110101，如

方框标出的数据所示,识别的错误结果为

$$\begin{cases}g_1(x)=x^{11}+x^{10}+x^5+x^3+1\\g_2(x)=x^{11}+x^8+x^7+x^6+x^4+x^2+1\end{cases}\tag{7-103}$$

当误码位于中间部分时:110110010010100011100 [1] 100000111110001110010110101,如方框标出的数据所示,识别的错误结果为

$$\begin{cases}g_1(x)=x^{11}+x^8+x^5+x^3+1\\g_2(x)=x^{10}+x^7+x^5+x^3+x^2+x+1\end{cases}\tag{7-104}$$

当误码位于末尾部分时:11011001001010001111000100000111110001110010110 [0] 01,如方框标出的数据所示,识别的错误结果为

$$\begin{cases}g_1(x)=x^8+x^7+x^5+x^3+x^2+x+1\\g_2(x)=x^8+x^4+x^3+x^2+1\end{cases}\tag{7-105}$$

通过进一步的分析,可得出如下结论。

(1) 当待识别比特流长度满足 $2N\geqslant 6(L+1)$(L 为所用卷积码生成多项式的最大阶次)时,算法可实现无误码 1/2 码率卷积码的识别;

(2) 码字同步和码字起始位的准确性是正确识别的关键因素,若码字起始位错误,算法就无法完成正确识别;

(3)在容错性方面,算法无法纠正前段与中段误码,只能抵抗末段误码。

由于欧几里得算法的应用需要以准确获取码字起点为前提,但在实际应用中通常无法满足这样的要求,因此需要对算法进行改进来提高识别的实用性。

如果把解调后待识别的码序列看作一个码元多项式,并设 $M+1$ 为码序列长度,L 是生成多项式的最高阶数,码序列从左至右进行降序排列,则式(7-93)可写为

$$R(x)=\sum_{i=1}^{2}(c_{i,0}+c_{i,1}x+\cdots+c_{i,M}x^M)(g_{3-i,0}+g_{3-i,1}x+\cdots+g_{3-i,L}x^L)=0\tag{7-106}$$

如果截取每路码元输出的第(A+1)位到第 B 位,设其长度是 N,则式(7-93)可写为

$$R'(x)=\sum_{i=1}^{2}(c_{i,A}x^A+c_{i,A+1}x^{A+1}+\cdots+c_{i,B}x^B)(g_{3-i,0}+g_{3-i,1}x+\cdots+g_{3-i,L}x^L)\tag{7-107}$$

对比式(7-106)和式(7-107),当 $A+L\leqslant k\leqslant B$ 时,$R'(x)$ 和 $R(x)$ 中的次数与 k 的项系数相同;当 $k<A+L$ 或 $k>B$ 时,$R'(x)$ 和 $R(x)$ 中对应的项系数不相同,$R'(x)$ 中次数是 k 的项的系数,且和前面所截去的码序列相关。

码字序列之间的相对位置用 $R'(x)$ 和 $R(x)$ 中 x 的幂次表示,如果用 x^A 除以 $R'(x)$,其物理意义不会改变,可得

$$R''(x)=\sum_{i=1}^{2}(c_{i,A}+c_{i,A+1}+\cdots+c_{i,B}x^{B-A})(g_{3-i,0}+g_{3-i,1}x+\cdots+g_{3-i,L}x^L)\tag{7-108}$$

设多项式 $d(x)$ 由 $R''(x)$ 中次数低于 L 的项组成, $g_0(x)x^N$ 是次数高于 N 的项,由于

$R''(x)$ 中其他项是0,有

$$R''(x) = x^N g_0(x) + d(x) = g_2(x) c_1(x) + g_1(x) c_2(x) \tag{7-109}$$

因此,在比特同步但起始码字丢失的条件下,1/2 码率卷积码的分析识别模型为

$$g_2(x) c_1(x) + g_1(x) c_2(x) + x^N g_0(x) = d(x) \tag{7-110}$$

式中:$\deg d(x) < L, \deg g_0(x) \leqslant L, N$ 为每路接收序列的长度,deg 表示码字阶数。

当 $\deg d(x) < \min(\deg g_i(x))$ 时,设 $d(x)$ 是误差多项式,基于改进欧几里得算法的分析识别流程如下:

(1) 初始化 $r_{i,0}(x) = c_i(x)$, $i = 1,2,3$, 其中 $c_3(x) = x^N$;

(2) 当 $j \geqslant 0$ 时,搜寻次数最低项 $R_j(x)$,将其记成 T_j,即 $T_j = i \mid \min\limits_{1 \leqslant i \leqslant 3}(\deg(r_{i,j}))$、$R_j(x) = r_{T_j,j}$,定义 $q_{i,j}(x)$ 和 $r_{i,j+1}(x)$ 分别是 $r_{i,j}(x)$ 除以 $R_j(x)$ 所得的商和余数,即 $r_{i,j}(x) = q_{i,j}(x) R_j(x) + r_{i,j+1}(x), i \neq T_j$;

(3) 令 $j = j+1$,重复步骤(2)直到 $\deg R_j(x) \leqslant L$, j 的最大值 K 与误差多项式 $d(x) = R_j(x)$;

(4) 初始化 $g_n(x), g_{3-T_K}(x) = 1, g_n(x) = 0, n = 0,1,2, n \neq 3 - T_K$;

(5) 递归计算 $\begin{cases} g_{3-T_j(x)} = \sum\limits_{i=1, i \neq T_j}^{3} r_{i,j}(x) g_{3-i}(x), \\ g_{3-T_j(x)} = Q(g_{3-T_j(x)} / r_{T_j,j}(x)), \end{cases}$ 其中 j 从 $K-1$ 逐步递减到 0, $Q(g_{3-T_j(x)} / r_{T,j}(x))$ 表示 $g_{3-T_j(x)} / r_{T_j,j}(x)$ 的商。

(6) 当递减到 $j=0$ 时,输出结果 $g_n(x), n = 0,1,2$。

用上面算法对示例中的接收序列进行识别,设接收码序列为 C = 110000101110111110111001000101110001110101000100000101110000011, 则 c_1 = 1001111111100001001000000010001、c_2 = 1000101101010111011101001110001 和 c_3 = 1000000000000000000000000000000。

表 7-11 和 7-12 列出了采用欧几里得算法进行正向与反向的估计步骤。

表 7-11 正向迭代估计过程

递推次数	$r_1(x)$ 次数	$r_2(x)$ 次数	$r_3(x)$ 次数	除数
0	30	30	30	1
1	30	27	27	2
2	25	27	26	1
3	25	24	24	2
4	23	24	23	1
5	23	22	21	3
6	20	19	21	2
7	18	19	17	3
8	14	16	17	1
9	14	13	13	2
10	7	13	12	

表 7-12　反向迭代估计过程

反向递推次数	$g_2(x)$	$g_1(x)$	$g_0(x)$
10	1	0	0
9	0	0	0
8	x^3+x^2+1	0	0
7	x^3+x^2+1	0	x^4+1
6	x^3+x^2+1	x^5+x^3+1	x^4+1
5	x^3+x^2+1	x^5+x^3+1	$x^5+x^3+x^2+1$
4	x^6+x+1	x^5+x^3+1	$x^5+x^3+x^2+1$
3	x^6+x+1	$x^6+x^4+x^3+x^2+1$	$x^5+x^3+x^2+1$
2	$x^4+x^3+x^2+1$	$x^6+x^4+x^3+x^2+1$	$x^5+x^3+x^2+1$
1	$x^4+x^3+x^2+1$	$x^8+x^7+x^5+x^3+x^2+1$	$x^5+x^3+x^2+1$
0	$x^8+x^4+x^3+x^2+1$	$x^8+x^7+x^5+x^3+x^2+1$	$x^5+x^3+x^2+1$

采用反向迭代得到的识别结果为

$$\begin{cases} g_1(x) = x^8 + x^7 + x^5 + x^3 + x^2 + x + 1 \\ g_2(x) = x^8 + x^4 + x^3 + x^2 + 1 \end{cases} \tag{7-111}$$

则误差多项式:

$$d(x) = g_2(x)c_1(x) + g_1(x)c_2(x) + x^N g_0(x) = x^7 + x^4 + x^3 + x \tag{7-112}$$

由式(7-111)和式(7-112)可准确地对上面卷积码的生成多项式进行识别。该方法与其他方法相比较,计算量大幅减小,因此分析识别的实时性增加,不过该方法仍然只适用于识别 1/2 码率的卷积码。

4. 综合分析识别方法

卷积码码字和分组码一样,也是由信息位对生成矩阵进行移位加权得到,(n,k,m) 卷积码的基本生成矩阵每次移位 n 位后就得到其生成矩阵。

推论 7.3:将卷积码的编码序列排列成秩为 k 的 n 阶方阵形式,对其进行初等单位化变换后得到 $[\boldsymbol{I}_{k_0} \quad \boldsymbol{P}]$ 形式。

与推论 7.2 不同,由于卷积码具有记忆性,卷积码的校验关系并不能由 n 阶方阵信息序列完整给出,$[\boldsymbol{I}_{k_0} \quad \boldsymbol{P}]$ 中的 $\boldsymbol{P}$ 仅仅是校验序列的一部分。

由于式(7-20)与式(7-21)所示的系统卷积码具有线性分组码的特点,在码字起点和码长 n 未知的条件下,参考前面的综合分析法建立卷积码的分析识别矩阵模型。为了确保矩阵各行起点的位置差是卷积码实际码长 n 的整数倍,需要对码长 n 进行估值。由于 n 的实际长度一般不大于 10,2 到 10 的最小公倍数是 2520,所以矩阵各行起点的位置差小于等于 $d=2520$。

分析识别矩阵模型:将待识别序列排列成 x 行 y 列的矩阵形式,且满足 y 大于编码约束长度 $N=n(m+1)$,$x>y$。由于卷积码编码和译码的复杂度,在实际应用中 m 与 n 通常不会取值太大,因此 y 取值 64 以上。矩阵各行具体确定:第一行,以 i 为起点,连续取 y 比特的信息;第二行,以 $i+d$ 为起点,同样连续取 y 比特的信息;依此类推,以$i+(j-1)d$为起点,对第 j 行($2 \leqslant j \leqslant x$)取 y 比特的信息。

对分析识别矩阵进行初等单位化处理,得到分析识别结果矩阵。若 n 的估计值比真实值大,会得到与分组码中 $[\boldsymbol{I}_{k_0} \quad \boldsymbol{P}]$ 相似的间隔规律,则分析得到校验序列和码率,进一步得到系统卷积码的生成矩阵与校验矩阵。若码字起点是 i,则矩阵单位化后会以秩是 $(n-i)$ 的单位阵开头,单位阵右侧及下方均是全 0 区域。矩阵的前 $N = n(m + 1)$ 行列内属于校验 $(n-k)$ 列的位置,由于所接收信息序列不全会造成数据约束长度不够,因此不会产生校验序列,如图 7-30 所示。

$$\begin{bmatrix} I_kP_0 & 0_kP_1 & 0_kP_2 & \cdots & 0_kP_m & \cdots & & \\ 0 & I_kP_0 & 0_kP_1 & \cdots & 0_kP_{m-1} & 0_kP_m & \cdots & \\ 0 & 0 & I_kP_0 & \cdots & 0_kP_{m-2} & 0_kP_{m-1} & 0_kP_m & \cdots \\ \vdots & \vdots & & & & & & \end{bmatrix}$$

图 7-30　校验分布图

以(3,2,2)系统卷积码为例说明该识别方法。下式为该卷积码的生成多项式矩阵:

$$\boldsymbol{G}(D) = \begin{bmatrix} 1 & 0 & D^2 + 1 \\ 0 & 1 & D + 1 \end{bmatrix} \tag{7-113}$$

其校验矩阵为

$$\boldsymbol{H}(D) = [D^2 + 1 \quad D + 1 \quad 1] \tag{7-114}$$

初等单位化由接收信息序列构成的分析识别矩阵,结果如图 7-31 所示。

```
    0        10        20        30        40        50        60        70
1   1 0 0 0 0 0 0 0 0 0 0 0 0 0 0 0 0 0 0 0 0 0 0 0 0 0 0 0 0 0 0 0 0 0 0 0 0 0
2   0 1 0 0 0 0 0 0 0 0 0 0 0 0 0 0 0 0 0 0 0 0 0 0 0 0 0 0 0 0 0 0 0 0 0 0 0 0
3   0 0 1 0 0 0 0 0 0 0 1 0 0 0 0 0 0 0 0 0 0 0 0 0 0 0 0 0 0 0 0 0 0 0 0 0 0 0
4   0 0 0 1 0 0 0 0 0 0 0 0 0 0 0 0 0 0 0 0 0 0 0 0 0 0 0 0 0 0 0 0 0 0 0 0 0 0
5   0 0 0 0 1 0 0 0 0 0 0 0 0 0 0 0 0 0 0 0 0 0 0 0 0 0 0 0 0 0 0 0 0 0 0 0 0 0
6   0 0 0 0 0 1 0 0 0 0 0 0 0 1 0 0 0 0 0 0 0 0 0 0 0 0 0 0 0 0 0 0 0 0 0 0 0 0
7   0 0 0 0 0 0 1 0 0 0 1 0 0 0 0 0 0 0 0 0 0 0 0 0 0 0 0 0 0 0 0 0 0 0 0 0 0 0
8   0 0 0 0 0 0 0 1 0 0 0 0 0 0 0 0 0 0 0 0 0 0 0 0 0 0 0 0 0 0 0 0 0 0 0 0 0 0
9   0 0 0 0 0 0 0 0 1 0 1 0 0 0 0 0 1 0 0 0 0 0 0 0 0 0 0 0 0 0 0 0 0 0 0 0 0 0
10  0 0 0 0 0 0 0 0 0 1 1 0 0 1 0 0 0 0 0 0 0 0 0 0 0 0 0 0 0 0 0 0 0 0 0 0 0 0
11  0 0 0 0 0 0 0 0 0 0 0 0 0 0 0 0 0 0 0 0 0 0 0 0 0 0 0 0 0 0 0 0 0 0 0 0 0 0
12  0 0 0 0 0 0 0 0 0 0 0 1 0 1 0 0 0 0 0 1 0 0 0 0 0 0 0 0 0 0 0 0 0 0 0 0 0 0
13  0 0 0 0 0 0 0 0 0 0 0 0 1 1 0 0 1 0 0 0 0 0 0 0 0 0 0 0 0 0 0 0 0 0 0 0 0 0
14  0 0 0 0 0 0 0 0 0 0 0 0 0 0 0 0 0 0 0 0 0 0 0 0 0 0 0 0 0 0 0 0 0 0 0 0 0 0
15  0 0 0 0 0 0 0 0 0 0 0 0 0 0 1 0 1 0 0 0 0 0 1 0 0 0 0 0 0 0 0 0 0 0 0 0 0 0
16  0 0 0 0 0 0 0 0 0 0 0 0 0 0 0 1 1 0 0 1 0 0 0 0 0 0 0 0 0 0 0 0 0 0 0 0 0 0
17  0 0 0 0 0 0 0 0 0 0 0 0 0 0 0 0 0 0 0 0 0 0 0 0 0 0 0 0 0 0 0 0 0 0 0 0 0 0
18  0 0 0 0 0 0 0 0 0 0 0 0 0 0 0 0 0 1 0 1 0 0 0 0 0 1 0 0 0 0 0 0 0 0 0 0 0 0
19  0 0 0 0 0 0 0 0 0 0 0 0 0 0 0 0 0 0 1 1 0 0 1 0 0 0 0 0 0 0 0 0 0 0 0 0 0 0
20  0 0 0 0 0 0 0 0 0 0 0 0 0 0 0 0 0 0 0 0 0 0 0 0 0 0 0 0 0 0 0 0 0 0 0 0 0 0
21  0 0 0 0 0 0 0 0 0 0 0 0 0 0 0 0 0 0 0 0 1 0 1 0 0 0 0 0 1 0 0 0 0 0 0 0 0 0
22  0 0 0 0 0 0 0 0 0 0 0 0 0 0 0 0 0 0 0 0 0 1 1 0 0 1 0 0 0 0 0 0 0 0 0 0 0 0
23  0 0 0 0 0 0 0 0 0 0 0 0 0 0 0 0 0 0 0 0 0 0 0 0 0 0 0 0 0 0 0 0 0 0 0 0 0 0
24  0 0 0 0 0 0 0 0 0 0 0 0 0 0 0 0 0 0 0 0 0 0 0 1 0 1 0 0 0 0 0 1 0 0 0 0 0 0
25  0 0 0 0 0 0 0 0 0 0 0 0 0 0 0 0 0 0 0 0 0 0 0 0 1 1 0 0 1 0 0 0 0 0 0 0 0 0
```

图 7-31　2/3 系统卷积码识别结果图

由子矩阵的分布规律可知码率是 2/3。矩阵的左上角是一个 $n-i=2$ 的单位阵,因此码字起始位是 $i=1$。由于存储空间是 2 阶,因此编码约束长度是 $N=9$。除前 2 列之外,由于不满足线性约束关系,第 5 列和第 8 列的校验序列没有出现。第 11 列刚好满足完整线性约束长度,存在 1 列数据满足要求。其复用校验序列为 100010111,按照码长 $n=3$ 抽取后得到 101、011、001。用多项式表达为 $[D^2 + 1 \quad D + 1 \quad 1]$。

由该校验矩阵得到其生成矩阵为

$$\begin{bmatrix} 1 & 0 & D^2+1 \\ 0 & 1 & D+1 \end{bmatrix} \tag{7-115}$$

分析结果和所预设前提完全一致。

当码率 r 和编码存储长度 m 相同时，由于非系统卷积码的自由距离大于系统卷积码，导致非系统卷积码的纠错性能更好，因此非系统卷积码在实际应用中更为广泛。由于系统卷积码生成矩阵经过初等变换后可得到非系统卷积码的生成矩阵，所以非系统卷积码可转化为 $[\boldsymbol{I}_{k_0} \quad \boldsymbol{P}]$ 的形式，故它们有相同的校验矩阵形式 $\boldsymbol{H}$。

推论 7.4：系统码与非系统码的线性约束关系和编码约束度一样，且两者的生成矩阵可以互相转化。不同之处是系统码的生成矩阵与校验矩阵一一对应，而非系统码不是。

利用推论 7.4，可以采用与系统卷积码相同的分析识别法对非系统码信息序列构建对应的分析识别矩阵模型。对其进行初等单位化处理后，可求得码长 n、码字起点 i、码率 k/n、编码约束长 m 与校验矩阵 $\boldsymbol{H}$ 等相关参数，但还需进一步分析才能求得生成矩阵 $\boldsymbol{G}$。

以图 7-32 所示的 2/3 非系统卷积码为例，说明该识别方法。

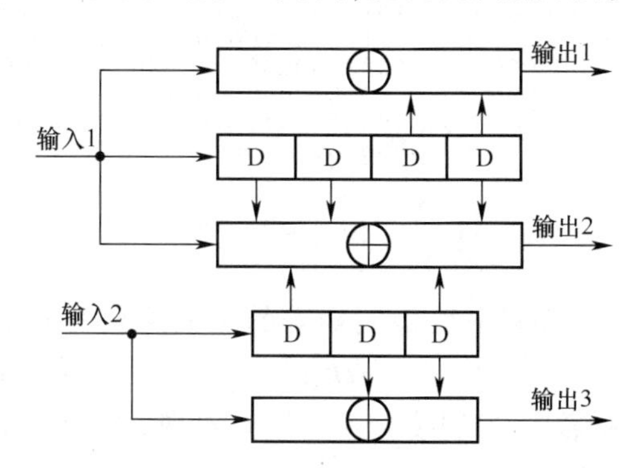

图 7-32　2/3 非系统卷积码

其生成矩阵为

$$\boldsymbol{G}(D)=\begin{bmatrix} D^4+D^3+1 & D^4+D^2+D+1 & 0 \\ 0 & D^3+D & D^3+D^2+1 \end{bmatrix} \tag{7-116}$$

初等单位化 $\boldsymbol{G}(D)$，结果为

$$\boldsymbol{G}(D)=\begin{bmatrix} 1 & 0 & ((D^3+D^2+1)(D^4+D^2+1))/((D^3+D)(D^4+D^3+1)) \\ 0 & 1 & (D^3+D^2+1)/(D^3+D) \end{bmatrix} \tag{7-117}$$

在理论上可以得到校验多项式矩阵为

$$\boldsymbol{H}(D)=[(D^4+D^2+D+1)(D^3+D^2+1) \quad (D^4+D^3+1)(D^3+D^2+1) \quad (D^4+D^3+1)(D^3+D)] \tag{7-118}$$

初等单位化由上面非系统码接收信息序列构成的分析识别矩阵，结果如图 7-33 所示。

```
    0         10        20        30        40        50        60
 1  000000000000000000000000|0000000000000000000000000000000000000000
```

```
    0         10        20        30        40        50        60
 1  100000000000000000000000|0000000000000000000000000000000000000000
 2  010000000000000000000001|0000010000000010010010010010010010000000
 3  001000000000000000000001|0000010000000010010010010010010010000000
 4  000100000000000000000001|0000010000000010010010010010010010000000
 5  000010000000000000000001|0010010010000010000000000000000000010000
 6  000001000000000000000000|0010000010000000010010010010010010010000
 7  000000100000000000000001|0010010010000010000000000000000000010000
 8  000000010000000000000001|0010000010010010000010010010010010000010
 9  000000001000000000000001|0000000000010010010000000000000000010010
10  000000000100000000000001|0010000010010010000010010010010010000010
11  000000000010000000000001|0010000000010000000010000000000000010000
12  000000000001000000000001|0010010000000000000000010010010010000010
13  000000000000100000000001|0010000000010000000010000000000000010000
14  000000000000010000000000|0010010000000010000000010000000000000010
15  000000000000001000000000|0010010010000000000000000010010010010000
16  000000000000000100000001|0010000000000000010010000010010010000010
17  000000000000000010000000|0000010010000000010000000010000000000000
18  000000000000000001000001|0000000010010010010010010010000000010010
19  000000000000000000100000|0010010000000000000010010000010010010000
20  000000000000000000010001|0000010010010010010000010010000010000000
21  000000000000000000001000|0010000000010010010010010010010000000010
22  000000000000000000000101|0000000010000010010010000000010000010010
23  000000000000000000000011|0010010010010000000000010000000010010000
24  000000000000000000000000|0000000000000000000000000000000000000000
25  0000000000000000000000001010000000000100000100100100000000010000010
26  0000000000000000000000000110010010010010000000000000100000000010010
27  0000000000000000000000000000000000000000000000000000000000000000
28  0000000000000000000000000001010000000001000001001001000000000010000
29  0000000000000000000000000000110010010010010000000000010000000010
30  0000000000000000000000000000000000000000000000000000000000000000
31  0000000000000000000000000000001010000000001000001001001000000010
32  0000000000000000000000000000000110010010010010000000000010000000
33  0000000000000000000000000000000000000000000000000000000000000000
```

图 7-33 非系统卷积码识别结果图

由子矩阵的分布规律可知码率是 2/3，矩阵的左上角有一个 $n-i=1$ 的单位阵，因此码字起始位 $i=2$。除前 1 列之外，由于不满足线性约束关系，第 3 列、第 6 列、第 9 列、第 12 列、第 15 列、第 18 列和第 21 列的校验序列没有出现。第 24 列刚好满足完整线性约束长度，存在 1 列数据满足要求的校验。复用校验序列为 111101111111001010101110，按照码长 $n=3$ 抽取后得到 11110011、10110101、11111010。用多项式表达，即

$$
\begin{aligned}
&[D^7+D^6+D^5+D^4+D+1 \quad D^7+D^5+D^4+D^2+1 \quad D^7+D^6+D^5+D^4+D^3+D] \\
&=[(D^4+D^2+D+1)(D^3+D^2+1) \quad (D^4+D^3+1)(D^3+D^2+1) \quad (D^4+D^3+1)(D^3+D)]
\end{aligned}
\tag{7-119}
$$

式(7-119)与在理论上的校验多项式矩阵式(7-118)是一致的。所以对于非系统码，不能由校验矩阵确定生成矩阵，但是当已知校验矩阵、码字起点和码率时，可以为生成矩阵的分析创造更有利的条件。

k/n 码率的非系统卷积码，直接从其校验矩阵得到生成矩阵是比较困难的，但是当 $k=1$、码率为 $1/n$ 时，则得到生成矩阵相对比较简单。特别是码率为 1/2 的非系统码，生成矩阵可由式(7-82)直接利用校验矩阵求得。

$1/n$ 非系统码的基本生成矩阵为

$$
\boldsymbol{G}(D)=[g_1(D) \quad g_2(D) \quad \cdots \quad g_{n_0}(D)] \tag{7-120}
$$

其中：$(n,1,m)$ 卷积码编码器中的 m 是 $g_n(D)$ 的最高次数。

因此,通过系统卷积码分析识别模型,对 $1/n$ 非系统码进行初等变换和单位化处理后得到上面的结果。在实现码长 n 识别后,将编码序列排列成 n 列矩阵,各列对应式(7-119)中的一个 $g_i(D)$,$1 \leqslant i \leqslant n$, 任意抽取2列便可得到1/2非系统卷积码。参考1/2码率非系统卷积码的识别方法,先求出抽取2列信息的生成多项式,同理求得所有列生成多项式,并最终得到整个码字的生成矩阵。

准确估计码长 n,并实现校验矩阵与码长联合估计是采用综合分析法完成系统卷积码识别的关键。系统卷积码与非系统卷积码的线性约束关系相同,不同的是两者的生成矩阵与校验矩阵的对应关系不同。研究表明:当 $k=1$ 时,采用综合分析法可以很好地完成识别任务;当 $k \geqslant 2$ 时,采用综合分析法只能识别出部分参数。

此外,还可以采用基于快速双合冲算法和基于线性矩阵的分析识别方法。

5. 其他方法概述

1) 基于快速双合冲算法的分析识别方法

基于快速双合冲算法的分析识别方法是通过设计卷积码的结构化分析识别模型,从分析递归序列与代数的全局性质入手,建立描述该结构化模型的齐次方程,并用在有限域 $\boldsymbol{F}$ 上的两个变元多项式环 $\boldsymbol{F}[x,y]$ 的齐次理想描述该齐次方程的解空间。1/2码率卷积码的识别是求 $\boldsymbol{F}[x,y]$ 模,即式(7-95)的次数最小的生成元。

$$\Gamma^{(2)} = \{(h_1,h_2) \in \boldsymbol{F}[x,y]^2 \mid h_1c_1(x,y) + h_2c_2(x,y) \equiv 0 \bmod \boldsymbol{I}\} \tag{7-121}$$

该算法较适用于1/2码率卷积码识别。

2) 基于线性矩阵的分析识别方法

基于线性矩阵的分析识别方法根据线性分组码和系统卷积码的数学对应关系,从分析系统线性分组码的线性特征入手,建立卷积码识别的数据矩阵模型,并借鉴系统线性分组码识别的数据矩阵模型对系统卷积码进行识别。该方法的容错性能较差,且只适用于系统卷积码。

7.2.5 删除卷积码编码识别方法

对删除卷积码的识别方法研究较少。有文献提出基于生成多项式矩阵等价变换的识别方法,即通过构造以校验多项式矩阵元素为变量的线性方程组来求解最简校验矩阵,再根据1/2码率源卷积码在删除处理时,由等价生成多项式对应的生成矩阵及其变换形式、生成多项式与校验多项式之间的约束规则,实现生成多项式和删除模式 $\boldsymbol{P}$ 的分析估计。

基于生成多项式矩阵等价变换的方法较好地解决了 $(n-1)/n$ 码率删除卷积码的识别,但是其存在的不足:一是没有考虑方程组分析识别模型与编码序列之间的对应关系,以及这种对应关系对方程组求解的影响;二是没有考虑误码率对识别性能的影响;三是没有考虑码字同步;四是计算量很大,主要是因为对源卷积码生成多项式矩阵估计需要进行高次多项式的循环降次。此外,该方法要求校验矩阵的多项式元素没有公约式,严重限制了删除卷积码识别的实际应用。

删除卷积码分析识别方法的主要步骤,具体如下:

(1) 采用改进的快速 Walsh-Hadamard 变换法或者高斯消元法识别最简校验矩阵;

（2）在遍历源卷积码的生成多项式和删除模式的情况下，根据删除卷积码生成多项式与最简校验矩阵的约束关系来识别卷积码。

删除卷积码分析识别方法的基本流程，如图 7–34 所示。

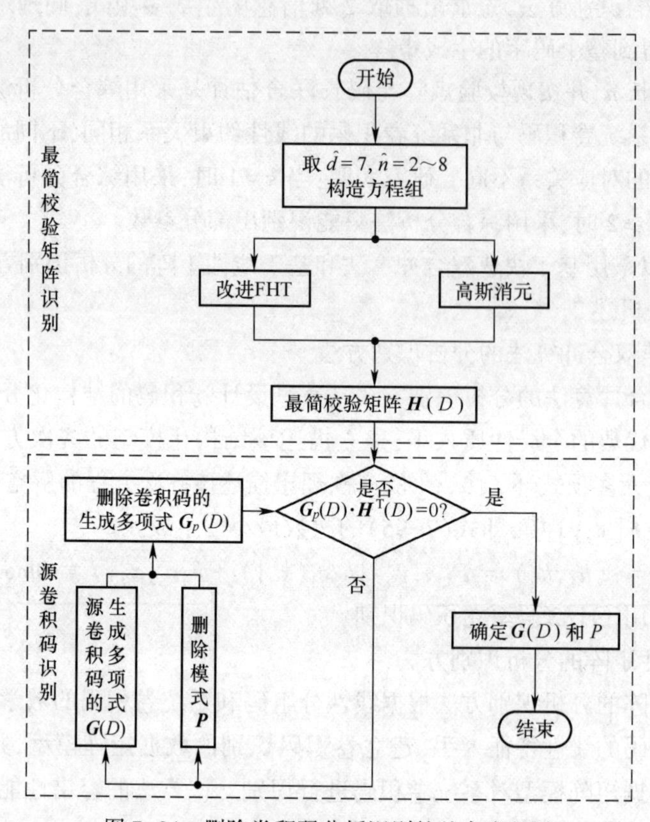

图 7–34　删除卷积码分析识别的基本流程图

7.2.6　分组码与卷积码编码识别方法

1. 游程的基本概念

设 $\boldsymbol{a}$ 是 GF(2) 上周期为 v 的周期序列，将 $\boldsymbol{a}$ 的一个周期 $\boldsymbol{a}=(a_0,a_1,a_2,\cdots,a_{v-1})$ 依次按循环排列，使 a_{v-1} 与 a_0 相邻，$\boldsymbol{a}$ 的一个周期内的 0 游程和 1 游程是指形如 100…001 和 011…110 的两两相邻的项。游程长度是指各游程中对应 0 或 1 的个数。

2. 随机序列的基本概念

随机序列 $\boldsymbol{X}_n$ 特指取值为 0 或 1、长度为 n 的比特序列。其用符号表示为

$$\boldsymbol{X}_n=\{0,1\}^n, n\geqslant 1 \tag{7-122}$$

随机数 R 是取自广义随机数序列 $\boldsymbol{R}_n$ 的数字。广义随机数序列 $\boldsymbol{R}_n$ 的元素取值是在实际应用中要求的定义域内任意值。用符号表示为

$$R\in\boldsymbol{R}_n, \boldsymbol{R}_n=\{r\}^n, r\in \mathrm{Def}, n\geqslant 1 \tag{7-123}$$

3. 游程特征

1）随机序列的游程特征

随机比特序列 $\boldsymbol{X}_n$ 与 0、1 个数和游程相关的性质如下。

(1) 在周期为(2^n-1)的序列的一个周期中,1的个数为2^{n-1}个,0的个数比1的个数少1个,为$(2^{n-1}-1)$个;

(2) 在周期是(2^n-1)序列的一个周期内,共含有2^{n-1}个游程,其中0游程和1游程的个数各占1/2,长度为$k(0<k\leqslant n-2$的游程有2^{n-k-1}个,长度为$(n-1)$的0游程和长度为n的1游程各有一个,而长度为$(n-1)$的1游程和长度为n的0游程均不出现。

由此可知,在序列的一个周期内,不会出现长为n的0游程和长为$(n-1)$的1游程,即游程数量按照1/2递减的规律在长为$(n-1)$的1游程及长为n的0游程处发生变化。

2) 分组码的游程特征

在二元(n,k)分组码中k位信息码元共有2^k个不同组合,输出的码字矢量对应也有2^k种,如图7-35(a)所示。同理,长度为n的二元随机码序列也对应有2^n个码字矢量,如图7-35(b)所示。由此可知,(n,k)分组编码的禁用码字有(2^n-2^k)个,势必会导致分组码的随机性下降。由于k位信息比特可随机产生,故可在码字中得到长度小于k的游程,而长度不小于k的游程只能通过两个码字的拼接来实现。

因此,与分组码的码重分布比较均匀不同,分组码的游程在游程长度等于信息位长度附近会发生较大畸变,利用这一特征可以达到准确识别分组码的目的。

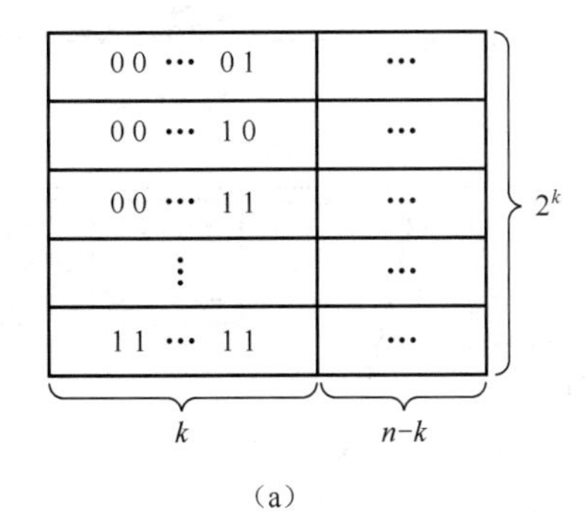

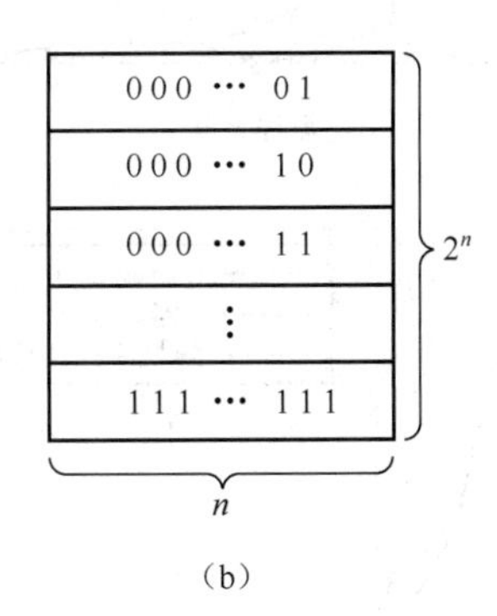

图7-35　码字分布图

(a)许用码字;(b)全排列码字。

3) 卷积码的游程特征

与分组码不同,卷积码属于记忆性编码。当待编码的信息序列被划分成多个长度为k_0的分组后,在进行卷积码编码时,本组$(n-k)$个校验位与本组k个信息元、本组之前信息元都相关。因此,各码字内的校验位与信息位不再一一对应。此外,卷积码序列均由移位寄存器产生,而要得到随机序列的常用数学算法包括移位寄存器发生器。这就导致了卷积码序列存在着与随机序列相似的特性,表现在游程特征上就是随着游程长度的增加,0、1游程的数量呈现出1/2的递减规律。

4) 分组码与卷积码识别

根据上面分析,可以利用游程特征,通过如下流程区分分组码与卷积码。

(1) 对接收到的长度为L的序列,统计它在不同游程长度下0、1的游程数量分布情况;

(2) 得到待识别序列的游程分布图;

(3) 判断游程分布图的走势。如果游程数量呈现近似 1/2 的规律性递减,则可判断此编码序列采用的是卷积编码;

(4) 若待识别序列的游程数量增减毫无规律,则可判断此编码序列是采用分组编码。

将随机序列编码,分别形成序列长度均为 33600 的(6,3)分组码、(7,4)分组码、(8,4)分组码和(15,5)分组码,与序列长度同样为 33600 且每组长度为 6、7、8 和 15 的随机序列在无误码条件下进行游程的随机特性对比实验。其结果如图 7-36 所示。

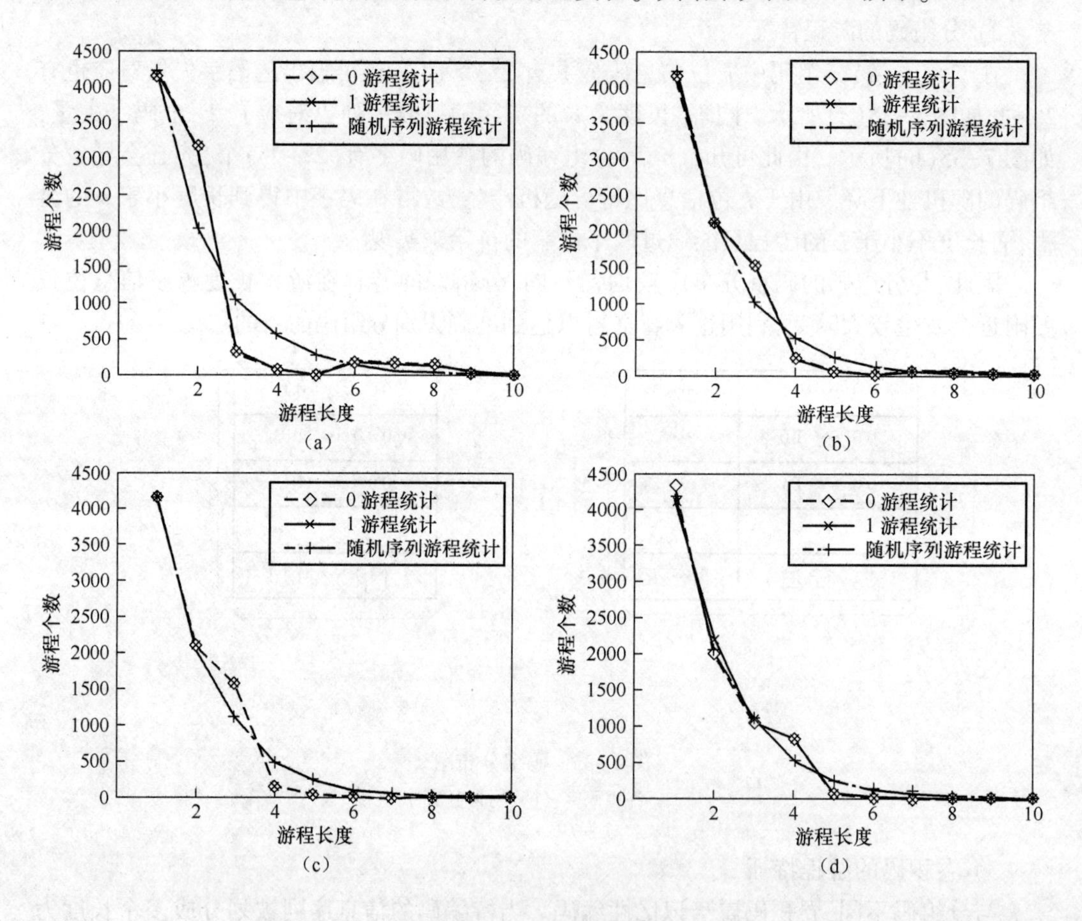

图 7-36　分组码游程特征

(a)(6,3)分组码游程统计;(b)(7,4)分组码游程统计;
(c)(8,4)分组码游程统计;(d)(15,5)分组码游程统计。

由图 7-36 可知,随机序列游程走势较平滑且呈现规律性递减。(6,3)分组码在游程长度为 2 时,游程数量的走势与随机序列出现了偏离,此后呈现出无规律的递减趋势;(7,4)、(8,4)和(15,5)等分组码分别在游程长度是 3、3、4 的位置出现了上面特征,并且不同码字随着游程长度的增加,游程数量的走势也互不相同,说明游程特性可以体现编码特征。

将编码序列长度是 33600 的(2,1,6)卷积码、(3,2,2)卷积码、(3,2,[4,3])卷积码和(3,2,[3,2])卷积码与序列长度同样为 33600 且每组长度为 2、3、3 和 3 的随机序列在无误码的条件下进行游程方面的随机特性对比实验。其结果如图 7-37 所示。

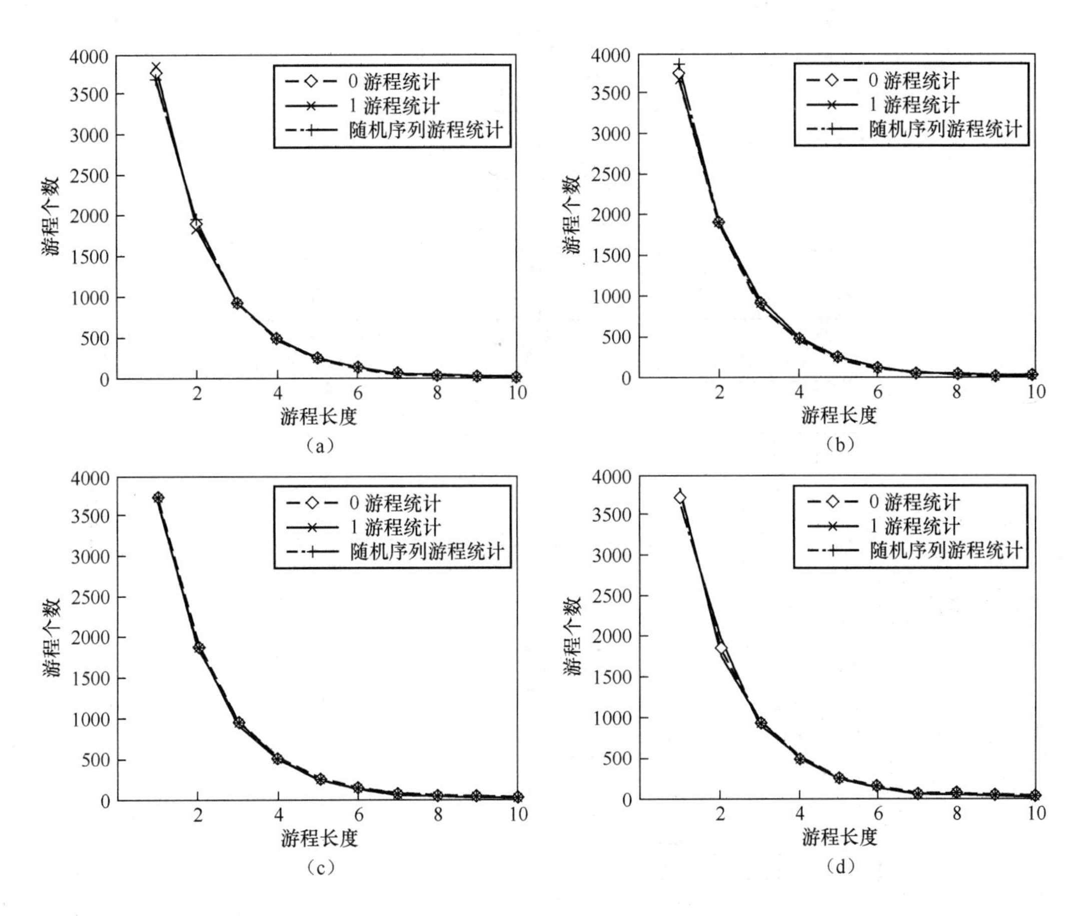

图 7-37　卷积码游程特征

(a)(2,1,6)卷积码游程统计;(b)(3,2,2)卷积码游程统计;
(c)(3,2,[4,3])卷积码游程统计;(d) (3,2,[3,2])卷积码游程统计。

由图 7-37 可知,四种卷积码与随机序列的游程数量随着游程长度的递增呈现递减规律,且走势基本重合,证明卷积码编码序列具有很好的随机性特征。

因此,可以通过游程特征区分并识别分组码和卷积码。

7.2.7　扰码识别方法

伪随机扰码的识别方法主要有自同步式伪随机扰码的识别和同步式伪随机扰码的识别。伪随机扰码识别方法的主要步骤,具体如下:

(1) 根据伪随机扰码的自相关特性识别出周期后,采用 BM 算法预估计生成多项式、移位寄存器状态和各状态在序列中的位置;

(2) 采用基于卷积码的快速相关算法恢复伪随机序列,根据预估计的生成多项式和移位寄存器状态生成伪随机序列,该序列与恢复的伪随机序列确定编码参数。

伪随机扰码识别方法的基本流程,如图 7-38 所示。

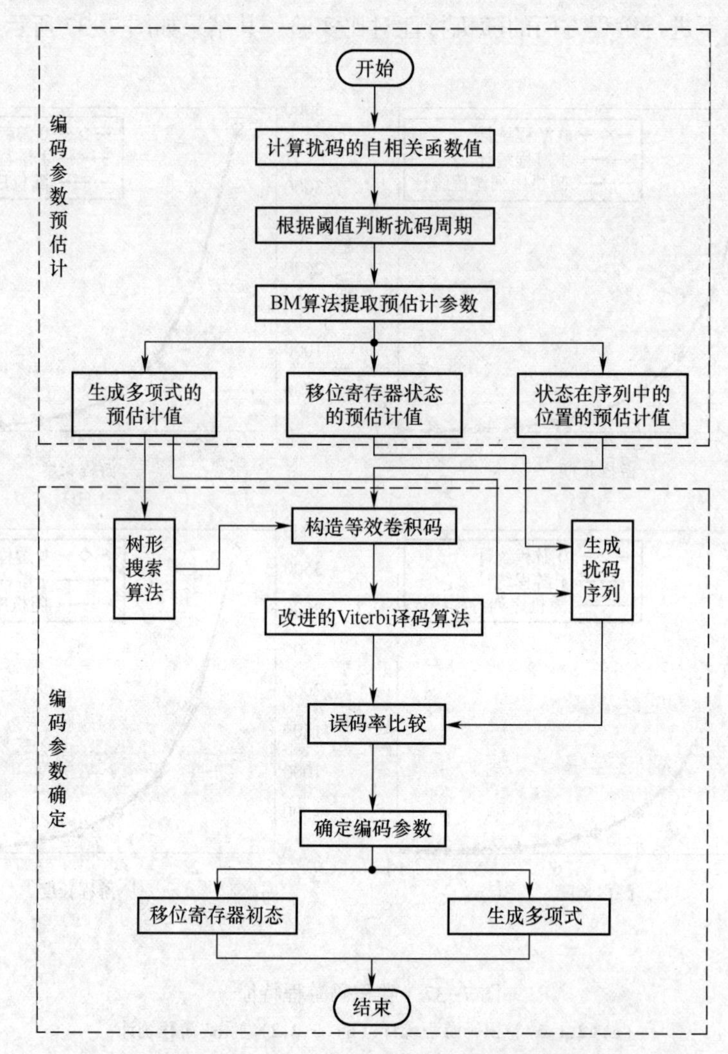

图 7-38 伪随机扰码识别方法流程图

7.2.8 交织识别方法

在接收端完成码型识别的基础上,首先进行交织长度识别。在此基础上可基于矩阵秩统计实现交织识别。

假设交织长度为 $L=m\times n$,码型识别后的序列信息为

$$
\begin{aligned}
C=(&a_{pn+i}a_{pn+i+1}\cdots a_{pn+n}b_{pn+1}b_{pn+2}\cdots b_{pn+n}c_{pn+1}c_{pn+2}\cdots\\
&c_{pn+n}d_{pn+1}d_{pn+2}\cdots d_{pn+n}e_{pn+1}e_{pn+2}\cdots e_{pn+n}\cdots w_{pn+1}w_{pn+2}\\
&\cdots w_{pn+n}x_{pn+1}x_{pn+2}\cdots x_{pn+n}y_{pn+1}y_{pn+2}\cdots y_{pn}\cdots)
\end{aligned}
\tag{7-124}
$$

其中:$a,b,\cdots,x,y,\cdots$表示不同的交织块;pn 表示交织块中的第 P 行,a_{np+i} 表示采样数据的起始点。

将序列 C 排列成矩阵形式,当矩阵宽度为 $2n$ 时,会形成矩阵 $\boldsymbol{D}$, 即

$$D=\begin{bmatrix} a_{pn+i} & \cdots & a_{pn+n} & b_{pn+1} & \cdots & b_{pn+n} & c_{pn+1} & \cdots & c_{pn+(i-1)} \\ c_{pn+i} & \cdots & c_{pn+n} & d_{pn+1} & \cdots & d_{pn+n} & e_{pn+1} & \cdots & e_{pn+(i-1)} \\ & & & & \cdots & & & & \\ w_{pn+i} & \cdots & w_{pn+n} & x_{pn+1} & \cdots & x_{pn+n} & y_{pn+1} & \cdots & y_{pn+(i-1)} \end{bmatrix} \tag{7-125}$$

由于矩阵宽度为 $2n$ 时，$\boldsymbol{D}$ 可表示为 $\boldsymbol{D}=[\boldsymbol{T}_1,\boldsymbol{T}_2,\boldsymbol{T}_3]$，其中：

$$\boldsymbol{T}_1=\begin{bmatrix} a_{pn+i} & \cdots & a_{pn+n} \\ c_{pn+i} & \cdots & c_{pn+n} \\ & \cdots & \\ w_{pn+i} & \cdots & w_{pn+n} \end{bmatrix},\boldsymbol{T}_1=\begin{bmatrix} b_{pn+i} & \cdots & b_{pn+n} \\ d_{pn+i} & \cdots & d_{pn+n} \\ & \cdots & \\ x_{pn+i} & \cdots & x_{pn+n} \end{bmatrix},\boldsymbol{T}_1=\begin{bmatrix} c_{pn+i} & \cdots & c_{pn+n} \\ e_{pn+i} & \cdots & e_{pn+n} \\ & \cdots & \\ y_{pn+i} & \cdots & y_{pn+n} \end{bmatrix}$$

式中：$\boldsymbol{T}_2$ 矩阵是由完整的不同交织块中相同行组成的数据，为非满秩矩阵，$\boldsymbol{T}_2$ 矩阵可以化简成 $[\boldsymbol{I}_k \quad \boldsymbol{P}]$ 的形式。因此在交织矩阵行列识别出来的基础上，可以利用该特性，对矩阵 $\boldsymbol{D}$ 进行高斯消元法化简，求解出校验矩阵 $\boldsymbol{H}_{N\times 1}$，得到交织块的行数 m 和列数 n。

将序列数据送入 $L=m\times n$ 解交织器进行解交织处理，即按列写入接收的 C'，按行读出，最终恢复原比特序列。

7.2.9　Turbo 码编码识别方法

Turbo 码的子编码器在每组编码后都对寄存器进行归零，故其生成矩阵有限长且固定，因此，Turbo 码看作是一种特殊的线性分组码。

首先，根据线性分组码码长和码起点识别方法得到 Turbo 码的码长和码起点。在此基础上，再利用卷积码的两路数据来构造矩阵，并采用卷积码编码识别方法，求取每路卷积码的校验矩阵 $\boldsymbol{H}_1(x)$和 $\boldsymbol{H}_2(x)$，进而就可以求出生成矩阵 $\boldsymbol{G}_1(x)$和 $\boldsymbol{G}_2(x)$，由此得到 Turbo 码的生成矩阵 $\boldsymbol{G}(x)=(1,g_2(x)/g_1(x))$，最后实现对 Turbo 码分析识别。

7.2.10　LDPC 编码识别方法

LDPC 码的分析识别可采用 LSTM 网络来实现。LSTM 的基本单位如图 7 - 39 所示，可以看出 LSTM 有三个门：遗忘门、输入门和输出门。LSTM 可以通过基于当前输入 x、先

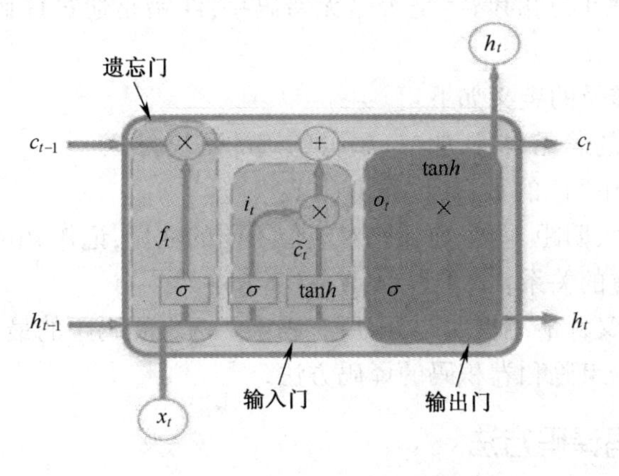

图 7 - 39　LSTM 的单元结构

前状态 c_{t-1} 和先前输出 h_{t-1} 的参数 f_t 有效地确定保留和遗忘哪些信息，其中：t 表示当前时间，$t-1$ 是先前时间。

f_t的计算公式如下：

$$f_t = \sigma(\boldsymbol{W}_f[x_t h_{t-1}] + \boldsymbol{b}_f) \tag{7-126}$$

式中：$\boldsymbol{W}_f$ 和 $\boldsymbol{b}_f$ 分别是权矩阵和偏置向量；$\sigma(\cdot)$ 通常采用 sigmoid 函数。

在 LSTM 遗忘之前的一些状态之后，还需要从当前输入中添加新的内存，这个过程由输入门完成。在输入门中决定哪些存储器需要更新，创建新的向量 $\boldsymbol{c}_t$ 的计算公式，如下：

$$i_t = \sigma(W_i[x_t h_{t-1}] + b_i) \tag{7-127}$$

$$\boldsymbol{c}_t = \tanh(W_c[x_t h_{t-1}] + b_c) \tag{7-128}$$

式中：tanh（·）是双曲正切函数。基于来自输入门的信息，获得 t 的更新状态的为

$$\boldsymbol{c}_t = f_f \circ c_{t-1} + i_t \circ \boldsymbol{c}_t \tag{7-129}$$

式中："∘"表示 Hadamard 乘积，输出状态 h_t的计算公式为

$$o_t = \sigma(W_o[x_t h_{t-1}] + b_o) \tag{7-130}$$

$$h_t = o_t \tanh(c_c) \tag{7-131}$$

多个 LSTM 单元串联形成多层 LSTM 神经网络。

信息比特送入 LSTM 神经网络进行训练，使网络能够识别出 LDPC 码的编码方式，即约束长度和代码生成器编号，由此实现 LDPC 码的分析识别。

7.3 信道编码译码方法

7.3.1 基本概念

无线通信网台信号在空中传输时通常会产生两类差错：随机差错和突发差错。随机差错又称为独立差错，指无线通信网台信号在空中传输时受到随机噪声干扰产生的独立的、稀疏的、分散的和互不相关的差错；突发差错是指无线通信网台信号在空中传输时受到脉冲噪声干扰产生的一串串甚至成片出现的差错，差错之间有相关性，差错出现是密集的。

随机差错和突发差错通常需要采用信道编码和译码来检错、纠错。检错是通过译码发现传输错误，验证所收到的码字是否是无错码字；纠错是通过译码判断出错误发生的位置，将其纠正。

译码过程一般涉及的定义如下：

（1）码长：码字的码元数目，如(n,k)分组码的码长为 n；

（2）码重：码字中"1"的数目，记作 $W(A)$；

（3）码距：又称汉明距，两个等长码对应位不同的数目，记作 $d(A,B)$；

（4）码距与码重的关系：$d(A,B) = W(A+B)$；

（5）最小码距：又称最小汉明距，即所有码字两两之间码距的最小值。

下面着重阐述分组码和卷积码的译码方法。

7.3.2 分组码译码方法

分组码是指线性分组码，通常用(n,k)表示。线性分组码是将待编码的信息序列划

分为长度为 k 位的等长信息段,根据编码规则确定的监督码元与信息码元间的线性关系,在每个信息段后尾缀 $r=n-k$ 位监督码元,构成具备一定抗干扰能力的编码。

在线性分组码中,码字的前半部分是未作任何改变的原始码元,后半部分是监督码元;监督码元与信息码元之间的关系可由线性方程来表达,如图 7-40 所示。

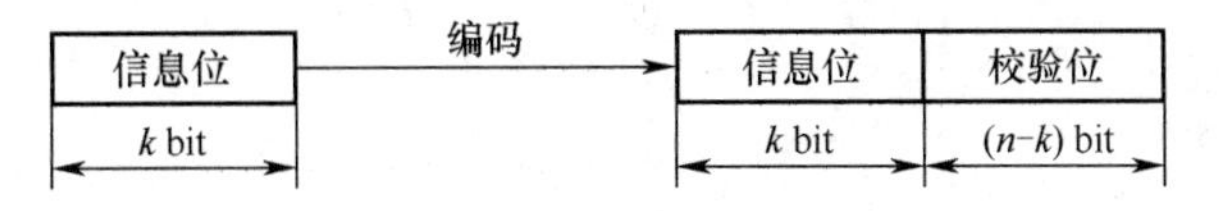

图 7-40　线性分组码编码

1. 分组码监督矩阵

根据监督码元和信息码元的关系可写出监督矩阵。以(7,4)线性分组码为例阐述监督矩阵产生过程,(7,4)线性分组码监督码元和信息码元的关系为

$$\begin{cases} a_2 = a_6 \oplus a_5 \oplus a_4 \\ a_1 = a_6 \oplus a_5 \oplus a_3 \\ a_0 = a_6 \oplus a_4 \oplus a_3 \end{cases} \tag{7-132}$$

改写式(7-132)监督关系为

$$\begin{cases} 1 \cdot a_6 + 1 \cdot a_5 + 1 \cdot a_4 + 0 \cdot a_3 + 1 \cdot a_2 + 0 \cdot a_1 + 0 \cdot a_0 = 0 \\ 1 \cdot a_6 + 1 \cdot a_5 + 0 \cdot a_4 + 1 \cdot a_3 + 0 \cdot a_2 + 1 \cdot a_1 + 0 \cdot a_0 = 0 \\ 1 \cdot a_6 + 0 \cdot a_5 + 1 \cdot a_4 + 1 \cdot a_3 + 0 \cdot a_2 + 0 \cdot a_1 + 1 \cdot a_0 = 0 \end{cases} \tag{7-133}$$

根据式(7-133)可得矩阵形式 $\boldsymbol{H}$:

$$\begin{bmatrix} 1 & 1 & 1 & 0 & 1 & 0 & 0 \\ 1 & 1 & 0 & 1 & 0 & 1 & 0 \\ 1 & 0 & 1 & 1 & 0 & 0 & 1 \end{bmatrix} \begin{bmatrix} a_6 \\ a_5 \\ a_4 \\ a_3 \\ a_2 \\ a_1 \\ a_0 \end{bmatrix} = \begin{bmatrix} 0 \\ 0 \\ 0 \end{bmatrix} \tag{7-134}$$

有

$$\boldsymbol{HA}^{\mathrm{T}} = \boldsymbol{0}^{\mathrm{T}}$$

$\boldsymbol{H}$ 矩阵可分为两部分,即

$$\boldsymbol{H} = \begin{bmatrix} 1 & 1 & 1 & 0 & \vdots & 1 & 0 & 0 \\ 1 & 1 & 0 & 1 & \vdots & 0 & 1 & 0 \\ 1 & 0 & 1 & 1 & \vdots & 0 & 0 & 1 \end{bmatrix} = [\boldsymbol{P} \quad \boldsymbol{I}_r] \tag{7-135}$$

式中:$\boldsymbol{P}$ 为 $r\times k$ 阶矩阵;$\boldsymbol{I}_r$ 为 $r\times r$ 阶单位方阵;具有 $[\boldsymbol{P} \quad \boldsymbol{I}_r]$ 形式的 $\boldsymbol{H}$ 矩阵称为典型矩阵。

2. 分组码生成矩阵

改写监督关系可得到生成矩阵 $\boldsymbol{G}$。首先 $\boldsymbol{P}$ 转置得到矩阵 $\boldsymbol{Q}$,即 $\boldsymbol{Q} = \boldsymbol{P}^{\mathrm{T}}$,$\boldsymbol{Q}$ 是 $\boldsymbol{P}$ 的转置,为 $k\times r$ 阶矩阵。可见,已知 $\boldsymbol{Q}$ 矩阵,可以由信息算出监督码元。如果在 $\boldsymbol{Q}$ 的左边加上一个 $k\times k$ 阶单位方阵,就构成了生成矩阵:

$$\boldsymbol{G}=[\boldsymbol{I}_k \quad \boldsymbol{Q}] \tag{7-136}$$

称 $\boldsymbol{G}$ 为生成矩阵,是因为利用它可以产生码组 $\boldsymbol{A}$。

典型监督矩阵和典型生成矩阵之间存在的关系为

$$\begin{cases}\boldsymbol{H}=[\boldsymbol{P} \quad \boldsymbol{I}_r]=[\boldsymbol{Q}^{\mathrm{T}} \quad \boldsymbol{I}_r]\\ \boldsymbol{G}=[\boldsymbol{I}_k \quad \boldsymbol{Q}]=[\boldsymbol{I}_k \quad \boldsymbol{P}^{\mathrm{T}}]\end{cases} \tag{7-137}$$

3. 分组码校正子

发送码组 $\boldsymbol{A}=[a_{n-1} \quad a_{n-2} \quad \cdots \quad a_0]$ 在传输过程中可能会发生误码。设收到的码组为 $\boldsymbol{B}=[b_{n-1} \quad b_{n-2} \quad \cdots \quad b_0]$,则收码组、发码组之差为 $\boldsymbol{B}-\boldsymbol{A}=\boldsymbol{E}$ 或 $\boldsymbol{B}=\boldsymbol{A}+\boldsymbol{E}$,其中:$\boldsymbol{E}=[e_{n-1} \quad e_{n-2} \quad \cdots \quad e_0]$ 为错误图样。

错误图样表征了传输错误所在位置的比特图样。

令 $\boldsymbol{S}=\boldsymbol{B}\boldsymbol{H}^{\mathrm{T}}$,$\boldsymbol{S}$ 为分组码的伴随式(也称为校正子或校验子)。

4. 分组码译码方法

由 $\boldsymbol{S}=\boldsymbol{B}\boldsymbol{H}^{\mathrm{T}}$,可得 $\boldsymbol{S}=(\boldsymbol{A}+\boldsymbol{E})\boldsymbol{H}^{\mathrm{T}}=\boldsymbol{A}\boldsymbol{H}^{\mathrm{T}}+\boldsymbol{E}\boldsymbol{H}^{\mathrm{T}}=\boldsymbol{E}\boldsymbol{H}^{\mathrm{T}}$。如果是正确接收($\boldsymbol{E}=\boldsymbol{0}$),则 $\boldsymbol{B}=\boldsymbol{A}+\boldsymbol{E}=\boldsymbol{A}$,$\boldsymbol{S}=\boldsymbol{B}\boldsymbol{H}^{\mathrm{T}}=\boldsymbol{A}\boldsymbol{H}^{\mathrm{T}}=\boldsymbol{0}$。

如果接收码组不等于发送码组($\boldsymbol{B}\neq\boldsymbol{A}$),则 $\boldsymbol{S}=\boldsymbol{E}\boldsymbol{H}^{\mathrm{T}}\neq\boldsymbol{0}$,$\boldsymbol{E}\neq\boldsymbol{0}$。

根据 $\boldsymbol{H}$,可得

$$\boldsymbol{S}=\boldsymbol{E}\boldsymbol{H}^{\mathrm{T}} \tag{7-138}$$

对 $\boldsymbol{S}$ 进行转置得到 $\boldsymbol{S}^{\mathrm{T}}$,即得到错误所在的位置。也就是说,在接收码组只发生一位码元错误的情况下,计算出来的校正子 $\boldsymbol{S}$ 总是和典型监督矩阵 $\boldsymbol{H}^{\mathrm{T}}$ 中某行一致。

综上所述,编码序列在传输过程中只发生一位错误码元的情况下,只要在线性分组码的纠错能力范围内,通过计算校正子 $\boldsymbol{S}$ 就可以判断码组中错误码元的位置并予以纠正。

以(7,4)线性分组码为例,说明译码方法。假设(7,4)线性分组码某码组在传输过程中发生一位错码,接收的码组 $\boldsymbol{B}=[0000101]$。

依据前面内容,首先确定码组的纠错、检错能力,此编码可以纠正一位错码或检测两位错误码元。然后计算 $\boldsymbol{S}^{\mathrm{T}}$。

(7,4)线性分组码的典型监督矩阵为

$$\boldsymbol{H}=\begin{bmatrix}1&1&1&0&1&0&0\\1&1&0&1&0&1&0\\1&0&1&1&0&0&1\end{bmatrix} \tag{7-139}$$

利用矩阵性质计算校正子:

$$\boldsymbol{S}=\boldsymbol{B}\boldsymbol{H}^{\mathrm{T}}=[0 \quad 0 \quad 0 \quad 0 \quad 1 \quad 0 \quad 1]\begin{bmatrix}1&1&1\\1&1&0\\1&0&1\\0&1&1\\1&0&0\\0&1&0\\0&0&1\end{bmatrix}=[1\,0\,1] \tag{7-140}$$

将式(7-140)转置,可得

$$S^{\mathrm{T}} = \begin{bmatrix} 1 \\ 0 \\ 1 \end{bmatrix} \tag{7-141}$$

因为此码组具有纠正一位错误的能力,且计算结果 $\boldsymbol{S}^{\mathrm{T}}$ 与矩阵中的第三列相同,相当于得到错误图样 $\boldsymbol{E} = [0\ \ 0\ \ 1\ \ 0\ \ 0\ \ 0\ \ 0]$,所以由 $\boldsymbol{A} = \boldsymbol{B} + \boldsymbol{E}$ 得到正确码组为 $[0\ \ 0\ \ 0\ \ 0\ \ 1\ \ 0\ \ 1]+[0\ \ 0\ \ 1\ \ 0\ \ 0\ \ 0\ \ 0]=[0\ \ 0\ \ 1\ \ 0\ \ 1\ \ 0\ \ 1]$。

7.3.3　卷积码译码方法

卷积码充分利用了各码组之间的相关性,使 n 和 k 可以选得很小,因此在与分组码同样的传信率和设备复杂性相同的条件下,卷积码的性能比分组码好。

因为在卷积码中一个码组的监督码元不仅与当前码组中的信息码元相关,而且与之前 m 组码组中的信息码元相关,所以各码组的监督码元对本码组的信息码元且对前 m 组码组内的信息码元都有监督作用。因此卷积码由(n,k,m)三个参数来表示,其中:n 表示子码长度;k 表示子码中信息元的个数; m 表示编码的记忆,即表示编码存储器的个数。编码约束度为 $N=m+1$,表示编码过程中相互约束的子码个数。卷积码的纠错能力随着 N 的增加而增大,差错率随着 N 的增加而呈指数下降。

卷积码译码通常采用 viterbi 译码方法,即根据接收序列按最大似然译码准则寻找编码器在栅格结构图上走过的路径。这个过程就是计算和寻找最大似然函数 $\max[\lg P(r/V_j)]$ 或最大量度 $\max[M(r/V_j)]$ 的路径,其中:$j=1,2,\cdots,2^{KL}$,即寻找与接收序列最小码序列距离 $\min[a(r,V_j)]$的路径。当这条最小码序列路径与 r 的距离最小时,译码器就输出该条序列路径,作为发送序列的译码还原序列。

在具体实现时,viterbi 译码采用“接收一段,计算一段,比较一段,选择最可能的一段(码段或分支);最后达到整个码序列是一个具有最大似然估计的序列”的译码方法;viterbi 译码在确定状态的留选路径时采用“去大留小”的原则;viterbi 译码在判决时采用“软”判决,使 viterbi 译码器的输出具有较高的可靠性。

下面分别以应用较为典型的(2,1,4)和(2,1,3)两种卷积码来阐述译码方法。

1. (2,1,4)卷积码译码

(2,1,4)信道卷积码编码共有 $2^4=16$ 种状态,其卷积码编码器如图 7-41 所示。设输入信息序列为 1011100,则该编码器的输出为 10000101010000。

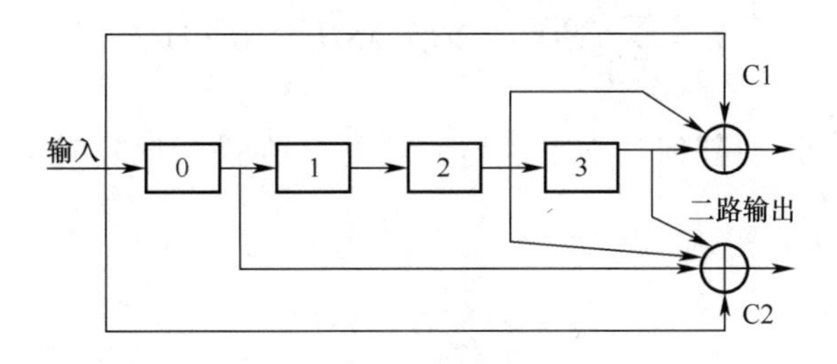

图 7-41　(2,1,4)卷积码编码器

假设解调后送入译码器的接收序列 $r=(\underline{11},00,01,01,\underline{10},00,00)$,有 2 个码发生错误

(带下划线的码),现阐述其译码纠错流程如表 7-13 所列。

表 7-13　译码纠错流程

序号	时间单元	接收序列	距离	估值	保留路径
1	$0 \rightarrow 1$	$r_0 = 11$	2	0	——
			1	1	可能
2	$1 \rightarrow 2$	$r_1 = 00$	0	10	可能
			1	11	——
3	$2 \rightarrow 3$	$r_2 = 01$	1	100	——
			0	101	可能
4	$3 \rightarrow 4$	$r_3 = 01$	1	1010	——
			0	1011	可能
5	$4 \rightarrow 5$	$r_4 = 10$	1	10110	——
			2	10111	可能
6	$5 \rightarrow 6$	$r_5 = 00$	0	101110	可能
			1	101111	——
7	$6 \rightarrow 7$	$r_6 = 00$	0	1011100	可能
			1	1011101	——

从表 7-13 可知,最终保留路径为 1011100,即译码结果为 1011100,在接收有 2 组错码的情况下,译码得到的信息序列与编码器的输入信息序列一致,达到了卷积码编码与译码的目的。

将上面的描述转化为程序,需要经过计算、比较和选择,即计算码序列的距离,在实际中采用的数学推导公式为

$$T = \sum_{n=0}^{C-1} [SD_n - G_n(j)]^2 \tag{7-142}$$

式中:T 为接收符号的距离,其中 $C = 1/R$(R 为编码速率);SD_n 为接收序列;$G_n(j)$ 为期望输入值。

将式(7-142)展开,得

$$T = \sum_{n=0}^{C-1} [SD_n^2 - 2G_n(j)SD_n + G_n^2(j)]$$

式中:$\sum_{n=0}^{c-1} SD_n^2$ 和 $\sum_{n=0}^{c-1} G_n^2$ 对任何分支来说均为常数 2,在进行比较时可不考虑,故 T 可简化为

$$T = -\sum_{n=0}^{C-1} G_n(j)SD_n \tag{7-143}$$

略去式(7-143)右边的负号,则由原来比较最小值变为比较最大值。

编码速率为 1/2 的卷积码,它的分支度量值为

$$T = SD_0G_0(j) + SD_1G_1(j) \tag{7-144}$$

式中：$G_n(j)$ 用双极性表示，即 0 用+1，1 用−1 表示，则分支度量值的计算进一步简化为接收信息序列的加减。

根据求得的分支度量值经过比较，在转移表中保留每段具有最大分支度量值的幸存路径和输出比特。当所有的接收信息序列译码完毕，再对保留的译码信息序列回溯，找出具有最大似然概率的路径，得出译码序列。信道卷积码译码程序流程，如图 7-42 所示。

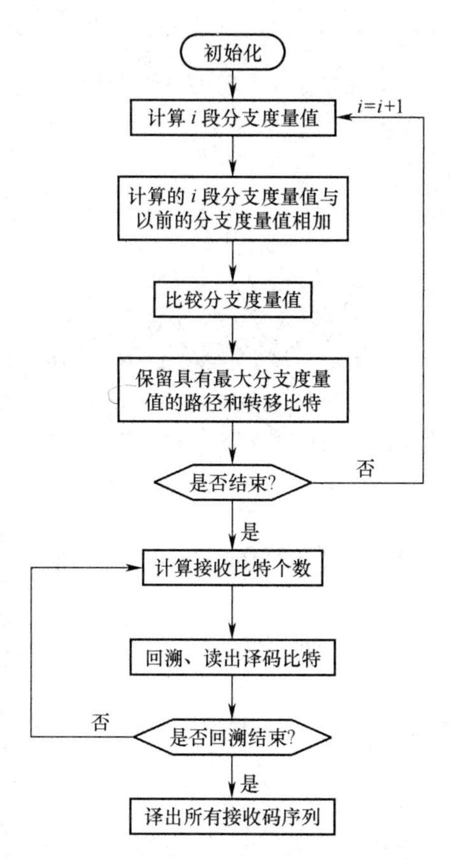

图 7-42　信道卷积码译码程序流程图

2.（2,1,3）卷积码译码

下面以（2,1,3）卷积码译码为例，通过网格图表示法来阐述卷积码译码基本原理。

（2,1,3）卷积码编码器如图 7-43 所示。

当输入为 11011000…时，利用网格图表示方法可得输出为 1101010001011100…，如图 7-44 所示。

viterbi 译码过程也可以描述：假设输入序列为 11011000，输出序列为 1101010001011100，接收序列为 0101011001011100。

首先，选择接收序列的前 6 位序列 R_1 =（010101），与到达第 3 时刻的可能的 8 个码序列（8 条路径）进行比较，计算码距如下：

（1）到达第 3 时刻 a 点路径序列是（000000）和（111011），这两个序列与 $\boldsymbol{R}_1$ 的码距分别为 3 和 4。

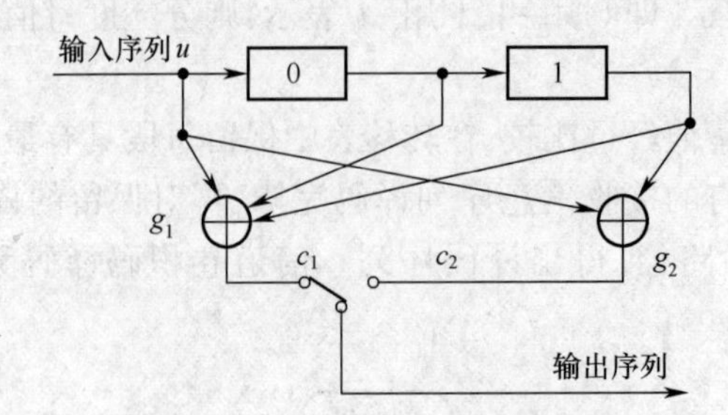

图 7-43 (2,1,3)卷积码编码器

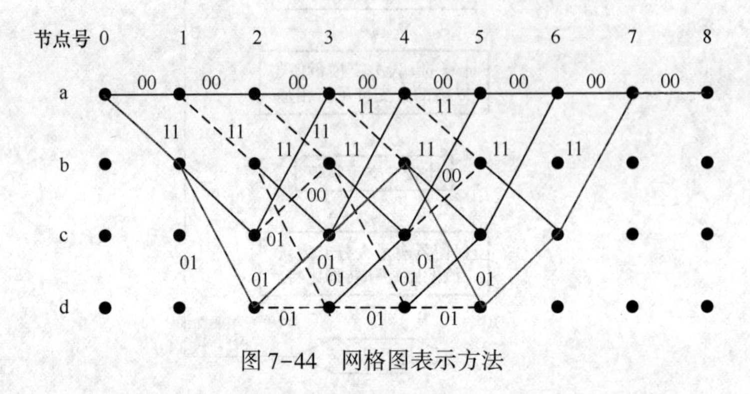

图 7-44 网格图表示方法

(2) 到达第 3 时刻 b 点路径序列是(000011)和(111000),这两个序列与 $\boldsymbol{R}_1$ 的码距分别为 3 和 4。

(3) 到达第 3 时刻 c 点路径序列是(001110)和(110101),这两个序列与 $\boldsymbol{R}_1$ 的码距分别为 4 和 1。

(4) 到达第 3 时刻 d 点路径序列是(001101)和(110110),这两个序列与 $\boldsymbol{R}_1$ 的码距分别为 2 和 3。

比较上面路径之间的码距,保留上面码距较小的路径为幸存路径,所以幸存路径码序列:(000000)(000011)(110101)和(001101),如图 7-45 所示。

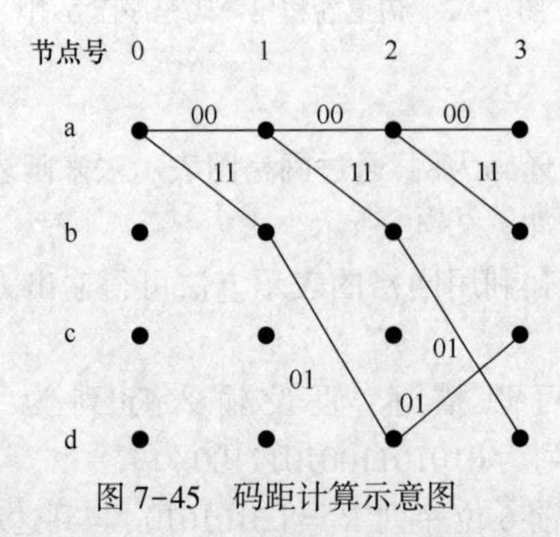

图 7-45 码距计算示意图

然后,按照上面的方法依次类推,可得到第 4 时刻~第 7 时刻的幸存路径。

需要指出的是如果在比较距值时出现两条路径与接收序列的累计码距相等的情况,则可任意选取一条路径保存为幸存路径,不会影响译码结果。

最后,在码序列的终了时刻 a 状态,可得到一条幸存路径,如图 7-46 所示。

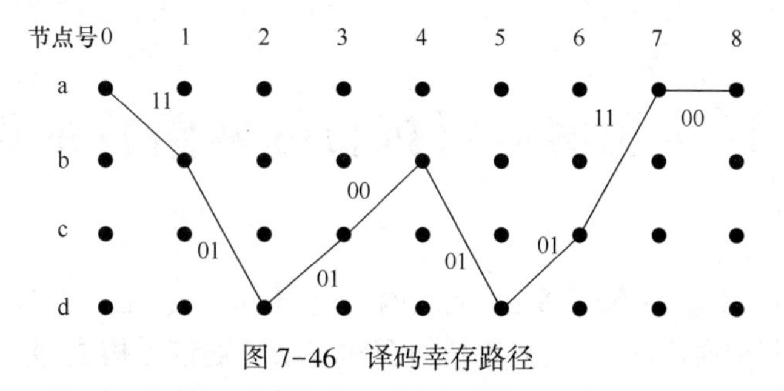

图 7-46　译码幸存路径

综上所述,卷积码编码器输入信息序列为 11011000,编码后输出序列为 1101010001011100。译码器译码后的输出序列为 11011000,通过 viterbi 译码还原了原始信息。比较 1101010001011100 与 0101011001011100 可知,在译码过程中已纠正了在码序列第 1 位和第 7 位上的错误。

第8章 通信类网电对抗目标网络特征识别方法

“网络中心战”以及“终端无线化、无线网络化”使得战场无线通信全面网络化。战场无线通信网由若干通信枢纽、诸多通信网台和复杂传输信道构成,并依据约定的协议进行信息交互。因此,本章在前述战场无线通信网网电对抗目标信号侦收方法、参数测量和分析方法、调制识别与解调方法以及编码识别与解码方法的基础上,重点阐述通信类网电对抗目标网络特征的识别方法,主要包括协议识别方法、关键节点/关键链路识别方法、网络拓扑识别方法等,并简要介绍网台识别方法和平台推理识别方法。

协议识别方法、关键节点/关键链路识别方法和网络拓扑识别方法的具体实现过程及其采用的方法相辅相成,其内容在一定程度上相互交融,没有严格的先后逻辑关系。为了便于理解,本章分成五节内容进行阐述。

8.1 战场无线通信网协议识别方法

通信协议是指通信网内各通信实体之间完成通信或服务必须遵循的规则和约定。通信协议是连通各种军用通信网络的逻辑基础和维系正常通信的纽带。因此,通过识别和分析敌方通信网络中所采用的通信协议,进而推断通信网络的拓扑结构、识别通信网络中的关键节点/关键链路,可支持对敌方通信网络脆弱性的剖析和安全漏洞的挖掘,为通信类网电对抗提供有力的支撑。

8.1.1 网络协议分析概述

由于通信类网电对抗双方属于非合作,因此网络协议识别和分析的基础是实现对敌方无线通信网络信号的侦收,即在分别实现参数测量、调制识别与解调、编码识别与解码、信息解密的基础上,通过对截获的网络分组数据进行分析,从中提取网络分组数据的首部、尾部、数据结构、消息格式及协议状态转换等关键信息,结合构建的协议知识库,进而给出协议的详细信息和统计结果,并将这些数据转化为可读性强并易于理解的形式,实现对战场无线通信网所采用通信协议的分析和识别。

1. 网络协议分析基础知识

战场无线通信网络所交互的信息基本以分组数据形式传输,即以符合一定规则和约定的IP数据包实现网络之间的互联互通。在网电对抗领域,如果能够通过侦测手段确定目标网络所采用的协议,就可以进一步获取目标网络的拓扑结构和关键节点等网络特征,进而探测和获取协议自身的漏洞及其脆弱性,找到战场无线通信网络的突破口,为网电攻击提供基础。

网络协议分析内容包括:数据采集,即在实现对信号侦收的基础上,实现过滤规则定义、数据分组截获、数据清洗和保存、数据分组读取等功能；调制识别和解调，即对捕获的原始数据进行解调处理，为后续解码奠定基础；编码识别和解码，即对解调数据进行编码识别、去交织和解码，并根据结果进行同步信息提取和帧结构推断，分离出数据分组各层协议的首部信息和携带的数据信息；网络流量和利用率等信息统计，最终实现对网络协议的分析和识别。

2. 网络协议分析基本内涵

网络协议识别方法通常包括：基于端口的协议识别，即利用端口号的一维信息，根据各应用层协议在IANA中注册的端口号标识协议。该方法适用于静态端口，如果使用动态端口，则该法不可行；基于负载的协议识别，即利用报文的负载部分来识别应用层协议，该算法是一个一元判别算法，需要事先详细分析待识别的应用层协议，找出其交互过程中不同于其他任何协议的字段作为该协议的特征；基于测度的协议识别，依据不同的协议所造成的流测差异来区别各个协议，为多元判别分析法，该方法的前提是要有标准的训练集，即首先采用各个协议分类的报文集合来训练识别器，然后在后续过程中根据训练结果和新计算的流测度实现协议识别。上面三种网络协议识别方法适合以太网协议识别，而不适合战场无线通信网络。

战场无线通信网络的协议识别通常基于动态协议分析方法，包括对未知协议的分析、识别和解析三个层次。协议分析为动态分析方法的第一个层次，是对未知通信网络或通信系统的协议特性进行分析；协议识别为动态分析方法的第二个层次，是对未知通信网络所采用协议的类型和数据格式等进行识别，协议识别贯穿于方法的后两个层次；协议解析是对协议识别结果进行详细解释，是对数据的内容和控制信息的进一步描述，如果无线通信网信号在发送之前未进行加密处理，则在第二层就可以进行协议的解析，反之，则在第三层涉及协议解析的工作。

动态分析方法在每一层的识别过程都包括协议特征知识库和识别方法两个关键部分，如图8-1所示。

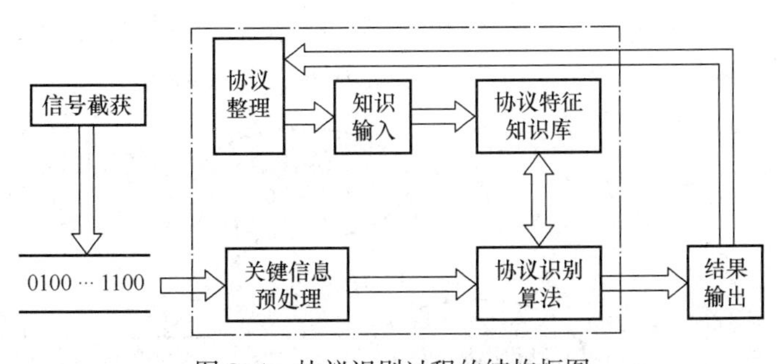

图8-1　协议识别过程的结构框图

协议特征是判断一个无线通信网络所采用协议的依据，协议特征知识库用于存储已知协议的特征信息，这些信息构成适合于分类查找的数据结构表。协议识别的过程是从截获的信号中通过调制识别与解调、编码识别与解码等一系列预处理，从中提取关键信息，并根据统计结果，通过识别匹配算法，在协议特征知库中展开搜索，搜索会有两种情况：如果实现了关联匹配，则输出协议识别结果；如果为未知协议，则一方面判定该协议为新型协议，另一方面经过协议整理和知识输入，在协议特征知识库增加新的数据结构表。在图 8-1 中信号截获则如前所述,可采用各类侦测手段实现。

8.1.2 网络协议识别方法

网电对抗中的网络协议分析是指分析和识别战场无线网络采用的协议类型、数据帧格式和控制信息以及用户数据信息的过程。由于战场无线网络的开放性,数据的获取可以通过截获空中无线通信网台信号来实现,从而使得获取目标网络的无线通信网台信号,进而实现网络协议分析现实可行。

在军事通信网络,信息传输所涉及的协议主要涵盖了物理层、链路层和网络层。其中物理层协议识别主要通过战场无线通信网中无线通信网台信号所采用工作频率、信号带宽、数据速率、调制样式和编码类型等系列参数,并结合情报支援或目标信号知识库利用关联规则来实现。

本章主要阐述战场无线通信网链路层及其上层的协议识别方法(简称为链路层$^+$,含链路层、网络层、应用层等),实现对战场无线通信网所采用协议的分析和推断。在战场物理隔离的环境下,获取的通信协议数据有可能是未解调,甚至是加密的,因此常用的分析方法有基于流量特征的协议分析、基于模式匹配的协议分析和基于决策树的协议分析等。

1. 基于流量特征的协议识别方法

链路层流量的动态特征参数是指在帧数据流中没有固定格式的特征参数,主要是指数据和时间等方面的实际观察值和统计平均值。其中,统计平均值是指样本均值和样本方差,以及通过样本均值和样本方差计算出的其他统计量。

协议识别过程以高级数据链路控制(high-level data link control,HDLC)协议识别为例,在前面关键信息预处理并实现数据分帧的基础上,通过统计 HDLC 帧长和帧到达间隔时间的取值范围和分布规律实现协议识别,主要是因为 HDLC 帧格式和协议运行机制与帧长和帧间隔在不同时间尺度上的统计平均之间存在关联,特别是数据传输阶段的流量特征参数能够在很大程度上反映协议相关信息。由于数据链路层帧同步字段通常是明文传输,因此可采用图 8-2 所示的方法实现 HDLC 协议识别。

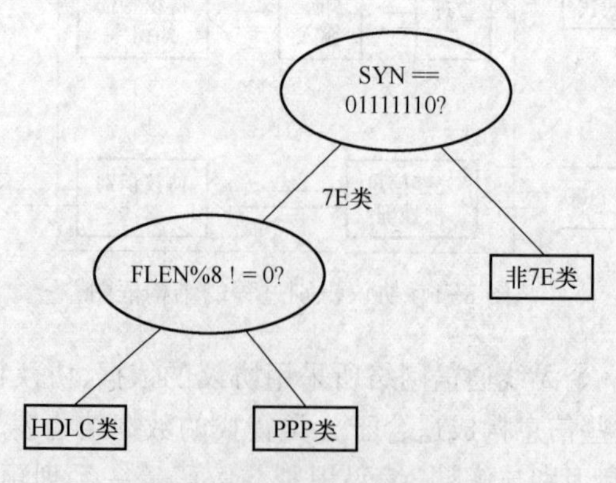

图 8-2 HDLC 协议识别方法

HDLC 协议识别过程:首先用同步字段把链路协议分为 7E 类和非 7E 类,然后通过帧长是否为 8bit 的整数倍来区分面向比特的 HDLC 类和面向字符的 PPP 类协议。

通常基于已有的识别模型和协议特征知识库中协议识别的先验知识,通过链路层流量特征推断上层协议类型。所用方法主要是分析链路层流量受到上层协议的影响。由于不同的网络业务在报文长度和到达间隔等方面的自相似性有比较大的差异,在有关业务类型识别中,自相似性可作为判断主要业务类型的重要依据。各种业务报文长度的自相似性,如表 8-1 所列。

表 8-1　不同上层协议文件自相似性

协议	相关类型	Hurst 参数 *R/S* 估值	含　义
IP	LRD	0.73	序列存在长期记忆性
TCP	LRD	0.73	序列存在长期记忆性
UDP	LRD	0.68	序列存在长期记忆性
OSPF	SRD	≤0.50	随机游走过程、均值回复过程
ICMP	SRD	≤0.50	随机游走过程、均值回复过程
HTTP	LRD	0.73	序列存在长期记忆性
FTP	LRD	0.85	序列存在长期记忆性
SMTP	LRD	0.72	序列存在长期记忆性
Telnet	SRD	≤0.50	随机游走过程、均值回复过程
其他	SRD	≤0.50	随机游走过程、均值回复过程
备注	LRD 表示长相关性,SRD 表示短相关性		

Hurst 参数通常用以判断时间序列数据既遵从随机游走又遵从有偏游走过程的指标。Hurst 参数计算有聚合方差法、*R/S* 分析法、周期图法、绝对值法、残差方差法、小波分析法和 Whittle 法等,表 8-1 列出的是常用的 Hurst 参数 *R/S* 估值 F_{hurst}。

在协议分析中,可以证明 HDLC 信息域长度主要与上层业务有关,特别是数据帧采用确认模式时,帧长统计特性与业务的相关性极强。由于 HDLC 没有明确规定可传输的帧长最大值,因此可认为帧长分布自相似性主要来自上层控制机制和上层业务数据源。根据表 8-1 建立由 HDLC 流量帧长 Hurst 参数 F_{hurst} 判断上层协议类型的方法,如图 8-3 所示。

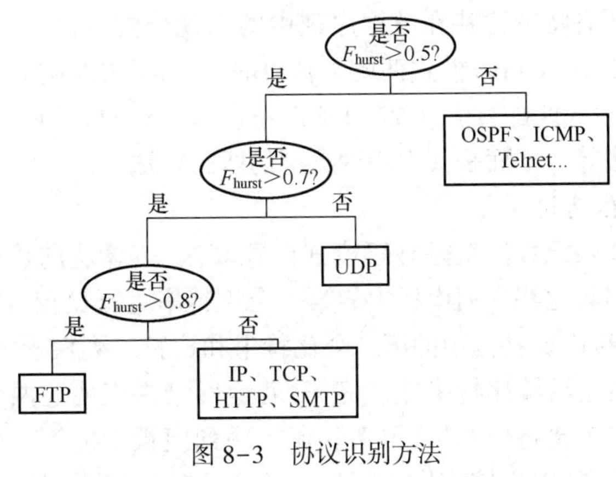

图 8-3　协议识别方法

协议识别过程如下:

(1) 通过帧长 Hurst 参数是否大于 0.5,区分有自相似性和无自相似性的上层协议类型。

(2) 根据帧长自相似参数不大于 0.7 区分 UDP 和基于 UDP 的实时流业务。其依据为面向无连接的 UDP 是一种不可靠的传输层协议,常用于支持实时要求较高,而差错率要求相对较低的多媒体流。这类业务在报文长度的突发性和长相关性等自相似特性方面相对较弱,UDP 自身没有提供拥塞控制,TCP 的拥塞控制是网络流量产生自相似性的主要原因之一。

(3) 通过自相似参数 Hurst 是否大于 0.8,对 FTP 与其他各种上层协议和业务进行区分。

由于在网络实际传输中的每一层网络协议与流量特性都有或多或少的相关性,且可能在某种特性上相似,导致如 IP 和 TCP 等协议因与其上层业务的自相似水平相近而难以通过 Hurst 参数区分。因此,协议识别方法必须综合使用。

2. 基于模式匹配的协议识别方法

模式匹配主要用来识别链路层⁺所采用的协议,其核心是依据建立的协议知识库,对捕获的数据流进行匹配,实现协议识别。所谓模式匹配,指给定长度为 n 的字符串 $S(S=s_1s_2s_3\cdots s_n)$ 及长度为 $m(m\leqslant n)$ 的字符串模板 $P(P=p_1p_2p_3\cdots p_m)$,通过匹配找出 P 在 S 中是否出现及出现位置的过程。在通信类网电对抗目标协议识别时,主要利用知识库中体现网络协议特征的已知比特序列模板,在接收的比特流中进行匹配和关联,判断和识别接收比特流可能采用的协议类型。其依据是所接收的比特流是严格按照网络通信协议进行组装的,不是随机变化的比特流,因此具有高度的规则性,其各字段均包含丰富的关于无线网络通信的信息,而基于模式匹配的协议识别方法则充分利用这种特性,利用网络协议的层次性,并根据预先获得的协议知识对数据进行特定比特串匹配,判断其与协议的关联性。

模式匹配的方法可分为三种,即精确模式匹配法、近似模式匹配法和正则表达式匹配法。精确模式匹配法通常用来搜索与给定模式完全相同的所有比特出现在数据序列中的位置;近似模式匹配法是按照明确的“近似”度量标准,搜索与给定模式相似的所有比特在数据序列中的出现位置;正则表达式匹配法是通过正则表达式,搜索能够被用来描述正则表达式的所有特征比特在数据序列中的出现位置。模式匹配法主要包括朴素模式匹配方法、KR(karp-rabin)模式匹配方法、Horspool 模式匹配方法、Sunday 模式匹配方法、Aho-Corasick 模式匹配方法、KMP(knuth-morris-prat)模式匹配方法和 BM(boyer-moore)模式匹配方法等。下面是其中四种典型的匹配方法。

1) 朴素模式匹配方法

最简单的单模式匹配算法就是朴素模式匹配算法,该算法的核心内容:将接收比特流中的第一个比特串与比特序列模板中的第一个比特串进行比较,若返回结果表明这两个比特串相等,则将接收比特流中的第二个比特串和比特序列模板中的第二个比特串进行比较,以此类推,直至后续比特串比较完毕;若返回结果表明这两个比特串不相等,则从接收比特流的第二个比特串开始,重新和比特序列模板中的第一个比特串进行比较,以此类推,直至后续比特串比较完毕。所有比特串比较完毕后,如果比特序列模板和接收比特流中的某个比特串完全相等,则称为匹配成功;否则,匹配不成功,称为匹配失败。

朴素模式匹配算法在进行比特串匹配时不需要任何的预处理，并且除了比特序列模板和接收比特流之外，不需要额外的存储空间。朴素模式匹配算法的不足之处：当匹配失败需要重新进行匹配时，每次仅能向前移一个比特串，如果接收比特流中有多个子比特串和比特序列模板存在部分匹配时，则匹配指针需要多次回溯指明比较的起点，造成朴素匹配算法的效率降低。

2）KMP 模式匹配方法

KMP 模式匹配算法是对朴素串匹配算法在匹配失败重新比较时，只能向前移确定比特位数的不足所做的改进。该算法的核心内容：当一次匹配过程中出现匹配失败时，可利用前次失败匹配获得的部分匹配信息，先将比特序列模板右移一段距离，再继续进行匹配比较，从而提高模式匹配的效率。

采用该方法进行匹配时，设目标接收比特流为 S，比特序列模板为 T，S 和 T 的指针分别为 i 和 j（i 和 j 初值均为 0）。比较时，若有 $S_i=T_j$，则 i 和 j 分别加 1；否则，i 不变，j 右移，$j=\text{next}[j]$，即使 S_i 与 $T_{\text{next}[j]}$ 对齐，再进行比较 S_i 与 T_j。直到满足以下两个条件之一。

（1）若退回到某个 $j=\text{next}[j]$ 时有 $S_i=T_j$，则指针 i 和 j 分别加 1；

（2）若退回到模板起点位置，令指针增加 1，则下一次比较 $S_{i+1}=T_0$。

KMP 模式匹配算法发生不匹配情况时，后续匹配工作的开始位置是由一个长度可变的 next[·]来记录的。例如，比特序列模板的子比特序列模板 $p_1p_2p_3\cdots p_i$ 匹配成功，在比特序列模板的第 i+1 个比特处发现不匹配时，接收比特序列中所有含有 $p_1p_2p_3\cdots p_i$ 的结束位置，即后续匹配工作时比特序列模板对应的匹配位置。

3）BM 模式匹配方法

BM 模式匹配方法是一种基于后缀的模式匹配方法，是一种精确匹配方法，其特点是从右向左逆向进行匹配，通过良好后缀转移机制和不良字符转移机制两种启发式方法确定下一次匹配动作的开始位置如图 8-4 所示。

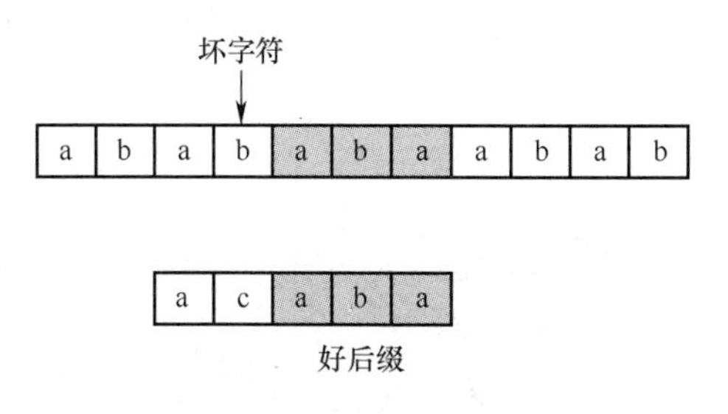

图 8-4　好后缀和不良字符示意图

BM 模式匹配方法的良好后缀转移机制可描述如下：在匹配窗口内从右向左开始匹配，若发现某个比特串不匹配的同时已有部分比特匹配成功，此时如果在比特序列模板 P 中的位置 t 处已匹配部分 P' 在 P 中某位置 t' 处也出现，且位置 t' 处的前一个比特串与位置 t 处的前一个比特串不相同，则将 P 右移到使 t' 对应 t 所在的位置；如果在比特序列模板 P 中任何位置已匹配部分 P' 都没有再出现，则找到与 P' 的后缀 P'' 相同的 P 的最长前缀，向右移动 P，使最长前缀对应 P'' 后缀所在的位置。

BM 模式匹配方法的不良比特串转移规则如下：在匹配窗口内程序从右向左开始匹配，发现了某个比特串不匹配，如果该比特串在比特序列模板没有出现，那么从该比特串开始就不可能与比特序列模板匹配成功，则全部跳过该区域；如果该比特串在比特序列模板出现，则以该比特串进行对齐，直接安全地移动窗口到这个比特串出现的最右位置对应的位置。

BM 模式匹配方法基本过程如下：

(1) 模式子串预处理。在 BM 模式匹配方法中，根据不良字符转移和良好后缀转移两种启发式方法计算出跳跃信息，并分别采用两个整数数组记录这两个结果。因此，BM 模式匹配方法的预处理过程分为不良字符转移表计算和良好后缀转移表计算两个阶段，即坏字符规则移动映射表和好后缀规则移动映射表。

① 计算不良字符转移表。在 BM 模式匹配方法中，不良字符转移表用来映射一个以比特串为定义域、正整数为值域的转移数组，记为 BadCharShift[ ]。接收比特序列中所有比特的个数作为其大小。比特 i 在比特序列模板中最右出现位置用 BadCharShift[i]来表示。

② 计算良好后缀转移表。在 BM 模式匹配方法中，良好后缀转移表来用来映射一个以比特序列模板位置为定义域、正整数为值域的转移数组，记为 GoodSuffixShift[ ]。比特序列模板的长度为其大小。当良好后缀转移情况出现在比特序列模板中的第 i 位时，移动匹配窗口的距离就用 GoodSuffixShift[i]来表示。

(2) 比特串模式匹配。首先根据模式子串预处理的结果开始搜索和匹配，搜索到坏字符和好后缀后就得到最大移动距离；然后移动指针，继续进行搜索和匹配直至到达母串的末尾。

4) Aho-Corasick 模式匹配方法

(1) Aho-Corasick 模式匹配方法基本原理。Aho-Corasick 模式匹配方法又称 AC 自动机模式匹配方法，属于多模式匹配方法的一种，能够在目标串中搜索和匹配多个模式串，并记录每个模式串在母串中出现的次数和出现的位置。

Aho-Corasick 模式匹配方法依据有限自动机的状态转移原理来实现字符的搜索、比较和匹配。下面以经典的多模式串{he, she, his, hers}构成的有限状态机为例进行分析，如图 8-5 所示。

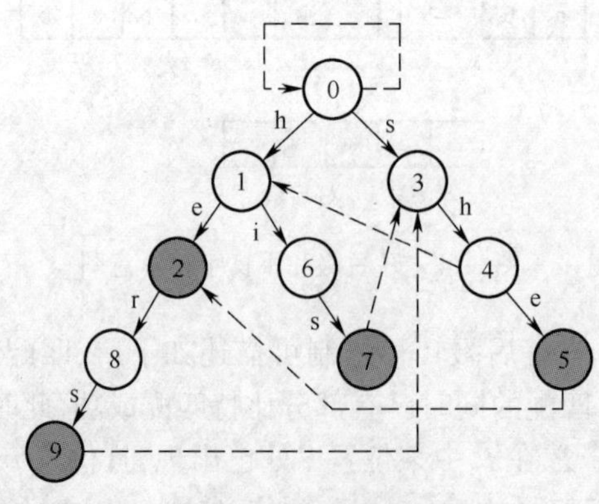

图 8-5　有限状态机

图 8-6 所示为由多模式串构成的一个有限状态机，其基本原理：当字符匹配时按实线标注的状态进行转换；当下一个字符都不匹配时，即所有实线路径都不满足时，则按虚线标注的状态进行转换。

对 u、s、h、e、r、s 进行 Aho-Corasick 模式匹配过程，如图 8-6 所示。

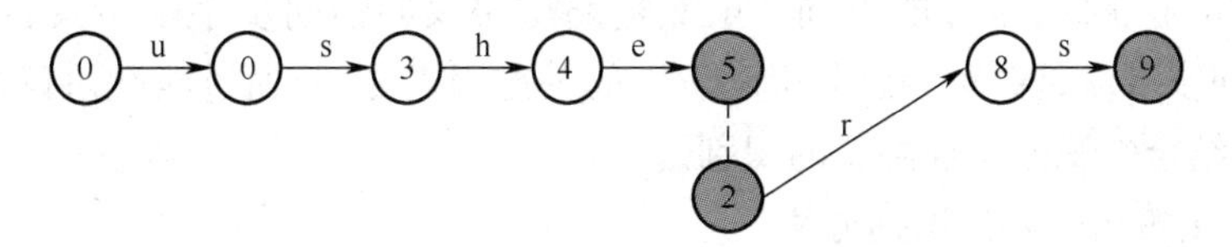

图 8-6　匹配过程示意图

在图 8-6 中，当转移到结点⑤时实线路径已经不满足，此时按虚线进行转移到结点②匹配到 r，完成匹配并获得模式串。

（2）Aho-Corasick 模式匹配方法步骤。Aho-Corasick 模式匹配方法和前面的模式匹配方法一样都要对模式串进行预处理，预处理主要包括构造字典树和构建状态转移表、失效函数和输出表，在预处理基础上再进行路径搜索和匹配。

由于网络通信协议具有高度有序性，其协议规则以及协议数据分组中的结构是可探知的，并且均与协议自身相关，而与网络类型和网络结构毫无关联，故可以利用这些特性对截获的数据流进行分析，使用模式匹配算法搜索特定协议的特征字。

对于获得的未加密的数据分组可以获取其中包含的完整协议信息，例如：以太网数据帧，可以根据数据封装协议和以太网的帧结构的定义，采用模式匹配的方法搜索特定字段。在以太网数据分组首部中进行搜索时，如果匹配到 0x0800，则表示该数据分组为 IP 协议数据分组，再依据以太网数据封装协议删去其头部和尾部，就可以提取所传输的数据报。在此基础上再匹配数据分组中用以表示协议类型的字段的值来分析和判断传输层采用的是哪种协议，在以太网关于 IP 协议的规定中，第 10 个字节为传输层协议标识，该字节的约定为 06 表示 TCP 协议、17 表示 UDP 协议。进一步，如果该字节为 06，即该数据分组符合 TCP 协议，删去该 IP 数据分组的头部和尾部，则可得到 TCP 数据。在此基础上就可以分析和判断应用层采用的是哪种协议，根据 TCP 协议的规定，数据单元的第 3 个和第 4 个字节为应用层协议标识，这两个字节的约定为 80 表示 HTTP 协议、21 表示 FTP 协议、23 表示 Telnet 协议等。其他类型的协议分析以此类推。

对于已加密的数据分组，其协议规定的帧中通常也包含未加密的部分，例如，帧同步字段是链路层协议必须规定的内容之一，而且为了逻辑链路正常传输和保证接收方快速同步的需要，一般不对帧同步字段进行编码或加密，如图 8-7 所示的 HDLC 协议的帧结构。

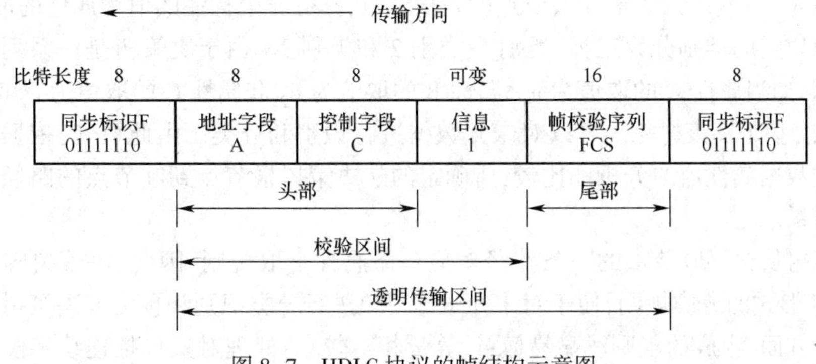

图 8-7　HDLC 协议的帧结构示意图

一般情况下,能够从帧数据流中匹配出同步字段,并作为分帧的依据。不同协议的帧同步字段可能相同,也可能不同。虽然链路层协议的帧同步字段不具备绝对的唯一性,但是帧同步字段是链路协议分析和识别的关键因素之一,通过匹配协议的特征字段,利用该字段结合知识库实现协议的识别。

3. 基于决策树的协议识别方法

在战术互联网这类战场无线通信网络中,由于网络不仅传输指控信息,而且还传输态势信息,网络数据流量大,因此适合采用基于分类决策树对协议进行动态分析和识别。

1)决策树基础知识

决策树是研究分类问题最常采用的方法,其主要优点:除决策树构造的分类器容易理解、分类速度快且分类准确性好之外,还不必对所有可用特征进行测试就可以进行决策。决策树采用类似流程图的树形结构和自顶向下的递归方式,在其内部节点进行属性值的比较,依据不同的属性值推断自该节点向下的分支,最终在树的叶节点处得到结果。比较的过程在以新节点为根的子树上重复,特别适用于协议分析。基于规则的决策树是一系列规则的形式化表示,协议栈中上层、下层协议之间的衔接是通过检测“协议类型”这一规则来实现的,因此,决策树非常适合应用于链路层+协议分析。

下面引用经典的决策树来分析该方法的基本原理,该决策树结构如图 8-8 所示。

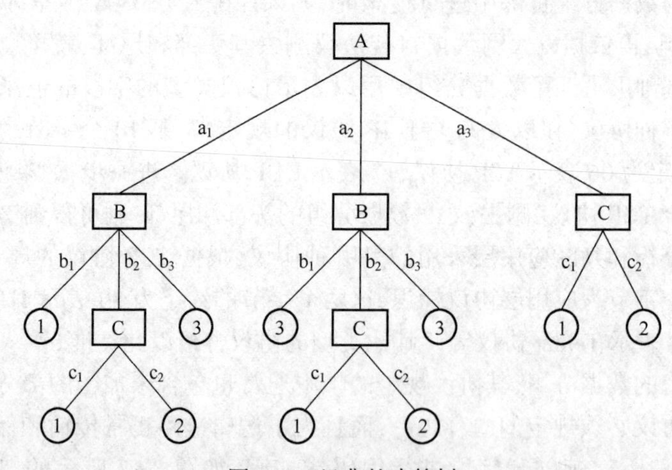

图 8-8　经典的决策树

在图 8-8 中,决策树最高层节点就是根节点,其分支上标注的值为属性的取值。

决策树空间类别分为三类:类别 1、类别 2 和类别 3。由于决策树是一系列规则的形式化表示,如当属性 A 的取值为 a_1、属性 B 的取值为 b_2 和属性 C 的取值为 c_2 时,属于类别 2,因此,基于决策树完全可以对未知数据进行识别和分类。由此可知,依据决策树的结构通过数据属性值的分析和比较,所确定的从决策树根节点到叶节点的路经就是类别判定的结果。

决策树从根到叶节点的一条路径对应一条属性合取规则,因此,决策树容易转换成 IF-THEN 形式的分类规则,便于对未知数据对象进行分类识别和预测。决策树方法的优势有三个方面:生成的规则浅显易懂;计算量相对较小;处理对象包括连续字段和分类字段。决策树还可以清晰地显示哪些数据对分类起到的作用比较重要。

2）协议识别方法

由于网络协议具有高度规则性和相关性，协议分析和识别均依据各层网络协议的这一特性。因此，在进行协议分析和识别时，既可以通过分析和判断当前数据分组中各层协议的字段值是否符合协议规定的确切字段值或是否属于协议规定的合理范围内，也可以根据协议分析和识别的需求不再逐段进行匹配而是直接跳到要分析和判断的数据，减少协议分析和识别的数据量，由此提高匹配的速度。

网络协议之间并非独立不相关，每层协议均是协议栈中的一个不可分割的层次，层与层之间只具有相对的独立性，各层协议以协议栈这种结构化的形式存在。协议一般均经历底层-中层-高层协议的结构，协议之间存在很强的逻辑关联性。因此，可顺理成章地使用决策树进行协议分析，如图 8-9 所示。

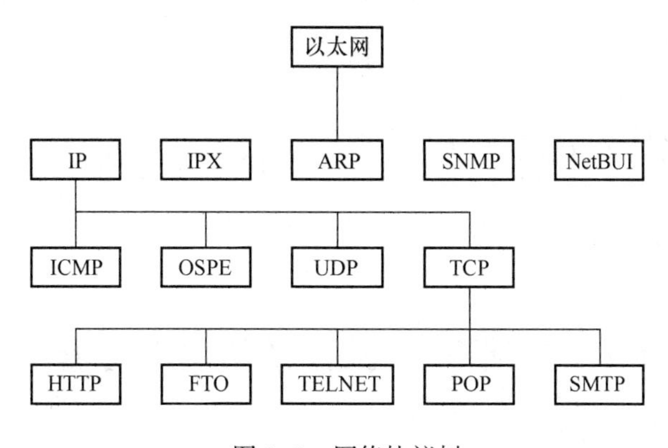

图 8-9　网络协议树

由图 8-9 可知，协议分析和识别依据多棵决策树来实现。协议分析树是指一棵多分支节点的决策树，用来表明协议栈的层次结构以及上下层协议之间的关系和同一层不同协议之间的关系。

在构建协议分析树过程时，通常将协议头部的固定字段作为树根，将"上层协议类型"字段作为相应分支上的属性取值，将上层协议作为叶节点。因此，协议分析和识别最关键的工作是明确网络各层协议的特征，包括固定字段和分支属性。网络协议特征提取可采用如下方法：

（1）链路层协议的前同步码字段；

（2）应用层协议的明文字段，如"response""request"和"from""to"等；

（3）协议的版本、长度、保留字段，有些字段可能固定为 0 或某个值；

（4）高层应用协议的字段和字段之间存在的某种逻辑或代数关系，如 ftp 中"user："字段后必然跟着"password："字段。

依据上面的内容，将底层协议、协议负载和应用负载等与链路层协议、IP 层协议、运输层协议和应用层相映射，即可构成如图 8-10 所示的典型 TCP/IP 协议分析树。

在获取数据分组完整信息的基础上，利用该决策树可以方便快速地判别出从底层到高层的协议类型。

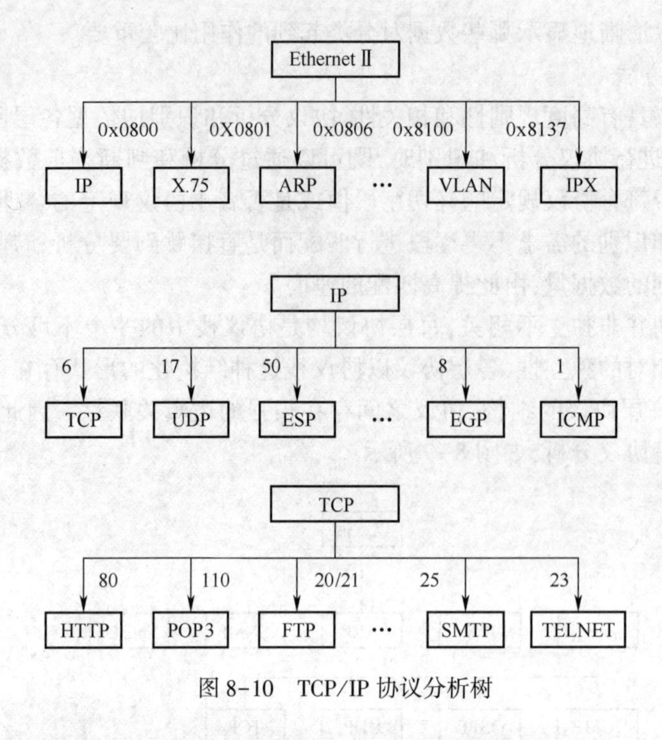

图 8-10　TCP/IP 协议分析树

8.2　关键节点/关键链路识别方法

8.2.1　关键节点概述

在战场无线通信网络拓扑结构中,各节点重要性是完全不一样的。如果能够在网电对抗作战行动之前,通过侦测和识别手段了解敌方网络的拓扑结构以及掌握敌方网络中各个节点和各条链路的权值,则可以在对抗过程中针对敌方重点目标进行攻击,以最小的代价达到破坏和摧毁对方通信网络的目的。

例如:某野战地域通信网在军级的典型作战地域中配置 42 个节点中心来满足在空地一体作战战场上展开的需要。军、师级指挥所通过 9 个大型入口节点接入该网络,旅、营级指挥所通过 224 个小型入口节点接入该网络,移动用户终端通过 92 个无线电入口单元接入该网络。这些节点和入口单元组成拓扑结构为栅格状的关键节点为网络中 6200 个固定用户和 1900 个移动用户提供服务。再如,某增强型位置定位报告系统是当前主要数据分发系统之一,是一种 UHF 宽带数字无线战术通信系统,一个数字化步兵师通常配备 5 部 NCS 网控站(其中 4 台处于工作状态,一台备用,每个旅配备一台 NCS)、12 部 EGRU 增强型栅格坐标装置,这些关键节点为 700~1000 部 EPUU 增强型用户设备提供服务。

战场无线通信网络通常由大量节点组成,节点通过多跳方式进行信息交互。关键节点是指决定和影响网络的连通性和覆盖性,对整个网络的抗毁性和能否保障网络的服务需求起着至关重要作用的节点,这些节点的损伤和压制将导致网络连通性能大幅下降甚至瘫痪。

节点的重要性评估主要从社会网络和系统科学两方面展开。基于社会网络分析法是通过计算网络中每个节点的度、介数和接近度的中心性来确定节点的重要程度。此外,还有通过增加拓扑结构和邻居列表这两个指标来评估节点的重要性。基于系统科学分析方法通常基于节点与网络中其他节点的平均等效最短路径数、基于节点的拓扑潜能、基于节点度值和邻居节点的重要度、基于网络能量因素等来判定节点是否重要。

本章以较为通用的基于社会网络分析法进行关键节点分析,除了拓扑结构和邻居列表这两个相对常见的指标之外,所采用的其他三个参数含义如下。

度是指在复杂网络中所有与该节点相连接链路的条数,反映该节点与邻近节点之间的关系,可以用来判断该节点在网络中的重要程度。因此,通过计算网络中不同节点的度并按度的大小进行排序,可以推断出节点的重要程度,进而识别出网络中的关键节点。介数是指在复杂网络中所有以最短路径经过该节点的数目占最短路径总数的比例,通过将网络中连接到该节点的边当作信息传输的通路,动态地反映信息流经过该节点的可能性,介数越大表明该节点越关键。接近度是指在复杂网络中节点到其他所有节点距离之和的倒数。与网络中其他节点相比较,关键节点在传输信息时,由于关联节点相对最多,故能以最快的速度将信息送达网络中的目标节点。换句话说,与网络中其他节点相比较,关键节点是网络中相对重要的节点,对网络整体效能的影响力较大。

信息在复杂网络上具有多条传输路径,生存能力很强。由于针对每个节点都实施干扰和攻击往往是不现实的,因此必须通过分析,识别出网络中的关键节点,可以大幅提高对抗效率,对网电对抗作战有重要的意义。

在度中心性、介数中心性、接近度中心性、拓扑结构和邻居列表五个指标中,度可以利用汇聚值来计算;邻居列表可以通过拓扑结构来推断;拓扑结构将在 8.3 节中进行阐述;介数中心性可以通过节点的信息流量、业务类型和周期性来表述;接近度中心性则可以通过中心度指标来表征。

8.2.2　关键节点识别方法

1. 基于指纹特征的关键节点识别方法

关键节点指纹特征的提取是关键节点个体识别的关键所在。关键节点指纹特征主要通过对关键节点辐射的信号或者关键链路上传播的信号进行侦收,充分运用现代信号处理的理论和成果,发现关键节点个体差异相对明显的特征,从而实现对个体目标的识别。

关键节点个体识别依赖于其个体特征的提取,关键节点的个体特征为信号自身存在的,可被检测且可重复出现的细微特征。信号所具有的可用于关键节点个体识别的某种或某几种细微特征应满足以下准则。

(1) 完备性。关键节点细微特征应能充分代表信号个体,它可能是一个或一组参数。

(2) 可检测性。关键节点细微特征应能从有限观察数据中检测出来并具有高置信度。

(3) 技术和工程的可实现性。关键节点细微特征分析应建立在现代技术基础上,能工程实现,并和现代通信侦测的信号环境相适应。

具有上面特点的信号细微特征称为指纹或个性特征。一旦获得各关键节点信号的指纹特征，就能根据各关键节点的不同指纹，对关键节点进行个体识别和跟踪监视。

由于无线通信网台和信号传播环境都不可能处于理想状态，例如：不同关键节点使用元器件、供电电源和工作环境等差异，使得无线通信网台信号除了具有固有时频域、调制域和编码域等特征之外，还附加了一些因个体差异而不同，但又不影响信息正常传输的信号特征，如信号的不同寄生调制和信号的建立时间等差异，这些都可能成为关键节点的指纹特征。此外，无线通信网台信号在传播过程中，传播路径不同可能构成不同开设位置的无线通信网台具有不同的附加特征，在识别对象不移动位置的情况下，也可将其作为识别特征。所有这些都将反映在关键节点信号的幅度、载波或相位上，各关键节点信号在这些微小差异都可能作为特征，有助于关键节点的识别。

指纹识别和确认的方法大多数采用模式识别法，即首先从某一关键节点信号中提取能够代表该关键节点的特征，然后保存于知识库，做为该关键节点的识别特征。如果下一次截获的关键节点信号也具有这一特征或者与该关键节点信号特征匹配，就推断该信号是原关键节点发出的，从而确认关键节点。

实际上，任何无线通信网中的关键节点从开机到可以正常工作必然经历两个阶段：开机后的过渡状态阶段和稳定后的工作状态阶段，这两个阶段分别对应暂态特征和稳态特征。基于个体特征的关键节点识别主要依据这两个特征。

1）暂态特征

关键节点的暂态特征体现了无线通信网台的非线性，具有明确的个体特征。如前所述，关键节点的开机特征和关机特征最为明显，其他暂态特性只在某些特定条件下存在，如工作模式转换和业务类型转换等。此外，在数字化无线通信网台通信时，由码字变换产生的个体差异也是不可忽视的特征，主要包括码元过渡时间的长短特征和过渡区内信号波形的变换特征，如2FSK信号的两个载频由所传输的码元调制而且在空中交替发射，两个载频之间的变换存在切换和过渡时间，该时间的长度与关键节点中频率振荡器和满功率上升时间等密切相关。另外，还有一些外部原因产生的特征，如供电电源的不稳定，等。鉴于有些特征因具有限制条件而不具有普遍性，故一般暂态特征主要是指关键节点在开机和关机时的变化特征。

关键节点过渡状态对信号的影响主要体现在储能元件。对于不同关键节点，即使装备型号相同，但是由于其内部机械部分和电子元器件总存在无法避免的误差，以及制造、调试和工作过程中的人为因素，导致各个关键节点的暂态特征必然存在。换言之，不同的关键节点在各自的暂态过程中会体现出各自的特征，这些特征必将使信号携带了大量的非线性和非平稳特征。

2）稳态特征

与暂态特征提取相比较，稳态特征提取难度要大得多，主要是因为关键节点处于稳定工作状态时，难以从数学理论和数学模型角度对关键节点内部诸多单元各自差异聚合后的信号影响进行仿真建模。

在无线通信网台中，关键节点个体稳态特征的内涵极为丰富，涵盖所有可以表征关键节点稳定工作时的特征参数。大量相关实验已经表明，关键节点的稳态特征主要包括两大类细微特征：一类是性能参数差异产生的特征，如各种调制产生的特征、参考时钟的性能及其对无线通信网台信号载波和码元速率等影响而产生的特征;另一类是噪声和杂散产生的特征,如关键节点的内部噪声产生的特征、噪声和非线性等导致的寄生调制所产生的杂散特征。

(1) 载波特征:在无线通信网台信号中,无论信号处理过程是否采取了载波抑制措施,该信号总含有可提取的载波,接收方所处理的基带信号就是载波信号下变频后得到的。由于参考时钟的不稳定性会导致其频率发生偏移,信号载波频率值与其标称频率值总会存在不同程度的偏差,两者往往不会精确相等,如关键节点采用频率合成器产生载波时,通常以晶体振荡器作为参考时钟,因此总是会导致频率偏差的存在,虽然关键节点工作在不同频率时,其载波的相对频率偏差较为稳定,但其绝对频率偏差则随工作频率的不同而变化。由于不同的关键节点其采用的晶体振荡器稳定性不同,因此产生的相对频率偏差和绝对频率偏差都将不同。如果用稳定度更高的参考时钟(如铷原子钟)作为基准频率对其测量,则根据载波频率细微特征是可以区别不同个体关键节点的。

(2) 杂散特征:关键节点射频功率放大器会产生的频域失真和时域失真。频域失真是指由功率放大器幅相特性的非线性导致的,其实质在于不同关键节点中不同器件的生产工艺和生产环节不同,使电路参数和电特性各不相同,进而造成非线性差异的存在,产生可耗费有效功率的谐波。时域失真是指由调制波形和电源纹波导致的,使信号因为时域失真而寄生了相位调制或振幅调制或两者兼有,产生可耗费有效功率的杂散寄生谱。放大器失真的后果是使无线通信网台在发射有用信号的同时,也发射有害的杂散成分,如谐波和杂波,这些具有非线性特征的杂散成分伴随着无线通信网台信号一起在空中传播。

随着通信技术、微电子和工艺制造技术的发展,特别是预失真、前馈和负反馈等线性化技术的发展,功率放大器的线性化得到了进一步保障。此外,还可以采用平方律特性器件以及设计平衡或双平衡电路和高性能中频电路来减少互调、交叉调制和噪声调制等杂散成分。但是也无法完全消除杂散成分的存在。因此,只要能提取出无线通信网台的杂散特征,就可以作为关键节点识别的细微特征。

关键节点信号指纹特征的精确提取受诸多因素的影响。在理论上,关键节点内部所采用的电子元器件特性随着时间和环境的变化而老化,但是在电子元器件的有效使用期内和在电子元器件正常工作温度的条件下,电子元器件的特性具有相对的稳定性。因此,完全可以利用电子元器件性能差异对信号产生的影响识别关键节点。此外,当采用同一套侦测系统接收和处理不同关键节点的信号时,侦测系统的射频通道对关键节点信号的影响基本一致,故依据模式识别理论可以忽略该影响。而对于关键节点信号在空中传输过程中,因噪声或干扰引起的信号畸变以及因侦测系统参数测量精度受限等原因导致对信号特征提取的不良影响,则可以从不同方面通过对关键节点信号特征实施完备的提取、筛选和消除,以提高特征提取的可信度。

如前所述,虽然关键节点信号的时频特征和调制特征等指纹特征本质上是时变的,但相对而言,总体上可分为暂态特征和稳态特征两大类。稳态特征,如参考时钟稳定度特征、调制特征和杂散特征等;暂态特征,如线通信网台开机和关机时的变化特征等。但是利用提取的暂态特征对关键节点进行识别时仍然会面临三点不可避免的挑战:第一是因为关键节点的暂态信号其持续时间是有限的,这将导致所能提取的系统硬件特征信息相对有限;第二是由于在非协作侦测条件下,关键节点的信号在开放空间里传播易受污染而且可能存在方向性,因此导致信号捕获难度大,特征提取要求高;第三是因为暂态信号和噪声存在一定的相似性,所以侦测系统截获信号、识别信号和特征提取难度都较大。反之,由于关键节点的稳态信号持续传输时间相对较长,信号截获相对较为容易,故对关键节点的稳态信号特征进行提取具有实际意义和应用前景。

综上所述,基于指纹特征的关键节点识别通常还应结合无线通信网台信号的时频域信息处理手段以及结合调制域特征和编码域特征进行关联识别。该方法还可用于无线通信网台的识别。

2. 基于度的关键节点识别方法

度反映节点对网络连通性的作用。度越大,则表示该节点对网络连通性的作用越大。因此,通过计算各节点的度并进行排序,度大的节点定义为关键节点。

度通常可以利用汇聚值来等价,节点汇聚值定义如下。

在网络图中,设无线通信网的初始模型为无自环的无向连通图 $G(N,L)$,用 $\mathbf{A}_i$ 表示节点 n_i 的一跳邻居节点集,则节点 n_i 的汇聚值公式:

$$P_i = \frac{|l = (i,j) \in L | i,j \in \{n_j\} \cup \mathbf{A}_i|}{|\mathbf{A}_i| + l} \tag{8-1}$$

式中:n_i 表示网络 n 个节点中第 i 个节点;l 表示节点 n_i 与其跳邻节点集 $\mathbf{A}_i$ 所组成的并集中所有节点之间存在的链路;L 表示在网络中总链路数;N 为节点总数。可见,若 P_i 越大,则表明节点 n_i 在网络中所占的分量越重,从而判断节点 n_i 是否为关键节点。

下面给出基于汇聚值的关键节点识别算法,定义网络图 $G(N,L)$ 的邻接矩阵 $\boldsymbol{A} = (a_{ij})$ 为 $n \times n$ 矩阵,其中:$a_{ii} = 0$。当节点 i、j 之间有链路直接相连时,则 $a_{ij} = 1$,否则$a_{ij} = \infty$。

1) 汇聚值求解算法

步骤 1:梳理无向性网络的邻接矩阵 $\boldsymbol{A}$ 并作为算法的输入。

步骤 2:启动循环,循环次数为 n,对其中第 i 个节点,提取第 i 行中不为 0 的元素及该元素对应所在列的位置,并统计这些元素的数目,记为 m。

步骤 3:在步骤 2 中嵌套一个循环,循环次数为 m,提取包括 i 元素及与该元素位置相关联的边,并统计这些关联边的数目,记设为 l。

步骤 4:利用式(8-1)计算第 i 个节点的汇聚值 $P_i = \dfrac{l}{m + 1}$。

步骤 5:返回步骤 2。

2) 关键节点识别方法

由于采用的网络图不考虑节点间信息传输的方向性,故根据上面算法,其关键节点识别的基本流程如下:

(1) 绘制无向性网络拓扑图;

(2) 简化网络分析模型并对节点进行编号;

(3) 计算各节点的汇聚值并对汇聚值进行排序;

(4) 汇聚值最大者,即关键节点。

由上面基本流程可识别网络中的关键节点,并能得出关键节点的损坏对网络连通性的影响最大这一基本结论。

下面以图 8-11 所示的某野战地域通信网局部干线网为例,展开阐述。

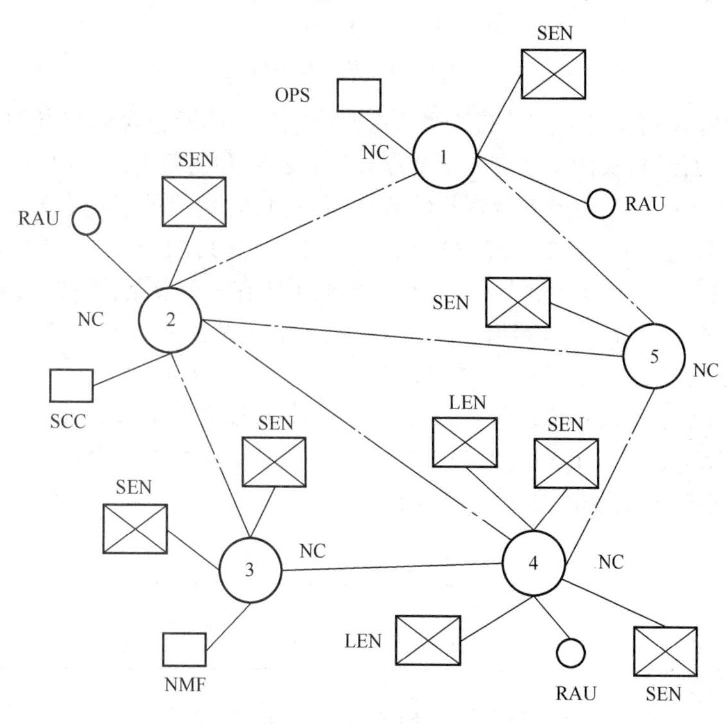

图 8-11　某野战地域通信网系统典型结构

由图 8-11 可知,该网络由 5 个节点中心(NC)、2 个大型扩展节点(LEN)、10 个小型扩展节点(SEN)和 5 个无线电入口单元(RAU)以及系统控制中心(SCC)、网络管理系统(NMF)、操作维护系统(OPS)以及光缆和电源车组成。其中,节点中心构成干线网;大型扩展节点为军、师指挥所提供网络接入服务;SEN 小型扩展节点用作旅指挥所、营指挥所和独立营接入网络;RAU 为无线用户终端提供接入网络的接口。由此可得图 8-11 中干线网的拓扑结构,如图 8-12 所示。

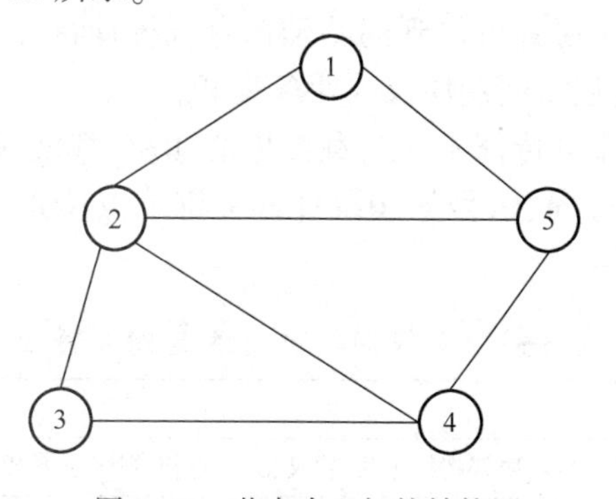

图 8-12　节点中心拓扑结构网

求解图 8-12 中各节点的汇聚值的方法如下:

(1) 依据图 8-12 可得汇聚值的邻接矩阵:

$$A = \begin{bmatrix} 0 & 1 & 0 & 0 & 1 \\ 1 & 0 & 1 & 1 & 1 \\ 0 & 1 & 0 & 1 & 0 \\ 0 & 1 & 1 & 0 & 1 \\ 1 & 1 & 0 & 1 & 0 \end{bmatrix} \tag{8-2}$$

(2) 由矩阵 A 可得各节点及其邻居节点所构成的子图所包含的节点和边数:节点 1 及其相邻节点{2,5}构成的子图有三个节点,即{1,2,5}和三条边,即{(1,2),(1,5),(2,5)},汇聚值 $P_1=3/3=1$;节点 2 及其相邻节点{1,3,4,5}构成的子图有五个节点,即{1,2,3,4,5}和七条边,即{(1,2),(2,3),(2,4),(2,5),(1,5),(4,5),(3,4)},汇聚值 $P_2=7/5=1.4$;节点 3 及其相邻节点{2,4}构成的子图有三个节点,即{2,3,4}和三条边,即{(2,3),(2,4),(3,4)},汇聚值 $P_3=3/3=1$;节点 4 及其邻居节点{2,3,5}构成的子图有四个节点,即{2,3,4,5}和五条边,即{(2,3),(3,4),(2,4),(2,5),(4,5)},汇聚值 $P_4=5/4=1.25$;节点 5 及其相邻节点{1,2,4}构成的子图有四个节点,即{2,3,4,5}和五条边,即{(1,5),(2,5),(4,5),(2,4),(1,2)},汇聚值 $P_5=5/4=1.25$。

由此得各节点的汇聚值,如表 8-2 所列。

表 8-2 各节点的汇聚值

节点	1	2	3	4	5
汇聚值	1	1.4	1	1.25	1.25

节点的汇聚值表明该节点与其所有相邻节点之间的关联度,基于度的关键节点识别方法通过计算得各节点的汇聚值,然后从中选择汇聚值最大的节点作为关键节点。上面示例中节点 2 相比较,其汇聚值最大,故推断和识别节点 2 为关键节点。因此,该方法可以有效应用于地域通信网干线网的关键节点识别。

3. 基于流量的关键节点识别方法

基于截获的战场无线通信网各种信息,如物理层传输特性、报文特征字和信息流量特征以及各节点间流量变化情况,也可实现对关键节点的识别。

定义 8-1:流量特征是指从网络传输介质上接收的无线通信网信号通过解调和解码等处理之后,再经过各层协议解析得到的特殊信息或统计特性,这些信息和特性能够反映其所在网络层次或较高层次所用协议或业务类型。

因此,无线通信网络流量特征不仅与载波中心频率、载波频率带宽、信息传输速率、载波信号强度、信号传输方向、信号累积统计和关键节点位置等外部特征关联,还具有表 8-3 所列的内部特征。

表 8-3 无线通信网络流量内部特征

流量形式	内部特征
会话流	业务信息内容,协议特征字段,报文格式,连接规则,交互规律,控制信令与数据分布规律
传输流	<源 IP 地址,源端口号,目的 IP 地址,目的端口号,协议类型>五元组,流字节数、数据包数、数据包到达时间间隔、数据包大小、流持续时间统计特性

（续）

流量形式	内部特征
网络流	<源 IP 地址,目的 IP 地址,协议类型>三元组,流字节数、分组大小、分组到达时间间隔、分组数、流持续时间统计特性
数据流	帧头格式、帧特征字段域,帧长、帧个数、帧到达间隔统计平均
比特流	传输速率,数据比特数,数据比特出现的间隔长度

链路层的数据流向下接口物理层的比特流,向上接口会话流、传输流和网络流;而会话流、传输流和网络流的网络流量等内部特征为链路层的数据流和物理层的比特流等流量特征研究和特征参数提取奠定了基础。

对于战场无线通信网络,基于流量的关键节点识别方法主要依据物理层的比特流和链路层的数据流实现。

1）物理层流量分析

在战术互联网中,某 VHF/FM 网络和某 UHF/CSMA 网络为典型的两大无线通信网络。

VHF/FM 网络在战术互联网中完成各节点参数配置后,无需固定的中心节点即可实现网络建立,并进行语音和数据传输。该网络中的无线通信网台采用半双工工作模式,在无通信需求时,网络各节点处于静默状态,仅需经过一定的时间间隔发射同步信号维持网络同步,并可在任意静默时间后快速、自动组网。在某一作战区域,如果有多个 VHF/FM 网络,其数据流量较少且以话音为主的传输特性,则可以通过对无线通信网络收发信号密集度和连续性以及固定格式物理层流量的分析,得到各节点有价值的信息。

UHF/CSMA 网络通常由 1 部网控站(NCS)、4 部栅格基准站(EGRU)和多部用户设备(EPUU)组成。该网络中 NCS 负责维护全网的时间同步、路由维护和资源分配,通常配置在指挥所附近,并与无线电入口单元(RAU)联合使用,NCS 的数据类型相对较为固定,多为网络控制信息数据;栅格基准站用于提供定位和信息中继功能,数据类型也相对固定,多为定位信息数据。NCS 和 EGRU 为固定站,部署在地势较高的开阔地并且位置相对固定不变动,其流量彼此不同并且呈现与 EPUU 完全不同的流量特征。

由上面分析可知,从物理层数据流量的大小、连续性、方向变化性和数据流类型等方面综合分析,可以初步推断出节点的部分关键信息。物理层流量分析主要通过信号侦测和信号累积统计等手段实现,结合测向定位可实现关键节点的推断和识别。

2）链路层流量分析

战场无线网络通信通常采用加密机制,只能通过一定的技术和手段才能获取链路层的流量信息,包括帧长、帧截获时间和帧的发送节点等,并利用这些信息来完成业务流的分类与识别,进而实现关键节点的识别。流量特征分析不检查流量数据的内容,因而不受加密的影响,具有更广泛的识别能力。

（1）链路层流量概述。

定义 8-2:链路层数据流是指一段时间内使用同一种数据链路层协议、在同一信道的单一方向上传输的帧序列。

下面按照链路层数据流的特性,从静态和动态两个方面分析链路层流量特征。

① 静态流量特征。链路层流量静态特征是指对应于特定的协议具有固定格式特征的帧字段域,如短波通信 MIL-STD-188-141B 协议。

帧同步字段。帧同步是链路层协议必须规定的内容之一,为了逻辑链路信息正常传输和接收方正确实现同步的需要,帧同步字段通常不加密。一般情况下,能够从帧数据流中匹配出同步字段,并作为分帧的依据。

不同协议的帧同步字段可能相同,也可能不同。由于链路协议的帧同步字段不具备绝对的唯一性,有的帧同步字段连续集中设计在一帧数据的相应位置,有的帧同步字段则有规律地分散设计在该帧数据中。因此,帧同步字段是链路协议分析和识别的关键因素之一。如果能够找到未知的协议同步字段,则利用该字段对数据流进行分帧,就能得到有关帧长、帧到达间隔等更多统计信息;若无法找到同步字段,则只能在物理层比特流上进行分析,所能得到的有效统计信息将会大大减少。

帧地址域。寻址是链路层协议必须规定的内容之一。通常点对点通信时,通信双方在数据帧上可使用固定的地址字段,特别是主站和从站之间进行信息传输时数据帧可以只携带从站地址;在多跳共享链路上,通信双方必须依据链路层协议设置区分站点的地址字段,一般对等站之间传输的每个帧都必须携带源地址和目的地址。

在多数情况下,链路层协议会对其使用的地址字段格式作出具体的规定,不同协议的地址字段在帧格式中的位置、长度和编码格式等均不同。对于已经识别的格式已知的链路协议,只要没有加密或额外编码,就可以相对容易地识别地址字段,并且可以根据地址字段区分来自或发往各个站点的帧数据流。

帧控制域。链路层协议通常必须规定差错控制和流量控制,其主要通过帧控制域来完成。控制域一般都有固定的格式,表示约定好的控制信息。有的协议控制功能简单,可简化为一个固定字符,如 PPP;有的协议控制功能复杂,按照约定的格式可能有多种取值,如 HDLC。

帧控制域和帧地址域都是帧头部字段域,其所在位置和格式在不同的协议中有较大差别。

帧头部长度。特定协议的帧头部长度通常是固定的,虽然在特殊情况下帧头部可能会被扩展,如卫星通信链路。虽然为了提高信道利用率,经常会对头部地址域和控制域进行扩展,但扩展的长度是相对固定,其规律可循。因此,帧头部长度也可以作为识别协议的依据之一。通常帧头部不进行加密,从链路层流量外部特征分析,可以区分帧头部与信息域。

② 动态流量特征。数据链路层流量的动态特征参数是指在帧数据流中没有固定格式的特征参数,主要是数据和时间方面的实际观察值和统计平均值。“统计平均值”主要是指样本均值和样本方差以及通过样本均值和样本方差计算出的其他统计量。

流量均值。从帧同步字段的分析来看,如果没有足够的链路层协议信息,就难以对数据进行正确的分帧。因此,应通过在比特级上统计该数据流总的数据量 F_{total}、持续时间 F_{time} 和流量均值 F_{Arg},并结合其物理层解析结果,推测业务类型及业务量。其中,数据量 F_{total} 和持续时间 F_{time} 统计比较简单,F_{Arg} 定义为在一段时期 $[T,T+T_0]$ 内网络流量 $f(t)$ 的平均值,若在这段时期内的流量上取 m 个样本点,则 F_{Arg} 的离散化形式可表示为

$$F_{\text{Arg}} = \frac{\sum_{i=0}^{m-1} f(t_i) \cdot (t_{i+1} - t_i)}{T_0} \tag{8-3}$$

式中：$t_i = [T, T + T_0]$ 且 $t_0 = T, t_m = T + T_0, t_0 < t_1 < \cdots < t_m$。

帧长。帧是由帧头部、有效载荷和帧尾组成。一般情况下，对于特定的链路协议，其帧头和帧尾的长度固定，而有效载荷长度通常在 0 和一个最大长度限值之间，也有可能没有明确规定信息域上限，最大长度限值由上层协议数据包长度决定。由于有效载荷一般为上层协议封装的数据，因此帧长不仅与链路协议有关，也能反映上层协议的封装格式以及业务的类型等。

帧数据流与帧长 F_{LEN} 有关的统计值主要有最小值 $F_{\min}$、最大值 $F_{\max}$、均值 F_{mear} 和方差 F_{var} 等。

与帧长有关的统计规律主要有：帧到达的规律、帧长的相近度、突发长帧或短帧；帧长分布的自相似性，Hurst 参数值 F_{hurst}；帧长单位，帧长既是面向比特又是面向字符。出现次数最多的几种帧长的长度值，通常体现了与链路协议格式、上层协议和业务之间的相关性。

帧到达间隔。链路上帧的到达有两种情况：一种是前后帧连续到达，另一种是间隔一定时间到达。对帧到达间隔的提取包括两个方面：一方面是某些链路层协议规定在信道空闲时连续发送的大块同步字段，而在有数据传输时则连续发送数据帧，在信道数据率不变的前提下，块状帧同步字段就是帧群和帧群之间的到达间隔的等价度量；另一方面是同一个帧数据流的各个帧到达的时间间隔。其中，第一种情况的帧间隔可以分析出信道的忙闲情况以及信道上业务类型的分布，而第二种情况的帧间隔需要通过帧同步字段的提取进行正确分帧，该参数能更加准确地反映帧数据流的上层协议和业务类型的流量规律。

与帧间隔有关的统计值和统计规律有：连续同步字段长度均值 F_{SYNmean}、方差 F_{SYNvar} 以及分布规律；帧数据流的帧到达间隔均值 F_{Flmean} 和方差 F_{Flvar}，以及分布规律；数据帧的到达间隔是否具有自相似性由 Hurst 参数 F_{hurst} 值确定。

与帧长情况相似，随着进一步深入研究，应该还会发现其他有关帧到达间隔的统计规律。

(2) 关键节点识别方法。

① 多尺度基本流量特征参数提取。首先完成基本流量特征参数的提取，包括帧同步字段、帧长最小值、帧长最大值、帧长均值、帧长方差、帧间隔均值、帧间隔方差、帧长序列 Hurst 参数、帧间隔序列 Hurst 参数、流量均值、帧长均值与数据帧长均值的比值等。除了 Hurst 参数之外，其他参数均可通过简单的统计和计算得到。

② Hurst 参数的统计计算。除了提取流量特征参数的确切值，多尺度统计平均的另一个功能是描绘流量特征的细节，展现流量特征变化的规律。通过协议分析可知，流量统计特征参数在协议运行机制的不同阶段具有不同的取值，并且与链路协议和上层业务的相关性不同。链路协议运行的各个阶段主要反映在流量的统计特性随时间变化的规律上。为适应无线通信网络中不断变化的流量速率和流量大小，区分不同流量分段的统计特征，采用多尺度统计平均的流量特征分析方法。通常可运用多尺度统计平均方法从一段帧数据流中提取参数值，实现对每一个与链路层及其上层业务相关流量的特征识别。

在具体实现时,把一段流量看作一个随机过程、在流量中包含的数据看作样本,对样本采用时间方差或 R/S 等方法可较为准确地估计 Hurst 值,为判断业务的组成和类型提供依据。其中,R/S 法具有较好的鲁棒性,不受随机过程边缘分布特性的影响,可以用该方法对流量的 Hurst 参数进行统计计算。在离散时刻取值的随机过程 $x(t)=\{X_t, t=0,1,2,\cdots\}$,帧间隔序列 Hurst 参数的 R/S 估值 F_{hurst} 为

$$F_{\text{hurst}}=\frac{R}{S}=\frac{\max\limits_{1\leqslant j\leqslant N}\left[\sum\limits_{k=1}^{j}(X_k-M(N))\right]-\min\limits_{1\leqslant j\leqslant N}\left[\sum\limits_{k=1}^{j}(X_k-M(N))\right]}{\sqrt{\frac{1}{N}\sum\limits_{k=1}^{N}(X_k-M(N))^2}} \tag{8-4}$$

式中:N 为估值时间段;X_k 为随机过程的 k 时刻样本;$M(N)$ 为帧间隔均值。

③关键节点识别法。多尺度是指多项流量特征参数,基于多尺度实现关键节点识别的具体过程阐述如下。

图 8-13 所示为一段流量的多尺度时间窗口示意图。对该段持续时间长度接近 1000ms 的流量,首先对整段流量特征参数进行统计平均,然后将窗口缩小约 10 倍,对每一段进行统计观察,从而发现流量密集的段和流量平缓的段。

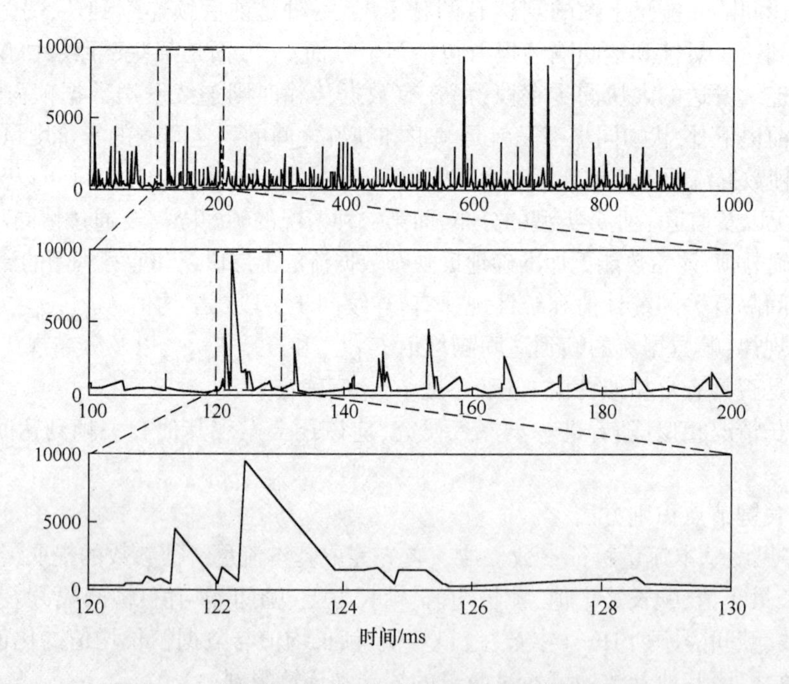

图 8-13 流量的多尺度时间窗口示意图(原始流量图)

在此基础上,如有必要,可将时间窗口缩小一个适当的尺度,对更小窗口内的流量特征参数统计平均值进行计算。先当窗口缩小到能够与协议运行机制中的通信建立和通信终止阶段时间级别相近时,能够非常清晰地观察到运行各个阶段的统计平均特性;再从已经分析过的不同时间尺度下的流量特征参数统计平均值中,选取最能代表特殊性和唯一性的参数集合,结合其他流量参数、位置信息和物理层特征就能以极高的准确率识别出节点重要与否属性。

因此,根据综合节点的流量基本可实现对关键节点的识别。

4. 基于周期特征的关键节点识别方法

据统计,在战场无线通信网络中 80%的流量都是态势感知信息。由于态势感知信息具有周期发布、周期更新的特点,因此,如果能够将在战场无线通信网络中 80%的态势感知分离出来,对于关键节点/关键链路识别乃至网络拓扑识别均有极大的价值。

傅里叶变换可将一个任意的函数展开成无限多个复指数函数叠加求和的形式,尤其可将一个实函数展开成无限多个正弦和余弦函数(周期函数)叠加求和的形式。如果能够将态势感知数据包和指控数据包按照其截获时间表示为一个函数,那么对其进行傅里叶变换则可以将其表示为周期函数的叠加,进而分离出态势感知数据包。分离出态势感知数据包,并判断其周期之后,可以对这些数据包进一步处理,推断和识别节点的属性。

离散时间傅里叶变换是傅里叶变换的一种,将以离散时间 nT 作为变量的函数从离散时间信号 $f(nT)$ 变换到连续的频域,即产生这个离散信号的连续频谱 $F(\mathrm{e}^{\mathrm{j}\omega})$,$F(\mathrm{e}^{\mathrm{j}\omega})$ 是周期性频谱,其中 $n \in Z$,T 为采样间隔。

假设截获到某条链路的一批数据包。以 T 为时间间隔对数据包进行采样,将 T 设置为小于最小可能的数据包间隔。如果在第 k 个时间间隔内有数据包出现,则 $f(kT)=1$,否则 $f(kT)=0$。这样,就将数据包及其时间戳信息表示成了一个在时间轴上的离散函数。

对 $f(kT)$ 进行傅里叶变换,$F_{\mathrm{DFFT}}(\mathrm{e}^{i\omega t}) = \sum_{k=-1}^{n} f(kT)\mathrm{e}^{-in\omega T}$,就得到了数据包的频域信息,从而得到数据包的周期信息。其中 nT 为最后一个数据包和第一个数据包之间的时间差。

通过上面方法得到节点的周期特征后,结合机器学习和知识库即可实现对关键节点的识别。

5. 基于业务类型的关键节点识别方法

典型的战场无线通信网络支持的业务类型可大致分为三类:指控信息、语音通信和态势感知信息。战术互联网的业务类型基本也是这样分类。在某典型的战术互联网,语音通信主要由某 VHF/FM 无线通信网台提供,可通过物理层传输特征对其区分。指控信息由指挥控制系统提供,包括某 UHF/CSMA 全双工需求线路、某 VHF/FM 数据网和某指挥控制系统计算机等组成;态势感知信息交换由态势感知系统提供,包括对方部队和友军的位置及相关作战平台的状态,空中目标信息、敌我双方的基本情况、敌我双方的兵力部署、作战态势和战场环境等,占信息流量的 80%,如图 8-14 所示。由某 UHF/CSMA 网络的 CSMA 需求线路和 MSG 需求线路、某 VHF/FM 数据网和某指挥控制系统的计算机来保障态势感知信息的传输。指挥控制系统和态势感知系统共用同样的硬件平台。

针对指控信息和态势感知信息,首先找出不同情况下其对应的外部流量特征信息,为建立网络关键节点/关键链路识别特征库奠定基础;然后根据不同的业务交互流程进行建模,从中抽取可获得的特征,建立业务识别特征库。基于业务类型的关键节点识别方法,如图 8-15 所示。

该方法具体实现步骤如下:

(1) 通过物理层和链路层所获取的特征以及网台属性区分开某 UHF/CSMA 网络的

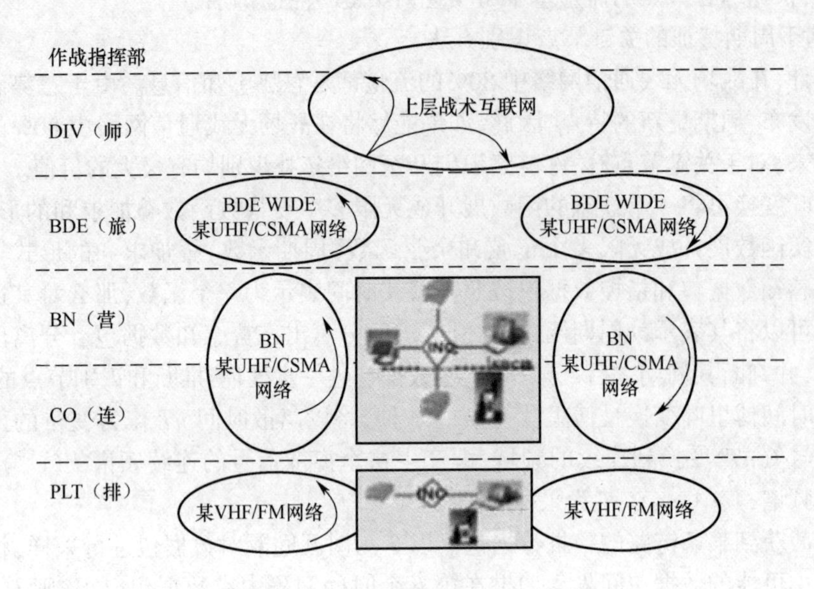

图 8-14　态势感知信息交互流程

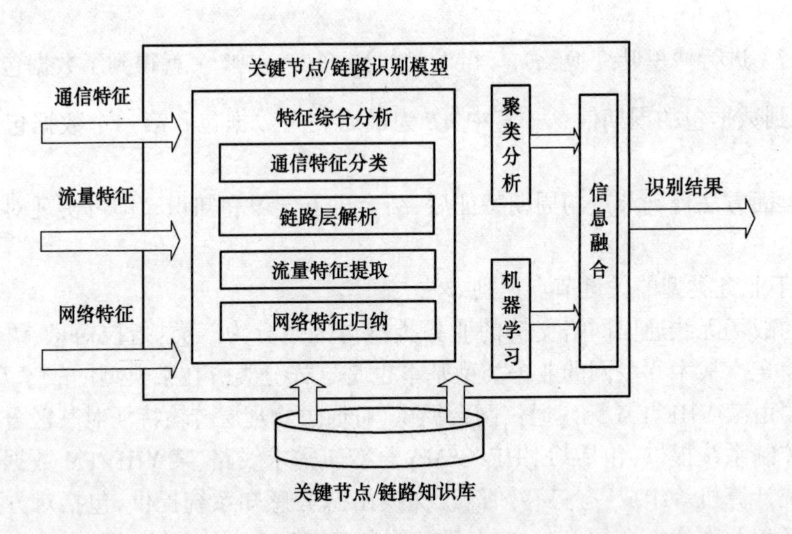

图 8-15　识别方法架构

数据和某 VHF/FM 网络的数据。

(2) 对于某 VHF/FM 网络的数据,根据链路层协议对语音和数据的不同而产生的不同流量特性,区分语音和数据。

(3) 对于某 VHF/FM 网络和某 UHF/CSMA 的数据,先用报文识别决策树将无关的控制报文删除,得到数据报文,再利用周期性分析算法,将具有周期性特征的态势数据分离出来。

(4) 对于某 UHF/CSMA 网络的数据报文,还可利用不同需求线路的不同流量特性来区分态势数据和指控数据,即通过区分提供指控数据传输服务的全双工需求线路和提供态势数据传输服务的 MSG、CSMA 需求线路,从而区分数据类型。

(5) 依据战术互联网的协议体系结构,通过提取其从应用层到链路层业务类型和交互机制在该协议层上的业务信息流特征,采用前面的方法建立一个在链路层进行报文识别的决策树,区分协议控制报文和数据报文。

在态势数据和指控数据分离的基础上,采用基于隐马尔可夫模型的具体业务类型识别算法。该算法主要是首先根据已知训练数据建立业务 HMM 模型库,把未知的观察序列与模型库中的各种业务模型进行对比;然后采用分类器进行分类,实现节点属性的推断,从而可完成关键节点识别。

6. 基于中心度的关键节点识别方法

中心度在过去的研究中仅用来判断网页的重要性,根据其基本原理,中心度完全可以用来对节点的重要程度进行衡量。类似地,可采用网页 PageRank 算法的方法来实现。为描述方便,此处定义 NodeRank 来替代 PageRank。

1) NodeRank 算法

NodeRank 是在明确所连接的邻居节点的基础上,根据各自邻居节点估计当前节点的重要性。

相对于某个网络,其 NodeRank 值的计算基于两个假设:一是数量假设,如果越多的节点指向 A,即 A 的入链数量越多,则该节点越重要;二是质量假设,如果指向 A 的节点质量越高,则 A 越重要,即权重因素不同。

在网络中每个节点初始化时设置的 NodeRank 值相同,通过若干轮计算,最终会通过迭代计算求得每个节点的 NodeRank 值。在每一轮计算过程中,节点当前的 NodeRank 值会不断更新,在每一轮节点 NodeRank 更新计算中,每个节点将其当前的 NodeRank 值平均分配到与本节点相关的出链上,这样使每个链接均获得了对应的权值。每个节点将所有与本节点相关的入链所赋予的权值进行求和运算,从而得到新的 NodeRank 值。当每个节点都完成 NodeRank 值更新,即实现一轮 NodeRank 的计算和更新。

若节点 T 存在一个指向节点 A 的出链,则表明节点 T 认为节点 A 重要,从而把 T 的一部分重要性得分赋予 A。这个重要性分值: $\mathrm{NR}(T)/C(T)$,其中 $\mathrm{NR}(T)$ 为节点 T 的 NodeRank 值,$C(T)$ 为节点 T 的出链数。A 的 NodeRank 值为一系列类似于 T 的节点重要性得分总和。一个节点的 NodeRank 是由所有链向该节点(入链节点)的重要性经过递归算法得到的。

NodeRank 值可用图 8-16 描述。

在现实网络中,存在出链度数为 0,即存在不链接到任何节点的节点,但是很多节点可以访问它。针对这类情况,因此 NodeRank 公式需要进行修正,修正的方法是,在简单公式的基础上增加阻尼系数。

$$\mathrm{NR}(T) = (1-d) + d \cdot \sum_{i=1}^{m} \frac{\mathrm{NR}(T_i)}{C(T_i)} \tag{8-5}$$

式(8-5)是计算节点 T 的 NR 值公式。式中:T_i 为存在到 T 的链接的节点; $C(T_i)$ 为节点 T_i 中存在的链接的数量;d 为阻尼系数,一般取 0.85。

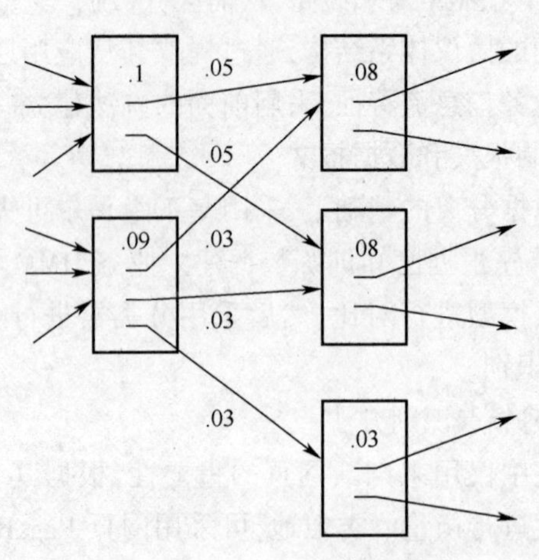

图 8-16 NodeRank 值示意图

2）NodeRank 计算方法

NodeRank 值计算过程的数学表达式为

$$\text{NodeRank}(p_i)=\frac{1-d}{N}+d\cdot\sum_{p_j}\frac{\text{NodeRank}(p_j)}{L(p_j)} \tag{8-6}$$

该算法基于幂法原理，在计算结果收敛时结束。

按照式(8-6)假设矩阵 $\boldsymbol{A}=d\times\boldsymbol{P}+(1-d)\times\boldsymbol{e}/N$，其中：$\boldsymbol{e}$ 为全为 1 的单位向量；$\boldsymbol{P}$ 是一个链接概率矩阵，将链接的关系通过概率矩阵表现；$\boldsymbol{A}[i][j]$ 表示节点 i 到节点 j 的链接，其过程如图 8-17 所示。

在图 8-17 中，左边为链接矩阵，中间为链接概率矩阵，右边为转置矩阵。

$$\boldsymbol{P}=\begin{matrix} & A & B & C \\ A & 0 & 1 & 1 \\ B & 0 & 0 & 1 \\ C & 1 & 0 & 0 \end{matrix} \Longrightarrow \boldsymbol{P}'=\begin{bmatrix} 0 & 1/2 & 1/2 \\ 0 & 0 & 1 \\ 1 & 0 & 0 \end{bmatrix} \Longrightarrow [\boldsymbol{P}']^{\mathrm{T}}=\begin{bmatrix} 0 & 0 & 1 \\ 1/2 & 0 & 1 \\ 1/2 & 0 & 0 \end{bmatrix}$$

图 8-17 计算过程示意图

之所以把矩阵做转置操作，是因为其实质在于将原来 $\boldsymbol{A}[i][j]$ 代表 i 到 j 的链接概率转变为 j 到 i 的链接概率，这样在节点链接概率矩阵 $\boldsymbol{A}$ 计算出来的基础上，仅需乘以对应节点的 NR 值即可。

首先初始化 NR 值的向量 $\boldsymbol{R}[1,1,1]$，代表最初的节点的 NR 值；然后与概率矩阵相乘得到第一个 NR 值：$\boldsymbol{R}[0]=\boldsymbol{A}[0][0]\times\boldsymbol{R}[0]+\boldsymbol{A}[0][1]\times\boldsymbol{R}[1]+\boldsymbol{A}[0][2]\times\boldsymbol{R}[2]$；最后将计算得到的 $\boldsymbol{R}$ 向量值域概率矩阵迭代计算直到收敛。

由于 $\boldsymbol{A}[0][\,]$ 代表的是各个节点链接到节点 A 的概率，而 $\boldsymbol{R}[\cdot]$ 向量表示的是个节点对应的初始 NR 值，因此 $\boldsymbol{A}$ 的 NR 值：$\text{NR}(\boldsymbol{A})=\sum\boldsymbol{R}[i]$。

按照上面方法，可实现对节点中心度的计算，进而实现对关键节点的识别。

8.2.3 关键链路识别方法

从 8.2.2 小节所阐述的方法可以推断和识别节点在网络中的重要程度，但没有分析与该节点相连接的各条无线链路的重要性。在通信类网电对抗实际实施中，由于攻击或者干扰通常从无线链路展开，因此无线链路的重要程度推断不可或缺。对无线链路关键与否的评估可基于层次分析法，通过评估连接在某一节点上各条链路的重要性，从而推断和识别出关键链路。

1. 层次分析法原理

层次分析法是决策领域对某问题进行定性分析和定量分析的一种方法，在分析之前需要将决策问题中的有关元素进行提炼和分解，按照目标、准则和方案构建层次。该方法的基本原理：基于对复杂待决策问题的分析，依据分析和提炼待决策问题的本质、影响因素及其内在关系等构建层次结构模型，将思维化的决策过程数学化，再借助相对较少的定量信息，实现多目标、多准则或无结构特性的复杂决策问题的求解。

1）构建层次结构模型

推断和识别一条链路的重要程度可以通过无线通信网台的业务性、吞吐量和时延情况等准则来进行。仍以某地域通信网为例，连接在节点 N_i 的链路分别为 $L_1 \sim L_6$，利用层次分析法对 $L_1 \sim L_3$ 三条链路判断连接该节点链路的重要性，如图 8-18 所示。

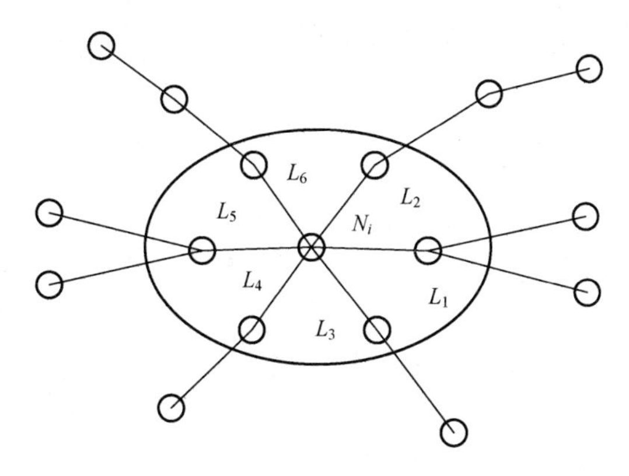

图 8-18　地域通信网网络结构

依据拓扑结构分析，构建如图 8-19 所示的三层结构。

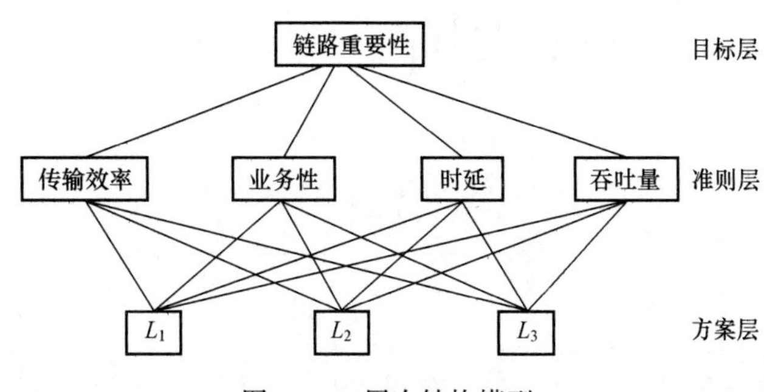

图 8-19　层次结构模型

在图 8-19 中,第一层结构是目标层,以链路重要性作为决策所要达到的目标;第二层结构是准则层,以传输效率、业务性、时延和吞吐量等作为衡量决策是否达到目标的判别准则;第三层结构是方案层,表示可供选择的方案。三层之间的连线表示上下层各元素之间的关系。更为复杂的决策问题,其目标如果为多个,则可将目标层拆分成多层,第一层为总体决策目标,第二层为数个并列的次重要决策目标,以此类推;准则对应的结构也可以分为多层,如准则层、子准则层和孙准则层等。

2)建立判断矩阵群

从准则层开始,两两对比上一层某个元素和下一层与该元素有连线的元素,并按其重要性进行等级评定。记 a_{ij} 为 i 元素对 j 元素的重要性等级,表 8-4 列出了九级重要性等级及其赋值。按两两比较结果构成的矩阵 $\boldsymbol{A}=[a_{ij}]_{n\times n}$ 称为判断矩阵。可见,当 $a_{ij}>0$、$a_{ii}=1$ 且 $a_{ij}=\dfrac{1}{a_{ji}}$ 时,$\boldsymbol{A}$ 是正互反矩阵。

表 8-4 元素两两对比时的重要性等级及其赋值

评估尺度	定 义	说 明
1	同等重要	两指标同等重要
3	稍重要	稍倾向于第一指标
5	颇重要	明显倾向于第一指标
7	极重要	强烈倾向于第一指标
9	绝对重要	确定为第一指标
2,4,6,8	相邻尺度之间的中间值	根据决策目标需要折衷处理
备注	$a_{ij}=\left\{\frac{1}{2},\frac{1}{3},\frac{1}{4},\frac{1}{5},\frac{1}{6},\frac{1}{7},\frac{1}{8},\frac{1}{9}\right\}$ 表示元素 j 比元素 i 的重要性等级	

3)计算权重向量

为了从判断矩阵群中提炼有价值的信息,为关键链路识别提供依据,就需要计算每个判断矩阵的权重向量和全体判断矩阵的合成向量。采用对数最小二乘法算法计算判断矩阵的权重向量。

$\boldsymbol{A}[a_{ij}]_{n\times n}$ 为判断矩阵,设 $[\boldsymbol{\omega}_i/\boldsymbol{\omega}_j]_{n\times n}$ 为待求权重矩阵;$\boldsymbol{D}\left\{w\,\middle|\,\sum_{i=1}^{n}\omega_i=1,\omega_i=1,2,\cdots,n\right\}$ 为权重向量集;$\boldsymbol{e}=(1,1,\cdots,1)^{\mathrm{T}}\in R_{+}^{n}$。所以构建对数最小二乘模型为

$$f(w)=\sum_{i,j=1}^{n}\left(\lg\left(a_{ij}\frac{\omega_i}{\omega_j}\right)\right)^2,w\in\boldsymbol{D} \tag{8-7}$$

通过推导,可得

$$\boldsymbol{\omega}_i=\frac{\left(\prod_{i=1}^{n}a_{kj}\right)^{1/n}}{\sum_{k=1}^{n}\left(\prod_{j=1}^{n}a_{kj}\right)^{1/n}} \tag{8-8}$$

式中:$\boldsymbol{\omega}_i$ 为矩阵的权重向量;n 为元素个数;a_{kj} 为元素 k 对 j 元素的重要性等级。计算出每一层对上一层所得矩阵群的权重向量后,可得合成权重向量为

$$\boldsymbol{\omega}^{(s)} = p^{(s)} p^{(s-1)} \cdots p^{(3)} \boldsymbol{\omega}^{(2)} \tag{8-9}$$

式中：s 为指标体系总层数；p 为分层构造权重矩阵群。

4）判断矩阵检验准则

一致性指标 CI 定义：

$$CI = \frac{\lambda_{\max} - n}{n - 1} \tag{8-10}$$

式中：$\lambda_{\max}$是判断矩阵 $\boldsymbol{A} = [a_{ij}]_{n \times n}$ 的最大特征值；n 为矩阵元素个数。

一致性指标均值 RI 定义如下：

（1）从数集 $\boldsymbol{R}=\left\{1,2,\cdots,9,\frac{1}{2},\frac{1}{3},\cdots,\frac{1}{9}\right\}$ 中独立地随机取数值 $\frac{n(n-1)}{2}$ 次，用作 n 阶矩阵的上三角元，构造判断矩阵 $\boldsymbol{A}$；

（2）计算所构造判断矩阵的 CI 值；

（3）重复上面步骤，在获得足够数量的样本后，计算 CI 的样本均值 RI。

表 8-5 列出样本容量为 1000 的 3~8 阶矩阵的 RI 值。

表 8-5　矩阵阶数为 3~8 的 RI 值

矩阵阶数	样本均值	样本中最小值	样本中最大值
3	0. 5149	0	3. 2203
4	0. 8931	0	2. 8563
5	1. 1185	0. 1094	2. 6763
6	1. 2494	0. 1712	2. 5963
7	1. 3450	0. 3571	2. 3197
8	1. 4200	0. 5190	2. 1412

检验判别式为一致性指标与随机一致性指标均值之比，即

$$CR = \frac{CI}{RI} \tag{8-11}$$

若 $CR<0.1$，则说明检验通过；否则，需要相应调整判断矩阵。

2. 关键链路识别方法

依据上述原理，由图 8-19 可得，准则层四个指标对目标层的判断矩阵为

$$\boldsymbol{A} = \begin{bmatrix} 1 & 3 & 4 & 5 \\ 1/3 & 1 & 3 & 4 \\ 1/4 & 1/3 & 1 & 3 \\ 1/5 & 1/4 & 1/3 & 1 \end{bmatrix} \tag{8-12}$$

经计算，其准则层对目标层的权重向量为

$$\boldsymbol{\omega}^{(2)} = (0.40, 0.127, 0.119, 0.114)^{\mathrm{T}} \tag{8-13}$$

其一致性判别为 $CR = 0.067 < 0.1$，通过检验可知，准则层对目标层的权重向量如式(8-12)所示。在实际应用时，通过测试连接关键节点的 $L_1 \sim L_6$ 链路，梳理出针对准则层每条准则的判断矩阵，再根据式(8-7)计算出每个矩阵的权重，在此基础上根据式(8-8)

计算各条链路基于目标层的合成权重,从而求出链路的重要性权值,进而推断和识别该条无线链路的重要程度。

8.3 网络拓扑识别方法

8.3.1 网络拓扑识别概述

网络拓扑识别是通信类网电对抗目标侦测的重要任务之一。通过分析无线通信网络的拓扑架构可以发现网络中的节点及其链路连接情况以及网元之间的互联关系,可有力支撑指挥员对网电对抗目标做出研判和决策,特别是有利于集中力量精确地攻击某一个网络节点,摧毁或肢解敌方无线通信网络。

战场无线通信网络通常将协议 OSI 七层简化为物理层、链路层和网络层$^{+}$三层。因此,网络拓扑识别可分为物理层拓扑识别和逻辑拓扑识别(含链路层和网络层$^{+}$等网络设备之间、路由器之间的逻辑关系等)。常用的网络拓扑识别方法包括基于 Ping 和 Traceroute 的网络拓扑识别方法、基于 ICMP 和 SNMP 协议的网络拓扑识别方法、基于 OSPF 和 RIP 协议的网络拓扑识别方法、基于 ICMP 和 DNS 等协议工具的网络拓扑识别方法,基于可移动代理的分布式网络拓扑识别方法、基于 BGP 协议的网络拓扑识别方法和基于层析成像的网络拓扑识别方法。

在物理隔绝的战场无线通信网络环境下,通过发送数据包采用主动探测方法在敌方节点上进行数据分析,进而实现网络拓扑识别基本不可行。下面根据可能的先验知识、情报支持或预设条件阐述三种主流的网络拓扑识别方法。

8.3.2 基于层析成像的网络拓扑识别方法

为了识别网络拓扑结构和推断链路性能参数,以往常规的方法是在各路由器之间采用协作模式并利用 ping 和 pathchar 等传统测量工具来实现,但这些方法和手段在非协作的战场无线通信网络中是不可行的。

目前在非协作网络拓扑识别中得到广泛应用的是网络层析测量法,又称网络断层扫描法或网络层析成像拓扑识别法。该方法不需要敌方网络内部节点的配合,通过在网络边界处主动发送探测包或被动接收等方法收集网络内部有用信息,结合统计学方法推断网络内部链路参数和流量等网络性能参数(如端到端丢包率和延时等),实现与具体的网络结构和协议无关的可适用于多种网络形式的网络测量。网络层析成像拓扑识别方法可广泛应用于链路级参数估计、节点间流量估计和网络拓扑推断三个方面。

网络链路级参数估计:从可测量得到的报文数量和报文到达时间等路径级数据中,利用统计分析模型估计网络链路级的丢包率和延迟分布等参数。该方法将发送节点和接收节点视为树状网络,通过在源节点和目的节点等边界节点处,观测节点间的报文到达情况、报文到达数量和报文时延等通信行为,并对这些测量数据进行统计分析,得到反映网络运行情况的网络参数。

网络收发节点间流量估计:其实质为网络链路级参数估计的反向处理,其基本原理为通过已测量获得的网络链路级数据,反向推断出网络链路级参数。网络层析成像拓扑识别法通过观测网络链路上的数据流量,首先推算发送节点和接收节点之间的数据流量(因为每条链路上的数据流量是可测量的),然后利用统计学方法估算网络任意两个节点之间流量大小。

网络拓扑推断:依据在网络边界节点处测量得到的数据,采用概率分布模型推断出网络拓扑,作为概率分布模型的度量值通常包括报文丢失率和报文延时等参数。网络节点之间的共享链路数越多,报文在其传输过程丢包的关联性越强。因此,根据在边界处得到的观测值对具有报文关联性的网络节点实施分组可以推断出网络拓扑。

该方法在实际应用中,一般通过部署在敌方战场无线通信网络中的分布式电子战网络,被动探测和收集战场无线通信网络中通信节点的信息来支持网络拓扑识别和关键节点识别。

基于网络层析成像的网络拓扑推断和识别方法的步骤如下:

(1) 选择合适的测量方法,测量边缘节点的网络性能参数;

(2) 根据边缘节点的网络性能参数计算节点间相关性值;

(3) 根据节点相关性实现网络拓扑识别和重构。

综上所述,实现基于网络断层扫描的网络拓扑推断和识别主要包括测量、计算和识别三个方面,其中节点间的相关性值是通过两个节点得到的网络性能参数计算得到。

1. 网络层析成像拓扑识别方法基础知识

1) 网络参数测量法概述

网络拓扑识别法一般基于单播拓扑模型和多播拓扑模型。基于网络层析成像拓扑识别方法是依据从探测节点收集到的信息来推断网络中节点的逻辑关联性,实现对网络拓扑的识别。基于网络断层扫描的网络拓扑推断和识别方法主要包括基于多播的测量和基于单播的测量两大类,其中基于多播的测量要求网络中的节点支持多播,而基于单播的测量通过将网络中的节点分为多个节点对,对每一节点对进行测量。

网络断层扫描法所采用的测量方法是一种边缘节点测量方法,即基于端到端节点的测量方法。无论是基于单播的网络还是基于多播的网络,实现端到端测量需满足空间独立、时间独立和拓扑暂态稳定这三个假设条件。空间独立是指数据分组在网络中不同链路上传播时彼此独立;时间独立是指不同数据分组在网络中同一链路上彼此独立;拓扑暂态稳定是指在本次测量过程中网络拓扑暂时不发生改变。

虽然网络层析成像拓扑识别方法最初基于多播的测量,但由于作为非协作第三方侦测,没有关于网络节点是否支持多播的先验知识,故基于单播的测量更贴近实际网络。在单播网络中使用较多的网络参数测量方法是三元分组列车测量法(又称“三明治”分组列车测量方法)、邻接分组对测量法和四元分组列车测量方法。下面简要概述这三种测量方法。

(1) 三元分组列车测量方法。三元分组列车测量法为经典的网络参数测量法之一,其由2个短分组和1个长分组共三个分组组成,其中2个短分组的长度和目标地址均相同,1个长分组位于2个短分组之间,其目标地址与短分组不同;三元分组序列由多个三元分组组成。图8-20所示为采用三元分组列车测量方法测量端到端的时延。

三元分组列车测量方法的基本原理:通过长分组在网络中产生排队时延,从而使短分组之间的时间间隔增加;根据从目的节点观察到的短分组之间的时间间隔计算排队时

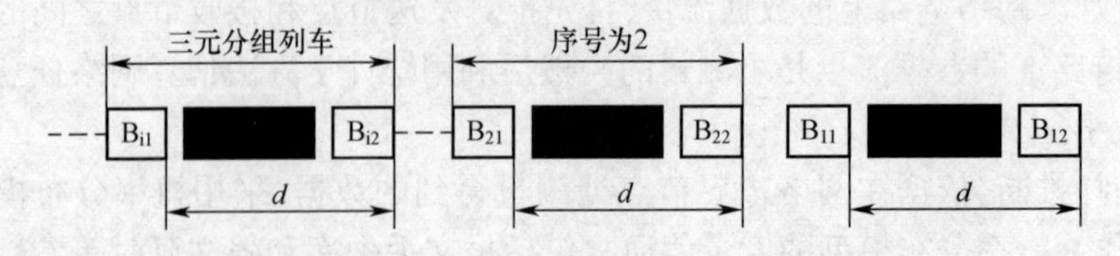

图 8-20　三元分组序列测量方法示意图

延;根据计算得到的排队时延判断目的节点在网络中链路共享情况,为后面网络拓扑推断和识别奠定基础。

(2) 邻接分组对测量方法。邻接分组对测量方法采用两个大小相等的分组,分组之间的时间间隔很短。其分组包从发送节点发出,经过网络中的节点,到达不同的目的节点(称为节点对)。

图 8-21 所示为采用邻接分组对测量方法测量端到端的时延。

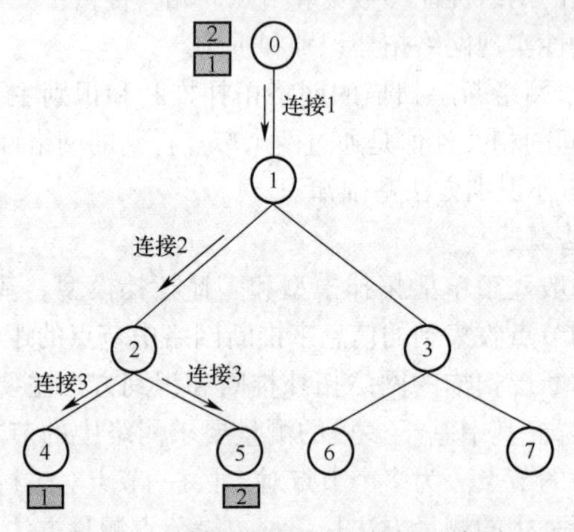

图 8-21　邻接分组对测量方法示意图

由于两个分组数据包的时间间隔很短,故可假定两个分组数据包具有相同的链路排队时延,即如果第一个分组数据包到达目的节点,那么第二个分组数据包到达目的节点的概率接近 1,通过该测量方法可以得到网络时延参数。该测量方法适用于网络负载均衡,当网络负载较小时,时延变化不明显。

(3) 四元分组列车测量方法。四元分组列车测量方法是经典的网络参数测量法之一,其由两个邻接分组对组成,如图 8-22 所示。两个邻接分组对具有相同的目标地址,两个邻接分组对中四个分组的长度相同且都比较小。

将四元分组序列(A_1—B_1,A_2—B_2)发送到目标节点(2,3),则节点 2 将接收到的分组为 A_1 和 A_2,节点 3 将接收到的分组为 B_1 和 B_2。

通过四元分组列车测量方法可以测得端到端的时延抖动和丢包率等网络参数。在图 8-22 中,在目标节点 2 和 3 处,根据接收分组不仅可以测得端到端的时延抖动,还可以测得端到端的丢包率。

2) 相关性值计算方法概述

相关性值计算通常基于成功传输率、排队时延、时延协方差、时延抖动协方差、共享

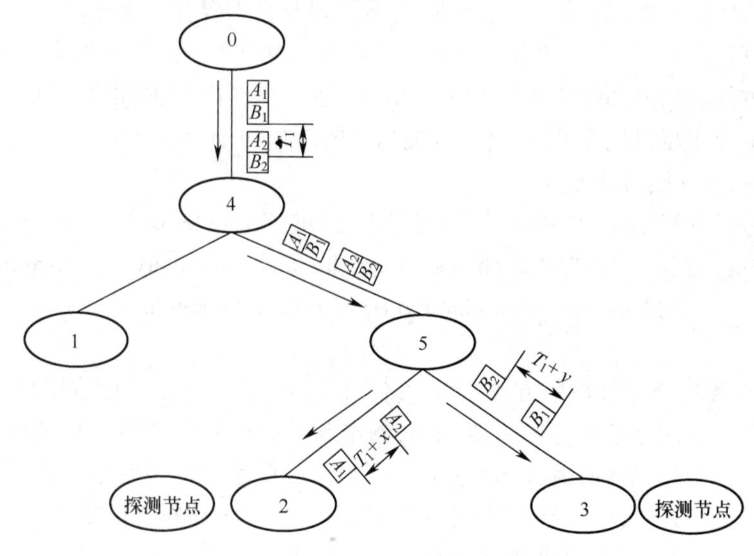

图 8-22　四元分组列车测量

路径长度和报文丢失信息等网络性能参数及这些网络性能参数的融合。这些网络性能参数可采用邻接分组对、三元分组列车和四元分组列车等测量方法获得。根据获得的网络性能参数,可进行相关性值计算。

(1) 结合双参数测量的相关性值计算方法。首先测量各个叶子节点的高度,将逻辑拓扑构造为实际的物理网络拓扑,然后对节点之间的丢包率和时延抖动等网络性能参数进行聚类,计算节点间相关性值。其基本原理:按网络节点的层次信息对叶节点实施聚类,然后根据双参数结合得到的相关性值逐层向上反推网络的拓扑树,为网络拓扑识别奠定基础。

(2) 基于合并分层聚类的相关性值计算方法。该方法的基本原理:基于端到端测量得到网络中端节点的相关性,先利用端节点相关性的数据建立聚类模型,再自下向上对端节点进行合并、分层和聚类,实现网络拓扑推断。

其中,聚类最主要的问题是如何获得所有分层的类间相关性集合。类间相关性集合是指每个叶子节点类中数值最小的相关性集合。由于端到端测量不可避免地存在误差,因此在实际中很难直接得到类间相关性集合。该算法为解决这个难题,根据有限混合模型利用叶子节点的相关性测度集合进行建模,在测度平均化后将模型中均值最小的分量作为各层的类间相关性集合,从而为网络拓扑结构推断奠定了基础。

(3) 基于时延聚类的相关性值计算方法。网络中从源节点到目的节点的端到端时延由三部分组成,即端到端时延=发送时延+处理时延+传播时延。聚类算法的基本原理:先采用“邻接”分组对方式测量每个节点类内部的节点对的端到端单向时延,然后通过对测量的目的节点进行聚类,并根据端到端时延计算节点间的相关性,为网络拓扑识别奠定基础。

(4) 基于子树序贯合并的相关性值计算方法。该方法的基本原理:首先假定网络中每个叶子节点为一棵子树;然后采用最大似然算法对各子树间的相关性进行估计,通过比较相关性估值对子树按降序进行排序;最后采用广义似然比假设检验算法对排在前两位的两棵子树实施似然比合并,以此类推,直至子树集合中仅存一棵树。

此外,还可通过融合多个参数得到相关性能值。主要采用线性叠加方法来融合通过不同的测量方法获得的两种或多种相关性值,构造一个新的相关性值。可见,构造的新的相关性值融合了尽可能多的测量信息,提高了网络拓扑推断的正确率。

3) 网络拓扑识别方法概述

常用的基于网络断层扫描的拓扑识别方法有 DBTCA(deterministic binary tree classification algorithm)方法、LHBTA(likelihood based hierarchical binary tree algorithm)方法、MLTA(maximum likelihood tree algorithm)方法和 HTEA(hierarchical tree estimation algorithm)方法。

(1) DBTCA 网络拓扑识别方法。DBTCA 网络拓扑识别法是一种适用自底向上的网络拓扑推断算法。该方法的基本原理:依据测量和计算得到的节点间相关性,以上一层为参考层合并两个相关性值最大的节点为一个节点,搜索与该节点最具相似性的节点,将这两个节点进行合并,以此类推,形成网络拓扑树,实现网络拓扑的推断。

该方法的基本步骤:① 梳理叶节点集合,筛选出两个相关性值最大的叶节点;② 合并相关性值最大的叶节点构造新节点;③ 添加新节点作为叶节点的父节点;④ 计算剩余叶节点和新添加节点之间的相关性值;⑤ 重复步骤①~④,直到实现网络拓扑的推断。

(2) LHBTA 网络拓扑识别法。LHBTA 网络拓扑识别法是 DBTCA 网络拓扑识别法的改进方法,属于自底向上的拓扑识别法。LHBTA 网络拓扑识别法的基本原理与 DBTCA 网络拓扑识别法一致,是通过逐步合并节点最终生成拓扑树。两个方法的不同之处在于节点间相关性值的计算函数不一样。

LHBTA 网络拓扑识别法采用极大似然估计算法,运用概率密度函数来计算节点之间的相关性值,采用极大似然估计算法增加了计算结构的选择性,可以在识别和推断过程中选择局部范围内的最优解。此外,相比 DBTCA 网络拓扑识别法,LHBTA 网络拓扑识别法不仅适用于二叉树网络拓扑结构的识别,也适用于普通叉树网络拓扑结构的识别。

(3) MLTA 网络拓扑识别法。MLTA 网络拓扑识别法是一种全局搜索算法,采用评估函数判断和识别所选取的树是否为最优树。评估函数是根据节点间的相关性值,在所有可能的树结构集合中寻找与节点间相关性值最相符的拓扑结构树。

(4) HTEA 网络拓扑识别法。HTEA 网络拓扑识别法是一种分层推断算法,其基本原理是基于图论依据叶节点间的相关性,并按集合对叶节点进行分类,在此基础上合并叶节点并加入新的节点,直到所有节点均被合并。

该算法利用节点之间的相关性与叶节点深度优先搜索 DFS(depth first search)序列,找出具有共同祖先节点的叶节点。其基本思路:排序拓扑树中所有叶子节点得到叶节点深度优先搜索序列,利用叶节点深度优先搜索序列构建共享路径矩阵,根据共享路径矩阵与相关性矩阵具有相同单调性的特点,实现网络拓扑的推断和识别。

此外,网络拓扑识别方法还有基于开放式最短路径优先(open shortest path first,OSPF)的链路状态广播(link state advertisement,LSA)网络拓扑识别推断和识别、基于递归二分法的叶节点 DFS 序列网络拓扑推断和识别、基于数据融合的最大路径网络拓扑推断和识别、基于汉明距离的分层网络拓扑推断和识别、基于节点成功传输概率的网络拓扑推断和识别、基于丢包条件概率最小定理的网络拓扑推断和识别、基于有限混合模型的网络拓扑推断和识别等。

下面结合前述内容,分析和阐述三种较为实用的网络拓扑推断和识别方法。

2. 网络拓扑识别方法

1）基于报文测量的网络拓扑识别方法

基于报文测量的网络拓扑识别方法首先利用在关键节点,尤其是具有汇聚功能的关键节点处测得的端到端报文到达情况和丢失情况,推断网络中各节点的祖先节点和相应节点所在的层,然后根据节点所在的层来推断网络中节点间的父子关系,从而识别和重构出网络的拓扑架构。该方法适用的典型场景为某 UHF/CSMA 等具有分层架构的网络,某 UHF/CSMA 系统的旅级作战单元具有一个网络控制站 NCS,以及多达四层的 A、B、C 和 D 分层组网结构。通过分布式电子战网络,对该类网络报文发送、传输和接收进行全过程探测,实现对其网络拓扑架构的识别。

（1）系统模型。网络拓扑模型为反向多播树模型,采用 $T=(V,L)$ 表示,其中:V 是节点集;每个节点都有唯一的标识,约定用 S 表示具有汇聚功能的关键节点,是 T 的根节点（如某 UHF/CSMA 系统中的 NCS）,其他用户节点发送报文并可将报文汇聚到 S;L 是链路集,L 中元素 $(j,i)\in V\times V$ 对应网络中节点 j 到节点 i 的链路,记为链路 j,i 称为 j 的父节点,记为 $i=f(i)$ 。该模型如图 8-23 所示。

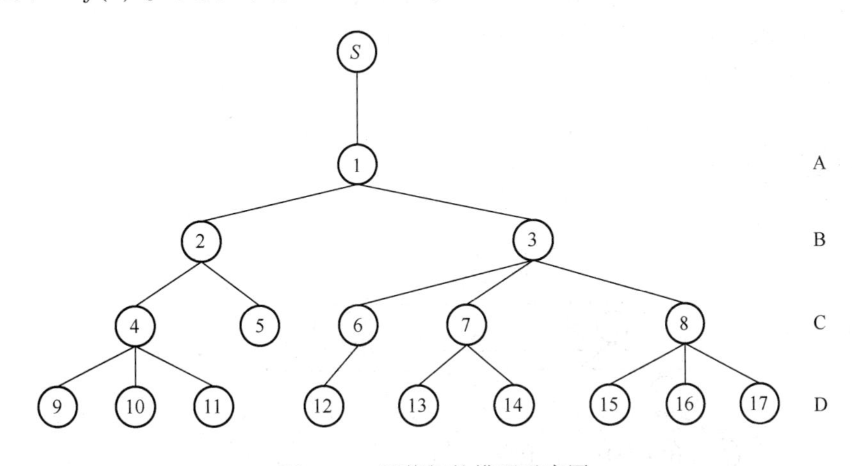

图 8-23　网络拓扑模型示意图

各条链路的报文丢失过程相互独立,是典型的贝努利丢包过程。链路 i 的成功传输概率为 a_i,丢包率为 $\bar{a}_i=1-a_i$ 。用随机过程 $Z=(z_{i,j})$,$i\in V\backslash\{s\}$,$j\in a(i)$ 描述流经反向多播树的报文,其中 $z_{ij}\in\{0,1\}$ 。$z_{ij}=1$ 表示节点 i 发出的报文成功到达节点 j,反之,$z_{ij}=0$ 表示报文在路径 p_{ij} 上丢失。N 为具有汇聚功能的关键节点收到报文的轮数,第 m 轮的输出为 $X^{(m)}=x_i^{(m)}$,$i\in V$,对每个节点 i,将在具有汇聚功能的关键节点处得到的 N 个观测结果构成一个 0,1 序列:$X_i=(x_i^{(m)})$,$i\in V,1\leqslant m\leqslant N$,约定 $\forall m:x_s^m=1\cdot x_i^{(m)}$,反映 i 的第 m 轮数据是否到达具有汇聚功能的关键节点。

（2）网络拓扑识别方法。由于网络中节点的带宽和能量有限,如果一个节点丢失了报文,那么其所有的子孙节点的报文都会丢失。所以,在收集报文过程中根据网络节点的这一特性,采用报文聚合的方法来推断节点的祖先集,即根据在网络具有汇聚功能的关键节点处收集到的报文到达/丢失情况,推断每个节点的父节点,就可以识别和重构整个网络的拓扑结构。在报文聚合过程中,网络中节点通过一个倒的多播聚合树,把收集到的报文转发送给具有汇聚功能的关键节点,其中每个节点将聚合收到的所有子节点以及自身的报文都转发给它的下一跳节点。

为了得到网络的拓扑结构,首先需要知道该网络中的节点信息,即网络中有哪些节点及其基本信息,然后还要知道网络中这些节点的相互关系。

① 节点祖先集推断。根据在具有汇聚功能的关键节点收集和汇总的网络中各节点上报的报文接收消息与丢失消息,依次逐个分析和判断节点 $k \neq s, k \in V$ 的祖先节点集 $F(k)$,假设 $F(k)=V$ 。若在报文传输的过程中任何节点丢失了报文,那么其所有子孙节点肯定都会丢失该报文,并且不能将该报文送达具有汇聚功能的关键节点,即如果 $x_i^{(m)}=0$,那么 $x_k^{(m)}=0, \forall k \in d(i)$ 。换言之,在 m 轮报文收集过程中,如果 $x_i^{(m)}=0$,而 $x_k^{(m)}=1$,那么节点 i 肯定不是 k 的祖先节点。因此,依照报文丢失关系就可以剔出 $F(k)$ 的非祖先节点,可得节点 k 的祖先节点集 F。

② 网络分层。通过分析和推断得到网络中各节点的祖先集 F,即实现网络分层。由节点祖先集推断过程可知,具有相同祖先节点数的节点处于网络的同一层,同一层的节点与具有汇聚功能的关键节点之间的链路数也相同。因此,根据网络中各节点的祖先节点集 F 中元素的个数,即可实现对网络中所有节点的分层。依据图 8-23 的所示,可得图 8-24所示的网络分层。

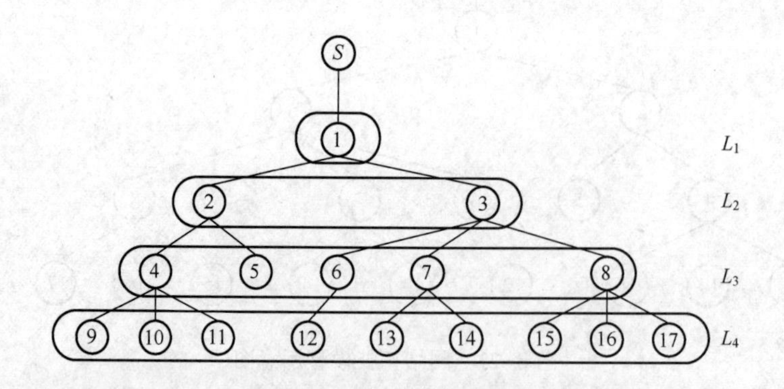

图 8-24 网络节点分层的实现

③ 确定节点的父节点。根据网络分层的结果可知每个节点所处的层,由此可得,节点 k 的父节点,即该节点的祖先集 F 中与该节点所处层邻接的层中的节点。以此类推,得到每个节点的父节点,以具有汇聚功能的关键节点 S 为起点,即可逐层地识别和重构出网络的拓扑。

综上所述,基于报文测量的网络拓扑识别的方法实现流程如下:

初始化:梳理节点集 V 以及在具有汇聚功能的关键节点 S 处收集到的网络中各节点的报文集 X;同时,设收集轮数为 N,对于每个节点 $k \neq s, k \in V$,其祖先节点为 $F(k)=V$。

祖先集确定:当 $x_k^{(m)}=1$ 时,对每个节点 $i \neq s$,如果 $x_i^{(m)}=0$,那么将 i 从节点 k 的祖先集中剔除,即 $F(k)=F(k)/i$ 。

网络分层：$F(k)$中元素的个数，即节点 k 所在的层 n；节点 k 的父节点，即 $F(k)$ 中层数为 $n-1$ 的节点。

拓扑推断：从具有汇聚功能的关键节点开始，可以逐层重构出网络拓扑 T。

2）基于报文发送时间的网络拓扑识别方法

根据不同的应用场景，无线通信网络的拓扑识别思路一般包括两种：一是面向网络管理的拓扑识别方法，这是一种合作式的识别方法，目的是发现网络中各节点的活动性和节点间的链路状态等信息，进而为整个网络的管理和协调提供条件；二是面向攻击的拓扑识别方法，根据无线通信网络中报文汇总的趋势特征，采用非合作方式探测目标网络的通信报文，从而推断和识别该网络拓扑架构。

面对战场无线通信网络时，只能采用第三方非合作方式探测和发现对方无线通信网络的拓扑架构，即在目标区域布设多个探测节点形成分布式电子战网络，通过监听目标无线通信网络内各节点的通信过程，并利用报文传输过程中的转发时延来实现对目标无线通信网络拓扑的识别和重构，如图 8-25 所示。

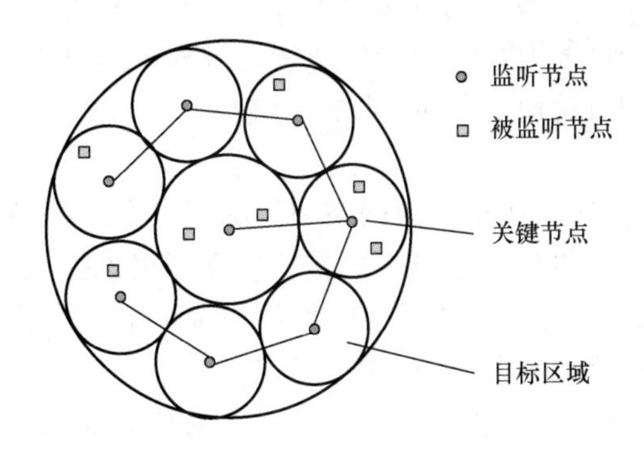

图 8-25　分布式监听示意图

在具体实现时，主要通过探测节点的通信流量和报文转发路径，推断目标无线通信网络的拓扑架构。越是关键节点，特别是具有汇聚功能的关键节点，需要转发的报文越多，网络的通信流量就越大。通过在目标无线通信网络的覆盖区域内，布设一定数量的探测节点组成分布式电子战网络，利用一定数量的探测节点大范围感知目标无线通信区域内敌方无线通信网台的通联，并根据无线通信网台路由建立时该类报文的转发以及该类报文在传输时沿路由树向关键节点汇聚的特点，对目标无线通信网络的拓扑架构进行推断和识别。

（1）基本概念和定义。该方法利用报文向具有汇聚功能的关键节点转发的时间先后关系，推断报文到达该关键节点的路径，进而推断和识别网络拓扑架构。

报文的传递模式主要有以下两种。

① 报文广播模式。在报文广播模式中，各节点向其邻居节点广播报文，收到该报文的邻居节点将报文以同样的方式进行广播，以此类推，直到网络中所有节点都收到该报文为止。路由建立和时间同步等网络协议广泛采用该模式。

② 报文转发模式。节点通过路由树多跳地将报文发送到目的地，这种模式多应用于节点接收到报文后向关键节点汇聚这样的场景。

在报文广播模式下，广播报文通常不直接携带发送节点的地址，故无法对目标无线通信网络的拓扑进行推断和识别。在报文转发模式下，报头中固定有目的节点的地址字段，故可通过分析含有该地址的报文转发时间的先后关系，推断网络中各节点在该报文转发过程中传输路径的先后关系，为目标无线通信网络的拓扑推断和识别奠定基础。

根据网络对网络的对抗思路，采用分布式探测网络实现对目标无线通信区域内网络拓扑架构的推断和识别。其前提需满足的条件：探测节点的探测范围是以节点为中心探测距离为半径的圆；探测节点可解析报文的报头信息，获得报文的类型及报文的目的地址；探测节点可唯一区别每个报文，即报文在向具有汇聚功能的关键节点传输过程中，中间节点不改变报文的任何内容。

此外，为便于后面内容的描述，引用如下相关定义。

定义 8-3：如果在报文向具有汇聚功能的关键节点转发的链路中，若节点 S 是节点 F 的下一跳节点，则称节点 F 是节点 S 的父亲节点，节点 S 是节点 F 的子节点。

定义 8-4：对于报文向具有汇聚功能的关键节点转发链路中的相邻两个节点 F 和 S。若 F 为 S 的父节点，则节点 S 发出的报文为 M_1，节点 F 收到 M_1 后转发的报文为 M_2，称 M_2 为 M_1 的后继报文。假设报文 M_1 和 M_2 在转发过程中具有相同的报文类型、报文长度和报文内容，但报文的目的地址不同；同时，M_2 被监听到的时间在 M_1 被监听到的时间之后的一定范围内。

（2）网络拓扑识别方法。在报文由网络中的源节点发出并向关键节点汇聚的过程中，如果节点 F 接收到同一网络中节点 S 的报文并立即将该报文转发，则可通过探测和分析节点 S 和节点 F 发出该报文的先后时间关系，进而可推断节点 F 和节点 S 在网络拓扑中存在父子关系，并且节点 F 是节点 S 的父节点。

网络拓扑识别方法的基本原理：首先根据探测和感知报文的目的地址及报文的发送时间；然后推算该报文在向关键节点汇聚过程中所经历的链路；最后依据具有汇聚功能的关键节点为该报文传输的最后节点，且与具有汇聚功能的关键节点越近的探测节点，其感知到的通信流量就越大，从而推断和识别网络拓扑，结合探测节点的自身位置信息还可推断具有汇聚功能的关键节点的位置。网络拓扑识别方法流程如图 8-26 所示。

3）基于多种参数测量的网络拓扑识别方法

采用多种参数融合进行网络拓扑识别可以提高识别的精准度。基于多种参数测量的网络拓扑识别方法核心思想：对报文的成功传输率、排队时延、时延协方差、时延抖动协方差、共享路径长度及报文丢失信息进行探测和测量，并通过计算节点间的相关性值和节点的相似度推断节点之间的关系，进而判断和识别节点的拓扑结构。其中，节点的相似度采用节点间的汉明距离作为依据。基于多种参数测量的网络拓扑识别方法如图 8-27所示。

下面以多种参数中报文的时延参数为例阐述识别步骤，具体如下：

（1）根据无线通信网络中的根节点、中间节点和叶节点，记录各节点之间的父子、兄弟或孤立关系；兄弟节点在其上层拥有同一个父节点，而兄弟节点是父节点的子节点，孤立节点在本层无兄弟节点。

（2）依据关键节点识别方法对根节点进行判定，在根节点向所有叶节点发送连续广播报文时，探测每个叶节点的报文丢失信息并计算每个报文的时延。采用随机过程 $X_k =$

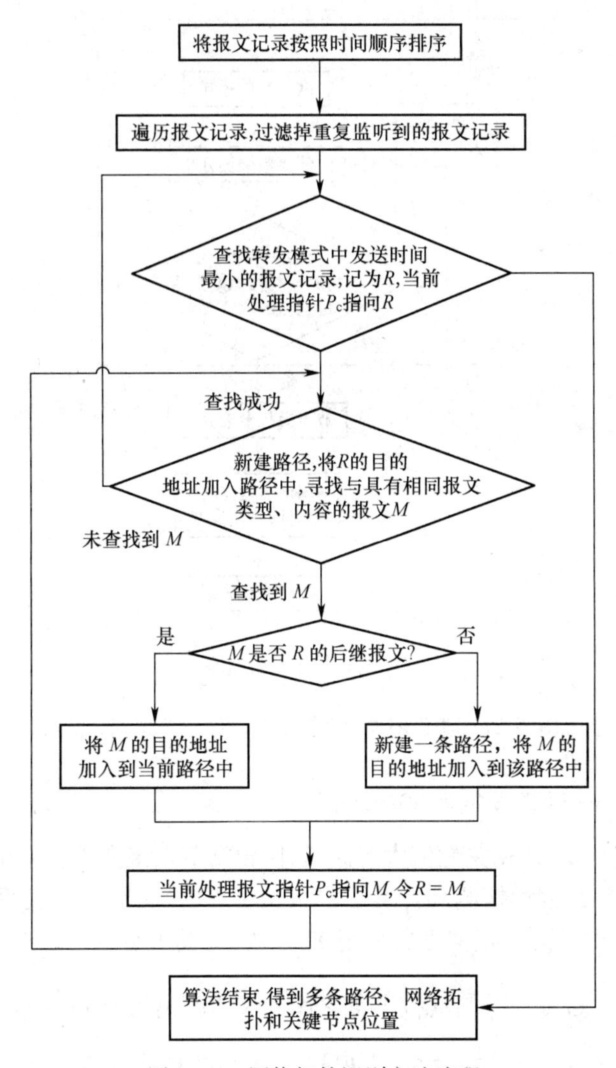

图 8-26　网络拓扑识别方法流程

$(x_k^{(i)}, i \in m)$ 表示报文丢失情况,其中,$x_k^{(i)}$ 表示第 i 个报文在节点 k 处丢失情况,m 表示报文数。如果探测节点在节点 k 临近处接收到报文,则假定节点 k 也接收到报文,即 $x_k^{(i)} = 1$,否则,$x_k^{(i)} = 0$。同时,用 $d_k^i(i \in m)$ 表示节点 k 处报文的延时。

(3) 对各叶节点报文的时延进行相关性值计算,得到各叶节点的相关性值。对于任意两个节点 i 和 k,计算 m 个时延的平均值 $\overline{d}_{i,m}$ 和 $\overline{d}_{k,m}$ 、门限值 $\dfrac{|\overline{d}_k^i - d_l^i|}{2} < \delta < \dfrac{\overline{d}_k^i + \overline{d}_l^i}{2}$,$(i = 1,2,\cdots,m)$ 。将两个节点 i 和 k 相应的 m 个时延 d_k^i 和 d_i^i 进行比较,如果 $|d_k^i - d_l^i| < \delta,(i = 1,2,\cdots,m)$,则将节点 i 的值置为 1,否则,值置为 0;统计值置为 1 的个数,记为 n_{ki},且通过 $\overline{D}_{kl} = \dfrac{n_{kl}}{m}(k \neq i)$ 计算任意两个节点 k 和 i 的相关性值,将相关性值与阀值进行比较,若 $\overline{D}_{kl} < \varepsilon$,则判定为兄弟节点,否则,判定为孤立节点,进而得到叶节

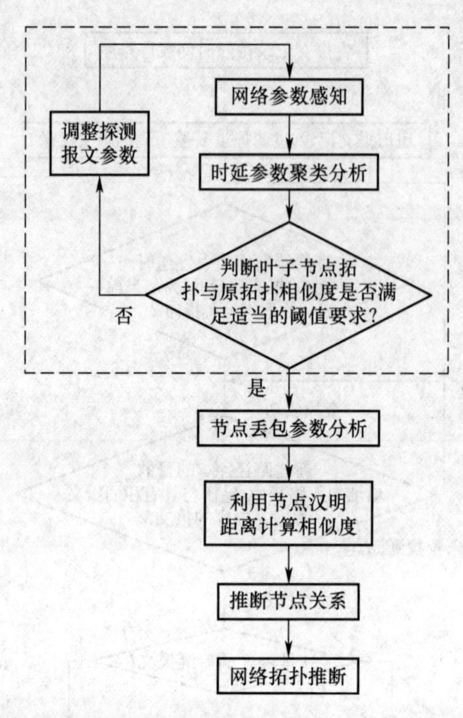

图 8-27　基于多种参数测量的网络拓扑识别方法

点的拓扑,阈值最小值通常设定为 70%。

(4) 如果 $\overline{D}_{kl} > \varepsilon$,即相关性值大于阀值,则根据节点报文丢失情况进行网络拓扑识别,否则,返回步骤(2)继续探测和计算。当报文丢失时,父节点报文丢失情况为所有子节点报文丢失情况的并集。报文丢失采用 $X_k^{(m)}$ 表示,其子节点为节点 $1,2,\cdots,s$,则 $X_k^{(m)} = X_1^{(m)} \cup X_2^{(m)} \cup \cdots \cup X_s^{(m)}$ 。节点 i 与 k 之间的汉明距离为 $H_d(u,v) = \sum_{n=1}^{m} X_u^{(n)} \oplus X_v^{(m)}$,其中,$\oplus$为异或运算,m 为报文的数量。根据父节点报文丢失情况计算父节点和孤立节点之间的汉明距离,选择汉明距离最小的两个节点作为兄弟节点,判断其他节点与这两个节点是否为兄弟节点。若满足 $\dfrac{H_d(k,l)}{H_d(k,k')} > \xi$,则为兄弟节点,否则就不是兄弟节点,其中:$\xi = 1 - \alpha_{\min}$,$\alpha_{\min}$为叶节点之间链路的最小丢包率。识别所有兄弟节点之后,从节点集合中删除所有的兄弟节点,结合前面推断的叶节点拓扑架构,加入相关父节点,最终识别网络的拓扑架构。

其他参数也可采用类似的方法实现网络拓扑架构的识别,多种参数融合将使识别精度更高。

8.3.3　基于 SNMP 的网络拓扑识别方法

简单网络管理协议(simple network management protocol,SNMP)是一种基于 TCP/IP 协议的互联网管理协议。SNMP 协议不仅广泛应用于民用网络,在军事信息网络中也得到应用,例如,某野战地域通信网采用 SNMP 协议进行网络管理。基于 SNMP 的网络拓扑识别方法具有一定的局限性，但如果能够通过渗透手段接入该网络，则可以获得网络的拓扑信息。SNMP 的体系结构如图 8-28 所示。

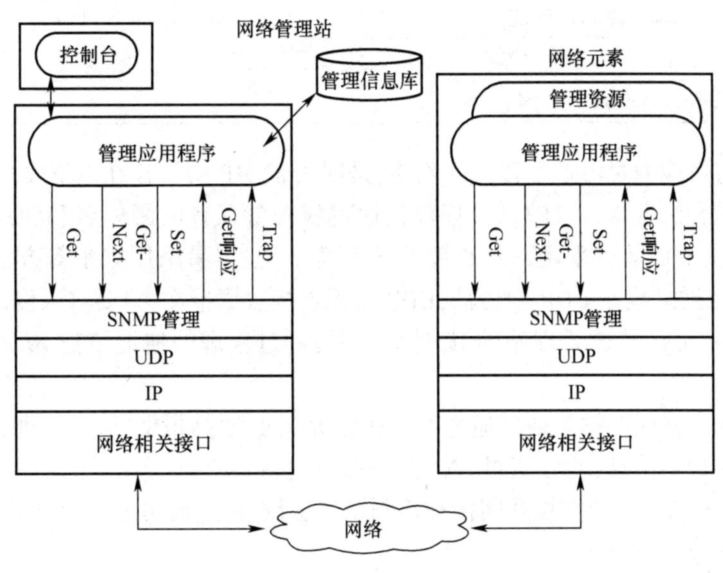

图 8-28　SNMP 的体系结构模型

SNMP 协议支持开放的分布式管理，其管理者和代理之间是多对多的关系，即每个管理者可管理多个代理。此外，每个代理也可以接受多个管理者的管理。SNMP 管理者和代理之间的信息传输通过标准的消息通道，每一个消息都是单一的数据分组。

管理者（管理主机）通过向代理（被管理的设备）发送 SNMP 分组可查询设备的当前状态及历史信息。具体对于拓扑识别来说，基于 SNMP 协议的方法是发现网络中节点和路由信息。

与 SNMP 协议相关的三类信息，分别如表 8-6～表 8-8 所列。

表 8-6　以太网 IP 接口信息

OID 前缀：1. 3. 6. 1. 4. 600. 1. 1. 1. 2	ipEthernetAddr IpAddress //IP 地址
ipParaTable OBJECT-TYPE	ipEthernetMask Integer8 //子网掩码
……	……
ipEtherNetNo Integer8 //设备单元号	

表 8-7　扩展网络接口信息

OID 前缀：1. 3. 6. 1. 4. 600. 1. 1. 1. 3	devUnit Integer8　　　//设备单元号
enddevTable OBJECT-TYPE	end IPaddr IpAddress //IP 地址
……	……
Enddevindex Integer8　//设备索引	……

通过表 8-7 中 end IPaddr 的值可以得到野战综合数字交换机每个接口的 IP 地址。

表 8-8 系统路由信息

OID 前缀:1.3.6.1.4.600.1.1.1.5	routeSrDstAddr IpAddress //目的地址
routeTable OBJECT-TYPE	routeSrGatewayAddr IpAddress //网关地址
……	……
route IndexNo Integer32 //索引号	

之所以有可能通过渗透手段接入网络,是因为 SNMP 协议存在以下安全缺陷。

(1) 身份合法性认证欠缺。代理仅仅通过检查管理者的团体名和源地址来鉴别管理者的合法性,而团体名采用一定长度的长字符串,很容易采用穷举等方法来破解。另外,SNMP 数据被封装在 UDP 中传输,UDP 是无连接数据报文,只要将入侵设备 SNMP 消息中的源 IP 地址伪装成管理站的 IP 地址,即可骗过代理的地址核查,从而可访问代理设备。

(2) 数据完整性保护欠缺。通过嗅探和监听 UDP 数据报文,截取管理者与代理设备之间交互的 SNMP 消息,就可获得 SNMP 消息中包括具有读写权限的明文团体名;通过修改代理的 MIB 值,就能直接或间接地控制该代理设备,进而可通过对被管代理的监控,识别整个网络的拓扑架构。

在军事信息网络中,无线通信网络通常通过无线通信网台进行通信。例如:某野战地域通信网,主要是由互联的无线通信设备(微波接力设备、宽带数据无线通信网台、超短波无线通信网台和无线电入口单元,等)、节点交换机、计算机硬件和软件等组成的集合。该网络支持多种业务服务,具有抗毁性、安全性和移动性等特点,为旅和旅以下数字化部队提供一种能够适应现代化战争需求且可满足各种战术环境的网络平台。该网络平台能在作战区域传输文字、数据、图形、图像和声音等各种信息,系统中各个端口连接多个野战综合数字交换机和用户终端,各野战综合数字交换机组成野战接入网,各类无线通信网台组成野战通信网,各级指挥车内的计算机、用户终端等组成野战局域网。在野战综合数字交换机中利用 SNMP 协议进行信息交互,因此,基于 SNMP 协议进行拓扑架构识别是一种针对该类军事信息网络的有效手段和方法。

在野战地域通信网中,每个野战综合数字交换机通常分配多个 IP 地址。为克服每个野战综合数字交换机由于分配有多个 IP 地址而被误判为多个野战综合数字交换机的问题,可结合上面与 SNMP 协议相关的三个信息表,将首次探测的野战综合数字交换机端口 IP 作为该野战综合数字交换机的标识。对每个野战综合数字交换机进行探测和识别时,先从数据报中提取其扩展网络接口表中的端口 IP,然后将提取的系统路由信息表中的网关地址与扩展网络接口信息表中获得的 IP 地址进行比较,如果有相同的,则表示这个网关对应的野战综合数字交换机已被探测和识别。

根据野战地域通信网的结构和组网特点,网络拓扑识别方法具体步骤如下:

(1) 初始化队列,包括待访问野战综合数字交换机、扩展网络接口、标识、连接和子网等队列。

(2) 把默认网关列入初始化队列中待访问野战综合数字交换机队列。

(3) 如果待访问野战综合数字交换机队列非空,则执行步骤(4)~步骤(8)。

(4) 从待访问野战综合数字交换机队列中,取出一个节点作为当前节点。

(5) 当前节点的扩展网络接口信息表，并将当前节点的端口IP和掩码长度加入扩展网络接口队列；当前节点IP作为当前野战综合数字交换机的唯一标识IP加入标识队列；当前节点的端口IP加入到标识队列中。

(6) 访问当前节点的系统路由信息表，如果表中的网关地址不在待访问野战综合数字交换机队列和扩展网络接口队列中，则将其加入待访问野战综合数字交换机队列，然后将其放入端口IP连接队列和标识IP连接队列中，将当前节点的IP放入连接队列中的源IP字段中；如果表中的网关地址在扩展网络接口队列中，但不在待访问野战综合数字交换机队列中，那么从扩展网络接口队列中取出该网关对应的野战综合数字交换机IP，将该IP放入连接队列中的目的IP字段中，将该网关放入连接队列中的目的网关字段中，将当前野战综合数字交换机IP放入连接队列中的源IP字段中。

(7) 访问当前节点的以太网口IP接口信息组，将每条记录的IP地址和其掩码作"与"运算，得到的子网如果不在子网队列中，则将该条信息加入子网队列。

(8) 当前野战综合数字交换机处理完毕，将其从待访问野战综合数字交换机队列删除。

(9) 形成网络拓扑识别结果。

由于野战地域通信网是用无线通信网台进行远距离通信，野战地域通信网中的野战综合数字交换机的一个端口通常连接多个综合交换机，因此为了找出对应每个端口的综合交换机，需要分析上面算法中所建立的队列，从而得到新的表示网络的队列。

下面简述网络拓扑识别方法。首先，从连接关系队列中取出一个野战综合数字交换机，分解其连接的野战综合数字交换机的端口IP和标识IP，分别存入端口IP数组和标识IP数组。然后，从扩展网络接口队列中读取各个端口的IP和掩码作"与"运算，得到该端口所在子网；将端口IP数组中的每个值取出来，将其与掩码作"与"运算得到子网。最后，比较这两个子网，如果相同，则说明从端口IP数组中对应的这个野战综合数字交换机与该端口相连。依次逐步处理，从而获得网络相关参数和野战综合数字交换机连接关系，实现对链路层网络拓扑的识别。

8.3.4 基于路由协议的网络拓扑识别方法

由于移动Ad Hoc网络具有无固定基础设施、无中心、可快速部署和重构性强且难以被摧毁等优点，因此在数字化战场无线通信网络中移动Ad Hoc网络得到较为广泛的应用。该类网络中各节点地位平等，通过报文中继转发进行无线通信网络的互联互通。所以，展开对基于Ad Hoc网络架构的战场无线通信网网络拓扑识别方法的研究意义重大。

战术互联网由MIL-STD 188-220D通信协议实现异构分组无线网的互联互通和互操作。在通信类网电对抗中，可基于先验知识和情报支持将探测节点通过技术手段渗透到战术互联网，然后采用Ad Hoc网络的路由选择协议来识别网络的拓扑架构。探测节点也可以采用分布式网络架构实现自组网。

MIL-STD 188-220D通信协议提供了一种基于链路层的拓扑更新协议TUP(Topology Update Protocol,TUP)，该协议是探测和识别基于MIL-STD 188-220D通信协议的Ad Hoc分组无线网网络拓扑架构的重要基础之一。

其基本流程如下：

（1）探测节点渗透进入战术互联网后，主动发送一定数量的 Hello 广播报文。

（2）网络中各节点收到该 Hello 广播报文，会更新其路由表并触发各节点发送拓扑更新报文。

（3）网络中各中间节点接收到广播的拓扑更新报文后，一方面更新自身路由信息表；另一方面发送自身拓扑更新报文。

（4）探测节点收到邻居节点的拓扑更新报文后，利用报文中的路由信息建立本节点的路由表。

（5）提取探测节点中关于战术互联网的拓扑信息，重构战术互联网的拓扑架构。

（6）根据作战需求随时查询探测节点的路由表，及时更新网络拓扑信息。

1. 拓扑请求

图 8-29 为用于描述该方法的经典示例。该示例是基于 MIL-STD 188-220D 通信协议的 Ad Hoc 网络架构，其中节点 A 和节点 H 为探测节点，启动工作时网络拓扑信息是与其相邻的 B、C 和 D 节点。

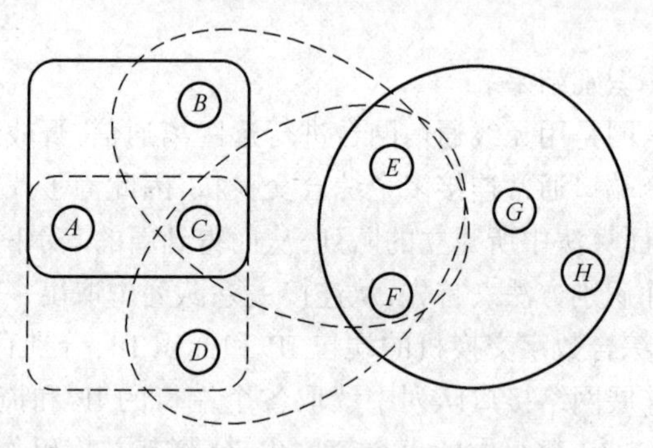

图 8-29　网络拓扑识别示意图

探测节点 A 在申明加入网络时广播 Hello 报文。该报文首先传输到探测节点 A 的邻居节点 B、C 和 D；然后该报文由节点 B、C 和 D 向各自邻居节点 E 和 F 广播，节点 E 和 F 又称为中间节点。中间节点 E 和 F 接收到该广播报文，判断本节点是否已接收过该报文，如果接收过该报文，就将其丢弃而不再转发；否则，就向各自邻居节点转发该报文。这样，通过广播 Hello 报文，使网络中所有节点都知道网络中加入了新节点。

Hello 报文是节点在接入网络时发送的报文，其定义如表 8-9 所列。

表 8-9　Hello 报文的定义

字节	标　识	值
1	报文号标识：报文内容	23
2~5	站点标识：欲加入网络的站点	站点唯一标识
6	地址标识：接入节点选择的链路层地址	链路层地址

探测节点 A 通过广播 Hello 报文申明其已加入目标无线通信网络。在目标无线通信网络中其他节点接收到探测节点 A 广播的 Hello 报文后便知道有新节点加入，随后立即更新自己的路由表。新加入网络的探测节点 A 会感知到与自己邻居节点的信息，故其路由表中初始只有节点 B、C 和 D 的信息。网络拓扑架构识别开始时节点 A 的路由树，如

图8-30所示。

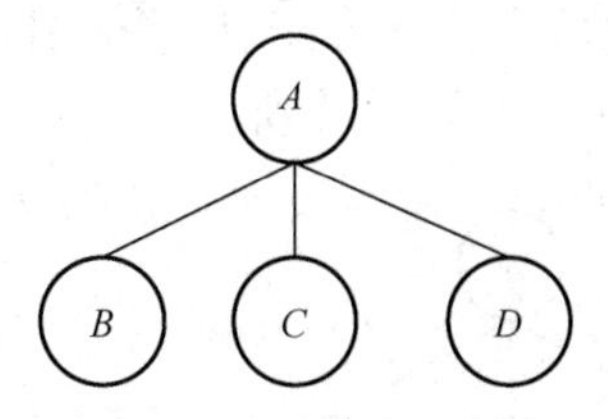

图8-30　节点A的路由树

2. 拓扑更新

网络中各节点发现有新节点加入,一方面更新自己的拓扑信息;另一方面会触发拓扑更新报文。这些全局组播的拓扑更新报文使用无确认信息帧向邻居节点发送新的拓扑表信息。

拓扑更新报文有转发模式和非转发模式两种。其中,转发模式是网络中的节点在接收到邻居节点广播的拓扑更新报文后,在更新本节点路由表的同时,将接收到的拓扑更新报文原封不动地直接向其邻居节点转发;非转发模式是网络中的节点在接收到邻居节点广播的拓扑更新报文后,在更新本节点路由表的同时,将自身的路由表信息发送给邻居节点,而不是直接将邻居节点广播的拓扑更新信息原封不动地转发。

整个网络的路由树包含完整的路由信息。在一个全连接的无线通信网络中,n个节点的连接数量共有$n(n-1)/2$个。可见,路由树的存储和路由信息的交换需要相当大的空间和网络带宽。因此,在形成路由树时为减少路由树的分枝数量,采取了最少最短路径保留策略,即在根节点与其他节点之间只保持其中最短的路径,如果根节点与其他节点之间存在长度相同的路径时,则最多只保持其中两条路径。由此可得,能体现网络拓扑的稀有路由树,如图8-31所示。

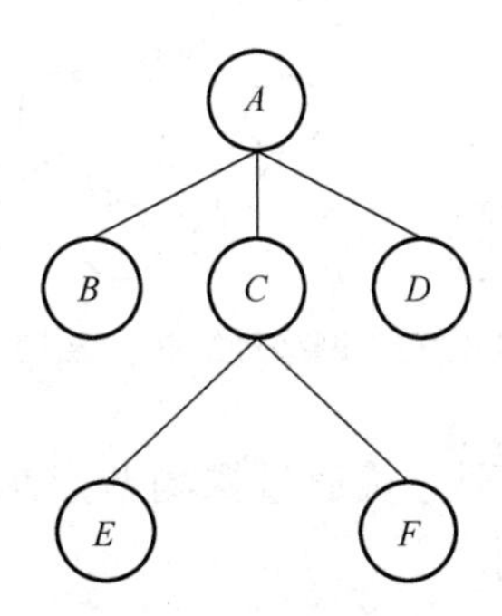

图8-31　节点A的稀有路由树图

3. 拓扑识别

从探测节点H向其邻居节点G、E和F返回网络拓扑报文。这些中间节点接收到网络中广播的网络拓扑报文后,首先更新本节点的路由表,然后根据自身处于的工作模式,即转发模式还是非转发模式,决定是转发接收的网络拓扑报文,还是发送自身的拓扑更新报文。探测节点A接收到邻居节点B、C和D的拓扑报文后,即可提取其中的路由信息,建立整个无线通信网络的路由表。

在反向路由汇集过程中,由于节点的路由树包含所有邻居节点,所以节点将其拓扑信息广播给其邻居节点时,所有邻居节点将该节点的路由树添加到本节点的路由树中,最终可得到探测节点 A 的路由树,如图 8-32 所示。

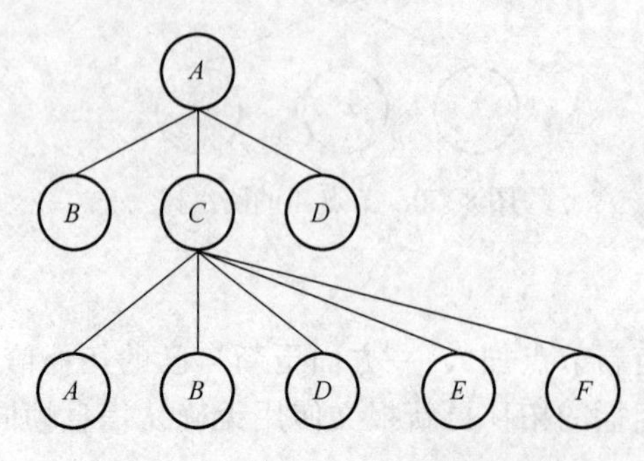

图 8-32　节点 A 更新后的路由树

最终的网络路由树必须删除多余的拓扑信息,即在网络拓扑被重构之前,探测节点 A 必须删除路由树中具有相同路径的连接。在图 8-32 中,由于探测节点 A 到节点 C 的连接与节点 C 到探测节点 A 的连接是相同的,因此节点 C 到探测节点 A 的连接将被删除。同理,网络路由树其他所有多余的连接都被删除。

探测节点 A 通过上面的拓扑信息汇聚得到整个网络的拓扑结构信息,结合从各个节点得到的位置和通信参数,可形成完整网络的拓扑架构,如图 8-33 所示。

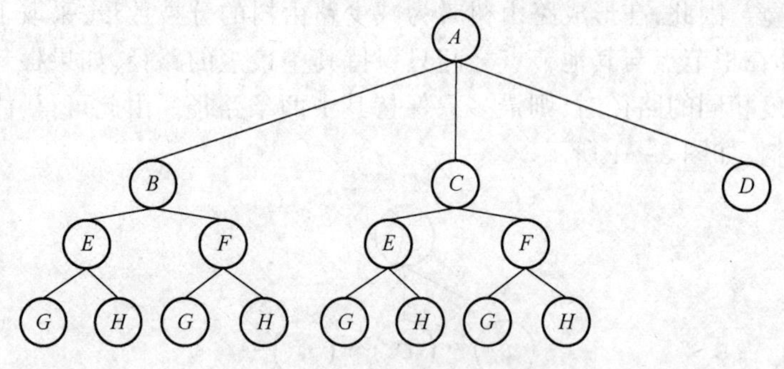

图 8-33　网络最终拓扑架构

基于路由协议的网络拓扑识别方法通过探测节点采用正反向路由收集、汇聚和梳理,最终可实现对网络拓扑的识别。

8.3.5　基于最大似然的网络拓扑识别方法

基于最大似然的网络拓扑识别方法的应用前提是假定探测节点已借助先验知识和情报支持以及技术手段渗透接入了目标网络。为阐述方便,将目标网络设定为规模较小的 IP 网络。该方法也可以通过分布式电子战网络实现,其相关性参数的获取也可参考前面章节相关内容。

1. 拓扑识别模型

基于最大似然的网络拓扑识别方法同样适用于无线通信网络中的树状网络。其拓扑可建模为有向逻辑树 T,令 $T=(V,E)$,其中:V 为树中的顶点集合,对应网络中的主机与路由器等,V 由根节点 s、叶子节点集合 D 和内部中间节点集合 I 构成;E 为边集合,对应网络中的通信链路。

令根节点 s 为源节点、叶子节点集合 D 为接收节点。令 $U=s\cup D$ 为端节点,假设每个端节点仅与一个路由器相连,可得 U 中所有节点的度都为 1。该逻辑树中除根节点之外的所有非叶子节点均至少有两个子节点,除根节点之外的所有节点 $v\in I\cup D$ 有唯一的父节点 $f(v)$;令 $(f(v),v),(v\in V)$,表示 v 与其父节点之间的链路;令 (s,v) 为根节点 s 与节点 v 之间的链路;令 $a(i,j),i\neq j$ 且 $i,j\in D$,为节点对 $\{i,j\}$ 距根节点最远的公共父节点,可见 $a(i,j)$ 为源节点 s 到节点对 $\{i,j\}$ 的分支节点;令 $p(i,j)$ 为 $\{(s,i),(s,j)\}$ 的共享链路,即 $p(i,j)=(s,a(i,j))$。图 8-34 所示为树状拓扑一个常用经典的示例。

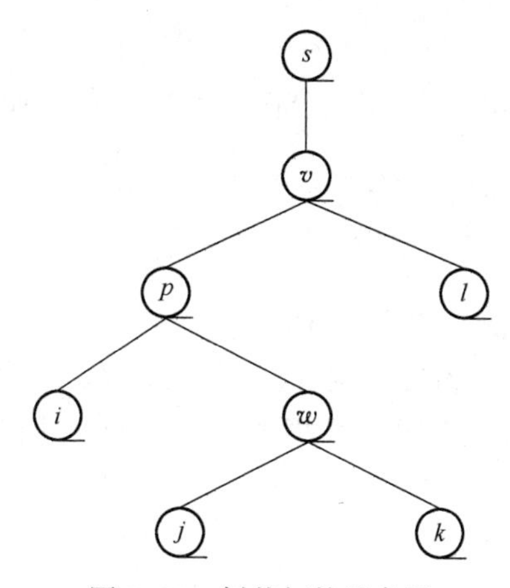

图 8-34　树状拓扑示意图

树状拓扑网络具有如下特点。

(1) 单调性:若 $p(i,j)$ 是 $p(k,l)$ 的子链路,则 $\gamma_{ij}<\gamma_{kl}$,其中 $i,j,k,l\in D$ 且 $i\neq j$, $k\neq l$。

(2) 一致性:若 $p(i,j)$ 与 $p(k,l)$ 为相同链路,即 $a(i,j)=a(k,l)$,则 $\gamma_{ij}=\gamma_{kl}$,其中: $i,j,k,l\in D$ 且 $i\neq j,k\neq l$。

(3) 集合 $\{\gamma_{ij},a(i,j)=p;i,j\in D;i\neq j\}$ 与集合 $\{\gamma_{ik},a(i,k)=q;i,k\in D;i\neq k\}$ 中元素数值相等的充要条件是内部节点 p 和节点 q 为树状拓扑中的同一内部节点,即 $p=q$。

在单播拓扑中,通常采用时延协方差、丢包率协方差和三明治包等方法获得节点相关性测度 γ_{ij}的估计值 $\hat{\gamma}_{ij}(\hat{\gamma}_{ij}\propto \text{length}(p(i,j)))$,其中 length(·)表示共享路径的长度。可见,通过统计方法得到树状拓扑结构的前提是获得节点间的相关性,而要获得节点间的相关性就需要得到树状拓扑中叶子节点的相关性测度集合 $\{\hat{\gamma}_{ij},i,j\in D\}$。

通过时延协方差方法、丢包率协方差方法或三明治包方法等可得到叶子节点对 $\{i,j\}$ 的相关性采样集合为 $\hat{\Gamma}_{ij}=\{\hat{\gamma}_k^{(i,j)},k=1,\cdots,K\}$,其中 K 为采样数, $K=N\cdot N_{\text{norm}}$。将其分成 N 组,每组 N_{norm} 个采样数,分别对每组求平均后可进一步得到新的采样集合 $\Gamma_{ij}=\{\overline{\gamma}_n^{(i,j)},n=1,\cdots,N\}$,其中 $\overline{\gamma}_n^{(i,j)}=\left(\sum_{k=(n-1)\cdot N_{\text{norm}+1}}^{n\cdot N_{\text{norm}}}\hat{\gamma}_k^{(i,j)})/N_{\text{norm}}\right)$。根据中心极限定理,只要 N_{norm} 数值大到一定程度,$\overline{\gamma}_n^{(i,j)}$ 就近似服从以 γ_{ij} 为均值的高斯分布。

在节点相关性测量过程中,网络的统计特性在平稳的条件下,根据叶子节点相关性的一致性可得,如果 $a(i,j)=a(k,l)$,则 $\overline{\gamma}_n^{(i,j)}$ 和 $\bar{r}_n^{(k,l)}$ 渐进服从相同的高斯分布。

此外,内部节点 p 和 q 为树状拓扑中的同一节点的条件是 $\lim\limits_{\substack{M\to\infty\\N_{\mathrm{norm}}\to\infty}}\overline{A}=\lim\limits_{\substack{M\to\infty\\N_{\mathrm{norm}}\to\infty}}\overline{B}$,式中:$A=\{\Gamma_{ij},a(i,j)=p;i,j\in D;i\neq j\}$、$B=\{\Gamma_{ij},a(i,k)=q;i,k\in D;i\neq k\}$。

因此,在分别计算集合 A 与 B 的均值后,就可以通过分析和比较该均值是否相等,推断网络拓扑中节点 p 和 q 是否为同一节点,进而可确定子树的合并方式。

2. 基于似然比子树合并

树状网络拓扑是基于广义似然比通过对子树序贯合并来识别的。

1)子树合并

(1) 寻找最相关子树。子树相关性的定义:假设子树 T_i 和 T_j,U 和 V 分别为 T_i 和 T_j 的叶子节点集合,若在 U 和 V 集合中叶子节点数对应为 K 和 L,则 T_i 与 T_j 的相关性为 $H_{ij}=\dfrac{1}{KL}\sum\limits_{k=1}^{K}\sum\limits_{l=1}^{L}\gamma_{kl}$,其中:γ_{kl}为 T_i 中的叶子节点 k 与 T_j 中的叶子节点 l 的相关性,即叶子节点间的相关性。

显然,在子树合并过程中,如果每次用以合并的$\{T_i,T_j\}$均为相关性最强的两棵子树,则由这两棵子树合并后生成的合并点就是一个新节点。该新节点在合并后的树中,要么是原来子树的根节点,要么是原子树根节点的父节点,如图 8-35 所示。

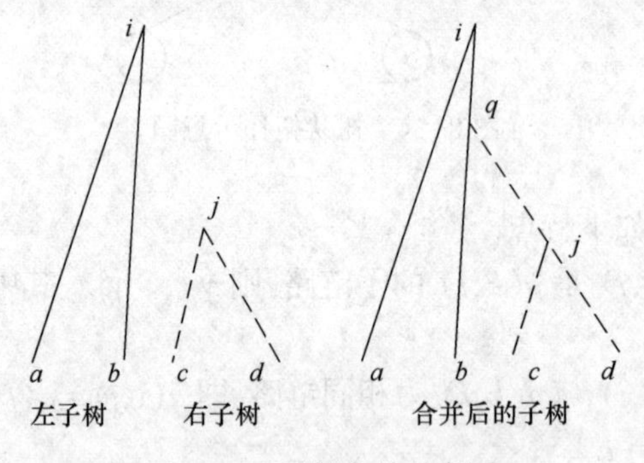

图 8-35 子树合并示意图

根据子树集合 $\{T_l,l=1,\cdots,L\}$,任选两棵子树 T_i 和 T_j。设 u 为子树 T_i 的叶子节点,U 为子树 T_i 的叶子节点集合;v 为子树 T_j 的叶子节点,V 为子树 T_j 的叶子节点集合;γ_{ij}为子树间的相关性; $\Gamma=\{\gamma_{uv},u\in U,v\in V\}$ 为子树 T_i 中所有叶子节点与子树 T_j 中所有叶子节点之间的相关性集合。u 和 v 在网络拓扑中具有同一个最深父节点,即 Γ 中所有元素的相关性相同,u 与 v 之间的相关性采样值 $\overline{\gamma}_n^{(u,v)}$ 服从相同的高斯分布 $N(\gamma_{ij},\sigma_2)$,其中 $n=1,\cdots,N$,故可据此估计子树 T_i 和子树 T_j 之间的相关性 $\hat{\gamma}_{ij}$:

$$\hat{\gamma}_{ij}=\arg\max\left[\prod_{u\in U}\prod_{v\in V}\prod_{n=1}^{N}\frac{1}{\sqrt{2\pi}\sigma}\exp\left(\frac{(\overline{\gamma}_n^{(u,v)}-\gamma_{ij})^2}{-2\sigma^2}\right)\right]\tag{8-14}$$

由估计的 $\{\hat{\gamma}_{ij},i,j\in[1,L],i\neq j\}$ 可得到最大相关子树:

$$\{i,j\}=\arg\max(\{\overline{\gamma}_{ij},i,j\in[1,L],i\neq j\})\tag{8-15}$$

(2) 子树合并方式。实现最相关子树对查找之后,接下来是判定子树的合并方式。两个子树的合并会有三种可能的情况:一是叶子节点数目均为 1 的两子树合并;二是叶子节点个数为 1 的子树与叶子节点数不为 1 的子树的合并;三是两个叶子节点数目都不为 1 的子树的合并。

对于第一种情况,子树的合并方式仅有一种,如图 8-36 所示。

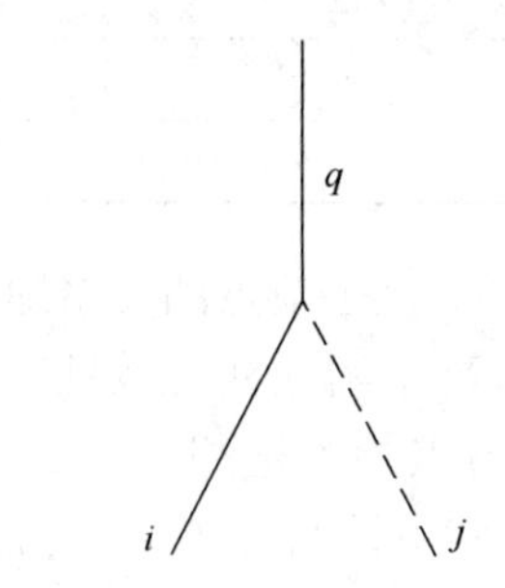

图 8-36　第一种情况的合并方式

对于第二种情况,子树有四种可能的合并方式,如图 8-37 所示。

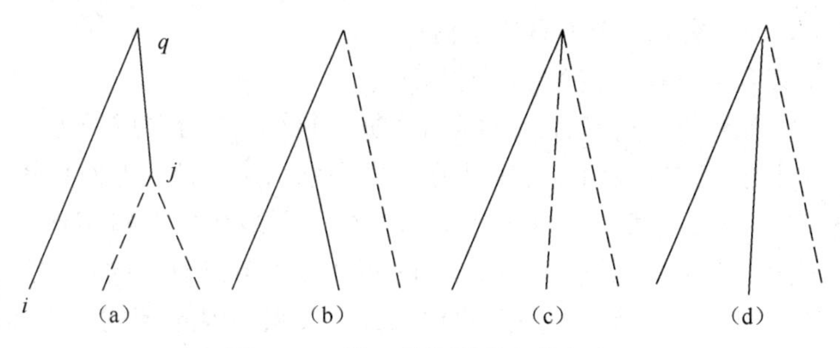

图 8-37　第二种情况的合并方式

对于第三种情况,子树也有四种可能的合并方式,如图 8-38 所示。

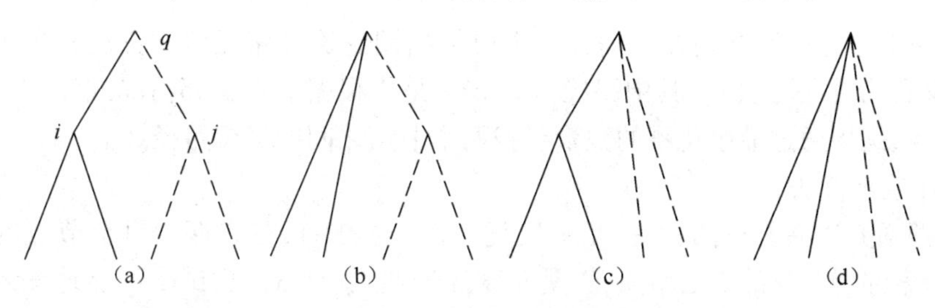

图 8-38　第三种情况的合并方式

上面图中的叶子节点数不为 1 的子树由有两个叶子节点的树代表,实线表示左子树,虚线表示右子树。

设 i 和 j 为左子树和右子树的根节点,q 为合并点,因此只要找出 i、j 和 q 中相同的节点,即可确定采用什么方式对子树进行合并,如表 8-10 所列。第一种情况仅有一种合并方式;第二种情况具体采用什么合并方式的前提是推断节点数不为 1 的子树的根节点与 q 是否为相同一个节点;第三种情况具体采用什么合并方式的前提是推断 i 和 j 与合并点

q 是否为相同一个节点。

表 8-10 合并方式映射关系

合并方式	i 是否等于 q	j 是否等于 q
a	否	否
b	是	否
c	否	是
d	是	是

由表 8-10 可见,只需确定 i、j 和 q 三个节点的关系即可判定出子树合并方式。

原始待识别树状拓扑,由于要满足单调性和一致性,故其叶子节点之间相关性的大小关系是相对确定的,对应地,叶子节点相关性测量值的大小关系也是相对确定的。因此,只要推断出网络拓扑中叶子节点相关性与叶子节点相关性的测量值存在一致的相对大小关系,就可判定识别网络拓扑,即推断出待识别的实际网络拓扑。

3.网络拓扑识别

设子树集合为 S,在得到叶子节点相关性采样集合后,其识别步骤如下:

(1) 令 $S=D$,即所有叶子节点看成子树;

(2) 在子树集合中寻找最相关子树对 $\{i,j\}$;

(3) 采用最大似然算法得到 $\{i,j\}$ 的合并方式,并将 $\{i,j\}$ 合并成子树;

(4) 更新 S,计算 S 中元素个数,如果为 1,则识别结束,否则,返回步骤(2)。

综上所述,基于最大似然的网络拓扑识别方法采用最相关子树实现子树的合并,故在子树合并过程中确保了共享链路长度相等的两个叶子节点有相同一个父节点,即采用最相关子树合并保留了叶子节点相关性的相对大小关系。因此,识别的网络拓扑就是原始的可信的网络拓扑。

8.3.6 基于机器学习的网络拓扑识别方法

基于机器学习的网络拓扑识别方法主要依据图论通过路径搜索方法和最短路径方法实现(又称为寻路方法)。其中路径搜索方法是指根据节点相邻情况或深度来探测路径;寻路方法是指通过最小化跳的数量寻找两个节点之间的最短路径。

1.路径搜索方法

路径搜索方法主要有两种:一是宽度优先搜索(BFS),首先探索每个节点的邻居节点,然后探索邻居节点的邻居节点;二是深度优先搜索(DFS),尝试尽可能地深入一条路径,如有可能,便访问新的邻居节点。图 8-39 所示的(a)图为宽度优先搜索示意图,(b)图为深度优先搜索示意图。

2. 最短路径计算方法

最短路径计算是指计算一对节点之间最短的加权路径,包括单源最短路径和所有配对最短路径。单源最短路径是找到给定节点与网络中其他所有节点之间的最短路径;所有配对最短路径是找到所有节点对之间的最短路径,尽管能够提供与单源最短路径相近的结果,但这比为每个节点对调用单源最短路径算法更快,通常还可用于确定网络中不同分区的流量负载。

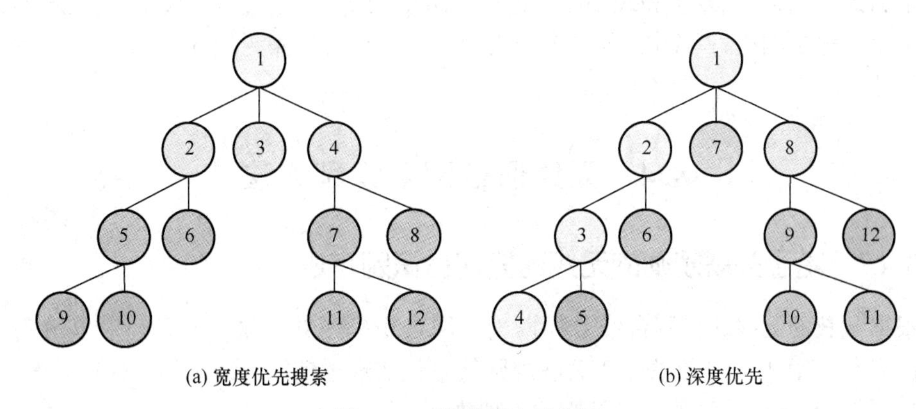

图 8-39　搜索算法示意图

计算最短路径通常采用 dijkstra 方法，又称单源最短路径法。该方法采用贪心的策略，以源节点为起点持续地通过彼此相联通的节点，找出与其他节点之间的最短距离，即从一个节点出发求该节点至所有可到达节点的最短路径。

dijkstra 方法的前提：设 $G=(V,E)$ 是一个网络，V 表示顶点，E 表示边，每一条边 (i,j) 属于 E，都有一个非负权 $W(i,j)$ 。在 G 中指定一个节点 V_0，从 V_0 到 G 的所有连接 V_j 中找出最短有向路径，或指出最短有向路径不存在。

dijstra 方法算法思想：对有 n 个顶点的连通网络 $G=(V,E)$，首先从 V 中取出源点 U_0 放入最短路径顶点集合 U 中，此时最短路径网络 $S=(\{U_0\},\{\Phi\})$；然后从 $u\in U$ 和 $v\in V-U$ 中找一条代价最小的边 (u^*,v^*) 加入到 S 中去，即 $S=(\{U_0,u^*\},\{(U_0,v^*)\})$。若每往 U 中增加一个顶点，则要对 $V-U$ 中的各顶点的权值进行一次修正；若加进 v^* 作为中间顶点，使得从 U_0 到其他属于 $V-U$ 的顶点 v_i 的路径不加 v^* 时最短，则修改 U_0 到 v_i 的权值，即 (U_0,v^*) 的权值加上 (v^*,V_i) 的权值，代替原 (U_0,V_i) 的权值，否则不修改 U_0 到 V_i 权值。接着从权值修正后的 $V-U$ 中选择最短的边加入 S 中，如此反复，直到 $V=U$ 为止。

dijstra 方法步骤如下：

(1) 将网络中所有节点标记为未访问。创建一个所有未访问节点的集合，称为未访问集。

(2) 为每个节点分配一个暂定的距离值：将初始节点的距离值设置为 0，将其他所有节点的该值设置为无穷，并将初始起始节点设置为当前节点。

(3) 对于当前节点，探测其所有未被访问过的邻居节点并计算通过当前节点的暂定距离。比较新计算出的暂定距离与当前分配的值，更新其中更小的值。

(4) 当探测完当前节点的所有未访问节点时，将当前节点标记为已访问，并将其移出未访问集。已访问节点不会再次进行探测。

(5) 如果目标节点已被标记为已访问或未访问集中的节点之间最小暂定距离为无穷时，那么判定探测结束。

(6) 如果判定探测不能进行，则选择标记有最小暂定距离的未访问节点，将其设置为新的当前节点，然后回到步骤(3)。

根据计算结果,用权重和最小的边连接网络中的所有节点,形成最小权重生成树,最小权重生成树是网络(一个树)的一个子集。通过这种逐步探测的方法,最终得到网络的完整拓扑。

8.4 无线通信网台识别方法

8.4.1 基于关联规则的无线通信网台识别方法

根据截获的无线通信网台信号数据进行网台识别是获取进一步信息和实施有效对抗的前提。采用 Apriori 算法基于关联规则策略是实现通信网台识别的一种可行的方法。

1. 基于 Apriori 算法的关联规则频繁项推断

Apriori 算法是最有影响的关联规则频繁项寻找方法。使用一种称作逐层搜索的迭代方法,k 项集用于探索(k+1)项集。

Aprior 算法具有的性质:频繁项集的所有非空子集必须也是频繁的。该性质基于如下推理:若项集 I 不满足最小支持度门限值 min _ sup,则 I 不是频繁的;若项 A 添加到项集 I,则项集 $I \cup A$ 不可能比 I 更频繁出现,即 $I \cup A$ 也不是频繁的。

关联频繁项推断有如下具体步骤。

1)连接

为了寻找 L_k,利用 L_{k-1}与自身连接生成候选 k 项集合,该候选项集记为 C_k。设 l_1 和 l_2 是 L_{k-1}中的项集,记号 $l_i[j]$表示 l_i-的第 j 项,为方便描述,假定事务或项集中的项按字典次序排序。

实行连接运算 $L_{k-1} \triangleright \triangleleft L_{k-1}$,其中:L_{k-1}的元素是可以连接的。"$\triangleright \triangleleft$"运算符的定义:$L_{k-1} \triangleright \triangleleft L_{k-1} = \{X \cup Y, X, Y \in L_{k-1}\}$ 。如果前(k-2)个项相同,则表明 L_{k-1}的元素 l_1 和 l_2 是可连接的,即

$$(l_1[1] = l_2[1])\hat{}(l_1[2] = l_2[2])\hat{}\cdots\hat{}(l_1[k-1] = l_2[k-1]) \tag{8-16}$$

式中:条件 $(l_1[k-1] < l_2[k-1])$ 是简单地保证不产生重复。

式(8-15)连接产生的结果项集是 $l_1[1], l_1[2] \cdots l_1[k-1] l_2[k-1]$ 。

2)剪枝

由于 C_k 是 L_k 的超集,即其成员可以是,也可以不是频繁的,但其所有频繁 k 项集都包含在 C_k 中。如果 C_k 很大,则计算量相应地也会很大。因此,利用 Apprior 算法性质,即任何非频繁的(k-1)项集都不会是频率项 k 项集的子集。如果一个候选 k 项集的(k-1)子集不在 L_{k-1}中,则该候选项也不会是频繁的,因此可从 C_k 中删除,从而减少算法计算量。

通过上面的步骤可以从一般的事务性数据中寻找出有价值的关联频繁项,从而基于关联规则实现网台分析。

2. 基于关联规则的网台识别

1)关联规则方法概述

现代对无线通信网台信号的侦测能力有了很大的提高,对侦测的数据经过预处理,以及对参数级的侦测数据进行初级的时间、调制样式和频段融合后,得到如 $I = \{i_1, i_2 \cdots,$

$i_m\}$ 的项集合。其中：I 是所有可能存在的无线通信网台的集合，i_m 是第 m 个无线通信网台；对第 i 次上报的侦测参数信息进行预处理，即通过对通信频率、通信样式、通信体制和通信时间等参数处理，将每次满足一定规则的潜在可能组成无线通信网台组成一事务项 T_i。所有上报的侦测数据都经过同样的处理形成事务项集合 T，使得 $T_i \subseteq I$，T_i 是指这些无线通信网台满足一定条件的潜在相同一个无线通信网台。通过这样的处理，可以将无线通信网台识别问题转变成发现大量数据中项集之间存在一定关联关系的无线通信网台。

设 A 是一个项集，事务 T 包含 A，$A \subseteq T$，寻找形如 $A \Rightarrow B$ 的蕴涵式，其中 $A \subset I$、$B \subset I$，并且 $A \cap B = \emptyset$。满足一定的支持度 s 和置信度 c，可以认定 A 和 B 是关联的，如果 A、B 是无线通信网台，则初步可以认定 A 和 B 是相同一个网中的无线通信网台。经过 Apriori 处理，可以获取具有高于一定门限的无线通信网台组，即可以获取的网台频繁集。由于频繁集可以产生直接的强关联规则，因此可以求出置信度。对于置信度采用下式，即

$$\text{confidence} = (A \to B) = P(A|B) = \text{support\_count}(A \cup B) / \text{support-count}(A) \quad (8\text{-}17)$$

式中：$\text{support\_count}(A \cup B)$ 是包含项集 $A \cup B$ 的事务数；$\text{support\_count}(A)$ 是包含项集 A 的事务数。对于每个频繁项集 L，关联规则为

$$\text{support\_count}(A \cup B) / \text{support\_count}(A) > \text{min\_cont} \quad (8\text{-}18)$$

通过参数集信息判别无线通信网台的组网信息。

2）频繁模糊模式构造

模糊是人类对多样和复杂的客观世界中许多事物的理解方式，侦测系统获取的信息也可以用模糊的概念进行抽象和概括。属性 a_i 上的模糊概念集合为 $F_i = \{f_{i1}, f_{i2}, \cdots, f_{ik}\}$，模糊概念 f_{is} 的隶属函数为 uf_{is}。

传统集合是模糊集合的基础，而模糊集合是传统集合的扩展，当概念 f_{is} 的隶属函数值域为 $\{0,1\}$ 时，概念 f_{is} 退化为传统集合。为便于描述，属性均用模糊概念进行概括。

定义模糊模式：$P = A_1 \wedge A_2 \cdots \wedge A_k$，$A_i = (a_i, v_j)$，$a_i \in A_{ttr}$ 属性集合，$v_j \in F_j$，$(i = 1, 2, \cdots, k)$，其中：P 的长度为 k，A_i 为项目。由 $A_1, A_2, \cdots, A_k$ 中，任意 $m(m < k)$ 个项目组成的模式称为 P 的 m 子模式。事务 $T = \{id, < t_1, t_2, \cdots, t_p >\}$ 和 $A_i = (a_i, f_{is})$，称事务 T 对模糊模式 $\boldsymbol{P}$ 的支持为 $\min(\{uf_{is}(t_i) | A_i = (a_i, f_{is}), (i = 1, 2, \cdots, k)\})$，记为 $s(P, T)$。其中，min(set)表示集合 set 中的最小的元素。

定义模糊模式 P 在事务集合 D 中的支持率为 $(\text{support})\sigma(P/D) = \dfrac{\sum_{T \in D} s(P, T)}{D\text{中事务总个数}}$；规则 $A \Rightarrow B$ 的可信度为 $(\text{confidence})\psi(A \Rightarrow B/D) = \sigma(A \wedge B/D) / \sigma(A/D)$，即当模式 A 发生时，模式 B 发生的条件概率 $P(B/A)$。

有效的关联规则是指挖掘出最小支持率 $\sigma_{\min}$ 满足 $\sigma(A \wedge B/D) > \sigma_{\min}$、最小可信度 $\psi_{\min}$ 满足 $\psi(A \Rightarrow B/D) > \psi_{\min}$ 的规则，即 $A \Rightarrow B$[1,3,8]。

定义 i 频繁模糊模式集合：$L_i = \{A_1 \wedge A_2 \cdots \wedge A_i | \sigma(A_1 \wedge A_2 \cdots \wedge A_j/D) >$

$\sigma_{\min}\}$，其中：$L=\cup L_i$称为频繁模糊模式集合；i频繁模糊模式P的$i-1$子模式是$i-1$频繁模糊模式。

因此，首先，通过访问事务集合D并利用各属性上的模糊概念构造频繁模糊模式集合。然后，由$k-1$频繁模糊模式集合L_{k-1}构造k频繁模糊模式集合C_k，通过访问事务集合D求出模式P在事务集合D上的支持，从而得到k频繁模糊模式集合L_k，循环执行上面过程，直至得到频繁模糊模式集合$L=U_kL_k$。最后，由于k频繁模糊模式P中每个m子模式（$m<k$）都为频繁模糊模式，且$k-1$频繁模糊模式中项目排序的依据是按照属性下标从小到大的顺序，故k频繁模糊模式可由两个$k-1$频繁模糊模式构成，这两个频繁模糊模式不同之处是最后一个项目。

综上所述，基于构造的频繁模糊模式，可将通过挖掘得到的模糊模式局限在特定的范围内，有效地提高了模糊模式挖掘的速度和针对性。在实际中首先将通信类网电对抗所侦测的参数级数据通过一定的变化转变成交易型数据，然后利用上面的关联规则算法解决无线通信网台识别问题。

8.4.2 跳频网台分选和识别方法

在实际的通信类网电对抗环境中，电磁空间的定频信号、干扰信号、突发信号、噪声与跳频通信信号密集交织、复杂多变，使非协作第三方对跳频通信信号的截获、分选和识别异常困难。因此，跳频网台分选和识别必须采用与定频网台分选和识别不同的策略与方法。

跳频网台分选和识别的目的是针对瞬息万变的电磁空间，在实现从定频信号、干扰信号、突发信号和噪声中筛选出跳频通信信号的基础上，对多个跳频网台混叠交织的跳频通信信号进一步识别，从中分选出各个跳频网台。其中跳频通信信号检测和侦收是本小节所阐述内容的基础，具体方法见第1章相关内容。

跳频组网可采用正交跳频组网和非正交跳频组网两种形态。针对这两种不同组网形态，下面分别分析跳频网台分选和识别方法。

1. 非正交跳频网台分选和识别方法

在伪随机码未知的情况下，对非正交跳频网台分选和识别有时间相关法和细微特征参数法等方法。

跳频网台时间相关分选和识别法是利用同网台信号之间的时间相关性，对截获的信号进行分析处理，获得跳频网数、不同网络的跳频速率和频率集、相位信息和到达时间等参数，达到分选和识别的目的。同时，在搜索期间根据信号的幅度和频率、观测时段内信号出现的次数、每次出现的起始时间和持续时间等参数，排除所出现的所有定频信号。常规的方法为基于来波方向的跳频网台分选和识别法、基于到达时间的跳频网台分选和识别法以及综合使用相关参数实现跳频网台分选和识别。

1）基于来波方向的跳频网台分选和识别方法

通过在跳频网数、不同网络的跳频速率和频率集等参数的基础上引入来波方向实现跳频网台的分选和识别，即利用方位信息进一步支撑跳频网台的分选和识别，其实质是将通过测向所得到的方位信息在极坐标图上表示为围绕某个中心的离散分布，然后采用模糊聚类方法实现跳频网台的分选和识别。

该分选和识别方法主要依据同一个跳频网中所有无线通信网台信号的来波方向基本一致,而不同跳频网中所有无线通信网台信号来波方向可能不同。通过实时测量跳频网中无线通信网台信号的来波方向,依据所测的该来波方向,从而把来波方向一致的无线通信网台信号划分为同一跳频网,如图8-40所示。

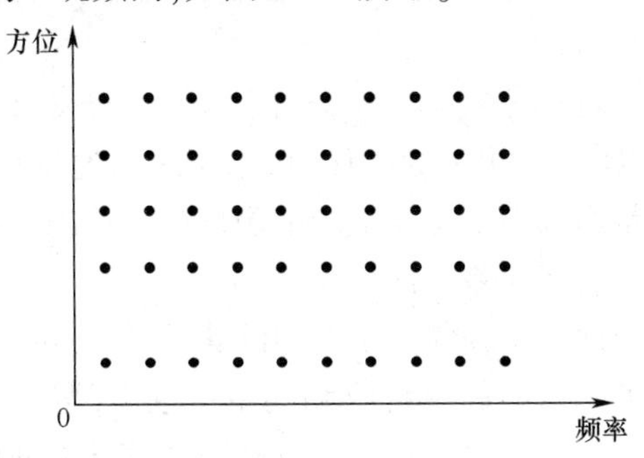

图8-40　跳频通信信号来波方位分选方法

2）基于到达时间的跳频网台分选和识别方法

通过在获得跳频网数、不同网络的跳频速率和频率集等参数的基础上,引入到达时间,实现跳频无线通信网台的分选和识别,即利用到达时间来进一步支撑跳频网台的分选和识别。到达时间包括信号出现时间和信号驻留时间。

基于到达时间的跳频网台分选和识别方法主要依据同一跳频网台的跳频通信信号的跳速恒定,并且每一跳都具有相同的驻留时间和频率转换时间。通过实时测量跳频网中无线通信网台每一跳信号的出现时间、驻留时间和消失时间,得到跳频网台信号到达时间的相关性和跳频速率的稳定性。根据这两个特性,将跳频速率相同以及出现时间、驻留时间和消失时间高度相关的信号划分为同一跳频网,从而实现跳频网台的分选和识别,如图8-41所示。

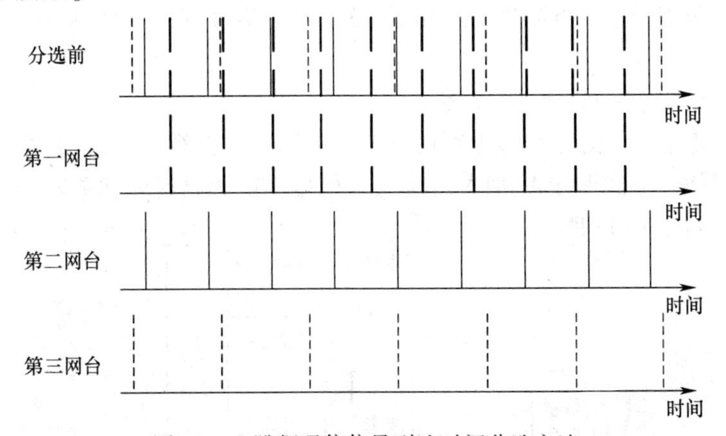

图8-41　跳频通信信号到达时间分选方法

此外,还可通过综合利用跳频网台信号的跳频网数、不同网络的跳频速率和跳频频率集、来波方向、到达时间、驻留时间、消失时间、跳跃相位和信号幅度等信号参数之间的关联关系实现对跳频网台的分选和识别。其实质是通过分析相同跳频网台信号之间的关联关系实现跳频网台的分选和识别,即将有关联关系的跳频通信信号归入相同跳频网,不具有关联关系的跳频通信信号则归入其他跳频网。

2. 正交跳频网台分选和识别方法

近年来,小波变换和非线性时频分析等先进算法结合机器学习成为正交跳频网台分选和识别的研究热点,下面重点介绍相关新方法在正交跳频网台分选和识别中的应用。

1) 跳频同步正交网台分析

跳频同步组网,即同步正交网,同步正交网中各网信号具有相同的跳频速率、跳频密钥、跳频频率集以及与跳频密切相关的时序,仅采用跳频速率和跳频频率集等参数来实现跳频网台的分选是非常困难的。在复杂的电磁信号环境中,不同的跳频同步正交网的跳频通信信号必定存在一些特征差异性。

(1) 建网过程的差异性。跳频同步正交网的建网过程:网控台向各子网中的主台发起呼叫,广播同步信息;各子网中的主台收到同步信息后,调整自身参数实现时频同步,并以此为基准,向网内各属台发起呼叫,使接收到同步信息的网内各属台完成同步,从而建立网内无线通信网台同步;未获得该同步信息的网台则通过迟入网实现同步。各子网均建立网内同步后,即完成全网同步,建立全同步网。此外,在网络工作过程中,网控台还定时广播时钟信息维持全网同步。在跳频同步正交网建网的过程中,不同子网所采用的同步频率存在差异。

(2) 网络参数的差异性。跳频同步正交网各子网所携带的网络信息并不相同,如网号和相关码等信息。其中,网号用于网台区分各子网,相关码用于同步维持和定时,在跳频同步正交网正常工作时,这两组参数信息通常固定出现在每一跳的同步跳、数传跳、迟后入网引导跳以及勤务跳信号中。因此,通过截获和提取各子网信号所携带信息,根据其网络信息可以实现网台分选。

(3) 信号到达角度的差异。跳频同步正交网中各子网的跳频频率集相同,但通常由于作战任务不同导致部属区域不同,即各子网在地理配置上不同。因此,侦收方每一个子网的跳频通信信号来波方向也不尽相同,各子网的信号方位信息也可以用来实现网台分选。

2) 跳频同步正交网台分选与识别

跳频同步正交网台的分选与识别可结合跳频同步正交组网机理,并根据 4.2.2 小节阐述的跳频通信信号侦收方法,通过跳频通信信号特征参数提取和关联分析来实现。分选与识别方法如图 8-42 所示。

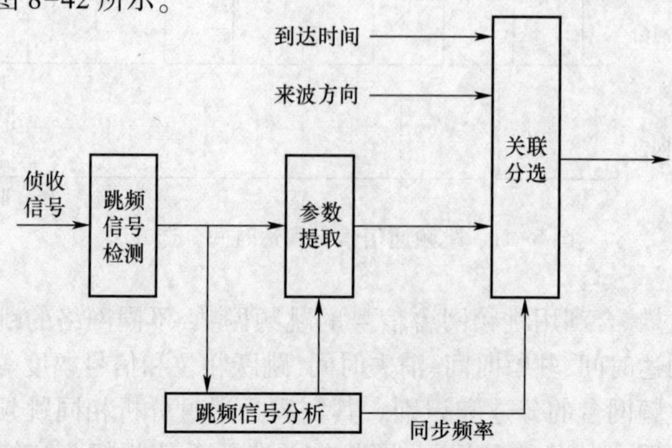

图 8-42 跳频同步正交网台分选与识别方法

分选与识别方法的技术路线：首先，采用前面的方法通过跳频通信信号检测，从侦收的信号中剔除非目标信号，提取目标网台信号；然后，分析该跳频通信信号，推断出该跳频通信信号的同步频率，并且解析出该跳频通信信号的网号和相关码等网络信息参数；最后，结合跳频通信信号的到达时间和来波方向，实现对该跳频同步正交网台的关联分选与识别。

根据分选与识别方法的技术路线，跳频同步正交网分选与识别的步骤如下：

(1) 信号提取。在信号分析的基础上，从复杂的信号里剔除定频、干扰、猝发和噪声，分选出目标信号。

(2) 信号分析。针对分选出的跳频同步正交网信号，从每跳信号中包含的网络信息中提取网台分选的特征参数，如同步频率等。

(3) 参数提取。针对分选出的跳频同步正交网信号，从帧结构的角度精确判定帧序列中比特的位置，识别和解析该跳频通信信号的网号和相关码等网络信息参数。

(4) 测时测向。针对分选的跳频同步正交网信号，测定该信号的到达时间和来波方向。

(5) 网台分选。多参数、多手段相结合，一方面对跳频通信信号进行参数分析，并通过积累与综合，生成分选参数集；另一方面，根据分选的参数集采用机器学习的方法对同时出现的多个信号进行识别和分选。

综上所述，通过上面方法结合机器学习等先进算法可以实现跳频同步正交网台的识别。

8.5　搭载平台识别方法

基于关键节点/关键链路和网台目标识别的结果，通信类网电对抗领域还需要解决的问题是如何实现网台目标与搭载平台的关联。一般可采用人工智能实例推理的方法来实现搭载平台识别。推理决策的基本原理：针对同类问题进行求解时，不是每一步都从头开始，而是充分依靠求解问题的经验和知识来求解。

其处理过程：

(1) 根据待解决问题，梳理相应的要求、初始条件及其他相关信息，并作为实例推理的输入。

(2) 根据所要解决的新问题的要求和初始条件，在实例库中找出所有相关已解决过的问题实例。

(3) 以查找出的问题实例为要素，进一步通过搜索找出最匹配的实例或由此衍生新的解决方案。

(4) 若经过实例推理后的结果满足待解决问题的目的要求，则将该实例作为一个新实例存储到实例库。

(5) 若经过实例推理后的结果不满足待解决问题的目的要求，则进一步分析实例推理失败的原因并修正，期望问题最终得到解决。

实例的表示采用人工神经网络模型。人工神经网络是模仿人类大脑神经网络的生理结构及其相应功能而构成的一个复杂的符合高度非线性动力学理论的信息处理体系，特别适合用来解决形象思维领域非结构化类问题。人工神经网络设计包括线性“神经元”和非线性“神经元”,这些“神经元”通过模仿人类大脑实现彼此的连接,信息处理通过“神经元”之间相互作用来完成。人工神经网络虽然属于人工智能范畴,但其具有传统人工智能方法无法替代的优势和特点:一是模仿人类大脑,使基于人工神经网络实例推理的容错能力和联想记忆能力非常强,在处理过程中即使丢失了部分信息或输入信息存在一定的模糊性,但通过人工神经网络实例的推理基本可实现无错恢复;二是人工神经网络的并行处理架构具有无可比拟的运算能力和运算速度,可以处理和解决传统人工智能方法无法解决的难题。

人工神经网络在进行模式匹配时,其输入与输出的映射能力非常突出,即便是在进行推理前没有关于输入和输出之间所存在函数关系的先验知识,也可以通过训练和学习提升其映射能力从而解决该问题(无论映射是线性的还是非线性的)。人工神经网络信息处理框架如图 8-43 所示。

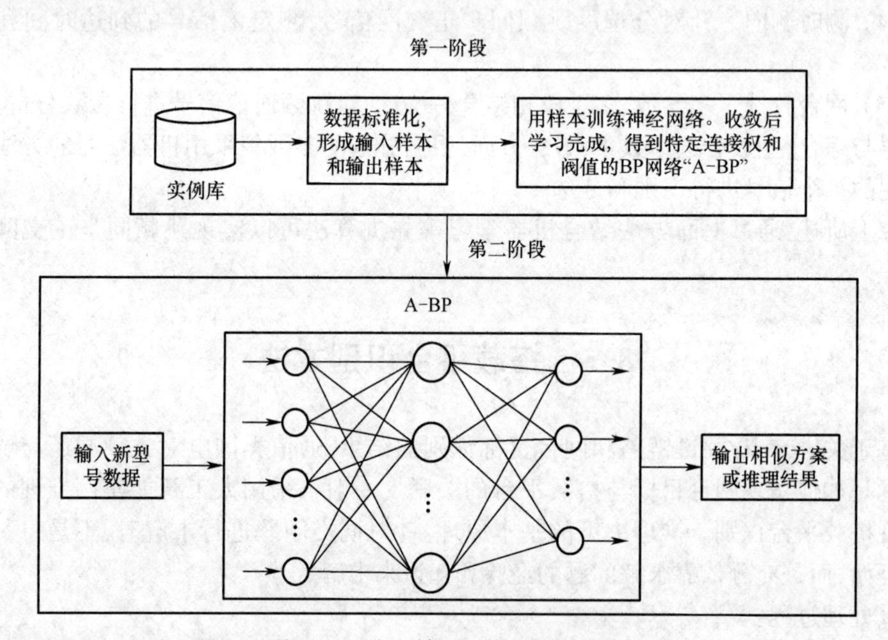

图 8-43 人工神经网络的推理模型

基于人工神经网络的推理过程分为两个阶段,下面简要阐述这两个阶段。

1. 学习训练阶段

人工神经网络学习训练是其信息处理的第一阶段,该阶段主要解决实例知识表达的问题。其基本过程:根据所要解决新问题的要求和初始条件,在实例库中找出所有相关的问题实例,并完成对离散型实例数据的量化编码和连续型实例数据的归一计算等标准化处理,得到符合问题要求和初始条件的输入样本和输出样本。

人工神经网络可采用 RBF 神经网络模型,该网络具有输入层、隐层和输出层,其结构如图 8-44 所示。

输入层输入样本是一组实例样本参数元素组成的矩阵,如侦测的时域、频域、空域、体制参数域等参数级综合信息;输出样本可以是各种目标、平台、网台等情报信息。基于

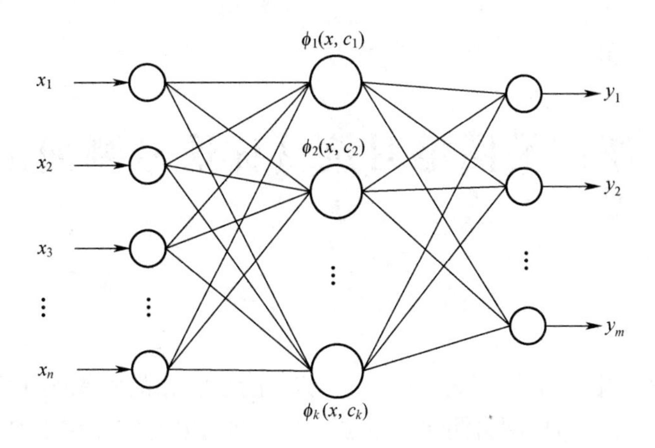

图 8-44　RBF 神经网络结构

实例参数级元素构成的一维矩阵,对 RBF 神经网络进行学习和训练。通过学习和训练后,RBF 神经网络会记住这些实例及实例推理相应的知识。

学习和训练完成后 RBF 神经网络的输入和输出映射关系:

$$\theta_k(X) = \sum_{i=1}^{L} w_i^k h(\parallel X - c(i) \parallel^2);k = 1,2,\cdots,m \tag{8-19}$$

式中:w_i^k 是输出层第 k 个输出与隐层第 i 个神经单元之间的连接权重。$h(\cdot)$可选用高斯函数,式(8-18)可以表示为

$$\theta_k(X) = \sum_{i=1}^{L} w_i^k \mathrm{e}^{-\frac{\| X-c(i) \|^2}{\sigma^2}};k = 1,2,\cdots,m \tag{8-20}$$

式中:L 是 RBF 神经网络的隐层神经元数; $c(i)(i = 1,2,\cdots,L)$ 为基函数的中心;δ^2 为高斯函数的宽度系数。

由于 RBF 神经网络的复杂性,因此可采用较为复杂的算法来训练 RBF 神经网络,如首先采用 K-means 聚类算法来确定 RBF 神经网络的中心,然后利用最小二乘法来推导 RBF 神经网络中隐层与输出层神经元之间的权值。

2. 实例推理阶段

实例推理是人工神经网络信息处理的第二阶段。新获得的数据作为样本送到已被学习和训练完成的人工神经网络,人工神经网络通过运算后得到的结果,即通过实例推理过程所得到的问题解决结果。

推理过程是将初始条件与已有的所有相关实例进行比较,找到其中与初始条件最匹配的一组实例,即参考的方案。

通过上面两个阶段即可实现网台与搭载平台之间的关联,进而实现搭载平台的识别。

第9章　通信类网电对抗目标信号测向定位方法

9.1　概　　述

通信类网电对抗目标信号测向与定位是指确定战场无线通信网中无线通信网台的来波方向和位置。无线通信网台测向与定位是通信类网电对抗领域重要任务之一，也是通信类网电对抗目标侦测与识别的重要组成部分。

9.1.1　测向和定位方法分类

通信类网电对抗测向系统有多种分类方法，基本参考系统的工作频段、搭载平台和工作原理等内容。其中，按照系统的工作原理对网电对抗测向方法进行分类，可将测向方法分为振幅法、相位法、多普勒法和到达时差法等。

1. 振幅法测向

振幅法测向的基本原理：测向天线感应的电磁信号的电压幅度与来波方向和测向天线之间存在密切的空间对应关系，即当测向天线旋转时，其输出的电压幅度随测向天线方向图指向的变化而变化，从而测得来波方向，该方法也称为幅度法测向。振幅法测向包括最小信号法测向、最大信号法测向和振幅比较法测向等。

最小信号法测向又称为小音点测向，该方法利用测向天线极坐标方向图的接收零点来实现测向。最小信号法在测向时通过360°旋转测向天线，当测向接收机接收的无线通信网台信号幅度最小时或听觉上为小音点时，说明测向天线极坐标方向图的接收零点与被测无线通信网台的来波方向一致，此时根据测向天线旋转的角度即可确定被测无线通信网台信号的来波方向。

最大信号法测向是利用测向天线极坐标方向图的尖锐方向性来实现测向。最大信号法在测向时通过360°旋转测向天线，当测向接收机接收的无线通信网台信号幅度最大时，说明测向天线极坐标方向图主瓣的径向与被测无线通信网台的来波方向一致，此时根据测向天线主瓣的指向即可确定被测无线通信网台信号的来波方向。

振幅比较法测向是利用两副结构和电气特性一致的测向天线来感应被测无线通信网台的电磁波信号，并将两副测向天线感应的电磁波信号分别转化为电压型信号，在此基础上计算这两个电压的幅度比值来确定被测无线通信网台信号的来波方向，该方法又称比幅法测向。

2. 相位法测向

相位法测向是利用两副或多副结构和电气特性一致、位置分离的测向天线，或利用测向阵列天线中各阵元，感应被测无线通信网台的电磁波信号，并将感应的电磁波信号分别转化为电信号，在此基础上计算电压之间的相位差来确定被测无线通信网台信号的来波方向。相位法测向包括相位干涉仪测向、多普勒测向和准多普勒测向等。

相位干涉仪测向分为长基线干涉仪测向和短基线干涉仪测向。长基线干涉仪的天线元间距比信号波长还要长,该方法的相位测量精度高,但会引起来波方向测量的模糊;短基线干涉仪的天线元间距与信号波长关系为 $d \leqslant \frac{\lambda_{\max}}{2}$,该方法降低了相位模糊,但也降低了测量精度和工作带宽。

多普勒测向是利用测向天线自身以一定的速度旋转引起的接收信号附加多普勒调制进行测向的方法,即利用全向天线在半径确定的圆周上以一定的角频率顺时针匀速旋转,其接收信号相对于中央全向天线存在相位差,该相位差实质为天线的圆周运动产生的多普勒相移,其中包含来波方向。通过将接收信号进行比相,获取多普勒相移成分,再将相位差与多普勒相移一同进行鉴相,从而获取来波方向。

3. 时差法测向

时差法测向是利用两副结构和电气特性一致、位置分离的测向天线,或利用测向阵列天线中各阵元,感应被测无线通信网台的电磁波信号,并将感应的电磁波信号分别转化为电信号,在此基础上计算无线通信网台信号的时间差,从而确定被测无线通信网台信号的来波方向,又称到达时间差测向。

4. 空间谱估计测向

空间谱估计测向是先利用一定的算法将测向天线阵列所接收的被测无线通信网台信号,分别分解为信号矢量子空间与噪声子空间,再利用这两子空间的正交性来测定来波方向。

无线通信网台定位是在无线电通信测向的基础上,利用测向结果对无线通信网台进行交会定位计算或估计,从而确定无线通信网台的地理位置。常用的定位方法包括时差定位、多普勒频移定位、时差和频差联合定位等。

9.1.2　测向天线

1. 测向天线概述

天线的作用是在无线通信网台发射信号或网电对抗干扰系统实施干扰时,将其发射的电信号转换为电磁信号;在网电对抗侦察系统和网电对抗测向系统接收时,将电磁信号转换为电信号。其中,无源天线具有互易性,既可以作为发射天线也可以作为接收天线。

网电对抗测向系统通常采用由多个阵元组成的天线阵列实现来波方向的测定,但也可以采用一个单元天线完成测向任务。天线的结构通常与测向体制密切相关,不同的测向体制采用不同结构的天线阵。

天线有频率响应、方向性和阻抗特性等三个重要性能指标。其中,天线的频率响应表征了该天线发射信号或接收信号的有效带宽;天线的方向性描述了该天线辐射的电磁信号的能量在空间辐射方向的分布形态;天线的阻抗特性明确了天线的阻抗与其负载或源的阻抗匹配情况,阻抗匹配时其驻波比最小,发射信号时辐射效率最高,可以实现最大功率传输,接收信号时信号损耗最小。

衡量天线性能主要采用主瓣、半功率波束宽度、辐射方向(方向图)、增益和旁瓣等参数，如图 9-1 所示。

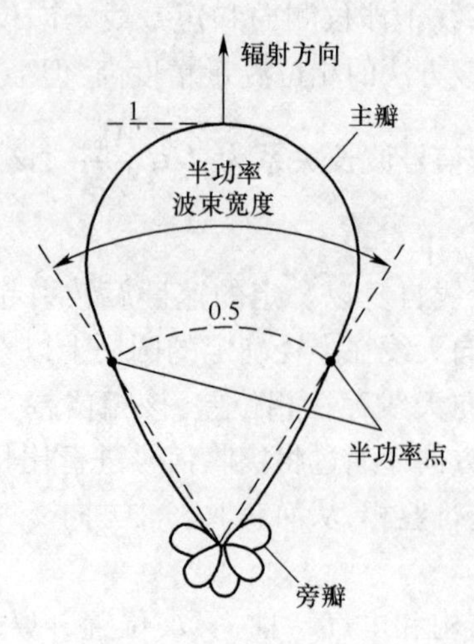

图 9-1　天线基本参数

天线的增益与频率有关，当偏离中心频率时，天线增益会下降。

2. 测向天线类型

1）线天线

线天线由安装在支架上的一段导体组成。如果以该导体的中心点作为信号馈入点，则该天线称为偶极子天线；如果以该导体的一端作为馈入点，则该天线称为单极子天线。

（1）偶极子天线。偶极子天线是在实际中最常用且最简单的无源天线，其结构和方向如图 9-2 所示。

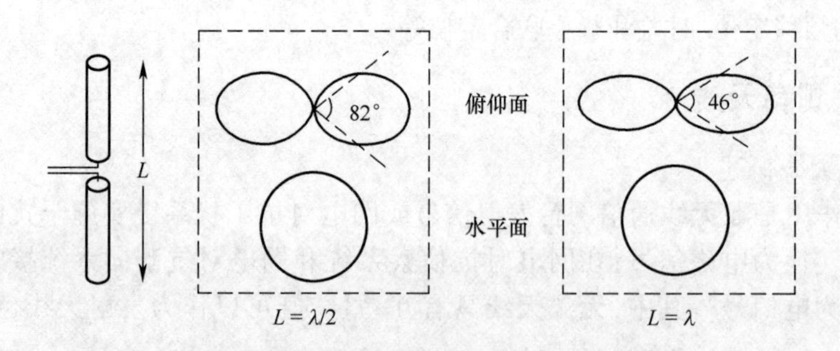

图 9-2　偶极子天线的结构和方向

偶极子天线的方向图由其长度来决定，即与其尺寸密切相关。图 9-2 所示是偶极子天线在长度分别为 $L=\dfrac{\lambda}{2}$ 和 $L=\lambda$ 时的方向。可见，当 $L=\dfrac{\lambda}{2}$ 时，俯仰方向的半功率波束宽度为 82°，水平方向的半功率波束宽度为 360°；当 $L=\lambda$ 时，俯仰方向的半功率波束宽度为 47°，水平方向的半功率波束宽度为 360°。

（2）单极子天线。单极子天线由单个阵元构成，通常安装在基准面上（如水平面），其结构和方向如图 9-3 所示。

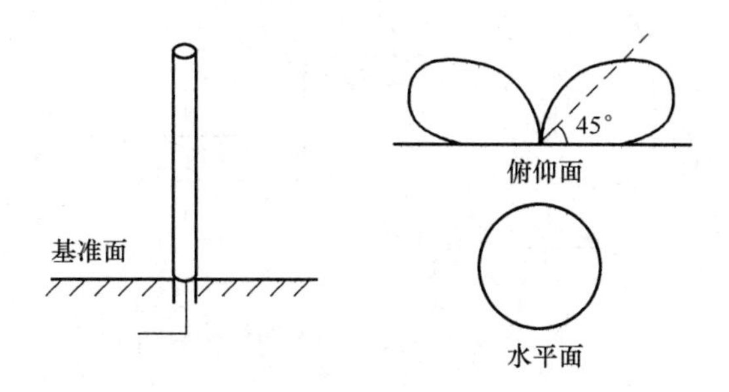

图9-3　单极子天线的结构和方向

单极子天线的长度通常为$\frac{\lambda}{4}$。该类天线虽然结构简单，但却是VHF频段战术无线通信网台最常用的天线。

（3）复合线天线。典型的复合线天线为艾德考克（Adcock）天线，由间距为d的两个垂直振子或对称振子所组成，如图9-4所示。若用两个垂直振子来组成，则称为U型艾德考克天线；若用两个对称振子来组成，则称为H型艾德考克天线。

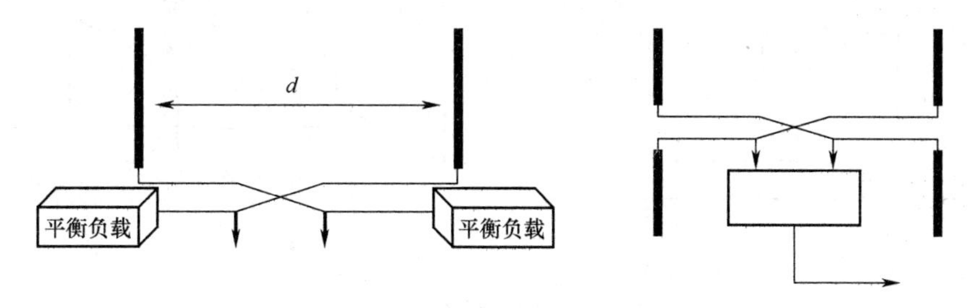

图9-4　U型和H型艾德考克天线结构

2）环形天线

环形天线有与偶极子天线类似的辐射特性，其形状可以是圆环，也可以是任意形状的环，分为单环、双环和屏蔽环三大类。

（1）单环天线。单环天线的结构和方向，如图9-5所示。

图9-5　单环天线的结构和方向

图9-5为环形天线垂直安装时的状态。

（2）双环天线。双环天线有交叉环形天线和间隔双环天线两类。交叉环天线由两个相互垂直的圆环或矩形环、宽带移相器和相加器等组成，其结构如图9-6所示。

交叉环天线的两路输出信号，先由两个移相器分别移相后将信号实现90°相移，再由

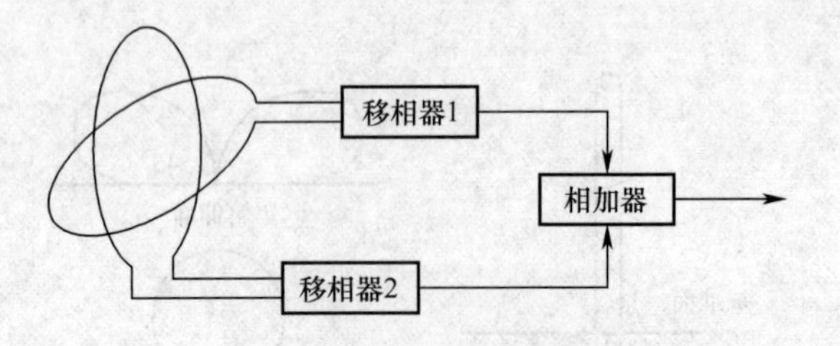

图 9-6　交叉环天线结构

相加器对这两个信号进行相加或相减处理，得到各向同性的输出信号。

间隔双环天线是由两个完全相同的相互间隔为确定距离的共面式双环或共轴式双环构成，如图 9-7 所示。

(3) 屏蔽环天线。屏蔽环天线为降低外界因素对金属屏蔽环方向性的不利影响而将线圈设计在金属屏蔽罩中。这样，可利用金属屏蔽罩良好的接地，减小屏蔽环天线对地分布电容，一方面克服了位移电流对天线接收性能所产生的影响，另一方面由于内线圈被屏蔽而使屏蔽环天线具有良好的方向性。屏蔽环天线如图 9-8 所示。

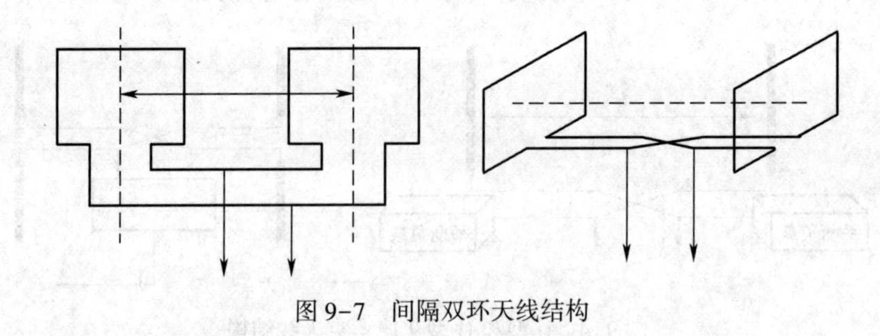

图 9-7　间隔双环天线结构

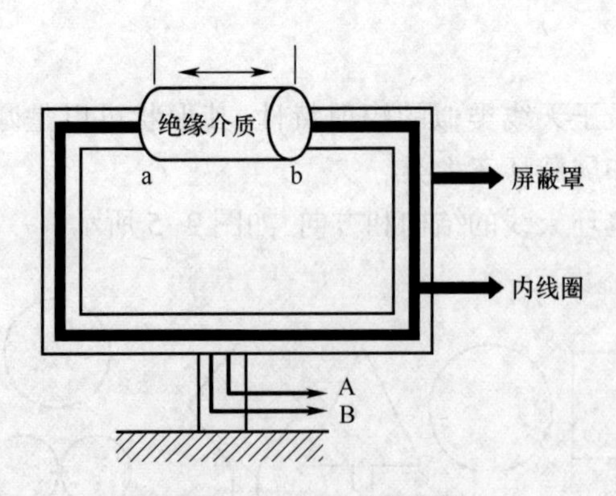

图 9-8　屏蔽环天线结构

(4) 复合环天线。复合环天线由一个单环天线和一根与该环天线垂直且位于该环天线中轴线上的鞭天线组成，如图 9-9 所示。鞭天线首先通过感应无线通信网台的电磁信号并将其转化为电信号，其次将该电信号移相 90°，再次与环天线经过同样处理后得到的电信号进行取和运算，最后得到复合环天线的输出信号，为后续测定无线通信网台信号的来波方向奠定基础。

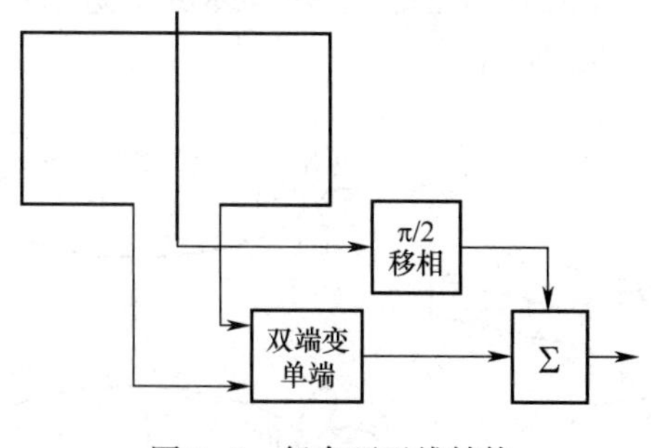

图9-9　复合环天线结构

3）对数周期天线

对数周期天线的结构和方向，如图9-10所示。

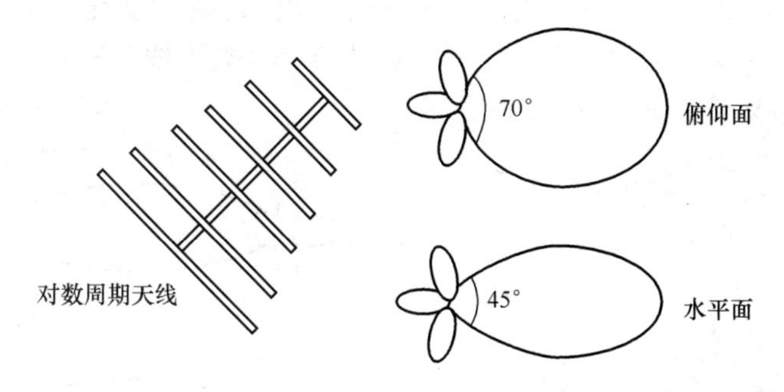

图9-10　对数周期天线结构和方向

由图9-10可见，对数周期天线由若干长度不同的偶极子天线构成，各阵子的间距与天线工作频率为对数关系，使该类天线能够覆盖很宽的频段，即对数周期天线是一种宽带天线。

4）螺旋天线

螺旋天线由绕成多匝的线圈构成，其结构如图9-11所示。

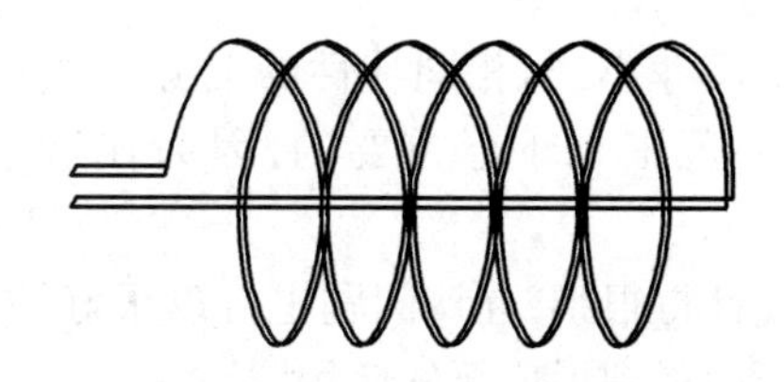

图9-11　螺旋天线结构

螺旋天线有正向、轴向、锥形、对数周期和平面等形式，每种形式的天线都具有各自的天线特性。螺旋天线的螺旋的直径通常与信号波长相等，该类天线辐射的电磁波包括圆极化和椭圆极化两种。

5）口径天线

口径天线与线天线一维结构不同，口径天线采用二维结构，通常应用在较高的频段。

(1) 喇叭天线。喇叭天线是定向天线，其辐射方向指向喇叭口径面的法线方向。通常使用波导馈入激励信号,在波导的尾部,其开口逐步变宽,形成喇叭式口径天线。其结构和辐射特性示意,如图 9-12 所示。

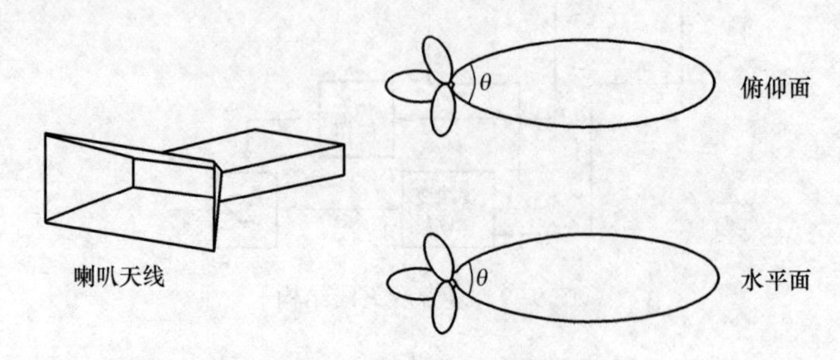

图 9-12　喇叭天线的结构和方向

(2) 抛物面天线。抛物面天线是一种反射天线,其馈源放置在抛物反射面的焦点上,馈源辐射的电磁波经过抛物面反射后形成波束。这类天线具有极好的增益和方向性性能,其结构和辐射特性如图 9-13 所示。

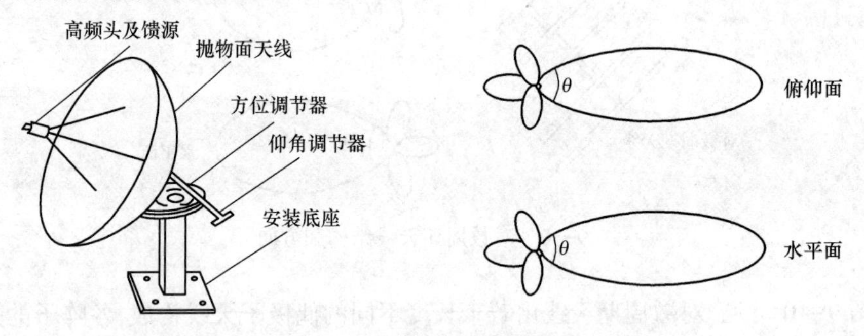

图 9-13　抛物面天线的结构和方向

6) 有源天线

天线通常是无源器件。如果采用放大器等有源器件来改善天线的某些特性,或者减小天线的尺寸,则这类天线称为有源天线。

有源天线的主要优点是尺寸小,与相同特性的无源天线相比较,有源天线的尺寸要小得多。这一点在较低频率范围是十分重要的,因为在这个频段无源天线尺寸通常很大。

有源天线的噪声可以设计得很小,互调问题也可以很好地解决,所以在高频、甚高频和特高频频段各种测向天线中得到了广泛的应用。

7) 阵列天线

阵列天线是将偶极子天线、喇叭天线或螺旋天线等组合起来构成相控阵天线,特别可用来作为测向天线。阵列天线具有单天线难以实现的性能。图 9-14 所示为四种较为常用的阵列天线及其阵元分布图。

天线阵列可以灵活地排列成 L 形、T 形、均匀圆形阵列、三角形和多边形等多种形态。阵列天线常用于相位干涉仪测向,其中圆形阵列多用于多普勒测向和相关干涉仪测向,而矩形阵列常在相控阵天线中使用。

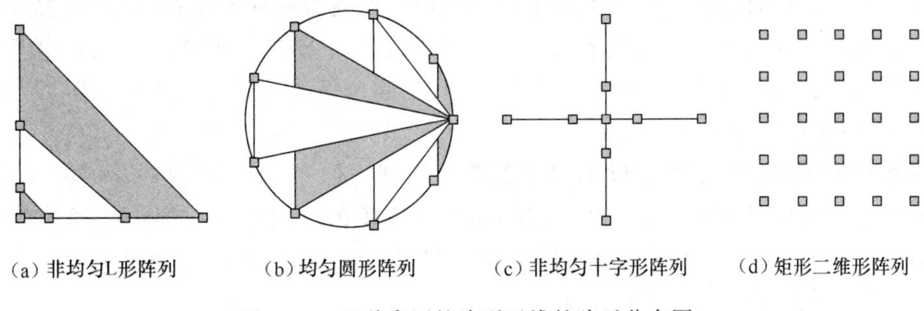

图 9-14　几种常用的阵列天线的阵元分布图

9.2　无线通信网台信号测向方法

9.2.1　振幅法测向

振幅法测向是基于测向天线对不同方向来波的幅度响应特性,实现对无线通信网台信号来波方向的测量。振幅法测向包括最大信号测向法、最小信号测向法和振幅比较测向法等。

1. 最大信号测向法

最大幅度测向法基本原理:利用窄波束强方向性测向天线,以一定的速度在测角范围内扫描捕捉无线通信网台信号,当测向系统测得接收的无线通信网台信号的幅度最大时,则判定测向天线波束所指方向为无线通信网台信号来波方向。最大幅度测向法原理如图 9-15 所示。

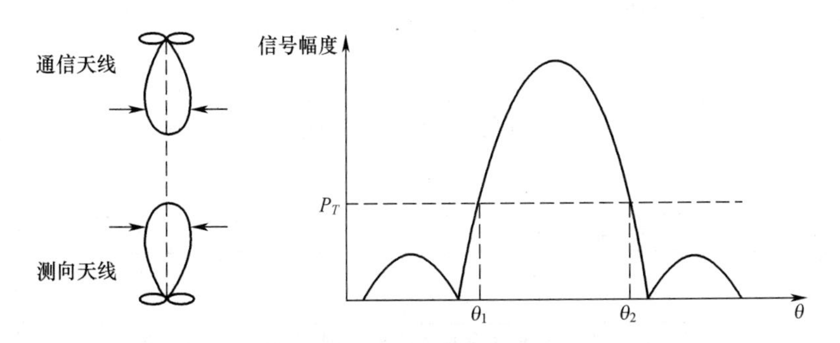

图 9-15　最大幅度测向法原理

最大幅度测向法通常通过两次测量来提高精度。在测向天线处于旋转状态扫描捕捉无线通信网台信号过程中,测向系统在所接收无线通信网台信号的幅度高于检测门限 P_T 和低于检测门限 P_T 时,取测向天线的波束指向角 θ_1 和 θ_2 的平均值作为来波方向的估值,即

$$\hat{\theta} = \frac{\theta_1 + \theta_2}{2} \tag{9-1}$$

最大幅度测向法具有的优点:测向灵敏度相对较高;单个测向通道可实现测向,成本相对较低;具有多无线通信网台信号测向能力;测向天线可以与侦测系统共用。其不足

之处:测向天线方向性强,会降低无线通信网台信号的空域截获概率;难以对猝发或快速跳频等驻留时间相对较短的无线通信网台信号进行测向;测向误差相对较大。由于该测向法主要采用强方向性天线,因此在如微波这样的高频段进行测向时效果显著。

2. 最小信号测向法

最小信号测向法与最大幅度测向法的基本原理类似,最小信号测向法的基本原理:利用窄波束强方向性测向天线,以一定的速度在测角范围内扫描捕捉无线通信网台信号,当测向系统测得接收的无线通信网台信号的幅度最小时,则判定测向天线波束所指方向为无线通信网台信号的来波方向。

最小信号测向方法实际上是利用天线的波束零点来测定来波方向。当波束零点对准来波方向时,天线感应信号为零,测向接收机输出信号幅度为零,此时天线指向的方向为来波方向。

最小信号测向法的测向精度相比最大幅度测向法的测向精度要高,且测向方法较为简单,如采用简单的偶极子天线来进行测向。最小信号测向方法主要用在长波和短波波段。

3. 单脉冲振幅比较测向法

单脉冲振幅比较测向法,又称为相邻比幅测向法,其工作原理:首先利用 M 个方向一致的测向天线,并且组合的方向在空域覆盖 360°,M 个测向天线分别感应被测无线通信网台的电磁波信号并将电磁信号转换为电信号;然后两两比较相邻两个测向天线输出电信号的幅度,判定被测无线通信网台信号的来波方向。

典型的四信道单脉冲振幅比较测向原理,如图 9-16 所示。

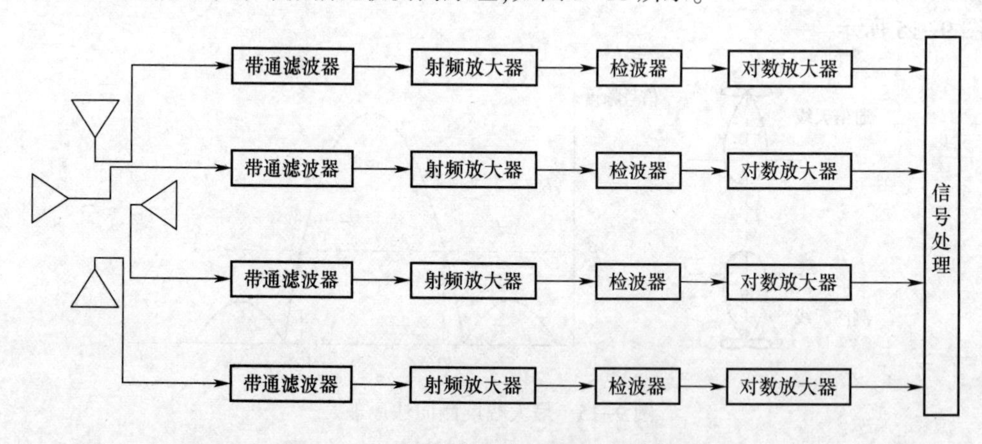

图 9-16 四信道单脉冲振幅比较测向原理

每副测向天线都对应一个由带通滤波器、射频放大器、检波器和对数放大器等组成的模拟信号处理信道。由于 M 个方向一致的测向天线,其方向均匀分布在 $[0,2\pi]$,每副测向天线的波束宽度为 $\theta_B = \frac{2\pi}{M}$,则各测向天线方向函数为

$$D(\theta - i\theta_B), i = 0,1,\cdots,M-1 \tag{9-2}$$

假设各副测向天线接收的被测无线通信网台的信号包络为 $A(t)$,则该信号经过幅度响应为 K_i 的模拟信号处理信道后,经滤波、放大、检波和对数处理后的信号包络为

$$s_i(t)=\lg[K_iD(\theta-i\theta_B)A(t)],i=0,1,\cdots,M-1 \tag{9-3}$$

由于测向天线方向一致且对称,因此 $D(\theta)=D(-\theta)$ 。当无线通信网台信号被两副相邻的测向天线接收,且来波方向与这两副天线之间的角度关系,如图 9-17 所示。

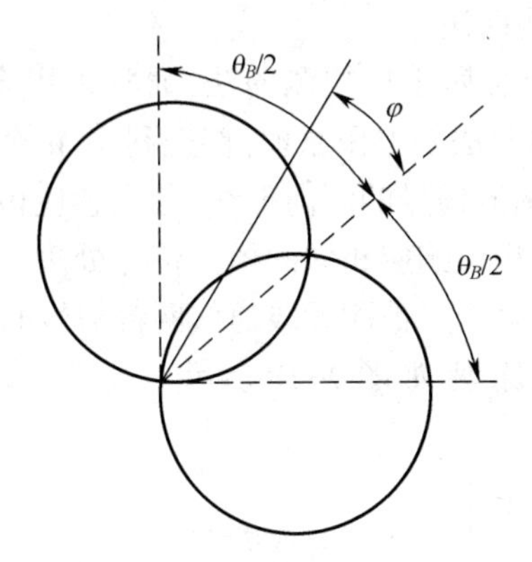

图 9-17　相邻天线方向

相应信道的信号输出分别为

$$\begin{cases}s_1(t)=K_1D\left(\dfrac{\theta_B}{2}-\varphi\right)A(t)\\ s_2(t)=K_2D\left(\dfrac{\theta_B}{2}+\varphi\right)A(t)\end{cases} \tag{9-4}$$

对这两个信号进行除法运算后,得

$$R=\frac{s_1(t)}{s_2(t)}=\frac{K_D\left(\dfrac{\theta_B}{2}-\varphi\right)}{K_2D\left(\dfrac{\theta_B}{2}+\varphi\right)} \tag{9-5}$$

对式(9-5)取对数,即用分贝表示为

$$R_{\mathrm{dB}}=10\lg\left[\frac{K_1D\left(\dfrac{\theta_B}{2}-\varphi\right)}{K_2D\left(\dfrac{\theta_B}{2}+\varphi\right)}\right] \tag{9-6}$$

由于各信道的幅度响应完全一致,设为 K,式(9-6)可进一步推导为

$$R=\frac{D\left(\dfrac{\theta_B}{2}-\varphi\right)}{D\left(\dfrac{\theta_B}{2}+\varphi\right)} \tag{9-7}$$

式(9-7)为两副相邻测向天线所感应的信号经过滤波、放大、检波和对数化等处理后得到的电压与被测无线通信网台信号来波方向之间的关联表达式,即单脉冲振幅比较测向法的理论依据。

由于测向天线的方向函数 $D(\theta)$ 及其张角预先确知,故可得到被测无线通信网台信号来波方向。

单脉冲振幅比较测向法的优点是测向精度相对较高且具有瞬时测向能力，不足之处为测向系统较为复杂且要求各电路的幅度特性高度一致。

4. 沃森-瓦特振幅比较测向法

沃森-瓦特振幅比较测向法属于比幅测向法，通常采用多信道实现来波方向测定。多信道沃森-瓦特振幅比较测向法的工作原理：首先利用 M 个正交的测向天线中两副可接收到被测无线通信网台电磁波信号的测向天线，分别感应该电磁波信号并将其转换为电信号；然后通过幅度响应和相位响应相同的模拟信号处理信道对电信号进行变频和放大等处理；基于最后求解的结果判定被测无线通信网台信号的来波方向。

沃森-瓦特振幅比较测向原理，如图 9-18 所示。

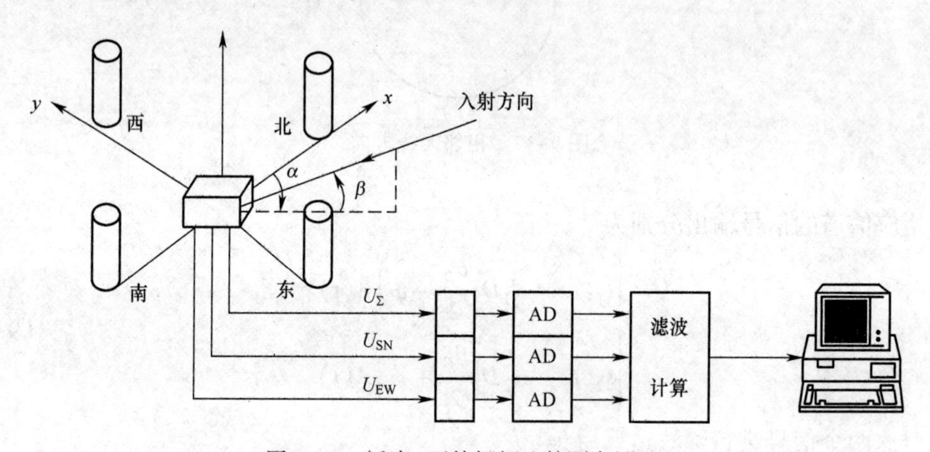

图 9-18 沃森-瓦特振幅比较测向原理

下面以爱德柯克四天线为例，说明沃森-瓦特振幅比较测向法的基本原理。当被测无线通信网台的均匀平面波以方位角 α 和仰角 β 传播到爱德柯克测向天线阵时，则得到天线阵的接收信号为

$$U_0(t) = A(t)\cos(2\pi f_c t + \varphi_0) \tag{9-8}$$

不失一般性，基准取正北方向，则在测向天线阵上呈均匀分布的四副测向天线所感应的电压为

$$\begin{cases} U_N(t) = A(t)\cos\left(2\pi f_c t + \varphi_0 - \dfrac{\pi d}{\lambda}\cos\alpha\cos\beta\right) \\ U_S(t) = A(t)\cos\left(2\pi f_c t + \varphi_0 + \dfrac{\pi d}{\lambda}\cos\alpha\cos\beta\right) \\ U_W(t) = A(t)\cos\left(2\pi f_c t + \varphi_0 - \dfrac{\pi d}{\lambda}\sin\alpha\cos\beta\right) \\ U_E(t) = A(t)\cos\left(2\pi f_c t + \varphi_0 + \dfrac{\pi d}{\lambda}\sin\alpha\cos\beta\right) \end{cases} \tag{9-9}$$

式中：β 为被测无线通信网台信号来波入射仰角；α 为该信号来波入射方位角；d 为天线阵直径；λ 为该信号波长；f_c 为该信号频率；$A(t)$ 为该信号包络。

天线阵两组天线所感应信号之间的电压差为

$$\begin{cases} U_{SN}(t) = U_S(t) - U_S(t) = 2A(t)\sin(2\pi f_c t + \varphi_0)\sin\left(\dfrac{\pi d}{\lambda}\cos\alpha\cos\beta\right) \\ U_{EW}(t) = U_E(t) - U_W(t) = 2A(t)\sin(2\pi f_c t + \varphi_0)\sin\left(\dfrac{\pi d}{\lambda}\sin\alpha\cos\beta\right) \end{cases} \tag{9-10}$$

当式(9-10)中 $d \ll \lambda$ 时,式(9-10)可简化为

$$\begin{cases} U_{SN}(t) \approx 2A(t)\dfrac{\pi d}{\lambda}\sin(2\pi f_c t + \varphi_0)\cos\alpha\cos\beta \\ U_{EW}(t) \approx 2A(t)\dfrac{\pi d}{\lambda}\sin(2\pi f_c t + \varphi_0)\sin\alpha\cos\beta \end{cases} \tag{9-11}$$

由式(9-11)可知,两组天线输出电压差的信号,其幅度对应为被测无线通信网台信号来波方位角的余弦函数和正弦函数以及入射仰角的余弦函数。

天线阵两组天线所感应信号之间的电压和为

$$\begin{aligned} U_Z(t) &= U_N(t) + U_S(t) + U_W(t) + U_E(t) \\ &= 2A(t)\cos(2\pi f_c t + \varphi_0)\left[\cos\left(\frac{\pi d}{\lambda}\cos\alpha\cos\beta\right) + \cos\left(\frac{\pi d}{\lambda}\sin\alpha\cos\beta\right)\right] \\ &= 2A(t)\cos(2\pi f_c t + \varphi_0)V(\alpha,\beta) \end{aligned} \tag{9-12}$$

并且仅满足:

$$V(\alpha,\beta) = \cos\left(\frac{\pi d}{\lambda}\cos\alpha\cos\beta\right) + \cos\left(\frac{\pi d}{\lambda}\sin\alpha\cos\beta\right) > 0 \tag{9-13}$$

或

$$2\cos\left(\frac{\sqrt{2}}{2}\frac{\pi d}{\lambda}\cos\beta\cos\left(\alpha - \frac{\pi}{4}\right)\right)\cdot\cos\left(\frac{\sqrt{2}}{2}\frac{\pi d}{\lambda}\cos\beta\cos\left(\alpha + \frac{\pi}{4}\right)\right) > 0 \tag{9-14}$$

特别是当 $\dfrac{d}{\lambda} < \dfrac{\sqrt{2}}{2}$ 时,和信号的正交项 $U_{\Sigma\perp}(t) = 2A(t)\sin(2\pi f_c t + \varphi_0)V(\alpha,\beta)$ 与两个差信号同相,其乘积分别为

$$\begin{cases} P_{SN}(t) \approx [2A(t)]^2\dfrac{1 - \cos2(2\pi f_c t + \varphi_0)}{2}V(\alpha,\beta)\dfrac{\pi d}{\lambda}\cos\alpha\cos\beta \\ P_{EW}(t) \approx [2A(t)]^2\dfrac{1 - \cos2(2\pi f t + \varphi_0)}{2}V(\alpha,\beta)\dfrac{\pi d}{\lambda}\sin\alpha\cos\beta \end{cases} \tag{9-15}$$

低通滤波后的输出信号为

$$\begin{cases} W_{SN}(t) \approx [2A(t)]^2 V(\alpha,\beta)\dfrac{\pi d}{\lambda}\cos\alpha\cos\beta \\ W_{EW}(t) \approx [2A(t)]^2 V(\alpha,\beta)\dfrac{\pi d}{\lambda}\sin\alpha\cos\beta \end{cases} \tag{9-16}$$

因此,可得来波入射方位角 α 和来波入射仰角 β 为

$$\alpha = \arctan\left(\frac{W_{EW}(t)}{W_{SN}(t)}\right) \tag{9-17}$$

$$\beta = \arccos\left(\frac{\sqrt{(W_{EW}(t))^2 + (W_{SN}(t))^2}}{\dfrac{\pi d}{\lambda}A(t)\sqrt{(U_\Sigma(t))^2 + (U_{\Sigma\perp}(t))^2}}\right) \tag{9-18}$$

由此可得,被测无线通信网台信号的来波方向。

沃森-瓦特振幅比较测向法具有测向时效性强、测向精度高且可对跳频通信信号进行测向等优点,不足之处是测向系统结构相对复杂且对信道幅度一致性和相位一致性要求极高。

9.2.2 相位法测向

相位法测向工作原理:根据被测无线通信网台信号到达测向天线阵时,测向天线阵中各阵元所接收的信号相对各阵元呈现出不同的相位,利用所呈现的不同相位及其相位差来测量被测无线通信网台的来波方向。相位法测向包括单基线相位干涉仪测向法和多基线相位干涉仪测向法等。

1. 单基线相位干涉仪测向法

单基线相位干涉仪测向可实现对被测无线通信网台信号的快速测向,其基本原理如图 9-19 所示。

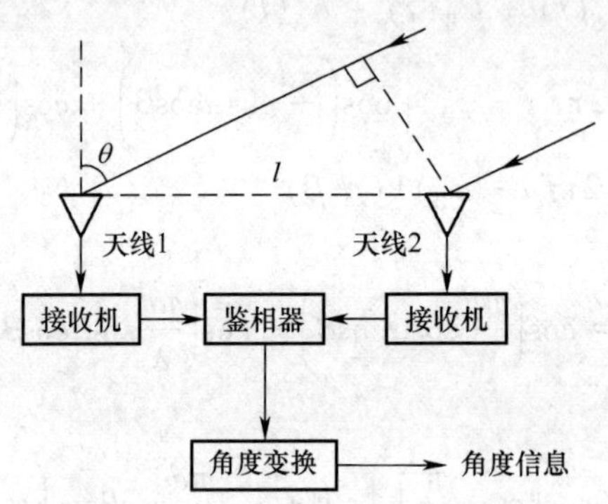

图 9-19 单基线相位干涉仪测向

单基线相位干涉仪采用两副测向天线,为描述方便,分别表示为测向天线 1 和测向天线 2。单基线相位干涉仪有幅度特性、频率特性和相位特性完全一致的两个接收信道。

当被测无线通信网台的均匀平面波以与天线之间夹角为 θ 的方向传播至测向天线时,天线阵输出信号的相位差可表示为

$$\varphi = \frac{2\pi l}{\lambda}\sin\theta \tag{9-19}$$

式中:λ 是被测无线通信网台信号的波长;l 是测向天线 1 和测向天线 2 之间的间距,也称为基线长度。由于两个接收信道具有完全一致的幅度特性和相位特性,因此可得鉴相器输出信号为

$$\begin{cases} U_C = K\cos\varphi \\ U_S = K\sin\varphi \end{cases} \tag{9-20}$$

式中:K 为系统增益。

再对鉴相器输出信号进行角度变换,可得

$$\begin{cases} \hat{\varphi} = \arctan\left(\dfrac{U_S}{U_C}\right) \\ \hat{\theta} = \arcsin\left(\dfrac{\hat{\varphi}\lambda}{2\pi l}\right) \end{cases} \tag{9-21}$$

根据鉴相器原理,其无模糊相位检测范围为[-π,π],因此单基线干涉仪的无模糊测角范围[$-\theta_{max}$,θ_{max}]对应为

$$\theta_{max}=\arcsin\left(\frac{\lambda}{2l}\right) \tag{9-22}$$

对式(9-21)求微分,可以得到测角误差的关系为

$$\begin{cases}\Delta\varphi=\dfrac{2\pi l}{\lambda}\cos\theta\Delta\theta-\dfrac{2\pi l}{\lambda^2}\sin\theta\Delta\lambda\\ \Delta\theta=\dfrac{\Delta\varphi}{\dfrac{2\pi l}{\lambda}\cos\theta}-\dfrac{\Delta\lambda}{\lambda}\tan\theta\end{cases} \tag{9-23}$$

由式(9-23)可知,在基线方向是测向的盲区,即 $\theta=\pi/2$ 时误差最大。为将误差最小化,一般将单基线相位干涉仪的测向范围限制在[-π/3,π/3]范围内。

2. 一维多基线相位干涉仪测向法

采用一维多基线相位干涉仪测向法的目的是通过长基线保证精度和短基线保证测角范围。多基线相位干涉仪测向原理,如图 9-20 所示。

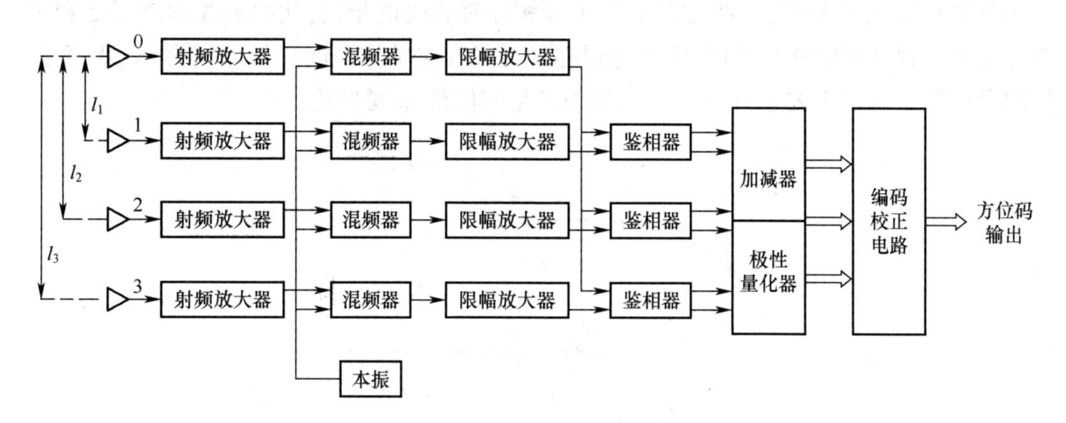

图 9-20　多基线相位干涉仪测向原理

在图 9-20 中,0 号天线为基准天线,对应信道为鉴相基准信道,0 号天线与 1 号、2 号和 3 号天线的基线长度分别为 l_1、l_2 和 l_3,且满足 $l_2=4l_1$ 和 $l_3=4l_2$。

四副天线感应的被测无线通信网台信号,经过低噪声放大、射频放大、混频和限幅放大等处理后分别送到对应的鉴相器,鉴相器对输入的信号进行两两鉴相处理后得到 3 组 6 路输出信号,分别为 $\sin\varphi_1/\cos\varphi_1$、$\sin\varphi_2/\cos\varphi_2$ 和 $\sin\varphi_3/\cos\varphi_3$,其中

$$\begin{cases}\varphi_1=\dfrac{2\pi l_1}{\lambda}\sin\theta\\ \varphi_2=\dfrac{2\pi l_2}{\lambda}\sin\theta=4\varphi_1\\ \varphi_3=\dfrac{2\pi l_3}{\lambda}\sin\theta=4\varphi\end{cases} \tag{9-24}$$

上面6路信号再通过后续加减电路、极性量化器和编码校正电路处理，得到与θ相对应的方向编码，即实现无线通信网台信号来波方向的测定。

假定一维多基线干涉仪的基线数为N，相邻基线长度比为M，最长基线编码器的量化位数为K，则在理论上该方法的测向精度为

$$\Delta\theta \approx \frac{\theta_{\max}}{M^{N-1}2^{K-1}} \tag{9-25}$$

一维多基线干涉仪的基线长度可以等间距或不等间距安排，也可以采用分数比基线。

3. 二维圆阵相位干涉仪测向法

二维相位干涉仪测向法和多维相位干涉仪测向法均依据一维多基线相位干涉仪的测向原理。二维相位干涉仪测向天线可采用L形、T形、均匀圆形阵、三角形和多边形等多种灵活排列方式，下面介绍基于圆阵的二维相位干涉仪测向原理。

测向天线基线组由三个阵元组成，为便于描述，分别命名为阵元1、阵元2和阵元3。建立如图9-21所示的坐标系，这三个阵元分布在以坐标系的原点O为圆心、R为半径的圆周上。定义基线组主轴为圆心与阵元1之间的连线，主轴方向为坐标系中x轴与主轴之间为夹角ω时的指向，法线方向为与主轴相互垂直时的指向；测向天线的阵元2和3阵元与基主轴呈对称分布，两个阵元与圆心的连线和主轴方向的夹角分别为$\pm\gamma$；无线通信网台信号$s(t)$的来波方向为(θ,φ)，其中θ是方位角，φ是仰角。

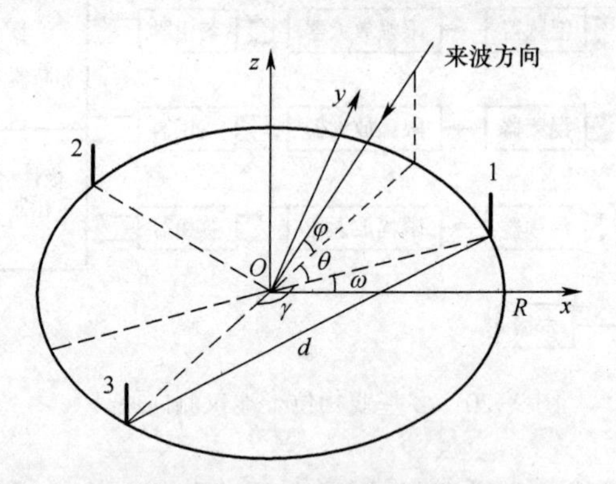

图9-21 三元圆阵结构坐标系

在测向天线中各阵元所接收的无线通信网台信号为

$$s_i(t) = s(t)\exp(j\beta\boldsymbol{\xi}^{\mathrm{T}}\boldsymbol{r}_i) = s(t)\exp(j\psi_i),i = 1,2,3 \tag{9-26}$$

式中：$\boldsymbol{r}_i$为天线位置的矢量；$\beta=2\pi/\lambda$；$\boldsymbol{\xi}$为无线通信网台信号来波方向的导向矢量；ψ_i为因传输时延而导致的时延相位，其原因是测向天线阵元i接收到无线通信网台信号的时间与无线通信网台信号到达O点的时间必然存在一定的时延，故有

$$\boldsymbol{\xi} = [\xi_x,\xi_y,\xi_z] = [\cos\varphi\cos\theta,\cos\varphi\sin\theta,\sin\varphi]^{\mathrm{T}} \tag{9-27}$$

同时，在测向天线中阵元1与阵元2和阵元1与阵元3之间接收到无线通信网台信号时真实相位差ψ_{12}和ψ_{13}为

$$\begin{cases}\psi_{12}=\psi_1-\psi_2=-2\beta R\cos\varphi\sin\left(\dfrac{\gamma}{2}\right)\sin\left(\theta-\omega-\dfrac{\gamma}{2}\right)\\ \psi_{13}=\psi_1-\psi_3=2\beta R\cos\varphi\sin\left(\dfrac{\gamma}{2}\right)\sin\left(\theta-\omega+\dfrac{\gamma}{2}\right)\end{cases}\tag{9-28}$$

对 ψ_{12} 和 ψ_{13} 进行和差运算,可得

$$\begin{cases}\psi_S=\psi_{13}+\psi_{12}=4\beta R\sin\left(\dfrac{\lambda}{2}\right)\cos\varphi\cos(\theta-\omega)\sin\left(\dfrac{\lambda}{2}\right)\\ \psi_D=\psi_{13}-\psi_{12}=4\beta R\sin\left(\dfrac{\lambda}{2}\right)\cos\varphi\sin(\theta-\omega)\cos\left(\dfrac{\lambda}{2}\right)\end{cases}\tag{9-29}$$

式中:ψ_S 和 ψ_D 是基线组的和相位及差相位。

设 μ 是 $\boldsymbol{\xi}$ 在阵列平面上的投影,即 $u=\xi_x+j\xi_y$,则有

$$\mu=\cos\varphi(\cos\theta+j\sin\theta)=\cos\varphi[\cos(\theta-\omega)+j\sin(\theta-\omega)](\cos\omega+j\sin\omega)\tag{9-30}$$

令 $\mu'=\cos(\theta-\omega)+j\sin(\theta-\omega)$,可得 μ' 的估计值为

$$\hat{\mu}'=\hat{\xi}'_x+j\hat{\xi}'_y=\frac{\psi_S}{4\beta R\sin\left(\dfrac{\gamma}{2}\right)\sin\left(\dfrac{\gamma}{2}\right)}+j\frac{\psi_D}{4\beta R\sin\left(\dfrac{\gamma}{2}\right)\cos\left(\dfrac{\gamma}{2}\right)}\tag{9-31}$$

经推导,可得

$$\begin{cases}\hat{\mu}=\hat{\mu}'\exp(j\omega)\\ \hat{\xi}'_y=\dfrac{\psi_D}{4\beta R\sin\left(\dfrac{\gamma}{2}\right)\cos\left(\dfrac{\gamma}{2}\right)}\\ \hat{\xi}'_x=\dfrac{\psi_S}{4\beta R\sin\left(\dfrac{\gamma}{2}\right)\sin\left(\dfrac{\gamma}{2}\right)}\end{cases}\tag{9-32}$$

由此可得到达角估计值为

$$\hat{\theta}=\arctan\left(\frac{\hat{\xi}'_y}{\hat{\xi}'_x}\right),\hat{\varphi}=\arccos|\hat{u}|\tag{9-33}$$

多基线相位干涉仪测向法的特点是测向灵敏度和精度高且速度快,但测向范围难以全方位覆盖,且信号分辨能力不强、技术复杂和成本高。

9.2.3　矢量法测向

矢量法测向是基于对测向天线阵列中各阵元间复数电压的计算实现来波方向测量的方法,主要包括相关干涉仪测向法和空间谱估计测向法两大类。

1. 相关干涉仪测向法

相关干涉仪测向采用多阵元测向天线,按照相关干涉仪所配备的接收信道数可分为单信道、双信道和多信道相关干涉仪,三者的测向原理基本一致。下面以经典的双信道相关干涉仪为例阐述相关干涉仪的基本组成和工作原理。

1)双通道相关干涉仪测向原理

双通道相关干涉仪采用双通道接收机和多阵元天线实现对信号的监测和来波方向测量,其基本原理如图 9-22 所示。

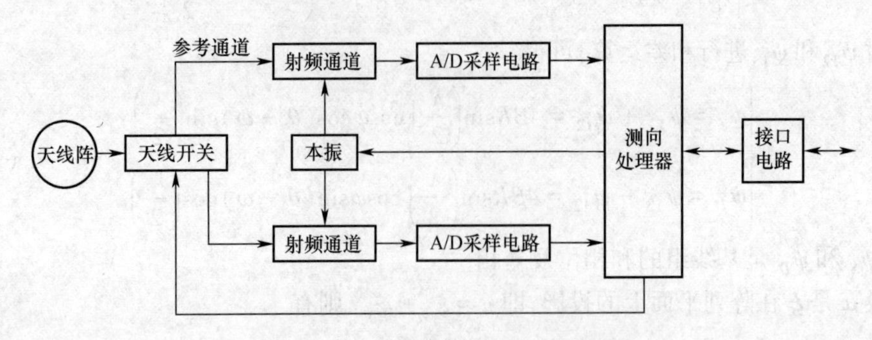

图 9-22　双信道相关干涉仪基本原理

天线阵感应被测无线通信网台的电磁波信号并将其转换为电信号。该电信号首先由天线开关控制分时进入两个射频通道,与本振信号混频后变为中频信号;然后分别由 A/D 模数转换电路 ADC 对该中频信号采样和量化后,送到测向处理器进行傅里叶变换处理,提取不同测向天线对应接收到的无线通信网台信号的相位和与相位差;最后由测向处理器根据提取的相位和与相位差完成相关干涉测向处理,从而得到被测无线通信网台信号的来波方位。

2)双信道相关干涉仪测向过程

相关干涉仪的天线阵列通常包含 3~9 个阵元。测向依据天线阵列中多阵元来实现,具体步骤如下:

(1) 数组与模板建立。利用方向和频率确知的校正信号,测量出天线阵列中各阵元间的复数电压,形成方向和频率均明确对应的信号复数电压数组或模板。

(2) 标准数据库构建。针对天线阵列的工作频率范围,根据样本建立规则依次选择方位和频率建立标准模板,构建可供相关计算的标准数据库。

(3) 基于步骤(1)和步骤(2),在对被测无线通信网台信号进行测向时,首先采集被测无线通信网台的信号形成其复数电压数组,然后与测向处理器中的复数电压数组和标准数据库中的标准模板进行相关运算提取被测无线通信网台信号的来波方向。

由于标准模板是根据步骤(1)和步骤(2)事先建立的并已存储在标准数据库中,因此在测向时仅需测量和建立被测无线通信网台信号的复数电压数组。假设测得的目标无线通信网台信号的复数电压数组为

$$\boldsymbol{\Phi}_i = \{\varphi_{i1}, \varphi_{i2}, \varphi_{i3}, \cdots, \varphi_{im}\}, i = 1,2,\cdots,n \tag{9-34}$$

标准数据库中先验信号的复数电压数组为

$$\boldsymbol{\Phi} = \{\varphi_{01}, \varphi_{02}, \varphi_{03}, \cdots, \varphi_{0m}\} \tag{9-35}$$

将式(9-34)和式(9-35)进行相关运算,提取其相关系数为

$$\rho_i = \frac{\boldsymbol{\Phi}^{\mathrm{T}}\boldsymbol{\Phi}_i}{(\boldsymbol{\Phi}^{\mathrm{T}}\boldsymbol{\Phi})^{1/2}(\boldsymbol{\Phi}_i^{\mathrm{T}}\boldsymbol{\Phi}_i)^{1/2}}, i = 1,2,3,\cdots,n \tag{9-36}$$

得到相关系数后,从标准数据库中查找与相关系数最大值所对应的信号方位数值,

该方位值就是无线通信网台信号的来波方向。

双信道相关干涉仪中的测向处理器主要完成对采样数据的傅里叶变换处理,处理流程包括:一方面,通过天线开关分时切换天线阵列中的天线阵元,由每对天线阵元接收的无线通信网台信号提取一个复数电压,多对天线阵元的复数电压就构成了一个可供相关运算的复数电压数组;另一方面,基于构建的复数电压数组,通过相关运算处理提取无线通信网台信号的来波方向。

2. 多普勒测向法

多普勒测向法是通过依次测量圆形天线阵列中相邻阵元入射信号上相位差的方法来测定来波方向。

1)多普勒效应

多普勒测向原理基于多普勒效应,多普勒效应是指当被测无线通信网台与测向系统处于相对运动状态时,测向系统通过测量得到的无线通信网台信号频率与被测无线通信网台实际信号发射频率存在频率偏差的现象,如图9-23所示。

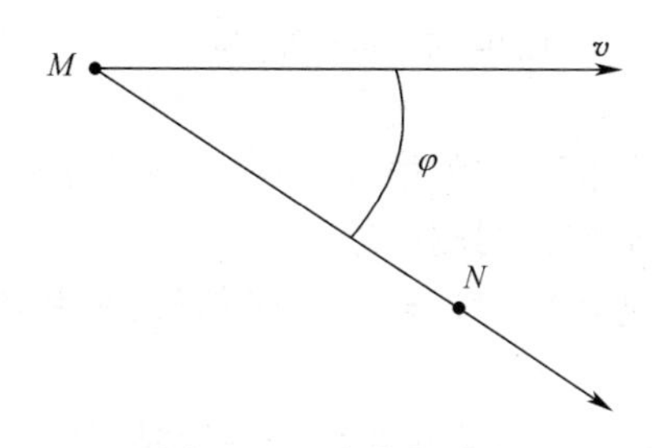

图9-23　多普勒效应

设被测无线通信网台在 N 点的信号频率为 f_0,无线通信网台以速度 v 运动,信号辐射方向和运动方向之间的夹角为 φ。c 为光速,若无线通信网台的运动速度与光速之间满足 $v/c \ll 1$,则在点 M 处可测到由多普勒效应而导致的频率偏移:

$$\Delta f = f_0 N\cos\varphi \tag{9-37}$$

2)多普勒测向原理

在实际应用中,通常将测向系统中的测向天线而不是测向系统设计成相对无线通信网台作运动。依据多普勒频移原理,当测向天线正对无线通信网台运动时,多普勒效应将使测向系统通过测量得到的无线通信网台信号的频率高于无线通信网台实际发射信号的频率;当测向天线背离无线通信网台运动时,多普勒效应将使测向系统通过测量得到的无线通信网台信号的频率低于无线通信网台实际发射信号的频率;当测向天线沿着圆周轨道作旋转运动时,多普勒效应将使测向系统通过测量得到的无线通信网台信号的频率和相位均按正弦调制模式呈现周期性的变化。

由于结构复杂且难以实现,一般不采用机械方法使测向天线旋转来产生多普勒效应。通常将测向天线的多个阵元均匀分布在圆周上,利用测向系统中设计的天线开关分时快速地连通各个阵元模拟测向天线的圆周旋转运动,由此产生多普勒效应来获得无线通信网台信号的相位调制或频率调制,进而实现多普勒测向,这种技术称为准多普勒测向技术。

如图 9-24 所示,当测向天线以角频率 ω_r 沿着半径为 R 的圆形轨道旋转时,以方位角 θ 和俯仰角 β 传播到测向天线的无线通信网台信号在该测向天线上感应的瞬时信号为

$$u(t) = A(t)\cos\left(\omega_0 t + \varphi(t) + \frac{2\pi R}{\lambda_0}\cos\beta\cos(\omega_r t - \theta)\right) \tag{9-38}$$

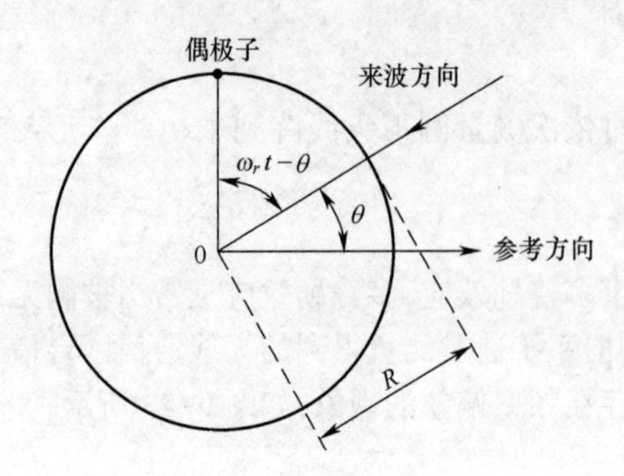

图 9-24　多普勒测向原理

式中:$A(t)$ 是信号包络;ω_0 是信号角频率;λ_0 是信号波长;$\varphi(t)$ 是信号瞬时相位。

下面以一维,即 $\beta=0$ 来简要说明测向原理。

不失一般性,假定无线通信网台信号为窄带信号,则其幅度 $A(t)=A$ 、相位 $\varphi(t)=\varphi_0$。

首先对瞬时信号进行鉴相处理,可得该信号的瞬时相位为

$$\Phi(t) = \omega_0 t + \varphi_0 + \frac{2\pi R}{\lambda_0}\cos(\omega_r t - \theta) \tag{9-39}$$

然后对瞬时相位求导得到该信号的瞬时频率为

$$\omega(t) = \frac{\mathrm{d}\Phi(t)}{\mathrm{d}t} = \omega_0 - \frac{2\pi R}{\lambda_0}\omega_r \sin(\omega_r t - \theta) \tag{9-40}$$

最后通过低通滤波处理得到该信号的输出为

$$s(t) = -\frac{2\pi R}{\lambda_0}\omega_r \sin(\omega_r t - \theta) \tag{9-41}$$

将 $s(t)$ 与相同频率的参考信号 $s_r(t)=\sin(\omega_r t)$ 进行相位比较可以提取方位角,即实现来波方向的测定。

3) 数字化多普勒测向

由于无线通信网台信号自身都是已调制的无线电信号,在已调制的被测无线通信网台信号的调制分量中很可能附带多普勒测向天线旋转时产生的频率分量,该频率分量会干扰测向系统对多普勒频移的提取,导致测向结果存在较大的误差。因此,通过采用新型的数字化多普勒测向技术可以较好地解决上面的问题,从而提高测向精度。

下面以三信道补偿型数字化多普勒测向系统来阐述该测向方法的基本原理,其架构如图 9-25 所示。

其基本工作过程如下:

三信道补偿型数字化多普勒测向系统的三个测向信道在控制器的控制下均调谐到

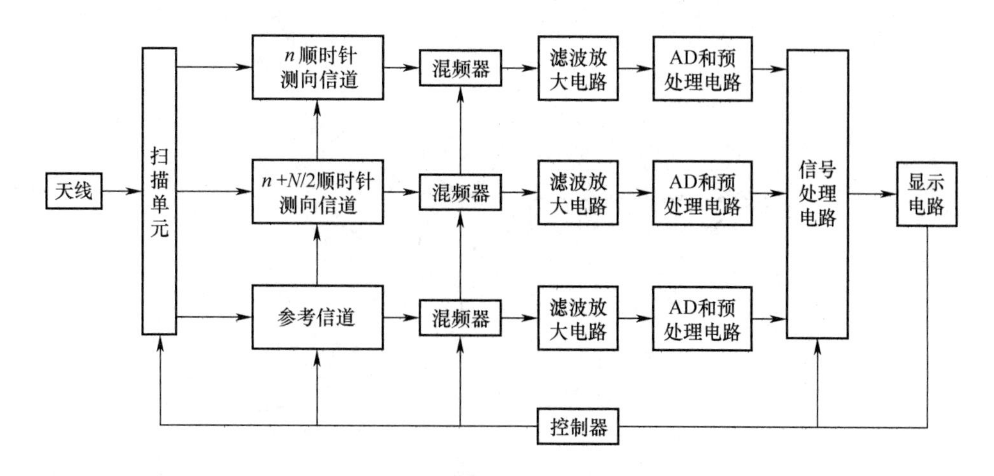

图9-25　三信道补偿型数字化多普勒测向系统

被测无线通信网台信号的频率上。测向天线中全向参考天线将感应的被测无线通信网台的电磁信号被转换成电信号后,经过扫描单元传输到参考信道;同时,测向天线中多普勒天线阵列的第 n 和 $n+(N/2)$ 个阵元上感应的被测无线通信网台的电磁信号被转换为电信号后,也经过扫描单元分别传输到 n 顺时针测向信道和 $n+(N/2)$ 测向信道。这三路电信号经过混频器下变频处理、中频滤波和中频放大后得到可满足后续处理的中频信号。这三路中频信号首先分别由 A/D 和预处理电路进行采集和量化处理;然后送到信号处理电路进行数字变频、数字滤波和离散傅里叶变换,从中提取测向天线各阵元上的多普勒相移,并采用一阶或二阶差分处理来消除多普勒相移存在的相位模糊;再按顺时针切换到另两个阵元,重复上述过程,直至多普勒天线阵列中的阵元完成一周的切换;最后,采用数字傅里叶变换从离散多普勒相移中提取被测无线通信网台的来波方位,包括来波方向和来波仰角。

多普勒测向具有测向误差小和测向灵敏度高等优点,而且可同时得到来波方向和来波仰角。

9.2.4　时差法测向

时差法测向的基本原理:基于测向天线中多个彼此独立的天线阵元,当同一个无线通信网台的电磁波传播到测向天线中各阵元时,利用相互间因行程差导致的到达时间差来测定该无线通信网台信号的来波方向。该方法又称为到达时差测向或 TDOA 测向。时差法测向以前通常仅被应用在长基线测向领域,随着时间测量精度要求不断提高,目前时差法测向已在短基线测向领域逐步得到运用。

时差法测向的原理如图9-26所示。

时差法测向的实质是从基线间距为 d 的两副测向天线上获得无线通信网台信号的到达时间差中提取无线通信网台信号的来波方向。

假设无线通信网台信号传播到测向天线时的方位角为 θ、俯仰角为 β;测向天线中天线阵元1与阵元2、天线阵元1与阵元3的间距均为 d;参考基准为天线阵元1,则天线阵

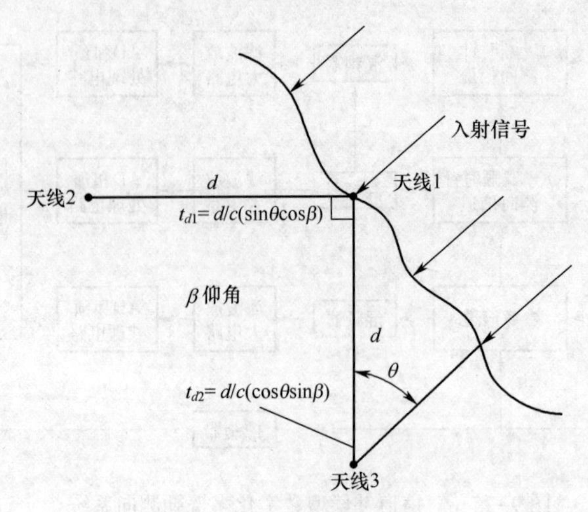

图 9-26　时差法测向原理

元 1 和阵元 2、天线阵元 1 和阵元 3 的时间差 t_{dk} 为

$$t_{dk} = \frac{d}{c}\sin\theta\sin\beta, k = 1,2 \tag{9-42}$$

式中:c 为光速。

当阵元的间距单位采用 m、时间单位采用 ns 时,t_{dk} 可简化为

$$t_{dk} = 3.33d\sin\theta\sin\beta, k = 1,2 \tag{9-43}$$

当测向天线口径满足 $d/\lambda \leqslant 0.5$ 时,时间差 t_{dk} 与信号频率无关,可得方位角和俯仰角分别为

$$\begin{cases} \theta = \arcsin\left(\dfrac{t_{d1}}{3.33d\sin\beta}\right) \\ \beta = \arcsin\left(\dfrac{t_{d2}}{3.33d\sin\theta}\right) \end{cases} \tag{9-44}$$

需要说明的是,时差法测向由于不存在时间测量参考点,因此无线通信网台信号的到达时间差必须通过相关处理才能提取。下面阐述到达时间差的提取方法。

1. 基于相关的时差测向法

设测向天线中天线 1 所接收的无线通信网台信号是 $s(t)$,天线 2 所接收的同一个无线通信网台信号由于存在时差,则为 $s(t-\tau)$,其中 τ 是由于电磁波行程差引起的时间差。计算这两个信号的相关函数为

$$R(\tau)\int s(t)s(t-\tau)\mathrm{d}t \tag{9-45}$$

式(9-45)为同一个无线通信网台信号的相关函数,故存在相关峰,该相关峰所在的时间 τ 为天线 1 和天线 2 接收到两个信号之间的时间差。

由于噪声无法避免,故利用相关法提取无线通信网台信号的时间差存在精度极限:

$$\delta_t = \frac{1}{2\pi B\sqrt{\dfrac{2E}{N_0}}} \tag{9-46}$$

式中:E 为接收点(观测点)测量的无线通信网台信号能量,为测量的信号功率与时间长度的乘积;N_0 为单位带宽内噪声强度,即噪声功率除以带宽的结果;B 为测量的信号均方带宽。可见,如果被测无线通信网台信号的带宽越宽、持续时间越长且信噪比越高,则提取的时间差精度会越高。

2. 基于循环自相关的时差测量方法

1)循环自相关函数

实际上绝大多数无线通信网台信号都具有周期性,故其一阶统计特性或二阶统计特性也必有周期性。设 $s(t)$ 是一个零均值非平稳复信号,其自相关函数表达式为

$$R_s(t,\tau) = E\{s(t)s^*(t-\tau)\} = \frac{1}{2N+1}\sum_{n=-N}^{N} s(t+nT_0)s^*(t+nT_0-\tau) \quad (9\text{-}47)$$

如果 $R_s(t,\tau)$ 的二阶统计特性具有周期性,即二阶统计特性的周期为 T_0,则可采用时间平均对 $R_s(t,\tau)$ 进行转化:

$$R_s(t,\tau) = \lim_{N\to\infty}\frac{1}{2N+1}\sum_{n=-N}^{N} s(t+nT_0)s^*(t+nT_0-\tau) \quad (9\text{-}48)$$

由于 $R_s(t,\tau)$ 为周期函数,故采用傅里叶级数将其展开,可得

$$R_s(t,\tau) = \sum_{m=-\infty}^{\infty} R_s^\alpha(\tau)e^{j\frac{2\pi}{T_0}mt} = \sum_{m=-\infty}^{\infty} R_s^\alpha(\tau)e^{j2\pi\alpha t} \quad (9\text{-}49)$$

式中: $\alpha = m/T_0$,且傅里叶系数为 $R_s^\alpha(t) = \frac{1}{T_0}\int_{-T_0/2}^{T_0/2} R_s(t,\tau)e^{-j2\pi\alpha t}dt$ 。

对式(9-49)进行推导和整理后,可得

$$R_s^\alpha(\tau) = \lim_{T\to\infty}\frac{1}{T}\int_{-T/2}^{T/2} s(t)s^*(t-\tau)e^{-j2\pi\alpha t}dt = \left\langle s(t)s^*(t-\tau)e^{-j2\pi\alpha t}\right\rangle_t \quad (9\text{-}50)$$

为便于表述,根据傅里叶系数的性质,可将式(9-50)改写为对称形式,即

$$R_s^\alpha(\tau) = \left\langle s\left(t+\frac{\tau}{2}\right)s^*\left(t-\frac{\tau}{2}\right)e^{-j2\pi\alpha t}\right\rangle_t \quad (9\text{-}51)$$

式(9-51)表示将延迟 τ 对称化后在频率 α 处的相关函数。可见,该变换的实质是在时间平均运算中引入与循环频率相关的权重因子 $e^{-j2\pi at}$。

将 $R_s^a(\tau) \neq 0$ 时的频率 α 称为 $s(t)$ 的循环频率,可见,循环频率包含零循环频率和非零循环频率两大类。

当 $\alpha=0$ 时,则有如下推论:如果 $R_s^0(\tau)$ 存在且 $R_s^a(\tau)=0, \forall a \neq 0$,则该信号为平稳信号;如果至少有一个非零频率 α 使 $R_s^a(\tau) \neq 0$,则该信号为循环平稳信号,使 $R_s^a(\tau) \neq 0$ 的非零 α 称为循环频率。

对 $R_s^a(\tau)$ 做傅里叶变换,得

$$S_s^\alpha(f) = \int_{-\infty}^{\infty} R_s^\alpha(\tau)e^{-j2\pi f\tau}d\tau \quad (9\text{-}52)$$

式中: $S_s^\alpha(f)$ 称为循环谱密度或者循环谱函数,因此 $R_s^a(\tau)$ 可以表示为

$$R_s^\alpha(\tau) = \left\langle\left[s\left(t+\frac{\tau}{2}\right)e^{-j\pi\alpha(t+\tau/2)}\right]\left[s\left(t-\frac{\tau}{2}\right)e^{j\pi\alpha(t-\tau/2)}\right]^*\right\rangle_t \quad (9\text{-}53)$$

令

$$\begin{cases} u(t) = s(t)\mathrm{e}^{-j\pi\alpha t} \\ v(t) = s(t)\mathrm{e}^{j\pi\alpha t} \end{cases} \tag{9-54}$$

则可用 $u(t)$ 和 $v(t)$ 来表示 $R_s^\alpha(\tau)$ 为

$$R_s^\alpha(\tau) = R_{uv}(\tau) = \left\langle u\left(t+\frac{\tau}{2}\right)v^*\left(t-\frac{\tau}{2}\right)\right\rangle_t = \lim_{T\to\infty}\frac{1}{T}\int_{-T/2}^{T/2} u\left(t+\frac{\tau}{2}\right)v^*\left(t-\frac{\tau}{2}\right)\mathrm{d}t \tag{9-55}$$

可见，$u(t)$ 和 $v(t)$ 的互相关函数可以变换成 $u(t)$ 和 $v^*(-t)$ 的卷积形式。根据信号与系统的基本原理，信号的时域卷积形式可变换为频域乘积形式，故 $R_s^\alpha(\tau)$ 的傅里叶频谱 $S_s^\alpha(f)$ 可表示为 $u(t)$ 的傅里叶频谱 $U(f)$ 和 $v^*(-t)$ 傅里叶频谱 $V(f)$ 的乘积形式，其中 $U(f)=S\left(f+\frac{\alpha}{2}\right)$、$V(f)=S\left(f-\frac{\alpha}{2}\right)$，其中 $S(f)$ 为 $s(t)$ 的傅里叶变换，即频谱表示。

2）循环相关法时差测量

若采用两个测向天线分别接收信号，则无线通信网台信号通过空间媒介传播到达天线后的信号为

$$\begin{cases} x(t) = s(t) + n_1(t) \\ y(t) = A(t)s(t-\tau_D) + n_2(t) \end{cases} \tag{9-56}$$

式中：$s(t)$ 是被测无线通信网台信号；$n_1(t)$ 和 $n_2(t)$ 分别可能是噪声或干扰信号形成的背景信号，也可能是由同时存在的噪声和干扰信号形成的背景信号；τ_D 是两个测向天线接收到的被测无线通信网台信号之间的时间差；$A(t)$ 是两个接收信道失配时导致的幅度波动。

假定 $s(t)$、$n_1(t)$ 和 $n_2(t)$ 都是零均值且 $s(t)$ 与 $n_1(t)$ 和 $n_2(t)$ 统计独立；由于可能包含同样的背景干扰信号，$n_1(t)$ 和 $n_2(t)$ 之间不一定统计独立。故可得循环自相关函数 $R_x^\alpha(\tau)$ 和互相关函数 $R_{yx}^\alpha(\tau)$ 为

$$\begin{cases} R_{yx}^\alpha(\tau) = A(t)R_s^\alpha(\tau-\tau_D)\exp(-j\pi\alpha\tau_D) \\ R_x^\alpha(\tau) = R_s^\alpha(\tau) \end{cases} \tag{9-57}$$

式中：$R_s^\alpha(\tau)$ 为被测无线通信网台信号 $s(t)$ 的循环自相关函数。对应的自循环谱密度函数 $S_x^\alpha(f)$ 和互循环谱密度函数 $S_{yx}^\alpha(f)$ 通过 FFT 可得

$$\begin{cases} S_{yx}^\alpha(f) = A(t)S_s^\alpha(f)\exp\left[-j2\pi\alpha\left(f-\frac{\alpha}{2}\right)\tau_D\right] \\ S_x^\alpha(f) = S_s^\alpha(f) \end{cases} \tag{9-58}$$

基于广义互相关理论和谱相关比估计方法来构造循环谱相关 TDOA 估计器：

$$B_\alpha(\tau) \equiv \left|\int_{\|f|-f_\alpha|<B_s/2}\frac{S_{yx}^\alpha(f)}{S_x^\alpha(f)}\exp(-j2\pi\alpha f\tau)\mathrm{d}f\right| \tag{9-59}$$

式中：f_α 和 B_s 对应为被测无线通信网台信号的循环谱函数 $S_s^\alpha(f)$ 的中心频率和带宽。

其中，谱相关比的计算方法为

$$\frac{S_{yx}^{\alpha}(f)}{S_{x}^{\alpha}(f)}=A(t)\exp\left\{-j\left[2\pi\left(f+\frac{\alpha}{2}\right)\tau_D-\varphi\right]\right\} \tag{9-60}$$

式中：$\varphi=\arg(A)$。

通过最小均方估计对式(9-60)进行逼近，得

$$\min_{A,\varphi,\tau}\left\{\int_{\|f|-f_\alpha|<B_s/2}\left|\frac{S_{yx}^{\alpha}(f)}{S_{x}^{\alpha}(f)}-A(t)\exp\left(-j2\pi\left(f+\frac{\alpha}{2}\right)\tau-\varphi\right)\right|^2\mathrm{d}f\right\} \tag{9-61}$$

到达时间差的估计值，可得

$$\tau_D=\max_{\tau}\{\hat{B}_\alpha(\tau)\} \tag{9-62}$$

式中：$\hat{B}_\alpha(\tau)$ 是 $B_\alpha(\tau)$ 的估计。需要明确的是，如果 $\alpha=0$，则上述估计就退化为广义自相关估计。

9.2.5 空间谱估计法测向

将一组测向系统按一定的方式布置在空间的不同位置，形成测向阵列。利用测向系统在不同的位置对空间电磁波进行采样，得到无线通信网台的观测数据，在观测数据中包含无线通信网台的空间位置信息，这种提取信号源空间位置信息的方法是空间谱估计法测向。空间谱估计法测向属于阵列信号处理，阵列信号处理大致包括两个方面：空间滤波和波达方向角估计。

1. 均匀线阵

均匀线阵有多种形式，其中等距线阵是最典型的一种形态。等距线阵通常由 N 个阵元等距离排列成一条直线；阵元间的距离为 d，其中 λ 为信号波长且 $d\leqslant\lambda/2$；将阵元从1到 N 编号，并以阵元1作为基准(参考点)，基准也可以选其他阵元，如图9-27所示。

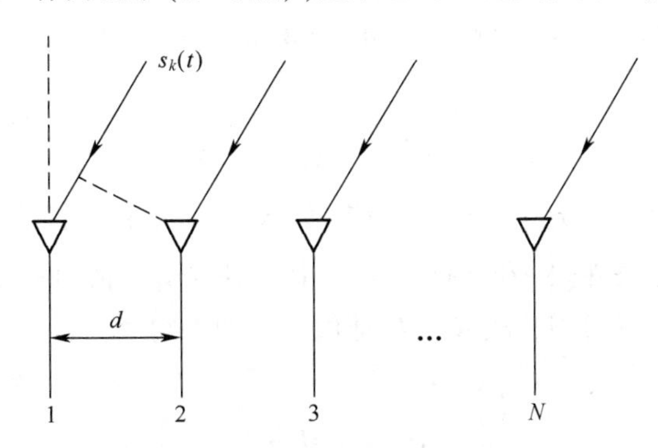

图9-27　均匀线阵的几何结构

先设有 M 个远场信号源 $s_i(t)$，$(i=1,2,\cdots,M)$，$(N>M)$。假定从某一方向 θ_k 有信号 $s_k(t)$ 传播至天线，相对于阵元1其他阵元上接收的信号因为行程差必然会存在延迟或超前，而延迟或超前将导致各阵元上同一时刻对信号的采样值有相位差，这种相位差的大小与来波方向 θ_k 相关。由此可推导第 l 个阵元在 t 时刻感应的信号为

$$x_l(t)\sum_{i=1}^{M}s_i(t)\mathrm{e}^{-j\frac{2\pi d}{\lambda}(l-1)\sin\theta_i}+n_l(t) \tag{9-63}$$

式中：$n_l(t)$ 表示第 l 个阵元上的噪声。

再将各阵元感应的信号写成向量形式：

$$\boldsymbol{x}(t)=\boldsymbol{y}(t)+\boldsymbol{n}(t)=\boldsymbol{A}\boldsymbol{s}(t)+\boldsymbol{n}(t) \tag{9-64}$$

式中：$\boldsymbol{A}$ 是 θ 的函数；$\boldsymbol{x}(t)=[x_1(t),x_2(t),\cdots,x_N(t)]^{\mathrm{T}}$；$\boldsymbol{s}(t)=[s_1(t),s_2(t),\cdots,s_M(t)]^{\mathrm{T}}$；$\boldsymbol{n}(t)=[n_1(t),n_2(t),\cdots,n_M(t)]^{\mathrm{T}}$。

由于无线通信网台信号大多为窄带信号，故 $\boldsymbol{A}$ 可表示为

$$\boldsymbol{A}(\theta)=[a(\theta_1),a(\theta_2),\cdots,a(\theta_n)] \tag{9-65}$$

式中：$\boldsymbol{a}(\theta_i)=[1,\mathrm{e}^{-j2\pi\frac{d}{\lambda}\sin\theta_i},\cdots,\mathrm{e}^{-j2\pi(m-1)\frac{d}{\lambda}\sin\theta_i}]^{\mathrm{T}}$。

2. MUSIC 测向法

MUSIC(multiple signal classification)测向法为基于特征的子空间测向方法。该测向法的理论依据：如果测向系统的个数多于被测无线通信网台的个数，则通过对被测无线通信网台信号进行处理后，得到阵列数据中的信号分量一定可映射到一个低秩的子空间。在符合一定条件的情况下，通过该子空间可唯一得到被测无线通信网台信号的来波方向，来波方向的求取可采用奇异值分解来实现。

对均匀线阵，假定以下条件：

(1) $N>M$；

(2) 不同 θ 值对应的向量 $\boldsymbol{a}(\theta_i)$ 线性独立；

(3) 对于噪声，$E\{n(t)\}=0,E\{n(t)n^H(t)\}=\boldsymbol{\sigma}^2I$，且 $E\{n(t)n^{\mathrm{T}}(t)\}=0$；

(4) 矩阵 $\boldsymbol{P}=E\{s(t)s^H(t)\}$ 非奇异正定。

当满足假定条件(1)～(4)时，可推导出向量 $\boldsymbol{y}(t)$ 协方差矩阵为

$$\boldsymbol{R}=E\{\boldsymbol{y}(t)\boldsymbol{y}^H(t)\}=\boldsymbol{A}(\theta)\boldsymbol{P}\boldsymbol{A}^H(\theta)+\boldsymbol{\sigma}^2\boldsymbol{I} \tag{9-66}$$

设 $\hat{\theta}$ 为 θ 的估计值，将 $\boldsymbol{A}(\theta)$ 简写为 $\boldsymbol{A}$，则 $\boldsymbol{A}(\hat{\theta})$ 可记为 $\hat{\boldsymbol{A}}$。由于 $\boldsymbol{R}$ 为对称阵，故其特征值可分解为

$$\boldsymbol{R}=\boldsymbol{U}\sum{}^2\boldsymbol{U}^H \tag{9-67}$$

式中：$\sum{}^2=\mathrm{diag}[\sigma_1^2,\cdots,\sigma_{\mathrm{m}}^2]$，对角线元素 $\lambda_i=\sigma_i^2$ 称为 $\boldsymbol{R}$ 的特征值。

由于矩阵 $\boldsymbol{A}$ 满足条件(1)和条件(2)，故其为非奇异矩阵，即 $\mathrm{ran}(\boldsymbol{A})=M$；$\boldsymbol{APA}^H$ 因为满足条件(4)，其秩也为 M。故 $\boldsymbol{R}$ 的特征值存在如下约束：

$$\begin{cases}\lambda_i>\boldsymbol{\sigma}^2,i=1,\cdots,M\\ \lambda_i=\boldsymbol{\sigma}^2,i=M+1,\cdots,N\end{cases} \tag{9-68}$$

将前 M 个较大的特征值所对应的特征向量构成矩阵，记为 $\boldsymbol{E}_s$；将后 $(N-M)$ 个相对较小的特征值所对应的特征向量构成矩阵，记为 $\boldsymbol{E}_n$。这些矩阵构成信号子空间和噪声子空间。特征矩阵 $\boldsymbol{U}$ 采用两个子空间表示为

$$\boldsymbol{U}=[\boldsymbol{E}_s|\boldsymbol{E}_n]| \tag{9-69}$$

下面分析 $\boldsymbol{E}_s$ 和 $\boldsymbol{E}_n$ 之间的关系。首先根据 σ 和 $\boldsymbol{E}_n$ 分别为 $\boldsymbol{R}$ 的特征值和特征向量，得到其特征方程：

$$\boldsymbol{R}\boldsymbol{E}_n=\sigma^2\boldsymbol{E}_n \tag{9-70}$$

然后用 $\boldsymbol{E}_n$ 对式(9-66)右乘，得

$$\boldsymbol{RE}_n = \boldsymbol{APA}^H\boldsymbol{E}_n + \sigma^2\boldsymbol{E}_n \tag{9-71}$$

综合式(9-70)和式(9-71),有

$$\boldsymbol{APA}^H\boldsymbol{E}_n = \boldsymbol{0} \tag{9-72}$$

将 $\boldsymbol{APA}^H\boldsymbol{E}_n$ 变换和推导,可得 $\boldsymbol{APA}^H\boldsymbol{E}_n = (\boldsymbol{A}^H\boldsymbol{E}_n)^H\boldsymbol{P}(\boldsymbol{A}^H\boldsymbol{E}_n) = \boldsymbol{0}$。满足条件(4),故 $\boldsymbol{P}$ 为非奇异矩阵,当且仅当 $t=\boldsymbol{0}$,则有 $t^H\boldsymbol{P}t = \boldsymbol{0}$,故

$$\boldsymbol{A}^H\boldsymbol{E}_n = \boldsymbol{0} \tag{9-73}$$

将式(9-73)改写为

$$\boldsymbol{a}^H(E)\boldsymbol{E}_{\mathrm{n}}\boldsymbol{E}_{\mathrm{n}}^H\boldsymbol{a}(\theta) = \boldsymbol{0}, \theta = \theta_1, \cdots, \theta_n \tag{9-74}$$

考虑 $\mathbf{U}$ 是矩阵,故 $\boldsymbol{UU}^H = [\boldsymbol{E}_s|\boldsymbol{E}_n][\boldsymbol{E}_s|\boldsymbol{E}_n]^H = \boldsymbol{I}$ 或 $\boldsymbol{E}_s\boldsymbol{E}_s^H + \boldsymbol{E}_n\boldsymbol{E}_n^H = \boldsymbol{I}$,则有

$$\boldsymbol{a}^H(\theta)(\boldsymbol{I} - \boldsymbol{E}_n\boldsymbol{E}_s^H)\boldsymbol{a}(\theta) = \boldsymbol{0}, \theta = \theta_1, \cdots, \theta_n \tag{9-75}$$

可见, $\{\theta = \theta_1, \cdots, \theta_M\}$ 是式(9-75)的唯一解。此唯一解也可采用反证法来证明,假设式(9-75)有另一个解 θ_{M+1} ,则线性独立的(M+1)个向量 $\boldsymbol{a}(\theta_i)$,$(i = 1, \cdots, M + 1)$ 属于 $\boldsymbol{E}_s$ 的列空间,但由于 $\boldsymbol{E}_{\mathrm{s}}$ 为 n 维,故假设不成立,即 $\{\theta = \theta_1, \cdots, \theta_M\}$ 为唯一解。

MUSIC 测向方法的实质是对矩阵 $\boldsymbol{R}$ 进行推导和计算。通常 $\boldsymbol{R}$ 相对第三方侦察来说是未知的,故只能通过对观测数据来估计,即

$$\hat{\boldsymbol{R}} = \frac{1}{N}\sum_{i=1}^{N}\boldsymbol{y}(t)\boldsymbol{y}^H(t) \tag{9-76}$$

采用 $\{u_1, \cdots, u_M, v_1, \cdots, v_{N-M}\}$ 表示 $\boldsymbol{R}$ 的归一化特征向量,并将特征值按降序排列,有

$$f(\theta) = \boldsymbol{a}^H(\theta)\boldsymbol{E}_n\boldsymbol{E}_n^H\boldsymbol{a}(\theta) \tag{9-77}$$

或

$$f(\theta) = \boldsymbol{a}^H(\theta)(\boldsymbol{I} - \boldsymbol{E}_s\boldsymbol{E}_s^H)\boldsymbol{a}(\theta) \tag{9-78}$$

$\{\theta_i\}$ 是 MUSIC 估计通过搜索求得的使 $f(\theta)$ 为最小的 M 个 θ 值,从而实现对被测无线通信网台信号来波方向的估计。

9.2.6　信号相位匹配估计法测向

信号相位匹配的假设条件:阵列测向天线对准被测无线通信网台信号的来波方向;阵列测向天线中各天线阵元所接收的被测无线通信网台的信号同相;干扰和噪声与被测无线通信网台的信号不同相。该方法可有效消除噪声和干扰,实现在小尺度阵列情况下的来波方向估计。

假设阵列测向天线是由 M 个阵元构成的线阵,且信号和噪声可线性叠加,可得该线阵中 M 个阵元输出信号的频域表达为

$$P_i(j\omega) = S(j\omega)\mathrm{e}^{-j\omega(i-1)\tau} + N_i(j\omega), i = l, 2, \cdots, M \tag{9-79}$$

式中:$\tau = d\sin\theta/c$;d 为阵元间距;θ 为被测无线通信网台信号来波方向与线阵法线方向之间的夹角;c 为光速。

用 $\mathrm{e}^{j\omega(i-1)\tau}$ 对式(9-79)进行变换,可得

$$P_i(j\omega)\mathrm{e}^{j\omega(i-1)\tau} = S(j\omega) + N_i(j\omega)\mathrm{e}^{j\omega(i-1)\tau}, i = l, 2, \cdots, M \tag{9-80}$$

令 $P_i'(j\omega) = P_i(j\omega)\mathrm{e}^{j\omega(i-1)\tau}, i = l, 2, \cdots, M$, 并将式(9-80)中 $S(j\omega)$ 移到等式左边且两边取模后再平方,得

$$|P_i'(j\omega) - S(j\omega)|^2 = |N_i(j\omega)|^2, i = 1,\cdots,M \tag{9-81}$$

将式(9-81)M个等式展开后依次相减得到(M-1)个线性方程:

$$2\mathrm{Re}(P_{k+1}' - P_k')\mathrm{Re}(S) + 2\mathrm{Im}(P_{k+1}' - P_k')\mathrm{Im}(S) = |P_{k+1}'|^2 - |P_k'|^2 + \varepsilon_k \tag{9-82}$$

式中:Re(·)和Im(·)分别表示实部和虚部;$|P_i'| = |P_i|$和$\varepsilon_k = |N_{k+1}|^2 - |N_k{}^2$为扰动项。由于$\varepsilon_k$的存在导致求解结果存在误差,因此基于均方误差最小的原则,求解该方程组时采用最小二乘法,即

$$\boldsymbol{S} = \boldsymbol{A}^+ \boldsymbol{P} \tag{9-83}$$

式中:$\boldsymbol{A} = 2\begin{bmatrix} \mathrm{Re}(P_2' - P_1') & \mathrm{Im}(P_2' - P_1') \\ \mathrm{Re}(P_3' - P_2') & \mathrm{Im}(P_3' - P_2') \\ \vdots & \vdots \\ \mathrm{Re}(P_M' - P_{M-1}') & \mathrm{Im}(P_M' - P_{M-1}') \end{bmatrix}$,表示矩阵的Moore-Penrose广义逆;

$\boldsymbol{S} = 2\begin{bmatrix} \mathrm{Re}(\boldsymbol{S}) \\ \mathrm{Im}(\boldsymbol{S}) \end{bmatrix}$;$\boldsymbol{P} = 2[\,|P_2|^2 - |P_1|^2, |P_3|^2 - |P_2{}^2, \cdots, |P_M|^2 - |P_{M-1}|^2]$;$\boldsymbol{\varepsilon} = [\varepsilon_1, \varepsilon_2, \cdots, \varepsilon_{M-1}]^{\mathrm{T}}$。

分别求出信号的实部与虚部,可得

$$W(\omega,\theta) = \{\mathrm{Re}[S(\omega,\theta)]\}^2 + \{\mathrm{Im}[S(\omega,\theta)]\}^2 \tag{9-84}$$

式中:$\omega = 2\pi f_c$,f_c为信号频率,在实现载波频率测量和估计的基础上,当f_c已知时,$W(\omega,\theta)$可简化为$W(\theta)$。可见,当来波方向估计正确时$W(\omega,\theta)$应达到最大值。

故建立适应度函数为

$$f(x) = W(x_1, x_2) \tag{9-85}$$

式中:x_1和x_2分别表示被测无线通信网台信号的载波频率ω和来波方向θ。如果仅需估计和提取被测无线通信网台信号的来波方向时,则适应度函数可进一步简化为$f(x) = W(x)$,在寻优过程中可实现相位参数估计。

在此基础上,对该算法进行改进可形成性能相对较好的算法,如基于免疫量子克隆算法的信号相位匹配联合估计算法等。

9.3 无线通信网台定位方法

通过技术手段得到目标无线通信网台位置的过程称为无线通信网台定位。

9.3.1 定位方法概述

定位方法是指基于测向结果实现对目标的定位,在定位中,基本的方法有单测向系统定位法、双测向系统定位法和多测向系统定位法,等。需要明确的是,定位方法涉及的测向系统是指测向系统中的测向子系统,即测向站。

1. 单测向系统定位法

单测向系统定位法主要用于短波波段，其基本原理：通过测量被测无线通信网台信号从电离层反射的电磁波的方位角和仰角，结合电离层的高度通过计算和推导确定被测无线通信网台位置，如图 9-28 所示。

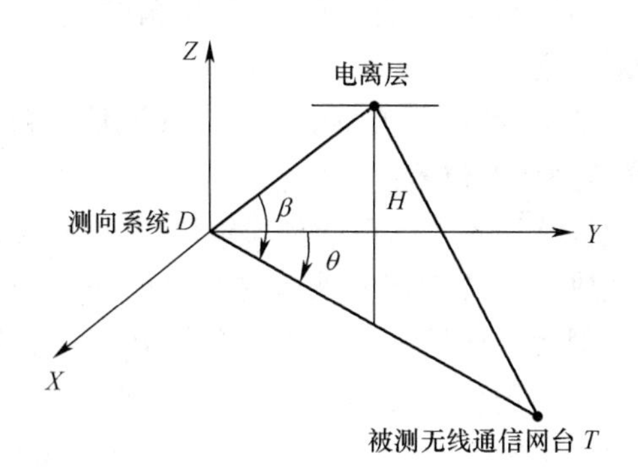

图 9-28　单测向系统测向定位

首先建立三维坐标系，测向系统 D 处于坐标系原点。设其坐标为(x_d,y_d)且电离层高度为 H；假设测得被测无线通信网台信号来波的方位角为 θ、仰角为 β；被测无线通信网台与测向系统的距离为 R，并且电磁波的反射点处于中间位置；不考虑地形、地貌因素，将地面近似为平面。依据图 9-28 所示的三角函数关系可以推算出被测无线通信网台 T 的地理坐标 (x_t,y_t) ，利用三角关系，可得

$$R = 2H\tan\beta \tag{9-86}$$

$$\begin{cases} x_t = R\sin\theta \\ y_t = R\cos\theta \end{cases} \tag{9-87}$$

由式(9-86)和式(9-87)可测定被测无线通信网台的位置。

上面推导是基于电离层和地球均为平面的假设。如果进一步考虑到地球的球面属性，则被测无线通信网台位置测定的结果将更为精确，如图 9-29 所示。

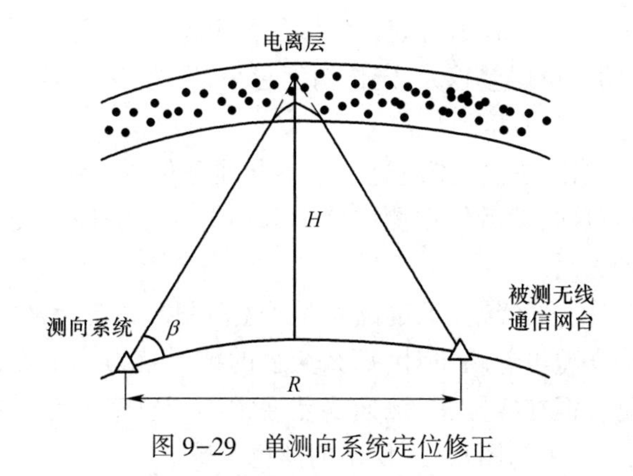

图 9-29　单测向系统定位修正

设等效的电离层高度为 H，地球的半径为 R_E(6370km 的常数)，被测无线通信网台处于方位角为 θ 的地球球面上，且测出的仰角为 β，则被测无线通信网台与测向系统的地面

距离为

$$R = 2R_E\left[\frac{\pi}{2} - \beta - \arcsin\left(\frac{\cos\beta}{1 + \frac{H}{R_E}}\right)\right] \tag{9-88}$$

经过修正可进一步提高被测无线通信网台的定位精度。

2. 多测向系统交叉定位法

交叉定位是基于测向结果,利用所测得的同一无线通信网台信号的来波方向进行交叉计算,从而确定无线通信网台的位置。

多测向系统交叉定位也称为多测向系统测向定位,其中双测向系统交叉定位法是确定无线通信网台位置最经典的方法。该方法首先基于已知两个测向系统的地理位置并且两个测向系统已测得被测无线通信网台的方位角为 θ_1 和 θ_2;然后对利用方位角延伸得到的两条示向线进行交会处理;最后通过对交会处理得到的交点进行推算,可得到被测无线通信网台的地理位置坐标 (X_T,Y_T) ,从而实现被测无线通信网台的交叉定位。可见,定位精度取决于测向系统的地理位置和两个测向系统的测向精度。目前,测向系统的地理位置基本通过北斗定位系统获得,其误差可忽略不计,但两个测向系统的测向误差是必然存在的,所以交会点将会变成一个区域,如图 9-30 所示。

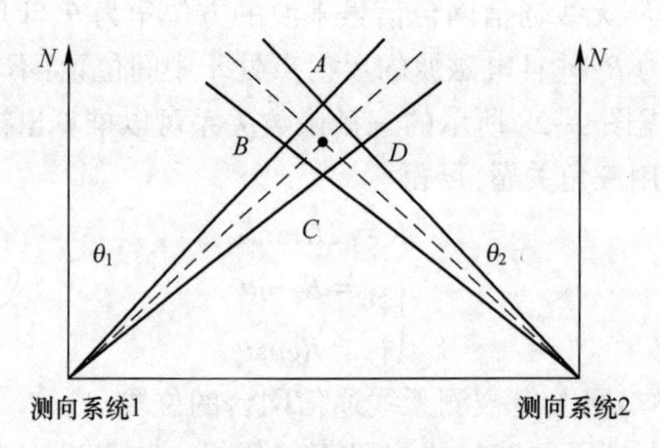

图 9-30 双测向系统定位示意图

在图 9-30 中四边形 *ABCD* 所圈定的区域称为定位模糊区。定位模糊区反映了定位精度,其区域越大表明定位误差越大,定位精度越小;反之,区域越小表明定位误差越小,定位精度越高。

多测向系统交叉定位法是首先通过位于不同地理位置上两个以上的测向系统对被测无线通信网台进行测向,然后依据测向结果采用上面方法进行交会,从而实现对被测无线通信网台定位的方法。

不失一般性,以三测向系统交叉定位为例阐述多测向系统交叉定位法的原理。如果三个测向系统的测向误差可忽略不计,那么交会的结果就为一个点,该点即为被测无线通信网台的确切位置。但在实际中,测向误差通常不能忽略不计,故三条示向线基本不可能交会于一点,交会结果为图 9-31 所示的黑色区域。

如果测向系统测得无线通信网台的方位误差具有高斯概率分布特性,则三个测向系统测得的无线通信网台方位就呈现为一个具有随机性的大小不定的椭圆形区域。若引入椭圆概率误差的概念,则根据被测无线通信网台处于椭圆形区域的概率等级,采用等

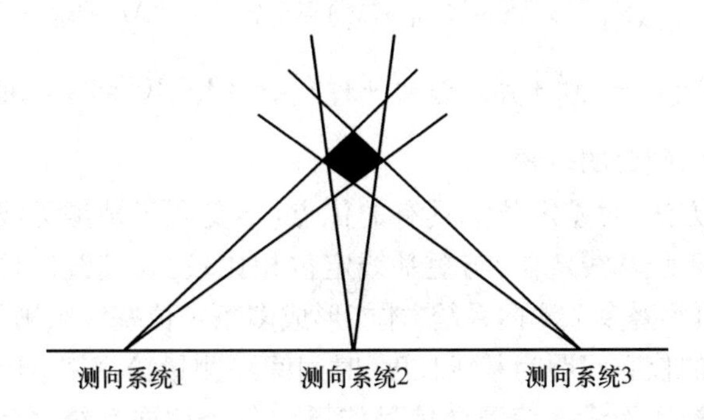

图9-31 三测向系统定位示意图

效误差圆半径来描述椭圆位置的估算值。

因此,与双测向系统相比较,多测向系统具有更高的定位精度。

9.3.2 时差定位法

时差定位法的基本原理:利用已知三个或三个以上位置的测向系统来测定被测无线通信网台的信号到达这些测向系统的时间差,并基于这些时间差构建双曲线。其中,根据两个测向系统测定的时间差可以确定一个双曲线方程,因此,再通过计算两组或多组双曲线的被视为无线通信网台位置的交点,由此实现对被测无线通信网台的定位。

时差定位法通常又称为双曲线定位法,如图9-32所示。

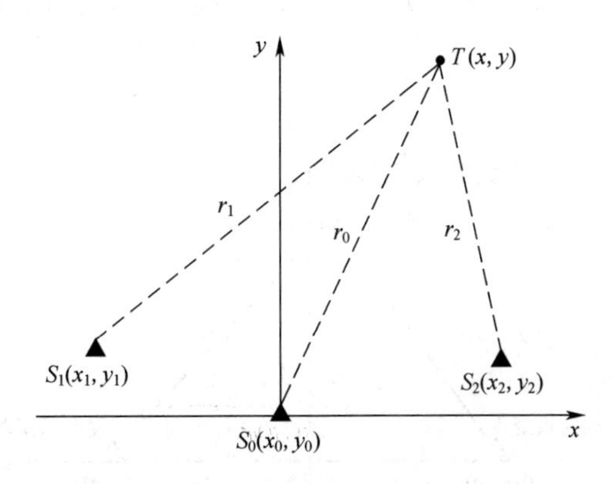

图9-32 时差定位原理

时差定位法应用较为典型的为平面三测向系统配置,下面以此为例阐述时差定位方法。设(x,y)为目标T(无线通信网台)的位置,$S_0(x_0,y_0)$、$S_1(x_1,y_1)$和$S_2(x_2,y_2)$分别为三个测向系统的位置,r_0、r_1和r_2为目标到三个测向系统的距离,相互之间的距离差为$\Delta r_i(i=1,2)$,则可得定位方程:

$$\begin{cases} r_0^2 = (x - x_0)^2 + (y - y_0)^2 \\ r_i^2 = (x - x_i)^2 + (y - y_i)^2 \quad ,i = 1,2 \\ c \cdot \Delta t_i = c \cdot (t_i - t_0) = r_i - r_0 \end{cases} \tag{9-89}$$

通过化简,可得

$$(x_0 - x_i)x + (y_0 - y_i)y = k_i + c \cdot \Delta t_i \cdot r_0 \tag{9-90}$$

式中：$k_i = \frac{1}{2}[(c \cdot \Delta t_i)^2 + (x_0^2 + y_0^2) - (x_i^2 + y_i^2)]$；$c = 3 \times 10^8 \text{m/s}$。通过对式(9-90)求解可得到被测无线通信网台的位置。

相比其他定位方法，时差定位法具有的优点：不受限于被测无线通信网台信号的幅度、相位和频率；基于长基线定位，与短基线定位相比较，长基线定位精度高且定位速度快。不足之处：必须部署多个测向系统，才能形成多条定位基线来满足高精度定位需求。

时差定位技术的核心问题为基线长度、时间间隔测量分辨率、测量误差和定位精度；其主要任务是测定被测无线通信网台信号传播到各个测向系统之间的时间差。测定时间差后就建立了关于被测无线通信网台位置的方程，解此方程即可得到被测无线通信网台的位置。

9.3.3 差分多普勒频率定位法

到达时间差定位法和差分多普勒频率定位法都是基于二次型方程的定位方法。差分多普勒频率定位法是首先通过两个或两个以上相互独立、彼此之间距离较大且处于运动状态的测向系统来测量无线通信网台的多普勒频差，然后基于该多普勒频差得到二次型方程，如双曲线方程，最后利用二次型方程的交叉点确定被测无线通信网台的位置。该定位方法所依托的测向系统通常搭载在机载平台上，这样才能提取由相对运动导致的多普勒频率差。

下面以双定位测向系统为例分析差分多普勒频率定位法的基本原理。该定位法如图 9-33 所示。

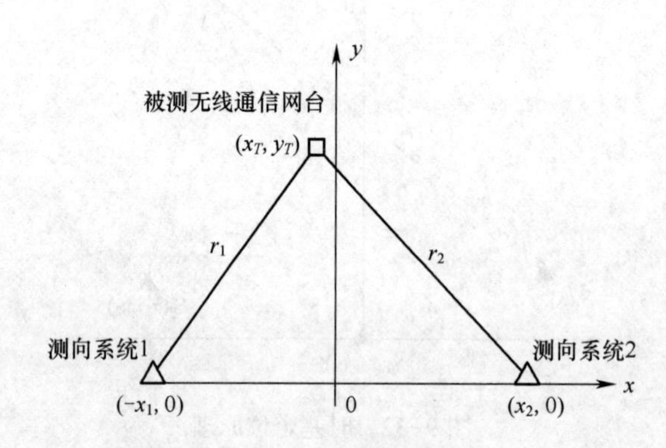

图 9-33　差分多普勒频率定位法

两个测向系统与被测无线通信网台之间的距离是 $r_i(i = 1,2)$，两个测向系统相对于被测无线通信网台的径向瞬时速度为 $v_i(i = 1,2)$，f_0 是被测无线通信网台信号的载波频率，可得

$$\Delta f_d = \frac{v_2}{c}f_0 - \frac{v_1}{c}f_0 = \frac{f_0}{c}v_2 - v_1 \tag{9-91}$$

式(9-91)为多普勒频差，可用距离变化率 $\frac{\mathrm{d}r_i}{\mathrm{d}t}$ 表示为

$$\Delta f_d = \frac{f_0}{c}\left(\frac{\mathrm{d}r_2}{\mathrm{d}t} - \frac{\mathrm{d}r_1}{\mathrm{d}t}\right) \tag{9-92}$$

根据定位系统的几何关系,可得

$$\frac{\mathrm{d}r_i}{\mathrm{d}t} = \frac{\mathrm{d}[x_T - x_i^2 - y_T^2]^{1/2}}{\mathrm{d}t} = \frac{x_T - x_i}{[x_T - x_i^2 - y_T^2]^{1/2}}\frac{\mathrm{d}x_i}{\mathrm{d}t}, i = 1,2 \tag{9-93}$$

为表述方便,假设机载平台沿 x 轴方向匀速飞行,即 $\mathrm{d}v_i/\mathrm{d}t = 0$。令 $v = v_i = \mathrm{d}x/\mathrm{d}t$,可得

$$\Delta f_d = \frac{f_0 v}{c}\left\{\frac{x_T - x_2}{[x_T - x_2^2 - y_T^2]^{1/2}} - \frac{x_T - x_1}{[x_T - x_1^2 - y_T^2]^{1/2}}\right\} \tag{9-94}$$

式(9-94)为交叉定位双曲面方程的表达式。可见,通过两个测向系统无法对无线通信网台进行精确定位,必须基于三个测向系统,即增加一个双曲面方程,利用两个双曲面三相交点来定位被测无线通信网台。

利用两个以上测向系统接收到同一信号产生的多普勒频移来确定目标位置的定位方法,其与时差定位方法原理类似。

9.3.4　联合定位方法

1. 测向和频差联合定位

如前所述,单个测向系统利用多次测得被测无线通信网台的来波方向来实现对被测无线通信网台的快速定位就需要依托其他参数信息,因此必须采用参数联合的方法来达成单个测向系统实现定位目的。通常采用测向和频差向联合的方法,即单个测向系统同时测定被测无线通信网台的来波方向和被测无线通信网台的信号频率,主要原因是多普勒效应使得被测无线通信网台的信号频率发生了频移,从而为估算测向系统与被测无线通信网台之间的距离和相对速度成为可能,为通过该方法定位被测无线通信网台奠定基础。

2. 时差和频差联合定位

时差和频差联合定位法一般应用于被测无线通信网台与两个及两个以上测向系统之间存在高速相对运动的场景。该方法通常用于飞机或卫星载体的双机定位或双星定位平台,其优点是具有较高的定位精度和极快的定位速度。

9.3.5　协同定位方法

近年来,国内外对无线通信网台的定位进行了大量的研究,提出了很多定位方法来估计无线网络中无线通信网台的位置信息,包括 RSS、TOA、TDOA 和 AOA 等。同时,为提高定位的性能,协同定位算法也得到了一定程度的重视,如基于 RSS/TOA 的协同定位方法、基于 RSS/TDOA 的协同定位方法、基于 RSS/AOA 的协同定位方法,但是这些算法的实现需要基于无线通信网台的发射功率和发射瞬时时间等先验知识。其中,本书主要阐述当前主流的基于 RSSD/TDOA 协同定位方法,以解决无线通信网台的发射功率和发射瞬时时间等参数未知时无线通信网台的定位问题,即通过泰勒级数展开法求解无线通信网台的位置坐标,保证定位的精确度和时效性。

协同定位方法采用多感知节点的分布式定位网络来实现。基于 RSSD/TDOA 的协同

定位方法流程如图 9-34 所示。

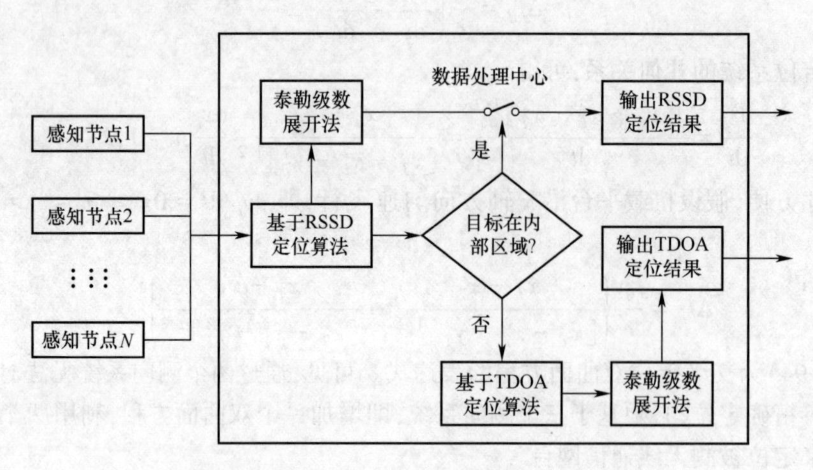

图 9-34　基于 RSSD/TDOA 的协同定位方法流程

其基本思路:侦测→汇聚→联合→协同。当参与定位的每个感知节点侦测并接收到来自无线通信网台发送的信号时,首先测量无线通信网台到达感知节点时的信号强度和到达的瞬时时间等信息,然后将测量值汇聚到数据处理中心对无线通信网台进行定位。数据处理中心联合采用 RSSD 和 TDOA 算法,首先采用 RSSD 的算法估计目标节点的位置。然后通过凸包算法判断无线通信网台的位置是否在内部区域,如果在内部区域,则采用泰勒级数展开算法估计无线通信网台的位置信息;如果无线通信网台位于外部区域,则选择 TDOA 定位算法。最后根据汇聚的所有各感知节点之间的距离测量值构造协同定位非线性方程组,采用泰勒级数展开算法求解无线通信网台的位置坐标,实现对无线通信网台的定位。这种多感知节点协同定位算法可以有效提高对无线通信网台定位的精确度。

假设待估计的无线通信网台的位置坐标为 $\boldsymbol{X}=[x,y]^{\mathrm{T}}$,各感知节点位置坐标为 $X_i=(x_i,y_i)^{\mathrm{T}}$,$i=1,2,\cdots,N$,$N$ 为感知节点数。

无线通信网台与感知节点之间的距离为

$$d_i=\sqrt{(x_i-x)^2+(y_i-y)^2},\quad i=1,2,\cdots,N \tag{9-95}$$

1. 基于 RSSD 定位方法

基于 RSSD 的定位估计算法通常是通过测得无线通信网台的信号到达感知节点的信号强度,结合无线通信网台的发射功率和信号在空间传播的模型,获得接收信号强度差与传播距离之间的数学关系对目标无线通信网台进行定位。在不考虑测量误差的前提下,各感知节点接收到来自目标无线通信网台发射信号功率与传输距离之间的关系为

$$P_i=\frac{P_t G_t G_r h_t^2 h_r^2}{d_i^4 L},\quad i=1,2,\cdots,N \tag{9-96}$$

式中:P_t 是目标无线通信网台发送信号功率。

令 $K_0=\dfrac{G_t G_r h_t^2 h_r^2}{L}$,表示影响接收信号强度所有因素的总效应,如天线高度、天线增益和传输干扰等。则式(9-96)可简化为

$$P_i = K_0 \frac{P_t}{d_i^4}, \quad i = 1,2,\cdots,N \tag{9-97}$$

将式(9-97)表示成对数正态分布形式,即

$$P_i(\mathrm{dB}) - P_t(\mathrm{dB}) = K_0(\mathrm{dB}) - 40\log_{10}(d_i) + n_i \tag{9-98}$$

式中:n_i 是第 i 个感知节点的测量误差,$n_i \sim N(0,\sigma_i^2)$。

若选择第1个感知节点作为参考节点,则第 i 个感知节点与参考节点之间的接收信号强度差可表示为 $\Delta P_{1i}(\mathrm{dB}) = P_1(\mathrm{dB}) - P_i(\mathrm{dB})$,因此 RSSD 的表达式为

$$\Delta P_{1i}(\mathrm{dB}) = 40\log_{10}\left(\frac{d_i}{d_1}\right) + n_{1i} \tag{9-99}$$

式中:$n_{1i} \sim N(0,\sigma_1^2 + \sigma_i^2)$。

因此,即使在目标无线通信网台的发射功率未知的情况下,也可通过 ΔP_{1i} 估计未知目标无线通信网台的坐标信息,得到 d_i 的表达式为

$$d_i = 10^{\left(\frac{\Delta \hat{P}_{1i}(\mathrm{dB})}{40}\right)} d_1, \quad i = 2,3,\cdots,N \tag{9-100}$$

式中:$\Delta \hat{P}_{1i}(\mathrm{dB})$ 为 RSSD 测量值。

假设需要估计的目标无线通信网台位置坐标为 $\boldsymbol{X} = [x, y]^{\mathrm{T}}$,参与定位的感知节点位置坐标为 $X_i = (x_i, y_i)^{\mathrm{T}}, i = 1,2,\cdots,N$,$N$ 为感知节点数。目标无线通信网台到各个感知节点间的距离为

$$d_i = \sqrt{(x_i - x)^2 + (y_i - y)^2}, \quad i = 1,2,\cdots,N \tag{9-101}$$

对式(9-101)两边同时平方,经过变换,可得

$$\left(10^{\left(\frac{\Delta \hat{P}_{1i}(\mathrm{dB})}{20}\right)} - 1\right) d_1^2 = x_i^2 + y_i^2 - x_1^2 - y_1^2 + 2x(x_1 - x_i) + 2y(y_1 - y_i) \tag{9-102}$$

令 $k_{1i} = 10^{\left(\frac{\Delta \hat{P}_{1i}(\mathrm{dB})}{20}\right)} - 1$,目标无线通信网台的估计位置坐标假设为 $\hat{\boldsymbol{X}} = [\hat{x}, \hat{y}]$。则式(9-102)可简化为

$$\boldsymbol{A}\hat{\boldsymbol{X}} = \boldsymbol{b} \tag{9-103}$$

式中:$\boldsymbol{A} = \begin{bmatrix} 2(x_1 - x_2) & 2(y_1 - y_2) \\ 2(x_1 - x_3) & 2(y_1 - y_3) \\ \vdots & \vdots \\ 2(x_1 - x_N) & 2(y_1 - y_N) \end{bmatrix}, \boldsymbol{b} = \begin{bmatrix} k_{12}d_1^2 - x_2^2 - y_2^2 + x_1^2 + y_1^2 \\ k_{13}d_1^2 - x_3^2 - y_3^2 + x_1^2 + y_1^2 \\ \vdots \\ k_{1N}d_1^2 - x_N^2 - y_N^2 + x_1^2 + y_1^2 \end{bmatrix}$。

通过最小二乘法估计,得

$$\hat{\boldsymbol{X}} = (\boldsymbol{A}^{\mathrm{T}}\boldsymbol{A})^{-1}\boldsymbol{A}^{\mathrm{T}}\boldsymbol{b} \tag{9-104}$$

可以得到目标无线通信网台的估计位置坐标 $\hat{\boldsymbol{X}} = [\hat{x}, \hat{y}]$。

2. 基于 TDOA 定位方法

1) TDOA 定位模型

TDOA 定位模型是通过测量信号从目标无线通信网台到多个感知节点之间的时间差来计算目标无线通信网台的位置坐标。该算法不需要知道目标无线通信网台发射信号的瞬时时间等先验知识,因此可用来对无线通信网络中的目标无线通信网台进行定位。由于时间差的估计算法较为成熟,定位时采用凸包算法,故在得到多个 TDOA 测量值后,

可将时间差转化为距离差,从而建立定位方程为

$$d_{i,1}=d_i-d_1=ct_{i,1}=\sqrt{(x_i-x)^2+(y_i-y)^2}-\sqrt{(x_1-x)^2+(y_1-y)^2} \tag{9-105}$$

式中:$d_{i,1}$表示目标到参考无线通信网台的距离之差;$t_{i,1}$表示相应的 TDOA 测量值;c 为光速。

在几何上,式(9-105)的每个方程本质上是非线性的,表现为一条存在开方运算的双曲线。因此,求解非线性方程组可转化为无约束最优化问题,需要对公式进行线性化的处理。泰勒级数展开算法是典型的求解非线性方程的方法,并且具有定位精度高和顽健性强等优势,因此可采用泰勒级数展开算法对方程求解来获取无线通信网台的位置坐标信息。

2) 凸包构建

凸包是一种计算几何的概念,利用凸包算法可将无线通信网台在空间的位置分为两个区域,即内部区域和外部区域。由于 RSSD 算法适用于短距离定位,所以当无线通信网台位于内部区域时,定位精确度较高;当无线通信网台位于外部区域时,定位精确度较差。

假设空间中随机分布的感知节点构成一个点集 Q,Q 的凸包是指一个最小的凸多边形,这个凸多边形满足 Q 中的点全部分布在多边形的边上或内部;任意两个相邻边的角度必须不超过 180°。常见的凸包算法包括 Graham 扫描法、Jarvis 步进法和快包法等。其中快包法具有计算复杂度低、速度快的特点。

采用快包法来构建凸包,具体步骤如下:

(1) 选取空间中最左、最右、最上和最下的点,组成一个凸四边形。可以删除四边形内部不在凸包上的点,其余的点按最接近的边分成四部分。

(2) 选取每部分中离相应的边距离最远的点与该边构成三角形,可以删除位于三角形内部的点;以此类推,直到所有线段外没有任何点。

(3) 重复步骤(2)的方法,完成其他三个部分,最后得到凸包。

3) 基于泰勒级数展开的解算方法

泰勒级数展开算法是求解非线性方程的有效方法。基于 TDOA 的无线通信网台定位技术在测量得到多个 TDOA 测量值后,可建立定位方程组为

$$d_{i,1}=c(t_i-t_1)=c\Delta\tau_i=d_i-d_1 \tag{9-106}$$

式中:$d_i=\sqrt{(X_i-x)^2+(Y_i-y)^2}$, $i=1,2,\cdots,N$。

根据定义函数:

$$f_i(x,y)=\sqrt{(x-X_i)^2+(y-Y_i)^2}-\sqrt{(x-X_1)^2+(y-Y_1)^2} \tag{9-107}$$

式中:$i=2,3,\cdots,N$。

假设目标的初始坐标为 (x_0,y_0),令 $x=x_0+\Delta x, y=y_0+\Delta y$,用泰勒级数展开,可得

$$d_{i,1}(x,y)=d_{i,1}(x_0+\Delta x,y_0+\Delta y)\approx d_{i,1}(x_0,y_0)+$$

$$\Delta x\left(\frac{X_1-x_0}{d_1}-\frac{X_i-x_0}{d_i}\right)+\Delta y\left(\frac{Y_1-y_0}{d_1}-\frac{Y_i-y_0}{d_i}\right),\quad i=2,3,\cdots,N \tag{9-108}$$

式(9-108)表示为矩阵:

$$\boldsymbol{\Psi h} = \Delta \boldsymbol{G} \tag{9-109}$$

式中：$\boldsymbol{h} = \begin{bmatrix} d_{2,1}(x,y) - d_{2,1}(x_0,y_0) \\ d_{3,1}(x,y) - d_{3,1}(x_0,y_0) \\ \vdots \\ d_{N,1}(x,y) - d_{N,1}(x_0,y_0) \end{bmatrix}, \Delta = \begin{bmatrix} \Delta x \\ \Delta y \end{bmatrix}$，

$$\boldsymbol{G} = \begin{bmatrix} \dfrac{X_1 - x_0}{d_1} - \dfrac{X_2 - x_0}{d_2}, \dfrac{Y_1 - y_0}{d_1} - \dfrac{Y_2 - y_0}{d_2} \\ \dfrac{X_1 - x_0}{d_1} - \dfrac{X_3 - x_0}{d_3}, \dfrac{Y_1 - y_0}{d_1} - \dfrac{Y_3 - y_0}{d_3} \\ \vdots \\ \dfrac{X_1 - x_0}{d_1} - \dfrac{X_N - x_0}{d_N}, \dfrac{Y_1 - y_0}{d_1} - \dfrac{Y_N - y_0}{d_N} \end{bmatrix}。$$

其加权最小二乘的解为

$$\boldsymbol{\Delta} = \begin{bmatrix} \Delta x \\ \Delta y \end{bmatrix} = [\boldsymbol{G}^{\mathrm{T}} \boldsymbol{Q}^{-1} \boldsymbol{G}]^{-1} \boldsymbol{G}^{\mathrm{T}} \boldsymbol{Q}^{-1} \boldsymbol{h} \tag{9-110}$$

求出 $\boldsymbol{\Delta}$ 后，将其与阈值进行比较，如果不满足精度要求，则继续迭代处理，最终得到满足精度要求的无线通信网台位置坐标 $\hat{\boldsymbol{X}} = [\hat{x}, \hat{y}]$。

下篇　雷达类网电对抗
目标信号侦测与识别

第 10 章　雷达类网电对抗目标信号侦收方法

10.1　雷达类网电对抗目标信号侦收概述

10.1.1　雷达类网电对抗目标信号侦收的含义

在通常情况下，雷达类网电对抗目标是指敌方或潜在作战对手的雷达辐射源。雷达类网电对抗目标信号侦收是指利用雷达信号侦收系统（设备）中的侦收设备（接收机），以参数扫描的方式对雷达参数进行搜寻，进而实现对雷达信号的截获，为雷达信号的参数测量、雷达信号的到达方向测量、雷达信号的分选和识别、雷达无源定位奠定基础，为引导雷达干扰、反辐射攻击提供情报保障。

网电类雷达对抗目标信号侦收与雷达对抗侦察在职能任务、涵盖内容上基本相同。因此，本章以雷达对抗侦察为研究对象，通过分析其具体内容，涵盖雷达类网电对抗目标信号侦收方法。

雷达对抗侦察根据不同的分类标准和范畴，有不同的分类。

1. 按军种不同划分

根据我军军种的不同，雷达对抗侦察可划分为陆军雷达对抗侦察系统（装备）、海军雷达对抗侦察系统（装备）、空军雷达对抗侦察系统（装备）、火箭军雷达对抗侦察系统（装备）。

2. 按雷达体制划分

根据雷达技术体制的差别和雷达对抗侦察在技术和侦察策略上的不同要求，雷达对抗侦察可划分为对合成孔径雷达的侦察、对相控阵雷达的侦察、对脉冲多普勒（PD）雷达的侦察，等。

3. 按侦察装备划分

根据侦察装备运载平台的差异，雷达对抗侦察可划分为地面雷达对抗侦察、车载式雷达对抗侦察、便携式雷达对抗侦察、投掷式雷达对抗侦察、机载雷达对抗侦察、舰载雷达对抗侦察、系留气球雷达对抗侦察和星载雷达对抗侦察。

4. 按作战任务和用途划分

按作战任务和用途，雷达对抗侦察可划分为雷达对抗支援侦察和雷达对抗情报侦察两类。

1）雷达对抗支援侦察

雷达对抗支援侦察主要用于战术侦察，为告警、干扰、硬杀伤、伪装、隐身和规避等目标电子防护设备提供实时引导，为制订和实施遂行的作战行动计划提供实时或近实时的情报支援。

雷达对抗支援侦察通常在作战准备和作战过程中实施。因此,可以将其定义为:在作战准备和作战过程中实时截获、测量、分选和识别敌方雷达信号,判明其属性和威胁程度的电子对抗支援侦察。

雷达对抗支援侦察的特点主要体现在三方面:一是侦察的目的是满足当前作战的需要,对雷达参数测量的要求不像情报侦察那样全面、准确,但对于威胁等级高的雷达参数,要求及时、全面、准确地截获和识别。二是侦察通常在战斗前夕和战斗中进行,对于敌方制导雷达和火控雷达通常要求及时和准确测定空间位置,引导杀伤武器摧毁或无源、有源干扰。三是装备这种侦察设备的平台要求机动性能好,具有自卫能力,如电子战飞机、军舰、地面机动侦察站或者无人驾驶飞机。

2）雷达对抗情报侦察

雷达对抗情报侦察主要用于战略侦察,要求获得全面、广泛、准确的技术和军事情报,并且在平时和战时都要进行。

雷达对抗情报侦察的定义:利用电子侦察卫星、电子侦察飞机、电子侦察船或地面雷达对抗侦察站,对敌方或潜在作战对手的雷达进行长期或定期的侦察,收集有关雷达的技术情报和军事情报,为雷达对抗数据库提供准确的数据,为我方制定电子对抗决策和发展雷达对抗装备提供依据。

雷达对抗情报侦察的特点主要体现在两方面:一是要求全面准确地侦察敌方或潜在作战对手雷达的技术和战术情报,供上级机关参考和情报部门的数据库存档。二是侦察无论平时还是战时都不间断地进行,侦察时间充裕,对实时性要求相对不高。

10.1.2 雷达对抗侦察的特点和任务

雷达对抗侦察面临的是一个变化的、复杂的、海量数据的电磁信号环境,针对的是参数变化多样的、交错的雷达信号,同时新体制雷达在信号设计时通常采取抗干扰、反侦察措施,这些都对雷达对抗侦察提出了更高的要求。雷达对抗侦察作为非协作的第三方侦察,目的是通过对敌方雷达信号的无源侦察,获得尽量全面和准确的敌方雷达情报信息,为高层决策和雷达数据库建立提供情报数据,为告警、干扰等提供实时引导支援。

1. 雷达对抗侦察的特点

以无源为主的雷达对抗侦察,与雷达有源探测相比较,主要具有以下几方面的特点。

1）作用距离远

雷达对抗侦察通过接收雷达发射的直射波实现侦察目的。雷达对抗侦察系统(装备)接收到的信号能量与侦察装备到雷达距离的2次方成反比,与雷达相比较,雷达接收的是目标的回波信号,其能量与雷达到目标距离的4次方成反比。因此,一般情况下雷达对抗侦察的作用距离要大于雷达的探测距离,即某雷达还未探测到侦察装备或其附近的目标时,侦察装备已截获该雷达信号。

2）获取目标的信号多而准

雷达对抗侦察装备截获敌方或潜在作战对手雷达信号,可以通过参数测量、信号分选或潜在作战对手识别等处理,获得敌方雷达信号的工作频率(RF)、脉冲宽度(PW)、脉冲重复周期(PRI)等参数信息,进而根据这些参数准确判定目标性质,甚至可以推断目标搭载平台的类型、型号,等。而雷达在进行目标探测时,根据目标的回波信号,通常情况下以获取目标的距离、方位等数据为主,经验丰富的雷达操作员,还可根据回波强弱、波形变化规律推测目标大小和目标性质。因此,雷达对抗侦察和雷达目标探测相比较雷达对抗侦察获取目标的信息多而准。

3）预警时间长

预警时间主要表现在两个方面:一是由于雷达对抗侦察是单程接收(接收雷达发射的直射波),因此雷达对抗侦察装备的侦察作用距离通常要比雷达作用距离远,从而雷达对抗侦察装备比雷达发现目标早。二是在监视敌方导弹袭击方面,如果用雷达来监视,则只有当导弹发射以后才能进行探测和跟踪,预警时间很短;如果用雷达对抗侦察装备来监视,由于在发射导弹之前雷达已开始工作,为反击敌方导弹发射做了先期准备,因此在敌方导弹发射之前,雷达对抗侦察装备可以通过敌方雷达的开机,获取敌方导弹即将发射的情报信息,从而获得较长的预警时间。

4）隐蔽性好

雷达对抗侦察通常采取无源侦察的手段,自身不辐射电磁波,而是根据搜索、侦收敌方雷达辐射的电磁波信号,实现对敌方搭载雷达设备的目标识别,因而具有高度的隐蔽性。而雷达探测目标必须依靠自身发射电磁波信号,如果要探测远距离目标,则要提高发射功率,容易暴露自身的位置,被雷达对抗侦察设备发现,进而被反辐射武器杀伤或摧毁。因此,雷达对抗侦察隐蔽性好。

2. 雷达对抗侦察的任务

根据雷达对抗侦察的定义,雷达对抗侦察的主要任务是通过搜索、截获、分析和识别敌方或潜在作战对手雷达发射的信号,查明其雷达的工作频率、脉冲宽度、脉冲重复频率、天线方向图、无线电扫描方式和扫描速率以及雷达的位置、类型、工作体制,等。一方面是为了得到全面、准确的敌方雷达目标情报信息,为战略决策服务;另一方面是为了得到实时的敌方或潜在作战对手雷达目标情报信息,为战术支援服务。

具体来说,雷达对抗侦察的任务包括以下几个方面。

1）雷达信号搜索和截获

雷达信号搜索和截获是实现后续参数测量、信号分选识别等处理步骤的前提条件,因此,对雷达信号的搜索和截获是雷达对抗侦察的首要任务,也是雷达对抗侦察主要任务之一。

对侦察接收机来说,雷达信号是非合作性的,截获非合作信号是件困难的事。对雷达信号的截获,是建立在对信号搜索的前提下,是信号搜索的结果。由于受到技术和战术性能要求的限制,因此现代的雷达对抗侦察,信号搜索是指用工作于一个或多个瞬时窄参数范围的侦察系统,以参数扫描的方式对雷达参数进行搜寻,从而实现雷达信号的截获。雷达信号的截获是指雷达信号分别在时域、空域、频域和极化域被侦察系统截获这四个随机事件同时发生。

2）雷达信号参数测量

雷达对抗侦察方通过信号搜索和截获,首先将截获成功的信号进行初步稀释分离,剔除无用信号,然后进行雷达信号参数测量,为后续雷达信号的脉冲描述字(PDW)生成奠定基础。因此,雷达信号参数测量是雷达对抗侦察的任务之一。

雷达信号参数测量的内容主要包括雷达信号的工作频率(RF)、脉冲到达时间

(TOA)、脉冲宽度(PW)、脉冲幅度(PA)、脉内调制信息、天线扫描周期、极化特征等,其主要由侦察系统中的测频接收机、通用逻辑电路、专用集成电路、现场可编程门阵列器件和数字信号处理器件、天线以及极化测量接收机完成。

3) 雷达信号到达方向测量

雷达信号到达方向(DOA)是指雷达相对于雷达对抗侦察装备接收天线的方向,通常包括方位角和俯仰角,有时不考虑空中雷达目标的情形,则 DOA 仅包括方位角。

DOA 测量的需求有很多方面:第一,DOA 测量是进行信号分选的需要。同一雷达发射的脉冲信号,只有 DOA 参数是相对比较稳定的,因为雷达位置不可能在短时间内发生较大的变化,而 RF、PW 等参数可以通过设置不同的信号样式实现快速变化。第二,DOA 测量是实现雷达识别的需要。在雷达识别中,DOA 信息对敌我雷达辐射源的识别具有重要意义。第三,DOA 测量是引导干扰系统实施干扰的需要。由于实施有效干扰是空域对准的主要条件之一,因此为了将干扰能量集中于目标雷达所在空域,目标雷达的方位信息就显得尤为重要。此外,DOA 参数也是实现雷达无源定位、反辐射攻击和威胁告警的必需参数。因此,DOA 测量是雷达对抗侦察的主要任务之一。

4) 雷达信号的分选

作为非协作的第三方侦察,雷达对抗侦察面临复杂的电磁环境,因此,在通常情况下,截获的信号是多部雷达辐射的时域、空域、频域交错的脉冲流。雷达信号的分选是指从多部雷达信号交错的脉冲流中分离出每一部雷达发射的脉冲信号的处理过程,也称为去交错处理。雷达信号的分选主要利用同一部雷达信号的相关性和不同部雷达信号的差异性来实现。雷达信号的分选是后续进行雷达用途、型号识别的前提条件,是雷达对抗侦察的主要任务之一。

雷达信号的分选通常利用脉冲描述字和脉冲重复周期(PRI)进行,脉冲描述字包括信号到达方向、载波频率、脉冲到达时间、脉冲宽度、脉冲幅度。此外,雷达信号的分选还会利用脉内调制信息实现某特殊体制雷达脉冲信号的提取。

雷达信号的分选方法有很多种:根据优先级的差异分类,可以分为重点目标筛选和常规分选;根据实现过程分类,可以分为预分选和主分选;根据分选参数域的不同分类,可以分为频域分选、空域分选、时域分选和混合域分选;根据分选参数的多少分类,可以分为单参数分选和多参数分选;根据分选使用的观测站数量分类,可以分为单侦察站分选和多侦察站协同分选等。

5) 雷达识别

雷达识别是指将被测量和分选后的雷达信号参数与预先积累的雷达信号参数进行比较,通过综合分析或推理分析来确认该雷达属性的过程,同时还可以判定雷达威胁等级、雷达识别可信度,甚至雷达平台属性、平台信息,等。雷达识别是雷达信号截获、参数测量和分选后的重要环节,是进行雷达对抗侦察的主要目的,识别的结果是制定电子对抗决策的重要依据,是引导干扰、反辐射攻击的主要依据。因此,雷达识别是雷达对抗侦察的主要任务之一。

雷达识别根据识别方式的不同,可以分为人工识别、自动识别和半自动识别;根据识别的内容的不同,可以分为雷达体制识别、雷达用途识别、雷达威胁等级判定、雷达型号识别、雷达个体识别和雷达平台识别,等。

6）雷达无源定位

雷达无源定位是指使用接收机接收敌方或潜在作战对手雷达辐射的电磁波信号来确定敌方或潜在作战对手雷达的位置。雷达无源定位在雷达对抗侦察中具有重要作用：如果应用于雷达对抗情报侦察，则可以通过无源定位获取敌方雷达组网系统中的各雷达具体部署位置，进而可以推断敌方或潜在作战对手防御体系的兵力、部署和作战任务，等；如果应用于雷达对抗支援侦察，则实时的无源定位既可以为反辐射攻击装备提供敌方或潜在作战对手雷达具体位置坐标，进而有效摧毁敌方雷达，又可以引导干扰设备聚焦功率，提高干扰效率。因此，雷达无源定位是雷达对抗侦察的重要任务之一。

雷达无源定位通常分为多站雷达无源定位和单站雷达无源定位两种。多站雷达无源定位可以分为测向法定位、测时差法定位、测频差法定位和多参数测量法定位等；单站雷达无源定位可以分为单站瞬时雷达无源定位和单站多时刻雷达无源定位等。

10.2　雷达对抗侦察系统组成与指标

10.2.1　雷达对抗侦察系统的组成

雷达对抗侦察的任务由雷达对抗侦察系统完成。典型的雷达对抗侦察系统由天线部分（测频天线、测向天线阵）、接收机、信号处理机、终端显示设备（显示器、记录器）、控制器等组成，如图 10-1 所示。

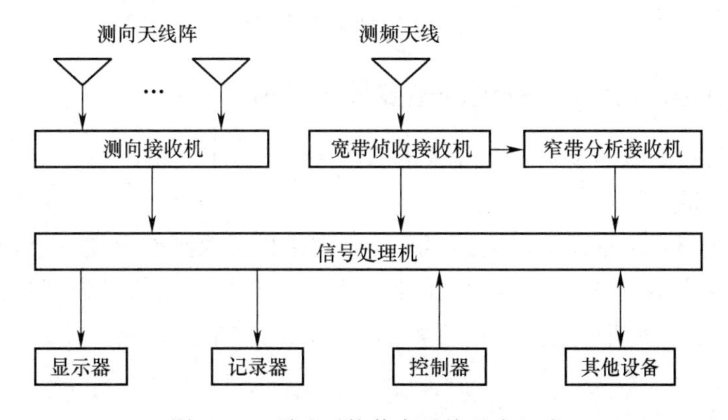

图 10-1　雷达对抗侦察系统基本组成

雷达对抗侦察系统虽然搭载的平台有差异，但是其组成基本是相同的，由两个基本部分组成：侦察前端和终端。其中，侦察前端由天线部分和接收机部分组成，完成对雷达信号的搜索、截获和参数测量；侦察终端由信号处理机和显示器、记录器、控制器等输入输出设备组成，完成对雷达信号的分选识别等处理，输出雷达的技术参数和初级情报信息。

天线部分通常包括测向天线阵和测频天线两部分，其基本作用是将空间中的电磁波信号转化为射频电信号，提供给后续的接收机处理。测向天线阵还用来测量雷达信号的到达方向。在通常情况下，雷达对抗侦察所使用的天线为圆极化或工作频带较宽的平面螺旋或对数周期天线。

接收机的主要作用是放大天线送来的微弱高频信号，并将高频信号转化为信号处理机所需的信号。具体地说，测向接收机与测向天线阵一起实现对射频脉冲信号到达方向的实时测量；测频天线与宽带侦收接收机一起实现对雷达信号的载频、脉宽、到达时间和脉冲幅度等参数的实时测量；窄带分析接收机可根据系统的任务需求和信号处理机的引导，先从宽带测频天线接收信号中选择特定调制特性（如载濒、脉宽、脉冲重复周期）的信号，将其变频到中频基带，经模数转换输出数字波形数据，再由窄带信号分析处理机模块进行脉内和脉间调制的精确分析和测量。

信号处理机一般由数字信号处理器（DSP）和现场可编程门阵列（FPGA）等电路组成，通常包括信号预处理和信号主处理两部分。信号预处理将接收机输入的脉冲描述字与数据库中已有雷达的先验信息和先验数据进行快速匹配比较，分门别类装入各脉冲描述字缓存器，并剔除无用信号。通过预处理，将高密度的混叠脉冲流降低到信号主处理部分能够适应的信号密度。信号预处理部分通常采用现场可编程门阵列。信号主处理部分的主要作用是完成对雷达信号的分析和识别；其分析的目的是完成雷达信号的分选，得到单部雷达信号脉冲串包含的信息，如天线扫描方式、天线方向图，等；其识别的目的是得到雷达的属性、用途、型号和体制等方面情报信息。信号主处理部分通常采用高速数字信号处理器阵列。此外，信号主处理部分的结果还可以引导窄带分析接收机，选择特定的窄带信号进行精细化分析，如脉内调制信息、脉间调制规律，等。

信号处理机处理后的数据可以直接提交显示器、记录器、干扰控制等设备。除显示和记录功能之外，显示器和控制器还用于雷达侦察系统的人机界面处理，控制雷达对抗侦察系统的各部分工作状态，记录器保存各种处理结果。

10.2.2 雷达对抗侦察系统的主要战技指标

雷达对抗侦察系统涉及的主要战技指标通常包括以下几种。

1. 侦察作用距离

侦察作用距离是衡量雷达对抗侦察系统对雷达目标探测能力的一个重要指标，也称为雷达信号截获距离，它是指雷达对抗侦察接收设备在接收的信号强度足够保证正常工作的前提下，雷达对抗侦察接收设备与雷达目标之间的最远距离。侦察作用距离，可以用侦察方程实现。

1）简单侦察方程

简单侦察方程忽略大气衰减、地球曲率、地面反射和系统损耗等因素对侦察作用距离的影响，是分析侦察作用距离与雷达参数、侦察设备参数之间的关系方程式。侦察设备与雷达目标的空间位置，如图 10-2 所示。

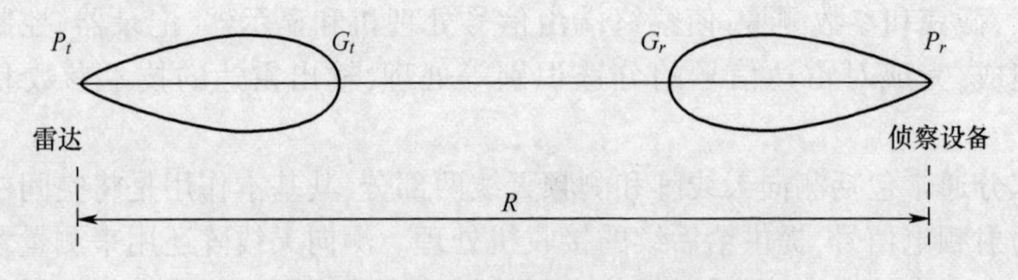

图 10-2　侦察设备与雷达目标空间位置

在图 10-2 中,假定雷达目标与侦察设备的相对位置和空间波束是对准的,则经过侦察接收天线输出的雷达目标信号功率为

$$P_r = \frac{P_t G_t A_r \gamma_r}{4\pi R^2} \tag{10-1}$$

式中:P_t 为雷达发射机功率(W);G_t 为雷达发射天线最大增益(倍);A_r 为侦察接收天线的有效接收面积(m^2);γ_r 为侦察接收天线与雷达信号极化失配损失(倍),且小于等于 1 倍;R 为雷达目标与侦察设备之间的距离(m)。

A_r 与侦察接收天线增益 G_r 之间的关系为

$$A_r = \frac{G_r \lambda^2}{4\pi} \tag{10-2}$$

式中:λ 为雷达目标信号的波长值。

将式(10-2)代入式(10-1),可得

$$P_r = \frac{P_t G_t G_r \lambda^2 \gamma_r}{(4\pi R)^2} \tag{10-3}$$

根据式(10-3)可知,雷达对抗侦察设备接收到的雷达信号功率 P_r 的大小与 R^2 成反比,随着雷达对抗侦察设备与雷达目标距离的增大,接收功率迅速减小。当接收功率减小到与侦察设备接收机灵敏度 $P_{r\min}$ 相等时,其对应的距离值 R 为侦察作用距离最大值 $R_{\max}$。当 R 大于 $R_{\max}$ 时,雷达对抗侦察设备将无法检测到雷达目标信号。将 $P_{r\min}$ 代入式(10-3),可以得到简单侦察方程为

$$R_{\max} = \sqrt{\frac{P_t G_t G_r \lambda^2 \gamma_r}{(4\pi)^2 P_{r\min}}} \tag{10-4}$$

2）侦察作用距离影响因素分析

影响侦察作用距离大小的因素可以总结为系统损耗、大气衰减、地面反射、地球曲率四个方面。下面将这四个方面因素对 $R_{\max}$ 的影响做定量化分析。

(1) 系统损耗。系统损耗是指与雷达和雷达对抗侦察设备系统有关的因素造成的能量损耗。其主要包括五方面的因素:一是雷达发射机到雷达发射天线之间的传输损耗 L_1;二是雷达发射天线波束非矩形引起的损耗 L_2;三是侦察接收天线波束非矩形引起的损耗 L_3;四是侦察天线到接收天线之间的传输损耗 L_4;五是侦察天线波束增益在侦察频带内的起伏造成的损耗 L_5。

在考虑系统损耗的情况下,系统损耗造成的总损耗为

$$L = \prod_{i=1}^{5} L_i = L_1 \cdot L_2 \cdot L_3 \cdot L_4 \cdot L_5 \tag{10-5}$$

式中:L 表示系统总的损耗值(倍)。若表示为 dB 的表达形式,则有

$$L' = \prod_{i=1}^{5} L'_i = L'_1 \cdot L'_2 \cdot L'_3 \cdot L'_4 \cdot L'_5 \tag{10-6}$$

式中:L'_i 表示 L_i 的分贝表达方式。

系统损耗使进入雷达对抗侦察设备接收机的信号能量下降 L 倍,从而使侦察作用距离 $R_{\max}$ 下降。考虑系统损耗后的侦察方程可变为

$$R_{\max} = \sqrt{\frac{P_t G_t G_r \lambda^2 \gamma_r}{(4\pi)^2 P_{r\min} L}} \tag{10-7}$$

或

$$R_{\max} = \sqrt{\frac{P_t G_t G_r \lambda^2 \gamma_r}{(4\pi)^2 P_{r\min} 10^{0.1L'}}} \tag{10-8}$$

(2) 大气传播衰减。大气传播衰减是指电磁波信号能量在空间传播时受到大气作用而造成的减弱现象。考虑在大气传播衰减的情况下雷达对抗侦察设备接收到的信号功率 P_r' 与不考虑在大气传播衰减情况下雷达对抗侦察设备接收到的信号功率 P_r 的关系:

$$L_6' = 10\lg \frac{P_r}{P_r'} = \delta \cdot R \tag{10-9}$$

式中:L_6' 表示大气传播造成的衰减值(dB);R 为侦察设备与雷达目标之间的距离;δ 为衰减系数(dB/km),其值主要与雷达信号的波长以及天气情况有关。当波长超过 30cm 时,电磁波在大气传播中能量的衰减很小;当波长小于 10cm 时,电磁波在大气传播中能量的衰减才比较明显。

将 L_6' 转化为倍数的关系,可得

$$L_6 = 10^{0.1\delta \cdot R} \tag{10-10}$$

大气传播衰减使进入雷达对抗侦察设备接收机的信号能量下降 L_6 倍,从而使侦察作用距离 $R_{\max}$ 下降。考虑大气传播衰减后的侦察方程可修正为

$$R_{\max} = \sqrt{\frac{P_t G_t G_r \lambda^2 \gamma_r}{(4\pi)^2 P_{r\min} L} \cdot 10^{-0.1\delta R_{\max}}} \tag{10-11}$$

对式(10-11)进一步化简,将大气传播衰减表示为衰减因子的形式,可以得到修正后的侦察方程为

$$R_{\max} = \sqrt{\frac{P_t G_t G_r \lambda^2 \gamma_r}{(4\pi)^2 P_{r\min} L}} \cdot \exp[-0.115\delta \cdot R_{\max}] \tag{10-12}$$

(3) 地面反射。对米波或者波长更长的雷达信号进行侦察时,由于地面反射系数可近似为 100%,因此必须考虑地面反射信号对侦察作用距离产生的影响。此时,雷达对抗侦察设备接收到的雷达信号有两种传播路径,即直射路径和反射路径,如图 10-3 所示。

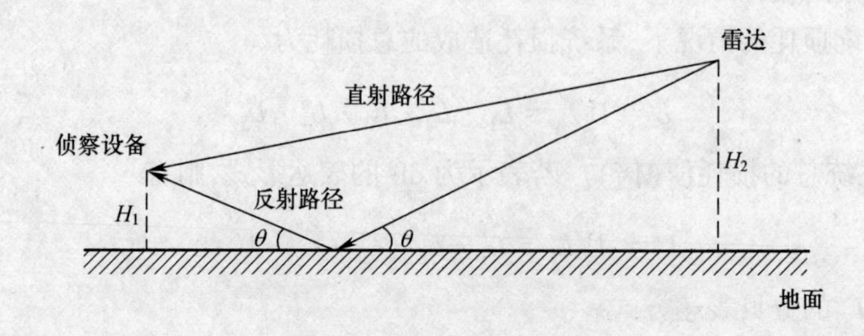

图 10-3　直射路径和反射路径

到达雷达对抗侦察设备的直射波和反射波由于路径的不同,因此两个信号的相位差是随着仰角或高度而变化的。当相位差为 0°时,两个信号同相,可以得到幅度相加的合成信号;当相位差为 180°时,两个信号反相,可以得到幅度相减的合成信号。因此,当雷达对抗侦察设备与雷达之间的距离不变时,雷达对抗侦察设备接收到的信号强度将随着雷达和雷达对抗侦察设备的高度变化而增大或减小,从而影响侦察作用距离的大小。

(4) 地球曲率。由于雷达发射的微波频段以上电磁波信号是近似直线传播,而地球表面是弯曲的,因此雷达对抗侦察设备与雷达之间的直视距离将受到限制,如图 10-4 所示。假定侦察接收天线和雷达发射天线的架设高度分别为 H_1 和 H_2,R 为地球的半径,则直视距离可表示为

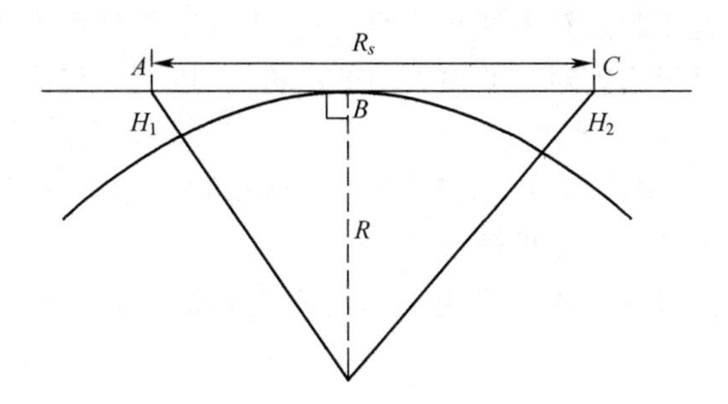

图 10-4　地球曲率对直视距离的影响

$$R_s = \overline{AB} + \overline{BC} \approx \sqrt{2R}(\sqrt{H_1} + \sqrt{H_2}) \tag{10-13}$$

由于大气层的介电常数随高度增加而下降,因此电磁波在大气层中将产生折射而向地面倾斜,从而使直视距离增加,此时可将地球的半径等效增大为 8490km,代入式(10-13),可得

$$R_s = 4.1(\sqrt{H_1} + \sqrt{H_2}) \tag{10-14}$$

式中:R_s 的单位是 km;H_1、H_2 的单位是 m。

结合地球曲率影响下的直视距离,对雷达信号的侦察必须同时满足能量条件和直视距离条件,所以实际的侦察作用距离是两者中的最小值,即

$$R'_{\max} = \min(R_{\max}, R_s) \tag{10-15}$$

2. 雷达对抗侦察设备灵敏度

雷达对抗侦察设备灵敏度表示侦察接收机接收微弱信号的能力。接收机能接收的信号强度越弱,则接收机的灵敏度越高,侦察装备的侦察作用距离就越远。根据雷达发射信号的特点,雷达对抗侦察接收机灵敏度采用的定义方式主要有最小可辨信号灵敏度、切线灵敏度、工作灵敏度和检测灵敏度,等。

1) 最小可辨信号灵敏度

最小可辨信号灵敏度是指输入信号为连续波信号时,当连续波输入接收机,若输出端总信号功率等于无信号输入时噪声功率的两倍,则将接收机输入端的脉冲信号功率称为最小可辨信号灵敏度,通常用 P_{MDS}表示。

2) 切线灵敏度

切线灵敏度是指在某一输入脉冲信号的作用下,接收机输出端脉冲波形上的噪声底

部与基线噪声顶部在同一直线上,则将接收机输入端的脉冲信号功率称为切线信号灵敏度,通常用P_{TSS}表示。

3)工作灵敏度

工作灵敏度是指接收机输入脉冲信号时,当输出的视频信号与噪声的功率比为14dB时,则将接收机输入端脉冲信号功率称为工作灵敏度,通常用P_{OPS}表示。

4)检测灵敏度

检测灵敏度是指在给定的虚警概率(接收机的内部噪声超过检测门限的概率)条件下,获得一定的单个脉冲发现概率而需要的输入脉冲功率,通常用P_{DS}表示。

最小可辨信号灵敏度和切线灵敏度常用来比较各种接收机检测信号的能力,在对接收机进行性能测试时运用起来较方便。然而,由于雷达对抗侦察设备在正常发现信号时所需功率要比上面两种灵敏度对应的输入功率高许多,因此在侦察方程中应采用工作灵敏度P_{OPS}作为接收机的灵敏度$P_{r\min}$。此外,噪声的存在和观察者的不同,使对信号的检测成为一个随机事件,从统计的观点来看,在一定的虚警概率下,任何雷达对抗侦察设备都必须选用检测灵敏度来确定发现概率。

综上所述,在实际工作中,通常采用工作灵敏度和检测灵敏度作为雷达对抗侦察设备的灵敏度。

3. 频率测量范围

雷达对抗侦察装备在担负支援侦察职能任务时,在通常情况下对工作在0.5~18GHz频率范围的雷达目标信号进行侦测,重点监控工作在8~18GHz频率范围的雷达目标;在担负情报侦察职能任务时,在通常情况下对工作在0.3~40GHz频率范围的雷达目标信号进行侦测。

4. 参数测量范围

在通常情况下,参数测量范围包括以下四方面。

(1)方位角度测量范围。雷达对抗侦察装备的方位角度测量范围通常为360°。

(2)瞬时角度覆盖范围。在通常情况下,瞬时角度覆盖范围与侦察天线的波束宽度有关,当采用全向天线或多波束天线时,覆盖范围可达到360°。

(3)脉冲重复周期(PRI)测量范围。能够测量的脉冲信号重复周期的变化范围,通常为10~50000μs。

(4)脉冲宽度测量范围。能够测量的脉冲信号脉宽的变化范围,通常为0.1~2000μs。

5. 瞬时工作频率范围

瞬时工作频率范围也称为瞬时带宽。以往的雷达对抗侦察装备通常采用窄带搜索法测频与宽带瞬时测频或信道化测频相结合的测频体制。当采用窄带搜索法测频接收机体制时,瞬时带宽很窄,可以达到MHz的数量级;当采用宽带瞬时测频或者信道化测频接收机体制时,瞬时带宽较宽,可以达到一个倍频程(倍频程,指测频范围的频率高端f_2是频率低端f_1的二倍,即$f_2=2f_1$)。

新体制的雷达对抗侦察装备在接收机设计时通常采用数字化接收机技术,使侦察装备既具备较高的测频精度,又具有较宽的瞬时带宽。瞬时带宽的宽窄各有优劣,在数字化接收机体制的雷达对抗侦察装备中,操作员通常可以根据战场信号环境情况,选择不同的瞬时带宽,达到最好的信号侦测效果。

6. 参数测量精度

参数测量精度是指侦察装备测量相应参数误差的大小。在通常情况下,具体包括以下四方面。

（1）测频精度:通常为 1~2MHz。

（2）角度测量精度:一般为 1°~3°。

（3）脉冲重复周期计算精度:通常为 0.2~1μs。

（4）脉冲宽度测量精度:通常可低于 0.1μs。

7. 可以处理的雷达信号形式

现代雷达对抗侦察装备不仅要能够处理参数常规变化的雷达信号,而且要能够处理新技术体制雷达发射的复杂变化脉冲信号。新体制雷达信号的复杂性主要体现在信号参数的变化上,如工作频率捷变或跳变类型、脉冲重复周期抖动或滑变类型、脉内线性调频或编码类型信号等。雷达对抗侦察装备要能够自动或在操作员的辅助下完成这些复杂变化信号的分选、识别等工作。

8. 可适应的信号密度

可适应的信号密度是指在脉冲信号密度不小于一定数值时,雷达对抗侦察装备仍然能够正常工作。在通常情况下,现代的雷达对抗侦察装备要能够适应 100 万个脉冲/秒的信号密度。

9. 动态范围

动态范围表示侦察接收机在正常工作的前提下,允许输入信号强度变化的范围。最小输入信号强度通常称为最小可侦测信号功率,允许最大的输入信号强度根据正常工作的要求确定。当输入信号过强时,接收机会因为发生饱和而失去放大作用,此现象称为过载。当侦察接收机开始出现过载时的输入信号功率与最小可侦测信号功率之差,称为动态范围。

10. 截获概率和截获时间

雷达对抗侦察系统对雷达信号的截获有两个方面的含义,即前端截获和系统截获。因此,雷达对抗侦察系统有前端信号截获概率和截获时间以及系统截获概率和截获时间两部分。

1）前端信号截获概率和截获时间

前端信号截获概率是指雷达对抗侦察接收机截获信号可能性的大小。它与具有两个或多个参数的“窗函数波形”的窗口重叠概率有关,如扫描天线、扫描或步进接收机以及频率捷变辐射源等。以频率和方位同时搜索为例,截获概率的计算方法为

$$\Delta\theta_s \leqslant \theta_{0.5} \tag{10-16}$$

式中:$\Delta\theta_s$ 为方位波束宽度;$\theta_{0.5}$为方位波束宽度。

$$\Delta f_s \leqslant F_r \tag{10-17}$$

式中:Δf_s 为频率步进量;F_r 为射频中频带宽。

$$T_{f\theta} = t_{te}/[(\Delta f_s/F_s)(\Delta\theta_s/\theta_s)] \tag{10-18}$$

式中:$T_{f\theta}$为频率和方位搜索周期;t_{te} 为驻留时间;F_s 为频率搜索范围;θ_s 为方位搜索范围。

$$P_{f\theta} = (t_{te}/T_{f\theta})P_e = (\Delta f_s/F_s)(\Delta\theta_s/\theta_s)P_e \tag{10-19}$$

式中:$P_{f\theta}$为频率和方位同时搜索截获概率;P_e 为雷达照射概率。

在通常情况下,θ_s 的范围是 60°~360°,$\Delta\theta_s/\theta_s$ 的范围是 0.0056~2,F_s 的范围是 2~10GHz,$\Delta f_s/F_s$ 的范围是 0.005~2,P_e 的范围是 0.003~1。由此可得,$P_{f\theta}$ 的范围为 8×10^{-8}~4×10^{-2},$T_{f\theta}$的典型值范围是 0.25~360s、1.5~2160s。

由上述分析可知,当采用频率和方位同时搜索时,搜索周期较长、截获概率较低。因此,在实际的雷达对抗侦察时,很少选用此搜索策略,通常采用频率宽开的方位搜索或方位宽开的频率搜索。

截获时间通常用平均截获时间来描述,指雷达信号参数被截获所经历时间的统计平均,或两次被截获间隔时间的统计均值。前端信号截获时间有两种计算方法,即中等驻留时间模式和长驻留时间模式。

中等驻留时间模式进行侦察,通常用于对雷达信号脉冲进行截获,同时获取雷达信号单个脉冲的 RF、PW 和 DOA 等参数。假定 $\overline{T}'_c$ 为雷达对抗侦察设备信号搜索的平均截获时间,$\overline{T}_s$ 为雷达对抗侦察设备搜索周期的平均值,T_{rs}为雷达天线扫描周期,t_{tem}为中等驻留时间,t_{sm}是在这种模式下的窗口重叠宽度,则有

$$\overline{T}'_c = (\overline{T}_s - \overline{T}_{rs})/(t_e + t_{tem} - 2t_{sm}) \tag{10-20}$$

长驻留时间模式进行侦察,通常用于对雷达信号脉冲序列进行截获,同时获取雷达信号脉冲序列的 RF、RF 变化规律、PW、PRI、PRI 变化规律以及 DOA 等参数。雷达对抗侦察系统的雷达信号分选最短序列是指雷达对抗侦察系统能够分选出雷达信号脉冲序列所需的最小脉冲个数(对于分选内容在后面章节会有详细介绍)。假定 N_{rsh} 为最短序列脉冲个数,r_{rsh}为最短序列周期,则有

$$t_{rsh} = N_{rsh} \cdot \mathrm{PRI} \tag{10-21}$$

对于侦察设备来说,N_{rsh}的大小与雷达发射信号的类型有关,典型值通常为 3~20,复杂变化的信号,取值可能为更大。对于长驻留时间模式,雷达对抗侦察设备设计要求为

$$t_{rel} \geqslant t_{rsh} = N_{rsh} \cdot \mathrm{PRI} \tag{10-22}$$

式中:t_{rel}为长驻留时间。在通常情况下,t_{rel}的取值范围在几毫秒到几十毫秒。

对于雷达照射时间 t_e,与窗口重叠宽度特定值 t_s 之间存在如下关系。

假定 t_{sl}为长驻留时间模式下的窗口重叠宽度,则存在以下两种情况:

(1) $t_{rel} \geqslant t_{sl}$ 且 $t_e \geqslant t_{sl}$ 的情况:

$$\overline{T}'_c = (\overline{T}_s \cdot T_{rs})/(t_e + t_{rel} - 2t_{sl}) \tag{10-23}$$

(2) t_{rel} 或 t_e 小于 t_{sl},即 $t_e \leqslant t_{sl}$ 的情况:

$$\overline{T}'_c \to \infty \tag{10-24}$$

由式(10-24)可知,当工作于长驻留时间模式时,如果 t_{rel}或 t_e 小于 t_{sl},则雷达对抗侦察设备将永远分选不出雷达脉冲序列。

2) 系统截获概率和截获时间

系统截获概率和截获时间是建立在前端信号截获的前提下,由雷达对抗侦察装备配备的处理软件完成。在通常情况下,前端设备可以较好地完成辐射源目标信号的检测和参数测量;同时该目标参数信息在装备系统的数据库,经过软件的分选、识别处理,有时

加入人工的辅助处理,可以实现对该目标的提取和识别,只是根据装备软件处理性能和电磁环境复杂程度的不同,在处理时间上存在差异。

10.3　雷达对抗目标信号侦收方法

实现对雷达对抗目标信号的侦收,直接效果表现为实现对敌方某雷达信号的截获。同时,实现对雷达信号的截获,是通过信号搜索的过程实现的。因此,对于雷达对抗目标信号的侦收方法的研究,即转化为对雷达对抗侦察设备搜索和截获策略的分类研究。由于对雷达信号的截获是指在频域、空域和时域内同时实现对其截获,三个条件缺一不可。因此在分析雷达对抗侦察设备搜索和截获策略的问题之前,下面将频域截获、空域截获(极化域截获一起在空域截获中考虑)和时域截获的含义进行介绍。

频域截获是指雷达对抗侦察设备的工作频带对准雷达载频的工作状态。此处的工作频带通常是指瞬时工作频带。频域截获主要与雷达对抗侦察设备的测频体制和敌方雷达信号的频率变化规律等因素有关。

空域截获是指在方向和距离上同时截获信号。方向截获是指侦察天线的波束与雷达发射天线的波束互指。距离截获又称为能量截获,指信号在雷达对抗侦察设备的侦察作用距离之内。空域截获主要与雷达对抗侦察设备的灵敏度、天线方向图、天线搜索方式、极化方式,敌方雷达的等效发射功率、天线方向图、天线扫描方式以及电磁波传播环境等因素有关。

时域截获是指雷达对抗侦察设备的侦察驻留时间与敌方雷达的照射时间存在重叠,从而能够完成信号的正常接收。时域截获主要与雷达对抗侦察设备的测频体制、测向体制,敌方雷达的天线扫描方式等因素有关。

雷达对抗目标信号的侦收方法分类,是指在实现截获目的的前提下,对信号搜索方式的不同分类。由于雷达对抗侦察设备通常不做距离向的搜索,因此信号搜索主要考虑方向和频率的对准方法。在通常情况下,搜索方式分为宽开非搜索方式和窄窗口搜索方式,这两种方式对应非搜索式侦察和搜索式侦察。非搜索式侦察又称为宽开式侦察,指雷达对抗侦察设备对频率和方向进行非搜索式瞬时截获的侦察状态;搜索式侦察是指雷达对抗侦察设备在频率维采用搜索或非搜索式侦察状态与方向维进行搜索或非搜索式侦察状态的自由组合。

因此,对雷达对抗目标信号的分析,即雷达信号的侦收方法的分析,转化为对信号搜索的四种典型策略——频率搜索方向非搜索、频率非搜索方向搜索、频率搜索方向搜索和频率非搜索方向非搜索的分析。下面主要对这四种搜索策略(侦收方法)的具体实现方法进行介绍。

10.3.1　频率搜索方向非搜索侦收方法

雷达对抗侦察系统采用频率搜索方向非搜索侦收方法时,通常使用 1 个全向的测频天线和 N 个定向测向天线组合的方式。典型的侦察系统,如图 10-5 所示。

在图 10-5 中,当采取频率搜索方向非搜索侦收方法时,频率侦收设备通常采用全向测频天线与搜索式超外差测频接收机结合使用,完成对感兴趣信号的频域截获;测向设备通常采用多个定向天线与对应的宽带测向接收机结合使用,完成不同方位信号的空域截获。

需要说明的是,采用频率搜索方向非搜索侦收方法时,由于搜索式超外差测频接收机灵敏度最高、全向天线增益最低、宽带测向接收机灵敏度较低、定向天线增益较高,因此雷达对抗侦察系统灵敏度中等、截获概率中等。

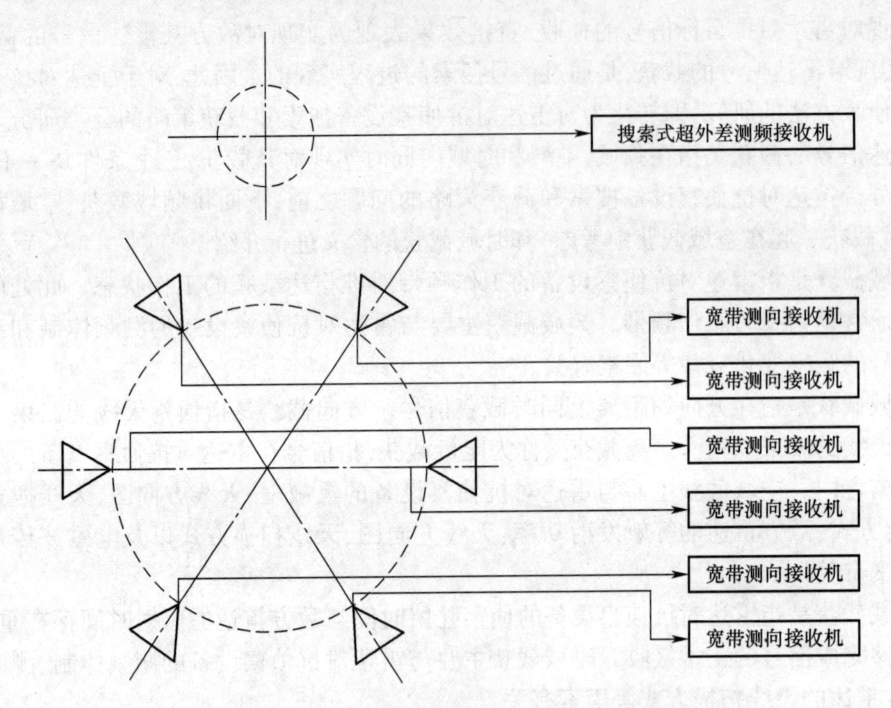

图 10-5　典型频率搜索方向非搜索侦察系统

10.3.2　频率非搜索方向搜索侦收方法

雷达对抗侦察系统采用频率非搜索方向搜索侦收方法时,通常有两种典型的雷达对抗侦察系统,区别在于天线部分的组成。

一种典型的雷达对抗侦察系统采用 1 个公用可以旋转的定向天线,测频时采用非搜索式的宽频段瞬时测频(IFM)接收机或信道化接收机;测向时采用旋转天线进行方位搜索,天线旋转机构计算的天线轴向方向,即信号到达方向。此类型的侦察系统,如图 10-6 所示。

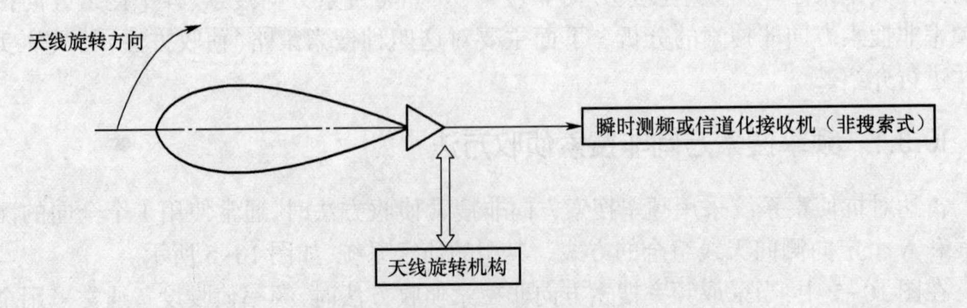

图 10-6　频率非搜索方向搜索侦察系统(旋转天线式)

另外一种典型的雷达对抗侦察系统采用 N 个公用的定向天线,测频时采用非搜索式的宽频段 IFM 接收机或信道化接收机;测向时采用转换式多波束搜索,通过单刀 N 掷开关控制波束的轴线指向,实时接通的天线波束轴线指向,即信号到达方向。此类型的侦察系统,如图 10-7 所示。

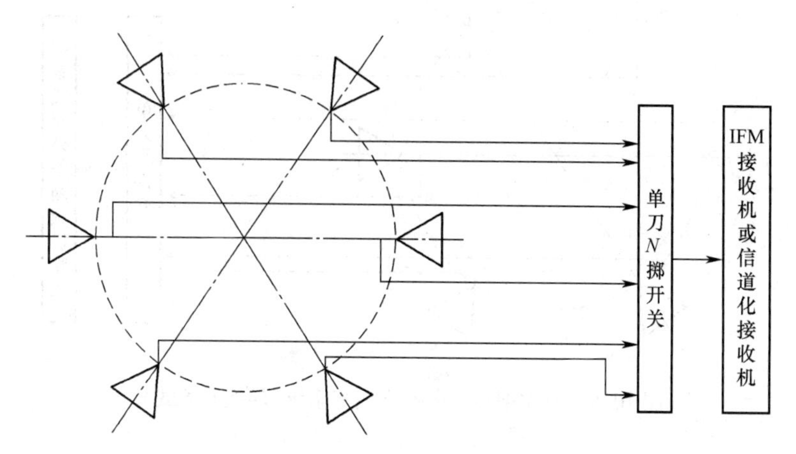

图 10-7　频率非搜索方向搜索侦察系统(转换开关式)

采用频率非搜索方向搜索侦收方法时,由于 IFM 测频接收机灵敏度较低,信道化测频接收机灵敏度最高,定向天线增益最高,因此,当采用信道化接收机时,雷达对抗侦察系统灵敏度最高、截获概率中等;当采用 IFM 接收机时,雷达对抗侦察系统灵敏度中等、截获概率中等。

10.3.3　频率搜索方向搜索侦收方法

雷达对抗侦察系统采用频率搜索方向搜索侦收方法时,同样有两种典型的雷达对抗侦察系统,区别在于天线部分的组成。

一种典型的雷达对抗侦察系统采用 1 个公用可以旋转的定向天线,测频时采用频率搜索式的超外差测频接收机;测向时采用旋转天线进行方位搜索,天线旋转机构计算的天线轴向方向,即信号到达方向。此类型的侦察系统,如图 10-8 所示。

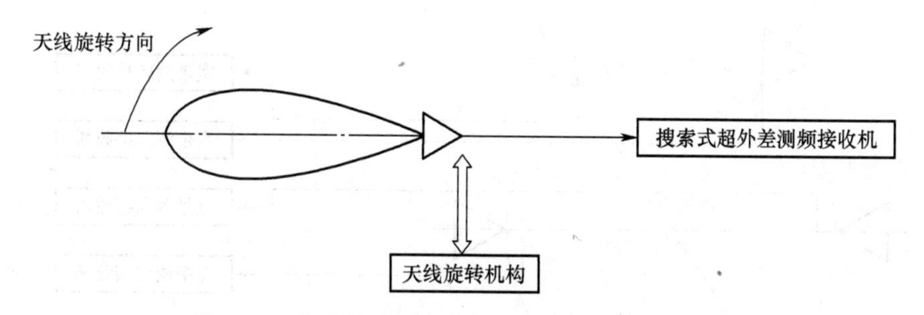

图 10-8　频率搜索方向搜索侦察系统(旋转天线式)

另外一种典型的雷达对抗侦察系统采用 N 个公用的定向天线,测频时依旧采用搜索式超外差测频接收机;测向时采用转换式多波束搜索,通过单刀 N 掷开关控制波束的轴线指向,实时接通的天线波束轴线指向,即信号到达方向。此类型的侦察系统,如图 10-9 所示。

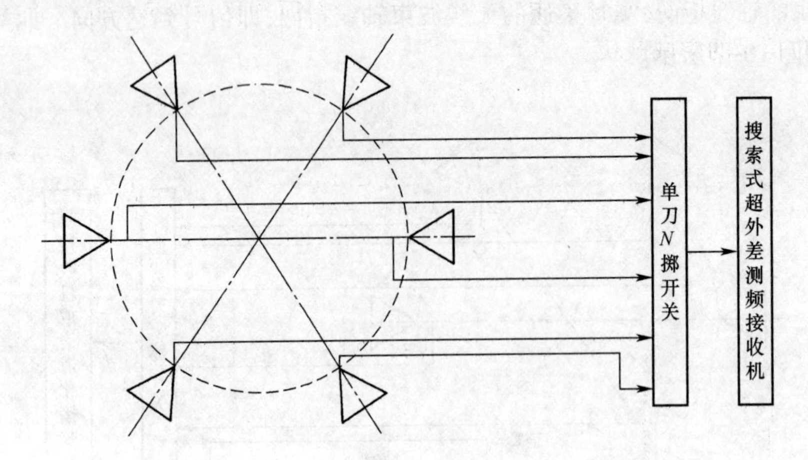

图 10-9 频率搜索方向搜索侦察系统(转换开关式)

采用频率搜索方向搜索侦收方法时,由于超外差测频接收机灵敏度最高,定向天线增益最高,因此,侦察系统灵敏度最高,但是由于搜索时间过长,导致系统截获概率最低、截获时间最长。

10.3.4 频率非搜索方向非搜索侦收方法

雷达对抗侦察系统采用频率非搜索方向非搜索侦收方法时,通常使用 1 个全向的测频天线和 N 个定向测向天线组合的方式。典型的侦察系统,如图 10-10 所示。

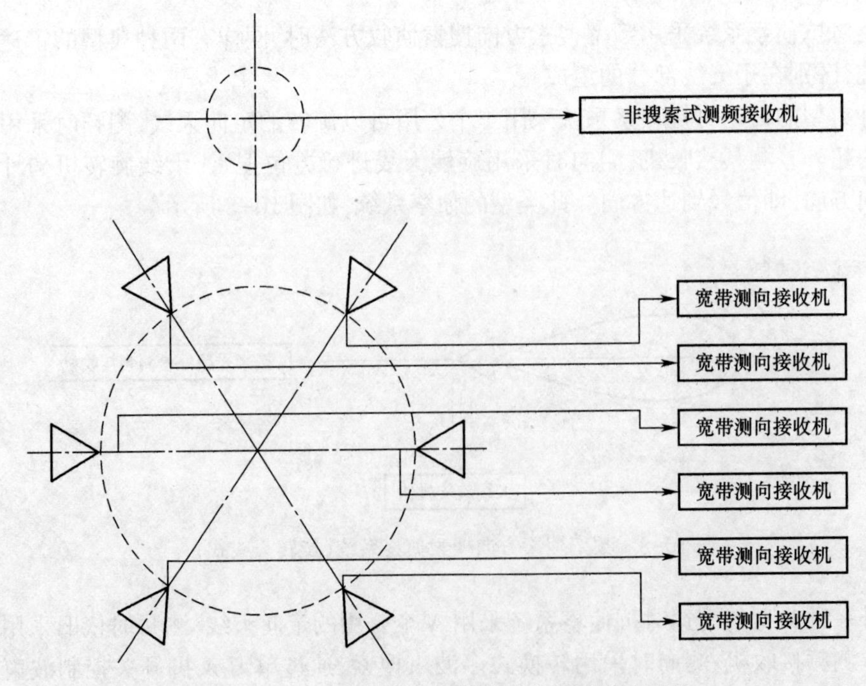

图 10-10 典型频率非搜索方向非搜索侦察系统

在图 10-10 中，当采取频率非搜索方向非搜索侦收方法时，频率侦收设备通常采用全向测频天线与非搜索式测频接收机（IFM 或信道化接收机）结合使用，完成对感兴趣信号的频域截获；测向设备通常采用多个定向天线与对应的宽带测向接收机结合使用，完成不同方位信号的空域截获。

采用此种侦收方法时，由于 IFM 测频接收机灵敏度较低、信道化测频接收机灵敏度最高、全向天线增益最低、宽带测向接收机灵敏度较低、定向天线增益较高，因此，当采用信道化接收机时，侦察系统灵敏度中等；当采用 IFM 接收机时，侦察系统灵敏度最低。此种侦收方法的特点是瞬时截获概率最高，适用于实时性要求较高的侦收情况。

第11章 雷达类网电对抗目标信号参数测量方法

11.1 概 述

雷达对抗侦察的第一步工作是通过对电磁环境中信号的搜索,实现对雷达信号的截获;第二步工作是通过对截获的信号进行处理,提取信号中的参数信息,测量参数的大小,分析参数的变化类型。在第二步工作完成的前提下,才能与雷达信号的到达方向合成雷达信号脉冲描述字,进行后续的雷达信号分选、识别等处理,最终形成雷达对抗情报。因此,雷达信号参数测量是雷达对抗侦察的主要任务之一。

本书以脉冲雷达为研究对象,结合脉冲信号的特征,根据脉冲描述字的组成,将雷达目标信号的参数类型分为脉内调制参数、载波频率参数、脉冲重复周期参数、脉冲宽度参数和天线扫描类型参数。每一种雷达目标信号参数类型包含多种不同的变化方式,如表11-1所列。

表11-1 雷达目标信号参数类型

雷达目标信号参数类型	包含的变化方式
脉内调制参数	常规调制(单载频)、线性频率调制、非线性频率调制、相位编码、频率编码、复合调制等
载波频率参数	载波频率固定、载波频率跳变、载波频率捷变、载波频率分集、载波频率步进、载波频率正弦等
脉冲重复周期参数	脉冲重复周期固定、脉冲重复周期驻留、脉冲重复周期参差、脉冲重复周期滑变、脉冲重复周期抖动、脉冲重复周期脉组、脉冲重复周期正弦等
脉冲宽度参数	脉冲宽度固定、双脉冲宽度、多脉冲宽度等
天线扫描类型参数	圆周扫描、扇形扫描、一维电扫、一维机械扫描、二维相控阵扫描、圆锥扫描等

在雷达目标信号参数类型的基础上,可以总结出每一种参数类型需要测量或间接计算的参数内容。例如:对于脉内调制参数,线性频率调制信号需要测量的参数是中心频率、调制斜率、调制带宽;相位编码信号需要测量的参数是编码类型、编码序列。具体需要测量的参数内容,如表11-2所列。

表11-2 雷达目标信号参数内容

雷达目标信号参数类型	参数内容
脉内调制参数	脉内调制类型、中心频率、调制带宽、调制斜率、编码序列、子脉冲宽度

（续）

雷达目标信号参数类型	参数内容
载波频率参数	频段、载波频率变化类型、载波频率值、载波频率变化范围
脉冲重复周期参数	脉冲到达时间、脉冲重复周期变化类型、脉冲重复周期值、脉冲重复周期变化范围
脉冲宽度参数	脉冲宽度变化类型、脉冲宽度值
天线扫描类型参数	天线扫描周期、天线扫描速度、波束宽度

表 11-2 所列为通过雷达对抗侦察期望获得的雷达信号参数，目的是通过获得的信号参数，实现雷达信号的准确分选，进而能够识别该雷达。需要说明的是，雷达对抗侦察在工作时，接收机面临的是非合作的信号环境，而雷达在工作时，接收机面临的是合作性的信号。因此，雷达对抗侦察系统接收机在测量信号参数时，在方法上与雷达接收机对信号的测量有所区别。目前，通过雷达对抗侦察系统测量的雷达目标信号参数主要包括信号到达方向、载波频率、脉冲到达时间、脉冲宽度、脉冲幅度、脉内调制参数（根据不同的脉内调制类型，参数有所区别）、极化特性，等。这些参数是构成脉冲描述字的基础，有些参数还可以用于导出其他特征参数，为分选识别雷达信号提供依据，例如，可以通过脉冲到达时间推导雷达信号的脉冲重复周期值和变化特点，应用于雷达信号的分选。

对雷达目标信号不同参数的测量，由雷达对抗侦察系统的不同模块完成。在通常情况下，对雷达信号载频的测量由测频接收机完成；对脉冲到达时间、脉冲宽度、脉冲幅度、脉内调制参数的测量，由通用逻辑电路、专用集成电路、现场可编程门阵列器件、数字信号处理器件完成；对雷达的极化特性的测量由天线和极化测量接收机完成。

11.2　雷达类网电对抗目标信号载波频率（载频）测量分析方法

雷达对抗侦察的职能任务是获得敌方雷达辐射源的位置和参数特征，而反映其参数特征的信息均包含在信号中。因此，需要对雷达信号进行分析和测量。在雷达辐射源的参数特征中，频率参数是重要的参数之一。频率参数的测量，通常是指雷达信号的载波频率或多普勒频移的测量和分析（本书只讨论载波频率的测量和分析）。在通常情况下，对雷达信号的载波频率的测量是通过雷达对抗侦察接收机完成的。

雷达对抗侦察系统在对雷达信号的载波频率进行测量和分析时，在通常情况下首先对单个脉冲进行载波频率测量和分析；其次针对同一辐射源信号发射的连续脉冲信号进行载波频率变化特点的分析，得到该辐射源频率参数更加精确和细致的变化规律；再次经过不同时间段对该辐射源信号频率变化情况的分析；最后综合得到该辐射源全面精细的频率参数变化情况。

本书对载波频率参数的测量和分析，主要讨论对单个脉冲频率参数的测量和分析。

1. 测频方式分类

雷达对抗侦察接收机测频的本质是对信号在频域上进行滤波处理。根据不同的分类方式，测频的方式和方法可以分为不同的类别。

根据测频接收机的技术体制不同,可以将测频方式分为检波式测频和数字式测频。检波式测频为传统意义上对信号载频的测量,具体是指对雷达信号载波的中心频率的测量,通常由检波式接收机完成。采用检波方式测频的接收机种类有射频调谐晶体视放测频接收机、搜索式超外差测频接收机、信道化测频接收机、瞬时测频接收机、压缩接收机和声光接收机,等。数字式测频是指通过对雷达信号频谱的分析,得到雷达信号的频率参数。采用数字式测频的接收机称为数字化接收机。

根据测频方法的不同,可以将测频方式分为直接法测频和间接法测频。直接法测频也称为频域取样法测频,是直接在频域实现载频测量的一种测频方法。根据测频技术的差别,直接法测频可以分为搜索频率窗、毗邻频率窗和时频分析方法三种方法。搜索频率窗测频通过接收机的窄频带连续或步进扫描对频率侦察范围进行取样,也称频率搜索法测频技术,如搜索式超外差测频接收机;毗邻频率窗测频通过多个固定的频率窗口覆盖整个频率侦察范围,这些频率窗口同时接收侦察频带内的雷达信号,以每个频率窗口后接收机输出信号的有无或幅度大小来确定雷达信号载频在哪个窗口内,进而实现测频,如模拟/数字信道化测频接收机;时频分析方法通过对雷达信号进行时频变换,得到信号频谱特性,如数字化接收机。间接法测频也称为频域变换法测频,是先通过将雷达信号频率单调变换到相位、时间或空间等其他物理域,再通过对变换域信号的测量得到信号载频。根据变换域的差异,间接法测频可以分为比相法测频、线性调频变换法测频和声光变换法测频,分别对应的接收机有瞬时测频(IFM)接收机、压缩接收机和声光接收机,等。

2. 测频接收机的性能指标

测频接收机的性能指标主要包括以下几个方面。

(1) 测频精度。测频精度是指雷达信号载频的真实值与测频接收机测量值之间的差值。测频精度可以表示为相对误差,也可以表示为绝对误差;可以是最大值,也可以是均方根值,通常用统计值表示。

(2) 频率分辨力。频率分辨力也称为频率分辨率,是指接收机能够分开的两个同时到达信号的最小频率差。

(3) 测频范围。测频范围是指测频接收机能够覆盖的雷达工作频率范围。可采用多部测频接收机分区测频的方法,增大测频范围。

(4) 频率截获概率。频率截获概率也称为频率搜索概率,是指当雷达和雷达对抗侦察接收机均处于开机状态时,在给定时间内,接收机能够实现频率截获的可能性大小。

(5) 频率截获时间。频率截获时间是指当实现雷达信号的频率截获概率为100%时,雷达对抗侦察接收机截获信号所需的时间,通常采用统计值表示。

(6) 测频灵敏度。测频灵敏度是指测频接收机接收微弱信号的能力,通常是指接收机能够检测的最小信号功率。

(7) 动态范围。动态范围是指在保证精确测频的前提下,输入信号功率的允许变化范围。

除了上述主要性能指标之外,还有可靠性、尺寸、重量、成本等指标。

下面具体对不同测频方法进行讨论,本书采用直接法测频和间接法测频的分类方式,对每种测频方法的不同测频技术进行分析。

11.2.1　直接法测频分析方法

直接法测频分析方法可分为频率搜索法测频方法、毗邻频率窗测频方法和时频分析测频方法三种。

1. 频率搜索法测频方法

频率搜索法测频方法分为射频调谐测频方法和搜索式超外差测频方法两种。下面分别对应用这两种测频方法的典型接收机系统组成、工作原理和性能特点进行分析。

1）射频调谐测频方法

射频调谐测频方法利用射频调谐滤波器选择特定频率的输入信号,完成对该信号载频等参数的测量,该方法主要应用于射频调谐晶体视放测频接收机。其基本系统组成如图 11-1 所示。

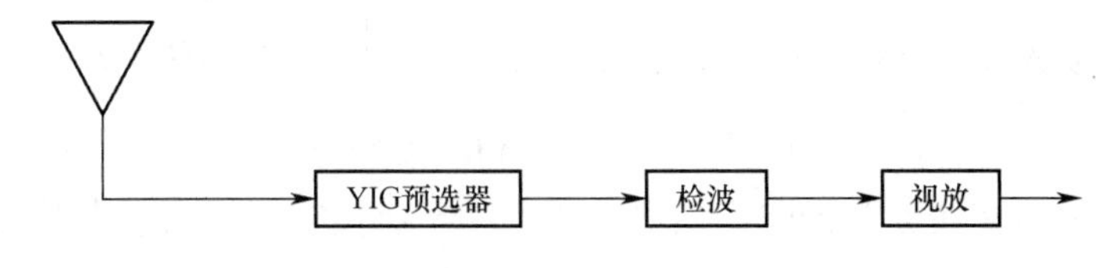

图 11-1　射频调谐晶体视放测频接收机系统组成

射频调谐晶体视放测频接收机是在晶体视放接收机的基础上,前端增加 YIG 预选器构成的。YIG 预选器为通频带可调谐的高频窄带滤波器,在侦察频段内,可通过调谐选择所需载频信号,滤除通带外的信号,进而实现信号载频的测量。当视放有信号输出时,高频窄带滤波器的中心频率,即所要测量的载频。

采用射频调谐晶体视放测频的接收机有如下的性能特点。

（1）测频范围较宽,一般可以达到几个至十几个倍频程。

（2）频率分辨力较低。由于 YIG 预选器的瞬时带宽决定了接收机测频的频率分辨力,而 YIG 预选器的瞬时带宽 Δf 与工作频率 f_0 之间的比例通常在 1%左右,如当 $f_0=$ 1GHz 时,Δf 在 100MHz 左右,由此可见,其频率分辨力较低。

（3）测频精度较低。由于频率分辨力较低,因此测频精度较低。

（4）频率搜索速度慢。由于 YIG 需要人工调谐,因此其频率搜索速度较慢。

（5）灵敏度较低。由于 YIG 预选器的损耗和检波视放的内部噪声较大,限制了接收机的灵敏度。在实际应用中,为了改善灵敏度性能,常在 YIG 预选器前加低噪声射频放大器,如图 11-2 所示。

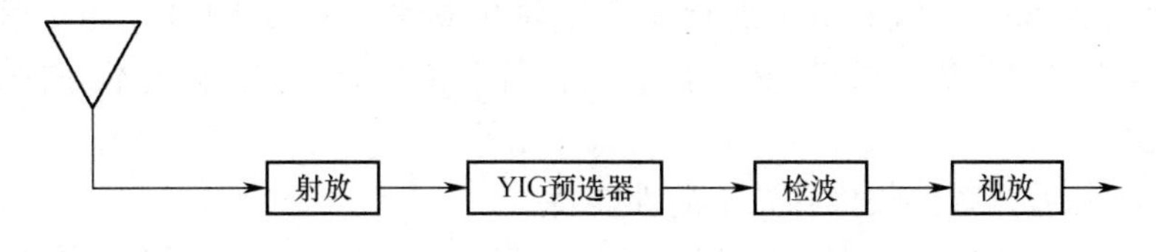

图 11-2　改进的射频调谐晶体视放测频接收机系统组成

2）搜索式超外差测频方法

搜索式超外差测频方法主要应用于超外差测频接收机。其工作原理是利用中放的高增益和优良的频率选择特性,对本振与输入信号变频后的中频信号进行检测和载频测量。由于变频后中频信号可以保留窄带输入信号的调制信息,消除了变频前输入信号载频的巨大差异,便于进行后续的信号处理,特别是数字信号处理。因此,该测频方法广泛应用于电子战接收机中,频率搜索主要是指对变频本振的调谐和控制。

搜索式超外差测频接收机的系统组成,如图 11-3 所示。信号通过接收天线、低噪声放大器进入 YIG 预选器。信号处理器根据需要分析的输入信号频率 f_s 设置调谐本振频率 f_L、YIG 预选器当前中心频率 f_R 和中放通频带 B。

上面的参数满足如下关系:

$$\begin{cases} f_L - f_R = f_I \\ B = \left[f_I - \dfrac{1}{2}\Delta\Omega_{RF}, f_I + \dfrac{1}{2}\Delta\Omega_{RF} \right] \end{cases} \tag{11-1}$$

式中:f_I 为中频放大器的中心频率;$\Delta\Omega_{RF}$ 为中放带宽;$\left[f_I - \dfrac{1}{2}\Delta\Omega_{RF}, f_I + \dfrac{1}{2}\Delta\Omega_{RF} \right]$ 为中放通频带。如果 f_s 位于 B 内,则信号可以通过 YIG 预选器、混频器、中放、包络检波和视频放大等环节;若输出视频脉冲包络信号的 $E(t)$ 大于设置的检测门限,则启动信号处理器测量信号的载频 f_{RF},使其满足:

$$f_{RF} = f_L - f_I \tag{11-2}$$

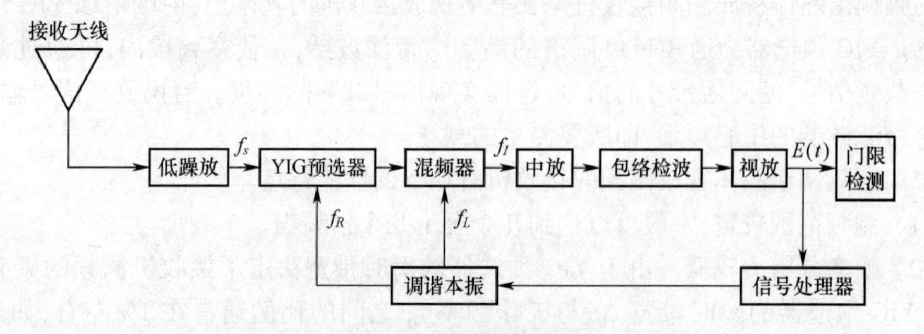

图 11-3 搜索式超外差测频接收机系统组成

还可以启动信号到达时间、脉冲宽度、幅度、到达方向等参数的测量电路,形成对单个脉冲检测的脉冲描述字。如果 f_s 在 B 外或者其功率低于灵敏度,则不会发生门限检测和脉冲描述字输出。式(11-1)中,f_I 与 f_R 保持差值恒定的方法称为频率统调,主要作用是防止接收机的寄生信道干扰。例如,固定的中放通频带与中心频率 f_I 使混频器输出的其他频率成分被滤除。然而,由于混频输出还存在镜像频率,测频过程容易形成测频错误,在实际应用时接收机可通过频带对准、镜像抑制混频器、零中频技术等方式,消除镜像频率干扰。

搜索式超外差测频接收机有如下的性能特点。

(1) 频率分辨力较高。由于仅当中频信号落入中放通频带时,信号才能输出,而中放带宽可达中放通频带中心频率的1%,通常 f_I 为几百兆赫,因此中放带宽可窄至 1MHz,频率分辨力为中放带宽。所以,搜索式超外差测频接收机的频率分辨力在检波式测频体制的接收机中是最高的。

(2) 测频精度高。由于搜索式超外差测频接收机的频率分辨力较高,故测频精度也相对较高。

(3) 灵敏度较高。由于搜索式超外差测频接收机中放带宽较窄、内部噪声小、中放增益很大,接收机通常在混频器前加射频放大器,因此搜索式超外差测频接收机灵敏度在目前的检波式测频接收机中也是最高的,可达-75~-65dBmW。

(4) 动态范围较宽。由于搜索式超外差测频接收机放大电路采用多级对数放大器,因此其动态范围较大,可达 50~90dB。

(5) 测频范围大。测频范围大小由调谐本振决定,由于本振的调谐范围可达几个倍频程,因此搜索式超外差测频接收机的测频范围较大。

(6) 频率截获概率较低。由于搜索式超外差测频接收机采用调谐的方式进行频率搜索,因此其频率截获概率较低。在实际的雷达对抗侦察系统中,通常非搜索体制的频率粗测接收机与搜索式超外差接收机协同使用,弥补搜索式超外差测频接收机的频率截获概率低的缺陷。

(7) 存在频率分辨力与频率截获概率之间的矛盾。频率搜索体制决定了其较高的频率分辨力和较低的频率截获概率。

2. 毗邻频率窗测频方法

毗邻频率窗测频方法主要应用于信道化测频接收机,因此该测频方法也称为信道化测频方法,是指利用毗邻的滤波器组对输入信号进行频域滤波和检测的测频方法。它可以采用模拟滤波器组或数字滤波器组实现,分别称为模拟信道化测频法和数字信道化测频法,对应的应用分别为模拟信道化测频接收机和数字信道化测频接收机。

1) 模拟信道化测频方法

模拟信道化测频方法应用于测频接收机,根据测频方法的不同,可以区分为直接滤波测频接收机和基带滤波测频接收机两大类。其中,直接滤波测频接收机又称为多波道测频接收机;基带滤波测频接收机包括纯信道化测频接收机、频带折叠式信道化测频接收机和时分制信道化测频接收机三种类型。

(1) 直接滤波测频方法。该方法采用的直接滤波测频接收机系统组成,如图 11-4 所示。从系统构成看,直接滤波测频接收机可以看成是多个射频窄带滤波器在同时接收同一雷达信号,而所有窄带滤波器的通带覆盖整个侦察频段。

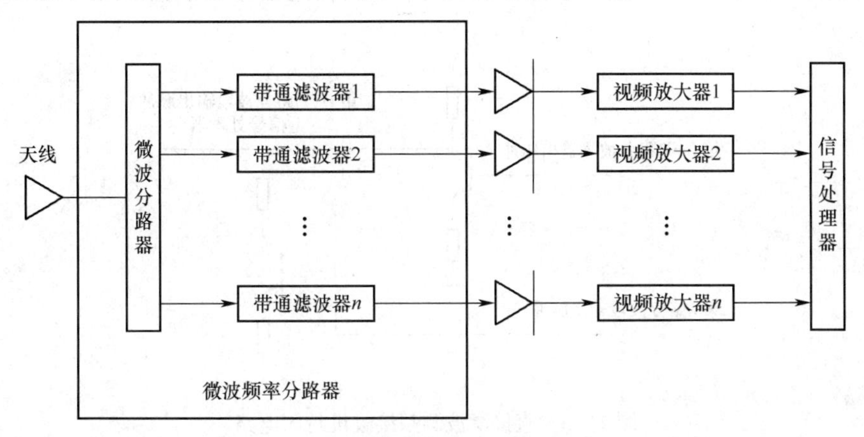

图 11-4　直接滤波测频接收机系统组成

为了实现对整个侦察频段 $f_1 \sim f_2$ 的雷达信号 100%的频率截获概率,要求 n 个带通滤波器能够覆盖整个侦察频段。通常的做法是将侦察频段划分成 n 个宽度相同的分频段,每个分频段与一个带通滤波器的通带相同。

下面简要介绍直接滤波测频接收机的工作过程。

① 微波功率分路器将输入的雷达信号(可能含有多个不同频率的雷达信号)从功率上均匀地分成 n 等份,送入每个带通滤波器。

② 某个带通滤波器 i 的输入端仅允许频率落入其通带内的信号通过,其他信号被滤除。微波功率分路器和各带通滤波器合起来可看成一个频率分路器。

③ 各路检波和视频放大器取出雷达信号包络,并放大到信号处理器所需的电平。

④ 信号处理器根据收到信号的分波段号数 i,可以确定雷达信号载频 f_R 在第 i 分波段内,即

$$f_1 + \frac{f_2 - f_1}{n} i > f_R > f_1 + \frac{f_2 - f_1}{n}(i - 1) \tag{11-3}$$

通常,可以认为雷达信号载频在分波段频率中心处,即

$$\begin{aligned} f_R &= \frac{1}{2}\left[f_1 + \frac{f_2 - f_1}{n}(i - 1) + f_1 + \frac{f_2 - f_1}{n} i\right] \\ &= f_1 + \frac{f_2 - f_1}{n}\left(i - \frac{1}{2}\right) \end{aligned} \tag{11-4}$$

⑤ 频率模糊区的产生和克服。由于带通滤波器的频率特性不是理想矩形,因此在相邻频带有部分重叠,使整个频带衔接良好,当信号频率处于频率重叠区时,相邻波道都有信号输出,使信号处理器无法确定信号频率所处波道,进而出现测频模糊现象。

解决测频模糊现象的方法通常是采用封闭电路,即让第 i 路输出的视频脉冲信号封闭第 $(i+1)$ 路的视频输出,如图 11-5 所示。当相邻两路的视频输出是由同一部雷达信号引起时,由于两个分波道输出视频脉冲的时刻相同,第 $(i+1)$ 路输出通路就被第 i 路输出视频信号所封闭,仅有第 i 路分波段有输出信号;当相邻两路的视频输出是由不同载频的雷达信号引起时,由于两个雷达脉冲的到达时刻和脉宽等参数不可能完全相同,因此第 $(i+1)$ 路分波段输出信号大多数情况可以通过封闭门,不受第 i 路分波段输出信号的封闭,此时信号处理器可以正确判定有两个不同频率的雷达信号处于相邻的分波段。

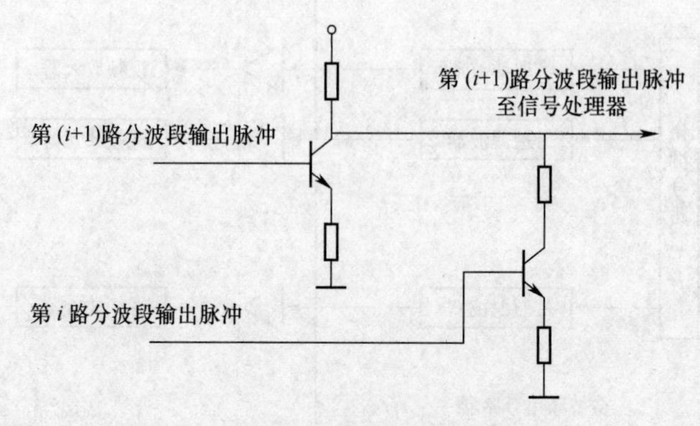

图 11-5　直接滤波测频接收机封闭电路

直接滤波测频接收机的性能特点如下：

① 频率分辨力和测频精度较低。由于分波道带宽 $\Delta f = \frac{f_2 - f_1}{n}$，因此最大测频误差 $\delta f_{\max}$ 和频率分辨力分别为 $0.5\Delta f$ 和 Δf。由于受到体积的限制，分波道数目 n 不可能过大，通常在10~20左右，加上带通滤波器处于微波频段，无法制造出很窄的带宽，因此 Δf 通常大于50MHz，造成频率分辨力和测频精度较低。

② 灵敏度较低。由于送到每个分波段的信号经过功率分路器，其功率仅为输入功率的 $\frac{1}{n}$，因此造成灵敏度较低。可以通过在天线后加装射频宽带放大器的方法，提高灵敏度。

③ 频率截获概率较高。由于没有本振等搜索模块，因此频率截获概率较高，对单脉冲频率截获概率可达100%。

(2) 纯信道化测频方法。纯信道化测频方法属于基带滤波测频方式的典型应用，具体是指将被测信号变频到特定基带再测频。超外差搜索式测频接收机在截获概率和频率分辨力之间存在无法解决的矛盾，任一瞬时的频率取样范围等于中放带宽，造成测频时间长，不能满足现代电子对抗既要求测频精度高又要求测频速度快。满足此要求的最简单方法是将许多同时工作的、非调谐的超外差接收机实现对整个频率范围内信号的接收和测频。纯信道化测频接收机的原理，如图11-6所示。

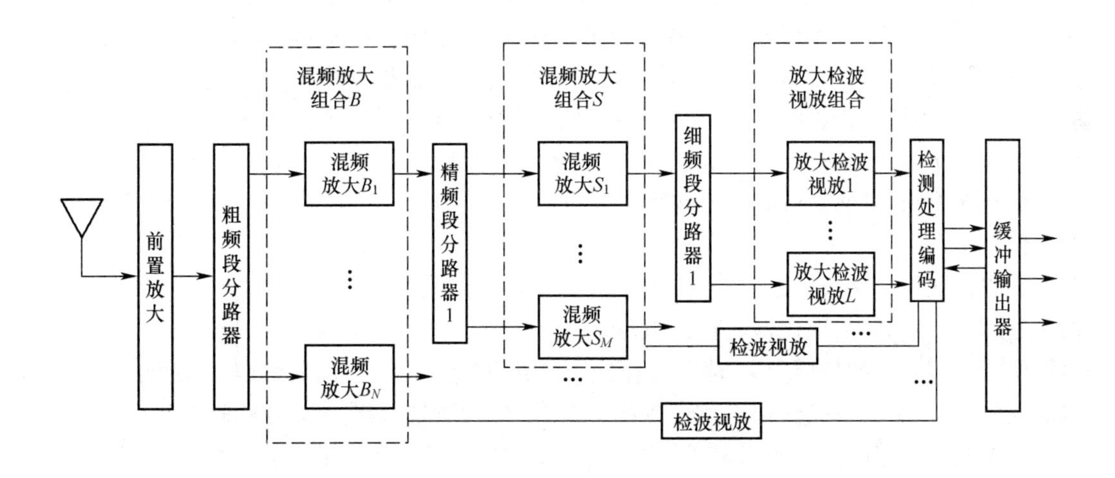

图11-6 纯信道化测频接收机的原理

下面简要介绍纯信道化测频接收机的工作过程。

① 频率粗分路及将各波段信号变换到相同的第一中频频率范围。频率粗分路由波段分路器完成。波段分路器的 N 路输出信号，频率范围只可能处于各自的分波段内。由于每个分波段的带宽相同，令第一中放组各中放通频带相同，中放带宽与分波段带宽也相同，只要适当选择加到第一混频器组的各第一本振频率，可以使第一中放组输出信号都变换到相同的第一中频频率范围。第一中放组输出信号分成两路：一路中频信号经检

波后用于判定哪一路分波段有输出信号,从而得到频率波段码;另一路中频信号送入下一路分波段分路器。

② 频率精分路及将各分波段信号变换到相同的第二中频频率范围。其工作过程与频率粗分路及变换相同。由于 M 个分波段分路器是相同的,因此第二本振组中任一本振要给 m 个第二混频器提供相同的本振频率信号。第二中放组输出信号分成两路:一路中频信号经检波后用于判定哪一路分波段有输出信号,从而得到频率波段码;另一路中频信号送入下一路分波段分路器。

③ 频率细分路。其工作过程与频率粗分路和频率精分路及变换相同。将前级信号再分 L 路,放大检波视放后用于判定哪一路分波段有输出信号,从而得到频率波段码。

④ 频率码的产生。纯信道化测频接收机输出的频率码由三部分组成,即高位码、中位码和低位码,代表信号载频所在的位置。频率码由相同的电路分别产生,主要经过三个步骤:门限检测、逻辑判决和编码。

门限检测器的作用是降低噪声的虚警概率和保证对脉冲信号的发现概率。门限检测器将第一、第二和第三检波器组输出信号和基准电压(检测门限)进行比较,只有大于基准电压的信号才能通过门限检测器,继续测频过程;否则,低于检测门限的信号被认为是噪声,接收机不对它进行处理。因此,适当提高检测门限可使更多的噪声被中止处理过程,但是检测门限太高时,也会使幅度较弱的信号被中止处理过程。通常检测门限要选择适当,强信号会使载频周围多个接收信道的输出通过门限检测器。

逻辑判决电路的作用是确定信号幅度最强的频谱中心,即载频 f_R。由于从射频脉冲信号的频谱看,在载频处信号频谱幅度最大,因此接收信道对准载频时输出信号幅度最大;偏离载频越远的接收信道,它的输出信号幅度越小。如果从多个送到逻辑判决电路的信号中,取出幅度最强的信号,便可根据该信号所在的信道知道载频所在频率。在逻辑判决电路中的最大值电路,因为该信道的输出信号幅度是所有输出信号中最大的,所以即使有多个信号同时到达,逻辑判决电路也只输出最强信号的频率中心所对应信道的输出信号。

编码器的作用是根据编码器所对应信道所在频率范围将正确的二进制频率码送至信号处理器。例如,信道化接收机的波段分路器和分波段分路器都有个输出端,当信号载频位于侦察频段的最低点 f_1 时,它们的各自第一路有输出,它们的编码器将给出频率码的高位、中位和低位码分别为 000、000、000,合起来得到频率码为 000000000。

该体制测频接收机由于采用频域同时取样的方式测频,避免了时域重叠频率不同信号的干扰,抗干扰能力强并且在超外差测频接收机的基础上实现频率分路,因此纯信道化测频接收机兼具非搜索测频的高截获概率和超外差接收机高频率分辨力的优点。

纯信道化测频接收机的性能特点如下:

① 频率截获概率高。在侦察频段内,对单个脉冲的频率截获概率为 100%。

② 测频精度高。取决于接收机细频率分路器的单元宽度,因此测频精度可以达到很高。

③ 频率分辨力高。取决于接收机细频率分路器的单元宽度,因此频率分辨力可以达到很高。

④ 灵敏度高。该接收机具有和超外差测频接收机相当的灵敏度,可达 -75

~−65dBmW。

⑤ 动态范围大。该接收机具有和超外差测频接收机相当的动态范围，可达50~90dB。

⑥ 分离同时到达信号能力强。

纯信道化接收机也存在严重的缺陷，如体积庞大、功耗高、成本贵、技术复杂等，这些缺陷限制了其应用。因此其通常只应用于大型或重要的雷达对抗侦察装备。随着微波集成电路和声表面波滤波器技术的发展，纯信道化接收机的体积和功耗正逐步减小，因此它具有很大的应用潜力。

为了克服纯信道化测频接收机体积庞大的缺陷，一种解决办法是在部分频段采用纯信道化接收机；另一种解决办法是采用两种改进型的信道化接收机：频带折叠式信道化测频和时分制信道化测频。

(3) 频带折叠式信道化测频。频带折叠式信道化测频接收机与纯信道化测频接收机的区别：仅采用一个分波段分路器，将 N 路波段分路器的输出信号经过取和电路后送入唯一的分波段分路器，取和电路可看做功率分路器的逆应用，其原理如图 11-7 所示。频带折叠式信道化测频同样覆盖了与纯信道化接收机相同的瞬时带宽，省去了 $(N-1)\times M\times L$ 个信道，减小了体积。然而，由于 N 个波段的噪声被折叠到了一个共同波段，故使接收机的灵敏度变低。

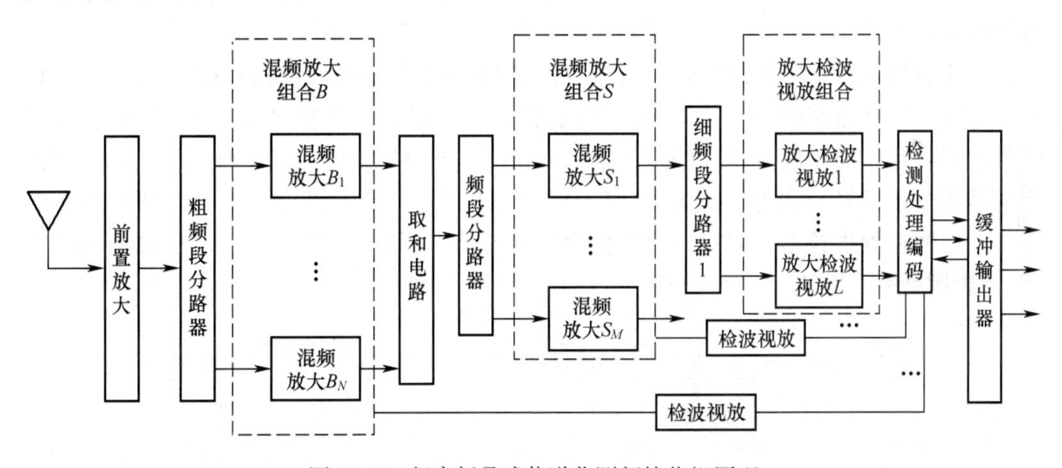

图 11-7　频率折叠式信道化测频接收机原理

(4) 时分制信道化测频。时分制信道化测频接收机的结构与频带折叠式信道化接收机相同，只是时分制信道化测频用“访问开关”取代了“取和电路”。在一个时刻，访问开关只与一个波段接通，将该波段接收的信号送入唯一的分波段分路器，其他所有波段均被断开，避免了因折叠频带而引起的接收机灵敏度下降。

对访问开关的控制，通常分为内部信号控制、外部指令控制、内部控制与外部指令相结合三种方式。

① 内部信号控制。输入信号经第一混频器和中频放大器之后，在波段检波器中检波，用被检波的脉冲前沿将访问开关与该波段接通，输入信号便送入分波段分路器。由于只能处理一个波段的脉冲，因此降低了频率截获概率。虽然可以通过降低访问开关门

限的方法获得所需要的发现概率,以提高系统的截获概率弥补上述缺陷,但是又引起了虚警概率升高的副作用。虚警信号立即控制分波段分路器使其接入无信号的波段,而置有信号的波段不管。此外,不能重点照顾威胁等级高的波段。

② 外部指令控制。作用于访问开关的外部指令可以是预编的程序或由操作人员插入。在指向的波段,接收机的频率截获概率高,而其他波段频率截获概率为 0。为了获得一定的频率截获概率,控制指令可使接收机依次通过感兴趣的频段。在一个波段,单个脉冲的频率截获概率为

$$P_f = \frac{t_{dwi}}{t_{dw\sum}} \tag{11-5}$$

式中:t_{dwi}为接收机在某一波段访问开关的停留时间;$t_{dw\Sigma}$为所有波段停留时间之和。

③ 内部控制与外部指令相结合。通常采用内部控制,是根据事先掌握的敌情;当突防飞机在某些区域可能遭到来自某些特定波段低空导弹制导雷达或截击雷达的照射时,便可采用外部指令控制,保证优先截获此类威胁等级高的雷达信号。

2) 数字信道化测频方法

数字信道化测频方法是指利用宽带数字接收机和数字信号处理技术测量和分析输入信号载频的方法。其与模拟测频接收机不同的是,数字接收机将信号数字化,以便计算机进行处理,计算机软件可以模拟任何类型的滤波器或解调器,数字化信号能够进行最佳滤波等处理。

由于直接进行数字处理的射频带宽有限,即直接在射频频段对信号进行 A/D 变换和数据存储对数字电路的处理速度要求较高,因此数字信道化测频通常会在测频前,首先将载频信号通过混频的方式,将需要处理的射频信号变换到某一中频,然后进行A/D变换成为基带数字信号。在通常情况下,出于扩展处理带宽的考虑,采用图 11-8 所示的零中频正交双通道处理技术。如果有门限检测信号支持,则数字信道化测频仅在包络时间内进行,否则必须全时进行。

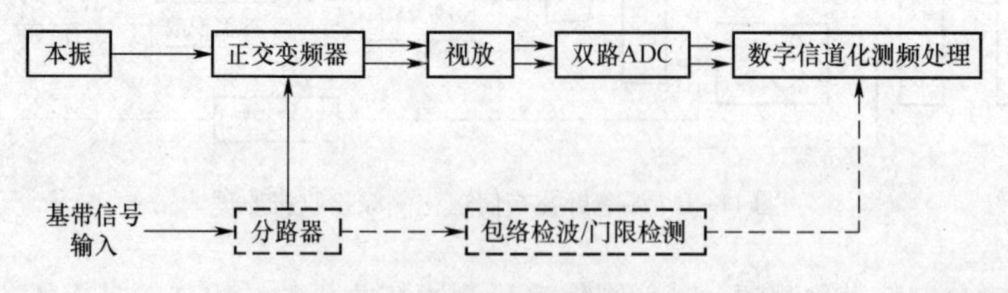

图 11-8 零中频正交双通道处理系统组成

数字信道化测频接收机的基本结构组成,如图 11-9 所示。在图 11-9 中,$\downarrow M$ 表示 M 抽取处理单元,IAM_{k-1} 表示第 k 个通道的信息分析处理单元。

数字信道化测频接收机的工作原理:将频段划分为 K 个子频段,每个子频段通过相应的中心频率下变频到零中频,然后经过一个带宽为信道宽度的低通滤波器。假定滤波器没有过渡带,各信道的输出经过 D 倍抽取后不会有频谱混叠。然而,在实际的滤波器中,过渡带必然存在,D 倍抽取后会产生频谱混叠。为了解决这个问题,在设计滤波器时令其过渡带不大于通带宽度,对数据率进行降低处理,即进行 M 抽取。M 抽取是指抽取

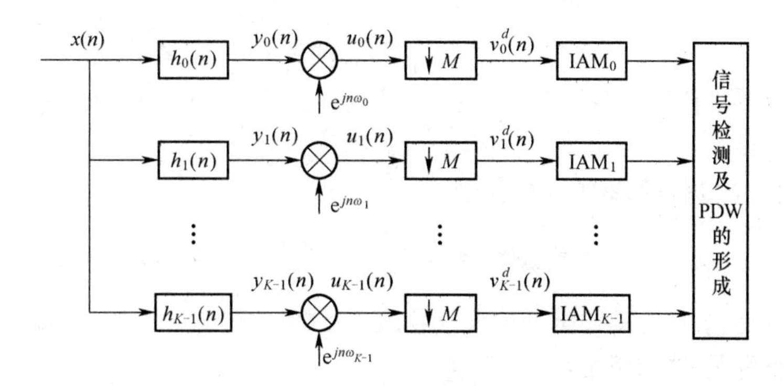

图 11-9　数字信道化测频接收机基本构成

$x(Mn)$，是由 $x(n)$ 通过仅保持与序列 $k=Mn$ 相对应的第 M 个采样点，丢弃其他采样点而得。通过 M 抽取，数据采样率缩小了 M 倍。

A/D 变换器输出的离散信号 $x(n)$，同时通过 K 个带通滤波器后，首先由数字混频器将信号下变频到基带上，然后对每个信道中的数字信号进行抽取，最后对降速率后的数字信号进行数字信号处理，提取有用信息。

图 11-10 所示为用 K 个带通滤波器 $h_0, h_1, \cdots, h_{K-1}$ 覆盖整个处理带宽。带通滤波器组由原型低通滤波器 $h_0(n)$ 导出。

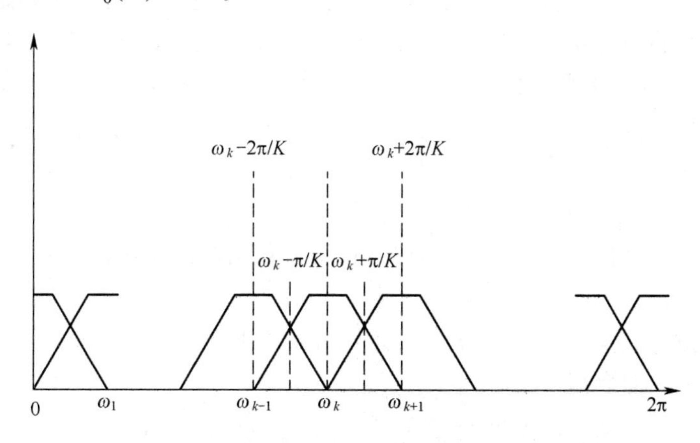

图 11-10　滤波器组

其频域响应为

$$H_k(e^{j\omega}) = H_0(e^{j\omega-\omega_k}) \tag{11-6}$$

第 k 个滤波器的输出为

$$y_k(n) = \sum_{m=0}^{N-1} h_k(m)x(n-m) = \sum_{m=0}^{N-1} h_0(m)x(n-m)e^{j2\pi kn/K} \tag{11-7}$$

假定 $N=KP$，P 是整数，式(11-7)可以变换为

$$y_k(n) = \sum_{m=0}^{K-1}\sum_{p=0}^{P-1} h_0(m+pK)x(n-m-pK)e^{j2\pi kn/K} \tag{11-8}$$

为了降低后续处理的实现难度，一般需要将带通滤波器的输出下变频到基带，基带

信号可表示为

$$u_k(n)=y_k(n)\mathrm{e}^{-j2\pi kn/K} \tag{11-9}$$

由于这些基带信号频率范围是 $-2\pi/K\leqslant\omega\leqslant2\pi/K$，进行 M 抽取后，可得

$$v_k^d(n)=u_k(Mn) \tag{11-10}$$

对式(11-10)进行傅里叶变换，可得

$$V_k(\mathrm{e}^{j\omega})=\frac{1}{M}\sum_{l=0}^{M-1}U_k\mathrm{e}^{j(\omega-2\pi l)/M} \tag{11-11}$$

经过抽取后，各信道的输出是带限信号，数字频率范围是 $-2\pi M/K\leqslant\omega\leqslant2\pi M/K$，为了防止频谱混叠，要求满足：

$$2\pi M/K\leqslant\pi \tag{11-12}$$

实际上进行 M 点的快速傅里叶变换(FFT)，通过 IAM_{k-1} 对抽取序列处理，可以得到每个信道中的信息。把各个信道处理的结果整合，完成整个带宽的信号检测，形成脉冲描述字供终端分选、记录和处理。

分析上面结构，抽取在滤波和下变频后进行，这意味着许多进过带通滤波和下变频的数据没有被利用，大量的运算结果被浪费，运算效率低。多速率信号处理理论提供了一种多相滤波结构，可以将抽取放在滤波之前，大幅提高了运算效率。

3. 时频分析测频方法

时频分析测频方法可以进一步细致地研究和掌握雷达信号的视频调制特征，以便于分析和判断雷达的功能和性能，分选和识别雷达目标，甚至识别雷达个体。这些特征与雷达的技术能力、技术水平、发展使用，甚至是军队的部署和调动等具有密切关系。

时频分析测频方法主要包括对单个脉冲信号脉内时频调制信息分析和对脉组信号时频调制信息分析两部分。

1) 对单个脉冲信号脉内时频调制信息分析

对单个脉冲信号脉内时频调制信息分析，主要包括脉冲频谱信息、脉内时频谱信息、瞬时相位和瞬时频率信息，等。

(1) 脉冲频谱分析。对于在 $[t,t+\tau_{\mathrm{PW}}]$ 时间内出现的单个脉冲信号，其频谱可定义为该信号的傅里叶变换，即

$$G(t,f)=\int_t^{t+\tau_{\mathrm{PW}}}s(p)\mathrm{e}^{-j2\pi fp}\mathrm{d}p=|G(t,f)|\mathrm{e}^{j\varphi(t,f)} \tag{11-13}$$

式中：t、τ_{PW} 分别表示脉冲到达时间和脉宽值。

在实际应用中，通常通过采样的方式，将脉冲信号转化为离散信号，并通过 DFT 算法计算信号频谱，即

$$G(\omega)=\sum_{n=0}^{N-1}s(n)\mathrm{e}^{-j\omega n},0\leqslant\omega\leqslant2\pi \tag{11-14}$$

$$G(k)=\sum_{n=0}^{N-1}s(n)\mathrm{e}^{-j\frac{2\pi}{M}kn},M=2^m\geqslant N,k\in N_M \tag{11-15}$$

式中：N 为单个脉冲采样的数据长度。式(11-15)是将式(11-14)中的 ω 取值在离散频率集合 $\left\{\frac{2\pi}{M}k\right\}_{k=0}^{M-1}$ 上，其频率分辨力为$\frac{2\pi}{M}$。当 M 为 2 的整次幂式，式(11-15)为 FFT 运

算,适合于快速计算。

可以对式(11-14)和式(11-15)的计算结果 $\{G(\omega_i)\}_{i=0}^{N-1}$ 和 $\{G(k)\}_{k=0}^{N-1}$ 进一步地处理,具体如下:

① 最大值检测 $(G_{\max},\omega_i)$:

$$\begin{cases} G_{\max} = |G(\omega_{i'})|^2 = \max\limits_{0\leqslant i\leqslant N-1}\{|G(\omega_i)|^2\} \\ G_{\max} = |G(k')|^2 = \max\limits_{0\leqslant k\leqslant N-1}\{|G(k)|^2\} \end{cases} \tag{11-16}$$

由式(11-16)可以得到该脉冲频谱的最大值 $G_{\max}$ 和最大值频率 $\omega_{i'}$ 或最大值数字频率 k'。

② 等效带宽 ω_e:

$$\begin{cases} \omega_e = \dfrac{\sum\limits_{i=0}^{N-1}|G(\omega_i)|^2}{G_{\max}} \\ \omega_e = \dfrac{\sum\limits_{k=0}^{N-1}|G(k)|^2}{G_{\max}} \end{cases} \tag{11-17}$$

③ 归一化功率谱密度 $p(\omega_i)$ 和 $p(k)$:

$$\begin{cases} p(\omega_i) = \dfrac{|G(\omega_i)|^2}{\sum\limits_{i=0}^{N}|G(\omega_i)|^2} \\ p(k) = \dfrac{|G(k)|^2}{\sum\limits_{k=0}^{N-1}|G(k)|^2} \end{cases} \tag{11-18}$$

④ 均值 $\bar{\omega}$ 和方差 σ_ω^2:

$$\begin{cases} \bar{\omega} = \sum\limits_{i=0}^{N-1}\omega_i p(\omega_i),\bar{\omega} = \sum\limits_{k=0}^{N-1}kp(k) \\ \sigma_\omega^2 = \sum\limits_{i=0}^{N-1}(\omega_i - \bar{\omega})^2 p(\omega_i),\sigma_\omega^2 = \sum\limits_{k=0}^{N-1}(k - \bar{\omega})^2 p(k) \end{cases} \tag{11-19}$$

综上所述,对 $\{G(\omega_i)\}_{i=0}^{N-1}$ 和 $\{G(k)\}_{k=0}^{N-1}$ 进一步地处理可以获得更多更细致的信息。由于它们都是建立在信号频谱分析的基础上,因此对于同类辐射源的同类信号具有较好的稳健性。

(2) 脉内时频谱分析。脉内时频谱分析的目的是进一步获取脉冲信号内部的时频调制特征。由于受到处理时间的限制,在对脉内时频谱进行分析时,通常采用 STFT 算法和 WVD 算法,即

$$\begin{cases} G(m,k) = \sum\limits_{i=0}^{n-1}s(m+i)\omega_i \mathrm{e}^{-j\frac{2\pi}{n}ki} \\ n < N,m \in N_N,k \in N_n \end{cases} \tag{11-20}$$

$$\begin{cases} W(m,k) = \sum_{i=0}^{N-1} s(m+i)s^*(m+i+k)\omega_i \mathrm{e}^{-j\frac{2\pi}{n}ki} \\ m \in N_N, k \in N_n \end{cases} \tag{11-21}$$

由于扩展了时间维,因此它的计算量远大于脉冲频谱分析,在实际中主要依靠 DSP 等进行处理,其优点是能够反映信号频率在脉内随时间地变化。需要说明的是,STFT 是线性计算公式,能够适用于同时多信号的环境,而 WVD 为非线性计算,在同时多信号环境下会形成严重的交调项。

(3) 瞬时相位和瞬时频率分析。对于输入的正交采样序列 $\{s(n) = I(n) + jQ(n)\}_n$,瞬时相位的计算式为

$$\phi(n) = \arctan \frac{Q(n)}{I(n)} + \begin{cases} 0, I(n) \geqslant 0 \\ \pi, I(n) < 0; Q(n) \geqslant 0, n \in N_N \\ -\pi, I(n) < 0; Q(n) \leqslant 0 \end{cases} \tag{11-22}$$

通过式(11-22)的变换,得到在区间$[-\pi,\pi]$分布的有模糊瞬时相位序列 $\{\phi(n)\}_n$。显然,该相位误差中包含了接收系统中 $\{I(n),Q(n)\}_n$ 的相位不平衡误差,噪声引起的误差和量化误差,等。

根据瞬时频率的定义,频率的物理定义为其相位调制函数的时间变化率,即

$$f(t) = \frac{\partial\varphi(t)}{2\pi\partial t} \tag{11-23}$$

可以采用相位差分算法,对 $\{\phi(n)\}_n$ 求一阶相位差分 $\{\phi'(n)\}_n$,可以估计出信号的瞬时频率 $\{f(n)\}_n$:

$$\begin{cases} \phi'(n) = \phi(n+1) - \phi(n) + \begin{cases} 0 & |\phi(n+1) - \phi(n)| \leqslant \pi \\ 2\pi & |\phi(n+1) - \phi(n)| < -\pi \\ -2\pi & |\phi(n+1) - \phi(n)| > \pi \end{cases} \\ f(n) = \dfrac{\phi'(n)}{2\pi T}, \quad n \in N_{N-1} \end{cases} \tag{11-24}$$

式中:T 为采样周期。通过二阶相位差分 $\{\phi''(n)\}_n$ 可以估计瞬时线性调频斜率 $\{\mu(n)\}_n$:

$$\begin{cases} \phi''(n) = \phi'(n+1) - \phi'(n) + \begin{cases} 0 & |\phi'(n+1) - \phi'(n)| \leqslant \pi \\ 2\pi & |\phi'(n+1) - \phi'(n)| < -\pi \\ -2\pi & |\phi(n+1) - \phi(n)| > \pi \end{cases} \\ \mu(n) = \dfrac{\phi''(n)}{T}, \quad n \in N_{N-2} \end{cases} \tag{11-25}$$

也可以通过高阶相位差分计算更高阶的相对相位变化率。

瞬时频率分析可以适用于各种脉内相位调制的信号,特别是对脉内相位编码的信号,甚至能够解调输出编码的码组。

相对瞬时频率 $f(n)$ 、瞬时调制斜率与真实瞬时频率、瞬时调频斜率的关系为

$$\begin{cases} f(n) = \dfrac{f_L \pm f'(n)}{T} = f_L \pm f'(n) \cdot f_{\mathrm{ck}} \\ k_{\mathrm{FM}}(n) = \dfrac{f'(n) \cdot f_{\mathrm{ck}}}{T} \end{cases} \tag{11-26}$$

式中:T 为采样周期;f_L 为混频过程中的各级本振频率,其倒数为采样频率 f_{ck}。式(11-22)为非线性计算公式,不适于同时多信号的情形,并且由于它是基于信号瞬时波形的分析,容易受到噪声的影响,一般需要较高的信噪比。为此,序列 $\{f(n)\}_{n=0}^{N-2}$,$\{k_{FM}(n)\}_{n=0}^{N-3}$ 一般采用均值、方差等统计判决处理,即

$$\begin{cases} \bar{f} = \dfrac{1}{N-1}\sum\limits_{n=0}^{N-2} f(n) \\ \sigma_f^2 = \dfrac{1}{N-1}\sum\limits_{n=0}^{N-2} [f(n) - \bar{f}]^2 \\ \bar{k}_{FM} = \dfrac{1}{N-2}\sum\limits_{n=2}^{N-3} k_{FM}(n) \\ \sigma_{k_{FM}}^2 = \dfrac{1}{N-2}\sum\limits_{n=0}^{N-3} [k_{FM}(n) - \bar{k}_{FM}]^2 \end{cases} \tag{11-27}$$

几种典型相位调制信号的判别依据,如表 11-3 所列。

表 11-3　几种典型相位调制信号的判别

判别内容	单载频	线性调频	非线性调频	相位编码
$\dfrac{\bar{f}}{\sigma_f}$	很大	较小	较小	较大
$\dfrac{k_{FM}}{\sigma_{k_{FM}}}$	较小	较大	较小	较大

2) 对脉组信号时频调制信息分析

雷达信号在脉间时频调制主要分为频率捷变和非捷变调制两种情况。由于频率捷变信号在脉间的相位不具有连续性,即不相关,因此对频率捷变信号的脉间时频调制分析相当于对每个脉冲信号的时频调制分析。在现代雷达中,相参脉冲串之间的射频信号是连续且稳定的,因此,对这类信号的长时间频谱分析具有重要意义。

信号的长时间频谱分析主要采用 FFT 算法:

$$G(k) = \sum_{n=0}^{M-1} s(n)\mathrm{e}^{-j\frac{2\pi}{M}kn}, k = 0,\cdots,M-1 \tag{11-28}$$

该式与式(11-15)的区别:当分析数据长度增加到 M 时,没有信号存在时的数据 $s(n)$ 全部补零。假设在分析时间内共发生了 m 次检测,第 i 次采样数据的起始和结束时间分别为 n_{si}、n_{ei},则式(11-28)也可表示为

$$G(k) = \sum_{i=1}^{m}\sum_{n=n_{si}}^{n_{ci}} s(n)\mathrm{e}^{-j\frac{2\pi}{M}kn}, k = 0,\cdots,M-1 \tag{11-29}$$

长时间的频谱分析,其精度受到雷达对抗侦察设备自身频率稳定度、雷达与侦察站之间的距离运动、雷达天线波束形状和扫描特性的影响。由于该频谱中具有丰富的信号频谱细节和良好的稳健性,因此已经成为雷达目标分选识别、个体识别的重要特征。高速 FPGA 和 DSP 技术的发展为其工程实现奠定了良好的基础,因此对长时间射频脉冲串信号频谱的分析已经越来越多地出现在雷达对抗侦察系统中,其频率分辨力逐渐从数百

千赫兹提升到赫兹,甚至更小的量级。

11.2.2 间接法测频分析方法

间接法测频分析方法可分为比相法测频方法、线性调频变换测频方法和声光变换测频方法三种。

1. 比相法测频方法

比相法测频方法是一种宽带、快速的测频方法,也称为瞬时测频方法。它通过射频延迟将频率变换成相位差,由宽带微波相关器件将相位差转换成电压,再经过信号处理,输出信号载频测量值,通常应用于瞬时测频接收机。

1) 比相法测频方法基本工作原理

比相法测频方法的基本电路组成,如图 11-11 所示。

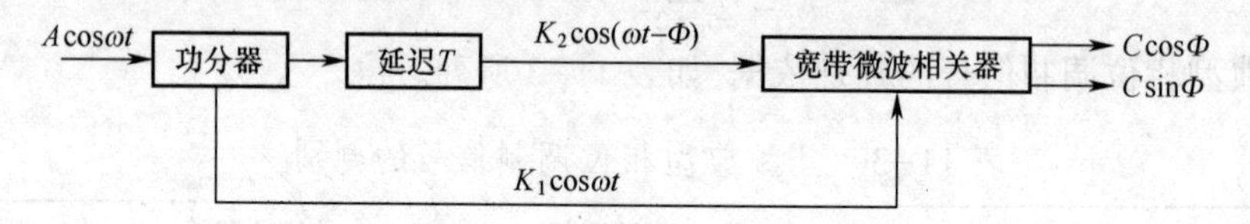

图 11-11 比相法测频方法基本电路组成

输入信号经过功率分路器分成两路:一路直接进入宽带微波相关器;另一路经过延迟线鉴相器延迟 T 后再进入宽带微波相关器,形成两路信号的相位差:

$$\Phi = \omega T \tag{11-30}$$

在宽带微波相关器中两路信号经过正交相位检波,输出一对相位差信号:

$$U_I = C\cos\Phi, U_Q = C\sin\Phi \tag{11-31}$$

利用式(11-31)可得在[0,2π)区间内的相位差 Φ 为

$$\begin{cases}\Phi = \Phi' + \begin{cases}0 & U_I > 0, U_Q \geqslant 0 \\ \pi & U_I \leqslant 0 \\ 2\pi & U_i > 0, U_Q \leqslant 0\end{cases} \\ \Phi' = \arctan\dfrac{U_Q}{U_I} \in \left[-\dfrac{\pi}{2}, \dfrac{\pi}{2}\right]\end{cases} \tag{11-32}$$

由于宽带微波相关器输出信号的相位 Φ 与被测信号的载频值(频率 ω)成正比,因此在 T 已知的条件下,利用 U_I、U_Q 的极性和数值,只要测得 Φ 即可确定 ω:

$$\begin{cases}\omega = \dfrac{\Phi}{T} + \dfrac{2\pi}{T}k, k = \begin{cases}k_1 & \Phi \geqslant \Phi_1 \\ k_1 + 1 & \Phi < \Phi_1\end{cases} \\ k_1 = \operatorname{int}\left(\dfrac{\omega_1 T}{2\pi}\right), \Phi_1 = \operatorname{mod}(\omega_1 T, 2\pi)\end{cases} \tag{11-33}$$

式中:ω_1 为被测信号频率的最小值。由于相位的无模糊测量范围仅为[0,2π),因此限制了比相法测频的无模糊测频范围:

$$\Omega_{RF} \leqslant \frac{1}{T} \tag{11-34}$$

此外,为了保证信号在相关器中具有足够的相关时间,延迟时间 T 和信号处理时间 T_s 之和必须小于等于脉冲宽度 τ,即

$$T + T_s \leqslant \tau \tag{11-35}$$

比相法测频在信号处理环节,通常采用极性量化法或者 AD 量化法,将正交电压所包含的相位信息 Φ 转换为数字代码。

(1) 极性量化方法。极性量化方法是根据鉴相输出信号的正负极性进行信号载频的测量和编码的输出。直接对 U_I 和 U_Q 进行极性量化和编码,只能将[0,2π)量化为 4 个区间。为了提高量化的位数,通常根据三角函数的性质,对 U_I 和 U_Q 进行适当的加权处理,产生各项需要的相位细分:

$$\begin{cases} U_I\cos\alpha + U_Q\sin\alpha = C\cos(\Phi - \alpha) = U_I(-\alpha) \\ U_Q\cos\alpha - U_I\sin\alpha = C\sin(\Phi - \alpha) = U_Q(-\alpha) \end{cases} \tag{11-36}$$

常用的相位细分有 $\alpha=45°$,$\alpha=22.5°$,$\alpha=11.25°$,等。细分越多,输出频率的表示精度越高。由于细分是由高速宽带模拟电路担任的,在宽频带内,相关器的相位误差与细分电路的相位误差都会影响相位细分的精度,因此在工程上常用的相位细分都不大于 11.25°。对 U_I、U_Q 和它们派生出来的各项相位细分信号进行极性量化(符号函数 sgn(x)),从而可以将[0,2π)相位区间量化成更多的子区间,每个子区间分别对应不同的输入信号频率,从而形成信号频率码。表 11-4 所列为 $T=0.5$ns,α 细分为 45°,Ω_{RF} = [2GHz,4GHz),不考虑相位误差时的极性量化和频率编码的测频结果。

表 11-4　极性量化法测频结果举例

Φ/(°)	sgn[U_I]	sgn[U_Q]	sgn[U_I(−45°)]	sgn[U_Q(−45°)]	f/GHz
[0,45)	1	1	1	0	[2,2.25)
[45,90)	1	1	1	1	[2.25,2.5)
[90,135)	0	1	1	1	[2.5,2.75)
[135,180)	0	1	0	1	[2.75,3)
[180,225)	0	0	0	1	[3,3.25)
[225,270)	0	0	0	0	[3.25,3.5)
[270,315)	1	0	0	0	[3.5,3.75)
[315,360)	1	0	1	0	[3.75,4)

(2) AD 量化方法。AD 量化方法直接对信号电压 U_I 和 U_Q 进行 A/D 转换,将模拟信号转换为数字信号,再按照式(11-32)计算相位差 Φ,按照式(11-33)计算信号载频。由于 A/D 转换的量化位数远远高于极性量化的位数,且便于将式(11-32)和式(11-33)预先制表,甚至将电路和测量系统的偏差也预先校准后存放在表内。因此,在相同的条件下,AD 量化法具有较高的测频精度。

2) 多路相关器的并用

在理论上,采用相位细分的极性量化或提高 AD 量化的位数,都可以在无模糊测频范围内获得较高的测频精度。但由于宽带微波相关器自身存在一定的相位误差,相位细分不仅会沿袭该相位误差,还会在加权处理的微波电路中引入新的相位误差,使相位误差

进一步增大。AD 变换的输入信号也存在系统相位误差和噪声的影响，在变换过程中还存在量化误差，它们都在一定程度上限制了测频精度的进一步提高。因此，在实际应用中，比相法测频技术通常采用图 11-12 所示的多路相关器并用，其中最短延迟时间 T 的相关器保证无模糊测频范围，最长延迟时间 $n^{k-1}T$ 的相关器保证频率测量的精度。

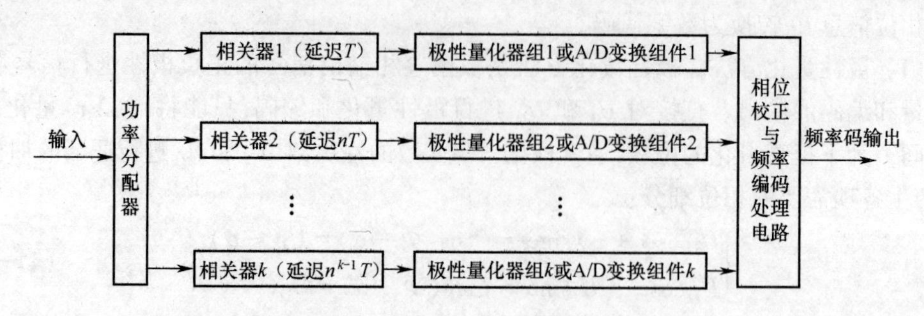

图 11-12　多路相关器的并用

假定各级相关器经过式(11-31)求得的有模糊的相位测量值输出为

$$\{\Phi_i\}_{i=1}^{k}, \Phi_i \in [0,2\pi), \forall i \in N_{k+1}^* \tag{11-37}$$

式中：N_{k+1}^* 为非零非负整数集；集末项为 k，即 $N_{k+1}^* = \{1,2,\cdots,k\}$ 。则可利用相邻长短迟延相关器的各自特点，用短迟延相关器的鉴相输出求解长迟延相关器鉴相输出的模糊，用长迟延相关器的解模糊后的鉴相输出校准短迟延相关器的相位测量值。

假设最短迟延相关器的相位测量值 Φ_1 没有模糊，相邻相关器的迟延时间比为 n，则逐级迭代解模糊和相位校正的计算如下：

$$\begin{cases} \hat{\Phi}_{i+1} = \varphi_i + \Phi_{i+1} + \begin{cases} 2\pi & \Phi_{i+1} + \varphi_i - n\hat{\Phi}_{i+1} \leqslant -\pi \\ -2\pi & \Phi_{i+1} + \varphi_i - n\hat{\Phi}_{i+1} \geqslant \pi \\ 0 & \Phi_{i+1} + \varphi_i - n\hat{\Phi}_{i+1} \in (-\pi,\pi) \end{cases} \\ \varphi_i = 2\pi \cdot \mathrm{int}\left(\dfrac{n\hat{\Phi}_{i+1}}{2\pi}\right), \hat{\Phi}_1 = \Phi_1, i \in N_k^* \end{cases} \tag{11-38}$$

式中：$\{\hat{\Phi}_i\}_{i=1}^{k}$ 为解模糊和相位校正以后各级相关器的输出相位。可以利用最长迟延 $n^{k-1}T$ 的相关器输出 $\hat{\Phi}_k$ 估计信号频率：

$$\hat{f}_{RF} = \frac{\hat{\Phi}_k}{2\pi n^{k-1}T} + f_0 \tag{11-39}$$

式中：f_0 是无模糊测频范围内满足 f_0T 为正整数的最小频率。利用所有相关器的相位输出对频率进行最小二乘估计，即

$$\hat{f}_{RF} = \frac{(n-1)\sum_{i=1}^{k}\hat{\Phi}_i}{2\pi T(n^k - 1)} + f_0 \tag{11-40}$$

在一般情况下，式(11-40)利用了更多的测量信息，具有更高的测频精度。这种相邻迟延相关器相位校正的方法可校正的最大相位误差为±π/(n+1)。式(11-38)、式(11-39)和式(11-40)确立的测频算法适合于用数字信号处理进行计算，也称为数字化瞬时

测频(DIFM)技术。

在表 11-5 中,测频范围是[2GHz,4GHz),最短迟延线的迟延时间为 0.5ns,采用了 3 路相关器,$n=4$。假设输入信号频率维 2.761GHz,表 11-5 列出了各相关器输出模糊相位的理论值 $\{\Phi_{ci}\}_{i=1}^{3}$ 、误差的实际测量值 $\{\Phi_i\}_{i=1}^{3}$ 和按照式(11-38)进行解模糊/相位校正的部分中间计算值 $\{\varphi_i\}_{i=1}^{2}$、$\{\varphi_i + \Phi_{i+1} - 4\hat{\Phi}_i\}_{i=2}^{3}$,以及各相关器无模糊的相位估计值 $\{\hat{\Phi}_i\}_{i=1}^{3}$。为计算方便,表 11-5 中所有相位均以度(°)为单位。

表 11-5　3 路相关器测频输出的试例(输入信号频率为 2761MHz)

相关器	Φ_{ci}/(°)	Φ_i/(°)	φ_i/(°)	$\varphi_i+\Phi_{i+1}-4\hat{\Phi}_i$/(°)	$\hat{\Phi}_i$/(°)
1	136.98	166	360	—	166
2	187.92	160	1800	-144	520
3	31、68	56	—	-224	2216

由于最短迟延时间是 0.5ns,在测频范围内满足条件的最小频率 $f_0=2\text{GHz}$,由式(11-39)和式(11-40)得到的频率估计值分别为

$$\begin{cases}\hat{f}_{RF} = \dfrac{2216^\circ}{360^\circ \times 4^{3-1} \times 0.5}(\text{GHz}) + 2(\text{GHz}) = 2.7694(\text{GHz}) \\ \hat{f}_{RF} = \dfrac{(4-1)\times(166^\circ + 520^\circ + 2216^\circ)}{360^\circ \times 0.5 \times (4^3 - 1)} + 2(\text{GHz}) = 2.7677(\text{GHz})\end{cases}$$

3) 同时到达信号对测频的影响

若同时存在 $\boldsymbol{A}$、$\boldsymbol{B}$ 两个信号矢量,以强信号矢量 $\boldsymbol{A}$ 为基准,合成信号矢量相对于强信号矢量的相位将发生偏差 $\Delta\Phi$,如图 11-13 所示。

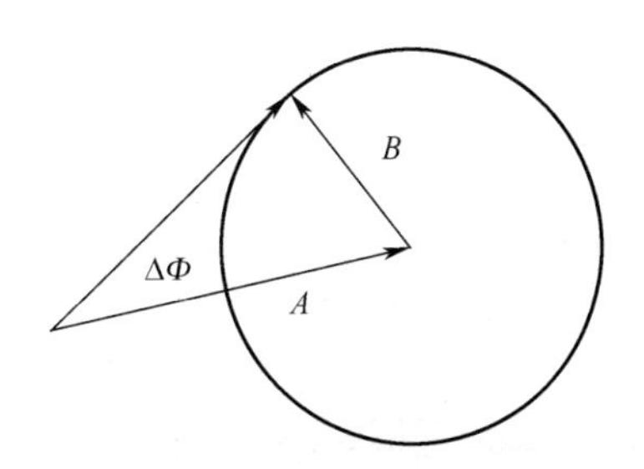

图 11-13　同时到达信号对测频的影响

从图 11-13 可以看出,合成信号矢量的相位偏离了其中任一信号矢量的原相位,且受两信号矢量幅度比和频率差的调制,在各路相关器中都会造成一种随机性的相位偏差,其中与强信号矢量相位的最大偏差为

$$\Delta\Phi_{\max} = \arcsin\frac{|B|}{|A|} = \arcsin\sqrt{\frac{P_B}{P_A}} \tag{11-41}$$

式中:P_A、P_B 分别为两信号的功率。如果 $\Delta\Phi$ 超过了编码器的校正能力,则将出现严重的测频错误。为此,在比相法测频接收机中还需要检测同时到达信号,以防止此时产生错误的测频输出。

图 11-14 所示为一种常用的同时信号检测电路,主要由自差混频器、带通滤波器、检波器以及比较器构成。如果只有一个信号输入,则混频的全部谐波均来自于同一信号,它们将处于滤波器带外,检波器和比较器无输出信号。如果有多个信号同时到达时,混频后的谐波通过滤波器和检波器将有输出信号,一旦超过了比较器门限,比较器将产生一个同时到达信号的指示标志,这时的测频结果将被放弃。

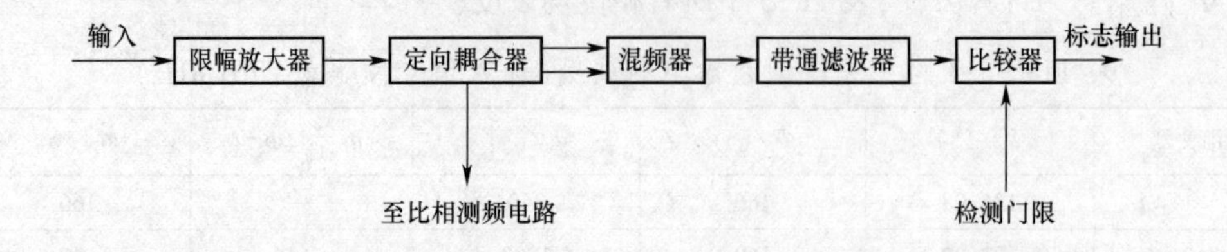

图 11-14　同时到达信号检测电路

输入信号中存在的噪声也相当于是一种同时存在的随机信号,同样会引起信号相位的随机偏差以及相应的测量值起伏。根据式(11-41),在 13dB 信噪比下,该噪声引起信号的相位偏差均方根值约为 12.62°。因此,为了保证测频精度,比相法瞬时测频接收机也需要有一定的检测信噪比。

完整的比相法瞬时测频接收机的系统组成,如图 11-15 所示。输入端的限幅放大器用于保持测量信号的功率稳定,以减小输入信号功率起伏对测频结果的影响;到达信号检测电路用于防止同时多信号造成的测频错误;门限检测/定时控制电路用于产生测频启动和结果输出的控制时序,也可以用来启动对脉冲到达时间、脉冲宽度和脉冲幅度等参数进行测量的电路。

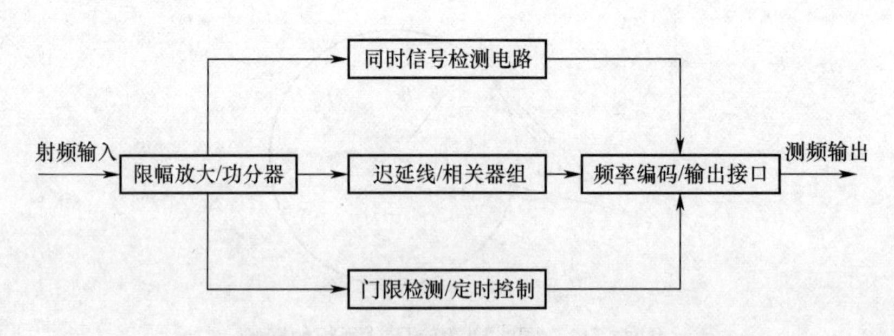

图 11-15　比相法测频接收机系统组成

根据比相法瞬时测频接收机的测频原理,可以总结这种体制的测频接收机的性能特点如下:

(1) 测频范围较大。测频范围由鉴相器组中迟延线的延时决定,通常可以达到一个倍频程。若需扩展测频范围,可通过变频方式将其他频段变换到瞬时测频接收机的瞬时带宽内。

(2) 频率分辨力一般。频率分辨力取决于频率最小量化单元。

(3) 测频精度一般。输出频率编码的最低位通常代表所要求的测频精度。

(4) 灵敏度一般。由于满足测频误差要求的信噪比要高于虚警概率要求的信噪比,故应按测频误差要求的信噪比来确定接收机的灵敏度,通常在-50~-40dBmW。

(5) 频率截获概率较高。由于采用间接法测频,因此在侦察频段内,对单个脉冲的频率截获概率为 100%。

(6) 动态范围一般。动态范围通常为 50~60dB。

2. 线性调频变换测频方法

线性调频变换测频方法主要应用于压缩测频接收机。其基本原理:首先利用快速调频的本振,将单频信号扩展成宽带、相对大时宽的线性调频信号;然后利用与此线性调频信号相配的滤波器,将相对大时宽的线性调频脉冲信号压缩成为窄脉冲信号。该窄脉冲信号相对于调频本振调谐起始时间的迟延与原信号频率成正比,实现了频率—迟延时间的变换,通过测量迟延时间确定信号频率。

1) 线性调频变换

将雷达时域信号表示为 $s(t)$,将其进行傅里叶变换,可以得到其频谱 $F(\omega)$ 为

$$F(\omega) \overset{\text{def}}{=} \int_{-\infty}^{\infty} s(t)\mathrm{e}^{j\omega t}\mathrm{d}t \tag{11-42}$$

令 $F(\omega)$ 中的 $\omega=\mu\tau$,其中:μ 为常数,τ 为时间参数,则 $s(t)$ 的线性调频(Chirp)变换可定义为

$$F(\mu\tau) \overset{\text{def}}{=} \int_{-\infty}^{\infty} s(t)\mathrm{e}^{j\frac{\mu(t-\tau)^2-\mu t^2-\mu\tau^2}{2}}\mathrm{d}t = \mathrm{e}^{-j\frac{\mu}{2}\tau^2}\int_{-\infty}^{\infty}[s(t)\mathrm{e}^{-j\frac{\mu t^2}{2}}]\,\mathrm{e}^{j\frac{\mu(t-\tau)^2}{2}}\mathrm{d}t \tag{11-43}$$

由式(11-43)可知,信号的频谱可以通过对信号进行线性调频分析得到。具体的分析过程:首先将信号与线性调频因子 $\mathrm{e}^{-j\frac{\mu t^2}{2}}$ 相乘(进行混频处理);然后将变换后的信号进行匹配滤波,滤波器的冲激响应函数为 $\mathrm{e}^{j\frac{\mu t^2}{2}}$ (将信号与冲激响应进行时域循环卷积处理);最后将变换后的信号与调频因子 $\mathrm{e}^{-j\frac{\mu}{2}\tau^2}$ 相乘(再次进行混频处理),目的是进行相位上的校正。如果对相位信息不关心,则可以不进行相位校正,直接对时域循环卷积后的信号进行振幅检波,可以得到信号 $s(t)$ 的振幅谱为

$$|F(\mu\tau)| = \left|\int_{-\infty}^{\infty}[s(t)\mathrm{e}^{-j\frac{\mu t^2}{2}}]\,\mathrm{e}^{j\frac{\mu(t-\tau)^2}{2}}\mathrm{d}t\right| \tag{11-44}$$

由式(11-43)、式(11-44)可知,上述对信号进行 Chrip 变换是在无穷时域进行的。在实际工程应用中,Chrip 变换通常是在有限时间区间 $[-T_c,T_c]$ 内进行的,T_c 为滤波器时宽。同时,Chrip 变换后的频谱范围也受到滤波器带宽 Δf_c 的限制。综上所述,可以得到在实际应用中 Chrip 变换后的振幅谱为

$$|F(t,\mu\tau)| = \left|\int_{-T_c}^{T_c}[s(t+s)\mathrm{e}^{-j\frac{\mu s^2}{2}}]\,\mathrm{e}^{j\frac{\mu(\tau-s)^2}{2}}\mathrm{d}s\right| \tag{11-45}$$

式中:$\mu=2\pi\dfrac{\Delta f_c}{T_c}$ 表示信号 $s(t)$ 在$[t-T_c,t+T_c]$时间区间、Δf_c 的带宽范围内的频谱变化特点。假定 $t=0$,对于该时间、频段内的载频值为 f 的信号,根据式(11-26)可得到处理后的窄脉冲峰值迟延时间 τ 为

$$\tau = \frac{(f-f_1)T_c}{\Delta f_c}, f_1 \leqslant f \leqslant f_1+\Delta f_c \tag{11-46}$$

式中:f_1 为滤波器的最小工作频率,同时也是输入信号的最低频率值。

2）压缩测频接收机

压缩测频接收机是线性调频变换测频技术的典型应用,其基本组成如图 11-16 所示。

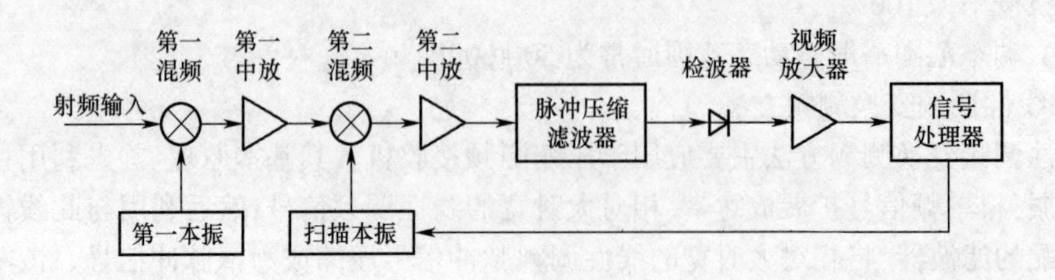

图 11-16　压缩测频接收机组成

在图 11-16 中,脉冲压缩滤波器的通频带为$[f_1,f_1+\Delta f_c]$,输入信号经过第一次混频、第一中放后,输出频率的范围限定为$f_s\in[f_i,f_i+\Delta f_c]$,当$t=-T_c$时扫描本振开始扫频,输出的本振频率为

$$f_L(t)=f_i+f_1+\Delta f_c+\frac{\Delta f_c}{T_c}t,\quad |t|\leqslant T_c \tag{11-47}$$

经过第二次混频(超外差混频)后,输出信号的频率为

$$f_L(t)-f_s=f_i+f_1+\Delta f_c-f_s+\frac{\Delta f_c}{T_c}t,\quad |t|\leqslant T_c,f_s\in[f_i,f_i+\Delta f_c] \tag{11-48}$$

第二中放的通频带与脉冲压缩滤波器保持一致。如果输入信号为连续波,其载频固定,则第二中放输出信号脉冲宽度为T_c、调频斜率为$\frac{\mu}{2\pi}\frac{\Delta f_c}{T_c}$、初始延迟时间为$\Delta t$的线性调频脉冲。$\Delta t$可表示为

$$\Delta t=(f_s-f_i)\frac{T_c}{\Delta f_c}-T_c,\quad f_i\leqslant f_s\leqslant f_i+\Delta f_c \tag{11-49}$$

该宽脉冲经过压缩滤波器滤波后,在其后沿时刻(具有固定迟延T_c)形成脉冲宽度为t_c的窄脉冲,其脉冲宽度为

$$t_c=\frac{1}{\Delta f_c} \tag{11-50}$$

因此可以得到相对于当前时刻($t=0$),频率f_s的迟延τ为

$$\tau=\Delta t+T_c=(f_s-f_i)\frac{T_c}{\Delta f_c},\quad f_i\leqslant f_s\leqslant f_i+\Delta f_c \tag{11-51}$$

时间迟延τ可以通过测量获得,由式(11-23)可以估计出信号的载频值为

$$f_s=\tau\frac{\Delta f_c}{T_c}+f_i,\quad 0\leqslant\tau\leqslant T_c \tag{11-52}$$

通过对压缩测频接收机测频原理和系统组成的分析,可以总结该技术体制测频接收机的性能特点如下:

(1) 频率分辨力中等。频率分辨力等于滤波器时宽T_c的倒数。

(2) 测频范围中等。测频范围等于滤波器带宽Δf_c。

（3）灵敏度较高。由于采用了超外差测频技术，因此具有较高的灵敏度。

（4）动态范围较小。由于受限于脉冲压缩滤波器的性能，因此瞬时动态范围通常为 35～45dB。

（5）频率截获概率较高。在通频带内，单脉冲的频率截获概率为 100%。

（6）分离信号能力强。能够分离同时到达的信号。

3. 声光变换测频方法

声光变换测频方法主要应用于声光测频接收机。其基本工作原理：属于频率—空间变换测频技术，首先通过逆压电器件将输入的射频信号变换为声光通道中的超声波；然后通过超声波对声光通道中的单色波（激光）进行相位调制，使激光发生衍射；最后由于在一定条件下激光衍射输出的角度与输入射频信号的频率成一一对应关系，因此将射频信号的载频测量转化为对输出激光衍射角度（或空间）的测量。

1）声光测频接收机工作原理

声光测频接收机的关键器件是声光调制器（布拉格小盒），因此对其工作原理的分析转化为对声光调制器工作原理的分析。图 11-17 所示为声光调制器的组成，其主要由三部分组成，分别是声光通道（由二氧化碲制成）、电声换能器和超声波匹配吸收器。

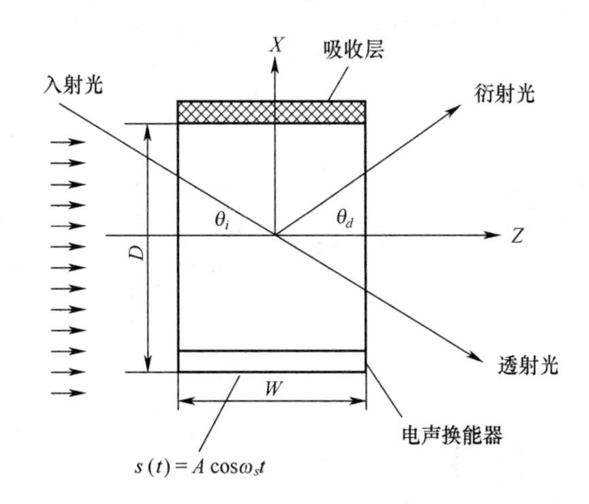

图 11-17　声光调制器的组成

当输入信号 $s(t) = A\cos\omega_s t$ 加到电声换能器时，根据逆压电效应，输入电信号会被变换成声光通道中传播的超声波。由于声光通道的另一端是超声波匹配吸收器（吸收层），因此保证了声光通道中的超声波以行波状态传播。

正弦超声波在声光通道传播过程中，由于各种物理效应，因此使声光通道的介质折射率沿 X 轴以正弦规律周期性变化，从而形成相位光栅。该相位光栅完成对声光通道中传播激光的相位调制，使激光束的等相位面被调制成沿 X 轴以正弦规律变化。由于激光束的等相位面发生变化，产生了光的衍射，调整激光入射角度 θ_i，可以使衍射光拥有绝大部分输入激光的能量，衍射光最强时的入射角度 θ_i 称为布拉格角，因此此时衍射光的角度为 θ_d，θ_d 与激光波长 λ_0、输入信号 $s(t)$ 的波长 λ_s 三者之间的关系为

$$\theta_i + \theta_d = 2\arcsin\frac{\lambda_0}{2\lambda_s} \tag{11-53}$$

由于输入信号的波长远大于激光的波长,因此式(11-53)可以近似为

$$\theta_i + \theta_d \approx \frac{\lambda_0}{\lambda_s} = \frac{\lambda_0}{v_s} \cdot f_s \tag{11-54}$$

式中:v_s 为声波在介质中的传播速度,是常数。

通过式(11-54)可见,当 θ_i 为布拉格角时,($\theta_i+\theta_d$)的值与输入信号的载频 f_s 成正比。因此,布拉格器件将信号载频转换为激光的空间衍射角度,测出衍射光的偏转角度,即测出了信号的载频 f_s。

2) 声光测频接收机系统组成

声光测频接收机的系统组成,如图 11-18 所示。图 11-18 中的激光产生器用来产生一束平行激光至声光调制器,入射角等于布拉格角。

当雷达信号经混频和放大器后,产生超声波。声光调制器根据输入信号频率(或声波频率)改变介质折射率,从而改变衍射光的输出角。

聚焦透镜用于将声光调制器输出的平行衍射光进行聚焦。

在衍射光的聚焦点位置,设置光电检测器阵,根据有输出的光电检测阵单元,可反推出输入信号的载频值。

吸收光栏用来吸收透射光,以避免干扰光电检测阵的信号检测工作。

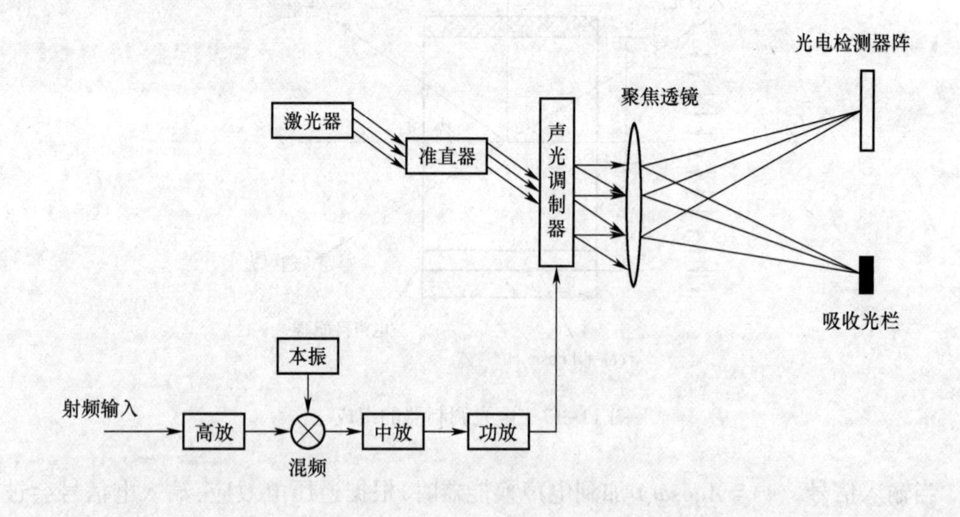

图 11-18　声光测频接收机系统组成

通过对声光测频接收机测频原理和系统组成的分析,可以总结该技术体制测频接收机的性能特点如下:

(1) 测频范围较大。测频范围通常可以达到一个倍频程。

(2) 分离信号能力较强。当输入信号功率未使声光调制器发生过载时,不同频率的输入信号分别对一部分激光进行相位调制,产生各自的偏转角衍射光,分别被光电检测阵对应的单元所监测。由此可见,声光接收机的实质是一种等效的信道化接收机,它从空间角度上直接对不同频率的信号进行滤波,故而分离性能较好。

(3) 频率分辨力高。扩大声光通道的口径 D,可以使更多的激光通过聚焦透镜,从而使得光电检测阵的聚焦光电更小,从而使频率分辨力更高。

(4) 灵敏度较高。由于被测信号经过了高灵敏度的超外差接收机进行放大,因此具有较高的灵敏度。

(5) 动态范围较小。动态范围通常只有 30dB 左右。

综上所述,声光测频接收机解决了搜索式接收机频率截获概率和频率分辨力之间的主要矛盾,并且在同时到达信号的分离能力方面进行了提升,优于瞬时测频(IFM)接收机;在处理电路的复杂性方面,声光测频接收机要比压缩接收机简单得多;在制造成本方面,声光测频接收机要比信道化接收机更能降低成本,但是在动态范围上的缺陷也限制了其发展。近些年来,声光调制器技术正在被持续发展的信道化和数字式接收机技术所超越。

11.3　雷达类网电对抗目标信号脉冲参数测量分析方法

雷达信号脉冲的参数种类较多,其中可以通过相应的测量电路直接测得的参数主要有脉冲到达时间、脉宽、脉幅、脉内调制参数等,它们在通常情况下是在接收机中完成测量的。对于脉冲重复周期、脉冲群周期等参数,通常需要通过对直接测得的参数进行推导分析才能得出。分析雷达信号脉冲参数,一方面是以得到雷达性能参数为依据,如雷达天线波束宽度、扫描周期、方向图,等;另一方面是进行后续雷达信号分选识别的基础。因此,对脉冲参数的测量分析是很有必要的。

11.3.1　脉冲到达时间测量分析方法

将脉冲到达时间的值表示为 t_{TOA},它是雷达信号的重要时域参数之一。在雷达对抗侦察装备或系统中,对 t_{TOA} 的测量电路如图 11-19 所示。输入射频信号 $s_i(t)$ 经包络检波、视频放大后变为 $s_v(t)$,将其与检测门限 V_T 比较,若 $s_v(t) \geqslant V_T$, 则当前时刻 t 被时间计数器读取并存入锁存器,生成本次测量的 t_{TOA} 值。在实际应用中,时间计数器通常采用 N 位的二进制计数器级联方式,通过时间锁存器记录的 t_{TOA} 为

$$\begin{cases} t_{\mathrm{TOA}} = \mathrm{mod}(T,\Delta t,t) \mid s_v(t) \geqslant V_T, s_v(t-\varepsilon) < V_T, \varepsilon \to 0 \\ \mathrm{mod}(T,\Delta t) = \mathrm{int}\left(\dfrac{t - T \cdot \mathrm{int}(t/T)}{\Delta t}\right) \end{cases} \tag{11-55}$$

式中:$\mathrm{mod}(T,\Delta t,t)$ 表示求模运算;函数 $\mathrm{int}(x)$ 表示取整运算,x 为实变量;Δt 表示时间计数器的计数脉冲周期;$T=\Delta t\times 2^N$ 表示计数器的最大无模糊计时范围;t_{TOA} 表示信号 $s_v(t)$ 的脉冲前沿经过检测门限的时刻值。

由于时间计数器的位数有限,为了防止时间测量模糊,假定被测雷达的脉冲重复周期最大值为 $\mathrm{PRI}_{\max}$,通常应满足:

$$T \geqslant \mathrm{PRI}_{\max} \tag{11-56}$$

Δt 取决于测量的量化误差和时间分辨力,减小 Δt 可以提高时间分辨力,降低量化误差。但是对于相同的 T,就需要提高计数器的级数 N,同时增加 t_{TOA} 的字长,这样就给

t_{TOA}的数据存储和处理增加了负担。

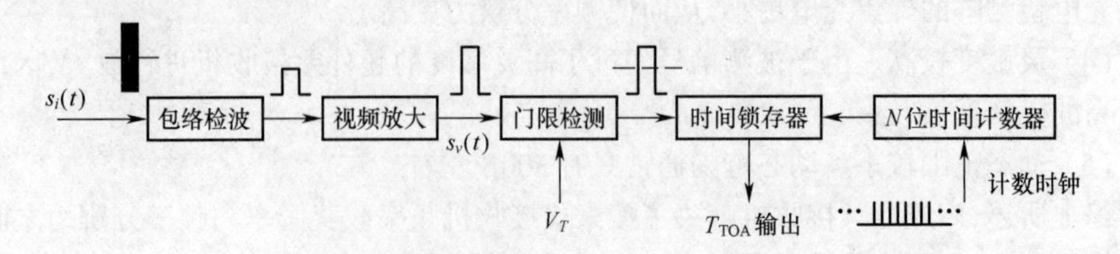

图 11-19　脉冲到达时间测量电路图

$s_v(t)$信号的前沿时间t_{rs}以及信噪比会影响t_{TOA}的测量精度。由于雷达对抗侦察装备通常按照最小可测的雷达信号脉宽设置接收机带宽($B_v \approx 1/\tau_{\min}$),因此在一般情况下,影响$t_{\mathrm{TOA}}$测量误差的主要因素通常是雷达信号脉冲本身的上升沿时间t_{rs},其引起的均方根值σ_t为

$$\sigma_t = \frac{t_{rs}}{\sqrt{2S/N}} \tag{11-57}$$

通过改进可以减小测量误差,改进后的测量电路图,如图 11-20 所示。

将t_{TOA}定义为$s_v(t)$的最大值时间,在门限检测时间内,对$s_v(t)$进行连续的 A/D 变换采样,同时将采样结果与最大值锁存器(初始值为 0)内的数据进行比较。当采样结果大于锁存器内的存储值时,更新锁存器内数据,将此刻时间计数器显示值写入时间锁存器。经过处理,检测脉冲结束后,该电路可输出脉冲幅度最大的时刻值t_{TOA}和$s_v(t)$脉冲包络电压的最大值。此方法消除了检测门限对t_{TOA}测量的影响,同时充分利用了最大信噪比时刻的测量值,因此可以减小噪声引起的测量误差,但是该电路需要采用较高处理速度的 A/D 变换采样处理电路。

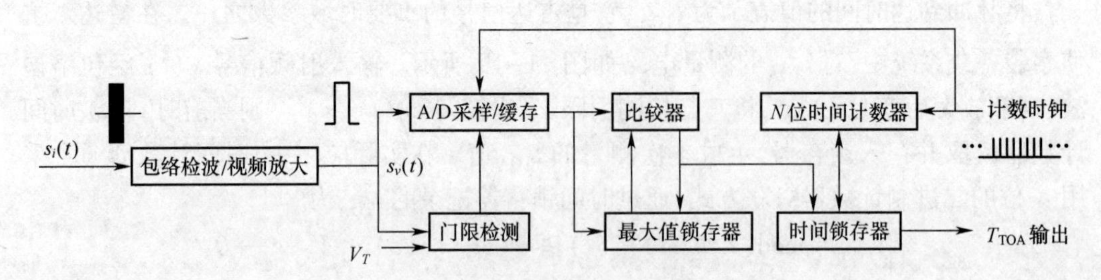

图 11-20　改进的脉冲到达时间测量电路图

如果在测量过程中出现同时到达的多个信号,则t_{TOA}测量结果会出现较为复杂的情况,具体如下:

(1) 输出相对较早到达的脉冲信号的t_{TOA}值,由于相对晚到达的脉冲信号在时间上不可分辨,因此其t_{TOA}将会丢失;

(2) 除了输出相对较早到达脉冲信号的t_{TOA}值之外,由于多个信号合成包络的起伏,可能发生多次检测,从而形成多次虚假检测和t_{TOA}输出。

为克服同时到达信号对t_{TOA}值测量的影响,通常在雷达对抗侦察系统中应尽量将信号检测和t_{TOA}值测量电路设置在方向和频率的滤波处理之后,降低信号在时域上重叠的概率。

11.3.2　脉冲宽度测量分析方法

将脉冲宽度的值表示为 τ_{PW}，它也是雷达信号的重要时域参数。在通常情况下，雷达的脉宽比较稳定且变化类型相对较少，通常信噪比较高的情况下，受噪声的影响较小，通常可以直接用作信号分选识别的重要依据。在雷达对抗侦察装备或系统中，t_{PW} 的测量与脉冲到达时间的测量是同时进行的，其测量电路如图 11-21 所示。

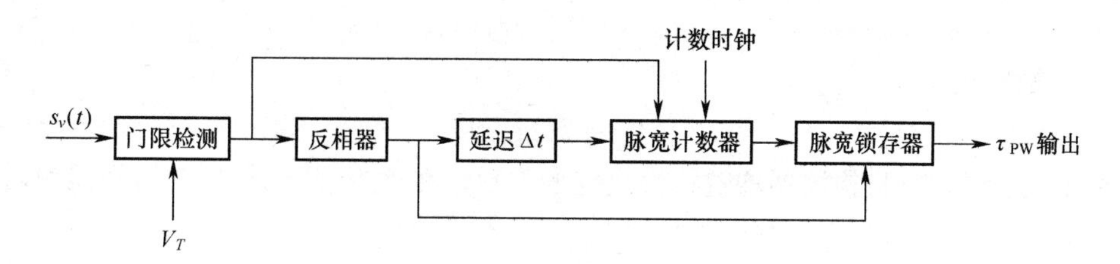

图 11-21　脉冲宽度测量电路

在进行门限检测之前，脉宽计数器初始值为 0。在门限检测信号有效期间，脉宽计数器对时钟信号计数，门限检测信号的后沿将脉宽计数值送入脉宽锁存器，并在经过一个计数时钟周期 Δt 延迟后将脉宽计数器清零，等待进行下一次测量。当脉宽计数器采用 N 位二进制计数器与其级联时，最大无模糊脉宽测量范围为

$$\tau_{PW_{max}} = \Delta t \cdot 2^N \tag{11-58}$$

与脉冲到达时间的测量相同，τ_{PW} 测量时，脉冲信号的前、后沿过门限的时刻也会受到系统中噪声的影响，其测量误差的均方根值为

$$\sigma_{PW} = \frac{t_{rs} + t_{do}}{\sqrt{2S/N}} \tag{11-59}$$

式中：t_{do} 为脉冲信号的下降沿时间。多个信号同时到达时，信号在时域上的重叠会造成脉宽测量的错误，通常会出现合成信号视频包络展宽或者脉宽分裂的情况。

11.3.3　脉冲幅度测量分析方法

将脉冲幅度的值表示为 A_p，在通常情况下，A_p 的测量与脉冲到达时间和脉宽的测量是同时进行的，A_p 测量电路如图 11-22 所示。以门限检测时刻为初始状态，经过延迟 τ 后，用作采样保持电路和 A/D 转换器的启动信号。A/D 转换器经过 t_c 时间后完成对 $s_v(t)$ 的 A/D 变换，在启动信号的作用下，将 $s_v(t)$ 的数据送入输出缓存器。延迟的目的是为了尽可能准确地捕获 $s_v(t)$ 的峰值。因此，图 11-20 为更加合理的测量电路，此电路在完成对脉冲到达时间测量的同时，最大值锁存器也完成了对 A_p 的测量。

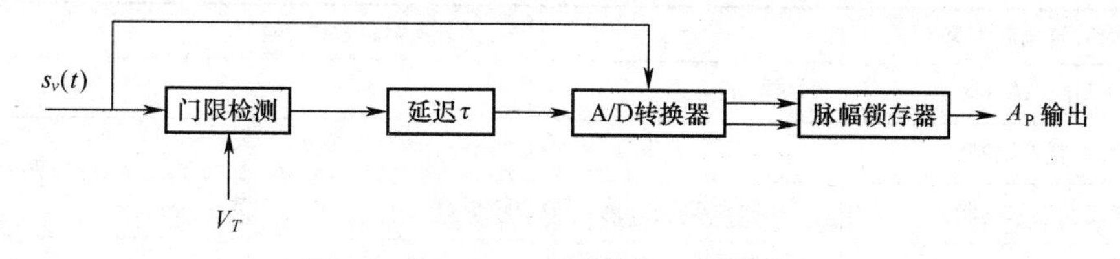

图 11-22　脉冲幅度测量电路

由于受到雷达发射功率、发射天线增益、波束扫描,接收天线的极化匹配、天线增益,收发距离和传播路径,接收机增益,频率响应等多方面因素的影响,A_p 的变换范围很大。为了压缩 $s_v(t)$ 的动态范围,在实际的雷达对抗侦察系统中通常利用限幅器、限幅放大器和对数放大器等器件,使输入信号 $s_v(t)$ 近似满足以下特性。

限幅特性:

$$s_v(t) \approx \begin{cases} s_{v\max}, k_A|s_i(t)| \geqslant s_{v\max} \\ k_A|s_i(t)|, k_A|s_i(t)| < s_{v\max} \end{cases} \tag{11-60}$$

对数特性:

$$s_v(t) \approx k_A \lg|s_i(t)| \tag{11-61}$$

式中:k_A 表示接收机、检波器增益特性决定的常数。在理想情况下,A/D 转换器输出脉冲的幅度值为

$$A_p = \begin{cases} 2^N - 1 & , s_v(\tau) - V_0 > (2^N - 1)\Delta V \\ \mathrm{int}\left[\dfrac{s_v(\tau) - V_0}{\Delta V}\right] & , 0 \leqslant s_v(\tau) - V_0 \leqslant (2^N - 1)\Delta V \\ 0 & , s_v(\tau) < V_0 \end{cases} \tag{11-62}$$

式中:N 为 A/D 转换器的量化位数,$[V_0, V_0+(2^N-1)\Delta V]$ 为其输入动态范围。为了充分利用 A/D 转换器输出数据的有效位,应保持 $s_v(t)$ 的动态范围与其动态范围一致。

11.3.4 脉冲细微特征测量提取方法

除了脉冲到达时间、脉冲宽度和脉冲幅度等时域参数之外,雷达信号脉冲内部也有很多特征可以用于雷达信号的分选识别,如脉内有意调制、脉内无意调制、脉冲上升时间、脉冲上升陡度、脉冲下降时间和脉冲下降陡度等,将其称为雷达信号的细微特征。接收机的数字化为这些细微特征的测量和提取提供了可能。获得雷达信号的细微特征,对于雷达属性、雷达个体的识别具有重要意义。

有意调制特征通常包括相位调制特征、频率调制特征、幅度调制特征以及这三者相结合的混合调制特征等。

脉内有意调制特征测量(提取)通常包括时域和频域上对雷达信号进行分析,进而得出雷达信号脉内调制参数和变化规律,提取脉间、脉组间调制编码特征。

雷达信号采用的脉内有意调制主要包括单载频调制、线性频率调制、非线性频率调制、频率编码、频率分集、二相编码、多相编码等。对于每一种调制方式,对应的主要调制参数,如表 11-6 所列。

表 11-6　脉内有意调制类型及对应调制参数

脉内有意调制类型	主要调制参数
常规调制(单载频)	载频值 f_{RF}
线性频率调制	调制带宽 B,时宽 τ,中心频率 f_0,调制斜率 k
非线性频率调制	调制带宽 B,时宽 τ,中心频率 f_0
频率编码	编码个数 k,频率集 $f_1, f_2, \cdots, f_k$,子脉冲宽度 $\Delta\tau$

（续）

脉内有意调制类型	主要调制参数
频率分集	分集个数 k，频率集 f_1，f_2，… f_k
二相编码	编码个数 N，频率 f，子脉冲宽度 $\Delta\tau$，编码序列
多相编码	编码个数 N，频率 f，子脉冲宽度 $\Delta\tau$，编码序列
相位编码+频率编码复合调制	编码个数 k，频率集 f_1，f_2，… f_k，一级子脉冲宽度 $\Delta\tau_1$，编码个数 N，频率 f，二级子脉冲宽度 $\Delta\tau_2$，编码序列

脉内频率调制可分为连续调频和离散调频两大类。连续调频是指频率值在脉冲内部是连续变化的，如线性频率调制类型信号；离散调频是指载频值在脉冲内部是通过对单个脉冲内部的多个子脉冲包络进行调制而离散变化，如频率编码类型信号。

脉内相位调制是指相位编码类型。其变化特征：在载频值固定的情况下，通过改变时域信号的相位实现脉冲内部的调制，技术简单成熟，抗干扰性能优越。在实际雷达对抗侦察应用中，相位编码信号通常采用伪随机序列编码。

脉内有意调制特征参数的测量（提取）可以采用数字处理的相关算法，使用较多且较为成熟的算法主要包括时域分析法，如瞬时自相关算法；频域分析法，如傅里叶分析；调制域分析法，如过零点检测算法；时频域分析法，如短时傅里叶变换（Short-time Fourier Transform，STFT）、魏格纳-威利分布变换（Wigner-Ville Distribution，WVD）等。上面算法对各种调制类型信号调制参数的测量和分析都有一定的效果，在工程上有一定的应用。

脉内无意调制特征也称为个体特征或称为指纹特征，通常是指雷达信号的频率稳定度、信号包络和高阶谱特征等，是单部雷达所具有的、区别于其他任意一部雷达的独有特征。这些特征是由于雷达发射机在工作时，其发射管调制器、高压电源、晶振等器件或电路产生无法避免的寄生调制，可应用于雷达个体的识别领域。

11.3.5　信号极化测量分析方法

1. 雷达信号极化测量基本原理

极化是电磁波电场矢量的变化方向，雷达发射信号的极化与其功能和性能有着密切的关系，极化自适应、变极化、目标的极化识别等技术也是当前雷达抗干扰的重要措施。由于雷达主要采用线极化收发天线，许多雷达对抗侦察装备都采用圆极化的侦察天线，虽然可以接收各种线极化的电磁波，仅存在一定的极化失配损失，但是不能测量雷达信号的极化方向，不能引导干扰发射的极化瞄准，不能有效地对抗越来越多的具有雷达极化自适应、极化识别和极化对消等抗干扰措施的新体制雷达。因此，开展对雷达信号极化信息的测量，对于雷达信号的分选、引导干扰和降低雷达的极化抗干扰能力等具有重要意义。

空间电磁波的极化可以分解为两个正交的固定方向，其中水平极化和垂直极化是最常用的正交极化方向。信号极化方向的检测和测量系统组成，如图 11-23 所示。水平、垂直极化接收天线获得的信号分别送入各自接收机，通过带通滤波、低噪声放大、混频和中放，分别进行包络检波和互相进行相位滤波。对包络检波的输出进行门限检测，只要任何一路信号超过检测门限，都会启动包络和相位测量电路，完成对两路信号包络 A_H、

A_V 以及相位差 Φ 的测量,经过极化测量处理机,输出信号极化测量结果。对于典型的雷达信号极化特性,其主要识别依据和参数估计,如表 11-7 所列。

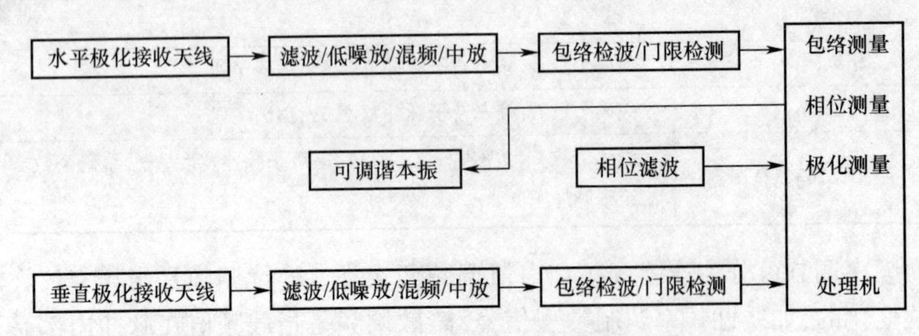

图 11-23 信号极化方向检测和测量系统组成

表 11-7 雷达信号极化测量和识别的典型判据

极化类型	识别判据	输出参数
水平极化	$A_H > 10A_V$	极化抑制比 $d = 20\lg(A_H/A_V)$,(dB)
垂直极化	$A_V > 10A_H$	极化抑制比 $d = 20\lg(A_V/A_H)$,(dB)
斜线极化	$0.1 \leqslant A_H/A_V \leqslant 10, \Phi \approx 0, \pi$	极化方向 $\gamma = \pm \arctan(A_V/A_H)$,$\Phi \to \pi$ 时取负号
左旋圆极化	$A_H \approx A_V, \Phi \approx \frac{\pi}{2}$	轴比 $r = A_V/A_H$
右旋圆极化	$A_H \approx A_V, \Phi \approx -\frac{\pi}{2}$	轴比 $r = A_V/AH$

由于极化测量需要利用两路正交极化接收信号之间的幅相信息,所以对接收系统的宽带线性动态范围和幅相一致性具有较高的要求。

2. 影响雷达信号极化测量的因素分析

具有一定极化的雷达信号在介质传播过程中,会改变信号极化方式和方向,侦察天线的极化域与被侦察信号的极化差异会产生极化损耗。

1) 传播过程的影响

在测量信号极化的过程中,应考虑传播介质的作用和多径效应。假如圆极化波照射金属平板,经过奇数次反射后,原入射信号电场矢量的旋转方向会改变,即改变了反射信号的极化方向。如果反射信号脉冲时间延迟与原信号时域交叠,则其脉冲描述字的基本参数相近,而极化方式有所差异。

当雷达信号波束照射在细长的导体上时,电场发生变化而产生线性极化,信号处理系统智能化程序可按极化方向分离反射脉冲信号和天线副瓣信号。

2) 侦察天线极化选择

由于当侦察天线的极化选择与雷达信号极化方向不同时,会产生极化损耗,因此应尽量保证两者的极化方向相同,才能获得相对最大的信号幅度,减少极化损耗。

由于需要考虑侦察天线的设备量,因此在实际中采用斜极化可以照顾到水平、垂直极化信号的侦察,但是其极化功率损耗很大。此外,侦察天线和天线罩的设计也会影响极化的选择。表 11-8 所列为极化损耗、侦察天线极化、雷达信号极化三者之间的关系。

表 11-8　极化损耗、侦察天线极化与雷达信号极化之间关系

侦察天线极化方式		雷达信号极化方式	信号幅度接收比(相对最大值)
垂直极化		垂直极化	1
		斜线极化(45°/135°)	0.5
		圆极化(左旋/右旋)	0.5
		水平极化	0
水平极化		水平极化	1
		斜线极化(45°/135°)	0.5
		圆极化(左旋/右旋)	0.5
		垂直极化	0
圆极化	左旋(右旋)	左旋(右旋)圆极化	1
	左旋(右旋)	右旋(左旋)圆极化	0
	左旋或右旋	斜线极化(45°/135°)	0.5

11.3.6　信号脉冲重复间隔分析方法

脉冲重复间隔(PRI)分析涉及以下几个方面:对观察到的 PRI 变化进行定量化描述,将这些变化与雷达信号的其他方面相关联,对有关雷达的使用功能及产生 PRI 的使用技术进行情报推测。

历史上,确定平均 PRI 的一种常用人工技术是将一个合成产生的脉冲串 PRI 与未知信号进行匹配。合成产生的信号触发一个示波器,而被分析的信号作为示波器的垂直输入。扫描时间应设置为明显小于 PRI 的时间,以使屏幕上单个脉冲的位置由触发时间与脉冲到达时间之间的时间差来决定。如果合成信号的 PRI 与有用信号不同,那么屏幕上的脉冲水平位置将发生移动:当合成信号的 PRI 大于有用信号时向右移动,当合成信号的 PRI 小于有用信号时向左移动。调整合成器,直至脉冲的位置固定不动。然后,用计数器对合成信号的 PRI 进行精确测量(由于它不受扫描或热噪声的影响,所以很容易测量)。这种方法也可用在下面讨论的光栅显示器中。

用这种方法确定的信号 PRI 的精度受限于各种因素。当然,合成信号的 PRI 可按很高的精度来测量,但这种精度有时被错误地报告成测量未知信号的精度。基准 PRI 与未知 PRI 匹配时所包含的实际误差,其大幅低于对单个 PRI 进行测量时所包含的误差,这是因为对大量脉冲测量时得出的结果实际上是测量过程中的平均值。首先考虑噪声的影响,如果合成的 PRI 严格地与未知 PRI 相匹配,那么观察人员可以看到大量带噪声的叠加脉冲以及变化的幅度。噪声可能给脉冲精确位置带来某些不确定性,通常只能提供有限的时间进行测量,但是观察人员无法判断脉冲位置移动是由于噪声干扰了脉冲边沿还是合成器调整得不合适。因此,测量时间和噪声两者都会影响这种方法的精度。假定噪声是判断屏幕上脉冲位置的限制因素,由噪声引起的脉冲位置的均方根变化大体可由 $\sigma_{\mathrm{PRI}}^2=\sigma_{T_i}^2+\sigma_{T_j}^2$ 给出,其中:T_i 为脉冲 i 的到达时间,T_j 为脉冲 j 的到达时间,$\sigma_{T_i}^2$ 为脉冲 i 的到达时间测量均方根误差,$\sigma_{T_j}^2$ 为脉冲 j 的到达时间测量均方根误差。

观察人员可能利用比脉冲跨越门限时间更多的信息,在这种情况下,由 $\sigma_{\mathrm{PRI}}^2=\sigma_{T_i}^2+$

$\sigma_{T_j}^2$ 预测的误差可能是在整个平均时间内的误差。

基于示波器的时域分析技术是最实用和最广泛使用的技术之一。利用具有双时基线的示波器能够分析偶然的跳变和某些类型的参差。由于跳变通常比 PRI 小得多,因此延迟是必要的。显示单个 PRI 的标准示波器允许进行峰值到峰值跳变的粗略测量,精度可达 PRI 的 1%。使用延迟的时间基线可以将屏幕的整个宽度调整得只显示 PRI 的很小一部分,以便很容易地对跳变范围进行分析。对于随机分布的恒定 PRI,跳变将随着延迟的增加而缓慢增加。如果跳变与延迟无关,那么确定跳变的因素可能与跨越门限的变化有关,这是由噪声引起的,而不是由雷达触发产生器的特性引起的。

上面的分析过程在分析脉冲参差时同样适用。其共同的问题是,如何将参差的 PRI 从离散的随机抖动中区分出来,抖动可能只有很少一点时间间隔值。由于脉冲参差是周期性的,因此很容易知道何时将延迟选择得等于该周期。

1. 光栅显示器

光栅显示器是一种显示器技术,它使用 z 轴调制来指示脉冲的存在,x 轴习惯上用于时间扫描,y 轴也与时间相关,这样每次 x 轴扫描就会出现轻微的偏移。最普遍使用的方案是扫描线从屏幕的顶部开始,然后每次扫描逐渐向下位移,因此称为“下落光栅”。光栅显示器与常规示波器显示器相比,可以在存在大量间隔的情况下方便地观察 PRI 的变化。这种示波器是很有用的,并且允许一次粗略观察分析数百或数千个脉冲的 PRI 变化。美国在 20 世纪 70 年代末已经使用了这种技术,这种设备可提供在屏幕上小至 1ns 的校准步进时间,并可存储约 16000 个事件。如果使用单独的时间基线数字化仪来捕捉数据,就能使用通用计算机和软件制造出分析用的光栅型显示器。

绝大多数设计用于脉冲分析的光栅显示器也可以用于显示脉冲幅度与时间的关系。同时显示时间与时间,以及幅度与时间的对应关系,可以粗略显示出天线波束扫描与 PRI 之间的对应关系。通常在显示器上还包括一些光标或标记,便于分析人员选择一些脉冲,这些脉冲构成了供今后分析用的显示段。

有几种方法可以用来控制光栅显示器的触发工作。在一种模式下,信号控制基线的开始,基线完成之后,只有在接收到另一个脉冲后才能产生下一个基线。在自由运行模式下,在前一个基线结束后,紧接着就开始下一个基线,但基线的持续时间必须进行调整,使其等于平均 PRI,以便形成垂直脉冲线。在这种模式下,通过对 PRI 的合成来产生平均 PRI,为了放大脉冲之间的水平距离,可以利用一条基线结束与下一条基线开始之间的延迟来产生放大效应。

2. PRI 声音

使用扬声器或耳机监听脉冲串的声音是一种古老的 PRI 分析技术,如今它仍然有效。雷达信号的低占空比使得脉冲展宽电路成为一种重要的辅助工具,同时由于变换很大的幅度会扰乱监听者,因此可采用恒定幅度的脉冲。

最简单的 PRI 分析技术是同时监听一个音频振荡器和雷达脉冲串,分析人员按类似调整乐器的方式使发生器的音调与正在监听的脉冲串的音调相吻合。一个缺乏 PRI 分析经验的分析人员可能会将音频振荡器调到 PRI 的谐波或分谐波上,但是经过一段时间的实践后,这种错误会很少发生。分析人员调大音量,直至听到拍频音调时为止,拍频音调的频率为音频振荡器的频率与 PRI 频率(PRF)之差;分析人员调谐音频振荡器,直至拍频音调的频率为零(拍频消失)。在最佳情况下,其误差约为±20Hz,这是因为人耳能分辨的最低频率为 20Hz。由于扫描的影响,使得拍频音调听起来更加困难,因此可能带来附加的误差。

现代电子情报系统设计为产生可听得到的声音,即使 PRF 超过人耳听力范围。通过将真实的 PRF 非线性地变换为合成的 PRF,就可以做到这一点。例如:PRF 为 1kHz 以下时可以原样赋值,而 1~200kHz 的 PRF 可以变换为 1~20kHz 的 PRF。

第 12 章 雷达类网电对抗目标信号测向定位方法

12.1 概 述

雷达信号的到达方向和位置信息是雷达对抗侦察需要测量的重要信息。对雷达信号的测向是指通过测量分析得到雷达辐射电磁波信号的等相位波前方向;对雷达信号的定位是指通过测量分析得到雷达发射天线及其系统在空间中的地理位置。在分析雷达信号测向的问题时,由于通常只分析雷达信号的方位角参数,因此此处雷达信号的测向是指对到达方位,即雷达信号的方位角的测量。

12.1.1 雷达类网电对抗目标信号测向和定位的意义

对雷达信号进行测向和定位的意义主要有以下几个方面。

(1) 雷达信号的测向和定位是进行信号分选和识别的需要。雷达为了抗干扰、反侦察等目的,各项参数如载频、脉宽、脉冲重复周期等都趋向快速、随机、无规律地变化,使得在同一雷达发射的脉冲串中,唯有方位参数和位置信息是较为固定的。这是因为雷达的运动速度不可能太快,在雷达发射一串脉冲串的时间间隔内,相邻脉冲的到达方位角和空间位置一般变化不大,从而根据方位参数或位置信息容易分选和识别不同的雷达所发射的脉冲串。

(2) 雷达信号的测向和定位是在方位上引导干扰的需要。为了将干扰能量集中在威胁雷达所在空域,需要由侦察设备测向定位系统给干扰设备提供雷达的方位参数。

(3) 雷达信号的测向和定位是引导武器系统进行攻击的需要。根据测量得到的敌方威胁雷达的方位和位置,可以引导反辐射导弹、无人机和其他火力攻击武器进行攻击。

(4) 雷达信号的测向和定位可以提供告警信息。为作战人员和系统提供威胁告警,指示威胁方向和威胁程度等,以便采取战术机动或其他应对措施。

(5)雷达信号的测向和定位可以提供情报保障。通过对雷达信号的测向和定位,对于固定类型的雷达辐射源,可以将其位置信息上报上级决策机关,形成战略级的电子对抗情报信息。

12.1.2 雷达信号测向定位方法的分类

1. 雷达信号测向方法的分类

由于雷达对抗测向系统要接收不同方向上到达的多部雷达发射的信号,因此雷达对抗测向系统需要将它们在方向上分离处理,才能分别进行正确的测向。从本质上说,雷达对抗测向系统是宽开空域内的空间滤波器。雷达信号测向方法分类的方法很多,根据雷达对抗侦察系统测向天线在提取方位信息时所利用的信号不同类型参数,将雷达信号测向方法分为振幅法测向、相位法测向和时差法测向三大类。需要说明的是，在雷达对抗侦察系统测向时，通常天线的孔径远小于其与雷达辐射源之间的距离，即满足远场条件。

振幅法测向根据测向天线接收信号的相对幅度大小来确定信号的到达方位。根据测向方法的不同，可以将振幅法测向分为最大信号法、比较信号法和等信号法。最大信号法通常采用波束扫描体制，以接收信号功率最强的方位估计为到达方位；比较信号法通常采用多个不同指向的波束覆盖一定的方向范围，根据各波束接收同一信号的相对幅度估计来波方向；等信号法主要用于对辐射源的跟踪，测角范围较小，测角精度较高。根据具体实现技术的不同，可以将振幅法测向分为波束搜索法测向技术、比幅单脉冲测向技术、振幅和差法测向和多波束测向技术。

相位法测向根据测向天线阵侦收同一信号的相位差来确定信号的到达方位，其测向精度高于振幅法测向，被广泛应用于高精度测向系统。根据测向模型及测向方式的差别，可以将相位法测向区分为相位干涉仪测向、线性相位多模圆阵测向和空间谱估计测向等。

时差法测向根据测向天线阵侦收同一信号的时间差来确定信号的到达方位。需要说明的是，时差法测向只有在满足短基线条件下才能正确测向，因此也称为短基线时差测向。

2. 雷达信号定位方法的分类

对雷达的定位通常是指无源定位，具体是指利用接收机接收雷达辐射的电磁波信号确定雷达目标位置。在具体定位过程中，可利用的信息主要包括观测站/接收站自身位置信息、运动及其与雷达目标相对关系信息、对同一雷达目标的多个测量方位信息、对同一雷达目标的多个到达时间差信息、对同一雷达目标的相对频率差信息等。在通常情况下，对雷达信号定位方法的分类是根据采用的观测站/接收站的个数进行的，可以分为多站无源定位方法和单站无源定位方法。

多站无源定位方法是指通过多个观测站协同完成的定位。在通常情况下，多个观测站通过对信号的截获和测量，得到多条反映雷达目标位置的轨迹线，这些轨迹线可能是雷达目标相对于侦察设备的到达方位线，或是到达侦察设备的等时差线，又或是到达侦察设备的等频差线。总之，雷达目标的位置信息会同时出现在这些轨迹线上，通过对轨迹线的交点坐标进行计算，即可以得到雷达目标的位置。由于雷达信号定位过程是基于多个观测站同一时刻的测量结果的交叉值，这种定位称为交叉定位。根据轨迹线的类型不同，多站无源定位可以分为测向交叉定位、测时差定位、测频差定位和多站综合定位。其中，多站综合定位是利用了一种以上的轨迹线进行混合交叉定位的技术，如测向-时差定位、时差-频差定位。

单站无源定位方法是指通过一个观测站/接收站完成的定位。在通常情况下，单个观测站接收的信号是不包含雷达距离信息的，但是当观测站与雷达目标存在相对切向运动时，可以实现对雷达目标的无源定位。根据单站进行无源定位利用的信号位置信息是否为同一时刻，可以将单站无源定位分为单站单时刻定位和单站多时刻定位。单站单时刻定位方法基于瞬时定位技术，主要包括飞越目标定位法、方位/仰角定位法；单站多时刻定位方法可以理解为观测站不同时刻不同位置对雷达位置的测量，主要包括运动单站对固定雷达定位、固定单站对运动雷达定位。

12.1.3 雷达信号测向定位的主要技术指标

1. 雷达信号测向系统的主要技术指标

1）测向范围 Ω_{DOA} 和瞬时视野 $\Delta\Omega_{DOA}$

Ω_{DOA} 是指测向系统最大可测的来波信号方向范围，$\Delta\Omega_{DOA}$ 是指任一时刻最大可测的来波信号方向范围。当 $\Delta\Omega_{DOA}<\Omega_{DOA}$ 时，测向系统需要 $\Delta\Omega_{DOA}$ 扫描才能覆盖 Ω_{DOA}，因此称为搜索法测向；当 $\Delta\Omega_{DOA}=\Omega_{DOA}$ 时不需要扫描，称为非搜索法测向或方向宽开测向。

2）测向精度 $\delta\theta$ 和测向分辨力 $\Delta\theta$

$\delta\theta$ 一般以测向误差的均值（系统误差）和均方根值（随机误差）表示。系统误差主要是由系统失调引起的，在一定的条件下，可以通过系统的多维参量标校而降低。随机误差主要是由系统的内外噪声引起的，测向时应该尽可能提高信噪比。$\Delta\theta$ 是指能够被区分开的两个同时不同方向来波间的最小方向差。

3）测向时间 t_A、方向截获概率 P_{1A} 和方向截获时间 T_{1A}

t_A 是来波到达侦察接收机至接收机输出测向值所用的时间；P_{1A} 是指在 T_{1A} 时间内完成对给定信号方向测量任务的概率；T_{1A} 为对给定信号的方向测量达到指定概率 P_{1A} 需要的时间，两者互为条件。

4）测向灵敏度 s_{Amax} 和测向动态范围 D_A

s_{Amax} 是指侦察接收机完成测向任务所需要的最小输入信号功率，D_A 是指允许的最大输入信号功率 s_{Amax} 与 s_{Amin} 之比（以分贝表示），即

$$D_A = 10\lg\frac{s_{Amax}}{s_{Amin}}(\text{dB}) \tag{12-1}$$

除了上面技术指标，测向系统自身也具有一定的时间和频率响应特性要求，如频率分辨力、测频精度、测频灵敏度等。

2. 雷达信号定位系统的主要技术指标

1）定位范围 Ω_{DP}、瞬时定位范围 $\Delta\Omega_{DP}$ 和定位精度 δP

Ω_{DP} 是指定位系统最大可定位的辐射源所在平面、球面或空间范围；$\Delta\Omega_{DP}$ 是指在任一时刻，最大可以定位的范围值。当 $\Delta\Omega_{DP}<\Omega_{DP}$ 时，一般定位系统需要通过运动才能覆盖 Ω_{DP}。δP 一般以圆概率误差半径表示。

2）定位时间 t_{DP}

t_{DP} 是指完成一次雷达目标定位所需的时间。

由于对雷达目标的定位是在已经完成信号检测与参数测量基础上进行的，因此，此处只给出与定位关系密切的主要参数。

12.2 雷达类网电对抗目标信号的振幅方法测向

12.2.1 波束搜索法测向方法

波束搜索法测向方法是指利用窄波束高增益的测向天线进行空间搜索的方法，通常

是通过侦察天线的波束在 360°方位上圆周转动或在特定的扇形区域内往返转动,发现雷达信号并测量其方位。由于通常是在测向天线主瓣波束收到的信号电平最大时,将天线轴角确定为雷达目标方位角,因此波束搜索法测向方法也称为最大值搜索法测向、最大信号法测向。

波束搜索法测向原理如图 12-1 所示。

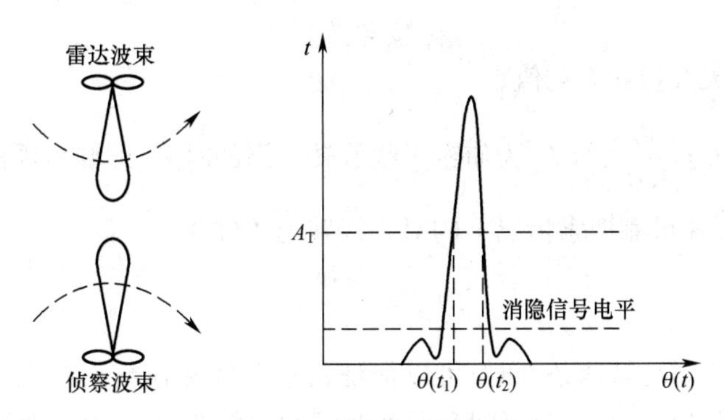

图 12-1　波束搜索法测向原理

波束搜索法测向的基本原理:搜索测向天线在系统控制下,以波束宽度 θ_r、扫描速度 v_r 在测向范围 Ω_{DOA} 内进行连续扫描;接收通道可采用超外差、射频调谐或数字接收方式。当接收机输出信号幅度 $A_m[\theta(t_1)]$ 首次高于检测门限 A_T,同时高于消隐天线和接收通道提供的消隐信号电平 $A_a[\theta]$ 时,记录此时天线指向 $\theta(t_1)$;当输出信号幅度即将低于检测门限,且高于 $A_a[\theta]$ 时,记录此时天线指向 $\theta(t_2)$。在通常情况下,以其平均值作为 $[t_1,t_2]$ 时间段内的雷达目标的角度估计值 $\hat{\theta}$ 为

$$\hat{\theta}=\frac{\theta(t_1)+\theta(t_2)}{2} \tag{12-2}$$

波束搜索法测向的系统组成,如图 12-2 所示。消隐天线通常为全向天线或具有较宽的波束。在通常情况下,接收通道提供的消隐信号电平高于搜索天线的最大旁瓣天平,防止强信号造成天线旁瓣测向错误。在搜索过程中,雷达目标波束与侦察装备波束都会在对方方向上驻留一定时间。在此前提下,如果需要双方波束互指足够时间,才能达到测向灵敏度和测向时间的要求,则波束搜索法测向为随机事件。

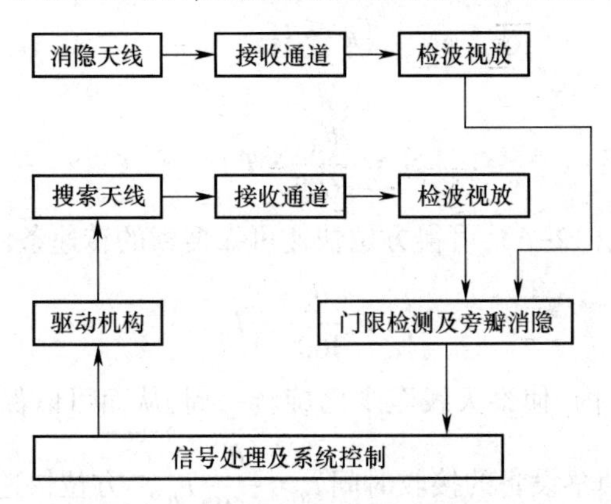

图 12-2　波束搜索法测向系统组成

为了提高雷达信号截获概率,侦察天线必须尽可能利用雷达各种先验信息,并由此制定合适的搜索方式和搜索参数。

1. 方位慢速可靠搜索

方位慢速可靠搜索是指侦察天线转速足够低,以至于在侦察天线转过一个波束宽度的时间内(接收时间 t_θ),雷达天线已旋转一周以上,即满足下式:

$$t_\theta \geqslant T_a \tag{12-3}$$

式中:T_a 指雷达天线扫描周期值。

将照射时间 $t_\theta = \frac{\theta_r}{360°}T_R$($T_R$ 为侦察天线旋转一周的时间,即旋转周期值)代入式(12-3),可得在方位慢速可靠搜索情况下的对天线转速条件为

$$T_R \geqslant \frac{360°}{\theta_r}T_a \tag{12-4}$$

尽管侦察天线满足转速条件时,可以保证雷达天线和侦察天线在 T_R 时间内相遇一次,但是每次相遇时间只是接收时间和照射时间的重叠部分 t_c,为了满足正常显示所需雷达脉冲数,还需满足下式:

$$t_c \geqslant t_s = Z \cdot T_r \tag{12-5}$$

式中:t_s 是接收 Z 个脉冲所需要的时间;Z 是正常显示需要的脉冲数量(通常为3~5个);T_r 表示雷达信号的脉冲重复周期。

由于侦察天线转速较低,在侦察天线主波束还未转过雷达所在方位期间,雷达天线主波束已转过侦察设备所在方位,因此侦察设备接收到雷达主波束发射信号的时间,即相遇时间 t_c,接近雷达的照射时间。而在一般情况下,雷达照射时间是要大于两者的相遇时间,即雷达发射的脉冲数量要多于侦察设备所需的脉冲数量 Z。因此,显示条件在方位慢可靠搜索时易于满足。

方位慢速可靠搜索的主要缺点是可靠搜索时间太长。其一般主要用于搜索天线转速较高的雷达。

2. 方位快速可靠搜索

当侦察天线转速比雷达的天线转速快,以至在雷达天线照射侦察设备的时间 t_a 内,侦察天线已经旋转一周以上,即满足下式:

$$T_R \leqslant t_a \tag{12-6}$$

照射时间的定义为

$$t_a = \frac{\theta_a}{360°} \cdot T_a \tag{12-7}$$

将式(12-7)代入式(12-6),可得方位快速可靠搜索的转速条件:

$$T_R \leqslant \frac{\theta_a}{360°} \cdot T_a \tag{12-8}$$

在雷达照射时间 t_a 内,侦察天线至少已旋转一周,从而可以保证两个天线在空间相遇,相遇时间 t_c 近似为侦察设备的接收时间 $t_\theta = \frac{\theta_r}{360°}T_R$。方位快速可靠搜索同样要满足

显示条件，即式(12-5)，而由于 $t_c \approx t_\theta = \dfrac{\theta_r}{360°}T_R$，因此显示条件可表示为

$$T_R \geqslant \frac{360°}{\theta_r} \cdot ZT_r \tag{12-9}$$

在式(12-8)与式(12-9)同时满足的条件下，方位快速可靠搜索才有可能实现。当雷达天线转速较慢且雷达信号脉冲重复周期较小，即 T_a 较大时且 T_r 较小时，$\dfrac{\theta_a}{360°} \cdot T_a$ 大概率会大于 $\dfrac{360°}{\theta_r} \cdot ZT_r$，此时侦察天线较容易在区间 $\left[\dfrac{360°}{\theta_r} \cdot ZT_r, \dfrac{\theta_a}{360°} \cdot T_a\right]$ 内选择某一旋转速度，进而实现方位快速可靠搜索。因此，方位快速可靠搜索主要适合用于对雷达天线转速较慢或脉冲重复周期较小(重频较高)的雷达实施方位侦察。

3. 方位概率搜索

方位可靠搜索需要满足两个条件：转速条件和显示条件。若进行方位搜索时不能同时满足这两个条件，则转变为方位概率搜索。在侦察天线的转速处于方位快速可靠搜索和方位慢速可靠搜索之间的情形，即侦察天线转速满足下式：

$$\frac{\theta_a}{360°} \cdot T_a < T_R < \frac{360°}{\theta_r} \cdot T_a \tag{12-10}$$

满足式(12-10)的搜索方式也称为中速搜索。

1) 慢中速搜索

当侦察天线的转速比雷达天线转速慢，但是仍不满足方位慢速可靠搜索的条件时，称为慢中速搜索。此时满足下式：

$$T_a \ll T_R < \frac{360°}{\theta_r} \cdot T_a \tag{12-11}$$

此时不能保证在每个侦察设备接收时间内，雷达天线都能够旋转一周以上，即转速条件($t_\theta > T_a$)不能满足。

侦察天线在旋转一周的时间 T_R 内，截获雷达信号的概率 P_{R1} 可近似为

$$P_{R1} \approx \frac{t_\theta}{T_a} \tag{12-12}$$

2) 快中速搜索

当侦察天线转速比雷达天线转速快，但是仍不满足方位快速可靠搜索的条件时，称为快中速搜索。此时满足下式：

$$\frac{\theta_a}{360°} \cdot T_a < T_R \ll T_a \tag{12-13}$$

此时不能保证在每个雷达照射时间内侦察天线都能够旋转一周以上，即转速条件($T_R < t_a$)不能满足。

在雷达旋转一周的时间内，雷达对抗侦察设备截获雷达信号的概率可近似为

$$P_{a1} \approx \frac{t_a}{T_R} \tag{12-14}$$

上面分析的信号截获概率都是以侦察天线或雷达天线旋转一周得到截获概率表达

式。对于慢或快中速搜索，当侦察天线或雷达天线旋转 n 周时间内截获信号的概率 P_{Rn} 或 P_{an} 可近似表示为

$$\begin{cases}P_{an} = 1 - (1 - P_{a1})^n \\ P_{Rn} = 1 - (1 - P_{R1})^n\end{cases} \tag{12-15}$$

表 12-1 汇总列出了各种方位搜索速度的有关参数。

表 12-1 方位搜索的有关参数

参数	分类			
	慢可靠搜索	慢中速搜索	快中速搜索	快可靠搜索
转速条件	$T_R \geqslant \dfrac{360°}{\theta_r}T_a$	$T_a \ll T_R < \dfrac{360°}{\theta_r} \cdot T_a$	$\dfrac{\theta_a}{360°} \cdot T_a < T_R \ll T_a$	$T_R \leqslant \dfrac{\theta_a}{360°} \cdot T_a$
显示条件	$T_a \geqslant \dfrac{360°}{\theta_a} \cdot ZT_r$	—	—	$T_R \geqslant \dfrac{360°}{\theta_r} \cdot ZT_r$
截获概率	一周 T_R 内，$P = 1$	一周 T_R 内，$P_{R1} \approx \dfrac{t_\theta}{T_a} = \dfrac{\theta_r T_R}{360° T_a}$	一周 T_a 内，$P_{a1} \approx \dfrac{t_a}{T_R} = \dfrac{\theta_r T_R}{360° T_a}$	一周 T_a 内，$P = 1$

4. 旁瓣侦收

如果在雷达天线任意旁瓣指向侦察设备方向时能够达到侦察测向灵敏度，则称为雷达对抗侦察的旁瓣侦收。此时，无论雷达天线指向哪个方位，只要侦察天线满足 $t_\theta \geqslant ZT_R$，其搜索一周都可以截获概率 1 完成对雷达信号的方位测量，这种措施是雷达对抗侦察系统提高截获概率、减小截获时间的重要措施。实现旁瓣接收的关键措施是提高侦察测向的灵敏度。

5. 测向精度和分辨力

搜索法测向的误差主要包括系统误差和随机误差。系统误差主要来源于测向天线的安装误差、波束畸变和非对称误差等，它们可以通过各种系统标校减小误差。

测向系统的随机误差主要来自系统中的噪声。如图 12-3 所示，由于噪声的影响，使门限检测的方向 $\theta(t_1)$、$\theta(t_2)$ 出现了偏差 $\Delta\theta_1$、$\Delta\theta_2$，通常均值为 0。由于 t_1、t_2 的时间间隔较长，可认为 $\Delta\theta_1$ 与 $\Delta\theta_2$ 是互相独立、同分布的，代入式(12-2)，因此方向测量均值 $\hat{\theta}$ 是无偏估计，其数学期望表示为

$$E(\hat{\theta}) = \bar{\theta} = E\left[\frac{1}{2}(\theta(t_1) + \Delta\theta_1 + \theta(t_2) + \Delta\theta_2)\right] = \frac{1}{2}(\theta(t_1) + \theta(t_2)) \tag{12-16}$$

测量方差为

$$\sigma_{\hat{\theta}}^2 = E[(\hat{\theta} - \bar{\theta})^2] = \frac{1}{2}E(\Delta\theta^2) = \frac{1}{2}\sigma_\theta^2 \tag{12-17}$$

假定噪声电压均方根为 σ_n，天线波束斜率为 A_T/θ_r，将噪声电压转换成角度误差的均方根值可表示为

$$\sigma_\theta = \frac{\sigma_n}{A_T}\theta_r = \frac{\theta_r}{\sqrt{S/N}}, \frac{A_T^2}{\sigma_n^2} = \frac{S}{N} \tag{12-18}$$

式中：S、N 分别为信号的功率、噪声的功率。代入式(12-17)，可得

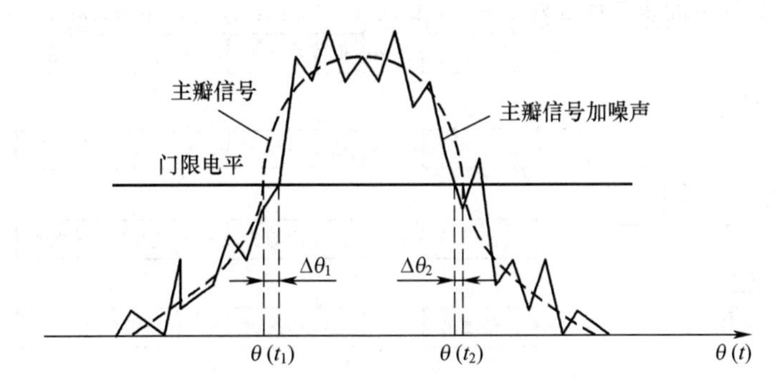

图 12-3　噪声对测向误差的影响

$$\sigma_\theta^2 = \frac{\theta_r^2}{2(S/N)} \tag{12-19}$$

由此可见,波束搜索法测向的方差与波束宽度的平方成正比,与检测门限处的信噪比成反比。

搜索法测向的方向分辨力主要取决于测向天线的波束宽度,而波束宽度主要由天线孔径决定。根据瑞利光学分辨力准则,当信噪比高于 10dB 时,方向分辨力表示为

$$\Delta\theta = \theta_r \approx \frac{70\lambda}{d}(^\circ) \tag{12-20}$$

12.2.2　比幅单脉冲测向方法

比幅单脉冲测向方法属于方向比较法测向。由于可以利用单个脉冲实现方位测量,因此比幅单脉冲测向方法是一种瞬时测向技术。

比幅单脉冲测向方法采用 N 个相同方向图 $F(\theta)$ 的天线,均匀分布在 360°方位内,相邻天线的张角用 θ_s 表示,可知 $\theta_s = 360°/N$,各天线的指向可表示为

$$F_i(\theta) = F(\theta - i\theta_s), i \in \mathbf{N}_N \tag{12-21}$$

式中:$\mathbf{N}_N$ 表示集合末项为 $N-1$ 的非负整数集,即 $\mathbf{N}_N = \{0,1,2,\cdots,N-1\}$ 。

图 12-4 所示为比幅单脉冲测向基本原理,其原理是以四天线和宽带滤波、放大、检波的接收通道为例进行说明的。每个天线接收的信号经过幅度增益为 k_i 的接收通道输出包络的对数放大信号可表示为

$$s_i(t,\theta) = 10\lg[k_i F(\theta - i\theta_s)A(t)] \quad (\text{dB}) \tag{12-22}$$

式中:$A(t)$ 表示雷达信号脉冲的包络。该信号送入信号处理器,经过处理得到方位测量的估计值 $\hat{\theta}$。常用的信号处理方法为相邻天线比幅测向法和全方位比幅测向法。

1. 相邻天线比幅测向方法

假设采用两个天线并列放置的架设布局(图 12-5),即方向图函数 $F(\theta)$ 在区间 $[-\theta_s,\theta_s]$ 具有对称性和单调性:

$$\begin{cases} F(\theta) = F(-\theta) \\ F(\theta_1) > F(\theta_2), \forall |\theta_1| < |\theta_2|, \forall \theta,\theta_1,\theta_2 \in [-\theta_s,\theta_s] \end{cases} \tag{12-23}$$

将 t 时刻最强的波束输出和相邻波束中较强一个波束的输出表示为 $s_i(t,\theta)$, s_{i+1}

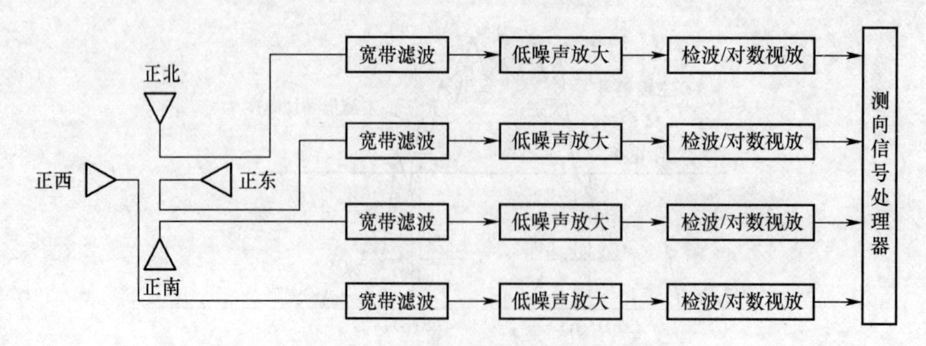

图 12-4　比幅单脉冲测向原理

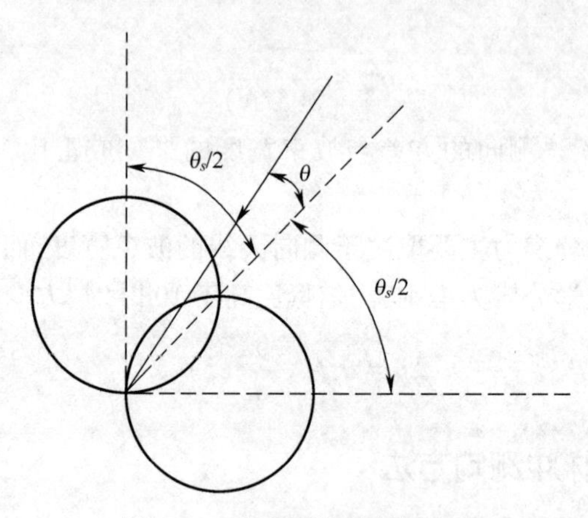

图 12-5　相邻天线的振幅方向

(t,θ)。相邻天线比幅测向法,首先确认信号的到达方向位于两相邻波束的张角之间,然后根据它们的输出电压差 R 估计信号方向:

$$R = s_i(t,\theta) - s_{i+1}(t,\theta) = 10\lg \frac{k_i F(\theta - i\theta_s)}{k_{i+1} F(\theta - (i+1)\theta_s)} \tag{12-24}$$

如果 $F(\theta)$ 近似为高斯分布,半功率波束宽度表示为 θ_r,则有

$$F\left(\frac{\theta_r}{2}\right) = \frac{1}{\sqrt{2}}, F(\theta) = \mathrm{e}^{-1.3863\left(\frac{\theta}{\theta_r}\right)^2} \tag{12-25}$$

将式(12-25)代入式(12-24),当接收支路振幅响应一致时,即 $k_i = k_{i+1}$,可得电压差与方向的关系为

$$R = \frac{6\theta_s}{\theta_r^2}[(i+1)\theta_s - 2\theta] \quad (\mathrm{dB}) \tag{12-26}$$

于是可以得到相邻天线比幅测向时,方向估计值为

$$\hat{\theta} = \left(i + \frac{1}{2}\right)\theta_s - \frac{\theta_r^2}{12\theta_s}R, \theta \in [i\theta_s, (i+1)\theta_s] \tag{12-27}$$

由式(12-27)可知,只要对电压/功率比值 R 进行 A/D 变换后,由于 θ_s、θ_r 已知,因此可以求出信号的入射方向值。

2. 全方位比幅测向方法

全方位比幅测向方法也称为 NABD 测向法,该方法利用全体天线接收信号的输出 $\{s_i(t)\}_{i=0}^{N-1}$ 进行到达方向估计。其基本原理:对称天线方向图函数可展开为傅里叶级数,即

$$\begin{cases} F(\theta) = \sum_{k=0}^{\infty} a_k \cos k\theta, a_k = 2\int_0^{\pi} F(\theta)\cos k\theta \mathrm{d}\theta, k = 0,1,\cdots \\ F_i(\theta) = F(\theta - i\theta_s) = \sum_{k=0}^{\infty} a_k \cos k(\theta - i\theta_s), i \in \mathbf{N}_N \end{cases} \tag{12-28}$$

用权值 $\cos(i\theta_s)$、$\sin(i\theta_s)$,$i \in \mathbf{N}_N$ 对天线输出信号取加权和,即

$$\begin{cases} C(\theta) = \sum_{i=0}^{N-1} F_i(\theta)\cos(i\theta_s) = \frac{N}{2}\sum_{i=0}^{\infty} a_{iN+1}\cos(iN+1)\theta + \frac{N}{2}\sum_{i=1}^{\infty} a_{iN-1}\cos(iN-1)\theta \\ S(\theta) = \sum_{i=0}^{N-1} F_i(\theta)\sin(i\theta_s) = \frac{N}{2}\sum_{i=0}^{\infty} a_{iN+1}\sin(iN+1)\theta - \frac{N}{2}\sum_{i=1}^{\infty} a_{iN-1}\cos(iN-1)\theta \end{cases} \tag{12-29}$$

当天线个数较多时,天线函数的高次展开系数很小,此时可将式(12-29)近似写为

$$\begin{cases} C(\theta) \approx \frac{N}{2} a_1 \cos\theta \\ S(\theta) \approx \frac{N}{2} a_1 \sin\theta \end{cases} \tag{12-30}$$

于是可以得到全方位无模糊测向的方位估计值为

$$\hat{\theta} = \arctan \frac{S(\theta)}{C(\theta)} \tag{12-31}$$

在实际工程应用中,通常首先利用脉冲包络期间多次采样的数据进行统计平均,然后利用平均值进行测向处理,这样有利于降低噪声影响,提高测向精度。假定每一个接收通道都进行了 m 次包络采样,则式(12-31)可转换为

$$\hat{\theta} = \arctan \frac{\sum_{i=0}^{N-1} \bar{s}_i \sin i\theta_s}{\sum_{i=0}^{N-1} \bar{s}_i \cos i\theta_s} \tag{12-32}$$

式中:$\bar{s}_i$ 表示采样值的统计平均值,$\bar{s}_i = \sum_{n=0}^{m-1} s_i(nT)$,$i \in \mathbf{N}_N$。

图 12-6 和图 12-7 所示分别为方向图函数为高斯函数、半余弦函数时,六元阵的理论测向误差曲线。从曲线图可知,由于高斯函数收敛速度快,因此其测向误差较小;而在相同的天线方向图函数下,较宽波束的天线方向图函数收敛速度快,因此其测向误差较小。所以,全方位比幅测向法需要选择级数展开项收敛速度较快的天线方向图函数和较宽的波束宽度。需要说明的是,该方法虽然测向精度相对较高,而且对不同的天线方向图函数适应能力强,但是信号处理方法复杂,无法分辨同时到达信号。

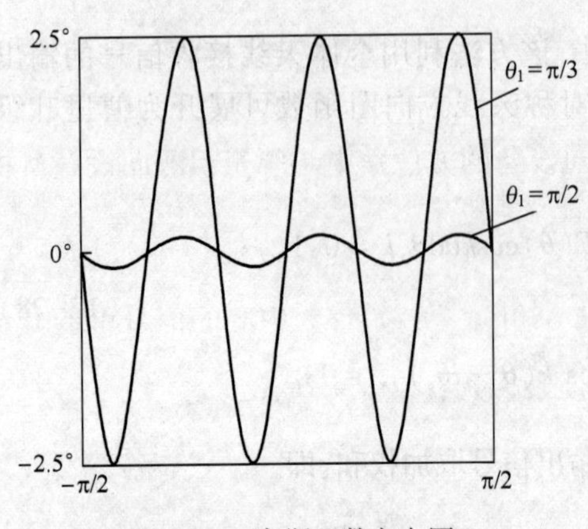

图 12-6　高斯函数方向图

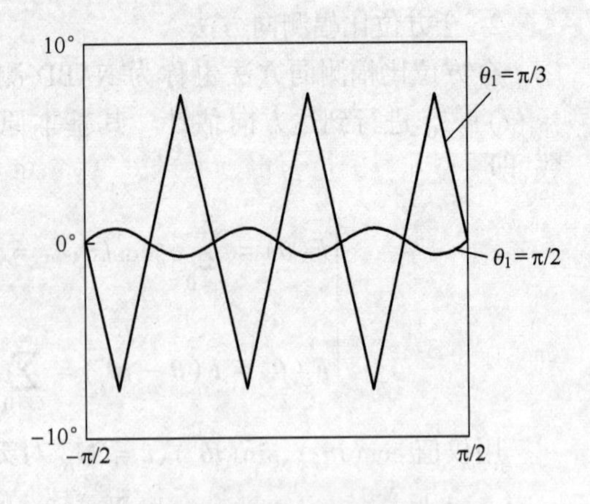

图 12-7　半余弦函数方向图

12.2.3　幅度和差法测向方法

幅度和差法测向是一种瞬时测向技术，是指在单个脉冲期间利用交叉波束的两个或多个定向天线同时接收雷达信号，比较其矢量幅度来确定雷达信号到达方向角的测向技术。该测向技术利用和差器构建和差波束，是一种特殊的单脉冲测向机制，优点是具有较高的测量精度，可以实现对雷达信号到达方向的精确测量和跟踪。

1. 测向系统的组成及主要功能

1）测向系统的组成

幅度和差单脉冲测向系统采用多馈源反射面天线。在二维测角时，使用4个交叉波束、4个馈源天线、4个和差器；在一维测角时，使用2个交叉波束、2个馈源天线、1个和差器。图12-8所示为一维测角系统的基本组成。

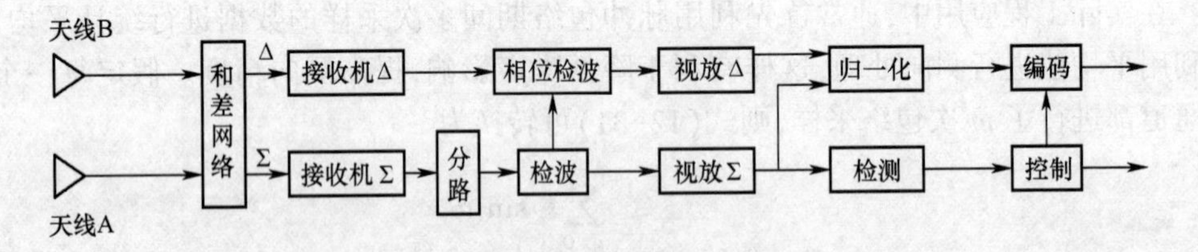

图 12-8　一维测角系统的基本组成

2）测向系统的主要功能

测向系统主要组成部分包括天线部分、和差网络、接收机部分和相位检波器，等。天线部分由两个天线构成交叉波束。和差网络也称为魔 T，是一种无源的四端微波器件，即两个输入端、两个输出端，输出信号分别为输入信号之和、输入信号之差。接收部分分为接收机 Δ 和接收机 Σ，在工作时通常是线性放大状态，以保证和差信号之间的线性关系。为保证良好的测向精度，能够放大幅度较小的差信号，获得较大的动态范围，可以采用双路组合测向设备或插入射频中频衰减器，控制射频中频放大器增益。相位检波器在工作时通常是平方检波模式，并采用线性放大器，以获得较高的测向精度。

2. 信号方位角

在实际工程应用中,幅度和差测向法通常需要粗测向引导,信号方位角是指当粗测设备提供引导角度后,幅度和差法测向设备的方位角中心所对应可能的信号方位值。

假设在粗测设备提供引导后,幅度和差测向设备的方位角中心等于粗测向设备所提供的引导方位角,则有

$$\theta_{dp} = \theta_d - \theta_c \tag{12-33}$$

式中:θ_c 为引导方位角的中心角;θ_d 为信号的方位角;θ_{dp} 为以 θ_c 为中心的信号可能方位值,其取值范围为

$$-\theta_{pb} \leqslant \theta_{dp} \leqslant \theta_{pb} \tag{12-34}$$

式中:$\pm\theta_{pb}$ 为信号可能的方位角边界值。

综上所述,可以得到幅度和差法测向时方位角估计值为

$$\hat{\theta} \approx 0.885 g_n \theta_{\mathrm{r}}^2 / \Delta\theta \tag{12-35}$$

式中:g_n 为归一化输出差信号幅度测量值;$\Delta\theta$ 为相邻波束间隔;θ_{r} 为测向天线 3dB 波束宽度。

12.2.4 多波束测向方法

多波束测向系统由 N 个同时的相邻窄波束覆盖需要测向的角度范围,基本原理如图 12-9所示。多波束的形成机制可以分为由微波馈电网络形成、由空间分布馈电形成和由数字波束形成,对应的测向方法为罗特曼透镜馈电多波束线阵测向、空间馈电多波束测向和数字波束合成的多波束测向。

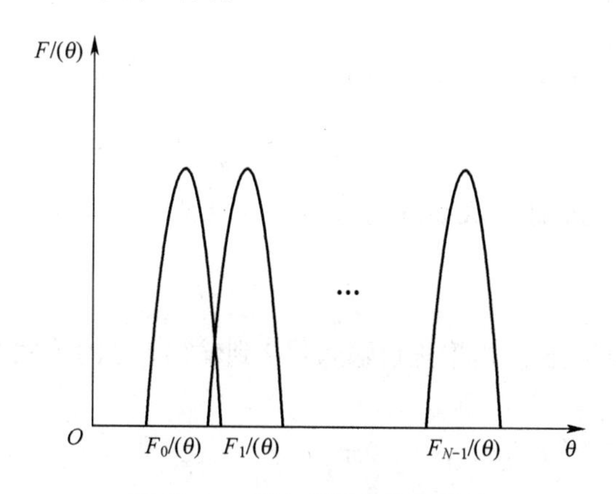

图 12-9　多波束测向基本原理

1. 罗特曼透镜馈电多波束线阵测向方法

罗特曼透镜馈电的多波束线阵属于在空域同时取样进行测向的机制。其基本测向原理:由该系统同时存在指向不同方位的多个空域取样窗口(多个波束),同时接收雷达信号,根据输出最强和次强信号波束的指向和幅度比值,求出雷达信号的入射方向和测向精度。

从工作原理上看,罗特曼透镜馈电的多波束线阵与全方位比幅测向是完全一样的,不同之处:全方位比幅测向法测向的每个空域取样窗口(波束)是由单独的天线产生的,

增益较低;而罗特曼透镜馈电的多波束线阵的每个输出信号是由多个接收天线输出信号聚焦(相加)而来,其相应的波束增益较高。

该测向方法的关键器件是罗特曼透镜。为了更好地理解多波束线阵的组合和工作原理,下面介绍电磁波在透镜中传播和聚焦的原理。

电磁波在均匀介质中的传播速度是恒定的。在真空中以 c(30 万 km/s)进行传播;大气中的电磁波传播速度可近似为光速,但是在介质中,电磁波的传播速度 v 是真空中光速 c 的 $1/n$(n 是介质的折射率),即 $n=c/v$。显然,真空的折射率为 1,普通石英的折射率为 1.54 左右。因此,对于电磁波传播同样的路程 l,电磁波在真空或大气中传播时间为 $\Delta t=l/c$,而在折射率为 n 的介质中所需要的传播时间为 $\Delta t=l/v=nl/c$,nl 称为电长度。

罗特曼透镜馈电多波束测向原理,如图 12-10 所示。主要组成部分包括天线阵、变长馈线(Bootlace 透镜区)、输出阵、聚焦区和波束口,等。每一个天线单元都是宽波束的,由天线阵元口到波束口之间的部分组成罗特曼透镜,主要包括聚焦区和 Bootlace 透镜区。

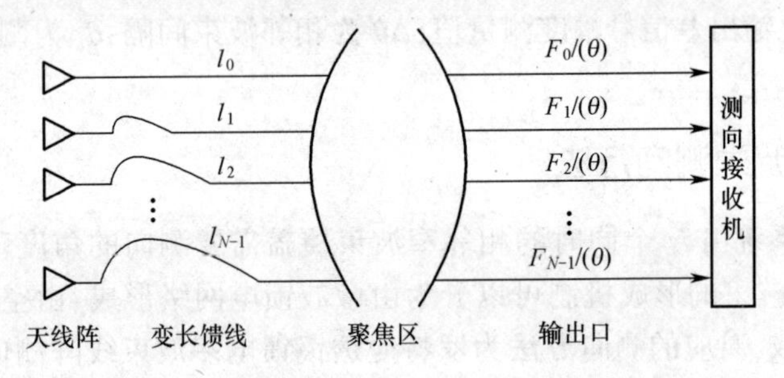

图 12-10 罗特曼透镜馈电多波束测向原理

当平面电磁波由方向 θ 到达天线阵时,各天线阵元的输出信号为

$$s_i(t)=s(t)\mathrm{e}^{ji\phi(\theta)},\phi(\theta)=\frac{2\pi d}{\lambda}\sin\theta,i\in\mathbf{N}_N \tag{12-36}$$

式中:d 为两相邻天线的间距。天线阵到聚焦区各馈线的相移为

$$\Psi_i=\frac{2\pi}{\lambda_g}l_i,i\in\mathbf{N}_N \tag{12-37}$$

式中:λ_g 为馈线中的相波长。由聚焦口输入口 i 到输出口 j 的等效路径长度为 $d_{i,j}$,则其相移量为

$$\phi_{i,j}=\frac{2\pi}{\lambda_m}d_{i,j},i,j\in\mathbf{N}_N \tag{12-38}$$

式中:λ_m 为聚焦区中的相波长。罗特曼透镜通过对测向系统参数 d、N、$\{l_i\}_{i=0}^{N-1}$ 和 $\{d_{i,j}\}_{i=0,j=0}^{N-1,N-1}$ 的设计和调整,使输出口 j 的天线振幅方向图近似为

$$F_j(\theta)=\left|\sum_{i=0}^{N-1}\mathrm{e}^{ji\phi(\theta)+\Psi_i+\phi_{i,j}}\right|\approx\left|\frac{\sin\frac{N\pi}{\lambda}(\theta-\theta_i)}{\frac{\pi}{\lambda}(\theta-\theta_i)}\right|,j\in\mathbf{N}_N \tag{12-39}$$

从而使各输出口具有 N 个不同的波束指向 $\{\theta_i\}_{i=0}^{N-1}$,测向接收系统通过检测和比较各波束口的输出信号幅度 $\{F_j(\theta)\}_{j=0}^{N-1}$,即可实现对接收信号的测向:

$$\hat{\theta} = \theta_j, F(\theta_j) \geqslant F(\theta_i), i \in \mathbf{N}_N \tag{12-40}$$

罗特曼透镜的测角范围有限,一般在天线阵面正向±60°范围内。天线具有一定的增益,也可作为干扰发射天线。

2. 空间馈电多波束测向方法

空间馈电多波束测向通过赋形反射面,将不同方向到达的电磁波信号汇聚到不同的波束口输出,典型的空间馈电多波束阵列天线阵,如图 12-11 所示。由于波束汇聚主要通过入射方向、反射面和波束口之间的自然空间路径形成,因此各波束指向受频率影响较小。

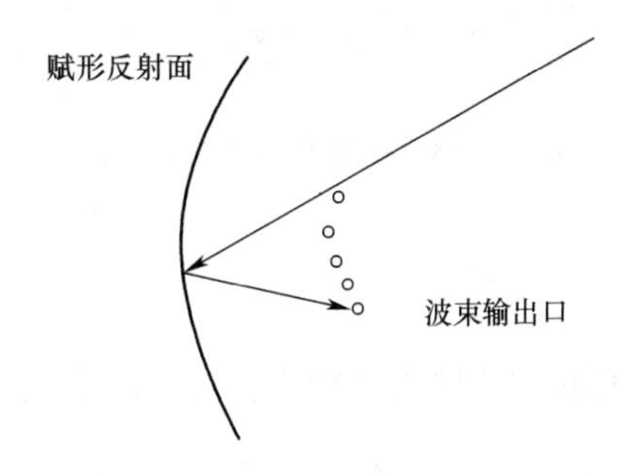

图 12-11　空间馈电的多波束阵列天线

3. 数字波束合成的多波束测向方法

数字波束合成(DBF)技术在雷达、通信系统中已经得到了广泛应用。在雷达或通信系统中,由于发射信号频率已知,因此通过数字信号处理合成空间的同时多波束,其算法简捷。对于雷达对抗侦察方的测向而言,由于是非合作方的处理,因此主要问题是解决宽频带内未知频率信号的波束合成。数字波束合成多波束的系统组成,如图 12-12 所示。当波长为 λ 的信号从 θ 方向入射时,各阵元接收的信号为

$$s_k(t) = s(t)F(\theta)\mathrm{e}^{\mathrm{j}\frac{2\pi}{\lambda}kd\sin\theta}, k \in \mathbf{N}_N \tag{12-41}$$

式中:$s(t)$ 为接收到的射频信号;d 为相邻天线间距;$F(\theta)$ 为每个阵元的方向图。该信号经过混频、中放、增益控制和 A/D 变换后,形成正交基带数字信号为

$$s_k(n) = s'(n)F(\theta)\mathrm{e}^{\mathrm{j}\frac{2\pi}{\lambda}kd\sin\theta}, n \in \mathbf{N}_M, k \in \mathbf{N}_N \tag{12-42}$$

式中:$\{s'(n)\}_{n=0}^{M-1}$(M 为采样个数)为 $s(t)$ 变到中频后的采样序列,与信号来波方向无关。N 路接收天线和信道内的脉内采样数据 $\{s_k(n)\}_{n=0,k=0}^{M-1,N-1}$ 输送数字波束合成处理,输出对脉冲信号来波方向 θ 的估计值。

在实际应用中,通常有两种处理方式:一种是采用宽带数字信道化与数字波束合成(DBF)组合方式;另一种是在频率先验信息引导下的数字波束合成方式。

1) 宽带数字信道化与数字波束合成组合方式

采用宽带数字信道化与数字波束合成组合方式时,主要处理方法是首先对各接收信道的采样数据进行频域滤波,形成若干已知中心频率的窄带信号,然后对各窄带信号进行频率已知情况下的数字波束合成。

假定数字波束合成需要的频率分辨力为 $2\pi/M$,可知滤波后各信道输出为

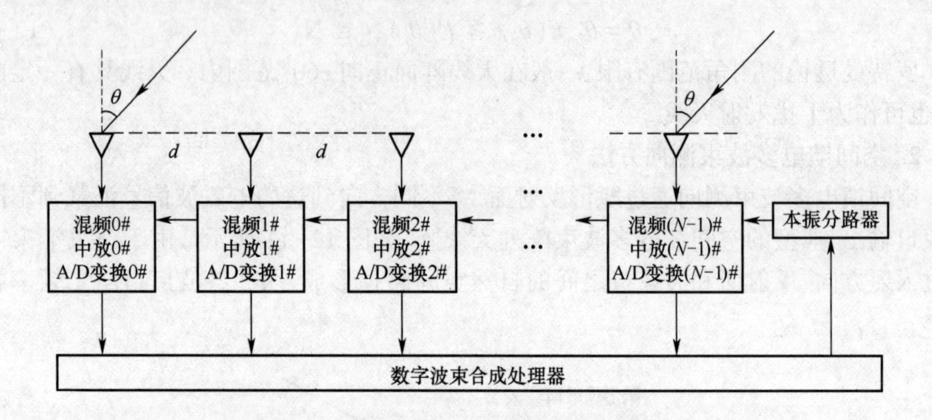

图 12-12　数字波束合成多波束系统组成

$$G_k(n) = \sum_{i=0}^{M-1} s_k(i) \mathrm{e}^{-j\frac{2\pi}{M}in}; n = -\frac{M}{2}, \cdots, 0, \cdots, \frac{M}{2} - 1; k \in \mathbf{N}_N \tag{12-43}$$

对 N 个信道相同频率的滤波器输出进行逐个波束的合成,即

$$F(\theta_i, n) = \sum_{k=0}^{N-1} G_k(n) w_k \mathrm{e}^{-j\frac{2\pi}{\lambda_n}\sin\theta_i}; n = -\frac{M}{2}, \cdots, 0, \cdots, \frac{M}{2} - 1; i \in \mathbf{N}_N \tag{12-44}$$

式中:$\{\theta_i\}_{i=0}^{N-1}$ 为各合成波束的指向;$\{w_k\}_{k=0}^{N-1}$ 为权系数,用于改善波束旁瓣特性。通过式(12-44)构建的频谱-空间二维滤波器可以实现信号频率(f_{RF})和方位角(θ)的同时测量,即

$$\hat{\theta} = \theta_i, f_{RF} = f_L \pm \frac{n}{MT}, |F(\theta_i, n)|^2 \geqslant P_T \tag{12-45}$$

式中:f_L、P_T 分别为本振频率值和检测门限值;±取决于变频的方向是外差或是内差。发生频率和波束相邻信道同时检测输出时,可以参照最大值电路检测方法,取最大值所在信道的检测结果输出。

该组合方式采用数字逻辑硬件电路实现,处理速度快,可以完成信号到达时间、载频等特征参数的同时检测和测量,但是对电路资源的需求量较大,瞬时处理带宽有限。

2) 频率先验信息引导下的数字波束合成方式

频率先验信息引导下的数字波束合成组合方式是指通过其他方式已经得到被测信号的频率值,在该情况下,可直接利用数字波束合成技术进行多波束形成,即

$$\begin{cases} F(\theta_i, n) = \sum_{k=0}^{N-1} s_k(n) w_k \mathrm{e}^{-j\frac{2\pi kd}{\lambda_n}} \sin\theta_i \\ F(\theta_i) = \frac{1}{m}\sum_{n=0}^{m-1} F(\theta_i, n), i \in \mathbf{N}_N \end{cases} \tag{12-46}$$

式中:m 表示采样个数。每一个采样数据都可以用于测向,多个采样数据的统计平均处理可以提高测向的精度。该方式的优点是可以节省电路资源,适用于窄带接收信道的测向或对波束合成中频率要求不高的情况。

均匀测向天线阵列,为了防止栅瓣对测向的影响,天线间距 d 应满足下式:

$$\frac{d}{\lambda} < \frac{1}{1 + \sin\theta_{\max}} \tag{12-47}$$

式中:$\theta_{\max}$为最大无模糊测向范围。

在雷达对抗侦察中,出于对工作带宽的要求,通常采用的固定间距天线无法满足较大的工作带宽对无模糊测向的要求,因此,在实际应用中常采用非均匀天线阵列或间距可变的天线阵列。此外,数字波束合成对通道的幅相一致性有较高要求,通常需要进行预先校准。

12.3　雷达类网电对抗目标信号的相位方法测向

雷达类网电对抗目标信号的相位法测向属于空域变换法测向的范畴,是指利用若干个天线(通常为阵列天线)接收同一雷达信号,通过比较天线之间信号的相位差来测量雷达信号的入射方位。本小节分析在相位法测向中的相位干涉仪测向、线性相位多模圆阵测向和空间谱估计测向三种方法。

12.3.1　相位干涉仪测向方法

相位干涉仪测向方法属于单脉冲测向系统。根据基线的个数,可以分为单基线相位干涉仪测向和多基线相位干涉仪测向两种方法。

1. 单基线相位干涉仪测向方法

1) 相位法测向基本原理

单基线相位干涉仪由两个信道组成,如图 12-13 所示。单基线是指两个间距为 d 的天线组成一个测向基线。两个接收天线的轴线方向(波束最大值指向)通常是一致的,并且具有较宽的波束宽度,通常为半全向天线。

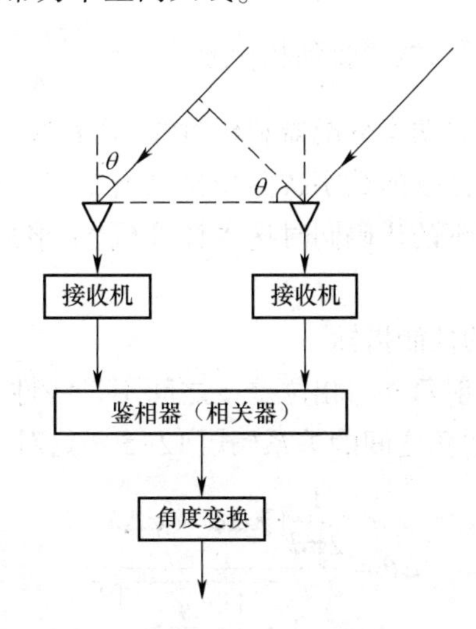

图 12-13　单基线相位干涉仪基本组成

假设雷达目标信号的来波方向与测向天线轴线的夹角为 θ,则电磁波到达两个天线的行程存在行程差 ΔR,即

$$\Delta R = d\sin\theta \tag{12-48}$$

相应的两个天线输出信号之间的相位差 φ 为

$$\varphi = 2\pi\frac{\Delta R}{\lambda} = \frac{2\pi d\sin\theta}{\lambda} \tag{12-49}$$

式中:λ 表示信号的波长。

从原理上看,如果两个天线连接的接收机完全一致,则加到鉴相器时两路信号的相位差仍为 φ。在已知雷达信号频率 $f(\lambda=c/f, c$ 为光速)时,利用鉴相器测出相位差后,就可估计出雷达目标信号的来波方位:

$$\theta = \arcsin\left[\frac{\varphi\cdot\lambda}{2\pi d}\right] \tag{12-50}$$

2) 单基线数字式相位干涉仪

单基线数字式相位干涉仪的关键问题是鉴相器给出相位差 φ 的数字化编码,它是由数字式鉴相器测量得到的,其组成如图 12-14 所示。

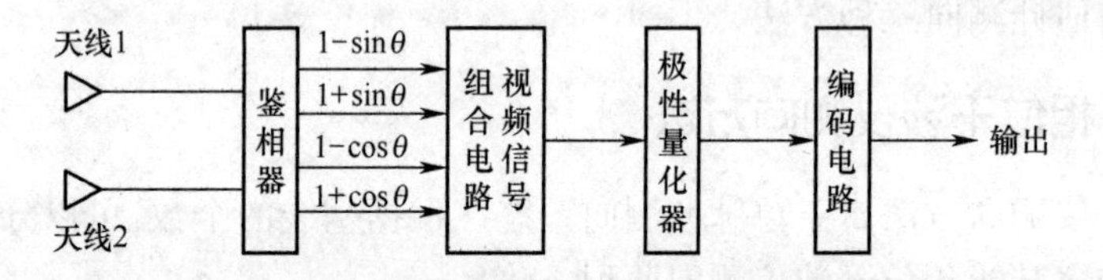

图 12-14　数字式鉴相器原理组成

从图 12-14 可知,相位干涉仪所采用的数字式鉴相器组成和瞬时测频接收机基本相同,并且各部分的工作原理也近似。两者的不同之处是鉴相器输入的相位差来源略有不同,瞬时测频接收机的鉴相器前部由功率分配器和演示线组成,形成相位差为 $\Phi=\omega T$ 的两路信号,而相位干涉仪由两天线接收到相位差为 $\varphi=\dfrac{2\pi d\sin\theta}{\lambda}$的两路信号。因此,相位干涉仪的数字式鉴相器不需要功率分配器和延时线,只需将接收机输出射频信号直接送入鉴相器后续电路。相位干涉仪的数字式鉴相器也给出以二进制代码表示的相位差 φ,此相位差代码和雷达信号频率的代码同时送入计算机,可根据式(12-50)得到雷达信号方位角 θ 的代码。

3) 单基线相位干涉仪的性能指标

(1) 测向精度。由于入射角 θ 与相位差 φ 之间不是线性关系,因此测向精度的分析较为复杂,根据相位差与入射角之间的关系(式(12-50)),对入射角 θ 求全微分,可得

$$\Delta\theta = \frac{\frac{1}{2\pi d}[\lambda\Delta\varphi + \varphi\Delta\lambda]}{\sqrt{1-\left[\frac{\varphi}{2\pi d/\lambda}\right]^2}} \tag{12-51}$$

式(12-51)整理并化简后可得测向精度 $\Delta\theta$ 为

$$\Delta\theta = \frac{\Delta\varphi}{2\pi d\cos\theta/\lambda} + \frac{\Delta\lambda}{\lambda}\tan\theta \tag{12-52}$$

由测向精度表达式可得到以下结论。

① 在测向精度 $\Delta\theta$ 的分析过程中，忽略了单基线长度 d 的变化 Δd 对测向精度的影响，而只考虑鉴相器精度 $\Delta\varphi$ 和被侦收到雷达信号频率稳定度$\frac{\Delta\lambda}{\lambda}$对测向精度的影响。

② 测向误差与信号入射角 θ 有关。当雷达信号到达方向与轴线一致($\theta=0°$)时，测向误差最小；当雷达信号到达方向与天线基线一致($\theta=90°$)时，由于 $\cos\theta=0,\tan\theta=\infty$，因此很小的 $\Delta\varphi$ 和 $\Delta\lambda$ 都将造成很大的测角误差，导致无法测向。所以，在保证测向精度的前提下，测向范围不宜过大，通常 $|\theta|\leqslant 60°$。

③ 增加$\frac{d}{\lambda}$可提高测向精度，但有可能造成测向模糊。由于测向系统的测向范围由战术要求决定，因此不能用减小测向范围的方向来提高测向精度。同时，鉴相器的鉴相误差 $\Delta\varphi$ 也不能随意减小，通常在 10°～15°。因此，唯一可行的方法是增加天线之间的间距 d，达到提高测向精度的目的。

(2) 测向范围。两个天线信号之间的相位差是入射角的周期函数，即 $\varphi=\frac{2\pi d\sin\theta}{\lambda}$。如果 d、λ 两个参数已固定，若 θ 的变化范围过大，则 φ 的变化范围将超过 2π，使鉴相器输出相位差 φ 不等于 φ'，即 $\varphi'=\varphi\pm 2K\pi$，$K$ 为任一正整数。从而出现测向模糊，不能分辨雷达信号的真正方向。考虑到相位干涉仪是以轴线为对称轴，在其左右两边均可实现测向。因此，在轴线的右边，鉴相器输出的最大相位差为 π；在轴线的左边，鉴相器输出的最大相位差为 $-\pi$；在轴线方向，$\theta=0°$，$\varphi=0°$，可得

$$\begin{cases}\theta=\theta_{\max}，则\ \varphi=\pi，得\ \theta_{\max}=\arcsin\left(\dfrac{\lambda}{2d}\right)\\ \theta=0°，则\ \varphi=0°\\ \theta=\theta_{\min}，则\ \varphi=-\pi，得\ \theta_{\min}=\arcsin\left(\dfrac{-\lambda}{2d}\right)\end{cases} \tag{12-53}$$

因此，不模糊视角为

$$\theta_u=|\theta_{\max}|+|\theta_{\min}|=2\left|\arcsin\left(\frac{\lambda}{2d}\right)\right| \tag{12-54}$$

可见，要扩大干涉仪的视角(测向范围)，必须减小两个天线的间距 d。

由于测向精度和测向范围两个指标对天线间距 d 的要求正好相反，因此单基线相位干涉仪不能解决测角精度和测向范围之间的矛盾。采用多基线相位干涉仪可以解决这一矛盾。

2. 多基线相位干涉仪测向方法

1) 双基线相位干涉仪原理

双基线相位干涉仪原理如图 12-15 所示。在图中，三个天线位于同一直线。0#天线作为基准天线，其输出信号同时加到接收机 1、2 中。1#天线与 0#天线间距为 d，它的输出加到接收机 1 后，0#天线、1#天线和后续电路构成一个单基线相位干涉仪。2#天线与 0#天线间距为 $4d$，它的输出信号加到接收机 2 后，0#天线、2#天线和后续电路构成了另外一个单基线相位干涉仪。由于鉴相器 1 输出信号的相位差 $\varphi_1=\frac{2\pi d}{\lambda}\sin\theta=\varphi$，而鉴相器 2 输

出信号的相位差 $\varphi_2 = \dfrac{2\pi \cdot 4d}{\lambda}\sin\theta = 4\varphi$。若将鉴相器1、2的输出信号进行极性量化，量化比特数为2，则只要 φ_1 的变化范围不超过 2π，即可从极性量化器1的输出码得到入射角的大致范围。由于此时在第一路干涉仪输出代码所划定的四个子方位范围内（对应鉴相器1的相位变化范围为90°），第二路干涉仪输出的方位代码又将此子方位范围分成四份更小的方位范围，长、短基线相位干涉仪分别给出相位码的低位码、高位码。因此，多基线相位干涉仪的不模糊视角由最短基线的干涉仪决定，而测角精度由最长基线相位干涉仪确定，即不模糊视角为

$$\theta_u = 2\left|\arcsin\left(\frac{\lambda}{2d}\right)\right| \tag{12-55}$$

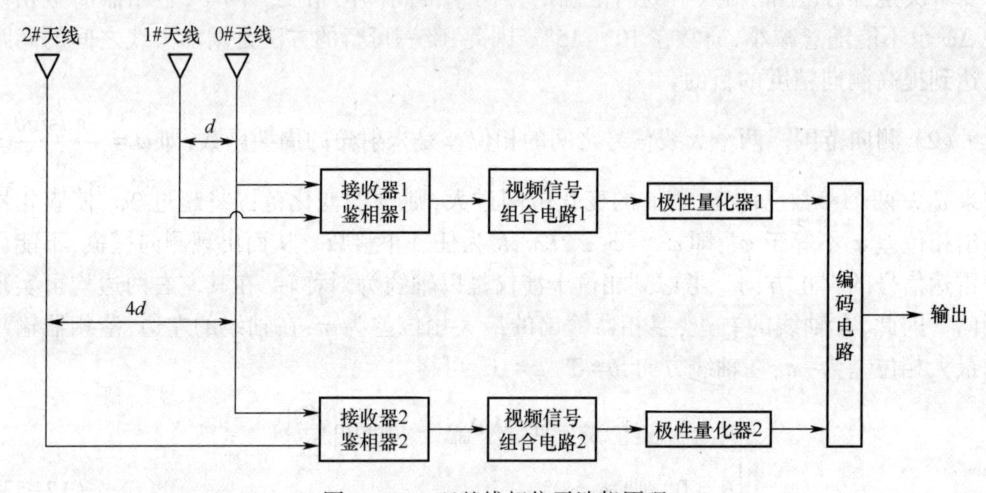

图 12-15　双基线相位干涉仪原理

忽略雷达信号频率不稳定引起的测角误差，可得

$$\Delta\theta = \frac{\Delta\varphi}{2\pi(4d/\lambda)\cos\theta} \tag{12-56}$$

由式（12-55）和式（12-56）可知，二基线相位干涉仪可以通过缩短最短基线达到提高不模糊视角的目的，同时可以通过延长最长基线达到提高测角精度的目的。多基线相位干涉仪为解决测角范围与测角精度之间的矛盾，所采用的多路并行工作原理和多路鉴相器并行工作瞬时测频接收机原理相同。同样，短基线相位干涉仪容易在正弦、余弦函数过零点发生极性量化错误，输出错误的高位方位代码，同样可以用长基线相位干涉仪输出的低位方位代码纠正高位方位代码的错误。

2）三基线相位干涉仪与多基线相位干涉仪

图 12-16 所示为三基线 8 比特相位干涉仪测向基本原理。其中：0#天线为基准天线，各基线的长度分别为 l_1、l_2、l_3，它们之间的关系：$l_2 = 4l_1$，$l_3 = 4l_2$。四天线接收的信号经过各信道接收机（混频、中放、限幅器），输送给三路鉴相器。其中：0#信号为鉴相基准。三路鉴相器的6路输出信号分别为 $\sin\varphi_1$、$\cos\varphi_1$、$\sin\varphi_2$、$\cos\varphi_2$、$\sin\varphi_3$、$\cos\varphi_3$。

在忽略三信道相位不平衡误差的条件下，可得

$$\begin{cases}\varphi_1 = \dfrac{2\pi l_1}{\lambda}\sin\theta \\ \varphi_2 = \dfrac{2\pi l_2}{\lambda}\sin\theta = 4\varphi_1 \\ \varphi_3 = \dfrac{2\pi l_3}{l}\sin\theta = 4\varphi_2\end{cases} \tag{12-57}$$

上面 6 路输出信号经过加减电路、极性量化器、校码编码器产生 8 比特方向码输出。加减电路、极性量化器和校码编码器的工作原理与瞬时测频接收机相同。

假设一维多基线相位干涉仪测向的基线数为 k，相邻基线的长度比为 n，最长基线编码器的角度量化位数为 m，则在理论上的测向精度为

$$\delta\theta = \frac{\theta_{\max}}{n^{k-1}2^{m-1}} \tag{12-58}$$

相位干涉仪具有较高的测向精度，但是测向范围不能覆盖全方位，且不能对同时到达信号进行分辨。此外，由于相位差与信号频率有关，所以在测向时，还要对信号测频，求得波长，才能唯一地确定雷达信号的到达方向。

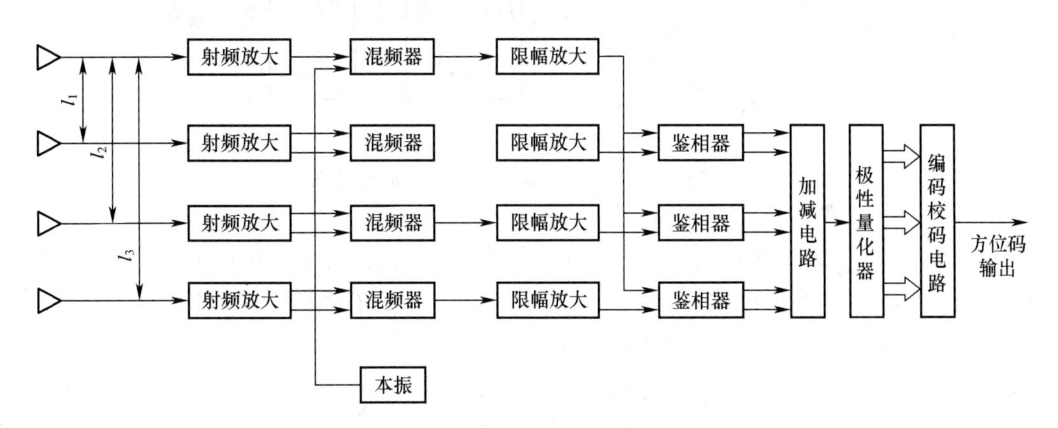

图 12-16　一维三基线相位干涉仪测向基本原理

3. 相位干涉仪的性能指标

1）测向范围或瞬时视野

选取瞬时视野通常为 90°~120°，由短基线干涉仪确定，通常相位干涉仪各天线的波束宽度为 90°~180°，从而保证只接收瞬时视野内的雷达信号。实用的相位干涉仪测向系统由 3 组或 4 组多基线相位干涉仪组成，每组多基线相位干涉仪负责 360°圆周中 90°~120°的空间方位，从而实现 360°方位内的瞬时单脉冲相位法测向。

2）测角精度

测角精度可高达 0.1°~3°，由最长基线相位干涉仪所确定。在视轴方向（θ=0°）入射的雷达信号，测角精度最高，而 θ 趋向瞬时视野的边缘时，测角精度降低。有些测向系统为了在全空间得到高的测角精度，将相位干涉仪的天线设计成旋转式，通过旋转天线使相关器输出信号的相位差 φ 为 0，即始终保持天线阵视轴对准雷达所在方位（$\theta\approx$0°），从而得到最高的测向精度。

3）雷达信号频率的影响

无论单基线或多基线相位干涉仪，它们的鉴相器只能测量各天线输出信号之间的相位差 φ，只有知道雷达信号的频率时，才能由式(12-50)求得雷达信号的来波方位 θ。因此实际的相位干涉仪测向系统必须解决雷达信号频率测量的任务。

12.3.2 线性相位多模圆阵测向方法

1. 线性相位多模圆阵测向的基本原理

线性相位多模圆阵是一种全方位的相位法测向系统，主要由圆阵天线、馈电网络（Butler 矩阵）、鉴相器、极性量化器和编码校码电路等组成，如图 12-17 所示。

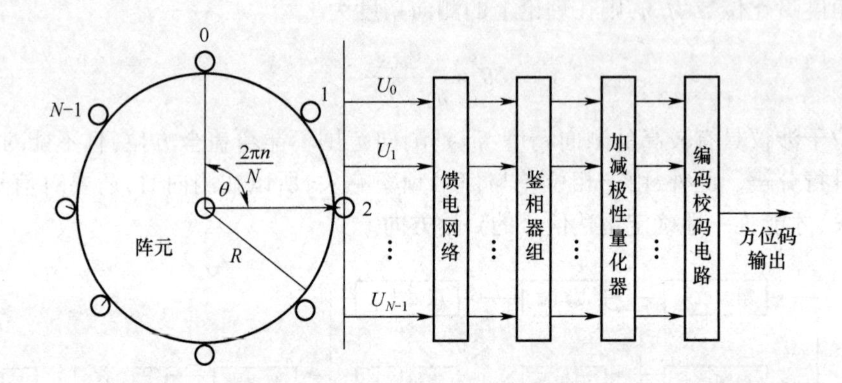

图 12-17 线性相位多模圆阵测向系统组成

N 个无方向性天线阵元均匀地分布在半径为 R 的圆上，假设以 0#阵元与圆心的连线方向维参考方向，当平面电磁波从 θ 方向到达天线阵面时，在各阵元上激励的电压为

$$\begin{cases} U_n = U\mathrm{e}^{j\varphi_n} \\ \varphi_n = \dfrac{2\pi R}{\lambda}\cos\left(\theta - \dfrac{2\pi n}{N}\right), n \in \mathbf{N}_N \end{cases} \tag{12-59}$$

式中：U 表示接收到的雷达信号。对信号进行加权合成后，K 阶模式输出可表示为

$$F_K(\theta) = \sum_{n=0}^{N-1} U_n \mathrm{e}^{j\frac{2\pi n}{N}K} = U\sum_{n=0}^{N-1} \mathrm{e}^{\left[\frac{2\pi n}{N}K + W\cos\left(\theta - \frac{2\pi n}{N}\right)\right]}, K = -\frac{N}{2}+1, \cdots, \frac{N}{2} \tag{12-60}$$

式中：$W = 2\pi R/\lambda$。根据贝塞尔函数，有

$$\mathrm{e}^{jx\cos y} = J_0(x) + 2\sum_{m=1}^{\infty} j^m J_m(x)\cos(my)$$

将 $\mathrm{e}^{jx\cos y} = J_0(x) + 2\sum_{m=1}^{\infty} j^m J_m(x)\cos(my)$ 代入式(12-60)，可得

$$\begin{aligned} F_K(\theta) &= U\sum_{n=0}^{N-1} \mathrm{e}^{j\frac{2\pi n}{N}K}\left\{J_0(W) + 2\sum_{m=1}^{\infty} j^m J_m(W)\cos\left[m\left(\theta - \frac{2\pi n}{N}\right)\right]\right\} \\ &= U\left[J_0(W)S_0 + \sum_{m=1}^{\infty} j^m J_m \mathrm{e}^{jm\theta} S_1(m) + \sum_{m=1}^{\infty} j^m J_m(W)\mathrm{e}^{-jm\theta} S_2(m)\right] \end{aligned} \tag{12-61}$$

其中

$$S_0 = \sum_{n=0}^{N-1} e^{j\frac{2\pi n}{N}K} = \begin{cases} N, K = 0 \\ 0, K \neq 0 \end{cases}$$

$$S_1(m) = \sum_{n=0}^{N-1} e^{j\frac{2\pi n}{N}(K-m)} = \begin{cases} N, m = rN + K \\ 0, m \neq rN + K \end{cases}, r = 0, 1, \cdots$$

$$S_2(m) = \sum_{n=0}^{N-1} e^{j\frac{2\pi n}{N}(K+m)} = \begin{cases} N, m = rN + K \\ 0, m \neq rN + K \end{cases}, r = 0, 1, \cdots$$

根据贝塞尔函数的性质，$J_m(W)$ 随着 m 的增大而迅速减小。当 $N \gg K$ 时，式(12-61)可近似为

$$\begin{cases} F_0(\theta) = UNJ_0(W) \\ F_K(\theta) \approx UNj^K J_K(W) e^{jK\theta}, K = \pm 1, \pm 2, \cdots, |K| \ll N \end{cases} \tag{12-62}$$

由式(12-61)可知，$\{F_K(\theta)\}_{K=-N/2+1}^{N/2}$ 恰好是输入信号 $\{U_n\}_{n=0}^{N-1}$ 的傅里叶变换，而采用 FFT 算法的变换矩阵是该测向系统的馈电网络(Butler 矩阵)，不同之处：这里的 $F_K(\theta)$ 不需要全取，通常只选取 $K = 2^i (i = 0, \pm 1, \cdots, \pm N/4)$ 的部分模用于测向。其中，对 0、1 阶模的鉴相处理，可实现全方位内的无模糊测向，对 $-N/4$、$N/4$ 的鉴相处理可使系统达到最高的测向精度，中间的各次模可用于编码和校正码，降低系统中各项相位误差的影响。

2. 方位鉴别器

线性相位多模圆阵的典型应用是方位鉴别器，圆阵列天线可以在宽频带、360°方位上完成准确的瞬时方位测量。方位鉴别器利用有限阵元加鉴相器来实现高分辨力相位测量。

以全向 4 个天线为例介绍方位鉴别器基本结构，如图 12-18 所示。

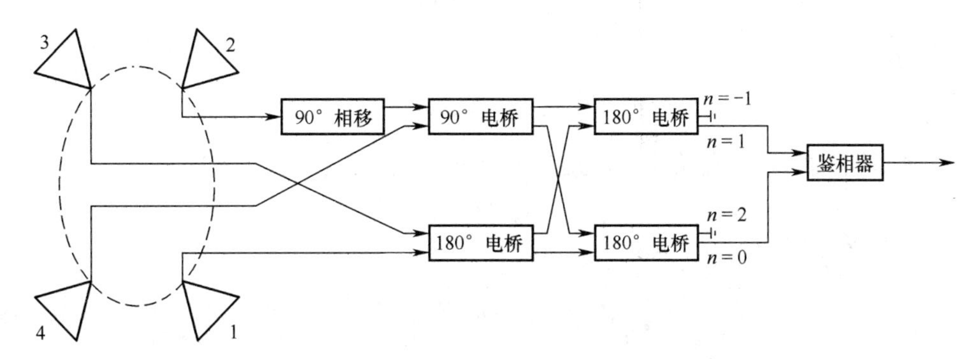

图 12-18　4 个天线方位鉴别器基本结构

在进行测向时，首先，考虑当 $n=0$ 时的输出端口的相位。1 端天线输出经过左边两个 180°电桥无相移地到达端口 0；2 端天线输出经过 90°移相器相移-90°，再经过 90°电桥并无相移地通过右下方的电桥，整个网络相移为 0°；3 端天线的信号无相移地经过左边两个电桥；4 端天线的输出信号通过 90°电桥及左下方的电桥，无相移地到达输出端口 0。通过上面处理，无论是哪个天线接收的信号，都以相移 0°到达输出端口 0。

其次，考虑 $n=1$ 输出端口的相位。1 端天线输出直接经过左边两个电桥无相移地到达该端口；2 端天线输出经过 90°移相器，然后直接通过右侧的两个电桥，网络相移为 90°，到达 $n=1$ 输出端口；3 端天线的信号在左上方的电桥相移 180°，然后直接经过右下

方电桥,网络相移为 180°,到达 $n=1$ 输出端口;4 端天线的输出信号经过 90°电桥相移 90°,然后相移 180°通过右下方的电桥,总共相移 270°,到达 $n=1$ 输出端口。$n=0$ 和 $n=1$ 端口的相位差等于围绕圆阵列的空间角度。由于电桥的功率分配特性,来自某一个天线的功率只有 1/4 能到达给定端口。$n=0$ 和 $n=2$ 端口的相位差精确等于 $n=0$ 和 $n=1$ 端口的相位差的两倍。

通过测量 $n=0$ 和 $n=1$ 端口的相位差即可得到方位角。即使信号的方位角为 45°时也是如此。这时,1 端和 2 端天线的信号相同,在输出端有 45°的相位差,即在 0°和 90°的相等分量产生 45°相移。只要天线产生相同的幅度,则无论信号到达角如何,均可找到正确的方位角。如果电桥和天线单元都是宽带的,那么可以在宽带上实现信号到达角测量。

一般信号在 N 个输入端口中任一个端口的功率等分给 N 个输出端口。进一步地,任一输入端的一个信号在每个输出端产生一个信号,这些输出端的信号之间的相位差恒定。输出端编号为 $0,\pm1,\pm2,\cdots$,直到 $\pm(N-1)$ 和 N。

12.3.3 空间谱估计测向方法

1. 阵列信号模型

假定空间有 p 个目标信号,有一个阵元数为 L 的测量阵列。设参考阵元(0#)接收到的第 i 个($i=1,\cdots,p$)目标的回波信号为 $s_i(t)$,由于阵列对信号源的张角很小,因此空间目标的到达信号可看成平面波信号,假定各阵元均是各向同性(无方向性)的,且具有相同的增益。此时,第 k 个阵元接收到的回波信号可表示为 $s_i(t)\exp(jk\theta_i)$,($k=0,1,\cdots,L-1$),第 i 个目标的"方位变换参数"为

$$\theta_i = v_i d = 2\pi d\sin\varphi_i/\lambda \tag{12-63}$$

式中:φ_i 为第 i 个目标的信号来波方位。第 k 个阵元接收到的总的回波信号可表示为

$$x_k(t) = \sum_{i=1}^{p} s_i(t)\exp(jk\theta_i),k \in \mathbf{N}_L \tag{12-64}$$

在考虑噪声的情况下,第 k 个阵元接收到的回波信号为

$$y_k(t) = x_k(t) + n_k(t)$$

或

$$y_k(t) = \sum_{i=1}^{p} s_i(t)\exp(jk\theta_i) + N_k(t),k \in \mathbf{N}_L \tag{12-65}$$

式中:$n_k(t)$ 为第 k 个阵元接收的噪声信号。

令 $\boldsymbol{s}(t)=[s_1(t),s_2(t),\cdots,s_p(t)]^{\mathrm{T}}$、$\boldsymbol{y}(t)=[y_0(t),y_1(t),\cdots,y_{L-1}(t)]^{\mathrm{T}}$、$\boldsymbol{n}(t)=[n_0(t),n_1(t),\cdots,n_{L-1}(t)]^{\mathrm{T}}$、$\boldsymbol{a}(\theta)=[1,\mathrm{e}^{j\theta},\cdots,\mathrm{e}^{j\theta(L-1)}]^{\mathrm{T}}$ 和 $\boldsymbol{A}[\boldsymbol{a}(\theta_1);\boldsymbol{a}(\theta_2);\cdots\boldsymbol{a}(\theta_p)]$。则测量矩阵可表示为

$$\boldsymbol{y}(t)=\boldsymbol{A}\boldsymbol{s}(t)+\boldsymbol{n}(t) \tag{12-66}$$

2. MUSIC 算法谱估计测向方法

1) 阵列信号数据的信号子空间概念

(1) 阵列数据自相关矩阵的特征分解。在式(12-66)的模型中,当测量噪声是白噪声且各阵元间不相关,并且各阵元的噪声具有相同的统计特性时,阵列信号具有的统计特性:

$$\boldsymbol{R}=E\{\boldsymbol{y}(t)\boldsymbol{y}^{\mathrm{H}}(t)\}=\boldsymbol{A}\boldsymbol{R}_S\boldsymbol{A}^{\mathrm{H}}+\sigma^2\boldsymbol{I} \tag{12-67}$$

式中：$\boldsymbol{A}^{\mathrm{H}}$ 表示 $\boldsymbol{A}$ 的共轭转置；$\boldsymbol{R}_S$ 为信号的自相关矩阵，计算公式为 $\boldsymbol{R}_S=E\{\boldsymbol{S}(t)\boldsymbol{S}^{\mathrm{H}}(t)\}$。

由于单位矩阵 $\boldsymbol{I}$ 的特征分解可以是任意的一组正交矢量，因此有 $\boldsymbol{A}\boldsymbol{R}_S\boldsymbol{A}^{\mathrm{H}}=\sum_{k=1}^{p}\mu_k\boldsymbol{e}_k\boldsymbol{e}_k^{\mathrm{H}}$、$\sigma^2\boldsymbol{I}=\sum_{k=1}^{L}\sigma^2\boldsymbol{e}_k\boldsymbol{e}_k^{\mathrm{H}}$ 和 $\boldsymbol{R}=\sum_{k=1}^{L}\lambda_k\boldsymbol{e}_k\boldsymbol{e}_k^{\mathrm{H}}$，其中 λ_k 为 $\boldsymbol{R}$ 的特征值，$\boldsymbol{e}_k$ 为 $\boldsymbol{R}$ 相对于 λ_k 的特征矢量。λ_k 与 μ_k、σ^2 的关系为

$$\lambda_k=\begin{cases}\mu_k+\sigma^2, k\leqslant p\\ \sigma^2, p<k\leqslant L\end{cases}$$

(2) 信号子空间与噪声子空间。信号子空间是指在 $\boldsymbol{C}^L$ 空间中，由 $\{\boldsymbol{a}(\theta_i) i=1,\cdots,p\}$ 张成的子空间，可表示为 $\boldsymbol{S}_p^L=\mathrm{span}\{\boldsymbol{a}(\theta_i), i=1,\cdots p\}=\mathrm{span}\{\boldsymbol{e}_i, i=1,\cdots,p\}$。

噪声子空间是指在 $\boldsymbol{C}^L$ 空间中，与信号子空间垂直的子空间（信号子空间的正交补空间），可表示为 $\boldsymbol{N}_{L-p}^L=\mathrm{span}\{\boldsymbol{e}_k, k=p+1,\cdots,L\}$。

(3) 信号子空间与噪声子空间估计。在通常情况下，$\boldsymbol{R}$ 不能直接得到，而是通过对 $y(t)$ 在 $t=t_0,t_1,\cdots,t_{N-1}$ 的时刻进行一系列时间采样后估计出来，若估计值用 $\hat{\boldsymbol{R}}$ 表示，则

$$\hat{\boldsymbol{R}}=\frac{1}{N}\sum_{n=0}^{N-1}\boldsymbol{y}(t_n)\boldsymbol{y}^{\mathrm{H}}(t_n) \tag{12-68}$$

对此矩阵进行特征分解，可以得到信号子空间与噪声子空间的估计，令 $\hat{\boldsymbol{R}}$ 的特征分解为

$$\hat{\boldsymbol{R}}=\sum_{k=1}^{L}\hat{\lambda}_k\hat{\boldsymbol{e}}_k\hat{\boldsymbol{e}}_k^{\mathrm{H}} \tag{12-69}$$

可得信号子空间与噪声子空间的估计分别为 $\hat{\boldsymbol{S}}_p^L=\mathrm{span}\{\hat{\boldsymbol{e}}_i, i=1,\cdots,p\}$ 和 $\hat{\boldsymbol{N}}_{L-p}^L=\mathrm{span}\{\hat{\boldsymbol{e}}_k, k=p+1,\cdots,L\}$。

2）MUSIC 算法

根据对 $\boldsymbol{R}$ 的特征分解式可构成两个矩阵：$\boldsymbol{E}_n=[\boldsymbol{e}_{p+1},\cdots,\boldsymbol{e}_L]$ 和 $\boldsymbol{E}_s=[\boldsymbol{e}_1,\cdots,\boldsymbol{e}_p]$。考虑到 $\{\boldsymbol{a}(\theta_i), i=1,\cdots,p\}$ 处于信号子空间中，因而有 $\boldsymbol{a}^{\mathrm{H}}(\theta_i)\boldsymbol{E}_n=0(i=1,\cdots,p)$。

MUSIC 算法基于上面的结论，利用下式进行多信号的空间谱估计，即

$$F(\theta)=|\boldsymbol{a}^{\mathrm{H}}(\theta)\hat{\boldsymbol{E}}_n\hat{\boldsymbol{E}}_n^{\mathrm{H}}\boldsymbol{a}^{\mathrm{H}}(\theta)|^{-1} \tag{12-70}$$

当 θ 在指定的范围内搜索，且当 $\theta=\hat{\theta}(i=1,\cdots,p)$ 时，式(12-70)中 $F(\theta)$ 将出现峰值。这样可以直观方便地同时估计多个信号的到达方向。

以 MUSIC 为代表的空间谱估计理论应用于测向，具有很高的估计精度和角度分辨力，但是这类方法对接收阵元的要求较高，特别是对阵元及其通道的一致性有很高要求。

12.4 雷达类网电对抗目标信号的时差方法测向

雷达类网电对抗目标信号的时差方法测向是利用阵列天线各单元接收同一信号的时间差来测量来波方向的。由于时间差测量与信号频率无关，不会出现测向模糊，因此通常只需要用两元或三元天线即可以进行一维或二维方向的测向。时差法测向通常采

用短基线,也称为短基线时差测向方法。

12.4.1 两元天线一维时差测向方法

两元天线一维时差测向方法的基本原理和系统组成,如图 12-19 所示。假设来波方位为 θ,两天线输出信号在时间上差值可表示为

$$\Delta t = k\sin\theta, \theta \in [-\pi, \pi] \tag{12-71}$$

式中:$k=d/c$ 表示波数;d 表示天线间距;c 表示光速。测得时间差 Δt 后,也就唯一确定了雷达信号的来波方向 θ,即

$$\theta = \arcsin\Delta t/k, \theta \in [-\pi, \pi] \tag{12-72}$$

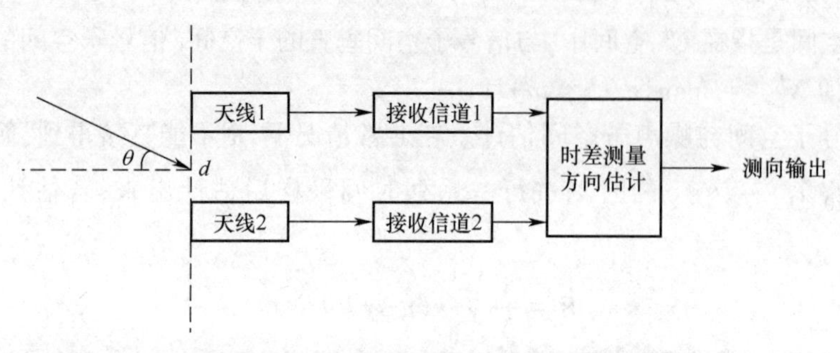

图 12-19 两元天线一维时差测向基本原理和系统组成

对式(12-72)求全微分,可得

$$\partial\theta = \frac{\partial\Delta t}{k\cos\theta} - \tan\theta\frac{\partial k}{k} \tag{12-73}$$

由式(12-73)可以得出结论:时差测向时增加基线长度 d,有助于减小测时差的误差;在基线的延伸方向($\theta=\pm90°$)不能测向。

在图 12-19 中的接收通道作用是完成信号的滤波和放大等处理。对于宽带测向系统,可以直接对放大后的信号进行检波和视放,输出视频包络信号;对于窄带测向系统,通常要首先经过变频、滤波和中频放大处理,然后进行包络检波,输出视频包络信号。将两路信号表示为 $s_1(t)$,$s_2(t)$,若两接收信道振幅-时延特性一致,忽略噪声影响,则有

$$s_2(t) = s_1(t - \Delta t) \tag{12-74}$$

因此,只要测出两路信号之间的时间差,即可估计来波方向。对时间差 Δt 的测量方法主要有时域测量法、时间-电压变换测量和时间-相位变换测量。

1. 时域测量方法

时域测量方法基本原理如图 12-20 所示。具体工作过程:包络信号经过门限检测触发锁存器,分别将两路信号过门限的时间保存到锁存器,通过减法器求得 Δt。该方法的时间测量精度取决于时间计数器的分辨力,目前在工程应用中其分辨力可达到 0.5ns 以内。该方法的特点是实现简单、测时迅速,缺点是测量精度低,测量误差可达 1 个计数时钟周期,且易受噪声影响。

2. 时间-电压变换测量方法

测量电路如图 12-21 所示。假定信号到达前两路储能电容的电压均为 0。各信道门

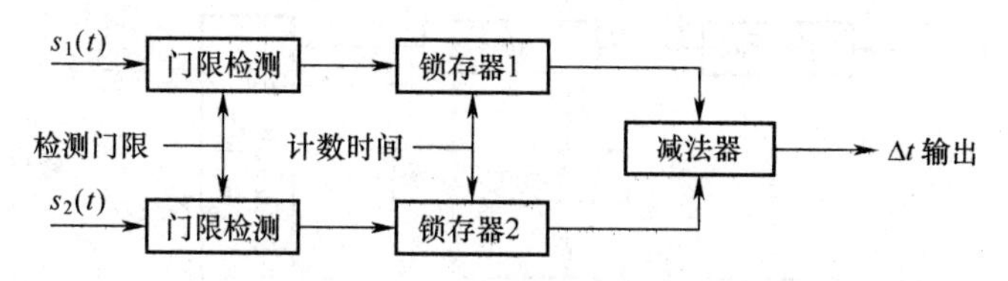

图 12-20　时域测量基本原理

限检测的输出启动各自充电开关和公用定时器，对各储能电容的电流恒流充电，定时器经过时间 t_g(检测信号结束前)同时关闭充电开关，并启动 A/D 转换器，将储能电容两端的电压差 ΔV 量化成时间差数据 $n_{\Delta t}$ 为

$$\begin{cases} \Delta V = \dfrac{I_{c_1} t_g}{c_1} - \dfrac{I_{c_2}(t_g - \Delta t)}{c_2} \\ n_{\Delta t} = \operatorname{int}\left(\dfrac{\Delta V}{V_{\max}} 2^B\right) \end{cases} \tag{12-75}$$

式中：$I_{c_1}, I_{c_2}, c_1, c_2$ 分别为两路的充电电流和电容量；$V_{\max}$，B 分别为 A/D 转换器的输入动态范围、量化位数。如果校准后，$I_{c_1}/c_1 = I_{c_2}/c_2 = k$，则式(12-75)可简化为

$$n_{\Delta t} = \operatorname{int}\left(\frac{k\Delta t}{V_{\max}} 2^B\right) \tag{12-76}$$

测量结束后，由放电开关迅速释放两路存储电荷，等待下一次测量。该电路能够达到的测量精度约为 0.1ns。

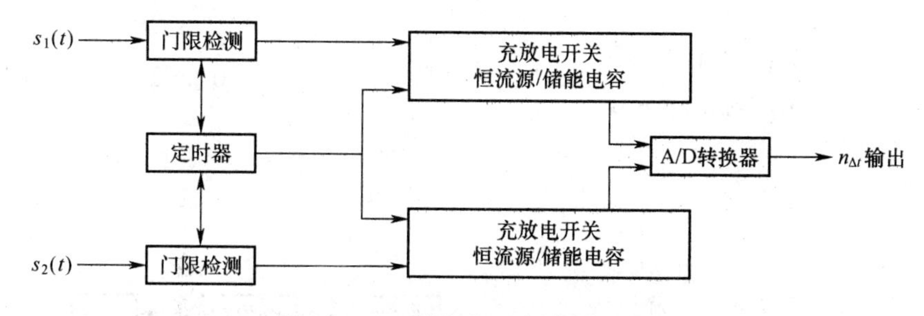

图 12-21　时间-电压变换测量电路

3. 时间-相位变换测量方法

测量电路如图 12-22 所示。两路门限检测后的输出信号分别启动各 A/D 变换器，然后对频率为 ω 的正交正弦波信号源进行采样，得到两对正交采样数据为

$$\begin{cases} I_1 = a\cos(\omega t + \varphi), Q_1 = a\sin(\omega t + \varphi) \\ I_2 = a\cos[\omega(t - \Delta t) + \varphi], Q_2 = a\sin[\omega(t - \Delta t) + \varphi] \end{cases} \tag{12-77}$$

可测得两路采样数据的相位差 Φ 为

$$\Phi = \omega\Delta t = \arctan\frac{Q_1 I_2 - Q_2 I_1}{I_1 I_2 + Q_1 Q_2} \in (-\pi, \pi) \tag{12-78}$$

由于 ω 为已知参数，因此只要最大时差 $\Delta t_{\max}$ 满足无模糊条件，即

$$\omega\Delta t_{\max} \in (-\pi, \pi) \tag{12-79}$$

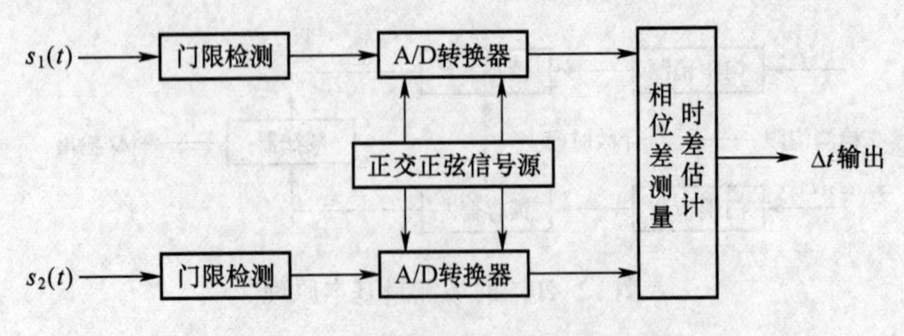

图 12-22 时间-相位变换测量电路

可唯一确定两信号的时间差为

$$\Delta t = \Phi/\omega \tag{12-80}$$

对式(12-80)求取全微分,可得

$$\partial\Delta t = \frac{1}{\omega}\left[\partial\Phi - \Phi\frac{\partial\omega}{\omega}\right] \tag{12-81}$$

由式(12-81)可知,减小测时差的误差应在满足式(12-79)的条件下,尽可能提高ω,并降低相位测量误差,提高正弦信号源的频率稳定度。该方法在$\omega=4\pi\times10^8$ 时的测量精度可达到 10ps。

12.4.2 三元天线二维时差测向方法

三元天线二维时差测向方法的基本原理和系统组成,如图 12-23 所示。以信号到达0#天线时间为基准,假定信号的方位角为θ,俯仰角为β,则 1#、2#天线输出信号的时间差为

$$\begin{cases}\Delta t_1 = k\sin\theta\cos\beta \\ \Delta t_2 = k\cos\theta\cos\beta\end{cases}, k = d/c, \theta \in [-\pi,\pi], \beta \in [0,\pi/2] \tag{12-82}$$

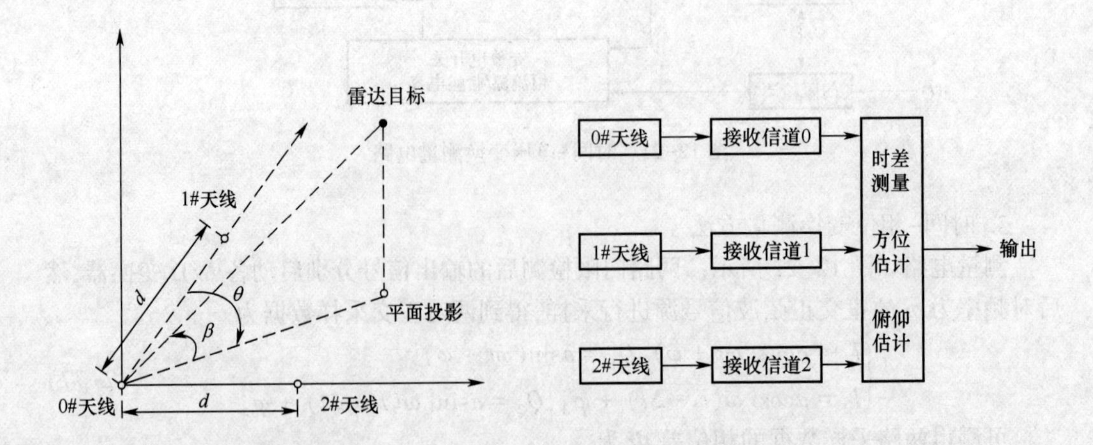

图 12-23 三元天线二维时差测向的基本原理和系统组成

测量得到了时间差 Δt_1、Δt_2,即可唯一确定信号的方位角和俯仰角:

$$
\begin{cases}
\theta = \arctan\dfrac{\Delta t_1}{\Delta t_2} + \begin{cases} 0 & \Delta t_2 \geqslant 0 \\ \pi & \Delta t_2 < 0, \Delta t_1 \geqslant 0 \\ -\pi & \Delta t_1 \leqslant 0, \Delta t_2 < 0 \end{cases} \\
\beta = \arccos\dfrac{\sqrt{\Delta t_1^2 + \Delta t_2^2}}{k} \in [0, \pi/2]
\end{cases}
\tag{12-83}
$$

由式(12-83)可知,二维时差测向不仅可以测得方位角,还可以测得俯仰角,同时可以改善全方位的测向能力。同一维测向相同,该方法也需要尽可能增加天线间距,减小测时差的误差。

12.5　雷达类网电对抗目标信号的多站无源定位方法

12.5.1　测向交叉定位方法

测向交叉定位方法是在无源定位中应用最多的一种,也称为测向交汇定位方法。它通过多个观测站测得同一雷达目标信号的方向,然后利用波束交汇,确定该目标的地理位置。在实际应用中,不仅地面侦察设备常用这种方法对地面雷达、舰载雷达和机载雷达进行定位,而且空载侦察站也常用这种方法对地面雷达和舰载雷达定位。从原理上来说,三维空间、二维空间进行交叉定位是没有区别的,因此只分析二维空间(即平面上)的交叉定位。

在二维空间进行测向交叉定位原理,如图 12-24 所示。假设观测站 1、观测站 2 的坐标分别为$(-a,0)$和$(a,0)$,测得的雷达目标来波方向分别为 θ_1、θ_2,则目标的位置坐标(x_e,y_e)应满足下式:

$$
\begin{cases}
\tan\theta_1 = \dfrac{y_e}{x_e + a} \\
\tan\theta_2 = \dfrac{y_e}{x_e - a}
\end{cases}
\tag{12-84}
$$

求解式(12-84)方程组,可得辐射源坐标为

$$
\begin{cases}
x_e = a\dfrac{\sin(\theta_1 + \theta_2)}{\sin(\theta_2 - \theta_1)} \\
y_e = 2a\dfrac{\sin\theta_1 \sin\theta_2}{\sin(\theta_2 - \theta_1)}
\end{cases}
\tag{12-85}
$$

对式(12-85)求取全微分,可将两观测站对测向的误差转为平面上的定位误差,即

$$
\begin{cases}
\mathrm{d}x_e = \dfrac{a}{\sin^2(\theta_2 - \theta_1)}[\sin 2\theta_2 \mathrm{d}\theta_1 - \sin 2\theta_1 \mathrm{d}\theta_2] \\
\mathrm{d}y_e = \dfrac{2a}{\sin^2(\theta_2 - \theta_1)}[\sin^2\theta_2 \mathrm{d}\theta_1 - \sin^2\theta_1 \mathrm{d}\theta_2]
\end{cases}
\tag{12-86}
$$

假定两观测站测向是独立的,误差均服从零均值、方差为 σ_θ^2 的正态分布,则平面定位结果服从以 x_e,y_e 为中心的正态分布:

$$\begin{cases}\omega(x,y)=\dfrac{1}{2\pi\sigma_x\sigma_y}\exp\left\{-\dfrac{1}{2}\left[\left(\dfrac{x-x_e}{\sigma_x}\right)^2+\left(\dfrac{y-y_e}{\sigma_y}\right)^2\right]\right\}\\ \sigma_x=\dfrac{2a\sigma_\theta}{\sin^2(\theta_2-\theta_1)}\sqrt{\sin^2\theta_2\cos^2\theta_2+\sin^2\theta_1\cos^2\theta_1}\\ \sigma_y=\dfrac{2a\sigma_\theta}{\sin^2(\theta_2-\theta_1)}\sqrt{\sin^4\theta_2+\sin^4\theta_1}\end{cases}\tag{12-87}$$

定位结果近似如图 12-25 所示。

在通常情况下,将 50%误差时的误差分布圆半径 r 定义为圆概率误差半径 $r_{0.5}$,它的值可以通过对式(12-87)进行积分求得,即

$$r_{0.5}\approx0.8\sqrt{\sigma_x^2+\sigma_y^2}=\frac{1.6a\sigma_\theta}{\sin^2(\theta_2-\theta_1)}\sqrt{\sin^2\theta_2+\sin^2\theta_1}\tag{12-88}$$

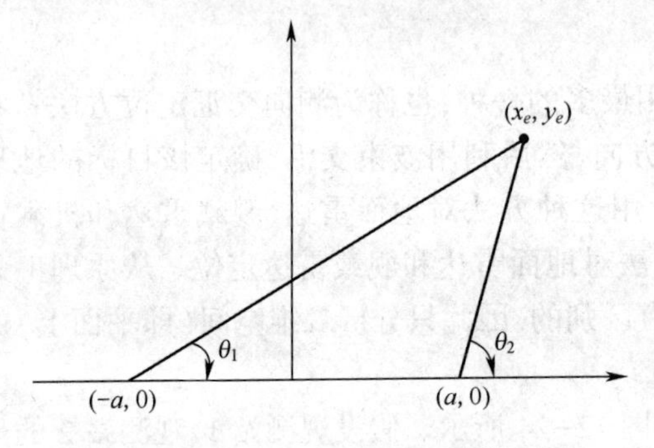

图 12-24　二维空间测向交叉定位原理

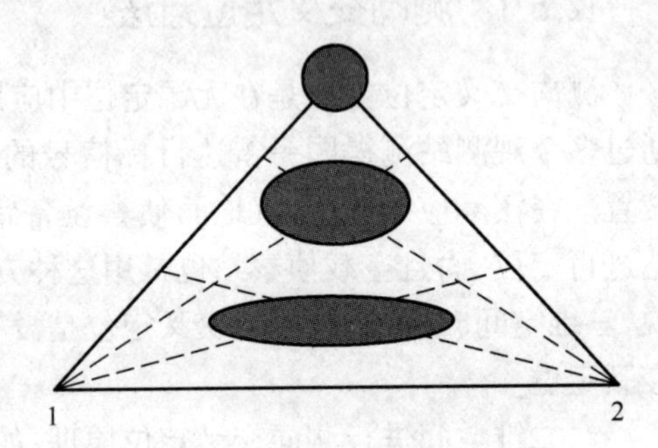

图 12-25　定位结果

对测向交叉定位的简化分析,如图 12-26 所示。根据正弦定理,可以求得目标到两观测站的距离 d_1、d_2 为

$$\begin{cases}d_1=\left|\dfrac{2a\sin\theta_2}{\sin(\theta_2-\theta_1)}\right|\\ d_2=\left|\dfrac{2a\sin\theta_1}{\sin(\theta_2-\theta_1)}\right|\end{cases}\tag{12-89}$$

由图 12-26 可以看出,波束交叉的区域近似于平行四边形,其每个边的长度可近似为

$$\begin{cases}\Delta d_1\approx\dfrac{2d_1\tan\Delta\theta_1/2}{\sin(\theta_2-\theta_1)}\approx\dfrac{d_1\Delta\theta_1}{\sin(\theta_2-\theta_1)}\\ \Delta d_2\approx\dfrac{2d_2\tan\Delta\theta_2/2}{\sin(\theta_2-\theta_1)}\approx\dfrac{d_2\Delta\theta_2}{\sin(\theta_2-\theta_1)}\end{cases}\tag{12-90}$$

因此,可以得到定位模糊区的面积为

$$A=|\Delta d_1\Delta d_2\sin(\theta_2-\theta_1)|=\left|\frac{4a^2\Delta\theta_1\Delta\theta_2\sin\theta_1\sin\theta_2}{\sin^3(\theta_2-\theta_1)}\right|\tag{12-91}$$

为了提高定位的精度,要将 A 的值尽量降低,不同的约束条件对定位观测站的布局

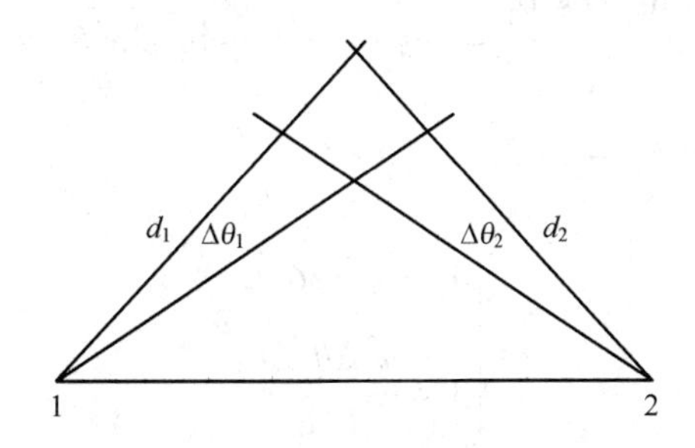

图 12-26　测向交叉定位的简化分析

和模糊区面积都有较大影响，下面分别进行分析。

1. 目标与观测站基线截距固定时的最佳布局

若在图 12-24 中，目标与观测站的基线截距（目标纵坐标）y_e 固定为一个常数，则有

$$y_e = \left|\frac{2a\sin\theta_1\sin\theta_2}{\sin(\theta_2 - \theta_1)}\right| \tag{12-92}$$

将式(12-92)代入式(12-91)，可得模糊区面积为

$$A = \left|\frac{y_e^2\Delta\theta_1\Delta\theta_2}{\sin\theta_1\sin\theta_2\sin(\theta_2 - \theta_1)}\right| \tag{12-93}$$

求解式(12-93)中的分母项极大值，对 θ_1、θ_2 求偏导，并令导数为 0，可得

$$\begin{cases}\cos\theta_1\sin(\theta_2 - \theta_1) - \sin\theta_1\cos(\theta_2 - \theta_1) = \sin(\theta_2 - 2\theta_1) = 0\\ \cos\theta_2\sin(\theta_2 - \theta_1) + \sin\theta_2\cos(\theta_2 - \theta_1) = \sin(2\theta_2 - \theta_1) = 0\end{cases} \tag{12-94}$$

于是可得

$$\begin{cases}\theta_2 = 2\theta_1, \theta_1 = \pi/3\\ A = \left|\dfrac{y_e^2\Delta\theta_1\Delta\theta_2}{\sin^2(\theta_2 - \theta_1)}\right|\end{cases} \tag{12-95}$$

通过式(12-95)可知，在基线截距一定的情况下，两个观测站与目标点组成等边三角形的三个顶点时，模糊区面积最小，即定位误差最小。

2. 观测站间距固定且目标与观测站基线截距固定时的最佳观测角

当在图 12-24 中观测站距离一定（即 a 是定值）且 y_e 固定为一常数时，则式(12-91)可变为

$$A = \left|\frac{2ay_e\Delta\theta_1\Delta\theta_2}{\sin^2(\theta_2 - \theta_1)}\right| \tag{12-96}$$

当 $\theta_2-\theta_1=\pm\pi/2$ 时，模糊区面积 A 取最小值为 $2ay_e\Delta\theta_1\Delta\theta_2$。

3. 观测站间距固定且目标位于站间中垂线时的最佳观测角

此时 θ_2、θ_1 满足 $\theta_2+\theta_1=\pi$，将其代入式(12-91)，可得

$$A = \left|\frac{4a^2\Delta\theta_1\Delta\theta_2\sin^2\theta_1}{\sin^3 2\theta_1}\right| = \left|\frac{a^2\Delta\theta_1\Delta\theta_2}{2\sin\theta_1\cos^3\theta_1}\right| \tag{12-97}$$

求解式(12-97)中的分母项极大值，对 θ_1 求导数，并令导数为 0，可得

$$\begin{cases}\dfrac{\partial \sin\theta_1 \cos^3\theta_1}{\partial \theta_1} = \cos^4\theta_1 - 3\cos^2\theta_1 \sin^2\theta_1 = 0 \\ \cos\theta_1 = \pm\sqrt{3}/2\end{cases} \tag{12-98}$$

于是可得

$$\begin{cases}\theta_1 = \pm \pi/6 \\ A = \dfrac{a^2 \Delta\theta_1 \Delta\theta_2}{0.65}\end{cases} \tag{12-99}$$

由式(12-99)可知,对远距离雷达目标的定位,最佳的定位区间是基线的法线方向,同时应尽量采用较长的基线。此外,通过多次对同一目标进行测向交叉处理,或者采用更多的观测站对同一目标进行测向交叉定位,都是可以降低模糊区面积的措施。

12.5.2 测时差定位方法

1. 测时差定位方法的基本原理

测时差定位方法是双曲线导航("罗兰"系统)的反运用,因此也称为反"罗兰"系统。该方法利用平面或空间中的多个观测站,测量同一个目标信号到达各站的时间差,进而确定目标在平面或空间中的位置。该方法的基本原理如图 12-27 所示。假定 M 点为雷达目标位置,A、O、B 为三个观测站的位置。当某一路雷达目标辐射的脉冲信号被三个观测站都截获时,根据信号的脉冲到达时间,可以得到该目标到达观测站的路程差,以 A、O 两观测站为例,路程差表示为 Δd_{OA},则有

$$\Delta d_{OA} = c(t_A - t_O) = c\Delta t_{AO} \tag{12-100}$$

式中:t_A、t_O 分别表示同一脉冲到达观测站 A、O 的时刻;c 为光速。

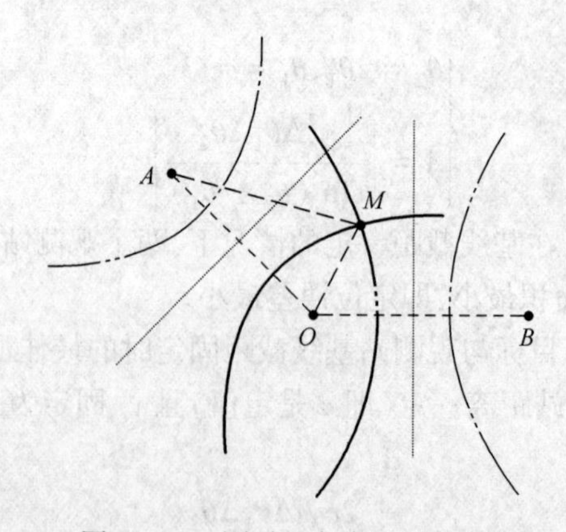

图 12-27 测时差定位法基本原理

由平面几何可知,若某一点(M 点)到两点(A、O 观测站)的距离固定时(Δd_{OA} 值固定),则该点在平面位置中的可能点连成的曲线为一条双曲线。同理,由目标点到 B、O 观测站的路程差 Δd_{OB} 可得到另一条双曲线。两条双曲线的交点是雷达目标的地理位置坐标。

上面是基于雷达目标和观测站均在同一平面的情况,对于三维空间的点目标进行分析时,需要四个以上的观测站。这是因为两个观测站测得的时差可以在三维空间构

成一个双曲线平面,因此四个侦察站可以测得三个时差值,进而确定三个双曲线平面。由于每两个双曲线平面可相交求得一条曲线,因此最后可由两条曲线相交确定平面的公共相交点,即目标的空间位置坐标。在实际应用中,由于辐射源飞行载体的高度和观测站之间的距离相比较,辐射源飞行载体的高度较小,因此可以近似看作二维空间的定位问题。

2. 平面时差定位方法

假设在同一平面上有三个观测站 O、A、B,辐射源 E,它们的极坐标分别为 $O(0,0)$、$A(\rho_A,\alpha_A)$、$B(\rho_B,a_B)$、$E(\rho,\theta)$,则平面时差定位如图12-28所示。

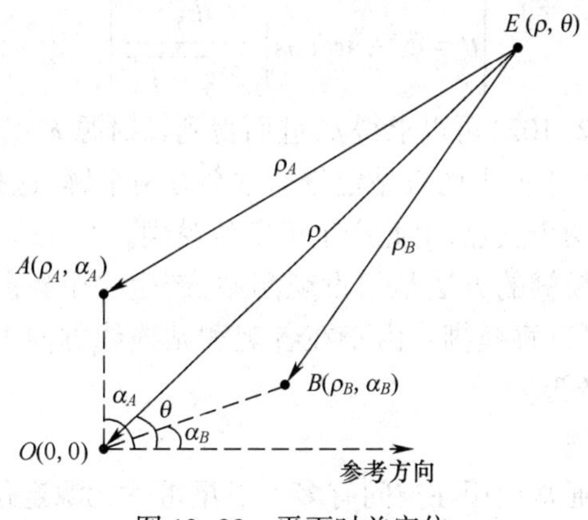

图12-28　平面时差定位

辐射源 E 的信号到达三个观测站的时间分别为 t_O、t_A、t_B。根据余弦定理,可得

$$\begin{cases} c(t_A - t_O) = [\rho^2 + \rho_A^2 - 2\rho_A\rho\cos(\theta - \alpha_A)]^{1/2} - \rho \\ c(t_B - t_O) = [\rho^2 + \rho_B^2 - 2\rho_B\rho\cos(\theta - \alpha_B)]^{1/2} - \rho \end{cases} \tag{12-101}$$

将式(12-101)中的 ρ 移到方程左边,两边取平方运算,消去 ρ^2 项,令 $k_1 = \rho_A^2 - c(t_A - t_O)^2$, $k_2 = \rho_B^2 - c(t_B - t_O)^2$,对方程组整理后,可得

$$\begin{cases} \rho = \dfrac{k_1}{2[c(t_A - t_O) + \rho_A\cos(\theta - \alpha_A)]} \\ \rho = \dfrac{k_2}{2[c(t_B - t_O) + \rho_B\cos(\theta - \alpha_B)]} \end{cases} \tag{12-102}$$

$$k_1[c(t_B - t_O) + \rho_B\cos(\theta - \alpha_B)] = k_2[c(t_A - t_O) + \rho_A\cos(\theta - \alpha_A)] \tag{12-103}$$

令

$$\begin{cases} k_3 = k_2\rho_A\cos\alpha_A - k_1\rho_B\cos\alpha_B \\ k_4 = k_2\rho_A\sin\alpha_A - k_1\rho_B\sin\alpha_B \\ k_5 = k_1c(t_B - t_O) - k_2c(t_A - t_O) \end{cases} \tag{12-104}$$

将式(12-104)代入式(12-103)化简后,可得

$$k_5 = k_3\cos\theta + k_4\sin\theta \tag{12-105}$$

令

$$\begin{cases}\cos\varphi = \dfrac{k_3}{\sqrt{k_3^2 + k_4^2}} \\ \sin\varphi = \dfrac{k_4}{\sqrt{k_3^2 + k_4^2}}\end{cases} \tag{12-106}$$

则可以唯一确定 φ 取值。将式(12-106)代入式(12-105),可得

$$\begin{cases}\cos(\varphi - \theta) = \dfrac{k_5}{\sqrt{k_3^2 + k_4^2}} \\ \theta = \varphi \pm \arccos\left[\dfrac{k_5}{\sqrt{k_3^2 + k_4^2}}\right]\end{cases} \tag{12-107}$$

将 θ 取值代入式(12-102)可以求得 ρ,进而得到辐射源 E 点的坐标 (ρ,θ)。

从式(12-107)可知,平面上的三站定位通常会有两个解,这是由于式(12-101)所表现的两条双曲线一般有两个交点,由此产生了定位模糊。

一种有效消除定位模糊的方法是增设观测站,产生一个新的时差项,三条双曲线一般只有一个交点,因此可以解模糊。由于在各观测站连线方向上,时差对角度的变化不明显,因此定位精度会降低。

3. 空间时差定位方法

空间时差定位方法通常应用在空间有多个卫星雷达无源定位系统时,对敌方地面或海上雷达目标进行定位的情形。图 12-29 是一种典型的空间中四卫星时差定位的示意图。在图中,空间卫星观测站的坐标分别为 $O(0,0,0)$、$A(R,0,0)$、$B(R,\pi/2,0)$、$C(R,0,\pi/2)$,雷达目标的坐标为 $E(\rho,\alpha,\beta)$。

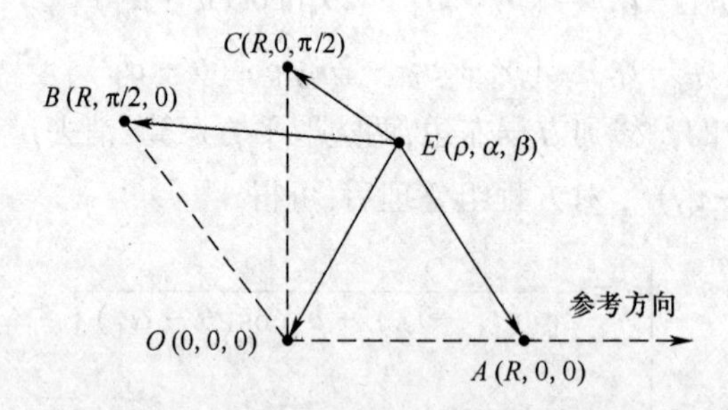

图 12-29 空间中四卫星时差定位示意图

雷达目标信号到达四个观测站的时间分别为 t_O、t_A、t_B、t_C,可得

$$\begin{cases}c(t_A - t_O) = [\rho^2 + R^2 - 2R\rho\cos\beta\cos\alpha]^{1/2} - \rho \\ c(t_B - t_O) = [\rho^2 + R^2 - 2R\rho\cos\beta\sin\alpha]^{1/2} - \rho \\ c(t_C - t_O) = [\rho^2 + R^2 - 2R\rho\sin\beta]^{1/2} - \rho\end{cases} \tag{12-108}$$

令

$$\begin{cases}k_1 = R^2 - [c(t_A - t_O)]^2 \\ k_2 = R^2 - [c(t_B - t_O)]^2 \\ k_3 = R^2 - [c(t_C - t_O)]^2\end{cases} \tag{12-109}$$

将式(12-100)代入式(12-106),整理后,可得

$$\begin{cases} k_1[c(t_C - t_O) + R\sin\beta] - k_3c(t_A - t_O) = k_3R\cos\beta\cos\alpha \\ k_2[c(t_C - t_O) + R\sin\beta] - k_3c(t_B - t_O) = k_3R\cos\beta\sin\alpha \end{cases} \tag{12-110}$$

对方程的两边取平方、相加,消去 α。

令

$$\begin{cases} k_4 = \dfrac{c}{R}[k_1(t_C - t_O) - k_3(t_A - t_O)] \\ k_5 = \dfrac{c}{R}[k_1(t_C - t_O) - k_3(t_B - t_O)] \end{cases}$$

化简可得

$$(k_1^2 + k_2^2 + k_3^2)\sin^2\beta + 2(k_1k_4 + k_2k_5)\sin\beta + k_4^2 + k_5^2 - k_3^2 = 0 \tag{12-111}$$

令

$$\begin{cases} k_6 = k_1^2 + k_2^2 + k_3^2 \\ k_7 = 2(k_1k_4 + k_2k_5) \\ k_8 = k_4^2 + k_5^2 - k_3^2 \end{cases} \tag{12-112}$$

将式(12-112)代入式(12-111),可以得到 $\sin\beta$ 的解为

$$\sin\beta = -\frac{k_7}{2k_6}\left(1 \pm \sqrt{1 - 4k_6k_8/k_7^2}\right) \tag{12-113}$$

式中:$\beta \in 0, \pi/2$。因此可以求得 β 的两个解为

$$\begin{cases} \beta_1 = \arcsin\left[-\dfrac{k_7}{2k_6}\left(1 + \sqrt{1 - 4k_6k_8/k_7^2}\right)\right], \beta_1 \in [0, \pi/2] \\ \beta_2 = \arcsin\left[-\dfrac{k_7}{2k_6}\left(1 - \sqrt{1 - 4k_6k_8/k_7^2}\right)\right], \beta_2 \in [0, \pi/2] \end{cases} \tag{12-114}$$

将求得的 β 值代入式(12-110),化简可得对应的 α 为

$$\begin{cases} \cos\alpha = \dfrac{k_4 + k_1\cos\beta}{k_3\cos\beta} \\ \sin\alpha = \dfrac{k_5 + k_2\sin\beta}{k_3\cos\beta} \end{cases} \tag{12-115}$$

则可以得到对应的 α 值为

$$\begin{cases} \alpha_1 = \arccos\dfrac{k_4 + k_1\cos\beta}{k_3\cos\beta} \\ \alpha_2 = \arcsin\dfrac{k_5 + k_2\sin\beta}{k_3\cos\beta} \end{cases} \tag{12-116}$$

将 α 和 β 的值代入式(12-108),即可求得雷达目标 E 点的坐标 $E(\rho, \alpha, \beta)$。

与平面时差定位类似,空间的四站时差定位也存在定位模糊(多值解),仍然可以用增设观测站的方法解空间定位模糊,并且采用合理的布站方式简化计算,提高定位精度。

4. 定位误差分析

从原理上看,长基线时差定位可能达到较高的定位精度,但是在实际应用中,雷达

天线通常是窄波束发射,基线展开过长。当雷达天线主瓣照射到某些雷达对抗侦察站时,其他雷达对抗侦察站可能由于不在主瓣的照射范围内,接收信号低于其灵敏度而不能检测,导致系统无法定位。因此,时差定位系统必须仔细选择基线的长度、分布和灵敏度。

等时线包含了产生 TDOA 测量值的平面上所有可能位置的曲线。导致定位误差的因素包括接收站的位置精度和测量时间精度,有时这种差值称为双曲线的"厚度"。现代各种位置精度可以通过全球定位系统达到很高,因此只用测量时间精度代表"厚度"。

以平面时差定位为例,分析时差定位精度。如图 12-30(a)所示,在 X 轴上的三个接收站相距 l_1 和 l_2,雷达位于位置 $E(x,y)$ 处。

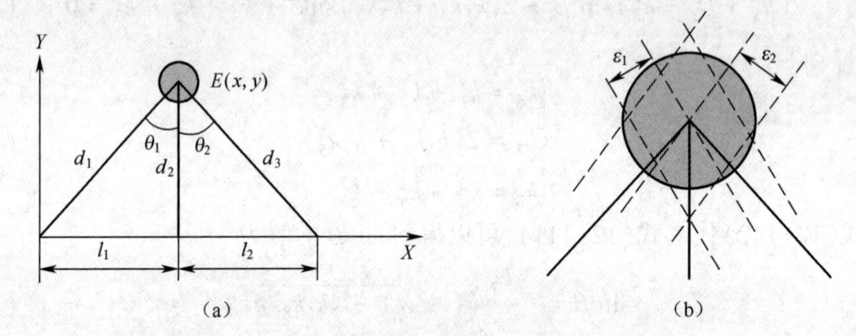

图 12-30 TDOA 定位误差分析

信号的路径长度为

$$\begin{cases} d_1 = \sqrt{x^2 + y^2} \\ d_2 = \sqrt{(l_1 - x)^2 + y^2} \\ d_3 = \sqrt{(l_1 + l_2 - x)^2 + y^2} \end{cases} \tag{12-117}$$

令三角形的边长和的一半为 L,即

$$\begin{cases} L_1 = (d_1 + d_2 + l_1)/2 \\ L_2 = (d_2 + d_3 + l_2)/2 \end{cases} \tag{12-118}$$

则雷达到各观测站之间夹角 θ 一半的正弦值为

$$\begin{cases} \sin(\theta_1/2) = \sqrt{\dfrac{(L_1 - d_1)(L_1 - d_2)}{d_1 d_2}} \\ \sin(\theta_2/2) = \sqrt{\dfrac{(L_2 - d_2)(L_2 - d_3)}{d_2 d_3}} \end{cases} \tag{12-119}$$

于是,可以写出测得的双曲线偏离经过雷达的实际双曲线的标准偏差 σ 的方程。偏离该信号位置的距离称为 ε,δt 为 σ 的 TDOA 测时误差,则有

$$\begin{cases} \varepsilon_1 = 0.00015 \times \delta t/\sin(\theta_1/2) \\ \varepsilon_2 = 0.00015 \times \delta t/\sin(\theta_2/2) \end{cases} \tag{12-120}$$

在到达角概率误差计算中,采用随机的 TDOA 测时误差进行仿真,生成如图 12-30

(b)所示椭圆形的点密度散射图。包含 50%测量结果的椭圆是椭圆概率误差,根据椭圆概率误差可以计算出圆概率误差。

5. 脉冲配对

脉冲雷达进行时差定位时,必须保证在各雷达对抗侦察站(观测站)之间求得的时差是同一雷达的同一脉冲信号的时差,这个过程称为脉冲配对。

1) 统计平均法

通过高速数字信号处理板完成脉冲配对,时差信息的提取采用统计平均的方法,则有

$$\begin{cases}\delta t_1 = \sum_{i=1}^{N} (\Delta \mathrm{TOA}_{Oi} - \Delta \mathrm{TOA}_{Ai})/N \\ \delta t_2 = \sum_{i=1}^{N} (\Delta \mathrm{TOA}_{Oi} - \Delta \mathrm{TOA}_{Bi})/N \end{cases} \tag{12-121}$$

式中:N 表示统计的次数。

2) 时差直方图方法

脉冲配对也可以采用时差直方图方法,即以不同站之间的脉冲到达时间为横轴,相同时差脉冲数为纵轴,获得主副站脉冲流时差直方图。若在脉冲流中无配对脉冲或存在个别配对时,则直方图呈噪声分布,一旦有配对脉冲流时,直方图将在某些时差上出现峰值;如果延长观测时间,则对应某个雷达真实时差处的峰值将更加明显。直方图时差提取如图 12-31 所示。

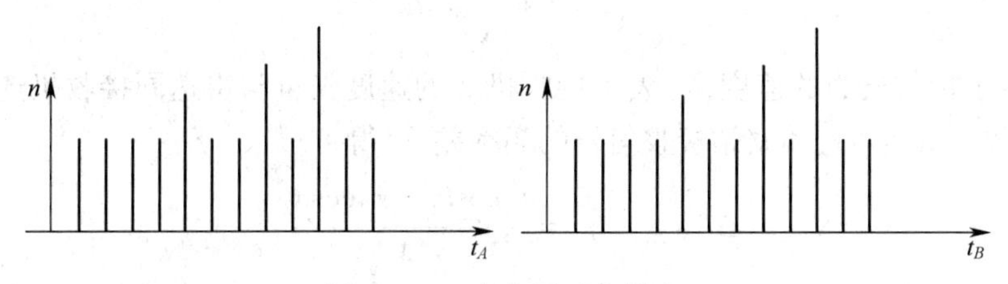

图 12-31　直方图时差提取

进行直方图统计时需要引入时差容差的概念。根据几何特性,雷达信号到达两站间的时间差 ΔTOA 满足时差容差不等式,即

$$\Delta \mathrm{TOA} \leqslant 2d_i/c \tag{12-122}$$

式中:c 为电磁波传播速度;d_i 为基线长度。利用时差容差,可以降低参与直方图统计的 ΔTOA 数据率。对各个时差区间直方图累积量进行门限检测,超过门限的直方图累积量是由于两个站接收到的同一个雷达的同一个脉冲列形成的,这就是直方图统计脉冲配对的工作原理。

为达到实时处理的要求,此工作通常由专门的 DSP 完成。在被提取的两组脉冲序列中时差可能有多个满足条件的值,通过对其方差估计剔除虚假值。

6. 测时差定位系统的主要性能特点

(1) 定位精度高。定位误差不随距离的增加而发散,球概率误差很小。

(2) 定位时间中等。定位时间通常在几秒内。

(3) 定位设备信号环境适应性较好。定位系统能适应较复杂的信号环境。

(4) 设备量适中,一般是 3 个以上。

12.5.3 测频差定位方法

测频差定位方法(FDOA)是获得雷达目标精确位置的一种方法。它需要测量两部接收机接收的来自单部发射机的信号频率差。由于接收信号的频率差是由于多普勒频移不同而产生的,所以测频差方法也称为差分多普勒方法。与雷达接收机提取的目标多普勒频率不同,该多普勒频率是由于雷达与雷达对抗侦察接收机之间存在相对运动而产生的雷达对抗侦察接收机接收频率与雷达发射频率之间的偏差。

1. 运动多站对固定雷达定位方法

1) 工作原理

如果雷达对抗侦察接收机是运动的,雷达发射机是固定的,则接收到的信号频率取决于发射频率、侦察接收机速度以及雷达与侦察接收机速度矢量之间实际的球面角。

对于固定雷达,运动雷达对抗侦察站可接收到的信号频率为

$$f_1 = f + \frac{v_1}{\lambda}\cos\theta_1 \tag{12-123}$$

式中:v_1 表示接收机 1 的速度;θ 表示接收机 1 的速度矢量与雷达同接收机连线之间的夹角;f 为雷达的辐射频率值;$\lambda = c/f$ 为信号波长;c 为光速。若有另外一个运动雷达对抗侦察站,同样可以接收到信号的频率为

$$f_2 = f + \frac{v_2}{\lambda}\cos\theta_2 \tag{12-124}$$

式中:v_2 表示接收机 2 的速度;θ_2 表示接收机 2 的速度矢量与雷达同接收机连线之间的夹角。求两个雷达对抗侦察站接收信号的频率差,可得

$$\Delta f = f_1 - f_2 = \frac{v_1\cos\theta_t - v_2\cos\theta_2}{\lambda} \tag{12-125}$$

由于 v_1、v_2 是侦察站自身的运动速度,因此可以通过导航定位系统获得,从而通过频率差 Δf 可以确定一条类似磁力线的等频差曲线簇,如图 12-32 所示。

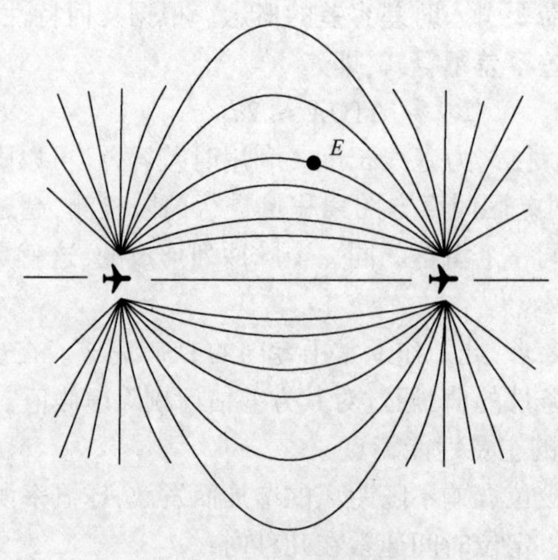

图 12-32　等频差曲线簇

由于两部移动接收机测量的频率差不能确定雷达目标位置,只能确定一条包含潜在雷达位置的等频线。借助第三部移动接收机,就可以获得三条测量基线,每条基线都可以收集 FDOA 数据并能计算等频线。那么,由两条以上的基线形成的等频线交点即可确定雷达的位置,也可以和测时差定位系统一样,采用增加侦察站的方法消除模糊。

2) 定位误差分析

FDOA 系统的精度用圆概率误差或椭圆概率误差来表示,系统的精度计算同样假设进行了多次独立的测量。等频线是包含了所测得的 FDOA 平面上所有可能位置的曲线,定位误差只与截获位置和测频精度有关。测频误差有时也描述为等频线的“厚度”。

与 12.5.2 小节讨论的 TDOA 系统一样,有三个测向站,沿坐标系统的 X 轴有两个基线 l_1 和 l_2,雷达位于位置 $E(x,y)$处,如图 12-33(a)所示。

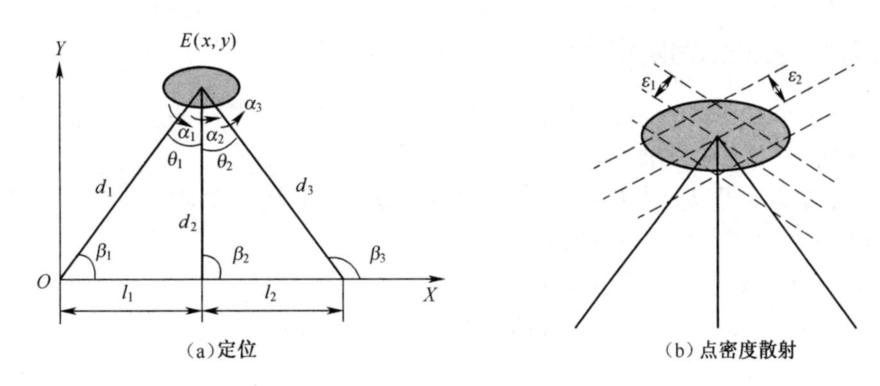

(a)定位　　(b)点密度散射

图 12-33　FDOA 定位误差分析

信号路径长度为

$$\begin{cases} d_1 = \sqrt{x^2 + y^2} \\ d_2 = \sqrt{(l_1 - x)^2 + y^2} \\ d_3 = \sqrt{(l_1 + l_2 - x)^2 + y^2} \end{cases} \tag{12-126}$$

雷达方向与每个接收平台的速度矢量之间的夹角为

$$\begin{cases} \beta_1 = \arccos(x/d_1) \\ \beta_2 = \arccos[(l_1 - x)/d_2] \\ \beta_3 = \arccos[(l_1 + l_2 - x)/d_3] \end{cases} \tag{12-127}$$

从雷达到每个运动接收平台的线的角速度可表示为

$$\begin{cases} \hat{\alpha}_1 = V\sin\beta_1/d_1 \\ \hat{\alpha}_2 = V\sin\beta_2/d_2 \\ \hat{\alpha}_3 = V\sin\beta_3/d_3 \end{cases} \tag{12-128}$$

真实等频线和测量等频线都垂直于角 θ_1 或 θ_2 的角平分线,则有

$$\begin{cases} \theta_1 = \beta_2 - \beta_1 \\ \theta_2 = \beta_3 - \beta_2 \end{cases} \tag{12-129}$$

测量等频线偏离经过雷达真实等频线的标准偏差,等频线的误差为

$$\begin{cases}\varepsilon_1 = (3 \times 10^5 \times \delta f)/(f \times \sqrt{\hat{\alpha}_2^2 - 2\hat{\alpha}_1\hat{\alpha}_2 + \hat{\alpha}_1^2}) \\ \varepsilon_2 = (3 \times 10^5 \times \delta f)/(f \times \sqrt{\hat{\alpha}_3^2 - 2\hat{\alpha}_2\hat{\alpha}_3 + \hat{\alpha}_2^2})\end{cases} \tag{12-130}$$

式中:f 为发射频率;δf 为 FDOA 测频的误差。

用高斯分布的 FDOA 测量值产生椭圆形的点密度散射,如图 12-33(b)所示。该椭圆包含了 50%的测量结果,即可以计算出椭圆概率误差和圆概率误差。

2. 固定多站对运动雷达定位方法

运动雷达目标定位时存在一个很大的问题,即由于雷达在运动,雷达的速度矢量未知,此时尽管可以用数学方法解决这个问题,但是在提高计算能力和缩短计算时间上所需的运算会变得尤为复杂。因此,通常认为测频差定位法仅适用由机载移动接收机来确定固定或非常缓慢运动的雷达位置。

12.5.4 多站综合定位方法

本小节对两种典型的综合定位方法:测向-时差定位和时差-频差定位进行分析。

1. 测向-时差定位方法

这种定位方法可以分为两种情况进行分析,分别为固定转发站测向-测时差定位方法和运动转发站测向-测时差定位方法。

1)固定转发站测向-测时差定位方法

固定转发站测向-测时差定位方法在平面上的工作原理,如图 12-34 所示。

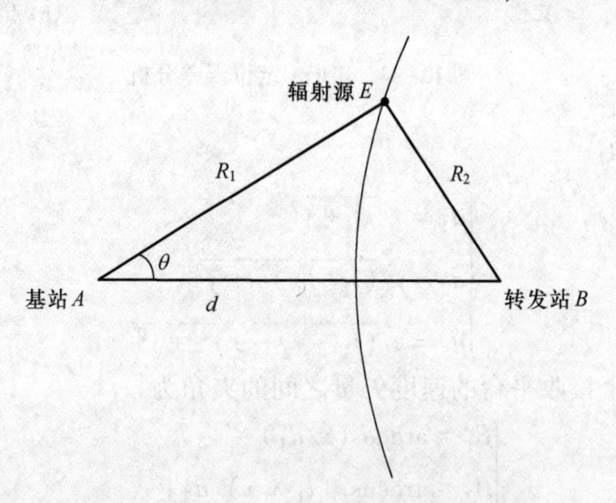

图 12-34 平面上测向-测时差定位原理

无源定位设备包括一个基站 A 和一个转发站 B,二者间距为 d。转发站有两个天线,一个是全向天线(或弱方向性天线),用于接收辐射源信号,经过放大后由另一个天线转发给基站 A。基站 A 也有两个天线,一个用于测量辐射源的方位角,另一个用于接收转发器的信号,并测量其与到达基站的同一个信号的时间差 Δt,其满足下式:

$$c\Delta t = R_2 + d - R_1 \tag{12-131}$$

式中:c 为电波传播速度。根据余弦定理,可得

$$R_2^2 = R_1^2 + d^2 - 2R_1 d\cos\theta \tag{12-132}$$

将式(12-131)中求得的 R_2 代入式(12-132),可得

$$R_1 = \frac{c\Delta t(d - c\Delta t/2)}{c\Delta t - d(1 - \cos\theta)} \tag{12-133}$$

2）运动转发站测向-测时差定位方法

若转发站 B 位于运动平台上，如图 12-35 所示，则它与基站之间的距离和与参考方向的夹角 θ_0 需用其他设备进行实时测量。若采用应答机，Δt_{AB} 为 A、B 站间应答信号的单程传播时间，则有

$$\begin{cases} d = c\Delta t_{AB} \\ \theta = \theta_1 - \theta_0 \end{cases} \tag{12-134}$$

将式(12-134)代入式(12-133)，可得

$$R_1 = \frac{c\Delta t(\Delta t_{AB} - \Delta t/2)}{\Delta t - \Delta t_{AB}[1 - \cos(\theta_1 - \theta_0)]} \tag{12-135}$$

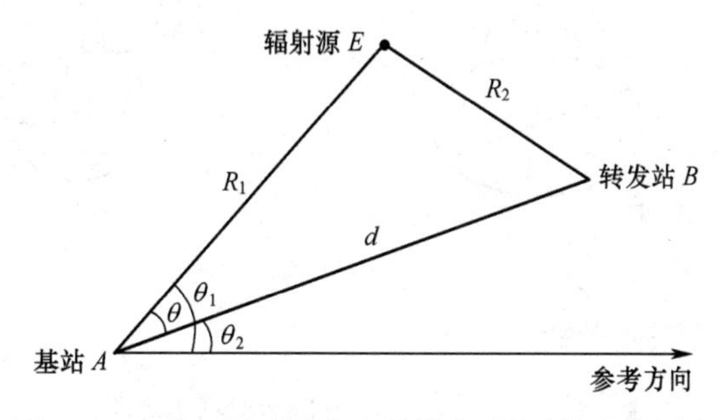

图 12-35　位于运动平台上的测向-测时差定位原理

2. 时差-频差定位方法

由于测频和测时均需要高精度的频率基准，因此最好由两部相同的移动接收机完成测频和测时功能，在许多精确定位系统中均是如此。雷达 E 位于等时线和等频线的交点。因此，用两部移动接收机形成的一条基线即可确定雷达目标的精确位置。

时差-频差定位的工作原理，如图 12-36 所示。

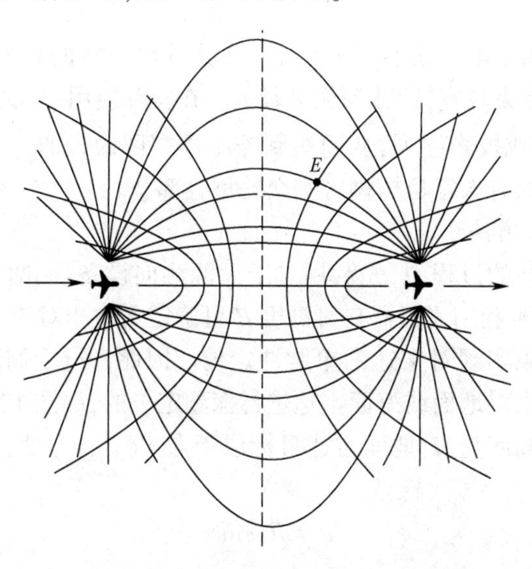

图 12-36　时差-频差定位工作原理

12.6 雷达类网电对抗目标信号的单站无源定位方法

12.6.1 单站单时刻定位方法

1. 飞越目标定位方法

高空中的电子侦察设备(如卫星和电子无人侦察飞机)备有垂直向下的窄波束天线,可以对地面雷达目标进行探测和定位,如图 12-37(a)所示。

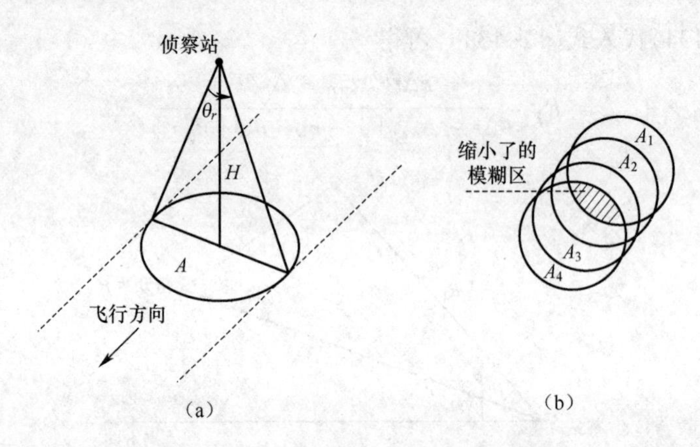

图 12-37 飞越目标定位法原理示意图

当飞行器在飞行过程中一旦发现雷达信号,则飞行器将立即根据导航数据确定自身所在位置,自身的经纬度对应着雷达目标的地面经纬度。将收到的雷达信号时间和导航数据记录下来,用于事后分析。在地面上雷达可能出现的区域,即模糊区的面积为

$$A=\pi\left(H\tan\frac{\theta_r}{2}\right)^2 \tag{12-136}$$

由式(12-136)可知,由于电子侦察卫星或高空无人侦察飞机的高度 H 较大,而且通常天线的尺寸较小,即 θ_r 波束较宽,因此模糊区较大。在实际应用中,测得 1 个雷达目标的 N 个记录$\{A_i\}_{i=0}^{N-1}$可整理成投影序列,从而达到缩小模糊区的目的。如图 12-37(b)所示,多次飞行定位模糊区为各次定位模糊区相交的重叠部分。

2. 方位/仰角定位方法

飞行器在飞向雷达的过程中,先利用二维无源测向设备,同时测量地面或海面雷达的方位角 θ 和仰角 α,再利用飞行器自身高度 H 可确定雷达相对于飞行器的坐标数据,结合飞行器导航数据可以实现对雷达的单脉冲定位。因此,方位/仰角定位方法是利用飞行器上的斜视锐波束来对地面或海面雷达进行探测定位的,如图 12-38 所示。

假设飞机的飞行高度为 H,地面雷达目标位于点 $E(x_e,y_e)$处,利用三角公式可求出飞机到雷达的斜距为

$$R=H/\sin\alpha \tag{12-137}$$

则

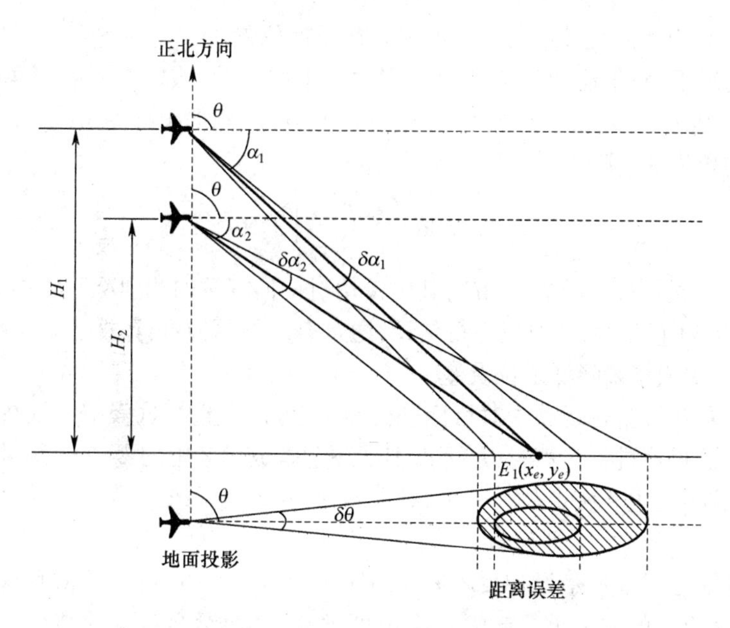

图 12-38　方位/仰角定位法原理

$$\begin{cases} x_e = H\sin\theta\cot\alpha \\ y_e = H\cos\theta\cot\alpha \end{cases} \tag{12-138}$$

在实际工作中,由于测向设备存在测角误差 $\delta\theta$ 和 $\delta\alpha$,必然会引起定位误差。由图 12-38可以看出,定位误差引起的模糊区是一个椭圆,其面积近似为

$$A = R\delta\alpha \cdot R\delta\theta = \frac{H^2}{\sin^2\alpha}\delta\alpha \cdot \delta\theta \tag{12-139}$$

模糊区的大小不仅与测向误差 $\delta\alpha$、$\delta\theta$ 成正比,而且与飞行高度 H 和仰角 α 有关。显然,当飞行高度过低时,仰角趋向于 0,此时会使模糊区面积很大。此外,还有两个误差来源,即地球曲率引起的高度误差和地形不平坦造成的高度误差,地球曲率引起的高度误差的影响可以忽略,地形不平坦造成的高度误差可通过预先取得的地形数据库消除其影响。反之,当利用地面二维无源测向设备对空中雷达目标进行定位时,操作员必须先从外部信息知道飞机的高度或估计飞机的高度,再利用测向接收系统测出方位角和仰角,才可对空中雷达目标进行定位或跟踪。

12.6.2　单站多时刻定位方法

1. 运动单站对固定雷达定位方法

对于地面固定雷达目标,根据前面内容的分析,可以通过多个侦察站在不同的位置对目标分别进行测向,然后综合各观测站的测向信息,估计出目标的位置。能否通过只用一个观测站对目标进行测向而估计出其精确位置呢?假设在 12.5 节的多站无源定位技术中,只用一个观测站,在时刻 t_1,观测站的位置坐标为(x_1, y_1);在时刻 t_2,观测站的位置坐标为(x_2, y_2);在时刻 t_M,观测站的位置坐标为(x_M, y_M)。雷达目标在$[t_1, t_M]$时间段内是固定不动的。假设该观测站于 $t_1, t_2, \cdots, t_M$ 时刻对雷达目标的测向值分别为 θ_1, θ_2,

$\cdots,\theta_M$，则可以采用测向交叉定位方法确定雷达目标位置。

在一般情况下，对于运动单站对固定雷达的定位问题，假定在平面直角坐标系中雷达目标坐标为 $E(x_e,y_e)$，雷达对抗侦察站（观测站）t_k 时刻的坐标为 $K(x_k,y_k)$，t_k 时刻测得的雷达方向角为 θ_k，则有

$$\theta_k = \arctan\left(\frac{y_e - y_k}{x_e - x_k}\right) + \delta\theta_k \tag{12-140}$$

式中：$\delta\theta_k$ 为测向误差（$k=1,2,\cdots,M$），其中雷达对抗侦察站的测向次数为 M 次。

利用 M 次测向值对雷达位置进行估计，通常有以下两种可行方法。

1）利用多次测量来降低定位误差

用同一个侦察设备在运动中对目标进行测量，可以在整个过程中获取数量较多的测量。当用多个测量值进行计算时，总可以把问题理解成用其中的 2~3 个测量做出的一次定位，而在过程中有很多次定位。一般来说，当有多次位置结果时，定位的误差会缩小，如果多次定位值彼此独立，则可以说多次定位的误差近似地与定位次数的平方根成反比。其具体的做法是在侦察设备载体运动的轨迹上取 k 个点，将 k 的值和这 k 个点的坐标、测得的雷达目标的方位角一起输入定位处理器，进而给出定位的结果。在实际使用中，随着时间的推移，会发生 k 由小变大的情况。通常的算法是一个迭代的过程，即当 k 较小时，算法给出一个定位结果；当 k 随时间增加时，定位结果被不断地修正，将变得更为准确。

2）利用微分测距来降低定位误差

在运动单站定位过程中，如果间隔不远的几次测角结果很接近，那么可以用作目标雷达的方位；如果能够测出目标雷达到雷达对抗侦察设备的距离，那么可以对目标雷达定位。由解析几何知识可知，雷达对抗侦察站运动的速度等于目标雷达到雷达对抗侦察设备的距离乘以目标雷达方位角变化率。如果另有一种能测量小角度变化的办法，那么可以求出在雷达对抗侦察站运动过程中目标雷达的方位角变化率。这样，只要知道雷达对抗侦察站自身的运动速度，就可以求出目标雷达到雷达对抗侦察站的距离。很显然，测量方位角与方位角变化是有一定区别的。

无论采用上面哪种方法，定位处理系统都将要求雷达对抗侦察设备在提交定位处理时，给出的信息是针对同一部雷达的。也就是说，对应的雷达对抗侦察设备要能够跟踪需要被定位的雷达目标。

2. 固定单站对运动雷达定位方法

假设地面有一个固定的雷达对抗侦察站，对于运动的雷达目标，只靠侦察站对其测向的数据是不能对运动目标进行定位的。要用单站对运动的雷达目标进行定位，方法一是侦察站能够测得更多种信息（如除了测向之外还能精测到达时间，或精测频率变化等）；方法二是采用机动运动的侦察站，对辐射源进行在多种机动情况下的测向。

由于目标雷达的运动状况是未知的，因此对其跟踪定位就带来了更大的困难。一种最简单的运动状况是辐射源为匀速运动，在这种情况下，如果只对目标进行测向，则测向值对于运动目标位置和运动参数来说是不可观测的。下面以最简单的二维情况为例来说明，如图 12-39 所示。

目标雷达的运动参数只需用（x_0,y_0,v_x,v_y）四个量就能完全表示。其中：（x_0,y_0）表

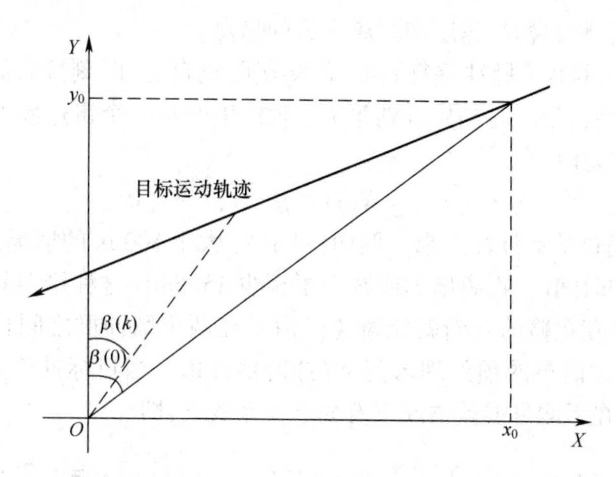

图 12-39　固定单站对匀速运动目标测向定位原理

示在某一参考时刻 t_0 目标雷达的位置坐标，(v_x, y_y) 为它的两个速度分量。假设在时刻 t_k 准确地测得目标的方位角为 $\beta(k)$（无测向误差），则目标的位置参数与方位角之间的关系为

$$\beta(k) = \arctan\left[\frac{x_0 + v_x(t_k - t_0)}{y_0 + v_y(t_k - t_0)}\right] \tag{12-141}$$

由式(12-141)可知，即使是无噪观测，由于(x_0, y_0, v_x, v_y)和$(\lambda x_0, \lambda y_0, \lambda v_x, \lambda v_y)$（$\lambda$ 是不为零常数）在 t_k 时刻都对应于同一个方位角 $\beta(k)$，因而通过观测方位角的测量来估计目标的位置和运动参数是不可能的，即不可观测的直观解释。

对于定位来说，这种无源测向系统是不可观测的。但是这并不意味着系统的观测不能给出有用的信息。事实上，由式(12-141)可得

$$x_0\cos[\beta(k)] + v_x(t_k - t_0)\cos[\beta(k)] = y_0\sin[\beta(k)] + v_y(t_k - t_0)\sin[\beta(k)],\ (k = 0, 1, 2, \cdots, M) \tag{12-142}$$

根据初始的角度测量可以判断，在(x_0, y_0)中总有一个值较大，至少不为 0。不失一般性，不妨假定为 x_0，从而可以在假定 x_0 已知的情况下，对另外三个参数求解。当测量次数多于三次时，可通过最小二乘法对另外三个参数进行估计。由计算可知，估计的结果均是以 x_0 为待定量的参数。将估计的结果与式(12-141)相结合，目标当前时刻或前一些时刻的方位角便可精确地估计出来，这通常要比当前时刻观测结果的测向精度要高很多，精度提高的程度视总的观测次数而定。测向精度提高的原因是系统充分利用了前面所有观测结果和目标运动的数学模型。对当前时刻目标方位角的精确估计结果，可直接应用于对目标雷达的无源精确跟踪。估计出来的参数还可以用于对目标雷达下一时刻的方位角进行预测。

若要对目标进行定位，则需要对运动目标增加另一观测值。一种方法是设备采用精确的 PRI 测量技术，可以测出雷达信号的脉冲群之间 PRI 的精确变化量，这时可以进行定位计算。

假定雷达目标信号和脉冲重复周期(PRI)可以精确测量，雷达目标信号的脉冲重复间隔 PRI 在过程中是稳定的，则可在测量 TOA 的基础上，测得目标在两个不同角度位置

上的距离差,从而获得目标与速度和距离有关的信息。

设 T_r 表示雷达的真实脉冲重复周期,侦察接收机自 t_{j-1} 时刻接收到第 $j-1$ 组脉冲串的某一个雷达脉冲后,于 t_j 时刻接收到第 j 组脉冲串的某一个雷达脉冲。当目标雷达不运动且没有测量误差时,有

$$t_j - t_{j-1} = N(j) T_r, j = 1,2,\cdots,M \tag{12-143}$$

式中:$N(j)$ 可以通过估计计算出来。例如,对于 T_r 大于 500μs 的情况,一个 T_r 的误差意味着目标在极短的时间内,距离增加或减少了至少 150km。这种错误只要通过对目标信号的识别和信号强度粗略的判断就能避免。由于在两个脉冲群之间目标的距离差不会太大,因而可以通过简单的预处理求得 $N(j)$ 的估计值。当目标处于运动中时,使(12-143)不再成立,而在无测量误差情况下有如下关系成立,即

$$\begin{cases} \tau(j) = t_j - t_{j-1} - N(j) T_r = \dfrac{1}{c}[r(t_j) - r(t_{j-1})], j = 1,2,\cdots,M \\ r(t_j) = \sqrt{x_j^2 + y_j^2} \\ r(t_{j-1}) = \sqrt{[x_j - (t_j - t_{j-1}) v_x]^2 + [y_j - (t_j - t_{j-1}) v_y]^2} \end{cases} \tag{12-144}$$

式中:c 表示光速。当存在测量误差时,t_j, t_{j-1} 等均存在测量误差,这时有测量方程为

$$\tau_m(j) = t(j) + \delta_t(j) \tag{12-145}$$

式中:$\tau_m(j)$ 为带有误差的测量值,$\delta_t(j)$ 表示测量误差值。

考虑到式(12-144)中的距离差,则有

$$r(t_j) - r(t_{j-1}) = \int_{j-1}^{v} v_r(t)\,\mathrm{d}t \tag{12-146}$$

$$v_r(t) = v_x \sin\theta(t) + v_y \cos\theta(t) \tag{12-147}$$

由于在两个脉冲群之间,目标的径向速度变化不会很大,因此可近似为

$$r(t_j) - r(t_{j-1}) = \frac{t_j - t_{j-1}}{2}\{v_x[\sin\theta(t_{j-1}) + \sin\theta(t_j)] + v_x[\cos\theta(t_{j-1}) + \cos\theta(t_j)]\} \tag{12-148}$$

因此,式(12-145)的测量方程还可以写成

$$\tau_m(j) = \frac{t_j - t_{j-1}}{2c}\{v_x[\sin\theta(t_{j-1}) + \sin\theta(t_j)] + v_x[\cos\theta(t_{j-1}) + \cos(t_j)]\} + \delta_t(j) \tag{12-149}$$

联合对目标运动过程中的方位和到达时间进行精确测量,即可估计出目标的运动参数。

第13章　雷达类网电对抗目标信号分选与识别方法

13.1　概　　述

从广义上来说,雷达目标信号的处理是指对敌方雷达目标信号进行参数测量、信号分选和雷达识别的处理过程。前面已经对雷达目标信号的参数测量相关内容进行了分析,本章在此基础上,分析雷达信号的分选和识别。

13.1.1　雷达类网电对抗目标信号分选和识别的意义

1. 雷达类网电对抗目标信号分选的意义

雷达对抗侦察接收系统面临复杂的电磁环境,在此背景下,雷达信号分选是雷达对抗侦察的核心技术。在雷达对抗侦察系统中,信号分选的任务是从截获的密集雷达脉冲流中分离出属于不同雷达目标的脉冲序列,如图13-1所示。由于只有从随机交错的信号流中分选出各个雷达脉冲序列之后,才能进行目标参数的测量、分析、识别以及对威胁目标施加压制性干扰或构造虚假目标回波信号进行各种欺骗干扰,因此信号分选是雷达对抗侦察信息处理的核心组成部分。信号分选的技术水平是衡量电子对抗情报侦察、电子对抗支援侦察和威胁告警系统技术先进程度的重要指标之一。

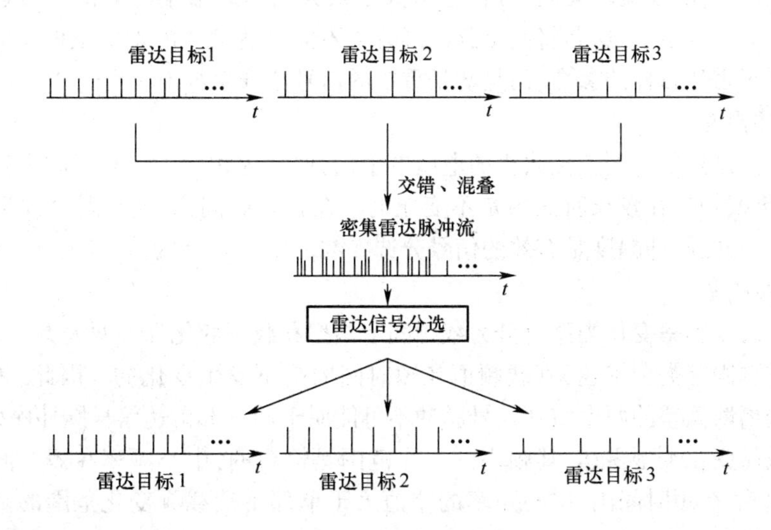

图13-1　雷达信号分选

2. 雷达类网电对抗目标信号识别的意义

雷达信号识别简称为雷达识别,是指将测量和分选后的雷达目标信号参数与预先积累的雷达信号参数进行比较,通过分析、推理来确认该雷达目标属性的过程,通常还包括判定雷达威胁等级、估计雷达识别可信度等内容。

雷达对抗侦察的目的是通过雷达对抗侦察系统对雷达目标发射的电磁信号进行侦收、存储和积累,分析其信号特征,从而实现对雷达目标类型、型号乃至雷达目标所属平台属性的判别。只有准确地发现雷达目标、识别出雷达目标的类型或型号,才能够有效地分析敌方雷达目标的信号参数特征,制定合适的干扰措施。同时,只有准确地识别其所在的平台类型,才能为我军作战指挥员提供准确的雷达目标部署情况和战场电磁态势,实现对雷达目标的对抗和攻击,保证战场中我方信息获取的主动权。

雷达信号的识别不仅是电子对抗侦察系统的重要组成部分,也是电子对抗侦察的重要环节和最终目的,其水平高低直接决定了电子对抗侦察的性能,从而决定了电子对抗的有效性并且影响整个电子战的成败。因此,雷达信号的识别是电子对抗信息处理的关键过程,是电子对抗侦察和威胁告警系统的重要组成部分,也是电子对抗侦察和威胁告警系统要解决的关键问题。

13.1.2 雷达类网电对抗目标信号分选参数和性能指标

1. 信号分选参数

在通常情况下,可用于雷达信号分选的参数包括雷达信号到达方向(DOA)、脉冲幅度(PA)、载波频率(RF)、脉冲宽度(PW)、脉冲到达时间(TOA)、脉冲重复周期(PRI)、脉内调制参数,等。

1) 信号到达方向

雷达目标的方向角在短时间内几乎不会发生变化,在较长的时间内通常只会缓慢、连续地变化。因此,在短时间内,方位差值大于最大测向离散偏差的两个雷达信号脉冲不可能属于同一部雷达,这是将两个脉冲区分为不同雷达信号的重要依据。信号到达方向虽然不属于雷达目标的参数,但是却是重要的信号分选参数。

2) 脉冲幅度

脉冲幅度是指信号到达接收机的电压电平值,通常为相对值。对于固定模式天线扫描雷达,其天线扫描在较长时间内是不变化的。在较长时间内,两个脉冲序列幅度包络是分开的。因此,脉冲幅度是有效的信号分选参数。

3) 载波频率

雷达的载波频率变化类型可分为载频固定类型和载频变化类型两大类。

对于载频固定类型雷达,其载频值在短时间内是不发生变化的。因此,频率差值大于最大测频离散偏差的两个雷达信号脉冲不可能属于同一部雷达信号脉冲序列。

对于载频变化类型雷达,其频率的变化范围是恒定的,中心频率在短时间内通常是不变的。因此,在短时间内,中心频率的差值大于单部雷达载频变化范围的两个雷达信号脉冲不可能属于同一部雷达信号脉冲序列。载波频率对于载频固定类型雷达是最重要的信号分选参数之一,对于载频变化类型雷达是较重要的信号分选参数之一。

4) 脉冲宽度

雷达辐射信号的脉冲宽度在短时间内是不变的。在短时间内,脉冲宽度差值大于脉冲宽度测量的最大误差的两个雷达信号不可能属于同一部雷达脉冲信号序列。因此,脉冲宽度可能是最好的信号分选参数。当接收的信号脉冲密度较大或存在多路径信号时，由于脉冲时间的相互重叠，测量脉冲宽度的出错概率较大，此时脉冲宽度只是较好的信号分选参数之一。

5）脉冲到达时间

由脉冲到达时间可以推导出信号的脉冲间隔，进而推导出雷达信号的脉冲重复周期值。具有周期性特点的TOA参数，是单参数分选中最具有特征的参数，是最早采用的信号分选参数，是最重要的分选参数之一。

6）脉冲重复周期

雷达信号的脉冲重复周期变化类型可分为重复周期固定类型和重复周期变化类型两大类。

对于重复周期固定类型雷达，信号的脉冲重复周期在短时间内是不发生变化的。在短时间内，脉冲重复周期差值大于脉冲重复周期测量的最大误差的两个雷达信号脉冲不可能属于同一部雷达信号脉冲序列。因此，对于脉冲重复周期固定类型的雷达，脉冲重复周期是最好或较好的信号分选参数之一。

对于重复周期变化类型雷达，信号的脉冲重复周期变化范围是恒定的，平均脉冲重复周期在短时间内是不变化的。在短时间内，平均脉冲重复周期的差值大于单部雷达脉冲重复周期变化范围的两个雷达脉冲重复周期不可能属于同一部雷达脉冲信号序列。因此，对于脉冲重复周期变化类型的雷达，脉冲重复周期是较好的分选参数，但是有时却在参数分选中无法起到较好的作用。

现代雷达对抗侦察系统通常利用信号到达方向、脉冲幅度、载波频率、脉冲宽度、脉冲到达时间作为信号稀释（预分选）参数，利用脉冲重复周期作为信号的主分选参数，脉内调制参数通常应用于雷达信号识别。

2. 雷达信号分选性能指标

雷达信号分选的性能指标通常包括分选时间、分选参数容差、分选可信度，等。

1）雷达信号分选时间

雷达信号分选时间是指从预分选开始到完成最终分选所需要的时间。

2）雷达信号分选参数容差

雷达信号分选参数容差也称雷达分选参数分辨率，是指使用参数将两个雷达信号脉冲分开的参数最小差值。雷达分选参数容差通常用参数的最小分辨单元描述。

一维参数容差是指使用一维参数就可将两个雷达信号脉冲区分的一维参数最小差值。其中，方位容差约等于最大测向离散偏差；频率容差约等于最大测频离散偏差；脉冲宽度容差约等于脉冲宽度测量的最大误差；脉冲重复周期容差约等于脉冲到达时间测量的最大误差。

多维参数容差是指使用多维参数可将两个雷达信号脉冲区分的多维参数最小差值。

3）雷达信号分选可信度

雷达信号分选可信度是指分选结果的正确率。由于雷达信号分选客观存在的信号增批和信号漏批，就需要对分选的结果进行可信度估计。信号增批是指信号分选处理后给出的某雷达信号参数，而在信号环境中并不存在该雷达信号，即给出的该雷达信号为虚假的雷达信号。信号漏批是指在信号环境中存在某雷达信号，而在信号分选处理后没有给出该雷达信号参数,即遗漏了该雷达信号。

13.1.3 雷达类网电对抗目标信号分选识别方法分类

1. 雷达信号分选方法分类

随着新体制雷达的不断涌现、电磁环境的日益复杂,雷达信号分选在雷达对抗信号处理流程中变得更加重要,分选的技术也在不断更新。

根据不同的分类方式,可以将雷达信号分选方法分为不同的类别。

1) 根据信号分选实现的过程分类

根据信号分选实现的过程可以将雷达信号分选区分为预分选和主分选两部分。

预分选也称为雷达信号的稀释处理,在通常情况下通过系统前端的结构和系统终端的硬件逻辑电路等实现。稀释处理的特点是速度快、实时性较好,但是应变性较差,通常应用在要求快速分选和体积小的场合。随着集成电路等硬件技术的发展,预分选的功能和实用性日益增强,为主分选大大减轻了脉冲的数据量。当信号环境复杂程度较低时,甚至不需要进行主分选即可将大部分雷达目标信号分选出来。

主分选在通常情况下通过软件算法进行处理,是雷达信号的最终分选,适用于预分选未分选出来的交错脉冲序列,对 PRI 变化复杂的信号效果较好、应变性强,但是实时性比预分选差。

2) 根据分选的参数域分类

根据分选的参数域可以将雷达信号分选分为频域分选、空域分选、时域分选和混合域分选等。

空域分选主要有天线波束分选、方向参数分选、距离分选或极化域分选等。天线波束分选是指利用天线方向图的角度选择特性分选信号。例如,各种测向设备、角跟踪设备中的定向天线波束,用于天线波束分选。方向参数分选是指在硬件逻辑电路中用方向参数进行分选。距离分选也称能量域分选,本质属于空域分选,主要指灵敏度分选、脉冲幅度参数分选或脉冲包络分选等。极化域分选主要指天线极化分选或信号极化特性参数分选等。由于极化特性最终体现在接收信号能量的大小,因此极化域分选本质上是能量域分选或空域分选。

时域分选主要是脉冲时间参数的分选。脉冲时间参数分选是指利用信号脉冲时间参数对信号进行分选,例如,脉冲分析器的脉冲宽度选择电路、脉冲重复频率选择电路等。

混合域分选也称多维空间分选或多维参数分选,例如,前端多维参数分选、脉冲描述字多维参数分选,等。

大多数雷达对抗侦察系统都是采用前端多维空间分选、PDW 多维参数分选和脉冲重复周期分选来进行雷达信号分选。

3) 根据分选参数的多少分类

根据分选参数的多少可以将雷达信号分选分为单参数分选和多参数分选。

单参数分选是指仅利用雷达信号的某一个单一参数进行雷达信号分选。例如:在系统前端仅利用 RF 参数对信号密度进行分选,或只利用方位角参数对信号密度进行稀释。利用精确的到达方向作为密度较大的脉冲流信号的预分选,是在面对各类频域参数捷变和时域参数无规律变化等复杂信号样式的交错信号环境下信号分选的可靠途径。随着瞬时测频技术和瞬时测向技术的发展,使得方位角和 RF 参数成为除 TOA 参数之外最重要的分选参数。由于 PRI 是 TOA 的规律特征,也是通过分选后要求得到的结果,利用脉冲到达时间 TOA 的相关规律性,因此可以比较容易地从交错信号流中分离出各雷达目标的脉冲列,通常用于雷达信号的最终分选。

多参数分选是指利用信号多个参数进行雷达信号分选。由于单参数分选只利用了雷达信号中的单一参数,舍弃了其他参数,信号的丢失概率和被扰乱概率增大。当信号环境复杂时仅靠单参数难以完成信号分选,这时无论是预分选还是主分选都要采用多参数分选。多参数分选可以任意组合,如两参数分选、三参数分选和四参数分选等。

下面的组合并不代表所有组合方案。

(1) τ 和 PRI 两参数分选。分选步骤:首先,进行 PW 分选。将缓存器中的 PDW 按其 PW 值的不同分别存入存储器中的 PW 定址存储区。然后,对每个存储区的脉冲序列进行 PRI 分选。由于先利用 PW 进行了稀释处理,降低了信号密度,因此在进行 PRI 分选时的速度会加快,甚至某一个 PW 值的脉冲流,即某一个雷达目标的脉冲序列。

(2) θ、τ 和 PRI 三参数分选。分选步骤:首先,利用方位角参数 θ 和 PW 值 τ 进行脉冲流稀释处理,确定在 θ、τ 张成的子空间上的存储位置,使具有相同 θ 和 τ 的各个脉冲的 TOA 数据均存放到一个 $\Delta\theta$ 和 $\Delta\tau$ 单元。然后,待稀释处理完毕后,对存储单元的数据进行 PRI 分选。量化单元 $\Delta\theta$ 和 $\Delta\tau$ 的选择要根据侦察系统的性能来决定,其中 $\Delta\theta$ 可根据测向分辨力确定,$\Delta\tau$ 可根据脉冲宽度量化单元确定。对于比幅测向系统,$\Delta\theta$ 一般为 3°~5°,$\Delta\tau$ 一般为 0.1~0.2μs。这种分选方案适用于具有瞬时准确测向能力的侦察系统,它具有对 PRI 变化类型信号的分选能力。

(3) f、τ 和 PRI 三参数分选。f 是指信号 RF 值。分选步骤:首先,利用 RF 值 f 和 PW 值 τ 进行脉冲流稀释处理,将相同 RF 值和 PW 值的数据放到相应的 Δf 和 $\Delta\tau$ 单元中,Δf 为 RF 量化单元,一般为 5~10MHz。然后,进行 PRI 分选。这种分选方案适用于具有瞬时准确测频的侦察系统,它具有对频率捷变信号分选的能力。

(4) f、θ、τ 和 PRI 四参数分选。分选步骤:首先,根据 f、θ、τ 进行稀释处理,将 f、θ、τ 相同的脉冲存储于同一缓冲单元;然后,进行 PRI 分选。这种四参数分选方案能对变化类型较为复杂的信号进行分选,是信号分选使用较多、性能较好的一种分选方案。实现该分选方案,要求侦察系统具有瞬时测频、测向能力,对计算机容量、处理速度等性能都提出了较高的要求。

综上所述,对雷达信号的多参数分选,是在单个脉冲参数基础上进行,通常是对每个脉冲进行全部的参数测量,把形成的单个脉冲描述字存入缓冲器,由预处理器对缓存器中的数据进行稀释处理,降低脉冲密度。由计算机处理软件完成对时域变化、频域变化以及其他复杂信号的分选任务。

4) 根据分选算法的差异分类

根据分选算法的差异可以将雷达信号的分选分为模板匹配分选法、基于 PRI 的分选方法、聚类分选方法、基于人工智能和神经网络的信号分选、多站联合时差直方图分选方法和基于脉内特征参数的分选方法等。

2. 雷达信号识别方法的分类

雷达信号识别,简称为雷达识别。根据识别的方式不同,可以将雷达识别分为人工识别、自动识别和半自动识别。

人工识别是指对测量获得的信号参数和历史库中的信号参数进行人工比较,分析、判别雷达目标的属性等情报信息的方法。

自动识别是指对测量和分选获得的信号参数和历史库中的信号参数进行自动比较,分析、判别雷达目标属性等情报信息的方法。根据自动识别实现手段的不同,它又包括硬件识别和软件识别两类。硬件识别是指利用逻辑硬件电路实现自动识别,主要应用于雷达告警。软件识别是指利用计算机软件运算实现自动识别,通常包括参数匹配识别法、专家系统识别法、模糊数学识别法和神经网络识别法等。

半自动识别是人工识别与自动识别的结合。

人工识别、自动识别和半自动识别仅是识别方式的差异,只反映识别过程中人工参与的程度,其在识别原理上是一致的,识别的过程都包含雷达信号识别和雷达属性识别。雷达信号识别主要是识别信号的类型,是雷达识别的基础。雷达属性识别也称雷达对抗侦察初级情报分析,是指在雷达信号识别的基础上,根据雷达的性能,将雷达和其他雷达联系起来,结合雷达的空间位置情况,通过综合分析或推理分析进行雷达属性识别,从而判别雷达的体制、用途、载体、型号和敌我等属性。根据雷达属性、它所服务的武器系统、当前的工作状态和距离的远近来判定威胁等级,定性或定量估计出识别的可信度。可见,雷达识别的方法既可以人工实现,也可以通过系统编辑电路或计算机软件来自动实现。

早期主要采用人工识别和简单的逻辑电路硬件识别的方法来进行雷达识别;随着系统自动化程度的提高,现在越来越多地采用改进的逻辑电路硬件自动识别和各种软件自动识别的方法进行雷达识别。

本章按照识别的对象差异,将雷达识别分为雷达体制识别、雷达型号与个体识别、雷达所属平台识别和雷达威胁等级判定四个方面。

13.2 雷达类网电对抗目标信号的稀释处理方法

13.2.1 雷达类网电对抗目标信号稀释的目的

雷达信号的稀释与分选既有联系又有区别。信号的稀释可以理解为“分类”。稀释雷达信号的基本原理是利用雷达特性可用其特征参数表征这一基本原理。信号的稀释是以某种规则采用一定的方法使脉冲列的脉冲数减少或分成多个脉冲列。面临现代电磁环境的雷达对抗侦察设备,在做进一步分析前对信号进行稀释既是必要的也是很重要的。对信号进行稀释,可以降低信号密度,有利于对信号的分选,特别是加速信号分选的进程。

具体来说,雷达信号稀释的目的有三个:一是删除脉冲流中的无用数据,从而迅速而有效地减轻后续信号分选的负担。二是区分已知雷达辐射源数据。通过知识库中已知雷达辐射源的先验数据,将已知雷达辐射源数据区分,从而提高信号处理速度和信号分选质量。三是检测和识别可能存在的未知雷达目标。依靠有关雷达目标的先验知识,对实际接收到的脉冲信号流进行某种雷达辐射源的数据分划,便于后续的分选进行辐射源存在的假设检验和推理,一般在稀释处理的最后进行。

雷达信号的稀释也称为预处理,预处理的主要过程分为三个步骤:一是构建删除无用数据的特征集合$\{E_p\}_{p=1}^{n}$,从脉冲流中快速删除无用的脉冲数据。二是构建已知雷达目标数据的特征集合$\{C_j\}_{j=1}^{m}$,初步分选出已知雷达目标的脉冲描述字序列。三是构建未知雷达目标的分划集合$\{D_k\}_{k=1}^{l}$,筛选出可能存在雷达目标数据的若干脉冲序列$\{PDW_{i,k}\}_{k=1}^{l}$。

13.2.2　雷达类网电对抗目标信号稀释方法

根据 13.2.1 小节对稀释过程的简述,本小节对无用数据删除、已知雷达目标筛选和未知雷达目标筛选三个步骤的方法进行分析。

1. 无用数据删除

无用数据是指对分选和识别无意义的数据,主要包括已经确知的某些干扰目标数据、不需要处理的我方雷达目标数据、已经熟知和确知的某些雷达目标数据,等。将这些目标数据归类为无用数据的特征集合$\{\boldsymbol{E}_p\}_{p=1}^{n}$,其中$\boldsymbol{E}_p$为第$p$类无用数据的特征,$n$为无用数据的种类。在通常情况下,常采用特定的来波方向、载频、脉宽和脉内调制特征来逐一定义某一种具体的无用数据,即

$$\begin{cases}\boldsymbol{E}_p=(\theta_{\mathrm{DOA}_p}\cap f_{\mathrm{RF}_p}\cap\tau_{\mathrm{PW}_p}\cap F_p)\\ E=\bigcup\limits_{p=1}^{n}\boldsymbol{E}_p\end{cases}\tag{13-1}$$

式中:$\boldsymbol{E}_p$为四维空间中的特征向量,典型的删除处理过程为快速数据匹配,即

$$PDW_i\begin{cases}PDW_i'M(PDW_i,E)\notin E\\ \overline{\qquad}\\ PDW_i'M(PDW_i,E)\in E\end{cases}\tag{13-2}$$

式中:$\{PDW_i'\}$为删除了无用数据之后的脉冲数据流,此脉冲序列将进一步参与后续的已知和未知目标筛选处理;$M(PDW_i,E)$为脉冲序列在删除数据特征子空间E上的投影,即从PDW_i中选取与E对应的特征参数。

2. 已知雷达目标筛选法

假定$\{C_j\}_{j=1}^{m}$为已知雷达目标特征参数集合,C_j为其中的第j部已知雷达的信号参数特征。为了提高处理速度,构成$\{C_j\}_{j=1}^{m}$的各维参数特征及其描述都应与PDW的参数特征及其描述保持一致,同时还需综合考虑PDW中信号参数特征的稳定性、雷达对抗侦察系统前端的参数测量能力、测量过程中的噪声影响、误差影响等因素。在雷达对抗侦察信号预处理过程中,通常选择θ_{DOA}、f_{RF}、τ_{PW}、F作为特征参数基,并用各已知雷达目标在上面参数基上的投影生成C_j,即

$$\begin{cases}C_j=(\theta_{\mathrm{DOA}_j}\cap f_{\mathrm{RF}_j}\cap\tau_{\mathrm{PW}_j}\cap F_j)\\ C=\bigcup\limits_{j=1}^{m}C_j\end{cases}\tag{13-3}$$

对于已知雷达目标信号的PDW_i'的基本预处理算法为

$$PDW_i\begin{cases}PDW_{i,j}\ M(PDW_i',C)\in C_j,\forall j\in N_{m+1}',\\ pdw_i''\ M(PDW_i,C)\notin C;\end{cases}\forall i \tag{13-4}$$

属于 C_j 子空间的 PDW_i' 数据被筛选到相应的已知雷达目标数据缓存区 $\{PDW_{i,j}\}_{j=1}^{m}$,不属于任何一部已知雷达目标的 PDW_i' 数据将留给 $\{PDW_i''\}$,以便参与下一步未知雷达目标的筛选处理。

如果 m 个已知雷达目标信号的子空间 $\{C_j\}_{j=1}^{m}$ 彼此都不相交,则有

$$C_j\cap C_i\equiv\phi;i\neq j;i,j\in N_{m+1}^{*} \tag{13-5}$$

从 PDW_i' 到 $\{PDW_{i,j}\}_{j=1}^{m}$ 的筛选将是唯一的,即任意到达的 PDW_i' 最多只能符合一部已知雷达目标的参数特征。这种没有模糊的预分选效果是理想的,在实际情况下,由于在一个作战区域内会存在敌我双方大量的雷达目标,同频段、同方向、同脉宽,甚至同一型号的雷达同时工作的情况是大量存在的。因此,在通常情况下 $\{C_j\}_{j=1}^{m}$ 表现为交叠的,式(13-4)的筛选可以是多值的,即一个 PDW_i' 能够分配到多个 $\{PDW_{i,j}\}_j$ 中,只要符合多个 C_j 即可。

3. 未知雷达目标筛选法

对 $\{PDW_i''\}_i$ 数据的稀释处理主要是根据一般雷达信号特征的先验知识,对 θ_{DOA}、f_{RF}、τ_{PW}、F 四个参数张成的子空间 Ω 制定一种合理的分划 $\{D_k\}_{k=1}^{l}$。该分划的一般原则:首先尽可能将来自同一部雷达目标的 PDW 分划在一起,然后尽可能将来自不同雷达目标的 PDW 分划。此外,各子空间的分划还应满足下式的完备性和正交性,即

$$\begin{cases}\bigcup\limits_{k=1}^{l}D_k=D=\Omega\\ D_i\cap D_k=\phi,\forall i\neq k\end{cases} \tag{13-6}$$

对未知雷达目标 PDW_i'' 的预处理算法为

$$PDW_i''\in PDW_{i,k},M(PDW_i',D)\in D_k,k\in N_{l+1}^{*},\forall i \tag{13-7}$$

在满足式(13-6)的前提条件下,剩余的任意 PDW_i'' 都将被唯一地划分在某一个未知雷达目标筛选数据的序列 $\{PDW_{i,k}\}_k$ 中。

根据 D_k 的生成原则,在雷达对抗侦察系统中,对到达角一般采用以测角误差为单位的均匀分划,对载频采用以波段为单位的非均匀分划,对脉宽采用以近似对数为单位的非均匀量化,脉内调制特征则专门作为一种分划。典型的量化单位和空间分划方式,如表 13-1 所列。

表 13-1 典型的位置雷达目标信号特征分划

参数名称	θ_{DOA}	f_{RF}	τ_{PW}	F
量化单位与分划方式	3°~5°,全方位均匀分划	按 P/L/S/C/X/K_u/K_A 等波段分划	μs 级,按≤0.5/1/3/10/100≥100 等非均匀区间分划	按脉内单载频/Chirp/相位编码/频率分集等调制分划

在 PDW 的各项参数中,由于 t_{TOA} 数据不便直接使用,而正确的转换成脉冲重复周期(PRI)数据需要较为复杂的处理时间,一般不能满足实时预处理的要求;影响脉冲幅度数据的因素很多,即使是同一部雷达目标的信号,脉幅数据的起伏也很大。因此,这两项参数一般不参与脉冲流的稀释处理。

13.3　雷达类网电对抗目标信号的分选方法

13.3.1　基于模板匹配的信号分选方法

早期的电磁环境相对简单,雷达数量少,信号形式单一且参数相对固定,针对装订辐射源的分选方法便可取得好的效果,这种方法称为模板匹配方法。该方法事先装订好一些已知雷达平台的主要参数和特性,然后通过逐一匹配比较,实现辐射源信号的分选识别。但随着雷达技术的迅猛发展,战场上的雷达种类和数量不断增加,加之对敌方雷达先验信息的匮乏,如何装订辐射源库便成了限制该方法进一步应用的首要问题。同时,在高密集的复杂信号环境中,基于软件方式、串行比较的模板匹配法计算量非常巨大,根本无法实现实时处理。从而促使人们开发一种具有参数并行关联比较功能的硬件专用器件来实现模板匹配比较,即关联比较和存储技术。不过,纯软件的模板匹配法也有自身的优点,在一些专门针对个体或少数辐射源的分选识别情形,能够做到简单快速。因此,在特定的场合,如在复杂的信号环境中对指定雷达进行识别时,该方法可以用于对重点目标的筛选。其缺点也较为明显:如过多依赖于数据库中的先验知识,不能进行自学习,容错性能较差,特别是对数据库中没有的雷达不能进行正确处理,等。

13.3.2　基于 PRI 的信号分选方法

本小节分析几种常用的基于 PRI 的分选方法。

1. PRI 搜索分选方法

PRI 搜索分选方法,也称为动态扩展关联方法,是最经典和最简单的减法分选方法之一。动态扩展关联方法通过确定的 PRI 值和由多次成功搜索确定 PRI 值的脉冲作为参考脉冲向后检索所有脉冲序列。影响此方法的主要问题是窗口宽度选择、参差鉴别以及脉冲丢失概率,等。

PRI 搜索算法步骤如下:

(1) 首先选择参考脉冲,并使参考脉冲与脉冲序列中的 TOA 不同,获得两个脉冲之间的时间间隔,然后外推该间隔以选择其 PRI 等于时间间隔的脉冲序列。

(2) 如果间隔外推没有成功地对脉冲序列进行分选,则选择另一个时间间隔并重复上述步骤直到脉冲序列被成功分选。

(3) 如果脉冲序列被成功分选,则从脉冲流中去除脉冲序列,即实现对雷达信号的相应脉冲序列的分类。

(4) 重新选择参考脉冲并对剩余脉冲重复上述步骤,直到剩余脉冲数小于手动设置的最小脉冲数阈值。

(5) 分别存储分类后的脉冲序列,最终完成信号分选。

从上述步骤可以很容易发现,该算法简单易行,但仅适用于 PRI 固定的雷达信号,在 PRI 变化类型复杂、有脉冲干扰的情况下,对雷达信号分选无能为力,且增批、漏分选现象严重,分选效果不佳。图 13-2 所示为 PRI 搜索分选方法的流程示意图,PRI_{max} 和 PRI_{min} 分别为人工设定的 PRI 最大值阈值和最小值阈值。

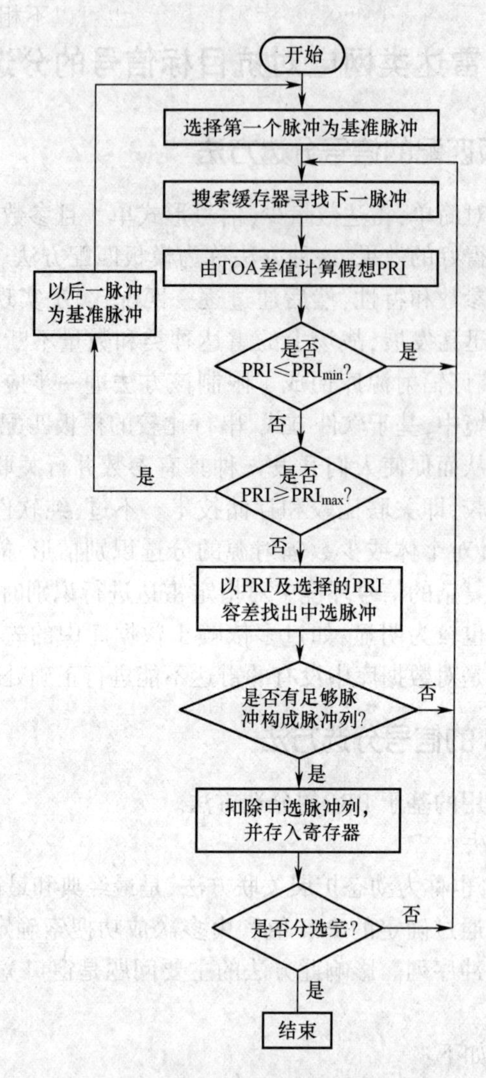

图 13-2　PRI 搜索分选方法流程示意图

2. 统计直方图分选方法

统计直方图分选方法概念简单、实现简单,是雷达信号分选中使用最早的技术。设 T 为某一信号特征参数观测数据的集合,则定义于 T 上的直方图 H 为一个三元组的集:

$$\{h_i = (as_i, at_i, val_i), i = 1, 2, \cdots, m\}$$

式中:as_i 和 at_i 分别是该区间的起点和终点,val_i 表示落入该区间的数据总个数。其中,$[as_i, at_i]$ 是某一区间 A 的子区间,H 必须满足下面三个条件:

(1) 对任意 i 和 $j(i \neq j; i = 1, 2, \cdots, m; j = 1, 2, \cdots, m)$,$[as_i, at_i]$ 和 $[as_j, at_j]$ 的交集为空。

(2) $[as_1, at_1] \cup [as_2, at_2] \cup \cdots \cup [as_m, at_m] = A$。

(3) $\sum_{i=1}^{m} val_i = \mathrm{Sum}$,Sum 代表该批数据的总个数。

as_i 和 at_i 分别为 h_i 的左、右边界点,或为 h_i 的边界点。直方图 H 中所有的边界点构成直方图的边界点集。A 中各子区间的长度可以相等,也可以不相等,视具体情况而定。

雷达信号的统计直方图可用来对接收的有关 PDW 参数进行统计分析,求出各参数出现的相应频次,设定检测门限,当相关参数的频次超过检测门限时,则认为对应的脉冲序列可能构成雷达信号。

例如,TOA 的直方图提取算法的实现过程通常是截取一段侦收到的雷达脉冲序列(已按照到达时间先后进行排序),在一定时间容差范围内逐个测量脉冲与脉冲之间的时间间隔差,以脉冲间隔数值中每一间隔出项的频数作为纵坐标,绘制脉冲间隔统计分布直方图。对于 N 个采样的连续脉冲,可计算脉冲间隔值的数量为

$$S_N = \frac{N(N-1)}{2} \tag{13-8}$$

PRI 统计直方图分析处理的主要步骤如下:

(1) 以直方图中出现次数最多的间隔脉冲作为基本骨架重复周期。如果直方图中出现多个峰值,且峰值所在脉冲间隔值成倍数关系,则取其中倍数最小的作为真实雷达的 PRI。

(2) 从侦察序列中提取已确定的 PRI 序列。

(3) 估算已确定 PRI 序列的 PRI 变化规律统计特征。

(4) 对剩余脉冲序列再做直方图分析,直到分选不出新的有规律的脉冲序列为止。

(5) 扩大脉冲间隔容差,再做 PRI 直方图分析,直到大于可能 PRI 抖动范围为止。

(6) 对同方位不同载频的剩余脉冲序列按照到达时间排序,再做 PRI 直方图分析。

3. 累计差直方图分选算法

累计差直方图分选(CDIF)算法基于周期性脉冲时间有关原理,对传统的直方图统计算法有较大改进。传统的直方图统计算法首先对任意两个脉冲到达时间差都进行统计,然后利用检测门限对统计结果进行检测。这是一种简单而又直观的重频分选算法,但是运算量大并且无法消除谐波影响。CDIF 算法是一种基于直方图统计和序列搜索的混合算法。其基本原理是通过累计各级差值直方图来估计原始序列脉冲中可能存在的 PRI,并根据该 PRI 进行序列搜索。该算法集中了二者的优点,极大降低了运算量且在一定程度上避免了高次谐波的产生。待分选脉冲序列的数学模型为

$$\alpha_i = \sum_{r=0}^{N} f_i(rk) \tag{13-9}$$

式中:N 是总采样时间;k 是采样间隔;r 是待分选的自然数;$f_i(rk) = \begin{cases} 1, r = am_i + q_i, 0 \leqslant a \leqslant \mathrm{int}[(N-q_i)/m_i] = n_i \\ 0, 其他 \end{cases}$,其中:$m_i$ 是雷达脉冲序列 α_i 的脉冲重复周期;q_i 是雷达脉冲序列 α_i 的起始时间;n_i 是雷达脉冲序列 α_i 的总的脉冲个数。

当 s 个雷达的脉冲序列同时存在,各雷达的脉冲序列的合成遵循逻辑“或”的关系,因此可以用 max 函数来表示。

待分选的脉冲序列为

$$p = \sum_{i=1}^{s} \alpha_i = \sum_{r=0}^{N} \max[f_1(rk), f_2(rk), Kf_s(rk)] \tag{13-10}$$

式(13-10)所建模型将传统的直方图统计算法与 CDIF 算法做比较。传统的到达时

间差直方图算法首先计算 $t_j-t_i,j>i$,然后对其进行统计,因此仅计算到达时间差所进行的运算量为

$$\sum_{i=1}^{E}(i-1)=\frac{E(E-1)}{2} \tag{13-11}$$

式中:E 为序列中所包含的脉冲数。

利用到达时间差进行直方图统计的算法不仅在正确的 PRI 处进行统计,而且在其整数倍处也进行统计。当实际测量的雷达脉冲信号序列有脉冲丢失时,利用该算法进行分选得到的结果有可能是 PRI 的整数倍,而不是正确的 PRI 值。因此这种算法有比较严重的谐波干扰问题。此外,由于该算法要对任意两个脉冲的到达时间差都进行计算,运算量非常大,在高密度信号环境下不适合实时处理。

CDIF 算法在一定程度上克服了传统直方图统计算法的缺点,其流程如图 13-3 所示。

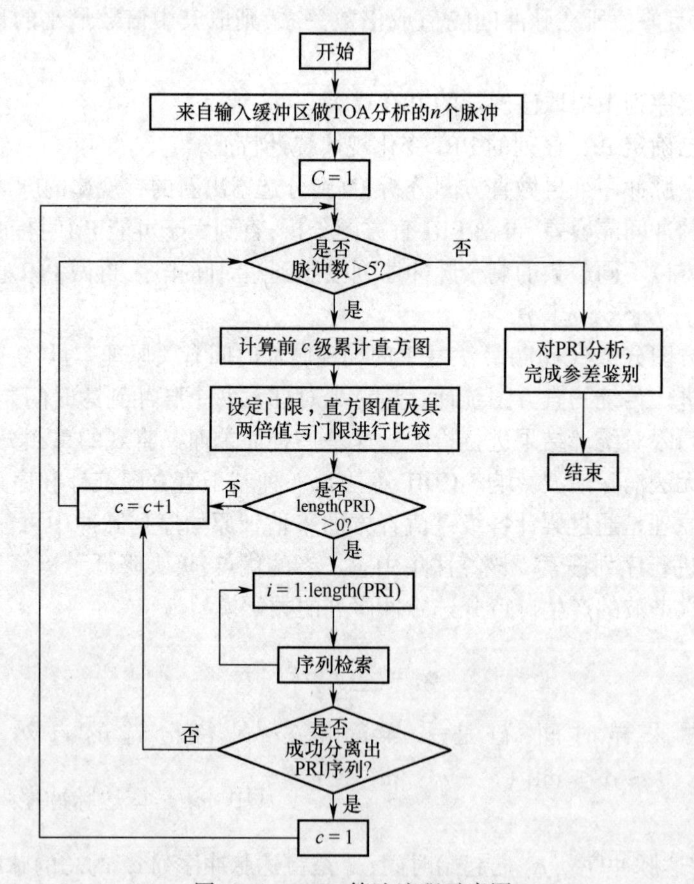

图 13-3　CDIF 算法流程示意图

CDIF 算法主要步骤如下:

(1) 计算相邻 TOA 差值,形成第一级差值直方图,然后确定检测门限,根据检测门限对统计结果进行检测。设直方图的自变量为 τ,假定总采样时间为 ST,则 CDIF 直方图的检测门限为

$$T_{threshold}(\tau) = x * (ST/\tau) \tag{13-12}$$

式中：x 是可调系数，一般取 $x<1$。

（2）从最小的脉冲间隔起，将第一级差值直方图中每个间隔的直方图值以及二倍间隔的直方图值与检测门限相比较，如果两个值都超过检测门限，则以该间隔作为 PRI 进行序列搜索。

（3）假如序列搜索成功，则此 PRI 序列将会从采样序列脉冲中扣除，并对剩余脉冲序列从第一级差值直方图起重新形成新的 CDIF 直方图，该过程会一直重复，直到缓冲器中没有足够的脉冲形成脉冲序列；如果搜索不成功，则以本级直方图中下一个符合条件的脉冲间隔值作为 PRI 进行序列搜索；假如本级直方图中没有符合条件的脉冲间隔值，则计算下一级的差值直方图，并与前一级差值直方图进行累加，然后与检测门限相比较。重复上面步骤，直到缓冲器中没有足够的脉冲形成脉冲序列或时间差值的阶数达到某一固定值为止。CDIF 算法与常规分选算法相比较，CDIF 分选算法具有对干扰脉冲或脉冲丢失不敏感的特点。

CDIF 算法需要将直方图中每个 PRI 间隔的直方图以及 2 倍 PRI 间隔的直方图的值与门限相比较，若两个值都超过门限，则进行搜索。这是针对二次谐波存在的情形，即存在足够数目的间隔为 PRI 的三个脉冲序列，而不是只是存在足够数目的间隔为 PRI 的两个脉冲序列情形而设计的。

累积差直方图是基于周期性脉冲时间相关原理的一种去交错算法，通过累积各级差值直方图来估计原始序列中可能存在的 PRI，并以此 PRI 进行序列搜索。累积差直方图的最大缺陷是需要数量很多的差值级数，即使是很简单的情况也是如此；另一个缺陷是在有大量脉冲丢失的情况下，在累积差直方图中检测到的是子谐波，会造成误选。

4. 序列差直方图分选

序列差直方图分选（SDIF）算法是一种在 CDIF 算法基础上的改进算法，包括 PRI 的建立和序列检测两部分。

其算法步骤如下：

首先，计算相邻两脉冲的 TOA 之差构成第一级差值直方图，并且计算检测门限；然后进行子谐波检测，若只有一个值超过检测门限，则把该值当作可能的 PRI 进行序列搜索；当多个辐射源同时出现时，第一级差值直方图可能会有几个超过门限的 PRI 值，并且都不同于实际的 PRI 值。此时不进行序列搜索，而是计算下一级的差值直方图，对可能的 PRI 进行序列搜索。若能成功地分离出相应的序列，则从采样序列中扣除，并对剩余脉冲列从第一级开始形成新的差值直方图。在经过子谐波检验后，如果不止一个峰值超过门限，则从超过门限的峰值所对应的最小脉冲间隔起进行序列搜索。最后进行参差鉴别。其算法流程如图 13-4 所示。

下面介绍 SDIF 算法的检测门限。

由于直方图的峰值与两脉冲的间隔成反比，在观察时间一定时，脉冲间隔越大，观察到的脉冲数量越小，因而门限值与输入脉冲总数 E 成正比，与脉冲间隔 τ 成反比，即

$$p(\tau) = \frac{xE}{\tau} \tag{13-13}$$

式中：x 是小于 1 的常数。

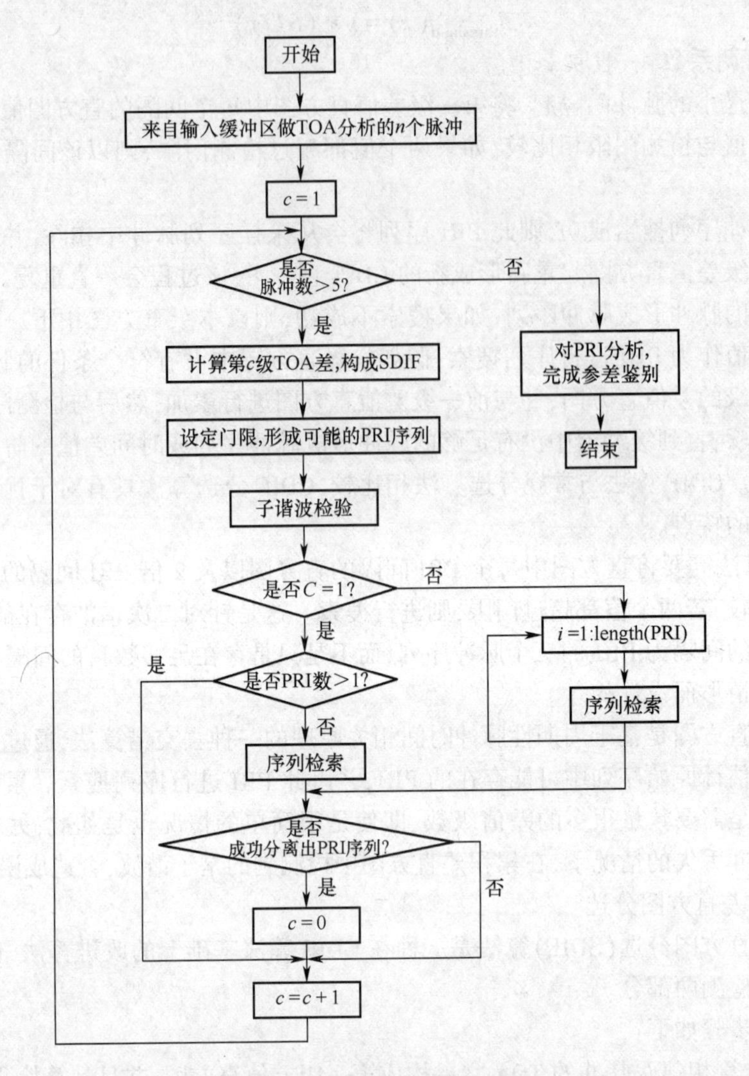

图 13-4　SDIF 算法流程示意图

如果输入脉冲数很多,并且有多部雷达同时存在,相邻脉冲的间隔就可以认为是随机事件,即脉冲前沿可以认为是随机泊松(Poisson)点。将有限的观察时间 T 分为 n 个脉冲子间隔,则在时间间隔 $\tau=t_2-t_1$ 内有 k 个随机泊松点出现的概率为

$$p_k(\tau)=\frac{(\lambda\tau)^k}{k!}\mathrm{e}^{-\lambda\tau} \tag{13-14}$$

式中:$\lambda=n/T$,它表示在单位时间内的脉冲子间隔数。相邻两脉冲间隔为 τ 的概率近似为

$$p_0(\tau)=\mathrm{e}^{-\lambda\tau} \tag{13-15}$$

此为第一级差值直方图的大致形式。

由于直方图实际上是一个随机时间概率分布函数的近似值,所以较高级差值直方图呈指数分布形式。构成第 C 级差值直方图的脉冲组数量为 $E-C$,即观察时间内一共有 $E-C$个事件发生。泊松流的参数 $\lambda=1/gN$,可以概括出最佳检测门限函数为

$$T_{\text{threshold}}(\tau) = x(E - C)\mathrm{e}^{-\tau/gN} \tag{13-16}$$

式中:E 是脉冲总数;C 是差值直方图的级数;g 为小于 1 的正常数;N 是直方图上脉冲间隔的总刻度值;常数 x 由实验来确定。

5. PRI 变换法

PRI 变换的想法最初源于 Nelson,他提出了一种复值自相关积分算法,将脉冲序列的 TOA 差值转换为频谱,从相应的谱峰位置估计脉冲序列的 PRI 值,该算法可以更好地抵制直方图中谐波的出现。

在 PRI 变换中,雷达接收到的脉冲序列只与脉冲到达时间有关,故脉冲序列为

$$g(t) = \sum_{n=0}^{N-1} \delta(t - t_n) \tag{13-17}$$

式中:N 是接收脉冲流的总数;第 n 个脉冲的到达时间为 t_n,$n = 0,1,2,\cdots,N-1$。

$g(t)$ 的自相关函数表达式为

$$C(\tau) = \int_{-\infty}^{+\infty} g(t)g(t+\tau)\mathrm{d}t \tag{13-18}$$

对 $g(t)$进行积分变换,得

$$D(\tau) = \int_{-\infty}^{+\infty} g(t)g(t+\tau)\exp\left(\frac{2\pi jt}{\tau}\right)\mathrm{d}t \tag{13-19}$$

式中:$\tau>0$;$|D(\tau)|$表示 PRI 谱图,谱图中尖峰表示真正 PRI 值出现的地方。

将式(13-17)代入式(13-18)和式(13-19),可得

$$C(\tau) = \sum_{n=1}^{N-1}\sum_{m=0}^{n-1} \delta(\tau - t_n + t_m) \tag{13-20}$$

$$D(\tau) = \sum_{n=1}^{N-1}\sum_{m=0}^{n-1} \delta(\tau - t_n + t_m)\exp(2\pi jt/\tau)\mathrm{d}t \tag{13-21}$$

由式(13-17)~式(13-21)可知,PRI 变换与自相关函数相比较,PRI 变换增加了 $\exp(2\pi jt/\tau)$ 或 $\exp[2\pi jt_n/(t_n - t_m)]$,即相位因子,可以起到抵制谐波的作用。

也可将利用直方图估计 PRI 应用在 PRI 变换法中。当 PRI 的研究范围为$[\tau_{\min},\tau_{\max}]$,将该区段等分为 K 个小区段,每个小区段称为 PRI 箱,如图 13-5 所示。

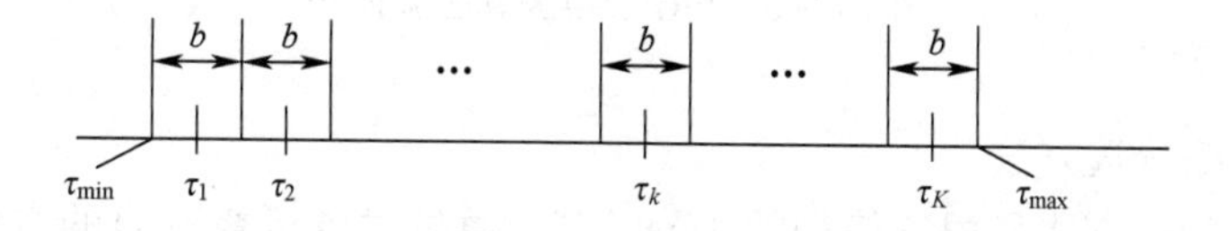

图 13-5　PRI 箱示意图

第 k 个 PRI 箱的中心表示为

$$\tau_k = \frac{k - 1/2}{k}(\tau_{\max} - \tau_{\min}) + \tau_{\min}, k = 1,2,\cdots,K \tag{13-22}$$

当 PRI 的范围与 PRI 箱的中心值为确定值时,PRI 离散谱图 D_k 为

$$D_k = \int_{\tau_k - b/2}^{\tau_k + b/2} D(\tau)\mathrm{d}\tau = \sum_{\tau_k - \frac{b}{2} < t_n - t_m < \tau_k + \frac{b}{2}} \exp[2\pi j t_n/(t_n - t_m)] \tag{13-23}$$

当 b 值接近 0 时，D_k/b 值接近 D_τ，其对应于谱图 $|D_k|$ 反映为当其峰值超过检测阈值时，对应 PRI 值为真实 PRI 值。利用此估算出的较小 PRI 在交迭脉冲流中提取匹配脉冲。

其算法流程如图 13-6 所示。

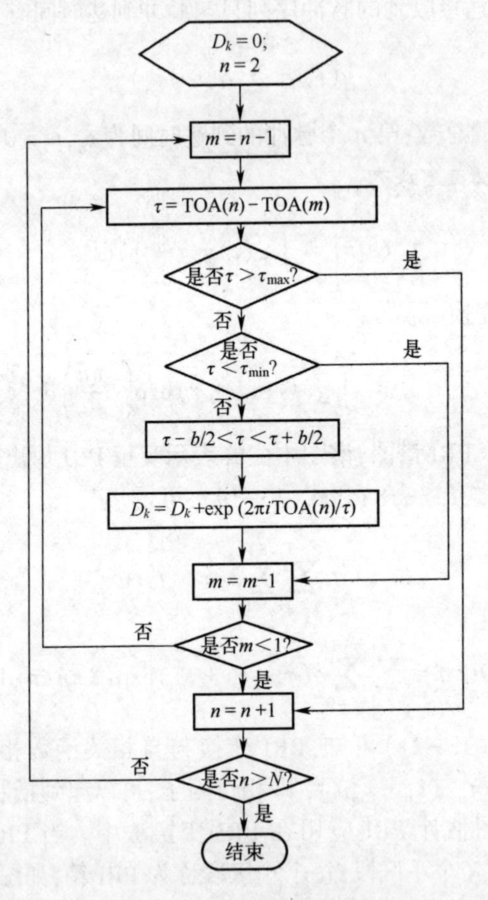

图 13-6　PRI 变换法算法流程图

6. TOA 折叠分选方法

TOA 折叠分选方法是根据信号的 TOA 信息，通过时域折叠变换的方法，将全脉冲在平面上用图形显示出来，从而分选信号，这是一种辅助分选方法。

假设第 k 个脉冲的到达时间为 t_k，平面图形的宽度为 T，每个脉冲在平面图形上以一个亮点表示，第 k 个脉冲的坐标 (x_k, y_k) 由下式决定：

$$\begin{cases} x_k = \Delta x * \mathrm{mod}(t_k/T) \\ y_k = \Delta y * [\mathrm{int}(t_k/T) + 1] \end{cases} \tag{13-24}$$

式中：Δx 为单位时间所对应的 x 方向上的像素点；Δy 为单位时间在 y 方向所对应的像素

点;x_k,y_k 分别只与 t_k 除以 T 后的余数和商有关。

通过改变平面宽度 T 值,则不同 PRI 长度和不同 PRI 形式的雷达信号以不同的特征曲线显示出来,这就是信号分选的依据。

假设只有一部脉冲重复周期为 PRI 的常规雷达信号,则第 k 个脉冲的到达时间为 $t_k = t_0 + (k-1) \times \mathrm{PRI}, k = 1,2,3,\cdots$。其中:$t_0$ 为第一个脉冲信号的到达时间,假设 $t_0 < \mathrm{PRI}$。

当选取 $T=\mathrm{PRI}$ 时,$y_k = k\Delta y$,而 $x_k = t_0 \Delta x$ 为常数,则第 k 个脉冲出现在图形的第 k 行 $t_0\Delta x$ 处,显示区内的亮点构成一条垂直的直线;若 T 略大于 PRI 时,则构成一条斜率为正的直线;若 T 略小于 PRI 时,则构成一条斜率为负的直线。图 13-7 所示为对于 PRI 固定类型的脉冲序列,TOA 折叠分选算法分选效果示意图。

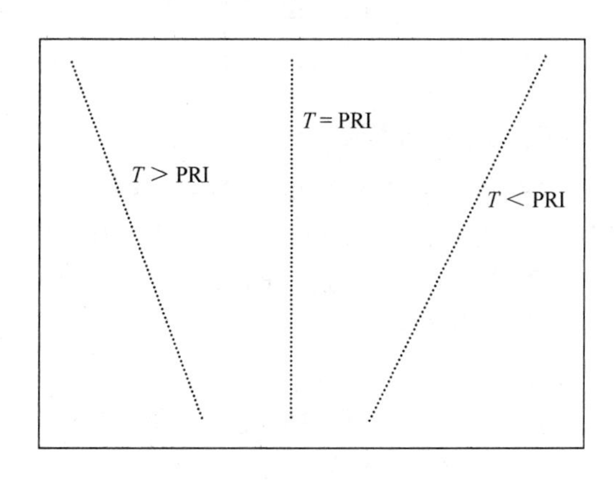

图 13-7　TOA 折叠算法分选效果示意图

13.3.3　基于聚类的信号分选方法

雷达信号无论调制样式多么复杂,对于同一辐射源的信号,必定具有很高的自身相似性,而不同辐射源之间的信号相似性则较低。聚类分析技术可以根据数据的自身相似性把同类信号聚类在一起。根据聚类分析技术的特点,把聚类分析技术引入雷达信号分选。本小节以 K-Means 算法为例介绍。

1. 聚类算法简介

K-means 算法以 k 为参数,把 n 个对象分为 k 个簇,以使簇内具有较高相似度,而簇间的相似度较低。相似度的计算根据同一簇中对象的平均值(簇的中心)来进行。具体有如下步骤。

1) 初始化

首先设置聚类的类别数 K,然后为每个类别的聚类中心赋初值为

$$\{z_1(m), z_2(m), \cdots, z_k(m)\} \tag{13-25}$$

式中:$z_j(m)$ $(j \leqslant k)$ 代表第 m 次迭代的第 j 个聚类中心值。初始值可以是任意的,但通常都设置成样本矢量的前 k 个值。

2）样本矢量划分

若样本矢量 x_i 满足 $\| x_i - z_i(m) \| < \| x_i - z_j(m) \|$，则 $x_i \in S_j(m), i = 1,2,\cdots,N$，$j \leqslant K, i \neq j$。其中，$s_j(m)$ 代表第 m 次迭代时类别 j 的全体。通过样本矢量划分，使每个样本矢量 x_i 与其距离最近的类别中心相联系。

3）计算新的聚类中心

重新计算每一个新的聚类中心位置，以便每个矢量到新的聚类中心的距离之和最小，即 D_j 具有最小值：

$$D_j = \sum_{x_i \in x_j(l)} \| x_i - z_j(m+1) \|^2, i = 1,2,\cdots,K \tag{13-26}$$

式中：$z_j(m+1)$ 是使式(13-26)最小化的所有样本 $s_j(m)$ 的平均值，即新的聚类中心为

$$z_j(m+1) = \frac{1}{N_j} \sum_{x_i \in S_j(m)} x_i \tag{13-27}$$

4）判断收敛

当聚类中心不再有位置变化时，即满足：

$$z_j(m+1) = z_j(m), j = 1,2,\cdots,K \tag{13-28}$$

说明上述迭代已经收敛。但在迭代运算过程中，一般不可能做到聚类中心不再有位置变化，实际中总要设定一个误差值，当下一次迭代的聚类中心值与前一次的聚类中心值相差达到某一允许值时，就可以终止迭代。

2. 聚类方法在信号分选中应用

将聚类算法应用于雷达信号分选，就是将所接收到的雷达信号数据集作为待分选数据，利用描述脉冲信号的各维参数（如脉冲宽度（PW）、脉冲重复间隔（PRI）、信号载频（RF）等），将信号聚为多个类别，尽可能地把某个辐射源所发出的信号聚成一类，从而达到分选的目的。

针对雷达信号的特点，首先要对雷达信号进行预处理，然后利用其分选信号。具体步骤如下：

1）雷达信号预处理

对雷达信号数据集中所有参数维进行归一化处理，按比例变换到同一处理区间，以便用同一尺度进行分析。为保证聚类的合理性，在多维聚类中信号的各维参数数值必须在同一数量级。将雷达信号数据集内的各维数据映射到[0,1]区间内，最大值对应1，最小值对应0。

2）初始化聚类中心

对于雷达信号而言，来自同一部雷达的信号参数具有一定的相似性，各维参数可能相似甚至相同。这样，如果初始选择了同一部雷达的信号作为不同类的初始中心，就有可能造成造成聚类出错的情况。因此，需要选择雷达信号中各维度参数均不同的信号作为初始聚类中心的候选对象。这样就充分保证了初始值选取的可靠性。

3）利用 K-means 算法进行信号分选

假设将接收到的雷达数据集的 RF 特征、PW 特征和 PA 特征作为分选参数。设某一信号 p 经过归一化处理后，取出 RF、PW 和 PA 这三维，成为新的形式 $p'(\mathrm{rf},\mathrm{pw},\mathrm{pa})$，利用平方误差准则，定义误差为

$$E = \sum\nolimits_{i=1}^{k} \sum\nolimits_{p \in C_i} [(\mathrm{rf} - m_{\mathrm{rf}}^i)^2 + (\mathrm{pw} - m_{\mathrm{pw}}^i)^2 + (\mathrm{pa} - m_{\mathrm{pa}}^i)^2] \tag{13-29}$$

这里,E 是数据中所有对象平方误差的总和;p'是空间中的点,表示给定的经过归一化处理后的数据对象;$m_i(m_{\mathrm{rf}}^i, m_{\mathrm{pw}}^i, m_{\mathrm{pa}}^i)$ 是簇 C_i 的平均值;而 p'和 m_i 都是多维的。

用上述步骤首先确定一个簇的平均值和中心值,把剩余的每个对象,根据其与各个簇中心的距离,把它赋给最近的簇;然后重新计算每个簇的平均值。这个过程不断重复,直到上述误差函数收敛,此时聚类的簇便是分选结果。

13.3.4　基于人工智能和神经网络的信号分选方法

人工神经网络是一种由大量处理单元(神经元)广泛连接而成的网络,它是一种高度的非线性动力学系统。用它进行雷达信号分选时,具有其独特优势:①由于知识与信息的存储表现为网络元件间的分布物理联系,所以具有较好的容错和抗噪声能力;②一个模式不是存放在某一个固定地方,而是分布在整个网络并由大量神经元构成一个激活的模式来表示,因而当部分信息丢失时,不致对全局造成大的影响;③在人工神经网络中,存储区和操作区是合二为一的,其学习过程和识别过程由各神经元之间的相互作用来实现,不同信息之间的沟通是自然的、大规模地。因此人工神经网络独特的学习能力在很多学科中得到广泛应用。人工神经网络可以借助于训练数据的优势,从中学习到不同雷达信号特征的特有模式特点,从而进行有效地分选。在雷达信号分选与识别中,常用的分选网络模型主要有 BP 神经网络、Kohonen 神经网络、RBF 神经网络,等。本小节以 BP 神经网络为例进行分析。

BP 神经网络是将问题求解表示输入输出关系,输入$\boldsymbol{x}$ 表示特征向量,输出$\boldsymbol{y}$ 表示其预测结果,它是一个非线性映射系统。网络结构如图 13-8 所示,其包含输入层、隐藏层和输出层。对于输入信号,要首先向前传播到隐节点,然后经过隐藏层处理后,最后传播到输出节点。BP 算法的学习过程包括正向传播和反向传播两个步骤。在正向传播过程中,输入信息从输入层经隐藏层到达输出层,每一层神经元的状态只影响下一层神经元状态。如果在输出层不能得到期望输出,则转入反向传播将误差信号沿原来的连接通路返回。通过修改各层神经元的权值,使得误差信号最小。

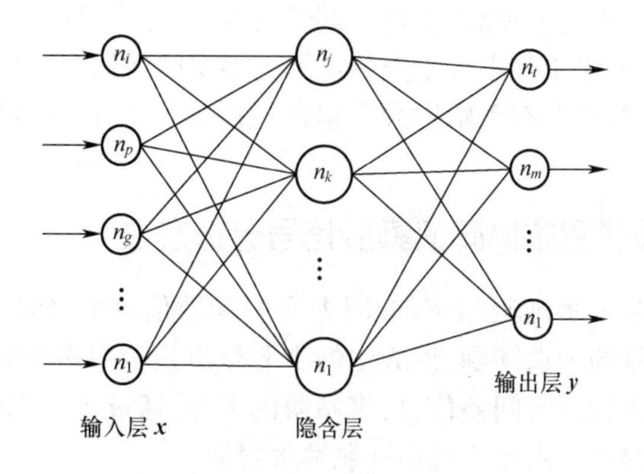

图 13-8　BP 神经网络结构示意图

在图 13-8 中 BP 神经网络结构,正向传播时,输入值加在$\{n_i\}$各节点上,其对应的下

一层节点输入为

$$I_j = \sum_i \omega_{ji}\theta_i \tag{13-30}$$

式中：θ_i 为加在$\{n_i\}$各节点上的值；ω_{ji}为输入节点与隐含节点间的网络权值。节点函数一般选用 Sigmoid 函数 $f(x)=\frac{1}{1+e^{-x}}$，隐含节点输出为

$$\theta_i = \frac{1}{1+\exp(-I_j)} \tag{13-31}$$

输出层节点输入为

$$I_t = \sum_j \omega_{tj}\theta_j \tag{13-32}$$

式中：ω_{tj}为隐含节点与输出节点间的网络权值。

输出层节点输出为

$$\theta_t = \frac{1}{1+\exp(-I_t)} \tag{13-33}$$

当输出节点的期望值为 $\hat{\theta}_t$ 时，理想的输出与实际输出偏差为

$$E = \frac{1}{2}\sum_{K-1}^{K}(\hat{\theta}_t - \theta_t)^2 \tag{13-34}$$

在反向传播中，输出层误差梯度为

$$\delta_t = (\hat{\theta}_t - \theta_t)\theta_t(1-\theta_t) \tag{13-35}$$

隐含层误差梯度为

$$\delta_j = \theta_j(1-\theta_j)\sum_t \omega_{tj}\delta_t \tag{13-36}$$

权值调整为

$$\omega_{ji}^{\text{new}} = \omega_{ji}^{\text{old}} + \eta\delta_j\theta_i + \alpha[\Delta\omega_{ji}^{\text{old}}] \tag{13-37}$$

$$\omega_{tj}^{\text{new}} = \omega_{tj}^{\text{old}} + \eta\delta_t\theta_j + \alpha[\Delta\omega_{tj}^{\text{old}}] \tag{13-38}$$

图 13-9 所示为 BP 算法训练学习的流程图，BP 神经网络推理模型。为了缩短学习时间，可采用“批”的处理方式，即把要处理的 K 个学习样本一起进行训练，并将由其带来的误差梯度在各个节点进行累加后，再统一调整数值。如此反复，直至收敛。

BP 神经网络是一种采用最小均方误差学习的多层映射网络，是使用最广泛的网络。在用于雷达信号分选时，需要有关辐射源数据进行训练。训练好的网络可以识别输入信号的类别。

13.3.5 基于多观测站协同侦察的信号分选方法

本小节分析一种基于多观测站测向/时差和多参数信息的联合分选方法，用于解决交错脉冲流中雷达信号的分选问题，该方法的主要思想是利用多个观测站接收到的同一部雷达脉冲方位信息或到达时间差信息，多站协同工作，通过主站和副站的匹配，利用位置/时差信息提取匹配脉冲，从而实现雷达脉冲的提取。

1. 基于位置信息的多站测向联合分选法

1）多站接收脉冲序列的观测模型建立

为便于问题的描述，多站接收脉冲序列的观测模型选取空中三个观测站及地面三个

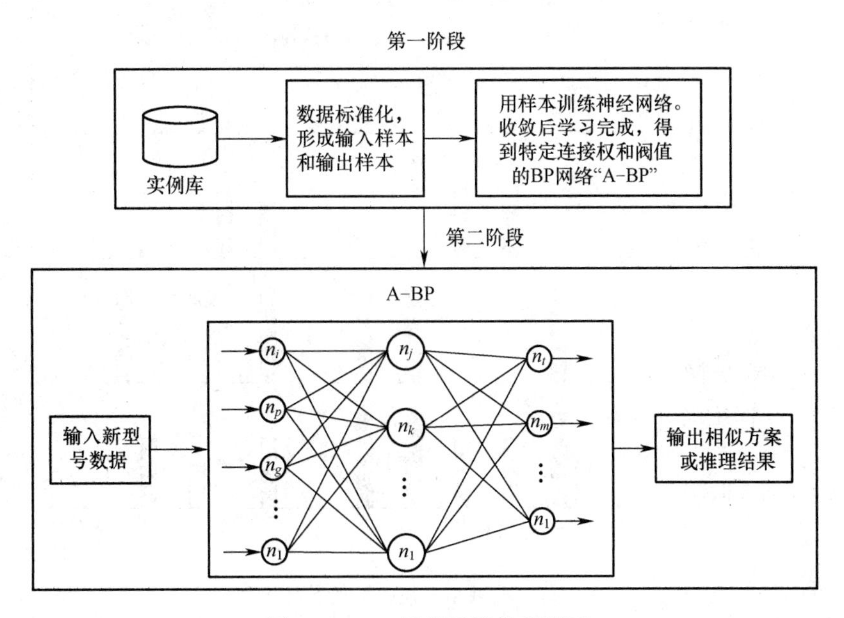

图 13-9　BP 神经网络推理模型

雷达目标信号，以此为例进行雷达信号分选论述。观测站配置及目标辐射源分布如图 13-10 所示。

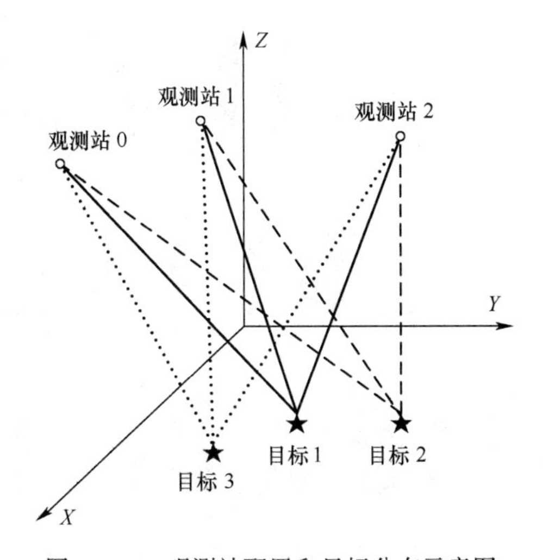

图 13-10　观测站配置和目标分布示意图

假设各观测站都能正常接收 3 个目标雷达信号的脉冲序列，由于复杂电磁环境的影响，观测站接收到的是 3 个目标雷达的混合脉冲序列，同时存在干扰脉冲和丢失脉冲。将观测站 0 视为主站，其侦察处理得到的 3 个目标信号的脉冲序列及其混合脉冲序列，如图 13-11 所示。

类似地，除了主站之外的两个其他观测站通过处理侦收到的也是在时间上重叠的脉冲序列。对于同一个目标雷达，各观测站接收到的其脉冲序列可由基准站（主站）接收的其脉冲序列在时间上提前或推迟得到。然而，由于每个观测站的丢失脉冲和干扰脉冲是

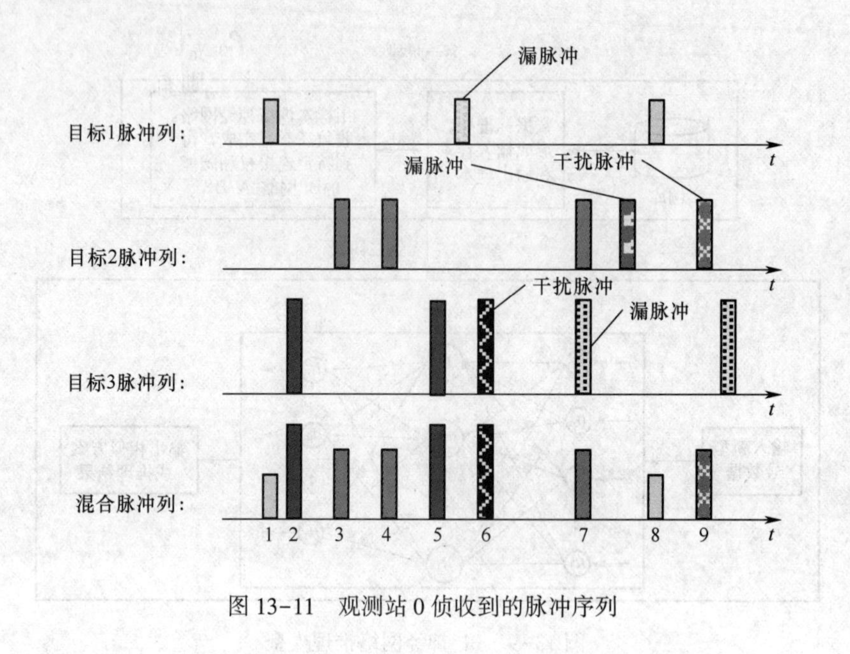

图 13-11　观测站 0 侦收到的脉冲序列

不同的,因此每个空中观测站最终接收的脉冲序列不能通过参考脉冲序列在时间上简单平移得到,并且在复杂电磁环境下,雷达目标数量繁多,情况更加复杂。图 13-12 所示为各观测站最终接收的交错脉冲列示意图。

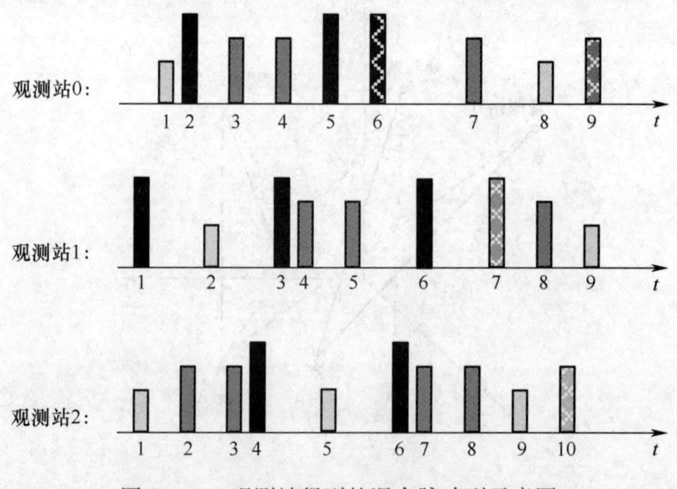

图 13-12　观测站得到的混合脉冲列示意图

2）多参数联合分选的脉冲序列模型建立

在多站测向与多参数联合分选的脉冲序列模型中,首先确定主站,并确定主站中的基准脉冲;然后利用位置信息搜索主站中可能来自同一个目标辐射源的脉冲信号,并在剩余观测站(副站)接收脉冲序列中;最后利用脉冲信号的多参数信息联合搜索信号,搜索基准脉冲的匹配脉冲。本小节中的多参数信息包括由载波频率、脉冲宽度、脉冲幅度和脉内调制类型组成的四维矢量。

主站接收到的脉冲数用 N_0 表示,脉冲序列用 Y_0 表示,则有

$$Y_0=[\{\boldsymbol{\Theta}_{0,1},\boldsymbol{P}_{0,1}\},\{\boldsymbol{\Theta}_{0,2},\boldsymbol{P}_{0,2}\}\cdots\{\boldsymbol{\Theta}_{0,N_0},\boldsymbol{P}_{0,N_0}\}] \tag{13-39}$$

第 i 个副站接收到的脉冲数用 N_i 表示,脉冲序列用 Y_i 表示,则有

$$Y_i=[\{\boldsymbol{\Theta}_{i,1},\boldsymbol{P}_{i,1}\},\{\boldsymbol{\Theta}_{i,2},\boldsymbol{P}_{i,2}\}\cdots\{\boldsymbol{\Theta}_{i,N_i},\boldsymbol{P}_{i,N_i}\}] \tag{13-40}$$

3) 联合分选法的基本原理及实现

联合分选法的基本思想:首先选取主站,将主站接收的第一个脉冲作为基准脉冲;然后通过脉冲信号的位置信息在主站中搜索可能与基准脉冲来自同一辐射源的所有脉冲信号;最后利用主站搜索出的所有脉冲信号与第一副站的脉冲序列进行联合分选。以此类推,直到完成与所有副站的匹配,并提取匹配脉冲以完成信号分选。具体实施步骤如下:

(1) 初始化参数,确定主站基准脉冲。在分选开始前,所有脉冲信号的分选标识字被重置为 0,并且主站接收的第一脉冲被用作参考脉冲,且其位置信息和多参数信息可以表示为 $Y_{0beg}=[\Theta_{0,1},P_{0,1}]$。

(2) 使用如载波频率、脉冲宽度和脉冲幅度的多参数信息在第一个副站中搜索匹配脉冲。由于主站和副站在相同条件下接收信号,因此如果通过脉冲多参数信息,搜索到副站的脉冲序列中也存在参考脉冲,则副站中必定存在其他匹配脉冲。若第一个副站第 m 个脉冲的位置和多参数信息可表示为 $Y_{1,m}=[\boldsymbol{\Theta}_{1,m},\boldsymbol{P}_{1,m}]$。定义一个相似度函数 $f(\boldsymbol{P}_{0,n},\boldsymbol{P}_{i,m})$,表示主站的第 n 个脉冲与第 i 个副站的第 m 个脉冲在多参数信息方面的相似度,其数学表达示为

$$f(\boldsymbol{P}_{0,n},\boldsymbol{P}_{1,j})=\begin{cases}1-r_1/r_0, r_1<r_0\\0, r_1\geqslant r_0\end{cases} \tag{13-41}$$

式中:r_0 是人为设置的参考距离;r_1 是两脉冲多参数信息的欧式距离,计算方法为

$$r_1=\|(\boldsymbol{P}_{0,n}-\boldsymbol{P}_{i,m})^{\mathrm{T}}\boldsymbol{W}(\boldsymbol{P}_{0,n}-\boldsymbol{P}_{i,m})\|^{\frac{1}{2}} \tag{13-42}$$

式中:$\boldsymbol{W}$ 是加权矩阵,通常是对称矩阵。其判定条件为

$$\begin{cases}f(\boldsymbol{P}_{0,n},\boldsymbol{P}_{i,m})>\delta,\text{匹配成功}\\f(\boldsymbol{P}_{0,n},\boldsymbol{P}_{i,m})\leqslant\delta,\text{匹配失败}\end{cases} \tag{13-43}$$

式中:δ 为人工设置的匹配门限值。匹配成功时,系统记录该脉冲的位置信息与多参数信息为 $Y_{1,m}=[\Theta_{1,m},P_{1,m}]$;如果匹配不成功,继续搜索第一副站中的剩余脉冲进行匹配。若第一副站中没有参考脉冲的匹配脉冲,则返回步骤(1),重新选择参考脉冲,并重复上述步骤。

(3) 提取匹配脉冲。在完成上述步骤后,若第一副站中的某一脉冲与基准脉冲匹配成功后,则说明第一副站的全脉冲序列中能够接收到该雷达信号,且确定该信号相对于主站和第一副站的位置分别为 $\boldsymbol{\Theta}_{1,m}$、$\boldsymbol{\Theta}_{1,m}$。在主站中利用该信号的位置信息继续搜索剩余脉冲,位置信息为$[\boldsymbol{\Theta}_{0,1}-\omega,\boldsymbol{\Theta}_{0,1}+\omega]$的脉冲,即匹配脉冲($\omega$ 为测向误差),记录每个匹配脉冲 $Y_{0,r}$,并提取第一副站中的对应脉冲,当第一个副站中的第 j 个脉冲满足以下条件:

$$\boldsymbol{\Theta}_{1,j}\in[\boldsymbol{\Theta}_{0,1}-\omega,\boldsymbol{\Theta}_{0,1}+\omega]\cap f(\boldsymbol{P}_{0,r},\boldsymbol{P}_{1,j})>\delta \tag{13-44}$$

则将此脉冲的分选标识字设置为 1,否则设置为 0。在完成上述步骤之后,提取其分选标识符为 1 的所有脉冲,并形成新的脉冲序列 $\widetilde{Y}_0(0,1)$,表示主站与第一副站分选后的脉

冲序列。

(4) 主站与第二副站匹配。重复上面步骤,则主站与第二副站的分选脉冲序列表示为 $\widetilde{Y}_0(0,2)$。

(5) 综合比较两分选脉冲列,最终分选脉冲序列为 $\widetilde{Y}_0(0,1,2)$。

2. 基于时差信息的多站联合分选法

针对协同侦察时某些重点目标的脉冲列提取问题,通过多站时差分选的思想,利用多个观测站接收到的脉冲流数据;通过已知库中重点目标的真实位置信息得到不同观测站与主站之间的时差信息,并结合脉冲的其他多参数信息实现该重点目标的多站联合分选。

1) 观测模型建立

为了便于描述算法模型,假设有观测站 1、2、3 和目标辐射源 1、2、3,假设观测站 1 为主站,其余为副站,其分布如图 13-13 所示。

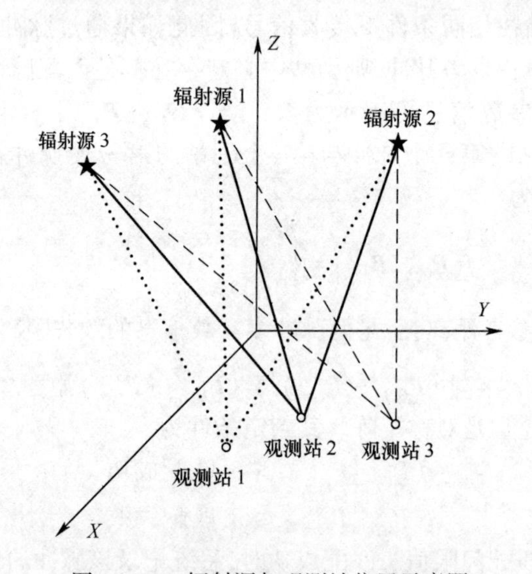

图 13-13　辐射源与观测站位置示意图

由于复杂电磁环境的影响,三个目标辐射源发射的脉冲序列在时域上重叠,并且还存在干扰脉冲和漏脉冲。考虑到干扰脉冲和漏脉冲,图 13-14 所示为观测站 1(主站)接收的三个辐射源的脉冲序列和交错脉冲序列。

与基于位置信息的多站协同侦察的联合分选算法类似,基于时差信息的多站联合分选法由于副站接收的脉冲序列都可由主站接收到的脉冲列在时间上提前或延迟一定时差得到,图 13-15 所示为三个站接收的脉冲序列的示意图。

以目标辐射源 1 为例,其被观测站 1、观测站 2 和观测站 3 分别接收的时间为 t_0、t_1、t_2,如图 13-16 所示。

假设两副站相对于主站的时差分别为 Δt_1、Δt_2,则有

$$\Delta t_1 = t_1 - t_0 \tag{13-45}$$

$$\Delta t_2 = t_2 - t_0 \tag{13-46}$$

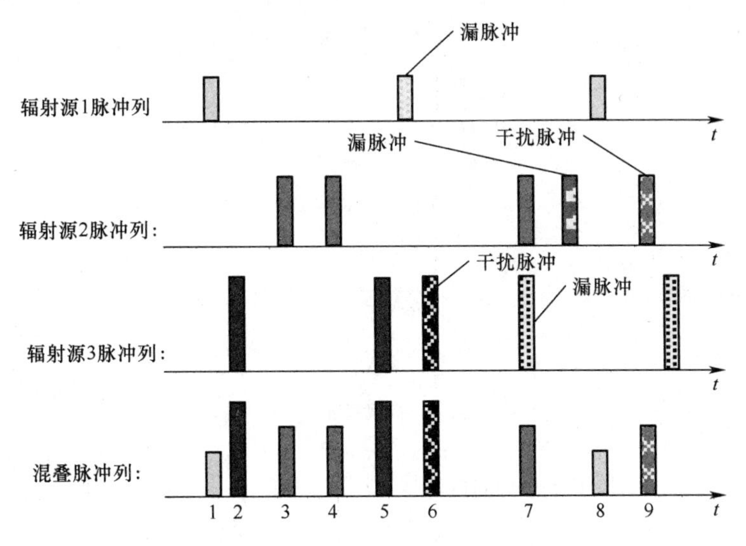

图 13-14　多站测时差算法主站接收的脉冲序列示意图

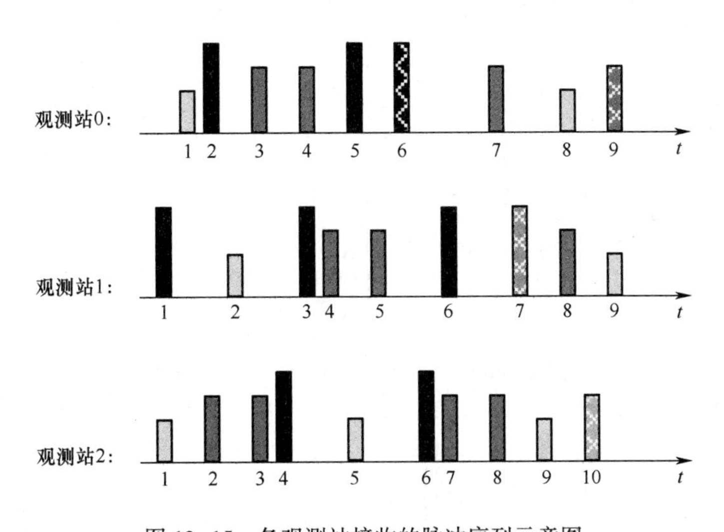

图 13-15　各观测站接收的脉冲序列示意图

若 $\Delta t_1>0$,则说明观测站 1 的脉冲序列与主站在时间上向后推移 Δt_1 接收的脉冲序列对应;若 $\Delta t_1<0$,则说明观测站 1 在时间上向后推移 Δt_1 得到的脉冲序列与主站接收的脉冲序列相对应。

主站接收到的脉冲序列 Y_0 表示为

$$Y_0=[\{t_{0,1},\boldsymbol{P}_{0,1}\},\{t_{0,2},\boldsymbol{P}_{0,2}\},\cdots,\{t_{0,N_0},\boldsymbol{P}_{0,N_0}\}] \tag{13-47}$$

第 i 个副站接收的脉冲序列 Y_i 可表示为

$$Y_i=[\{t_{i,1},\boldsymbol{P}_{i,1}\},\{t_{i,2},\boldsymbol{P}_{i,2}\},\cdots,\{t_{i,N_i},\boldsymbol{P}_{i,N_i}\}] \tag{13-48}$$

式中:N_0 表示主站接收的脉冲数;N_i 表示第 i 个副站接收到的脉冲数,$t_{i,n}(i=1,2,\cdots,I;n=1,2,\cdots,N_i)$ 表示第 i 个副站接收的第 n 个脉冲的 TOA 值;$\boldsymbol{P}_{i,n}$表示由 RF、PW、PA、MOP 构成的除脉冲到达时间之外的脉冲多参数信息矢量。

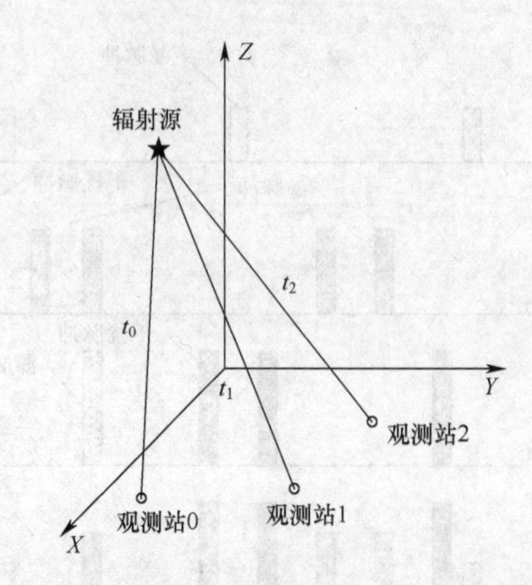

图 13-16　目标辐射源到达观测站的时差示意图

2）方法步骤

多站测时差分选算法的基本思路：已知某目标辐射源的真实位置信息，利用主站与副站间的时差信息，联合脉冲序列的其他多参数信息，对该目标辐射源的脉冲序列实现正确分选。

其基本流程如下：

（1）参数初始化。

（2）确定参考脉冲并选择副站脉冲序列中的匹配脉冲。

由于关键辐射源的位置信息是已知的，因此可以通过其位置坐标获得主站和各个副站间的时差信息。假设主站与第 i 个副站间的时差为 τ_i，其流程如图 13-17 所示：

在图 13-17 中基准脉冲的选择与匹配主要包括五个步骤，具体如下：

（1）从主站脉冲列中选基准脉冲。按脉冲的到达时间顺序，取主站脉冲列的第 n_0 个脉冲，首次执行步骤（1）时，$n_0=1$。若第 n_0 个脉冲的分选标志为 0，则说明该脉冲未经过分选，转步骤（2），首次执行步骤（1）时第 n_0 个脉冲的分选标志必为 0。若第 n_0 个脉冲分选标志不为 0，令 $n_0 = n_0 + 1$ 后，则重复步骤（1）。

（2）从副站 i 脉冲列中选基准脉冲。当从主站中确定基准脉冲后，从副站 i 的脉冲列中选取与主站基准脉冲相匹配的脉冲，称该脉冲为副站的基准脉冲。取副站 i 的第 n_i 个脉冲，若该脉冲标志为 0，转步骤（3）；若该脉冲标志不为 0，令 $n_i=n_i+1$，重复步骤（2）。

（3）到达时间匹配。计算主站的基准脉冲与副站 i 的第 n_i 个脉冲的到达时间差值：$\Delta\tau_{0,j}=t_{0,n_0}-t_{i,n_1}$，若 $\tau_L^i \leqslant \Delta\tau_{0,i} \leqslant \tau_U^i$，则到达时间匹配成功，转步骤（4）；否则，取下一个脉冲，令 $n_i=n_i+1$，转步骤（2）。判断 $\tau_i>\tau_U^i$，若成立，由于各站脉冲均按到达时间顺序排列，则副站 i 第 n_i 个之后的所有脉冲不能满足到达时间匹配条件，到达时间匹配失败，转步骤（5）；否则，令 $n_i = n_i + 1$，转步骤（2）。

（4）脉冲参数匹配。计算脉冲列间脉冲参数匹配因子 β_1，若 $\beta_1 \geqslant \gamma_1$，参数匹配成功，则完成了从副站 i 的基准脉冲选取，转步骤（5）；否则，参数匹配不成功，令 $n_i=n_i+1$，转步骤（2）。

（5）令 $i=i+1$，若 $i \leqslant I$，则对所有副站重复步骤（2）~步骤（4）；若能找到基准脉冲的

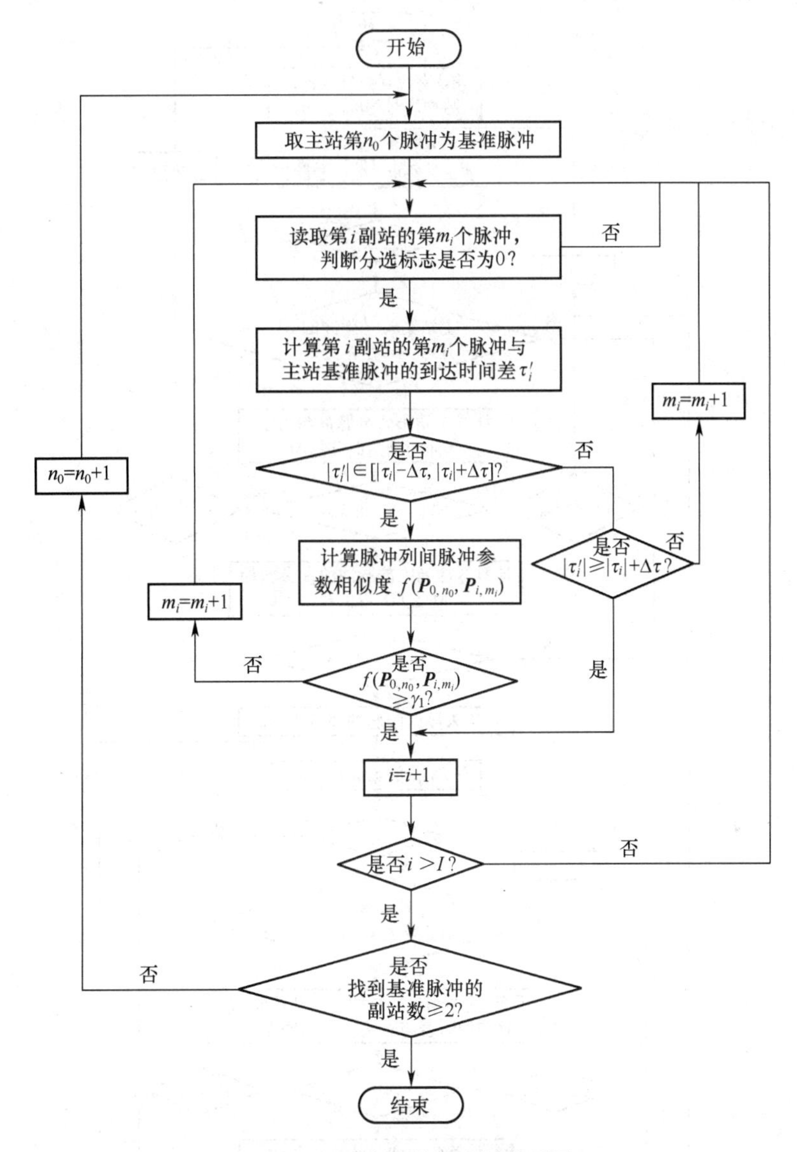

图 13-17　基本脉冲的选择流程图

副站数少于两个,则记为匹配失败,转步骤(1),重新找基准脉冲,直到主站所有脉冲的分选标志均不为 0 为止。

提取匹配脉冲主要分为两个步骤,具体如下:

(1) 利用主站接收的脉冲序列中的位置信息搜索参考脉冲的匹配脉冲。

(2) 在剩余的副站中,TOA 和多参数信息用于搜索对应于上述步骤的脉冲。

提取匹配脉冲的基本流程如图 13-18 所示。具体实现步骤如下:

(1) 令 $m_0=n_0+1$,顺序读取主站基准脉冲后的脉冲,并记在主站脉冲中找到的最后与主站基准脉冲相匹配的脉冲序号为 d_0,该脉冲称为末尾匹配脉冲,初始末尾匹配脉冲序号 $d_0=n_0$。

(2) 若 $m_0\leqslant N_0$,则转到步骤(3);若 $m_0>N_0$,超过主站最大脉冲数,则完成从主站脉

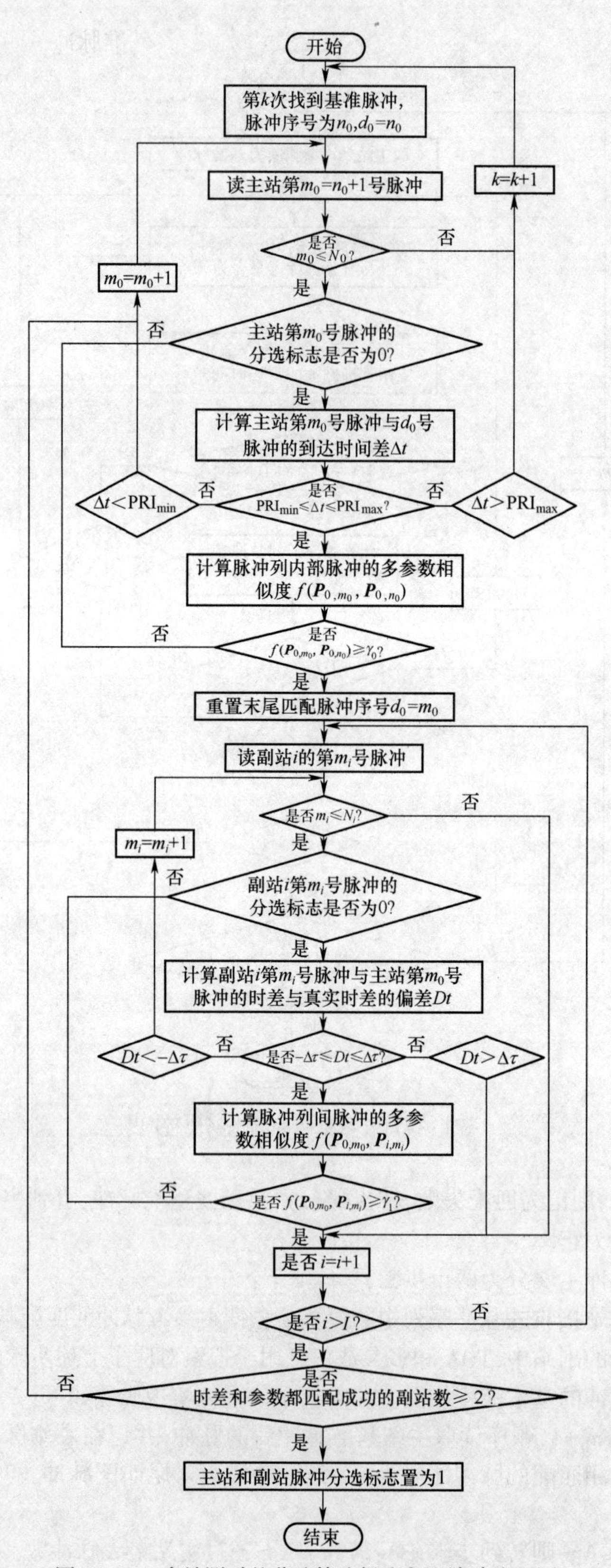

图 13-18 多站测时差分选算法提取匹配脉冲流程图

冲列中与主站基准脉冲匹配脉冲的步骤,令 $k=k+1$,重新找基准脉冲。

(3) 若主站第 m_0 号脉冲的脉冲分选标志为 0,计算主站第 m_0 号脉冲与末尾匹配脉冲的到达时间差 $\Delta t = t_{0,m_0} - t_{0,d_0}$;否则,令 $m_0=m_0+1$,转步骤(2)。

(4) 若 $\mathrm{PRI}_{\min} \leqslant \Delta t \leqslant \mathrm{PRI}_{\max}$,则转步骤(5),其中 $\mathrm{PRI}_{\min}$、$\mathrm{PRI}_{\max}$ 分别为辐射源信号的脉冲重复间隔(PRI)可能取值的最小值和最大值;若 $\Delta t<\mathrm{PRI}_{\min}$,令 $m_0=m_0+1$,则转步骤(2);若 $\Delta t>\mathrm{PRI}_{\max}$,令 $k=k+1$,则重新找基准脉冲。

(5) 计算脉冲列内部脉冲 $\boldsymbol{P}_{0,n_0}$、$\boldsymbol{P}_{0,m_0}$ 的参数匹配因子 β_0,若 $\beta_0 \geqslant \gamma_0$,参数匹配成功,令末尾匹配脉冲序号 $d_0=m_0$,则转步骤(6);若 $\beta_0 \geqslant \gamma_0$,参数匹配不成功,令 $m_0=m_0+1$,则转步骤(2)。

(6) 在副站 i 的脉冲列中找时差和参数均与主站第 m_0 号脉冲相匹配的脉冲,令 $n_i=n_i+1$。

(7) 若 $n_i \leqslant N_i$,则转步骤(8);若 $n_i>N_i$,则说明副站 i 已经没有可比较的脉冲,转步骤(11)。

(8) 若副站 i 第 n_i 号脉冲的分选标志为 0,则计算副站 i 第 n_i 号脉冲与主站第 m_0 号脉冲的时差与参考时差的偏差 $D_t = t_{i,n_i} - t_{0,m_0} - \tau_i$;否则,令 $n_i = n_i + 1$,转步骤(7)。

(9) 若 D_t 在时差容差范围内,即 $-\Delta\tau \leqslant D_t \leqslant \Delta\tau$,则说明时差匹配成功,转步骤(10);否则,若 $D_t < -\Delta\tau$,令 $n_i=n_i+1$,则转步骤(7);若 $D_t>\Delta\tau$,时差匹配失败,则转步骤(11)。

(10) 计算脉冲列间脉冲 $\boldsymbol{P}_{0,m_0}$、$\boldsymbol{P}_{i,n_i}$ 的参数匹配因子 β_1,若 $\beta_1 \geqslant \gamma_1$,参数匹配成功,则转步骤(11);若 $\beta_1<\gamma_1$,参数匹配失败,令 $n_i=n_i+1$,则转步骤(7)。

(11) 若 $i=I-1$,且时差匹配成功和参数匹配成功的副站数不少于两个,将满足上述条件的主站和副站脉冲分选标志置为 k;若 $i=I-1$,时差匹配成功和参数匹配成功的副站数少于 2 个,且 $m_0<N_0$,令 $m_0=m_0+1$,转步骤(2);否则,分选完成,退出分选;若 $i < I - 1$,$i = i + 1$,则转步骤(6)。

从主站脉冲列中找到的基准脉冲都进行上述处理,直到主站所有脉冲的分选标志均不为 0 时,不能找到基准脉冲为止。

13.3.6　基于脉内特征参数的分选方法

将脉内特征作为雷达信号提取和分选的参数是众多该领域研究人员的一致共识,也是极有希望提高新体制雷达辐射源提取和分选能力的一种途径。新体制雷达的出现,常规参数在各参数域的随机变化和相互交叠,使得常规参数分选方法处理起来极其困难。因此,该领域研究人员致力于提取新的特征参数来解决信号的分选问题。

脉内特征主要是指雷达信号的调制特征,基于脉内特征参数的分选方法,通过对雷达信号调制特征的提取,达到识别该雷达个体的目的,从而在脉冲序列中将该雷达个体所发射的脉冲提取出来。因此,从本质上来说,基于脉内特征参数的分选方法是通过个体特征的提取,达到识别该雷达目标的目的。

13.4 雷达类网电对抗目标信号的识别方法

13.4.1 雷达类网电对抗目标体制识别概述

雷达体制,即雷达技术体制,是指为实现雷达所要求的功能而采用的技术。不同技术体制的雷达,其工作方式、信息处理的方法及信号形式都有很大差别,这是进行技术体制分析的依据。同种用途的雷达系统可用不同的技术体制来实现,而某一种体制也可以有很多用途。雷达体制识别是指对雷达的技术特点和技术性能进行综合分析获得雷达体制的过程,它是识别雷达的用途等属性,最终确定雷达型号以及相关武器系统的基础。

1. 雷达类网电对抗目标体制的分类

1)常见的分类方式

雷达目标的种类繁多,分类的方法也非常复杂,一般分为军用雷达和民用雷达。其他分类方式如下:

(1)按雷达用途分类,分为预警雷达、搜索警戒雷达、引导指挥雷达、炮瞄雷达、测高雷达、战场监视雷达、机载雷达、无线电测高雷达、雷达引信、气象雷达、航行管制雷达、导航雷达以及防撞和敌我识别雷达等。

(2)按雷达信号形式分类,分为常规脉冲雷达、连续波雷达、脉冲压缩雷达和频率捷变雷达等。

(3)按雷达角跟踪方式分类,分为单脉冲雷达、圆锥扫描雷达和隐蔽圆锥扫描雷达等。

(4)按目标测量的参数分类,分为测高雷达、二坐标雷达、三坐标雷达和敌我识别雷达、多基地雷达等。

(5)按雷达采用的技术和信号处理的方式分类,分为相参积累和非相参积累、动目标显示、动目标检测、脉冲多普勒雷达、合成孔径雷达、边扫描边跟踪雷达等。

(6)按雷达天线扫描方式分类,分为机械扫描雷达、相控阵雷达等。

(7)按雷达频段分类,分为超视距雷达、微波雷达、毫米波雷达以及激光雷达等。

2)常用的技术体制

随着现代雷达技术的发展,新的雷达技术体制不断出现。到目前为止,对雷达技术体制的分类还没有统一的标准,常用的雷达技术体制有常规脉冲、单脉冲、脉冲压缩、脉冲多普勒、动目标显示、频率捷变、频率分集、相控阵、合成孔径以及连续波等。不同技术体制的雷达,其工作方式不同,信号的特征参数、变化规律及特点也不同,天线波束形状和扫描方式也不同。因此,利用雷达信号的各个特征参数(如载频、脉冲重复周期、脉宽、脉内调制特征等)及其变化规律,以及天线波束形状和扫描方式等信息,进行综合分析,就可以识别雷达的技术体制。

(1)常规脉冲体制。从电子战信息处理的角度,可以认为常规脉冲体制的雷达是信号未经设计技术处理,直接对脉冲序列调制(direct sequence modulation,DSM)的一般体制雷达。无论它是否采用了先进的电移相控阵、恒虚警等方式,其信号都被称为常规脉冲雷达信号。特殊体制雷达与常规脉冲雷达相对应,常规脉冲雷达是具有辐射频率可变、特殊波束扫描、相位编码或直接序列调制技术的雷达，如频率捷变雷达、脉冲压缩雷达等。

（2）单脉冲体制。单脉冲雷达出现于20世纪50年代，现在已经广泛应用。单脉冲雷达与圆锥扫描雷达一样，也是发射一串脉冲；不同的是圆锥扫描雷达的探测波瓣是顺序产生的，而单脉冲雷达是同时产生两个或两个以上的探测波瓣；圆锥扫描雷达对目标角度信息的提取必须经过一个扫描周期，即探测波瓣扫描一周，而单脉冲雷达只需将各波瓣同时收到的回波分别进行比较就可以获得目标角度数据。单脉冲雷达多用于精密跟踪雷达，如炮瞄雷达、制导雷达等，也可用于搜索雷达。单脉冲雷达信号的频率分布范围很宽，在分米波、厘米波和毫米波都有运用。对中、远程警戒引导雷达，其信号的频率一般工作在分米波和厘米波低端；对于炮火控制、导弹制导雷达，其信号的频率一般工作在厘米波。脉宽和脉冲重频的特点：对中远程警戒雷达，脉冲宽度多数为几微秒，采用宽脉冲信号时必须采用脉压技术，脉冲宽度多数为几十至几百微秒，也有宽达1000μs以上的信号，其脉冲重频一般为100~1000Hz；对于火控与制导雷达，脉宽一般为0.1~1μs，脉冲重频为一至几千赫兹，波束宽度较窄，一般为0.5°至几度。对于火控与制导雷达，其工作时间一般都很短，通常为几十秒至几分钟。

（3）脉冲压缩体制。脉冲压缩雷达是发射宽脉冲信号，接收和处理回波后输出窄脉冲的雷达。为获得脉冲压缩的效果，发射的宽脉冲采取编码形式，并在接收机中经过匹配滤波器的处理。脉冲压缩雷达的优点是能获得大的作用距离和具有很高的距离分辨力。早期的脉冲雷达，其发射的是固定载频的脉冲，其距离分辨力反比于发射脉冲宽度。雷达作用距离和雷达分辨能力是雷达的两项重要性能指标。脉冲雷达要增加作用距离，就要加大发射脉冲宽度，这样必然会降低距离分辨力。因此，必须解决这一矛盾。自从20世纪40年代提出匹配滤波理论和20世纪50年代初伍德沃德P. M. 提出雷达模糊原理之后，人们认识到雷达的距离分辨力与发射脉冲宽度无关，而是正比于发射脉冲频带宽度。只要对发射宽脉冲进行编码调制，使其具有大的频带宽度，对目标回波进行匹配处理后就能获得分辨力很好的窄脉冲输出，即$\tau_p \approx 1/B$，式中：τ_p为处理后的输出脉冲宽度；B为发射脉冲频带宽度。根据该原理，发射脉冲宽度和带宽都足够大的信号，雷达就能同时具有大的作用距离和高的距离分辨力，还可以使单一脉冲具有较好的速度分辨力。因为根据雷达模糊原理，速度分辨力与发射脉冲时宽τ成正比，这种信号的脉冲压缩倍数为$\tau/\tau_p \approx \tau B$。

（4）脉冲多普勒体制。脉冲多普勒雷达是在动目标显示雷达基础上发展起来的一种雷达体制。这种体制的雷达既具有脉冲雷达的距离分辨力和连续波雷达的速度分辨力，又具有很强的杂波抑制能力，因而能在很强的杂波背景中分辨出所需的运动目标回波。这种雷达的频率鉴别性能很好，从而明显提高了从运动杂波中探测目标的能力。

（5）频率捷变体制。频率捷变雷达采用频率捷变信号，可以提高雷达的作用距离和测距、测角的精度，还可以有效地提高雷达的抗干扰能力，因此这种雷达体制得到了广泛的应用。从信号的相干性来看，频率捷变雷达通常分为两类：一类是非相参频率捷变雷达；另一类是全相参频率捷变雷达。非相参频率捷变雷达简单，易于实现，但其发射信号与本振信号之间没有确定的相位关系，无法进行相参处理，性能较低，也难以与其他体制兼容；全相参频率捷变雷达复杂，发射信号与本振信号之间与有确定的相位关系，能够相参处理。

(6) 频率分集体制。频率分集雷达相当于把数部雷达有机地组装在一起，利用增加设备的代价，来提高雷达的性能。它利用多个载频工作，频率分集可分为两种类型：一种称为同时频率分集；另一种称为顺序频率分集。同时频率分集雷达的载频可以同时出现，顺序频率分集雷达的载频顺序延时一定时间间隔出现，频率分集雷达的各个频率之间的间隔一般为几十至几百兆赫兹，也可以处在不同的频段上。此体制的雷达有较强的抗干扰能力，也能降低目标回波的起伏，增加作用距离，常用于警戒雷达和炮瞄雷达。频率分集雷达信号的特点：有几个工作频率，不同工作频率信号通常具有相同的脉宽和脉冲重频；有几个不同频率信号的出现和消失时间是同步的，即工作的几个频率的信号同时出现，同时消失；信号出现的方向是相同的。频率分集雷达可以与多种技术体制兼容，常用的有频率捷变、单脉冲、多波束等。

(7) 相控阵体制。相控阵雷达是利用电子技术控制阵列天线各辐射源单元的馈电相位，使波束指向可以快速变化的雷达。相控阵雷达具有多功能、高数据率、多目标跟踪等一系列显著优点，因此广泛用于远程警戒、导弹预警和对空警戒领域。随着固体微波技术和计算机技术地发展，在中近程对空警戒、战场监视、导弹制导、炮位侦察等运用中也逐渐使用相控阵雷达。

(8) 动目标显示体制。动目标显示雷达可以消除静止目标和低速目标的回波，仅显示运动目标的回波。动目标显示雷达具有较强的抗地物杂波和反无源干扰的能力，因此广泛应用于地空警戒雷达和机载雷达。动目标显示雷达工作波长一般选择在分米波，常用的有波长为 10cm、15cm、20cm 和 60cm 的电磁波，有些 X 波段雷达也采用动目标显示技术。脉冲重复频率采用参差重频，如二参差、三参差、六参差。由于动目标显示需要对多个回波脉冲进行相关处理，一般要求对 8 个以上的回波脉冲作相参处理，因此雷达天线的转速不能太快，通常为几转至几十转每分钟。

(9) 连续波体制。连续波雷达采用连续波信号样式，通常有两种样式：一种是连续波；另一种是间断连续波。从信号调制形式看，有单一载频的，有多载频的；有调制的，有调相的。单一载频的连续波只能测量目标的相对速度，不能测量目标的距离，调制连续波能测量目标的距离，也能测目标的速度，常用于飞机的高度表，大多工作于 C 波段。连续波雷达不能像脉冲雷达那样利用时间分割的方法把天线的发射和接收信号分开，它一般必须采用两个天线分别用于发射和接收。连续波雷达信号特点是连续波体制、发射功率小、作用距离远，一般为几千米至十几千米。在导弹制导系统中，也常用连续波雷达来照射目标。

(10) 三坐标雷达体制。三坐标雷达能够同时测得目标的三个坐标：距离、方位和高度。早期测量空中目标三个坐标的方法是用警戒雷达和测高雷达协同工作，即“配高制”，但是此种测量过程比较复杂、测量速度比较慢。现代三坐标雷达能够同时测出空间多个目标的三个坐标，而且还能监视空中的多个目标，对目标进行边搜索边跟踪。它的特点是全空域、高数据率和大容量，特别适合对付高速度、大批量、多架次和各方向进入的空中目标。现代三坐标雷达已广泛应用于防空警戒、舰载对空警戒、导弹制导系统和空中交通管制等系统。三坐标雷达按照天线波束在空间的分布状态以及扫描方式划分，可分为单波束扫描、多波束扫描、多波束不扫描和 V 型波束扫描四类；按照实现波束扫描的方法划分，可分为机械扫描和电扫描两大类。为满足生存能力、可靠性及维护性等要求,三坐标雷达广泛采用了相控阵技术。在信号处理方面,三坐标雷达已普遍采用脉冲压缩(线性调频、非线性调频及相位编码)、脉间与脉组捷变频、频率分集、自适应动目标显示、动目标检测及脉冲多普勒信号处理技术。

(11) 合成孔径体制。合成孔径是指通过信号处理的方法将单个雷达多次照射的结果合成一等效的大尺寸天线阵列,从而提高角分辨率,使雷达从用于“探测”目标转变到用于高分辨率“成像”。合成孔径雷达(SAR)是利用其安装平台的运动,在不同的时刻从不同的位置照射目标,使用信号处理技术将多次照射回波仿真成尺寸长达数百米、甚至数千米长的天线来提高分辨率,达到对地面目标成像的目的。这种雷达系统的信号处理的具体实现方法是通过由雷达平台和目标的相对速度产生雷达信号的多普勒现象来获得高分辨率的雷达图像。通过使用合成孔径技术使安装在飞机上的成像雷达天线尺寸缩小,从而合成孔径雷达可在轻型飞机上安装并节约成本。合成孔径雷达的特点是分辨率高,如星载合成孔径雷达公开的分辨率已优于0.3m×0.3m,达到星载光学侦察的分辨率水平,同时能够能全天候工作,能有效地识别伪装和穿透掩盖物。合成孔径雷达主要用于航空测量、航空遥感、卫星海洋观测、航天侦察、图像匹配制导等。它能发现隐蔽和伪装的目标,如识别伪装的导弹地下发射井、识别云雾笼罩地区的地面目标等。在导弹图像匹配制导中,采用合成孔径雷达摄图,能使导弹击中隐蔽和伪装的目标。合成孔径雷达还用于深空探测,如用合成孔径雷达探测月球、金星的地质结构等。在进行雷达识别时,合成孔径雷达信号具有鲜明的特点:①脉冲信号必须是相参信号,并且一般是脉冲压缩信号。②其工作波长选择在波段或稍低的频段。因为合成孔径雷达一般装在飞机或卫星上,工作频率太高,云层引起的损耗太大、频率太低,分辨率难以提高。③由于受俯视角的影响,其侦察范围是一条宽度受限的带形区域。④由于侦察距离通常为几百千米,所以其脉冲重频一般为几千赫兹,合成孔径雷达可以和其他技术体制兼容,常用的有相控阵、脉冲压缩等。⑤合成孔径雷达可以在我方阵地上空或不越过国界,对敌方纵深地区进行侦察与地图测绘,作用距离远、速度快,因此在军事上获得越来越多的应用。

(12) 其他技术体制。现代雷达所采用的技术体制样式复杂多变,除了上述各种雷达体制之外,还有自动跟踪体制、超视距、毫米波、多基地、噪声体制、多输入多输出(MIMO)体制等常见的技术体制。

2. 雷达体制识别要素

从雷达体制识别的内容、主要依据和主要手段三个方面,分析雷达体制识别的要素。

1) 雷达体制识别的内容

雷达体制识别的具体内容和深度,通常受到雷达对抗侦察参数的数量和质量的限制。雷达体制识别的内容通常包括下面几个方面。

(1) 雷达信号参数综合分析。雷达为了实现特定的功能,在不同的工作状态中,要选择一组适当的信号参数,雷达信号参数综合分析包括信号各参数的变化范围、变化特点、参数类型及其与工作状态的关系等。

(2) 雷达技术特点。要注意雷达所采用的主要技术及其特点,特别是要注意分析各种不同体制兼容时所采用的技术措施。

(3) 雷达的技术性能和技术水平的综合分析。综合分析雷达在技术上的先进性,给出该雷达在同类雷达中技术水平的评价。

2）雷达体制识别的主要依据

雷达体制识别不仅要有足够的雷达对抗侦察参数，还必须有足够的雷达技术和战术方面的知识。雷达体制识别的主要依据如下：

(1) 雷达信号参数的特点。不同体制雷达的信号参数具有不同的特点，雷达体制和信号参数之间的这种相关性，是识别雷达体制的重要依据。

(2) 雷达的外形。雷达的外形是指雷达天线的形状、雷达车辆的形状、与雷达配套运用的技术设备和技术设施的形状布局等。许多雷达体制具有明显的外形特征，特别是雷达的天线具有明显的外形特征，因此雷达的外形是识别雷达体制的一个重要依据。

(3) 雷达的载体。雷达的载体通常限定了雷达的体制，在目前雷达技术水平的情况下，保障雷达某种战术用途的技术手段一般是有限的。

(4) 雷达的型号。现代雷达产品都是系列化的，对于每一系列的产品在技术上一般都有一定的继承性。同一系列的雷达在技术上有许多共同点。利用雷达对抗侦察情报、文献资料情报或其他手段获取的情报，可以了解有关雷达的型号，为分析雷达的体制提供很大的方便。

(5) 雷达的战术运用特点。雷达的战术运用特点包括雷达的部署位置、开关机特点、工作特点、相关武器系统的运用特点等。利用雷达的战术运用特点有助于雷达体制的识别。

可以看出，雷达体制识别时，可以利用的知识和资料是多方面的，但是在实际工作中，一般难以同时得到这几方面的数据和资料，而通常只能使用已掌握的数据和资料进行识别。同时，由于上面所列的某些识别依据可能要通过其他识别依据完成雷达体制识别后，根据已识别的雷达体制来确认，因此它们是互为依据的，识别是一个反复分析的过程。

3）雷达体制识别的主要手段

(1) 雷达信号参数的选取。合理选择雷达信号参数有利于提高识别的正确率，这些参数应该满足以下条件。

① 应当能够反映雷达的技术特征。

② 应当具有多个参数，形成识别雷达体制的特征描述字。描述字包含的参数越多、越精细，正确识别的概率越高。

③ 应当具有可检测性，只有能被雷达对抗侦察设备正确测量或推导出来的信号参数才能用来识别雷达技术体制。

④ 应当具有很高的稳定性，不会因为时间的推移或环境条件的变化而发生显著改变。

(2) 单部雷达对抗侦察设备进行体制识别。在这种条件下，利用的识别参数只来自于同一个雷达对抗侦察设备，其结果通常不能够全面准确地识别雷达体制。

(3) 多部雷达对抗侦察设备进行体制识别。利用多部雷达对抗侦察设备提取的独立和互补的信息可以较为准确地识别雷达体制。但是，利用多部雷达对抗侦察设备进行体制识别需要数据融合，目前人工数据融合仍不可替代。多部雷达对抗侦察设备人工数据融合是指对来自多部雷达对抗侦察设备的测量数据进行人工综合处理。

3. 雷达工作模式的兼容

现代雷达通常有多种用途,在不同的用途中采用不同的体制,每种体制可能有几种不同的工作模式。雷达不同工作模式的兼容是指把雷达不同体制或同种体制下不同工作模式融合为一部雷达信号,以判明各种工作模式是否来自于同一部雷达。

1) 不同工作模式兼容的依据

同一部雷达可以有多种工作模式,在不同的工作模式中,信号各参数的取值和变化具有不同的特点。但是,同一部雷达工作于不同的工作模式时,其信号一般应符合下面特征。

(1) 空间位置的变化规律。对于地面固定式雷达,雷达位置不变,信号到达方向不变。对于机动平台,雷达的位置在变化,信号的到达方向缓慢变化,且其变化规律要符合实际平台可能的运动方式。

(2) 体制的兼容性。体制的兼容性是指待融合的几种雷达体制之间是可以兼容的,即对于一部雷达来说,从技术上允许采用这几种不同的体制。表13-2所列为常用的雷达体制之间的兼容关系。

表13-2　常用雷达体制之间的兼容关系

雷达体制	常规雷达	频率分集	频率捷变	脉冲多普勒	动目标显示	脉冲压缩	单脉冲	圆锥扫描	相控阵	三坐标
常规雷达										
频率分集	×									
频率捷变	○	○								
脉冲多普勒	○	×	○							
动目标显示	○	×	×	×						
脉冲压缩	○	×	×	○	×					
单脉冲	○	×	○	○	○	○				
圆锥扫描	○	×	○	×	○	×	×			
相控阵	○	○	○	○	○	○	○	×		
三坐标	○	○	○	×	○	×	×	×	○	
边扫描边跟踪	○	○	○	×	○	○	×	×	○	○

注:1. ×表示两种技术体制不兼容;
2. ○表示两种技术体制可以兼容。

(3) 信号参数的兼容性。雷达信号参数的兼容性是指待融合的几种工作模式的雷达信号参数变化范围和变化规律之间是可以兼容的。对于任何一部雷达来说,其信号参数变化方式和变化范围都受到一些条件的限制,不能任意变化。

(4) 战术运用特点的兼容性。雷达战术运用特点的兼容性是指待融合的几种不同工作模式或体制所对应的战术运用状态是兼容的,即指定的一部雷达允许有这样几种不同的战术运用状态。战术运用状态包括雷达载体及其运动特征、开关机特征、工作状态及其转换规律。必须要有充分的战术背景知识,才能正确地对不同模式的雷达进行合并。但是在实际工作中,初期往往并不能充分掌握这些情报,所以对不同工作模式雷达的合并是一个逐步深化的过程。刚开始时,战术背景知识不多,合并得不完全,甚至有错误;随着雷达的不断合并,对敌方雷达的技术特点认识越来越全面,战术背景知识也逐渐丰富,这样就可以进行更全面的合并。

2）不同工作模式兼容的过程

(1) 数据正确性检查。检查每一部雷达信号参数是否满足该类信号的一般制约关系,如果不满足一般制约关系,则不予处理并将该雷达信号参数标志错误数据信号。已判为数据正确的雷达信号参数先与已知雷达信号参数进行比较,如果属于已知雷达信号的一种工作模式,则予以合并,这样可以减轻后续的分析任务。

(2) 雷达载体类型的判别。根据信号到达方向是否相同来判别,若相同,则多数可能属于固定载体,否则可能属于机动载体。对固定载体,可能时判别其位置是否相同,当发现各雷达位置相同时,则可判为同一部雷达。

(3) 雷达体制的兼容性检验。雷达体制的兼容性检验通常包括:① 同一种体制下不同工作模式的兼容性检验。如果同一体制雷达,不同的工作模式之间明显未符合其一般的制约关系,则可认为不是同一部雷达。② 不同体制的兼容性检验。现代雷达可运用几种体制,但一部雷达所运用的体制是有限的。在进行体制兼容性判别时,一般采用各种用途雷达典型的体制兼容方法。③ 信号各参数的兼容性检验。在所有各种工作模式中,信号各参数的取值范围不得超过这种类型雷达发射机的参数范围。

(4) 雷达工作模式的进一步兼容分析。在若干个信号到达方向相同但尚不能判别其位置是否相同时,通常必须分析:① 这几种工作模式是否符合这类用途雷达的需要;② 这几种工作模式是否可以兼容;③ 这几种工作模式的运用是否符合这类用途雷达的一般使用规律。

对于不同工作模式的兼容一般用试探法,由人工利用经验与专业知识相结合,逐步积累,逐步合并。

4. 雷达体制识别的结果

给出雷达体制识别的结果时,应当考虑以下因素。

1）突出雷达的主要技术特点

对连续波雷达,一般以其信号特点来命名技术体制,如连续波体制、间断连续波体制等;对警戒雷达,一般以天线扫描方式和信号特点来命名体制,如脉冲体制、相控阵体制、三坐标体制、脉冲压缩体制等;对于火控雷达,一般以信号特点或天线跟踪特点来命名体制,如圆锥扫描体制、单脉冲体制、脉冲多普勒体制等。

采用相控制阵体制的多功能雷达,通常同时采用多种技术措施,如频率捷变、单脉冲、多波束、脉冲压缩、三坐标、脉冲编码等,这时要视雷达的主要用途来选择,目前一般有两种命名方法:一种指出其体制是相控阵;另一种指出其体制为三坐标。相控阵体制侧重于天线波束的扫描特点,三坐标体制侧重于测量的坐标数目。

对于同时采用多种技术体制的多功能雷达,而其中任一技术特点都不能包含或显示其他多种技术措施的特点时,通常只指出其技术体制为脉冲体制。例如:某雷达采用的技术措施有脉冲压缩、频率捷变、脉冲重复间隔变化等,这时可指出其技术体制为脉冲体制。

2）通常避免用脉冲重复间隔的变化特点来命名

通常要避免用脉冲重复间隔的变化特点来命名雷达的技术体制,因为脉冲重复间隔的变化有多种不同的形式,而这些不同的变化形式对应着不同的技术体制,即脉冲重复间隔的变化是雷达某种技术体制的表现方式,而不是技术体制本身。

13.4.2　雷达型号与个体识别分析方法

1. 雷达型号识别分析法

雷达型号的识别要以资料情报作为基本依据,能与资料情报相匹配的便冠以型号,不能与资料情报相匹配的就不能确定型号。型号识别不是情报分析的最终目的,无法分析出型号,只要是客观存在的信号数据,能确定目标,便完成了对单部雷达的分析任务。

确定目标后,要结合资料情报确定型号。通常将资料情报分解成可供分析的若干类信息:参数组合、特征情况、平台情况、与武器配对情况、战斗序列、部署位置等。这些情报都是型号分析的重要依据,不能只从参数中进行分析。

从参数组合中可以与侦察的结果进行对照,从而判断型号;从特征参数中可以了解信号最显著的相似点,如某雷达采用了 13 位巴克码,它与相似雷达明显不同;从平台情况中可以确定信号的类别,甚至能确定型号的准确与否,如 E 型预警机信号,不仅高重频是显著特征,而且机载平台是更为重要的依据;与武器配对的情况,则证实了火控武器与雷达的固有搭配关系等。

对型号分析的最后一步是利用其他情报:利用雷达情报可以获取目标的航迹;了解技侦情报可以分析目标的属性;通过图像情报可以准确地知道天线及外形,从而判断雷达的型号。

1) 雷达的型号分析依据

雷达型号分析涉及的内容比较多,目前雷达型号分析的主要依据,具体如下:

(1) 雷达信号参数和技术体制。现在国内已出版了多种世界雷达手册,其中比较重要的有《世界地面雷达手册》《世界机载雷达手册》《国外舰载雷达手册》《国外对空情报雷达手册》等。各情报分析单位一般也都建有雷达数据资料卡或数据库。因此根据侦察的雷达信号参数和技术体制,与已知雷达进行比较分析,判断雷达的型号,是一种最常用的雷达型号分析方法。

(2) 雷达的工作平台。雷达的工作平台是分析雷达型号的重要依据,特别是有些雷达工作平台可能装备的雷达型号比较少。一旦确定雷达平台的特点和性质,判断其型号就比较容易了。例如:如果能判断某雷达的载机是 E 型预警飞机,那么其雷达型号大致只能是四种型号之一,即 APS-120/APS-125/APS-138/APS-145,关键在于判别是这四种型号中的哪一种。

(3) 雷达的外形。许多雷达具有显著的外形特征,如果获得雷达的有关照片,那么分析雷达型号就比较容易了。

(4) 雷达的战术运用特点。雷达的战术运用特点包括雷达的部署、开关机特点、工作时间、探测区域等。应用雷达的战术运用特点,可以判断雷达的用途、技术体制,相关的武器系统和部队,便于分析判断雷达的型号。

(5) 雷达信号脉内细微特征。现在采用专门的信号分析设备,可以获得雷达信号脉内的某些细微特征。由于一些雷达信号脉内细微特性和雷达的型号或个体具有直接的、比较稳定的联系,因此有时雷达信号脉内细微特征也称为“雷达信号指纹”。利用雷达信号指纹可以迅速准确地分析判别雷达的型号,甚至识别雷达的个别。目前的主要困难是常常还不能方便、准确地提取“雷达信号指纹”。

(6) 各类文档资料。公开的文献资料、上级领导机关下发的情报资料、技侦部队提供的资料以及本级情报分析机构建立的情报档案资料。在许多情况下,从上面这些资料中可以大致了解有关国家和地区装备的雷达型号、数量、部署位置和活动情况,充分利用这些情报资料,不但可以大大简化雷达型号分析工作,而且可以提高雷达型号分析判断的可靠性。

2) 雷达型号的分析方法

(1) 对目标的统计合批方法。信号的合批要以侦察员为准进行合批,直至确定没有张冠李戴的信号才能确认合批。侦测员在合批中主要是把一部雷达合批,也可以把一种雷达合批,只是将其注明即可。人工合批后,要将不同模式的参数综合在一起,也要将同一模式的参数容差标示出来,以便为自动处理提供依据。

(2) 查表分析方法。人工查表分析是在型号分析中经常做的工作,这项工作一般由计算机软件来完成,但最终核实时,要由人工来进行,查表分析时要将资料情报和侦察情报相对列出,以便情报审查人员充分相信。

人工查表分析法是将侦察得到的雷达信号技术参数与雷达手册或雷达档案资料卡中每一部已知型号的雷达技术参数进行比较,根据各个参数的匹配程度来判断待判别的雷达是属于哪一个具体型号。如果待判别的雷达与表中任何一个雷达都不匹配,则说明该雷达是一个未知型号的雷达,或是某一已知雷达的尚未掌握的工作模式。这时,就要对该雷达的技术参数、体制、用途、战术运用特点等进行全面分析,并进一步收集有关数据和资料,经过几次核实和分析判断后,就可以收入到雷达手册或雷达档案资料中,并给予一个合适的编号或名称。这样,下一次再侦察到该雷达时,就可以进行型号分析。

在人工查表分析法中,关键的是要有数据比较齐全、可靠的雷达手册和雷达档案资料。目前,许多情报分析机构都有自建的雷达档案资料,但在数据的全面性、准确性以及规范性方面还有待进一步提高。公开出版的雷达手册目前数量也较少,数据也不全面。目前使用比较多的雷达手册:《世界地面雷达手册》《世界机载雷达手册》《国外舰载雷达手册》等。

人工查表分析的基本步骤如下:

① 根据雷达的工作平台,选用合适的雷达手册。例如:已知是机载雷达,就应当查《世界机载雷达手册》。

② 根据雷达的国别,查该国的雷达型号。目前除了美国、俄罗斯、英国、法国等少数国家可以独立研制雷达并形成独立的雷达装备系列之外,其他许多国家和地区往往装备进口外国的雷达,有的还使用几个不同国家的雷达产品。所以就要根据该国家和地区雷达的来源,去查雷达原生产国家和厂商的雷达手册。

③ 由于有些雷达手册中按雷达的用途编排,因此首先要分析判断雷达的用途,然后按用途进行查找和比较。

④ 把待分析的雷达信号参数与雷达手册中已知型号的雷达信号参数进行比较。在实际比较中可以发现,待分析的雷达信号参数和已知型号的雷达信号参数总是有些差别,只是差别有大有小。判别雷达信号参数的一般做法是把待分析的雷达判为与已知型号雷达的信号参数最接近的雷达。由于雷达手册中给出的雷达信号参数是标称值,但是

标称值与每部雷达的实际信号参数是有差别的。因此在分析中,如何判别这两种数据的匹配程度,就要发挥情报分析人员的智慧和经验。

(3) 关键特征分析方法。在进行雷达型号分析时,有许多可供参考的关键特征参数,通过这些特征,再结合其他参考数据,能识别出雷达的目标与型号。现代电子对抗侦察技术的发展,能侦察到信号的"指纹"数据,从而为区分同一型号的多部雷达提供了依据,使电子对抗情报的识别发生了革命性的变化。例如:信道化接收机可以给出信号的频率分集特征,为判别频率分集提供了依据;测量脉冲到达时间能识别脉内、脉组变频;脉内侦察可以分析出线性调频和相位编码的情况。

(4) 自动统计方法。在自动识别中,常采用统计全脉冲的数据来进行自动识别:将雷达的各个参数分别统计,对每个参数给出实际的容差,待统计结束后,自动存入数据库;下一次相似的信号到达后,再用其对比,从而达到自动识别的目的。

2. 雷达个体识别分析方法

雷达目标个体识别是当前电子对抗侦察的重点和难点问题。雷达目标个体识别在更高精度的参数测量基础上进行,以获得更多、更精确的雷达对抗情报。通过对雷达个体特性的分析,确定雷达的技术水平,唯一地识别辐射源,完成准确的威胁判断和平台鉴别。雷达目标个体识别(specific emitter identification,SEI),即特定辐射源识别、辐射源个体识别。雷达目标个体识别是雷达对抗侦察情报分析的一个重要内容,不仅是分析与雷达相关的武器系统的重要依据,也是分析有关国家和地区雷达战斗序列和战场电子对抗电磁态势的重要依据。雷达目标个体识别牵涉的因素多,是一项比较艰巨的任务。在现代高技术战争中,作战空间范围大、参战兵种多、雷达数量大、战场电磁环境复杂,通常难以准确地是识别雷达。因此,如何准确快速识别雷达目标个体是亟待解决的重要问题。

进行雷达个体识别,重要的是得到准确的雷达个体特征。雷达个体特征通常指雷达个体区别其他雷达个体的固有特性,脉内无意调制特征属于个体特征之一,也称为指纹特征。受限于信息技术水平,现有雷达对抗侦察装备技术难以精确复原雷达各项工作参数。在缺乏装备技术的有效支持下,对指纹特征的研究大多数仅限于理论探讨,得不到实践印证。根据众多理论研究,雷达信号的指纹特征通常认为存在于脉内附带调制、脉冲波形参数等工作参数。在实践中,利用雷达部分工作参数对雷达个体进行识别,有一定的效果。例如,海军利用同型舰艇对海雷达工作频率差别,对舰艇个体进行识别,这种做法具有一定的实践价值。

在本小节的分析中,对雷达个体的识别分析主要涉及脉内调制参数、信号频域参数和脉冲波形参数,这属于个体特征的广义概念,而不是指纹特征的狭义范围。

1) 脉内调制参数

脉内调制参数,即脉内有意调制和脉内无意调制的参数集合。脉内有意调制是指对雷达信号进行有目的的相位、频率、幅度调制,包括脉内频率调制、相位调制、幅度调制以及部分调制组合的混合调制。脉内频率调制方式主要有线性调频、非线性调频和频率编码。脉内相位调制(脉内相位编码)方式主要有二相编码和四相编码。脉内无意调制是大功率发射机中发射管、调制器和电源等器件产生的多种寄生调制综合作用的结果,主要包括附带调幅、附带调相。脉内无意调制是重要的指纹特征。

脉内调制信号特点及参数:脉冲压缩信号主要采用脉内频率调制或脉内相位调制。最常用的频率调制方式是线性调频,通过对脉冲内的工作频率进行线性频率调制而得。脉内相位调制是把宽脉冲分成许多依次衔接的子脉冲,这些子脉冲的宽度相等,工作频率相同,但每个子脉冲的相位是按相位编码来确定的。最常用的相位编码方式是二相编码,也称巴克码。脉内线性调频参数包括起始频率、终止频率、中心频率、调频带宽、调频斜率、脉冲宽度等。脉内相位编码参数包括中心频率、脉冲宽度、码元宽度、码元个数、码元序列、编码方式、编码规律等。

脉内调制参数分析内容:一是确定脉内调制方式,常见的方式有线性调频、非线性调频、频率编码、二相编码、四相编码等。二是分析脉内调制参数、变化规律、相关性、可信度。脉内调制方式、参数、变化规律的分析判定,主要依靠侦察装备的脉内分析设备,如频谱仪、数字化接收机的脉内分析功能。脉内分析设备的性能水平直接影响脉内调制参数分析结论的准确性。若侦察装备不能完全、准确解调脉内调制信号,则对部分脉内调制信号的分析结果只能作为参考并且在后期侦察情报分析中,需要了解脉内调制参数结论的来源及辅证材料,以确认脉内调制方式、参数、变化规律的可信度。

2) 信号频域参数

信号频域参数一般包括中心频率、频谱宽度、信号功率电平、第一零点宽度、第一谐波频率、第一谐波幅度差等,主要是分析各项信号频域参数、可信度。数字化频谱仪可分析雷达信号的频域参数,其性能水平直接影响信号频域参数分析结论的准确性。在后期侦察情报分析中,需要了解信号频域参数结论的来源及辅证材料,以确认信号频域参数的可信度。

3) 脉冲波形参数

脉冲波形参数一般包括脉冲宽度、脉冲上升沿、脉冲下降沿、脉冲顶部高差、脉冲上升沿畸变次数、脉冲下降沿畸变次数、脉冲顶部畸变次数等,主要是分析各项脉冲波形参数、可信度。脉冲波形参数主要由频谱仪、示波器分析显示,其性能水平直接影响脉冲波形参数分析结论的准确性。此外,脉冲波形参数还受传播环境、侦察天线及接收机等因素影响。在后期侦察情报分析中,需要了解脉冲波形参数结论的来源及辅证材料,确认脉冲波形参数的可信度。脉内频率调制形式主要是线性调频、非线性调频和频率编码。

综上所述,由于雷达的个体特征不是通过一次或几次的雷达对抗侦察就能完整获取的,因此在侦察执勤中,识别雷达个体没有一种普遍适用、绝对有效的方法。雷达对抗侦察是通过长期积累,针对不同的电子目标采取不同的分析判别方法。

13.4.3 雷达所属平台识别分析方法

1. 雷达所属平台识别概述

雷达所属平台识别是指对雷达目标或辐射源所在的平台进行识别,也称为目标平台识别,它在战争中具有重要的意义。通过对目标平台的识别,可以准确的掌握敌方的军事部署和武器装备的配置,从而制定己方正确的作战计划和决心。对于目标平台的识别目前主要有两种途径实现:一是利用单一的传感器对目标进行观察,提取目标特征,从而完成对目标平台的识别;二是利用多传感器对同一目标进行观测,从而对各个传感器的观测信息进行融合完成对目标属性的判别。识别融合可以在数据级、特征级或决策级三个级别上进行。这两种方法的区别:单个传感器识别目标时通常是主动传感器,对待识别目标进行主动观测,获取目标的信息,从而识别目标的属性;多传感器识别是指多种传感器联合行动,对同一目标进行观测,各个传感器分别记录测量自身获取的目标信息,然后对这些信息进行综合,从而判断出目标的属性。多传感器的目标识别方法相比单传感器目标识别方法具有更好的目标识别稳健性。各传感器能够互相合作、互相补充,弥补各自的缺点。因此,现阶段的目标识别系统和识别方法研究侧重于多传感器的综合识别。多传感器的目标识别融合结构,如图 13-19 所示。多传感器融合识别可以在三个级别上进行信息融合。但是在实际的融合识别结构中,由于传感器类型的不同以及获取信息表述方式的完全不同,因此在数据级和特征级进行信息融合则非常的困难。多传感器在融合识别中通常的信息融合是在决策级完成。决策级的信息融合识别是指各自传感器对各自观测的目标进行信号处理,目标关联,融合各自的目标识别和关联结果,得出最终的目标判别结果。

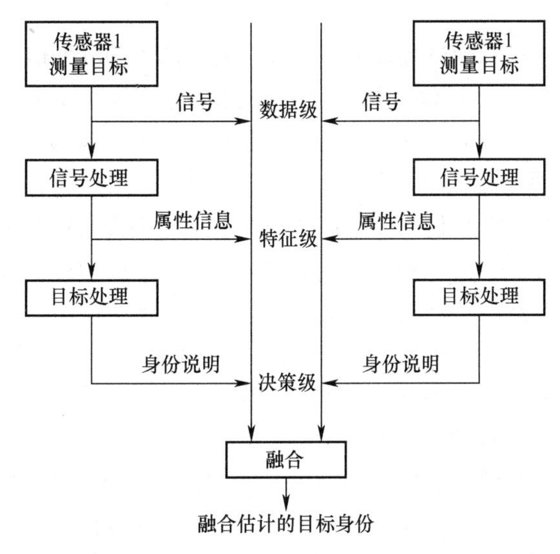

图 13-19　多传感器融合的目标识别结构

决策级目标融合识别,是现阶段目标融合识别研究的热点,关键问题是如何对多传感器的识别结果进行融合的方法。但是在决策级进行目标融合识别之前,电子侦察传感器的识别结果需要利用雷达目标与平台的配属关系,将辐射源的识别结果转化为对平台类型的识别。目标识别结果层次的转化是多传感器融合的基础,只有准确的进行目标层次的转化才能进行可靠稳健的目标融合识别。在雷达对抗侦察中,将雷达辐射源识别结果转化为目标平台的识别结果,采用的方法是利用雷达的技术特征参数同雷达配属平台的对应关系进行层次转化或者基于雷达配属平台的关系进行层次转化。

随着装备技术手段的日益提高,单纯由雷达信号参数或配属关系识别雷达配属平台是模糊的。另外,由于科技、政治等原因,使这种配属关系具有时域、地域性,而传统的基于配属的规则无法满足这种特殊性。因此,如何获取实际应用背景下的雷达目标-平台配属规则,准确地将雷达辐射源识别结果转换为对目标平台的识别,是当前电子对抗侦察中的难点问题。

2. 基于历史先验信息的雷达所属平台识别方法

1) 历史先验信息的挖掘

在电子对抗情报分析中,可以发现由于侦察地域或政治等原因,有的目标平台在侦察的某一区域或某一时间段出现的可能性很小。例如:陆地区域不可能有舰船目标的部署,同样在侦察海域中也不能出现地面防空部队所配备的雷达。因此,在固定的区域和时间段内,目标平台的部署或出现是有一定的内在规律或限制。这种内在规律或限定约束规则影响基于雷达辐射源识别结果对目标平台的关联。例如:某些经验丰富的情报分析人员可以直接从情报侦察数据中高可信度的识别目标平台类型或型号。这实质上便是这种内在规律在识别中的体现,只是这种规律体现为情报分析人员的经验。这种内在的规律,即历史先验信息。在特定的侦察区域和时间段内,基于这种历史先验信息的目标平台识别结果通常比其他方法获得的结果更加可信和有效。因此,挖掘这种历史先验信息并引入适合计算机处理的目标平台识别算法能够有效提高识别的可靠性和准确率。

数据挖掘方法可以从看似毫无关联的信息中得到所需要的知识,而关联规则是描述不同对象之间关联关系的一种有效方法。在特定的区域和时间段内对于雷达情报处理结果和目标平台识别的历史记录利用数据挖掘的方法可以发现这种内在信息和规律。因此,对雷达目标所属平台识别的历史记录进行关联规则的挖掘,可以发现在特定地域和时间段内雷达目标—目标平台之间潜在的关联关系。因此,对于历史先验信息的挖掘便是在雷达辐射源与目标平台识别的历史记录中挖掘其中的关联规则。

关联规则的发现是指在特定的事务集中,搜寻所有满足用户指定的最小支持度和最小自信度限制的关联规则。关联规则的挖掘通常适用于对离散值进行处理,对于具有连续属性的数据处理中则需要先将其划分为若干离散区间,从而会导致所谓的"尖锐边界"问题,影响所得关联规则的真实性。为解决这种问题,在理论研究中提出了模糊集理论和数据挖掘技术相结合的模糊数据挖掘技术。在雷达目标平台识别中,其结果的表示通常采用取值为[0, 1]的识别可信度。进行规则挖掘时需要对其采取区间划分的方法,使得在挖掘过程中同样存在着"尖锐边界"的问题。因此,利用模糊关联规则挖掘的方法对雷达目标—平台之间存在的潜在关系进行挖掘。

2) 模糊关联规则

模糊关联规则表示数据库中一组对象之间的某种模糊关联关系的规则,即具有一定信度的关联关系的规则。例如:"基于雷达辐射源 R_1 的识别能以 0.9 的信度推出目标平台 T_1 的识别"就是一条模糊关联规则。

定义 13.1:设 $\boldsymbol{X}$ 是一个模糊数,用二元组 $\boldsymbol{X}=(c,b)$ 表示,其中:c 为 $\boldsymbol{X}$ 的内容,b 为 $\boldsymbol{X}$ 中所有模糊词的量化词,且 $b\in[0,1]$。

定义 13.2:设 $\boldsymbol{X}=(c,b)$ 是一个模糊数据,给定 $\alpha\in[0,1]$,如果 $b>\alpha$,则称 $\boldsymbol{X}$ 为 α-发生,其中 α 由专家给定。

定义 13.3:设模糊数据 $\boldsymbol{X}=(c,b)$ 为 α-发生,则 $\boldsymbol{X}$ 为 α-发生的可信度 Belief($\boldsymbol{X}$)定义为

$$\text{Belie f}(\boldsymbol{X}) = b \tag{13-49}$$

定义 13.4:设 $\boldsymbol{X}_1=(c_1,b_1)$,$\boldsymbol{X}_2=(c_2,b_2)$,$\cdots$,$\boldsymbol{X}_n=(c_n,b_n)$ 是 n 个模糊数据,给定 $\alpha\in$

[0,1],如果 $\min\{b_1,b_2,\cdots,b_n\} > \alpha$,则称 $\boldsymbol{X}_1,\boldsymbol{X}_2,\cdots,\boldsymbol{X}_n$ 为 α-发生,其 α-发生的可信度为

$$\mathrm{Belief}(\boldsymbol{X}_1,\boldsymbol{X}_2,\cdots,\boldsymbol{X}_n)=\min\{b_1,b_2,\cdots,b_n\} \tag{13-50}$$

其中:α 由专家给定。

设 $\boldsymbol{R}=\{A,B,C,\cdots,D\}$ 是一个数据库模式,r 是 $\boldsymbol{R}$ 上的一个模糊关系,对于 r 中的每一个属性值都用模糊数表示,精确数据也用模糊数表示,如"目标类型为 T_1"可表示为 $(\mathrm{T}_1,1.0)$。

定义 13.5:设 $\boldsymbol{W}$ 是 $\boldsymbol{R}$ 的子集,r 是 R 中的一个模糊关系,$\boldsymbol{W}$ 在 r 上 α-发生的次数为 K,则 $\boldsymbol{W}$ 在 r 上的 α-支持被定义为

$$\alpha-\mathrm{Support}(\boldsymbol{W},r)=K/r\text{ 的总元组数} \tag{13-51}$$

定义 13.6:对于 r,给定一个最小的 α-支持,设为 α-minsup,如果

$$\alpha-\mathrm{Support}(\boldsymbol{W},r)>\alpha-\mathrm{minsup} \tag{13-52}$$

则称 $\boldsymbol{W}$ 在 r 中经常发生。

定义 13.7:设 $\boldsymbol{X}$ 是模糊关系 r 中的一个模糊模式,m 为 r 的总元组数,τ_i 为 r 中的元组 $(i=1,2,\cdots,m)$,$\tau_i(\boldsymbol{X})$ 表示模糊模式 $\boldsymbol{X}$ 在元组 τ_i 上的值,如果 $\tau_i(\boldsymbol{X})\alpha$-发生的次数为 $k(k\leqslant m)$,则模糊模式 $\boldsymbol{X}$ 的可信度定义为

$$\mathrm{Belief}(\boldsymbol{X})=\left(\sum\{\mathrm{Belief}(\tau_i(\boldsymbol{X}))\mid \mathrm{Belief}(\tau_i(\boldsymbol{X}))>\alpha\}\right)/k \tag{13-53}$$

定义 13.8:模糊关系 r 中的模糊关联规则 $\boldsymbol{X}\rightarrow\boldsymbol{Y}$ 的 α-支持定义为

$$\alpha-\mathrm{Support}(\boldsymbol{X}\rightarrow\boldsymbol{Y})=\alpha-\mathrm{Support}(\boldsymbol{X}\cap\boldsymbol{Y}) \tag{13-54}$$

定义 13.9:模糊关系 r 中的模糊关联规则 $\boldsymbol{X}\rightarrow\boldsymbol{Y}$ 的置信度定义为

$$\mathrm{confidence}(\boldsymbol{X}\rightarrow\boldsymbol{Y})=\alpha-\mathrm{Support}(\boldsymbol{X}\cap\boldsymbol{Y})/\alpha-\mathrm{Support}(\boldsymbol{X}) \tag{13-55}$$

定义 13.10:设 $\boldsymbol{X}\rightarrow\boldsymbol{Y}$ 是模糊关系 r 中的模糊关联规则,r 中的最小置信度为 minconf,如果 confidence$(\boldsymbol{X}\rightarrow\boldsymbol{Y})>$minconf,则模糊关系 r 中的模糊关联规则 $\boldsymbol{X}\rightarrow\boldsymbol{Y}$ 为有效规则,其信度 CF$(\boldsymbol{X}\rightarrow\boldsymbol{Y})$ 可定义为

$$\mathrm{CF}=\mathrm{Belief}(\boldsymbol{X}\cap\boldsymbol{Y})/\mathrm{Belief}(\boldsymbol{X}) \tag{13-56}$$

简记为 CF。其中: Belief$(\boldsymbol{X}\cap\boldsymbol{Y})$ 取 $\boldsymbol{X},\boldsymbol{Y}$ 中模糊数的最小值。

已知事物数据库,模糊关联规则提取问题是指产生置信度与支持度分别大于用户定义最小值的所有关联规则。简单的理解就是寻找模糊数据库中某些发生比较频繁的项。对于雷达辐射源识别和目标平台识别历史记录来说,挖掘其中的关联规则是发现目标平台的识别与哪些雷达辐射源识别频繁关联。

3) 模糊关联规则挖掘方法

模糊关联规则的挖掘是基于整理识别记录、操作员的经验、多种情报综合等获得的模糊数据库进行的。数据库内容包括的字段有事务集编号、侦察记录时间、雷达辐射源的识别结果及可信度、目标平台识别结果及可信度,其中目标平台识别结果经过多种情报综合修正,并且已于雷达辐射源的识别记录相关联。可信度的表示,即相当于识别结果对真实结果的模糊隶属度。例如:某次侦察中获取三部雷达辐射源,识别这些雷达并对其进行关联处理发现与某一个目标平台关联,识别该目标平台为 T_1。表 13-3 所列为某次雷达目标平台识别结果记录。

表 13-3　某次雷达目标平台识别结果记录

记录时间	目标平台识别型号	目标平台识别可信度	雷达辐射源识别结果	雷达辐射源识别可信度
时间 1~时间 2	T_1	a	R_1	b
时间 1~时间 2	T_1	a	R_2	c
时间 1~时间 2	T_1	a	R_3	d

作为模糊数据库中一条记录,其可记为

TIDXXX(事务编号),(T_1,a),(R_1,b),(R_2,c),(R_3,d)。

依据历史记录建立的模糊数据库,便可以挖掘其中目标平台与雷达辐射源之间的关联关系。注意这里的关联规律会受到侦察地域和时间段的影响,不同的地域或时间段内挖掘出的关联关系可能发生改变。但这种特定地域和时间段内的挖掘出的规律往往更能反映侦察对象的活动规律和其装备的雷达辐射源的工作规律。时间段对结果的影响可以通过扩大挖掘记录的时间段或者将记录时间作为另一个事件来考虑。对于地域的影响也可以通过扩大所挖掘的记录或着将侦察地域作为一个事件考虑,但在实际情况中只需要对挖掘的关联规则标定地域。该模糊关联规则的挖掘受已识别雷达辐射源型号的约束,以已识别雷达辐射源为其中的项,寻找与其频繁关联的目标平台并计算其可信度和支持度。采用约束的模糊关联规则挖掘方法目的是减少寻找运算量,提高挖掘效率。假设某待识别目标平台已与 n 部雷达辐射源识别结果关联,则挖掘的具体过程如下:

(1) 首先以这 n 部雷达为前项,寻找历史记录形成的模糊数据库中所有与之关联的目标平台型号,且均为 α-发生,即雷达辐射源和目标平台的识别可信度需要$\geqslant\alpha$。

(2) 在获得的规则集中,设当有 n 部雷达辐射源同时配备于单个目标平台时,可能有 m 种类型,则分别挖掘计算$(R_1,R_2,\cdots,R_n)\to T_1$,$(R_1,R_2,\cdots,R_n)\to T_2$,$\cdots$,$(R_1,R_2,\cdots,R_n)\to T_m$ 规则的支持度和置信度。判断挖掘的关联规则是否为有效关联规则,若为有效关联规则,则计算其规则信度。有效关联规则挖掘的目的是从模糊数据库中挖掘所识别的雷达辐射源型号与可能的目标平台之间的关联关系。

关联规则的挖掘算法有很多,如 Apriori 算法、AprioriTid 算法、DHP 算法等。

4) 目标平台与关联与可信度赋值

利用获得的关联规则可以将雷达辐射源的识别转化为对目标平台的识别。这些获得的关联规则反映特定地域或特定时间段内雷达辐射源与目标平台之间的潜在关系。这种潜在的关系能够为后续的目标平台识别提供有效的先验指导,减小目标平台识别集的数量,提高可能的目标平台识别可信度。利用这种关联规则的历史先验信息将雷达辐射源识别结果转化为目标平台识别,其实质是将雷达辐射源的识别结果可信度传递至目标平台的识别可信度。此外,利用识别可信度判断目标平台类型或对多种不同目标平台进行可信度分配。

可信度传递是将雷达辐射源的识别可信度转化为目标平台的识别可信度。可信度传递计算主要利用关联规则的两种衡量标准:置信度和信度。模糊关联规则的置信度实质上反映地是关联规则的后项在前项发生情况下的概率。以$(R_1,R_2,\cdots,R_n)\to T_1$ 规则为例，其置信度表示在雷达辐射源 $R_1, R_2, \cdots, R_n$ 同时存在且被识别时，目标平台 T_1 被识别的概率；信度 CF 则表示雷达辐射源 $R_1, R_2, \cdots, R_n$ 同时存在且被识别时，若目标平台为 T_1 时，则 $R_1, R_2, \cdots, R_n$ 的整体识别可信度对 T_1 识别可信度传递的效率。因此，利用置信度和信度的含义，按照下面方式实现雷达辐射源识别结果对目标平台识别的转化。

假设某待识别目标平台已与 n 部雷达辐射源识别结果关联，在历史记录数据库中搜索后发现，这 n 部雷达辐射源可能同时装备于 m 个不同的目标平台。

设雷达辐射源 R_i 的识别可信度为 μ_{R_i}，关联规则 $(R_1, R_2, \cdots, R_n) \to T_j$ 的置信度为 $\text{confidence}((R_1, R_2, \cdots, R_n) \to T_j)$，信度为 CF_j。$(R_1 \cap R_2 \cap \cdots \cap R_n)$ 表示在一次任务中 $R_1, R_2, \cdots, R_n$ 同时存在且被识别，$\text{Belief}(R_1 \cap R_2 \cap \cdots \cap R_n)$ 则表示取 $R_1, R_2, \cdots, R_n$ 中可信度最小值，表示 $R_1, R_2, \cdots, R_n$ 的整体识别可信度。因此，可以计算 $R_1, R_2, \cdots, R_n$ 的整体识别可信度对第 j 个目标平台的识别可信度的传递系数为

$$w_j = CF_j \times \text{confidence}((R_1, R_2, \cdots, R_n) \to T_j) \tag{13-57}$$

则第 j 个目标平台的识别可信度为

$$m_{Tj} = \text{Belief}(R_1 \cap R_2 \cap \cdots \cap R_n) \times CF_j \times \text{confidence}((R_1, R_2, \cdots, R_n) \to T_j) \tag{13-58}$$

利用获得的目标平台的识别可信度可以进行决策判别，结果有如下两种形式。

(1) 最大可信度目标平台。选取计算后获得最大可信度的目标平台作为唯一识别结果。若目标平台 p 对应的可信度值最大，则待识别目标平台判别为 p 类，即

$$m_{T_p} = \max(m_{T_j});\quad j = 1, 2, \cdots, m$$

(2) 多目标平台。选取所有可能匹配的目标作为识别结果目标集，不同目标平台的识别可信度赋值，即计算获得的识别可信度结果。加入不确定目标 $\{U\}$，表示无法判断的目标类型或不确知目标类型。其对应的可信度赋值为

$$m_U = 1 - \sum_{j=1}^{m} m_{T_j} \tag{13-59}$$

通过上面转化可以将雷达辐射源的识别结果转化为目标平台的识别，并进行可信度赋值。

5）实例分析

通过两个实例，说明如何从历史识别记录中获得模糊关联规则，并用于目标平台判别的具体实现过程。假设某特定侦察地域或某侦察时间段内的历史记录数据库，如表13-4所列。表中每一条记录表示在每一次侦察任务中获取的雷达辐射源识别结果和目标平台识别结果。目标 U 表示在识别中无法判断或未知的目标类型，T_1, T_2 是指目标平台类型 1、2，R_1、R_2、R_3 是指雷达辐射源类型 1、2、3。

表 13-4　历史识别记录数据库事务列表

事务编号	雷达辐射源及目标平台识别结果
1	$(T_1, 0.80), (R_1, 0.85), (R_2, 0.96), (R_3, 0.90)$
2	$(T_2, 0.69), (R_1, 0.83), (R_2, 0.85)$
3	$(T_1, 0.84), (R_1, 0.87), (R_3, 0.91)$
4	$(U, 1), (R_1, 0.53)$
5	$(T_1, 0.72), (R_1, 0.75), (R_2, 0.83)$

（续）

事务编号	雷达辐射源及目标平台识别结果
6	$(T_2,0.82),(R_2,0.95)$
7	$(T_2,0.78),(R_1,0.86),(R_2,0.80)$
8	$(T_1,0.89),(R_3,0.94)$
9	$(U,1),(R_1,0.51)$
10	$(T_2,0.76),(R_1,0.82),(R_2,0.77)$

(1) 示例1。若在某次侦察任务中,假设某待识别目标平台已与1部雷达辐射源识别结果关联,则其识别结果为

$$(R_1,0.85)$$

若取 $\alpha=0.6$,α-minsup=0.2,minconf=0.2,则搜索历史记录中与辐射源 R_1 相关联的目标平台识别记录会发现有目标 T_1、T_2。因此,搜索其有效关联规则,提取的有效关联规则为

$$R_1\rightarrow T_1,R_1\rightarrow T_2$$

其置信度 confidence 和信度 CF 的计算结果分别为

$R_1\rightarrow T_1$:　　confidence=0.375,CF=0.96

$R_1\rightarrow T_2$:　　confidence=0.375,CF=0.89

关联规则 $R_1\rightarrow T_1$ 的置信度为0.375,即表示在 R_1 被识别时 T_1 被识别的概率为0.375,信度 CF=0.96 则表示当 R_1 的识别可信度为1时,若目标平台为 T_1,其可信度为0.96。因此可以依据式(13-58)、式(13-59)计算不同目标平台及未知目标平台的识别可信度为

T_1:　　$m_{T_1}=0.85\times0.375\times0.96=0.31$

T_2:　　$m_{T_2}=0.85\times0.375\times0.89=0.28$

U:　　$m_U=1-m_{T_1}-m_{T_2}=0.41$

(2) 示例2。若在某次侦察任务中,假设某待识别目标平台与2部雷达辐射源识别结果关联,其识别结果为

$$(R1,0.85),(R2,0.9)$$

若取 $\alpha=0.6$,α-minsup=0.2,minconf=0.2,则搜索历史记录中与辐射源 R_1,R_2 同时相关联的目标平台识别记录,发现有目标 T_1、T_2。因此搜索其有效关联规则,提取的有效关联规则为

$$R_1,R_2\rightarrow T_1,R_1,R_2\rightarrow T_2$$

其置信度 confidence 和信度 CF 的计算结果分别为

$R_1,R_2\rightarrow T_1$:　　confidence=0.4,CF=0.99

$R_1,R_2\rightarrow T_2$:　　confidence=0.6,CF=0.93

因此可以依据式(13-57)、式(13-58)计算不同目标平台及未知目标平台的识别可信度为

T_1:　　$m_{T1}=0.85\times0.4\times0.99=0.34$

T_2:　　$m_{T2}=0.85\times0.6\times0.93=0.47$

U：　　$m_U = 1 - m_{T1} - m_{T2} = 0.19$

从上面两例计算可得，示例 1 中仅有 1 部雷达辐射源被识别并与目标平台关联时，其未知目标平台的可信度最大，说明此次 R_1 识别不能有效的对目标平台进行判别。从历史记录中也可以看出 R_1 单独存在没有 1 次有效的识别目标平台，实际情况与计算结果相符。示例 2 中若同时有 2 部雷达辐射源被识别时，则可以判断出目标平台 T_2 的可信度最大。这在历史记录中也可得，R_1、R_2 同时被识别并与一目标平台关联时，T_2 被识别的可能性最大，其计算结果与实际情况也是相一致的。因此，可以看出实例计算中目标平台可信度的获取有效利用了目标平台判别历史记录中的先验信息。依据模糊关联规则的置信度和信度能够合理的将雷达辐射源识别结果转化为目标平台的判别结果。这里需要注意：在实际应用中，历史记录库中记录条数是众多的。上面示例的目的在于实现和介绍具体的计算过程，记录条数越多挖掘出的模糊关联规则越可靠，利用其对目标平台的识别就越准确。

13.4.4　雷达威胁等级判定方法

雷达威胁等级判定方法是雷达识别的主要内容，在告警、干扰和摧毁的支援侦察中，尤为重要。威胁等级应根据战术技术性能要求来确定，通常依据雷达的体制、用途、工作状态、技术参数、距离远近和相关联的武器系统等因素，并考虑实战应用的特点，设定威胁等级的确定原则。

雷达的威胁可以有不同的划分方法，具体如下：

（1）不同体制雷达的威胁程度差别较大。跟踪雷达比警戒雷达威胁大。

（2）同为跟踪雷达，处于跟踪状态雷达的威胁大于处于搜索状态雷达的威胁。

（3）距离近的雷达比距离远的雷达威胁大。

（4）不同用途雷达威胁等级不同。用于制导雷达的威胁最大，其次是控制火炮雷达的威胁。不同用途雷达威胁等级的划分，如表 13-5 所列。威胁等级数值越小，表示威胁等级越高，即最高威胁等级为 0，最低威胁等级为 7。

表 13-5　不同用途雷达威胁等级划分

雷达用途	威胁等级
末制导	0
制导	1
导弹跟踪、炮瞄、轰炸瞄准、截击	2
多功能	3
不明用途	4
目标指引、引导	5
搜索、警戒、军用导航	6
民用	7

雷达的威胁等级是由各种威胁因素综合确定的，不同的实战应用场合有不同特点的信号环境和不同的战术要求，可由信号处理数据库提供已知雷达的先验信息以及未知雷达当前工作状态和技术参数，实现当前雷达威胁等级的综合判定。

第 14 章　雷达类网电对抗典型目标信号侦测与识别方法

14.1　频率捷变体制雷达目标信号的侦测与识别方法

频率捷变雷达是指发射的相邻脉冲载频在一定频率内随机快速改变的脉冲雷达。这种雷达可以有效对抗窄带瞄准式干扰,具有加大探测距离、提高测角精度、抑制海杂波和地物杂波的优点。频率捷变技术已被大多数军用雷达采用,并推广到民用船载雷达。频率捷变是雷达对抗侦察过程中侦获雷达所采用的较为常见的一种技术体制。

14.1.1　频率捷变体制雷达基本原理

频率捷变是指雷达的工作频率快速、随机地在一个较大的范围(中心频率的 12%)内发生变化。其表达式:$RF_1 \sim RF_n(N)$;$RF_1, RF_2, RF_3, \cdots, RF_n$(频率捷变范围用"~"表示,$N$ 表示频率步进值,单次侦收的频率步进值 N 需要通过对信号多次侦察进行验证;频率捷变范围与频点之间用";"隔开,频点之间用","表示)。频率捷变看似随机无规律,但实际是以伪随机形式变化,这是因为一部雷达设计研制成功后,其频带宽度和基础频率步进值都固定不变,在实际应用中只是根据任务需求选择部分频点。按雷达发射机的构成形式,频率捷变信号可分为非相参频率捷变和全相参频率捷变。非相参捷变信号的频率点多,而全相参频率捷变信号,由主振放大式发射机产生,其特点是频率只能在有限个点上跳变。

运用频率捷变技术的雷达,其频率变化范围较大(捷变带宽 B_a 通常是雷达信号瞬时带宽 B 的 500~1000 倍),变化速度较快,频点具有一定不可预测性,稀释了敌方干扰功率,使得雷达具有很强的抗干扰能力。目前体制先进的雷达都具备频率捷变能力。频率捷变体制提供了雷达工作频率技术信息,由此可推测该雷达的主要战术用途、用频特点等战术信息。

14.1.2　频率捷变体制雷达信号特征分析方法

频率捷变信号可分为脉内频率捷变、脉间频率捷变和脉组频率捷变。

脉内频率捷变是指在一个脉冲宽度分为若干个子脉冲,射频频率在各个子脉冲内的捷变。但通常脉内捷变信号频率的变化是伪随机,即频率的变化是按某种选定的方式变化。脉间频率捷变是指工作频率在相邻脉冲之间捷变;脉组频率捷变是指信号分组工作,工作频率在相邻脉冲组之间捷变,每组的脉冲个数一般相同。就抗干扰能力而言,脉间频率捷变信号通常优于脉组频率捷变信号。结合雷达天线波束运动特点,频率捷变分为三种:脉冲到脉冲、波束到波束、扫描到扫描。脉冲到脉冲对应脉间频率捷变,波束到波束、扫描到扫描对应脉组频率捷变。各种频率捷变信号的时域波形,如图 14-1 所示。

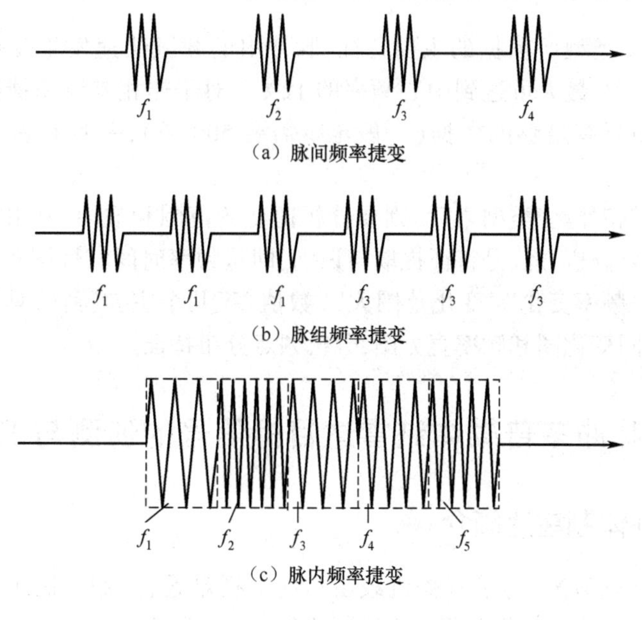

图 14-1　频率捷变信号波形

图 14-1(a)是脉间频率捷变,相邻脉冲的载频都不同;图 14-1(b)是脉组频率捷变,相邻两组脉冲的工作频率不相同;图 14-1(c)是脉内频率捷变,脉冲内部分成几个子脉冲,各个子脉冲的载频不相同。

根据雷达发射机的构成形式或实现技术分类,频率捷变信号可分为非相参频率捷变和全相参频率捷变。非相参频率捷变方式技术原理简单,易于工程实现,在信号特征上的具体体现是频率点多;全相参频率捷变信号由主振放大式发射机产生,其特征是频率只能在有限点上跳变,通常为几十点至 100 多点。全相参体制的频率捷变技术,通常采用脉组频率捷变,其原因是脉组频率捷变可以与 MTI 技术兼容。在具体应用中,还要依据雷达执行的战术任务来区分,例如,机载脉冲多普勒火控雷达工作在对海模式时,根据海情不同,将采用不同的频率捷变方式。

频率捷变信号的频谱是离散谱,各谱线的位置和幅度随机跳动,其跳动位置、范围以及幅度由频率捷变的规律决定,如图 14-2 所示。

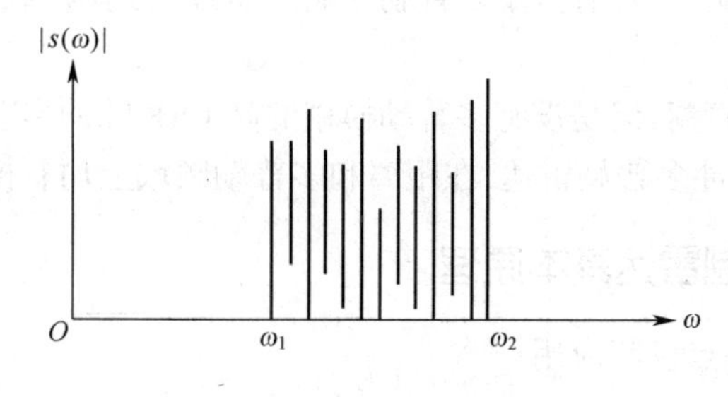

图 14-2　频率捷变信号频谱

14.1.3 频率捷变体制雷达信号识别方法

判断频率捷变类型所依据的主要特征:脉冲串的载频快速发生变化或成组发生变化,且变化范围较大,最大可达到中心频率的12%。对于非相参频率捷变和全相参频率捷变的区分,必须要有足够的数据(一般至少需要500条),并且有多次侦察数据互相验证。

在正确判别频率捷变类型之后,则要分析捷变的范围和规律,脉组捷变需注明每组脉冲个数。其主要分析方法是特征提取与识别,即从频率时间特性图和全脉冲数据频率参数数值上判明"频率变化""变化范围大""数值多"几个主要特征;具体分析方法是做出工作频率随时间变化图和频率直方图,分析频点分布特征。

14.2 脉冲多普勒体制雷达目标信号的侦测与识别方法

14.2.1 PD体制雷达简介

20世纪60年代以来,为了解决机载雷达的下视难题,人们研制了脉冲多普勒雷达(Pulse Doppler,PD)体制。机载雷达下视时将遇到很强的杂波(地面、海面),在这种杂波背景下,检测运动目标主要依靠多普勒频域的检测能力。MTI雷达可用的多普勒频域空间受到盲速的限制:工作频率越高,在相同目标速度条件下其多普勒频率f_d相应提高而使第一盲速下降。机载雷达由于其他条件限制而常采用高工作频率(如X波段),因此多个盲速点的存在明显地减小了可检测目标的多普勒空间;机载雷达还因平台的运动而导致杂波频谱的展宽,这将进一步加剧用于检测目标的多普勒空间减小。可以看出,工作于高频段的机载雷达,需要用更好的办法来代替MTI,以获得比较满意的运动目标检测能力。

提高雷达的脉冲重复频率(PRF)来避免盲速对检测动目标的影响,这种雷达称为PD体制雷达。因为提高PRF后,雷达在给定的工作条件下没有盲速的影响,但在距离上会产生多重模糊,所以PD体制雷达是用距离模糊区换取多普勒空间无模糊的雷达。

在某些情况下,雷达以稍低的PRF工作,在距离和多普勒空间上均有可容忍的模糊,但其总体的工作性能更好。这种雷达称为中等重复频率(PRF)脉冲多普勒雷达。机载运动平台上有3种利用多普勒频率的脉冲雷达,具体如下:

(1) 没有距离模糊,但是有多重多普勒模糊的MTI雷达(机载动目标显示雷达(AMTI))。

(2) 有多重距离模糊,但是没有多普勒模糊的高PRF脉冲多普勒雷达(PD)。

(3) 中等PRF脉冲多普勒雷达,在距离和多普勒频域上均有模糊。

14.2.2 PD体制雷达基本原理

1. PD体制雷达特点及其应用

PD体制雷达与动目标显示雷达都是以提取目标多普勒频移信息为基础的脉冲雷达。一般来说,PD体制雷达的特点有以下几个方面。

1）具有足够高的脉冲重复频率

脉冲多普勒雷达选用足够高的 PRF，保证在频域上能区分杂波和运动目标。当需要测定目标速度时，PRF 的选择应能保证测速没有模糊，但往往在距离上存在模糊。

为保证单值测速的要求，应满足

$$f_{d_{max}} \leqslant \frac{1}{2} f_r \tag{14-1}$$

式中：$f_{d_{max}}$ 是目标相对于雷达的最大多普勒频移；f_r 是雷达的 PRF。

为保证单值测距的要求，应满足

$$t_{d_{max}} \leqslant T_r \tag{14-2}$$

式中：$t_{d_{max}}$ 为目标回波相对于发射脉冲的最大延迟；T_r 为雷达脉冲重复周期，与 f_r 互为倒数关系。

要同时保证单值测速和单值测距，应满足

$$f_{d_{max}} \cdot t_{d_{max}} \leqslant \frac{1}{2} f_r \cdot T_r = \frac{1}{2} \tag{14-3}$$

在绝大部分的机载下视雷达中，式(14-3)是难以满足的，因此测速和测距总有一方面是存在模糊的。

例如：机载下视雷达，特别是战斗机火控雷达，考虑到体积和重量的限制，通常选用较高的频段，如 X 波段。以典型的数据计算为例，假定雷达的波长 $\lambda = 3$cm，目标与雷达的相对速度为 4000km/h，根据式(14-1)可以得到其 PRF 大于 148kHz，此时的不模糊测距范围大约只有 1km。显然，大于 1km 的目标，距离测量都是有模糊的。反之，如果采用较低的 PRF 以保证距离测量没有模糊，则速度测量必然产生模糊。通常把速度无模糊、距离有模糊的高脉冲重复频率(HPRF)利用多普勒效应的雷达称为 PD 雷达，而把距离无模糊、速度有模糊的低脉冲重复频率(LPRF)利用多普勒效应的雷达称为机载动目标显示雷达(AMTI)。到 20 世纪 70 年代，为了适应战术应用的要求，发展起来一种速度和距离都有适度模糊的中等 PRF 的利用多普勒效应的雷达(MPRF)，这种雷达也属于 PD 雷达体制。

2）能实现对脉冲串频谱中单根谱线的多普勒滤波

当杂波散射体在距离上均匀分布、位置随机且数量足够多时，这类散射体产生的杂波回波具有平稳高斯噪声的特性。杂波和热噪声的区别：热噪声具有相当宽的频谱范围，因而在一定频率范围内可认为是白噪声；杂波功率谱是频率的函数，是一种非白色噪声或称色噪声。如果杂波的功率谱为 $C(f)$，热噪声为 N_0，信号频谱为 $S(f)$，则根据匹配滤波理论，在有色噪声背景下输出端得到信噪比最大时的匹配滤波器的传输函数为

$$H(f) = \frac{S^*(f) e^{j-2\pi f t_s}}{C(f) + N_0} \tag{14-4}$$

式中：t_s 为滤波器物理上能实现所需的延迟。

可以认为匹配滤波器 $H(f)$ 由两个级联滤波器 $H_1(f)$ 和 $H_2(f)$ 串接，其中

$$H_1(f) = \frac{1}{C(f) + N_0} \tag{14-5}$$

$$H_2(f) = S^*(f) e^{-j2\pi f t_s} \tag{14-6}$$

在脉冲多普勒雷达中,运动目标回波为一相参脉冲串,其频谱为具有一定宽度的谱线,谱线的位置相对发射信号频谱具有相应的多普勒频移,因此与信号匹配的滤波器应是梳状滤波器,其中每一梳齿就是与信号谱线形状相匹配的窄带滤波器。由于目标速度是未知的,因此与未知速度信号的匹配滤波器应是毗邻的梳状滤波器组,在信号处理时可以截取一频段,如$f_0-\frac{f_r}{2}\sim f_0+\frac{f_r}{2}$,在这一频段中,设置与信号谱线相匹配的窄带滤波器组$H_2(f)$,由于相参脉冲串的频谱为单根谱线,失掉了距离信息,故在接收机的中频部分截取频段以前要加上距离选通波门(距离门)以便维持测距性能。考虑到距离门的取样性质(时域取样使频域函数周期化),等效滤波器的特性仍是按取样频率重复的梳状滤波器组。然而,这时$H_2(f)$无须设计成周期性的滤波器组,而是单根谱线的滤波器组。由于早期技术实现手段的限制,在上面两个滤波器串接的信号处理中,滤波器的特性还很难做到与信号完全匹配,因而其结果只是朝着最佳处理的方向迈出了一步。由于近年来数字技术和新模拟器件的发展,杂波滤波器后串接窄带滤波器组的信号处理方法,将逐步取代只有杂波滤波器的早期动目标显示雷达,从而大幅提高雷达在杂波背景中检测运动目标的能力。

由于脉冲多普勒雷达具有对目标信号单根谱线滤波的能力,因此其还能提供精确的速度信息,而动目标显示雷达不具有这种能力。

3) 采用高稳定度的主振放大式发射机

由于只有发射相参脉冲串才可能对处于模糊距离的目标进行多普勒信号处理,只有发射相参脉冲串才有可能进行中频信号处理,因此脉冲多普勒雷达通常采用栅控行波管或栅控速调管作为功率放大器的主振式发射机,产生相参脉冲串,而不是早期动目标显示雷达采用磁控管单级振荡式发射机。此外,脉冲多普勒雷达要求发射信号具有很高的稳定性,包括频率稳定和相位稳定。发射系统采用高稳定度的主振源和功率放大式发射机,保证高纯频谱的发射信号,尽可能减少由于发射信号不稳而给系统带来附加噪声和由于谱线展宽而使滤波器频带相应加宽。只有发射信号具有高稳定性,才能保证雷达获得高的改善因子。

4) 天线波瓣应有极低的副瓣电平

机载 PD 体制雷达的副瓣杂波占据很宽的多普勒频率范围,加上多重距离模糊而使杂波重叠并且强度增大。只有极低的副瓣才能改善在副瓣杂波区检测运动目标的能力。

综上所述,可以看出 PD 体制雷达的高性能是以高技术要求为前提的,关键的技术要求是产生极高频谱纯度的发射信号、极低副瓣的天线、大线性动态范围的接收机以及先进的信号处理技术等。

应当注意 MTI 体制雷达与 PD 体制雷达在发射机类型和信号处理技术上曾经有较大的差异:在 MTI 体制雷达发展初期,发射机通常采用磁控管;PD 体制雷达则采用高功率放大器发射机。当前 MTI 体制雷达和 PD 体制雷达都是采用高功率放大器。在信号处理方面,MTI 体制雷达开始采用模拟延迟线对消器,PD 体制雷达采用模拟滤波器组,现在这两种雷达均采用数字处理,MTD 体制雷达也采用滤波器组。在设备上这两种雷达的差异已不明显,它们的基本差异是采用的 PRF 不同,且 PD 体制雷达通常接收更多杂波而要求有更大的改善因子。PD 体制雷达与 MTI 体制雷达之间的区别不是绝对的,随着技术的发展,两者的区别将越来越不明显。

PD 体制雷达原则上可用于一切需要在地面杂波背景中检测运动目标的雷达系统,如机载预警、机载火控、导弹寻的、地面武器控制和气象等。

2. PD 体制雷达信号与杂波谱

PD 体制雷达实质上是根据运动目标回波与杂波背景在频率域中的频谱差别,尽可能地抑制杂波来提取运动目标的信息。从原理上讲 PD 体制雷达相当于一种高精度、高灵敏度和多个距离通道的频谱分析仪。

1) 目标的多普勒频移

假定雷达装配在固定的平台上,目标相对于雷达站的径向速度为 v_{T_0},雷达接收信号相对于发射信号的多普勒频移为

$$f_d = 2v_{T_0}/\lambda \tag{14-7}$$

对于机载雷达,考虑目标与雷达的相对速度,多普勒频移为

$$f_d = 2(v_{T_0} + v_{r_0})/\lambda \tag{14-8}$$

式中:v_{r_0}表示载机速度在视线方向的投影。

2) 机载下视雷达的杂波谱

机载下视雷达的杂波谱是指机载雷达下视时,通过雷达天线主波瓣和副瓣进入接收机的地面或海面干扰背景的反射回波的频谱。由于机载雷达装设在运动的平台上,随载机的运动而运动,即使固定的反射物,也因反射点相对速度不同而产生不同的多普勒频移。

(1) 天线主瓣杂波。天线方向图采用针状波束时,主瓣照射点的位置不同,反射点有不同的相对速度,此时可求出杂波多普勒频移和主瓣位置的关系。假定载机等高匀速直线飞行,速度为 v,α 为波束视线与载机速度矢量之间的方位角,β 为垂直面内的俯角,则反射点的相对速度为

$$v_r = v\cos\alpha\cos\beta \tag{14-9}$$

反射点的多普勒频移可表示为

$$f_{dMB} = \frac{2v_r}{\lambda} = \frac{2v}{\lambda}\cos\alpha\cos\beta \tag{14-10}$$

事实上,天线波束总有一定的宽度,雷达在同一波瓣中所收到的杂波是由不同反射点反射回来的,而且它们的多普勒频偏也不同,即主瓣杂波谱有一个多普勒频带。

先考虑天线波瓣在水平面内的宽度 θ_a,由宽度 θ_α 引起的主瓣杂波多普勒频带宽度可近似为

$$\Delta f_d \approx |\partial f_d/\partial\alpha|\,\Delta\alpha = |(2v/\lambda)\cos\beta\sin\alpha|\,\theta_\alpha \tag{14-11}$$

式中:由宽度 θ_α 引起的主瓣杂波多普勒频带宽度随着天线扫描位置的不同而发生变化。当天线波束照射正前方,即当 $\alpha\approx 0$ 时,由宽度 θ_α 引起的主瓣杂波多普勒频带带宽趋近于 0;而当 $\theta=90°$时,频谱宽度最宽,可用 $|\Delta f_d|_{max} = 2(v/\lambda)\theta_\alpha$ 来估计最坏情况下的主杂波频谱宽度。频带的包络取决于天线波束的形状,波束中心所对应的杂波强度最大。在用高 PRF 工作时,主杂波带展宽后只占 PRF 的一小部分,故在滤波前不需要特别补偿。

天线在进行方位搜索时主瓣方位波束宽度和仰角波束宽度都会引起杂波谱展宽。俯仰波束宽度引起的杂波谱展宽较小,而且天线方位扫描角越小,其展宽越小,方位波束

宽度引起的展宽比较大,随着天线方位扫描角增大而增大。

(2) 副瓣杂波。由天线副瓣所产生的地杂波回波的情况,与地杂波性质、天线副瓣的形状及位置均有关系。照射到地面的副瓣可能在任一方向,因而照射点与雷达相对径向速度的最大可能变化范围为$-v_r \sim +v_r$,由此引起的杂波多普勒频偏的范围为$-\frac{2v_r}{\lambda} \sim +\frac{2v_r}{\lambda}$。在高 PRF 工作条件下,副瓣杂波为多个模糊距离上副瓣杂波的积累,因而其强度大。要在很宽的副瓣杂波区检测运动目标,要求 PD 体制雷达有很高的改善因子,天线也应有极低的副瓣电平。

(3) 高度线杂波。当副瓣垂直照射机身下所引起的地面杂波反射称为高度线杂波。当飞机水平飞行时,高度线杂波的频偏为 0。由于副瓣有一定的宽度,故高度线杂波也占有相应的频宽。因为距离近,高度线杂波虽由副瓣产生,但是高度线杂波比一般副瓣杂波的强度大。由发射机泄漏所产生的干扰和高度线杂波具有相同的频谱位置。

运动目标的回波频偏随着目标与雷达间相对径向速度的不同而改变。由于目标与雷达之间的相对径向速度往往大于飞机速度v,故其回波的多普勒频移比各类杂波大,从而使其频谱处于非杂波区。有时(如载雷达的飞机和目标处于追击状态)目标回波的多普勒频偏较小,而使其回波的频谱落入副瓣杂波区,这时必须依靠回波具有足够的能量才可能从杂波中检测出来。目标回波的频谱也占有一定宽度,因为通常目标均是复杂反射体,而且当天线扫描时,照射到目标上的时间是有限的。

3. PD 体制雷达 PRF 的选择

PD 体制雷达 PRF 的选择是一个重要问题,主要分两种情况分析:一是高 PRF 时雷达重复频率数值的选择问题。在这种情况下雷达重复频率选取什么数值主要取决于目标和雷达站之间的相对速度以及使用要求。如果要求雷达在无副瓣杂波区检测目标和要求雷达无模糊测速,则这两种情况选取重复频率的数值是不同的,主杂波锁定和不锁定也是不同的。二是根据不同的战术应用,如何选取高、中、低 PRF。高、中、低 PRF 各有优缺点,分别适应不同的情况,一般应按照雷达是用于仰视、尾随,还是拦截目标,分别做出不同的选择。

1) 高 PRF 时重复频率的选择

(1) 使迎面目标谱线不落入副瓣杂波区中。

当目标和雷达站接近飞行时,最大多普勒频移为

$$f_{\mathrm{dmax}} = 2(v_r + v_t)/\lambda = f_{\mathrm{dMBmax}} + f_{\mathrm{tmax}} \tag{14-12}$$

式中:v_r、v_t 分别为载机和目标的速度值;f_{dMBmax}为主瓣中心最大多普勒频移,即副瓣最大多普勒频移;f_{tmax}为目标对地的最大多普勒频移。

为了使最大多普勒频移的目标谱线不落入副瓣杂波区,以便在无杂波区检测目标,PRF 如图 14-3 所示。按下式来选择 PRF,即

$$f_0 + f_{\mathrm{rmin}} - f_{\mathrm{dMBmax}} \geqslant f_0 + f_{\mathrm{tmax}} + f_{\mathrm{dMBmax}} \tag{14-13}$$

式(14-13)可进一步化简为

$$f_{\mathrm{rmin}} \geqslant 2f_{\mathrm{dMBmax}} + f_{\mathrm{tmax}} \tag{14-14}$$

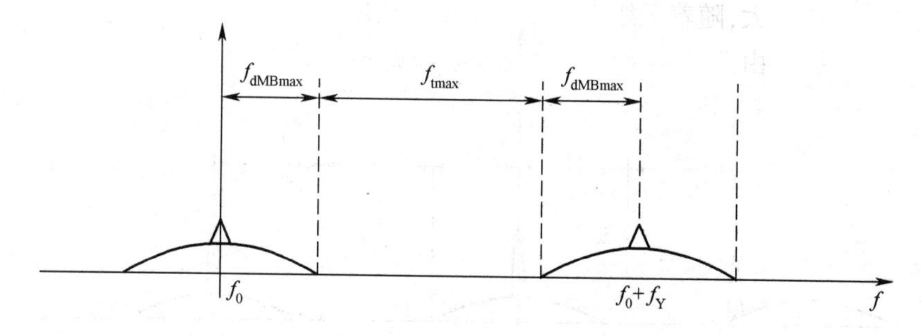

图 14-3　最大多普勒频移目标谱线不落入副瓣杂波区

（2）为了识别迎面和离去的目标。

① 接收机单边带滤波器对主杂波频率固定时 PRF 的选择。由于当波束扫描、飞机速度或姿态变化时主瓣中心多普勒频移也随之变化，因此单边带滤波器的中心频率要相应地跟随主杂波频率变化，如图 14-4 所示，则

$$f_0+f_{rmin} \geqslant f_0+(f_{dMBax}+f_{tmax})+(f_{tmax}-f_{dMBmax}) \tag{14-15}$$

化简可得

$$f_{rmin} \geqslant 2f_{tmax} \tag{14-16}$$

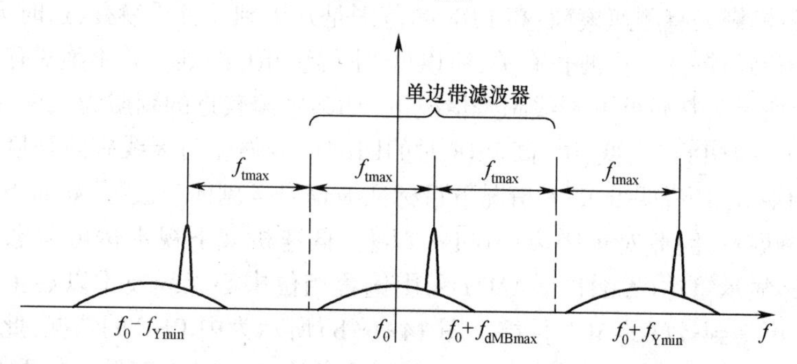

图 14-4　为克服测速模糊的 PRF 选择（单边带滤波器锁定在主杂波频率上）

② 接收机单边带滤波器相对发射频率固定时 PRF 的选择。由于迎面目标的多普勒频移为 $f_0+f_{dMBmax}+f_{tmax}$，离去目标的最低多普勒频移为 $f_0+f_r-f_{tmax}$。因此，为了使最低多普勒频移离去目标的谱线不落入单边带滤波器，以便能识别是迎面目标，还是离去目标，最低重复频率如图 14-5 所示。根据下式选择最低重复频率，即

$$f_{rmin} \geqslant f_{dMBmax}+2f_{tmax} \tag{14-17}$$

带边带滤波器的通带范围应从 f_0-f_{tmax} 到 $f_0+f_{tmax}+f_{dMBmax}$，单边带滤波器的中心频率 f_0 是固定的，但偏离 f_0 应为 $f_{dMBmax}/2$，如图 14-5 所示。

2）高中低 PRF 的选择

PD 体制雷达 PRF 的选择依据是雷达应能单值测速，确保迎面目标的谱线与离去目标的谱线不发生混淆或要求迎面目标的谱线不会落入副瓣杂波，确保目标信号处于无杂波区，从而提高检测能力。这两种情况都属于高 PRF 具体数值的选择。事实上，PD 体制雷达为了适应战术应用的需要不仅使用高 PRF，有时还兼有中 PRF 和低 PRF 的情况。

机载雷达在没有地杂波背景干扰的仰视情况下通常采用低 PRF 加脉冲压缩（作用距

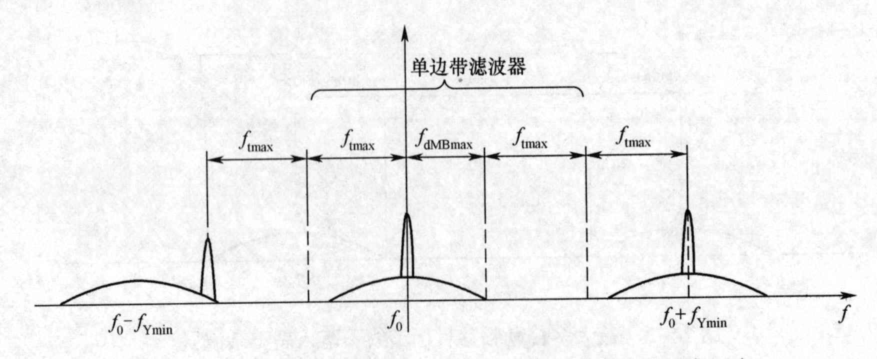

图 14-5　为克服速度模糊的 PRF 选择(单边带滤波器频率固定)

离较远时脉冲压缩的作用是为了使峰值功率不太高,易于在机载雷达中实现)。已有分析结果表明:无杂波背景时高重复频率的脉冲多普勒雷达,由于发射脉冲的遮挡效应和距离波门的跨接损失,检测性能将不如具有相同脉冲数相参积累的常规雷达。低 PRF 脉冲压缩这种信号形式对发射机来说容易实现,对信号处理来说设备也简单。但是,在机载下视且有地杂波干扰的情况下,低、中、高 PRF 各有优缺点,应按使用条件和要求进行 PRF 的选择。低 PRF 一般指几千千赫,这时测距无模糊;中 PRF 一般是 10~20kHz,这种情况既有测距模糊又有测速模糊;高 PRF 的范围是几十到几百千赫兹,这时无测速模糊。由于多普勒频移与雷达工作波长有关,所以低、中、高 PRF 的划分并不绝对化。

图 14-6 所示为在较低的天线副瓣情况下(如离主瓣较近的副瓣为-25~-30dB,较远的副瓣为-30~-45dB),当低、中、高 PRF 时的回波信号强度与天线副瓣强度随距离变化的关系。图 14-6(a)说明低 PRF 情况下目标回波信号较副瓣杂波强,妨碍下视检测的主要因素是主瓣展宽,因此对远距离(100km 以上)低速机载下视雷达可考虑采用低 PRF 的机载动目标显示雷达(AMTI)。AMTI 采用偏置相位中心天线技术以后主瓣杂波频谱宽度被压窄,可得到较好的 MTI 性能。图 14-6(b)所示为中 PRF 的情况,此时副瓣回波随距离的变化关系呈锯齿形曲线。由于地面副瓣杂波按 PRF 在时域中是重叠的,因此使远距离回波可能处于近距离副瓣中。图 14-6(c)所示为高 PRF 的情况,此时副瓣重叠次数增多,副瓣回波的强度几乎是均匀的,因此在高 PRF 的情况下副瓣杂波影响是严重的。但是,对于迎面的快速目标,由于其谱线可能处于无杂波区,而且高 PRF 时相参积累的脉冲数多,因此对目标进行拦截时应采用高 PRF 才有利。在低空尾随目标时,相对速度低,处于副瓣杂波区检测,考虑副瓣杂波强度的影响,选择中 PRF 比选择高 PRF 为好。

图 14-7 所示为当中、高 PRF 时作用距离随载机高度的变化情况。纵坐标表示载机飞行高度,横坐标表示检测概率为 85%时的作用距离 R_{85},M 表示中 PRF,H 表示高 PRF。从图可以看出,迎面攻击时高 PRF 优于中 PRF;尾随时,在低空,中 PRF 优于高 PRF,在高空,高 PRF 优于中 PRF。

14.2.3　PD 体制雷达信号特征分析与识别方法

PD 体制不仅在机载预警和截击雷达中使用,还广泛应用于炮瞄雷达、地空导弹制导雷达、战场侦察雷达和气象雷达,因此 PD 体制雷达的载频并没有较为明显的特征。在实际应用中,载频一般为固定或跳变。PD 体制雷达的脉宽一般不会很大,雷达根据具体需

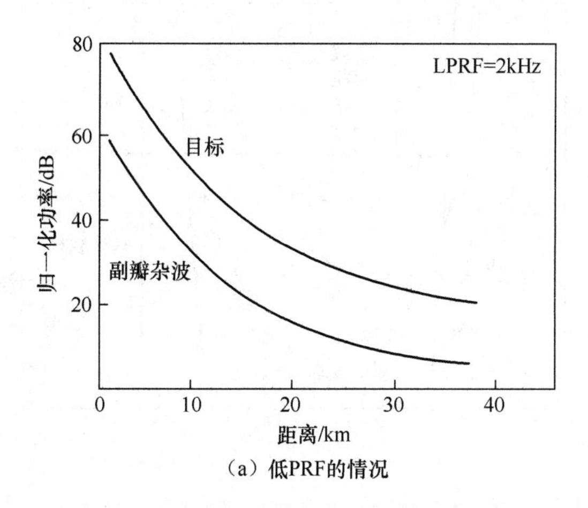

（a）低PRF的情况

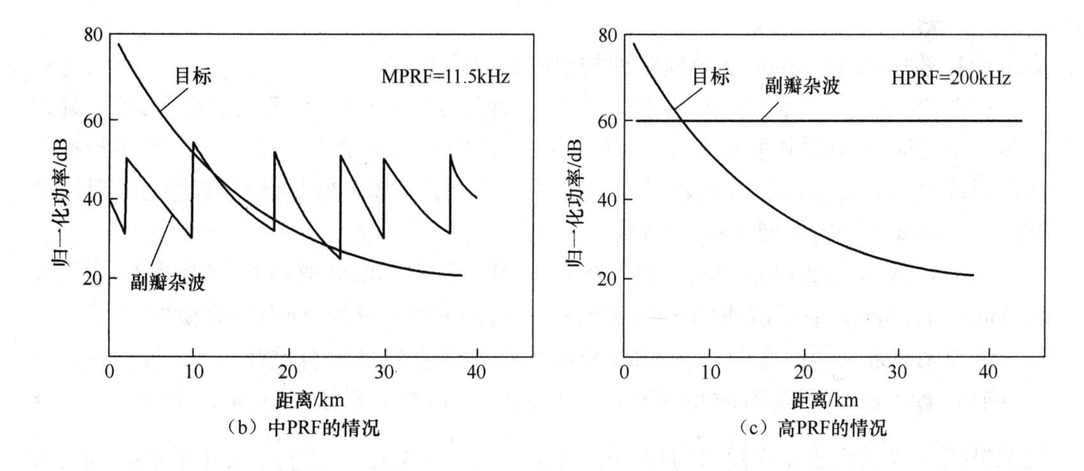

（b）中PRF的情况

（c）高PRF的情况

图 14-6　低、中、高 PRF 回波信号与副瓣杂波随距离的变化

要采用不同脉宽,一般为固定或可选择。

1. PD 体制雷达信号的判别依据

根据 PD 体制雷达的工作特点,在分析研判过程中,遵循的依据主要有四点:一是多工作于 S、X 波段;二是信号脉冲重复频率高,即信号重复周期一般在 120μs 以下;三是信号特点一般为相参信号,即信号脉冲相当于从同一连续波信号中抽取的,信号相位不随机而具有相干性,频率稳定度高;四是脉冲重复频率的特征一般为重频驻留并转换。

2. 对 PD 体制雷达信号的分析重点

PD 体制雷达信号分析的内容主要包括 PD 体制雷达信号的频率变化特征(变化范围、中心值);重复周期变化特征(在多 PRF 工作模式中各模式下的 PRF 变化值;在低 PRF 和高 PRF 状态下的距离、速度模糊情况);雷达信号样式及变换规律;进而分析并总结信号参数特点与其功能应用存在的关系。

以某型机载脉冲多普勒火控雷达参数特征与作战运用状态为例进行分析。机载雷达工作状态之间的差异直接体现在雷达的工作参数上,而雷达为满足反侦察、抗干扰等

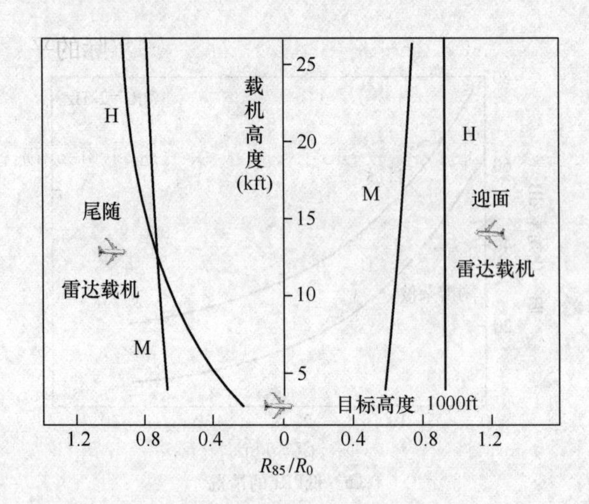

图 14-7 当中、高 PRF 时作用距离随载机高度的变化(R_0 为单位信噪比的距离)

需求,同一种工作状态也可能对应多种相似的参数模式。

根据侦察参数,参数模式有很多共同点:脉冲重复间隔(PRI),即距离波门,近似处理为脉冲重复周期,均采用脉组参差,PRI 在 35.7~75μs,脉宽值在 0.03~1μs,天线扫描采取栅形或照射方式。其不同之处:频率有固定(指一段时间内)与脉组捷变的区别,PRI 脉组参差的脉组个数不同,PRI 的具体值不同。

以 PRI 最小值 35.7μs 和最大值 75μs 计算,可得出其单值不模糊距离 d 分别为 5.4km 和 11.3km。对于战机的作战任务来说,这是远远不够的,即有距离模糊。

若以两机迎头径向速度为 1.5Ma(实际上在两机迎向飞行时是超过这个速度的)计算,则可算出速度不模糊时的多普勒频率 f_d。若以频率为 9800MHz 计算,则 $f_d=$ 33320Hz,为确保无测速模糊,此时的 PRI 值应小于$\frac{1}{f_d}=30\mu s$。以上模式中的 PRI 均大于 30μs,测速出现模糊。

由此可看出,此种参数模式下,如果仅使用单值 PRI 测距、测速,则既有距离模糊又有速度模糊。其解决方法:首先,当雷达的主瓣滞留在目标上,通过一个相当宽间隔的脉冲重复频率固定数,使雷达脉冲重复频率循环。当雷达通过多个不同的脉冲重复频率来循环时,如果目标在任意三个脉冲重复频率的静区内,而且其回波超过了所有三个脉冲重复频率的门限,目标模糊和所有假目标距离就可以分辨出来,那么这个目标就认为是探测到了。然后,最佳的脉冲重复频率是随着工作条件,如雷达高度、杂波水平和对每个具体雷达必须确定的速度的变化而变化。对于 X 波段机载脉冲多普勒雷达,中 PRF 值的范围为 $100kHz \geqslant f_r \geqslant 1kHz$,其典型值为 10~50kHz。

此外,脉冲多普勒机载火控雷达是通过设计距离门数(重复间隔)来确定脉冲重复频率的具体数值。对于 6 个重复频率,每个重复频率的距离门数不同,它们必须满足两个条件:6 个脉冲重复频率的距离门数必须是互质的正整数(互质是指两相互之间没有公约数,但不一定都是质数);6 个脉冲重复频率的占空比平均值必须小于发射机的最大占空比,并且为了使发射机长时间稳定工作,一般只使用到最大占空比的 85%~90%。

雷达发射机输出的峰值功率为 20kW,连续可用的最大平均功率为 250W,连续可用的最大占空比为$\frac{250}{20000}=1.25\%$。若按利用率 90%计算,则实际的平均占空比应选择为小于 1.125%。

以其中一种模式参数为例,该参数模式采用了 6 个脉冲重复频率,它们的距离门数分别是 61、53、44、39、41、49,为互质的正整数,发射脉冲宽度取 $\tau=0.5\mu s$,根据以下计算公式,即

$$D=\frac{\bar{\tau}}{\mathrm{PRI}} \tag{14-18}$$

可以得到,平均占空比 $D=\frac{0.5\times 6}{61+53+44+39+41+49}=1.04\%$。

由此可以看出,平均占空比小于实际连续可用的最大占空比 1.125%。此时距离波门对应的 6 个脉冲重复频率分别是 16.393kHz、18.868kHz、22.727kHz、25.641kHz、25.39kHz 和 20.408kHz。由此可见,该参数模式的距离门数符合机载火控雷达中 PRF 信号参数设计。

14.3　合成孔径体制雷达目标信号的侦测与识别方法

14.3.1　SAR 简介

合成孔径雷达(SAR)是一种主动式微波相干成像雷达,不仅能获得高分辨率的 SAR 图像,而且具有全天候、全天时、大尺度、远距离、连续观测的能力。星载 SAR,既可实现长时间、大范围的战略侦察,又可进行高分辨率、高重复性的战术侦察。在海湾战争中,某国通过某型 SAR 成像卫星发现了伊拉克的地下军事设施;在北约空袭南联盟期间,为了解决恶劣天气的影响,北约调用两颗 SAR 成像卫星每天两次飞过战区,进行打击前的电子对抗情报侦察和打击后的毁伤评估,对战争的进程有着显著的影响。目前,世界各国对星载 SAR 的发展日益重视,其功能不断完善,应用领域不断扩展,已成为对地观测系统和天基侦察监视系统不可或缺的探测工具,国外典型的星载 SAR 系统,如表 14-1 所列。

表 14-1　国外星载合成孔径雷达系统

名称	国家名称	工作模式	分辨率	用途
FIA1-4	美国	条带、聚束、扫描	1m、0.3m、3m	军用
Lacrosse5	美国	条带、聚束、扫描	1m、0.3m、3m	军用
SAR-Lupe 1~5	德国	聚束、条带	0.7m	军用
TerraSAR-X	德国	条带、聚束、条带	3~15m、1~3m、15~30m	军用
TecSAR	以色列	条带、聚束、条带	3m、1m、8m	军用
Cosmo-skymed 1-4	意大利	条带、聚束、条带	3~15m、1m、30m	军民两用
Radarsat-2	加拿大	精细、扫描	不优于 3m	民用
Alos	日本	聚束、扫描	7~44m、100m	民用
RISAT	印度	聚束	3~12m、2m、25~50m	民用

14.3.2 SAR 基本原理

SAR 是一种二维高分辨率成像雷达,其距离向的高分辨率是通过对宽频带信号的脉冲压缩获得的,方位向的高分辨率是通过对多普勒信号的匹配滤波获得的,因此 SAR 成像处理实质上是一种二维匹配滤波问题。

下面以机载 SAR 为例,分析其技术原理。

机载 SAR 是指将 SAR 装在飞机上,利用雷达与观测场景间的相对运动合成一个比真实天线宽得多的天线,从而获得比由物理天线尺寸所确定的分辨率更高的分辨率。其定义:利用与目标做相对运动的小孔径天线,把在不同位置接收的回波进行相干处理,从而获得高分辨率的成像雷达。其原理如图 14-8 所示。

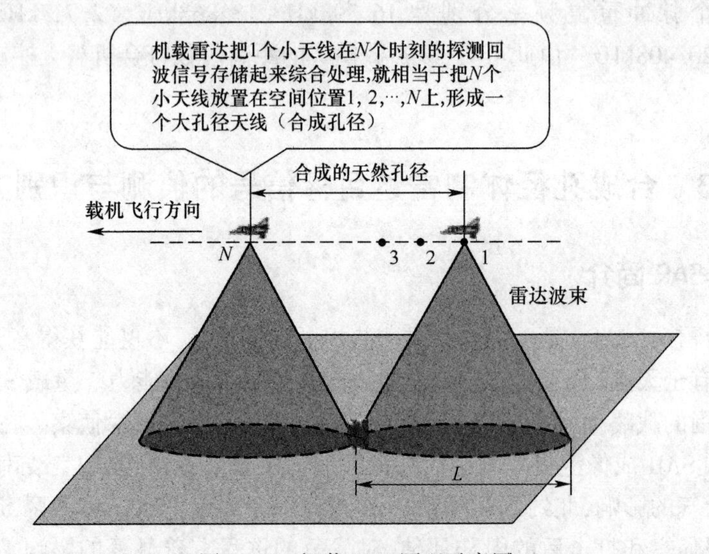

图 14-8 机载 SAR 原理示意图

1. 机载 SAR 的分辨率

机载 SAR 的分辨率可以分为距离向分辨率和方位向分辨率。距离向和方位向,如图 14-9 所示。

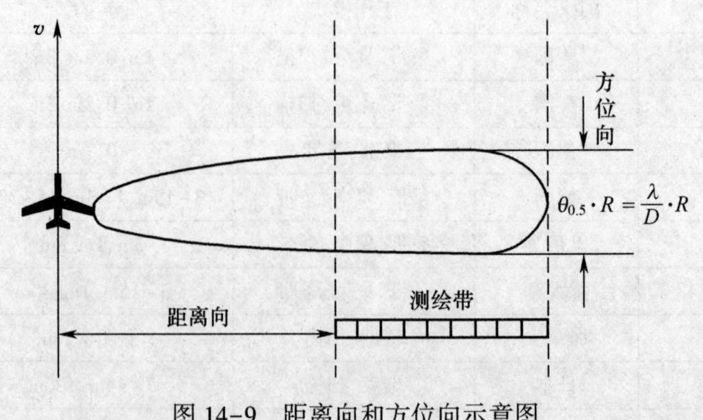

图 14-9 距离向和方位向示意图

（1）距离向分辨率。距离向分辨率是在垂直飞行方向的分辨率，即在侧视方向的分辨率。距离向分辨率与雷达系统发射的脉冲信号相关，与脉冲持续时间成正比：$r = c \times \tau/2$，其中：c 为光速，τ 为脉冲持续时间。当采用线性调频脉冲压缩信号时，则 $r=c/2B$；B 为线性调频调制带宽。

（2）方位向分辨率。方位向分辨率是沿飞行方向的分辨率，也称沿迹分辨率。对于机载 SAR 雷达系统来说一般方位向分辨率只与雷达方位向尺寸有关，使用小尺寸的天线能得到高的方位向分辨率，与波长、飞行高度、斜距离无关。

2. 机载 SAR 的入射角

机载 SAR 的入射角是指雷达波束水平截面与机载目标运动方向垂直截面之间的夹角，如图 14-10 所示。微波与表面的相互作用是非常复杂的，不同的角度区域会产生不同的反射，总的原则：低入射角通常返回较强的信号，随着入射角增加，返回信号逐渐减弱。根据雷达距离地表高度的情况，入射角会随着近距离到远距离的改变而改变，依次影响成像几何。

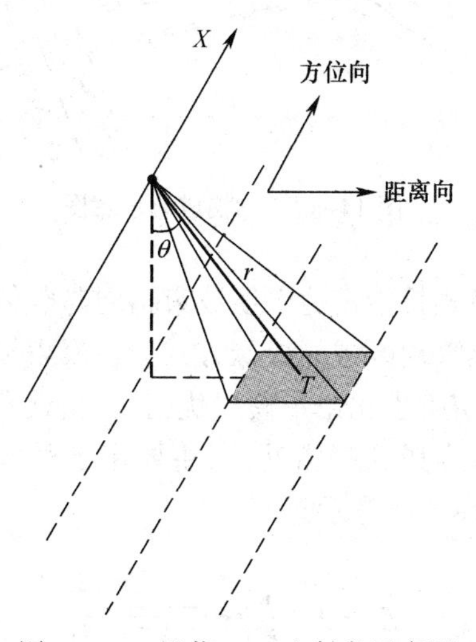

图 14-10　机载 SAR 入射角示意图

3. SAR 雷达的典型成像模式

目前，常用的 SAR 成像模式有下面几种。

（1）条带模式。条带模式是指雷达天线波束指向与载体运动方向间的角度基本不变，照射区域呈条带状的成像方式。按照雷达天线指向与载体运动方向间角度的不同，条带模式可以分为正侧视成像（90°附近）与斜侧视成像。这是目前 SAR 最常采用的工作方式，如图 14-11 所示。

由于机载 SAR 在条带模式成像时一般采取正侧视或斜侧视，因此其天线指向为运动方向侧方区域，当载机正对我方运动时，会出现无法侦察到信号的情况。

（2）扫描模式。扫描模式是一种牺牲一部分方位分辨率以获得宽观测带的成像方式。需要注意的是这里的扫描指天线在径向上进行俯仰角的调整，通过依靠变换天线的波束指向变换子测绘带位置，最终产生一个加宽的雷达成像图。图 14-12 所示为扫描模式成像示意图。

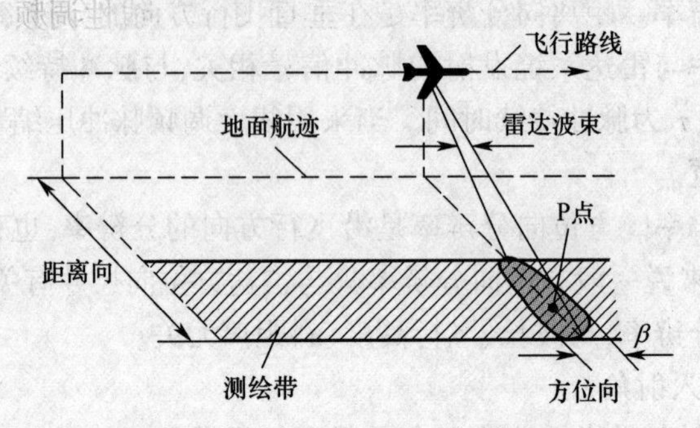

图 14-11 SAR 条带成像示意图

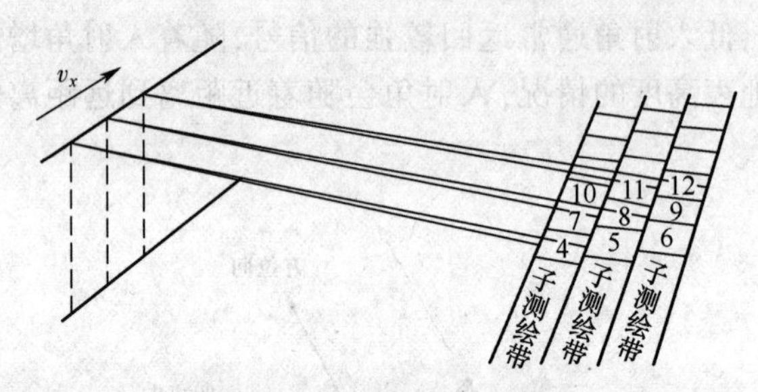

图 14-12 扫描成像示意图

(3) 聚束模式。聚束模式是指雷达天线波束指向与载体运动方向间的角度可变,从而使得雷达可以一直跟踪感兴趣区域的成像方式。在聚束模式下,观测积累时间比条带方式要长,观测积累时间分辨率也比条带模式优,且与雷达孔径大小无关。一般情况下,这种工作方式出现在多制式合成孔径雷达上,主要用于对特定区域产生高分辨率图像。图 14-13 所示为 SAR 聚束模式成像示意图。

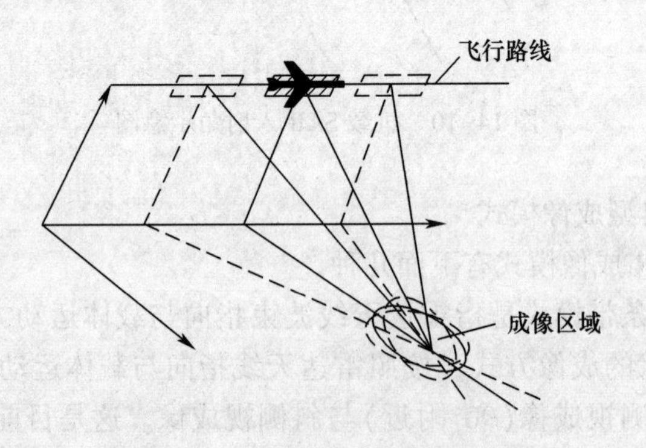

图 14-13 SAR 聚束模式成像示意图

14.3.3 SAR 信号特征分析与识别方法

1. 线性调频信号及脉冲压缩基础知识

SAR 常采用脉内线性调频脉冲压缩信号样式。根据模糊函数理论,雷达的分辨率由雷达信号的带宽 B 决定。人们通过设计既具有较长的持续时间又具有较大信号带宽的信号,以便获得较大的平均功率和较远的雷达作用距离。线性调频信号是实际应用中较为成熟的一种,该信号经过匹配滤波可以得到理论的高分辨率。

线性调频信号是指在持续期间频率随时间连续线性变化的信号,其脉内调制结构如图 14-14 所示。

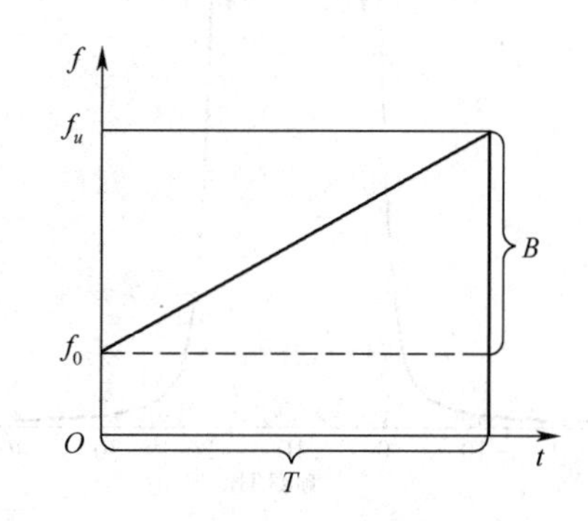

图 14-14　线性调频信号脉内调制结构示意图

线性调频脉冲信号是典型的大时宽带宽信号,具有抛物线式的非线性相位谱。其复数为

$$s(t)=u(t)e^{j2\pi f_0 t}=\frac{1}{\sqrt{T}}e^{j2\pi(f_0 t+Kt^2/2)},0\leqslant t\leqslant T \tag{14-19}$$

式中: $u(t)=(1/\sqrt{T})e^{j\pi Kt^2}$ 为信号的复包络;$1/\sqrt{T}$为归一化幅度;T 为脉冲宽度;$K=B/T$ 为调频斜率;瞬时频率 f 在 T 内由起始频率 $f_l(f_0)$ 至终止频率 f_u 按线性规律变化,可表示为 $f=f_l+Kt/2\pi$,$B=f_u-f_l$ 为调频带宽。线性调频信号的波形及时频特性仿真如图 14-15 所示,其频谱如图 14-16 所示。

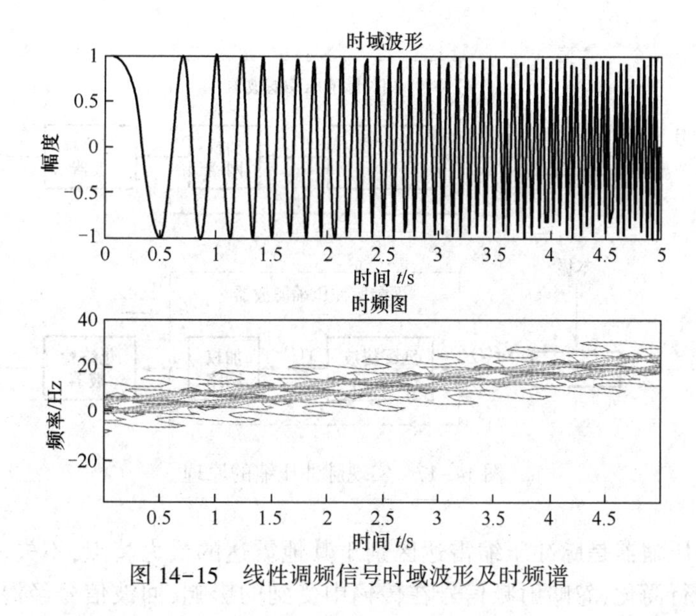

图 14-15　线性调频信号时域波形及时频谱

采用脉冲压缩技术的雷达通过发射大时宽-带宽积信号,接收时采用匹配滤波或相关接收对回波信号进行压缩,获得窄脉冲信号,从而解决了作用距离和分辨力之间的矛

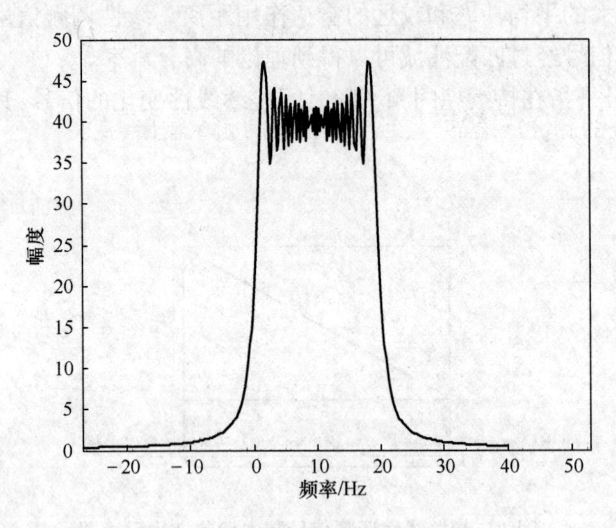

图 14-16　线性调频信号的频谱图

盾。在该雷达系统中,大时宽-带宽积信号和脉冲压缩网络是实现脉冲信号压缩的关键,大时宽-带宽积信号的非线性相位谱提供了信号被"压缩"的可能性,匹配滤波器和相关器则是实现脉冲信号压缩的必要条件。

脉冲压缩技术是匹配滤波和相关接收理论的实际应用。由相关器或匹配滤波器和旁瓣抑制加权滤波器级联而成,旁瓣抑制滤波器是一个失配系统,因此在带来更高的回波处理增益的同时,也会造成一定的信噪比损失。根据匹配滤波理论可知,匹配滤波器在 $t=T$(T 为信号脉宽)时与相关器是等价的,图 14-17 所示为相关器和匹配滤波器实现脉冲压缩的原理框图。

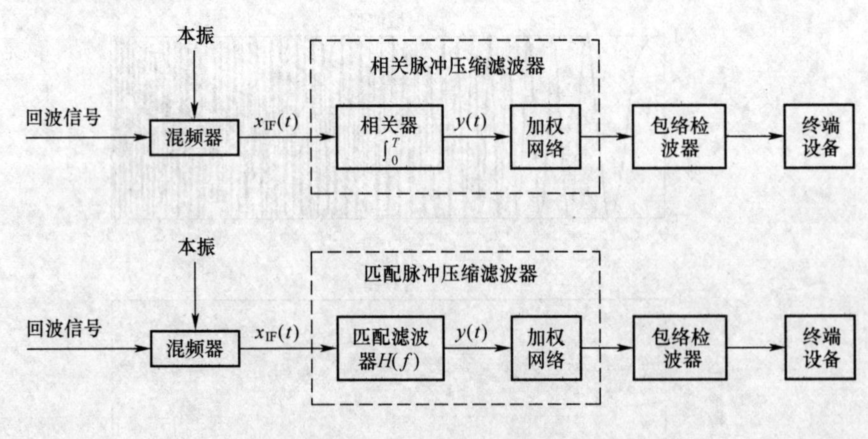

图 14-17　实现脉冲压缩的原理

鉴于脉冲压缩器是脉冲压缩雷达区别于其他雷达的最大特点,不失一般性,可对回波处理模型进行简化,忽略射频信号在传输中受到的影响,回波信号经混频后的中频输出 $x_{\mathrm{IF}}(t)$ 与雷达发射信号 $s(t)$ 具有相同的结构。对于采用相关技术的脉冲压缩器,其相关器输出为

$$y(t)=\int_{-\infty}^{\infty}s(t)s(t+\tau)\mathrm{d}\tau=s(t)*s(-t) \tag{14-20}$$

式中:“ * ”表示卷积。

采用匹配滤波的脉冲压缩器,其匹配滤波器的频域输出为

$$Y(f)=S(f)H(f) \tag{14-21}$$

式中:$Y(f)$、$S(f)$ 和 $H(f)$ 分别为 $y(t)$、$s(t)$ 和 $h(t)$ 的傅里叶变换,匹配滤波器的频率响应为

$$H(f)=CS(f)\mathrm{e}^{-j2\pi f t_0} \tag{14-22}$$

式中:C 为常数,反映了滤波器的放大量,通常取 $C=1$,t_0 为最大信噪比输出时刻,基于观测时间最小准则,取 $t_0=T$。利用傅里叶逆变换,可写出时域表达式为

$$y(t)=\int_{-\infty}^{\infty}S(f)H(f)\mathrm{e}^{j2\pi f t}\mathrm{d}f=s(t)*h(t) \tag{14-23}$$

式中:$h(t)=Cs^*(t_0-t)$,为匹配滤波器的单位冲激响应。

对于线性调频信号,将式(14-19)代入式(14-23)便可得到信号的脉冲压缩输出。

2. SAR 信号的参数特点与识别方法

在实际侦察过程中发现,SAR 信号特点比较突出,其与其他雷达信号相比,SAR 信号区分度比较高,在侦察装备上的响应可以概括为频域上频带宽、脉内有调制;时域上脉冲结构保持一致;空域上扫描方式近似为持续照射。

1) 频域上频带宽、脉内有调制

为获得距离高分辨率,同时兼顾作用距离问题,雷达必须要有很大的频带宽度,通常采用脉冲压缩体制的宽脉冲线性调频信号来解决这个问题,即在满足雷达作用距离所需的平均发射功率下,发射波形仍具有较宽的平坦谱,通过接收机的匹配滤波处理来完成对具有大时间-带宽积的线性调频信号的压缩。压缩后脉宽与压缩前脉宽的比值等于时间带宽积的倒数,从而实现对雷达作用距离上分辨不同散射点的高分辨率。在实际侦察中也发现,合成孔径雷达信号频率瞬时带宽比较大,在高分辨率下的瞬时频带宽度达到 100MHz 以上,且脉内一般采用线性调频调制。

2) 时域上脉冲结构保持一致

由于 SAR 是一种相干成像雷达,要求回波信号具有良好的相干性,因此对雷达发射机参数和天线波束指向有严格的要求。在一次成像时间内,线性调频信号的调频带宽和脉冲宽度、雷达的载波频率和脉冲重复频率都不能随意改变。在实际侦察过程中发现,一次成像时间内,SAR 信号的载波频率、重复间隔、脉冲宽度和调频带宽保持结构一致、固定不变和一一对应。

3) 空域上扫描特征表现为持续照射

由于 SAR 的相干性,因此雷达天线的波束指向必须与飞行方向保持固定的夹角(如条带成像)或始终指向被观测地区(如聚束成像)。同时,SAR 方位成像的分辨率与天线指向有关,在飞行垂直正侧方向上获得的分辨率最好,随着视角朝飞行方向移动,合成阵列的分辨率逐渐下降。系统在飞行方向 $\pm10°\sim\pm15°$ 内,多普勒引起相位差很小,合成分辨率很差,这是对合成孔径雷达技术使用的限制。在实际侦察过程中,由于 SAR 天线指向一般为固定,因此其反映在我方侦察装备上的扫描音响特征表现为持续照射。

参 考 文 献

[1] 汤胜.对 JTIDS 的侦察与干扰技术研究[D].长沙:中南大学,2012.

[2] 张金让.数字通信信号调制类型识别及参数分析算法研究[D].西安:西安电子科技大学,2015.

[3] 李宝双,徐晔.一种数字调制通信信号的识别方法[J].舰船电子对抗,2014(4):25.

[4] 刘慧婷,程家兴,张旻.利用 Hilbert 变换提取信号瞬时特征的算法实现[J].微机发展,2003,13(6):82-85.

[5] 温欣.基于决策树的调制模式识别及 GNU Radio 模块实现[D].哈尔滨:哈尔滨工业大学,2010.

[6] 李林峰.通信信号个体识别[D].西安:西安电子科技大学,2007.

[7] 杨凯.非协作通信下直扩信号参数估计算法研究[D].成都:电子科技大学,2016.

[8] 卢璐.通信信号调制分类识别与参数提取技术研究[D].西安:西安电子科技大学,2010.

[9] 纪勇,徐佩霞.基于小波变换的数字信号符号率估计[J].电路与系统学报,2003,8(1):12-15.

[10] 何继爱,裴承全,郑玉峰.稳定分布下基于 FAM 的低阶循环谱算法研究[J].电子学报,2013,41(7):1297-1304.

[11] 罗来源,肖先赐.扩频信号分路相关检测器的性能分析[J].电子科学学刊,1998,20(4):474-479.

[12] 吕新正.基于多特征参数的通信信号调制识别研究[D].成都:电子科技大学,2004.

[13] 冯小平,李鹏,杨绍全.通信对抗原理[M].西安:西安电子科技大学出版社,2009.

[14] 耿青峰.通信信号的数字化解调和调制识别技术[D].西安:西安电子科技大学,2011.

[15] 李静.基于循环谱相关的通信信号调制方式识别[D].秦皇岛:燕山大学,2010.

[16] 王柳.宽带无线电通信信号中的调制识别[D].成都:电子科技大学,2017.

[17] 李志鹏.通信信道编码中卷积编码识别[D].成都:电子科技大学,2011.

[18] 王翼.卷积编码盲识别技术研究[D].杭州:杭州电子科技大学,2013.

[19] 宋鹏,范锦宏,肖珂,等.信息论与编码原理[M].北京:电子工业出版社,2011.

[20] 龙光利,侯宝生,张文丽,等.信息论与编码[M].北京:清华大学出版社.2015.

[21] 贺培港.军队网络基于模式匹配和协议分析的入侵检测系统研究[D].北京:中国石油大学,2011.

[22] 张伟.Spark 计算引擎的内存优化技术研究[D].哈尔滨:哈尔滨工程大学,2018.

[23] 张永光,楼才义.信道编码及其识别分析[M].北京:电子工业出版社,2010.

[24] 李国宏,孙健,夏伟鹏,等.基于神经网络的地空导弹武器系统作战能力评估[J].火力与指挥控制,2011(8):110-113.

[25] 黄春琳,姜文利,周一宇.直接序列扩频信号的初相和扩频码序列初始时间的循环谱估计[J].通信学报,2002,23(7):1-7.

[26] 朱静,杨晓静.聚合度在地域通信网关键节点识别中的应用[J].电子对抗,2009(4):25-28.

[27] 申军,齐望东.一种新的无线传感器网络拓扑发现算法[J].计算机应用研究,2009(5):1868-1870.

[28] 梁向阳,张璐,钟联炯.战术互联网拓扑发现与显示研究[J].微计算机应用,2010,31(6):25-28.

[29] 吴伟俊.通信测向定位算法研究[D].西安:西安电子科技大学,2014.

[30] FITTS E E. The Strategy of Electromagnetic Conflict[M].New York: Peninsula Publishing,1980.

[31] 林绪森,王红军,王伦文.联合 RSSD 和 TDOA 技术的认知协同定位算法研究[J].信号处理,2016,32(8):931-936.

[32] 单洪.美军战场网络及其通信协议[M].北京:解放军出版社,2007.

[33] RICHARD G W. Electronic Intelligence: The Analysis of Radar Signals[M].Norwood MA: Artech House Inc. ,1993.

[34] 胡来招 . 雷达侦察接收机设计[M].北京:国防工业出版社,2000.

[35] 罗景青 . 雷达对抗原理[M].北京:解放军出版社,2003.

[36] 张锡祥,肖开奇,顾杰．新体制雷达对抗导论[M].北京:北京理工大学出版社,2010.
[37] 张永顺,童宁宁,赵国庆．雷达电子战原理[M].北京:国防工业出版社,2006.
[38] 罗景青．阵列信号处理基本理论与应用[M].北京:解放军出版社,2007.
[39] 王雪松,肖顺平,冯德军,等．现代雷达电子战系统建模与仿真[M].北京:电子工业出版社,2010.
[40] 何明浩．雷达对抗信息处理[M].北京:清华大学出版社,2010.
[41] 赵国庆．雷达对抗原理[M].2版．西安:西安电子科技大学出版社,2012.
[42] MERRILL I SKOLNIK.雷达系统导论[M].3版.左群声,徐国良,马林,等译.北京:电子工业出版社,2014.
[43] 关欣,潘丽娜,张政超,等．基于粗糙集理论的雷达辐射源信号识别[M].北京:国防工业出版社,2015.
[44] 何明浩,韩俊．现代雷达辐射源信号分选与识别[M].北京:科学出版社,2016.
[45] 贺平．雷达对抗原理[M].北京:国防工业出版社,2016.
[46] RICHARD A POISEL. 电子战与信息战系统[M].兰竹,常晋聃,史小伟,等译.北京:国防工业出版社,2017.
[47] 许小剑,黄培康．雷达系统及其信息处理[M].北京:电子工业出版社,2018.
[48] 蔡幸福,高晶．合成孔径雷达侦察与干扰技术[M].北京:国防工业出版社,2018.
[49] IAN G CUMMING,FRANK H WONG.合成孔径雷达成像算法与实现[M].洪文,胡东辉,韩冰,等译.北京:电子工业出版社,2019.

后 记

本书聚焦网电对抗中目标信号的侦测与识别,系统地阐述了网电对抗目标信号的侦收截获方法、参数测量方法、调制识别与解调方法、编码识别与解码方法、交织识别与去交织方法、网络协议分析与识别方法、关键节点/关键链路与识别方法、网络拓扑推断方法和网电对抗目标测向定位方法等。针对上面具体方法的实现,本书不但详细介绍了经典的技术和算法,而且前瞻性地引入了新近的人工智能技术和机器学习算法,使得本书既着眼于当下实际问题的解决,又探索了目前技术瓶颈的解决思路。

随着网电技术的发展和电磁环境的日趋复杂化,人工智能技术在网电对抗领域扮演越来越重要的角色。一方面,战争对手正在采用人工智能技术提升雷达、光电/红外传感器和通信系统等网电对抗目标的网络化认知能力,抗截获抗干扰能力越来越强大;另一方面,对方的网电对抗目标信号隐藏于复杂电磁环境中,且信号密集、稍瞬即逝。所有这些,对网电对抗技术的自适应、自动化和智能化要求越来越高。因此,综合应用人工智能算法、人工智能计算和分析能力以及深度学习技术,既有助于传统电子战系统的转型升级和适应性发展,又可支撑信息化战争中新型网电对抗装备的研究和探索。

期望本书的出版能够起到抛砖引玉的作用,吸引更多的有志者开展网电对抗领域人工智能技术的研究,推动网电对抗事业的进一步发展。